에듀윌과 함께 시작하면,
당신도 합격할 수 있습니다!

새로운 시작을 위해
열심히 자격증을 준비하는 비전공자

공부할 시간이 없어
단기간 합격을 원하는 직장인

퇴직 후 제2의 인생을 위해
책이 다 닳도록 공부하는 엄마

누구나 합격할 수 있습니다.
시작하겠다는 '다짐' 하나면 충분합니다.

마지막 페이지를 덮으면,

**에듀윌과 함께
뷰티 자격증 합격이 시작됩니다.**

합격스토리로 증명한 에듀윌 뷰티 교재

한○영 합격생

역시 에듀윌! 1주 만에 메이크업 필기 합격!

메이크업 필기책으로 에듀윌을 선택한 건 어찌 보면 당연한 일이었어요. 작년에도 네일미용사를 에듀윌 책으로 한 번에 합격했기 때문이에요. 사실 메이크업 필기 공부는 일주일도 못했는데 기출문제와 예상문제 위주로 풀었더니 수월하게 합격했어요. 주변 지인들에게도 꼭 에듀윌 책으로 공부하라고 적극 추천하고 있답니다. 에듀윌 항상 고마워요!

가○ 합격생

네일미용사 필기가 걱정된다면 에듀윌을 적극 추천할게요.

일을 그만두고 나서 네일아트를 배워보려고 학원을 등록했는데 학원에는 이론 수업이 없더라고요. 필기는 독학으로 시험을 봐야 한다고 해서 너무 당황스러웠죠. 그래서 제일 믿음이 가는 에듀윌 책을 선택했고 제 선택은 틀리지 않았습니다. 딱 일주일 공부하고 합격했어요. 요점 정리가 너무 잘 되어 있고, 챕터별로 문제가 마련되어 있어서 훨씬 이해하기 쉽더라고요. 처음에는 혼자 필기를 공부해야 하니 걱정이 가득이었지만, 에듀윌 덕에 높은 점수로 합격했습니다. 다 에듀윌 덕분입니다!

유○영 합격생

첫 도전이었던 맞춤형화장품 조제관리사, 한 번에 합격!

퇴직 후 새로운 도전을 해보고 싶었습니다. 우연히 맞춤형화장품 조제관리사 자격증을 알게 되었고, 에듀윌의 맞춤형화장품 조제관리사 도서명이 마음에 들어 구입을 했습니다. 책 이름처럼 한 권으로 이 자격증을 마스터할 수 있기를 바라면서요. 제가 비전공자라 초반에는 낯선 용어가 너무 많이 나와 겁을 먹었지만, 타 교재에 비해 책이 두껍지 않아서 쉽게 입문할 수 있었습니다. 무료특강 덕에 헷갈렸던 부분도 해결하고 암기팁도 얻을 수 있어 좋았습니다. 가장 좋았던 건 모의고사 자동채점 시스템입니다. 문제를 풀고 QR 코드를 찍어 답안을 기록하면 다른 사람들과의 점수 비교도 할 수 있고 제가 어느 위치인지도 알 수 있어서 많은 도움이 되었습니다. 첫 도전이라면 이 교재를 꼭 추천드리고 싶습니다.

다음 합격의 주인공은 당신입니다!

1 왕기 속눈썹 미리보기

우드 스패출러	속눈썹 브러시	핀셋
속눈썹 가위	속눈썹판	큰거울
글루 리무버	속눈썹 글루	전처리제
아이패치	속눈썹 판	속눈썹(마네킹 부착용)

속눈썹 연장

1 실기 준비물 미리보기

기타 준비물

시자임(용기 표면)	타월(헤어캡)	시술용듀티 고정용 테이프

시술 가운(타월 또는 긴팔, 흰색)	어깨보(흰색)	타월(40×80cm, 흰색)
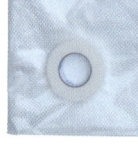		

미디어 수염

고정 스프레이	꼬리빗	마네킹
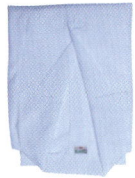		
수염(가성모 완제)	스피릿검과 리무버	가위

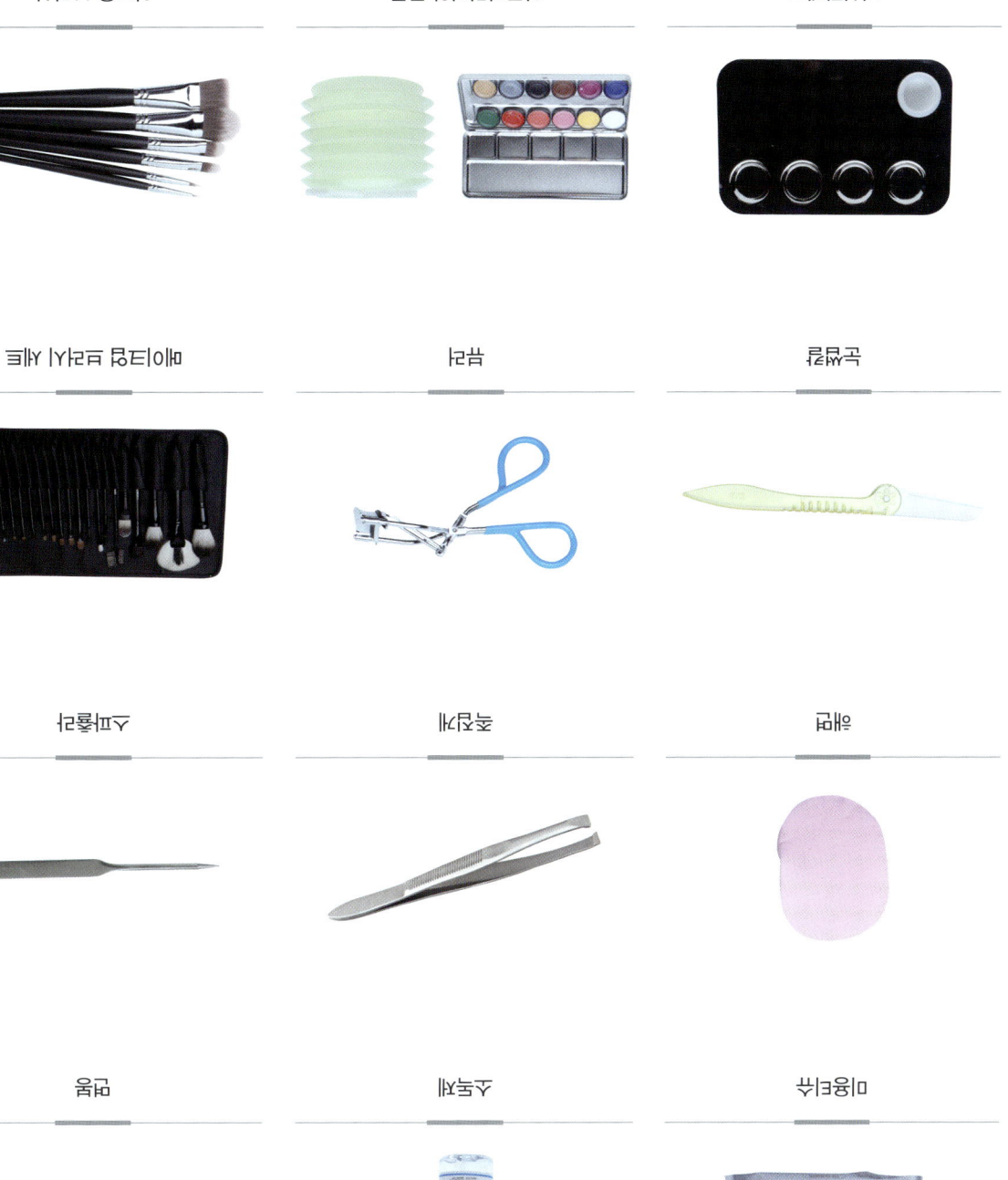

아쿠아 브러시	아쿠아컬러 물통	미니팔레트
에이징 브러시 세트	뷰러	돈땡필
스파츌라	족집게	해면
면봉	소독제	미용티슈

메이크업 재료·도구

베이스 메이크업

메이크업 베이스

파운데이션(리퀴드, 크림, 스틱)

페이스 파우더

컨실러

스펀지 퍼프(미사용 제품)

분첩(미사용 제품)

색조 메이크업

아이섀도 팔레트(단품 제품, 7등급)

아이 펜슬

아이라이너(리퀴드, 펜슬)

립 팔레트

마스카라

인조속눈썹

1과제 | 뷰티 메이크업

① 메이크업 베이스
② 컨실러
③ 페이스 파우더
④ 리퀴드 파운데이션
⑤ 크림 파운데이션
⑥ 립글로스
⑦ 속눈썹 풀
⑧ 뷰러
⑨ 족집게, 눈썹가위, 눈썹칼
⑩ 메이크업 브러시
⑪ 립&아이섀도&치크 팔레트
⑫ 아이라이너 펜슬, 아이브로 펜슬
⑬ 리퀴드 아이라이너, 마스카라
⑭ 뷰티용 속눈썹
⑮ 탈지면
⑯ 소독제
⑰ 미용티슈
⑱ 면봉
⑲ 위생봉투와 테이프

2과제 | 시대 메이크업

① 메이크업 베이스
② 컨실러
③ 페이스 파우더
④ 리퀴드 파운데이션
⑤ 크림 파운데이션
⑥ 립글로스
⑦ 속눈썹 풀
⑧ 뷰러
⑨ 족집게, 눈썹가위, 눈썹칼
⑩ 메이크업 브러시
⑪ 립&아이섀도&치크 팔레트
⑫ 아이라이너 펜슬, 아이브로 펜슬
⑬ 리퀴드 아이라이너, 마스카라
⑭ 뷰티용 속눈썹
⑮ 탈지면
⑯ 소독제
⑰ 미용티슈
⑱ 면봉
⑲ 위생봉투와 테이프
⑳ 믹싱팔레트와 스파츌라
㉑ 더마왁스

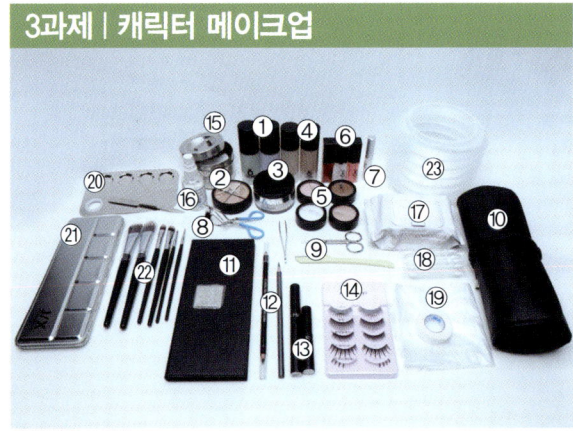

3과제 | 캐릭터 메이크업

① 메이크업 베이스
② 컨실러
③ 페이스 파우더
④ 리퀴드 파운데이션
⑤ 크림 파운데이션
⑥ 립글로스
⑦ 속눈썹 풀
⑧ 뷰러
⑨ 족집게, 눈썹가위, 눈썹칼
⑩ 메이크업 브러시
⑪ 립&아이섀도&치크 팔레트
⑫ 아이라이너 펜슬, 아이브로 펜슬
⑬ 리퀴드 아이라이너, 마스카라
⑭ 뷰티용 속눈썹
⑮ 탈지면
⑯ 소독제
⑰ 미용티슈
⑱ 면봉
⑲ 위생봉투와 테이프
⑳ 믹싱팔레트와 스파츌라
㉑ 아쿠아컬러
㉒ 아트용 브러시
㉓ 물통

2 과제별 메이크업 키트

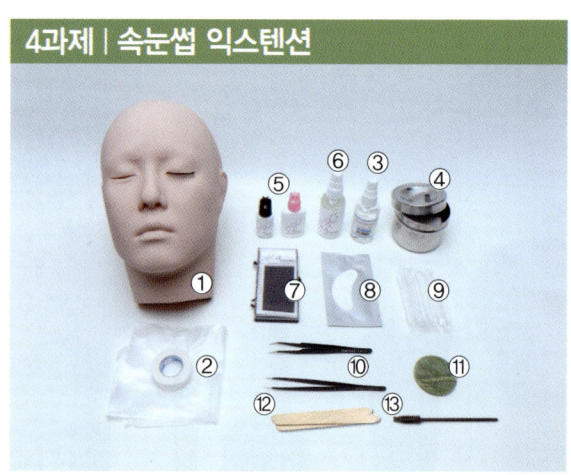

① 마네킹(속눈썹 부착)
② 위생봉투와 테이프
③ 소독제
④ 탈지면
⑤ 속눈썹 글루와 리무버
⑥ 전처리제
⑦ J컬 속눈썹과 속눈썹판
⑧ 아이패치
⑨ 면봉
⑩ 핀셋 2개
⑪ 글루판
⑫ 우드 스파츌라
⑬ 속눈썹 브러시

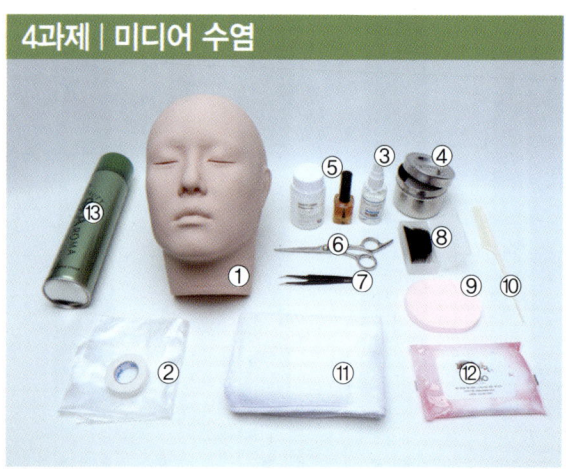

① 마네킹
② 위생봉투와 테이프
③ 소독제
④ 탈지면
⑤ 스프리트검과 리무버
⑥ 가위
⑦ 핀셋
⑧ 가공된 수염
⑨ 해면
⑩ 꼬리빗
⑪ 젖은 거즈 수건
⑫ 미용티슈
⑬ 스프레이

시작하라.  그 자체가 천재성이고,
힘이며, 마력이다.

— 요한 볼프강 폰 괴테(Johann Wolfgang von Goethe)

에듀윌
메이크업미용사

필기 1주끝장 + 무료특강

시험 소개 | 필기 시험

필기 TALK

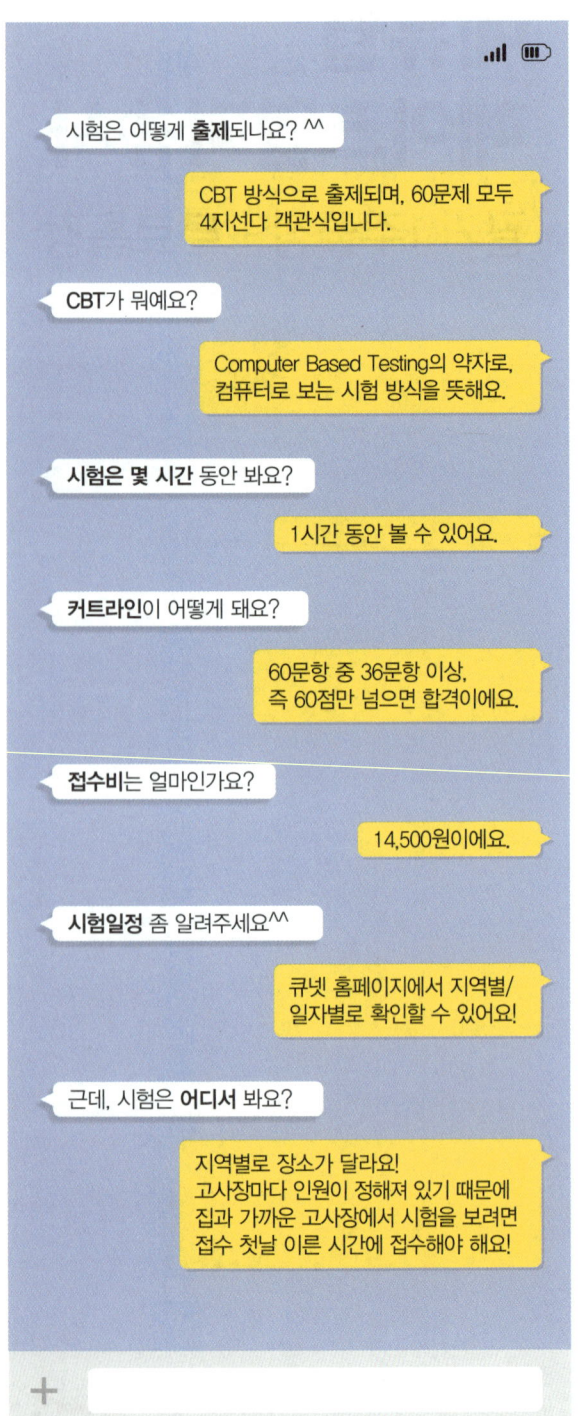

2026년 필기 시험일정

2026년 일정은 2025년 11월 말~12월 중 공지됩니다. 큐넷 홈페이지(www.q-net.or.kr)를 통해 확인 바랍니다.
*실제 시험일은 각 지역마다 다를 수 있습니다. 큐넷 홈페이지에서 지역별 시험일정을 반드시 확인하시기 바랍니다.

시험 접수 TIP

| 접수는 남들보다 빠르게!

원서접수 시간은 접수 첫날 오전 10시부터 마지막 날 오후 6시까지입니다. 하지만 선착순 마감이기 때문에 수험자가 원하는 시험장과 시간을 선택하려면 첫날 10시~11시 사이에 접수하는 것이 좋습니다. 특히 교통편이 좋은 시험장은 인기가 좋은 편이니 빠르게 접수하는 것을 권장합니다.

| 신용카드보다는 무통장입금으로 결제!

결제까지 완료되어야 접수된 것으로 처리하기 때문에 1분이라도 빠르게 시험장을 선점하는 것이 좋습니다. 신용카드 결제는 카드번호를 입력해야 하므로 시간이 오래 걸리는 반면, 무통장입금은 접수 후 결제할 수 있기 때문에 더 빠른 접수가 가능합니다.

시험 화면 미리보기

검색창에 '자격검정 CBT 웹체험 서비스 안내' 또는 주소창에 [http://www.q-net.or.kr/cbt/index.html]를 입력하면 CBT 웹체험을 할 수 있습니다.

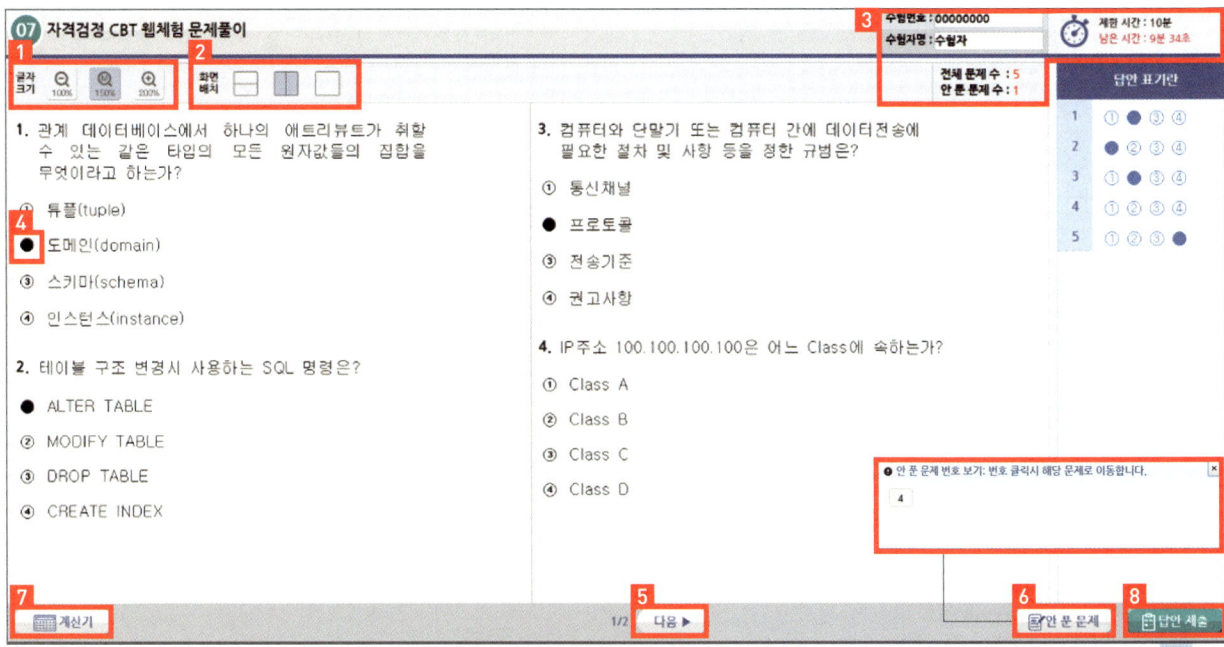

1 **글자크기 조정**: 본인에게 편한 글자 크기로 변경할 수 있습니다.

2 **화면배치 변경**: 화면에 문제가 2개, 2단으로 여러 개, 1개씩 보이도록 변경할 수 있습니다.

3 **정보 확인**: 문제를 풀기 전, [수험번호]와 [수험자명]이 본인의 정보인지 확인합니다.

문제풀이 시에는 [남은 시간]과 [안 푼 문제 수]를 수시로 체크하며 시간을 분배합니다.

4 **정답체크**: 선택지 번호를 클릭하면 ● 으로 변경되며, 우측 [답안 표기란]에 체크됩니다.

[답안 표기란]에서 직접 번호를 클릭하셔도 됩니다.

5 **다음▶**: 다음 화면에 있는 문제를 풀고자 할 때 사용합니다.

6 **안 푼 문제**: **3**에 있는 [안 푼 문제 수]를 확인하고 해당 버튼을 눌러 안 푼 문제 번호를 클릭하면 해당 문제로 바로 이동할 수 있습니다.

7 **계산기**: 계산이 필요한 문제가 나올 경우 사용할 수 있습니다.

8 **답안제출**: 문제를 모두 푼 후 해당 버튼을 눌러 합격 여부를 확인합니다.

시험 준비물

시험 소개 | 실기 시험

실기 TALK

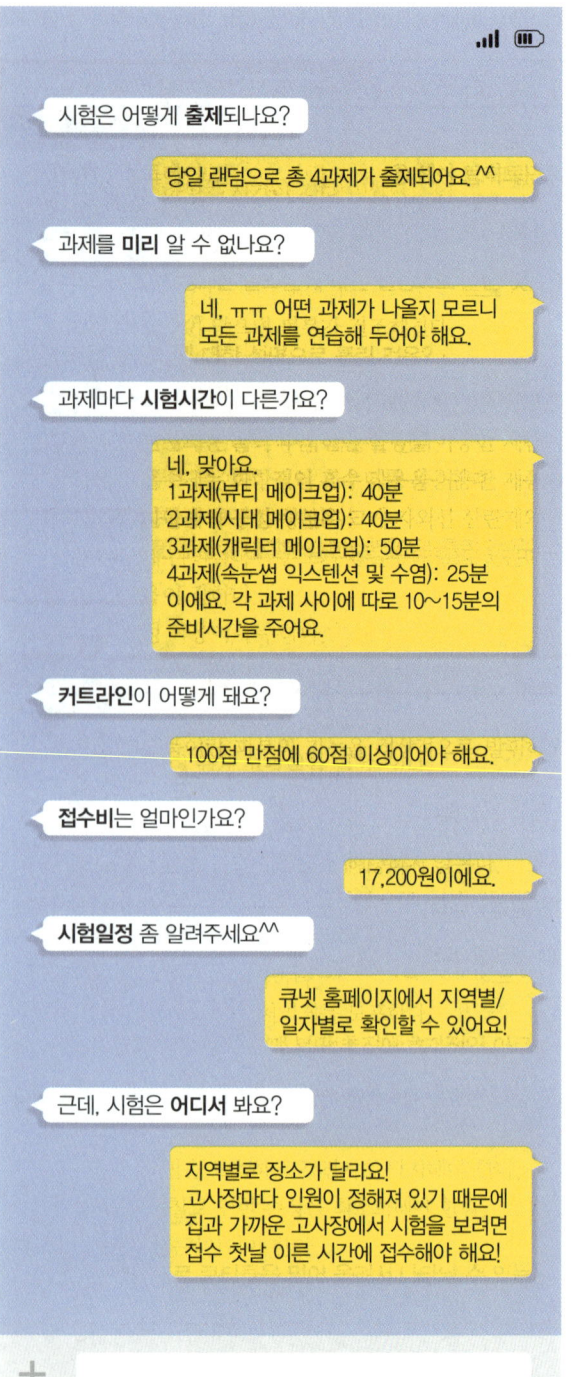

2026년 실기 시험일정

2026년 일정은 2025년 11월 말~12월 중 공지됩니다.
큐넷 홈페이지(www.q-net.or.kr)를 통해 확인 바랍니다.

* 실제 지역별 시행 여부 및 시험일정은 시행처의 사정에 따라 변동될 수 있으니 큐넷 홈페이지에서 시험일정을 반드시 확인하시기 바랍니다.

시험 전날 유의사항

ㅣ준비물 체크는 필수!

각 과제별 준비물을 시험 전날에 모두 꺼내서 빠진 준비물이 없는지 꼼꼼히 체크해 봅니다.

ㅣ모델에게도 유의사항 미리 알려주기

시험 당일 모델의 역할은 아주 중요합니다. 시행처에서 요구하는 응시 조건에 모두 해당하는지 확인하고, 모델의 준비물, 위생 상태 등을 최종적으로 체크해야 합니다.

실기 과제유형

1과제	2과제	3과제	4과제
뷰티 메이크업(택1)	시대 메이크업(택1)	캐릭터 메이크업(택1)	속눈썹 익스텐션 및 수염(택1)
• 웨딩(로맨틱) • 웨딩(클래식) • 한복 • 내추럴	• 그레타 가르보 • 마릴린 먼로 • 트위기 • 펑크	• 레오파드 • 무용(한국) • 무용(발레) • 노인(추면)	• 속눈썹 익스텐션(왼쪽) • 속눈썹 익스텐션(오른쪽) • 미디어 수염

※ 총 4과제로 당일 각 과제가 아래와 같이 랜덤 선정
- 1과제: 뷰티 메이크업 4개의 과제 중 1개 선정
- 2과제: 시대 메이크업 4개의 과제 중 1개 선정
- 3과제: 캐릭터 메이크업 4개의 과제 중 1개 선정
- 4과제: 속눈썹 익스텐션 및 수염 3개의 과제 중 1개 선정

시험 준비물

| 수험자

 신분증   수험표  흰 위생가운 + 긴 바지  메이크업 재료 및 도구

| 모델

 신분증  흰 상의 + 긴 바지

| 공통

 네일 컬러링 및 디자인 금지

 액세서리 착용 금지

교재 구성 & 맞춤형 학습법

한 번에 붙고 싶다면?
한방 합격 플랜

STEP 1 | 핵심이론 + 무료특강
어려운 부분은 무료특강의 힘을 빌려요.
특강자료는 복습용 워크북으로 활용하세요.

STEP 2 | 출제 예상문제
이론을 학습한 뒤에는 예상문제를 통해
복습하고, 출제 동향을 파악하세요.

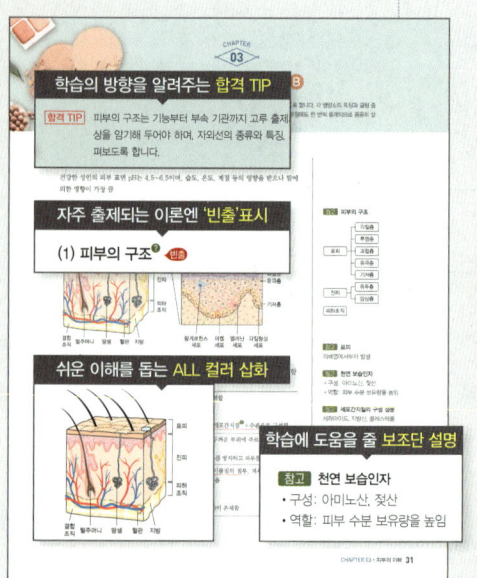

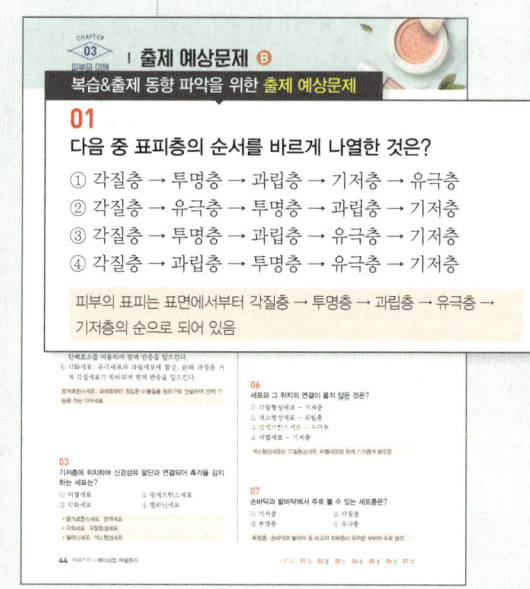

시험이 코앞이라면?
초스피드 합격 플랜

STEP 1 | 특강자료 + 무료특강
무료특강으로 이론 학습을 끝내요.
교재를 보지 않는 대신 '4시간 만에 자동암기' 특강자료는
정독하세요.

STEP 3 | 공개 기출문제

공개된 기출문제를 풀고, 틀린 문제는 외우세요.
카테고리 장치로 해당 이론을 찾아 다시 학습할 수 있어요.

STEP 4 | 비공개 기출 복원문제

시간을 재며 실전처럼 문제를 풀어 보세요.
틀린 문제는 해설을 보고 다시 익히세요.

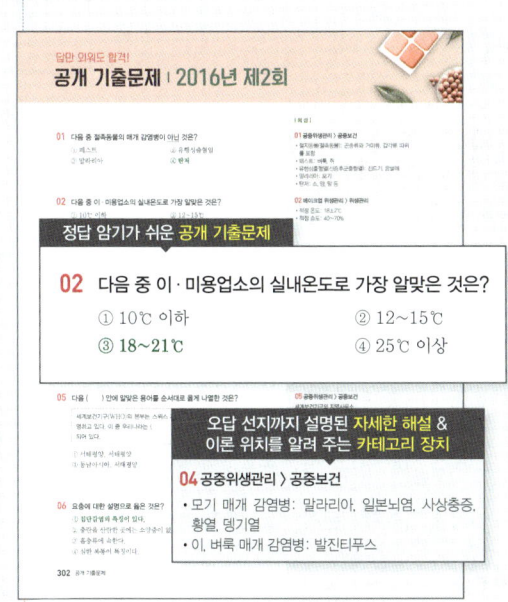

STEP 2 | 공개 기출문제

문제풀이는 NO! 문제와 답만 외우세요.
외우기 어려운 문제는 체크해 두었다가 반복해서 다시 보세요.

STEP 3 | 비공개 기출 복원문제

시간을 재며 실전처럼 문제를 풀어보세요.
60점이 넘지 않는다면 모바일로도 다시 풀어봅니다.

합격 플랜 & 차례

한방 합격 플랜

학습이 끝나면 네모 칸에 체크하세요.

[이론편] 이론 + 자동암기 특강 + 출제 예상문제

- ☐ PART 01 메이크업 위생관리
- ☐ PART 02 메이크업 고객 서비스
- ☐ PART 03 메이크업 시술(CH.01~04)
- ☐ PART 03 메이크업 시술(CH.05~09)
- ☐ PART 04 공중위생관리(CH.01~02)
- ☐ PART 04 공중위생관리(CH.03)

[문제편] 공개 기출문제 + 비공개 기출 복원문제

- ☐ 2016년 제2회 공개 기출문제
- ☐ 2016년 제3회 공개 기출문제
- ☐ 제1회 비공개 기출 복원문제
- ☐ 제2회 비공개 기출 복원문제
- ☐ 제3회 비공개 기출 복원문제
- ☐ 제4회 비공개 기출 복원문제
- ☐ 제5회 비공개 기출 복원문제
- ☐ 제6회 비공개 기출 복원문제
- ☐ 제7회 비공개 기출 복원문제
- ☐ 제8회 비공개 기출 복원문제

초스피드 합격 플랜

학습이 끝나면 네모 칸에 체크하세요.

[이론편] 4시간 만에 자동암기 특강 + 특강자료

- ☐ 자동암기 특강(PART 01)
- ☐ 자동암기 특강(PART 02)
- ☐ 자동암기 특강(PART 03)
- ☐ 자동암기 특강(PART 04)

[문제편] 공개 기출문제 + 비공개 기출 복원문제

- ☐ 2016년 제2회, 2016년 제3회 공개 기출문제
- ☐ 제1회 비공개 기출 복원문제 + 오답문제 복습
- ☐ 제2회 비공개 기출 복원문제 + 오답문제 복습
- ☐ 제3회 비공개 기출 복원문제 + 오답문제 복습
- ☐ 제4회 비공개 기출 복원문제 + 오답문제 복습
- ☐ 제5회 비공개 기출 복원문제 + 오답문제 복습
- ☐ 제6회 비공개 기출 복원문제 + 오답문제 복습
- ☐ 제7회 비공개 기출 복원문제 + 오답문제 복습
- ☐ 제8회 비공개 기출 복원문제 + 오답문제 복습

| 출제(예상)문제 수 | Ⓐ 5문제 이상 Ⓑ 4문제~2문제 Ⓒ 1문제 이하

*실제 시험의 출제 문제 수는 위와 다를 수 있습니다.

PART 01 | 메이크업 위생관리   출제비중 22%

- Ⓒ CHAPTER 01 메이크업의 이해 … 16
- Ⓒ CHAPTER 02 위생관리 … 26
- Ⓑ CHAPTER 03 피부의 이해 … 31
- Ⓐ CHAPTER 04 화장품 분류 … 53

PART 04 | 공중위생관리   출제비중 23%

- Ⓐ CHAPTER 01 공중보건 … 220
- Ⓑ CHAPTER 02 소독 … 252
- Ⓐ CHAPTER 03 공중위생관리법규 … 271

PART 02 | 메이크업 고객 서비스   출제비중 10%

- Ⓒ CHAPTER 01 고객 응대 … 78
- Ⓑ CHAPTER 02 메이크업 카운슬링 … 84
- Ⓒ CHAPTER 03 퍼스널 이미지 제안 … 100

공개 기출문제

- 2016년 제2회 공개 기출문제 … 302
- 2016년 제3회 공개 기출문제 … 312

비공개 기출 복원문제

- 제1회 비공개 기출 복원문제 … 326
- 제2회 비공개 기출 복원문제 … 337
- 제3회 비공개 기출 복원문제 … 348
- 제4회 비공개 기출 복원문제 … 359
- 제5회 비공개 기출 복원문제 … 370
- 제6회 비공개 기출 복원문제 … 381
- 제7회 비공개 기출 복원문제 … 392
- 제8회 비공개 기출 복원문제 … 404

PART 03 | 메이크업 시술   출제비중 45%

- Ⓒ CHAPTER 01 메이크업 기초 화장품 사용 … 112
- Ⓑ CHAPTER 02 베이스 메이크업 … 119
- Ⓑ CHAPTER 03 색조 메이크업 … 135
- Ⓒ CHAPTER 04 속눈썹 연출·연장 … 156
- Ⓒ CHAPTER 05 본식 웨딩 메이크업 … 167
- Ⓑ CHAPTER 06 응용 메이크업 … 173
- Ⓑ CHAPTER 07 트렌드 메이크업 … 187
- Ⓑ CHAPTER 08 미디어 캐릭터 메이크업 … 198
- Ⓒ CHAPTER 09 무대공연 캐릭터 메이크업 … 210

특강자료

4시간 만에 자동암기

PART
01

MAKE UP ARTIST

메이크업 위생관리

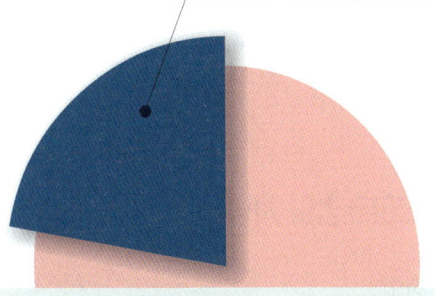

출제비중 **22%**

| 출제(예상)문제 수 | Ⓐ 5문제 이상 Ⓑ 4문제~2문제 Ⓒ 1문제 이하

- Ⓒ CHAPTER 01   메이크업의 이해
- Ⓒ CHAPTER 02   위생관리
- Ⓑ CHAPTER 03   피부의 이해
- Ⓐ CHAPTER 04   화장품 분류

CHAPTER 01
메이크업의 이해

합격 TIP 메이크업의 목적과 기원을 숙지하고 서양과 한국의 화장 용어도 암기해 두도록 합니다. 메이크업의 역사는 각 시대의 주요 키워드 위주로 숙지해 두면 충분합니다.

1 메이크업의 개념

(1) 정의
① 사전적 의미: '제작하다, 보완하다'라는 뜻
② 일반적 의미: 화장품의 재료와 도구를 사용하여 얼굴 또는 신체의 아름다운 부분을 강조하고 부족한 부분을 수정 및 보완하는 미적 행위로, 개인의 정체성, 가치관 등 미의식을 표현하는 것

> **참고** 「공중위생관리법」에서 정의하는 메이크업(화장·분장 미용업)
> 얼굴 등 신체의 화장·분장 및 의료기기나 의약품을 사용하지 아니하는 눈썹손질

(2) 목적

본능적 목적	개인 또는 종족 보존을 위해 본능적으로 성적 매력을 표현
실용적 목적	생활의 편의를 도모하거나 같은 종족임을 표시하여 외부 위험으로부터 보호·방어
신앙적 목적	주술적·종교적 행위
표시적 목적	신분, 계급, 결혼 여부를 구분 또는 표시

> **참고** 현대 메이크업의 목적
> • 개성 창출
> • 자기만족
> • 결점 수정 및 보완
> • 자외선, 대기오염, 먼지, 온도변화로부터 피부 보호

(3) 메이크업의 어원
① 서양의 화장 용어
- 그리스어 코스메티코스(Cosmeticos)에서 유래한 것으로, 메이크업은 코스메틱(Cosmetic)을 포함한 의미임
- 17세기 초 영국 시인 리처드 크라슈(Richard Crashou)가 처음으로 'Make-up'이라는 단어를 사용하였고, 1910년대에 활동한 맥스팩터(Max Factor)에 의해 '메이크업'이라는 용어가 대중화됨

페인팅(Painting)	16세기 셰익스피어 희곡에 처음 등장한 용어로, 짙은 화장을 의미함
토일렛(Toilet)	화장을 포함한 몸치장 전반을 의미하며, 프랑스어 Toilette에서 유래함
마끼아쥬(Maquillage)	분장을 의미하는 프랑스 연극 용어
드레싱(Dressing)	'장식하다, 꾸미다'의 의미

② 우리나라의 화장 및 화장품 용어 **빈출**

담장(淡粧)	피부 손질 위주의 엷은 화장
농장(濃粧)	담장보다 짙고 염장보다 엷은 화장
염장(艷粧)	요염한 색채를 표현한 짙은 화장
응장(凝粧)	혼례나 의례 등 행사 때에 하는 또렷한 화장

성장(盛粧)	주목을 끌 만큼 화려한 화장
야용(冶容)	분장
미용(美容)	얼굴 치장
단장(丹粧)	피부 손질부터 얼굴, 옷차림, 장신구 등을 수수하게 치장
장식(粧飾)	피부 손질부터 얼굴, 옷차림, 장신구 등을 화려하게 치장
지분(脂粉)	연지와 백분
분대(粉黛)	분을 바른 얼굴과 먹으로 그린 눈썹
장렴(粧奩)	몸을 치장하는 데 쓰는 갖가지 물건

(4) 메이크업의 기원 빈출

종교설	주술적·종교적 행위로 특정 문양 및 색과 향을 이용하여 재앙을 물리치고 신을 숭배하는 데에서 메이크업이 유래되었다고 보는 이론
보호설	• 외부의 위험으로부터 자신을 보호하고 은폐하기 위한 수단으로 메이크업이 유래되었다고 보는 이론 • 이집트 시대에는 검은색이 빛을 흡수하는 원리를 이용하여 방연광(검은 납)으로 만든 코올을 눈 주위에 발라 뜨거운 태양광선으로부터 눈을 보호함
신분표시설	• 개인의 사회적 지위나 계급, 성별, 결혼 여부 등을 표시하는 데에서 메이크업이 유래되었다고 보는 이론 • 인도 여성들은 미간에 붉은 점(빈디)을 찍어 기혼임을 표시함
장식설	• 인간이 옷을 입기 전인 원시 시대부터 인간의 타고난 미적 욕구로 인해 장식하고 치장한 것에서 메이크업이 유래되었다고 보는 이론 • 인간의 기본 욕구와 미적 본능에서 메이크업이 유래되었다는 가설이 현재까지 가장 신빙성을 얻고 있음
위장설	적의 위험으로부터 신체를 보호하고 전쟁 또는 사냥을 승리로 이끌고자 새의 깃털이나 짐승의 치아, 뿔, 뼈, 식물성 색소들을 이용하여 얼굴이나 신체를 위장하는 것에서 메이크업이 유래되었다고 보는 이론
미화설	• 타인에게 자기 외모의 아름다움을 표현한 데에서 메이크업이 유래되었다고 보는 이론 • 우월성을 표현하기 위한 수단

참고 보호설

참고 신분표시설

참고 장식설

문신이나 흉터로 신체를 장식한 모습

(5) 메이크업의 기능

미화적 기능	인간의 본능적인 기능으로 얼굴의 결점을 가리고 장점을 살려 아름다움을 추구함
표현 창출의 기능	시나리오나 대본에서 요구하는 이미지나 캐릭터를 표현함
보호적 기능	외부의 공기, 온도, 습도, 자외선, 먼지 등으로부터 피부를 보호함
심리적 기능	• 외모에 대한 자신감을 부여하고 화장치료법으로 심리적 우울 증상을 완화시킴 • 개인의 성격이나 사고방식 등 내면을 표현함
사회적 기능	• 신분·직업·계급을 표시함 • 사회의 관습 및 예의의 표현

2 메이크업의 역사 빈출

(1) 한국

고조선~ 여러 나라 시대		• 고조선: 희고 건강한 피부를 위해 쑥·마늘·꿀 등으로 세안하고 얼굴에 바름 • 읍루: 돈고(돼지기름)를 사용하여 피부를 보호하고 동상을 예방함 • 말갈: 미백을 위해 오줌 세수 • 변한: 문신으로 신에 대한 숭배를 나타냄
삼국시대	고구려	• 무인들은 연지를 이마에 바르고 금당으로 머리를 꾸밈 • 『후한서』: 계급과 신분에 따라 다르게 장식하였다고 기록됨 • 『삼국사기』: 무녀와 악공으로부터 곤지 풍습이 시작되었다고 기록됨 • 쌍영총 고분벽화 여인상: 연지로 입술과 볼을 붉게 화장함 • 수산리 고분벽화 귀부인상: 머리를 곱게 빗고 관을 착용하였으며, 눈썹을 짧고 뭉툭하게 다듬고 뺨과 입술에 연지 화장을 함
	백제	• 『화한삼재도회』: 백제가 일본에 화장품 제조 기술 및 화장법을 전달했음을 기록 • 시분무주(施粉無朱): 백제인의 화장법으로, '분은 바르되 연지를 바르지 않음'을 뜻함 • 고구려와 신라보다는 엷은 화장이 특징임
	신라	• 영육일치사상(靈肉一致思想): 깨끗한 몸과 단정한 옷차림을 추구함 • 불교의 영향으로 목욕이 대중화되어 목욕용품 및 향유가 발달함 • 사용 부위별 화장 원료

	얼굴 화장	얼굴을 희게 만드는 백분, 잇꽃(홍화, 홍람화)으로 만든 연지, 산단(백합)으로 만든 색분 사용
	눈썹 화장	미묵 사용
	머리 손질	아주까리나 동백기름을 사용함

고려 시대		• 신라의 화장 문화를 그대로 계승함(영육일치사상) • 신분에 따른 화장의 이원화 시작
	분대화장 (粉黛化粧)	기생 중심의 짙은 화장으로, 얼굴에는 많은 양의 분을 하얗게 도포하고, 눈썹은 가늘게 가다듬어 또렷하게 그리며, 머릿기름은 반질거릴 만큼 많이 바르는 것이 특징임
	비분대화장	여염집 여성(일반 여성) 중심의 엷은 화장
		• 불교의 영향으로 향낭 착용 • '면약'이라는 안면용 액체 화장품을 사용함

조선 시대		• 미인박명사상이 문화적 관념으로 자리 잡아 미에 대한 부정적 인식이 형성됨 • 유교 사상의 영향으로 여성의 외면적 아름다움보다 내면의 아름다움을 강조함 • 화장의 이원화의 세분화
	분대화장	기생·궁녀
	비분대화장	여염집 여성(일반 여성), 평소에는 청결 위주, 혼인·연회 외출 시 화장과 구분
		• 교방: 고려 시대와 조선 시대에 기생들에게 짙고 화려한 색조 화장법인 분대화장을 가르치던 교육 기관 • 보염서: 궁중 화장품을 전담·제작하는 기관 • 『규합총서』: 다양한 두발 형태, 열 가지 눈썹 모양, 화장품 제조 방법 및 화장 방법 수록 • 매분구(화장품 방문 판매상)와 방물장수가 화장품과 화장 도구 판매 • 분을 제조하는 '분장'과 향을 제조하는 '향장'이 있었음

[용어] **금당**
고구려 때 머리를 꾸미는 장신구

[참고] **쌍영총 고분벽화 여인상**

[참고] **수산리 고분벽화 귀부인상**

[용어] **미묵**
눈썹에 그리는 먹으로, 굴참나무, 너도밤나무 등의 재를 유연에 개어 만듦

[참고] **분대화장**
분대화장은 일반 여성들에게 진한 화장에 대한 거부감을 유발하였으나, 화장의 보급 및 화장품의 발전에 기여함

[용어] **향낭**
향을 넣어 차는 주머니

[참고] **조선의 화장품 제조 기술**
• 백분: 분꽃의 씨앗을 그늘에 말려 빻은 가루
• 연지: 홍람화(잇꽃)의 꽃잎을 말려 빻아 만듦
• 미안수: 수세미 줄기의 즙을 받아 화장수로 사용

시대	내용
근대개화기 (1876년~ 1930년대)	• 개항과 한일병합(1910년): 재래 화장품과 화장법이 현대식 화장품과 화장법으로 변화하기 시작함 • 1910년대: 일본과 중국, 프랑스 등에서 포장과 품질이 우수한 수입 화장품이 유입됨 • 1916: 가내수공업으로 만든 최초의 국산 화장품인 박가분(朴家粉)이 출시됨 • 1922년: 분 이외에 크림·향수·비누와 같은 외제 화장품이 수입되고 머릿기름과 미백로션 등이 출시됨
1940년대	• 1940년: 신여성과 영화배우의 현대식 화장법과 옷차림이 본격적으로 유행함 • 1945: 8·15 해방 이후 일제 화장품은 자취를 감추고 국산 화장품인 바니싱 크림, 에레나 크림, 모나미 크림, 포마드 등이 생산됨 • 메이크업의 특징: 흰 피부, 초승달 모양 눈썹, 눈 화장 강조, 볼 연지, 붉은 입술
1950년대	• 주둔 미군을 통해 미국의 화장품과 패션 등을 받아들임 • 1950년대 후반 화장품 산업이 성숙기를 맞이함 • 콜드크림 유행 • 오드리 헵번 스타일 유행: 굵은 눈썹, 길게 뺀 아이라인
1960년대	• 정부의 국산 화장품 보호정책에 따라 국산 화장품 산업이 본격적으로 발전함 (기초 화장품의 다양화) • 색조 화장품 생산 • 섹시 콘셉트의 메이크업 유행: 푸른색 눈 화장, 인조 속눈썹, 긴 아이라인 • 브리지트 바르도, 트위기 메이크업이 유행함
1970년대	• 화장품 회사의 메이크업 캠페인 • 입체 화장의 생활화: 다양한 컬러의 파운데이션·파우더, 다양한 색조의 립스틱 제조 • 의상에 맞춘 토털코디네이션 메이크업이 등장함
1980년대	• 남성 메이크업 보급 • 컬러TV 보급으로 화장의 급격한 발전, 색조 화장품 사용 증가 • T.P.O(Time, Place, Occasion)에 맞춘 토털코디네이션 메이크업
1990년대	에콜로지(Ecology)의 영향으로 자연스러운 색조를 사용함
2000년대 이후	• 웰빙이 대두되면서 피부 건강에 초점을 둠 • 미백·주름 개선을 위한 기능성 화장품이 대중화됨

참고 박가분

분을 물에 개어 하얗게 바름

용어 토털코디네이션

의상, 화장, 액세서리, 구두 따위를 머리부터 발끝까지 조화롭게 꾸미는 것

용어 에콜로지(Ecology)

원래는 '생태학'이라는 뜻이며, 패션에서 많이 사용되는 용어로, 자연 지향적 룩을 뜻함

참고 이집트 메이크업

▲ 투탕카멘

용어 코올(Kohl)

• 안티몬의 유화물
• 눈 언저리를 검게 칠하는 화장먹으로 사용
• 눈병을 예방하고 눈을 보호하기 위해 사용됨
• 오늘날 눈 화장의 기원이 됨

용어 안티몬(Antimony)

이집트에서는 안티몬에 섞여 있는 광석인 휘안석 가루를 기름과 반죽하여 눈 화장에 사용함

용어 공작석(Malachite)

녹색을 띠는 돌로, 눈 화장이나 장식용 또는 안료로 사용함

용어 오커(Ocher)

철산화물을 함유한 황토색

(2) 서양

고대	이집트 (Egypt)		• 고대 미용의 발상지 • 종교적이고 의학적인 목적에서 메이크업이 시작됨 • 사회적 신분 표시와 장식적 목적의 메이크업을 처음 시작함 • 이집트 메이크업의 목적
		보호의 목적	• 뜨거운 태양이나 벌레로부터 피부 보호를 위해 연고와 향유를 사용함 • 코올과 안티몬을 이용하여 눈을 보호함
		풍요와 다산 기원의 목적	물고기 모양의 눈 화장(공작석 사용)
		장식의 목적	• 오커를 볼과 입술에 바름 • 헤나를 이용하여 매니큐어, 염색, 손발바닥을 장식함
		위생과 신분 표시의 목적	남녀 모두 검은색·청색·금색 등의 가발을 착용함

고대	그리스 (Greece)	• 성별 및 신분에 따른 메이크업 <table><tr><td>남성</td><td>머릿기름과 향유를 바르고 목욕 후 마사지를 즐김</td></tr><tr><td>일반 여성</td><td>피부 관리</td></tr><tr><td>매춘부·무희</td><td>이집트 화장을 계승하여 화려함, 전신 화장</td></tr></table>• 특징 – 건강한 아름다움을 중시하여 목욕 문화 발달: 염소젖으로 목욕 – 흰 피부를 연출하기 위해 백납분을 사용하기 시작함 – 입술과 볼은 주홍빛 광물인 단사를 사용함 – 미간이 좁아 보이도록 눈썹을 길고 검게 그림
	로마 (Rome)	• 미용과 종교 의식을 위한 목욕 문화 발달(공중목욕탕) • 제모와 마사지, 몸 단련 등이 유행함 • 흰 피부를 연출하기 위해 백납분을 바름(얼굴, 목, 팔) • 눈을 강조하기 위해 안티몬이나 사프란으로 검게 화장함 • 볼과 입술은 식물성 염료와 적토 등으로 붉게 칠함 • 여드름이나 사마귀를 감추기 위해 애교점을 그림(뷰티패치)
중세	전기	• 기독교의 금욕주의 영향으로 메이크업과 가발이 제한됨 • 화장을 저속한 것으로 여김
	후기	• 십자군 전쟁 이후 동양에서 유입된 회교도의 화장 풍습인 안티몬, 향유 등이 유럽의 여성들 사이에 퍼지면서 몸에 대한 관심이 되살아남 • 몸의 악취를 감추기 위해 향수 사용 • 상공업의 발달로 시민 계급이 대두하면서 메이크업이 더욱 발달하게 됨 • 머리털을 제거하여 이마를 넓게 함
르네상스 시대 (14~16세기)		• 문예 부흥으로 연극 발달 → 연극 분장과 의상 발달 → 성별 구분 없이 화려한 장식과 사치스러운 화장이 유행함 • 대중에게서 파우더와 루주가 유행함 • 엘리자베스 1세 여왕의 화장법이 유행함 • 백납분을 하얗게 바르고 얼굴 전체를 깨끗이 면도함 • 머리를 이마 뒤로 넘겨 이마를 한층 강조함 • 눈썹을 뽑아 이마와의 경계를 없앰 • 볼과 입술을 엷게 표현함
바로크 시대 (17세기)		• 성별 구분 없이 화려하고 사치스러운 의상에 어울리는 진한 화장 • 불쾌한 체취를 감추기 위해 향수 사용 • 창백하고 흰 피부색과 밝은 눈썹, 뺨에는 붉은 연지를 칠하고 장미꽃 같은 입술을 표현함 • 흰 피부색을 강조하기 위해 파란 정맥을 그리기도 함 • 패치를 사용하여 창백한 피부를 강조하거나 주근깨와 여드름을 감춤
로코코 시대 (18세기)		• 체취 커버를 위한 향수가 보편화됨 • 남성들도 화장을 하였으며 패치 사용이 대유행함 • 백발의 유행에 맞추어 얼굴은 매우 희게 강조함 • 펜슬 타입의 루주가 등장함 • 플럼퍼(Plumper)를 입 안에 물어 뺨을 통통하게 보이도록 만듦 • 숱이 적은 눈썹은 인조눈썹(쥐의 피부 사용)을 붙여 커버함 • 벨라도나 즙을 이용하여 동공 확대 • 머리 치장에 많은 시간을 투자함

참고 **그리스 화장술 용어**
• 코스메티케 테크네(Kosmetike Techne): 의학적 보호 수단으로서의 화장
• 코모티케 테크네(Kommotike Techne): 과도한 치장으로서의 화장

참고 **엘리자베스 1세 여왕**

참고 **바로크 시대 메이크업**

성별에 관계없이 진한 화장과 사치스러운 치장을 즐김

참고 **로코코 시대 메이크업**

흰 파우더(쌀가루)로 백발을 만들고 화려하게 치장

용어 **플럼퍼(Plumper)**
볼을 보기 좋게 하기 위해 입 안에 무는 물건

용어 **벨라도나(Belladonna)**
풀에서 추출한 독액으로, 먹으면 동공이 확대되어 서클렌즈를 낀 듯이 보임

근대 (19세기)		• 뷰티살롱이 등장함 • 19세기 중반부터는 화장이 여성만의 전유물이 됨 • 메이크업의 경향이 자연스럽고 우아한 모습으로 변모함 • 창백하고 수척한 피부와 가녀린 여성이 미인으로 추앙됨 • 비누의 사용 보편화(위생·청결·피부 관리의 목적) • 크림과 로션의 대중화
현대	1900년대	1909년 러시아 발레단 공연으로 인해 오리엔탈 붐이 일어나 동양적인 색조가 인기를 끔
	1910년대	• 뷰티 아이콘: 테다 바라(Theda Bara), 폴라 네그리(Pola Negri) • 메이크업 – 검은색 일자형의 눈썹 – 눈 주위에 강한 음영 – 눈이 길어 보일 수 있도록 아이라인 처리 – 얇고 또렷한 입술을 작게 표현
	1920년대	• 인공적인 메이크업 확산 • 뷰티 아이콘: 클라라 보우(Clara Bow), 글로리아 스완슨(Gloria Swanson), 루이스 브룩스(Louise Brooks) • 메이크업 – 둥글고 정교하게 그려진 가는 눈썹 – 아이섀도로 눈이 들어가 보이도록 연출 – 검은색과 푸른색 마스카라 사용 – 붉은색 립스틱으로 인커브하여 연출, 꽃봉오리와 같은 입매 연출
	1930년대	• 불황으로 인한 경제 침체기, 할리우드 영화는 호황 • 뷰티 아이콘: 그레타 가르보(Greta Garbo), 마를렌 디트리히(Marlene Dietrich), 진 할로우(Jean Harlow), 조안 크로포드(Joan Crawford) • 메이크업 – 활 모양의 아치형 눈썹과 깊이감 있는 음영 아이홀 연출 – 마스카라와 인조 속눈썹 사용 – 적당한 유분기를 가진 레드브라운 립 컬러를 이용하여 인커브 형태로 입술을 그림
	1940년대	• 컬러영화가 제작되기 시작하여 다양한 색조 제품이 개발됨 • 피부를 완벽하게 보완하고 방수 효과가 있는 팬케이크 파운데이션이 개발됨 • 제2차 세계대전으로 인해 선블록, 위장용 크림 등 기능성 화장품이 개발됨 • 크리스찬 디올의 뉴룩이 등장함 • 이상적인 여성상: 핀업걸(Pin-up Girl) • 뷰티 아이콘: 리타 헤이워드(Rita Hayworth), 잉그리드 버그만(Ingrid Bergman) • 메이크업 – 두껍고 또렷한 아치형 눈썹 – 올라간 화살형의 아이라이너를 사용하여 선명한 눈 화장 연출 – 빨간 립스틱으로 볼륨감 있는 또렷한 입술 연출
	1950년대	• 산업화 촉진으로 소비가 증가하면서 패션 산업이 발달함 • 케이크형 콤팩트 파우더가 유행함 • 뷰티 아이콘 – 오드리 헵번(Audrey Hepburn): 귀엽고 청순한 이미지, 두꺼운 눈썹, 치켜 올라간 눈꼬리 – 마릴린 먼로(Marilyn Monroe): 섹시한 이미지, 길게 뺀 아이라인, 아웃커브된 빨간 입술, 매력점

참고 1910년대 뷰티 아이콘

▲ 테다 바라 ▲ 폴라 네그리

참고 1920년대 뷰티 아이콘

▲ 클라라 보우 ▲ 글로리아 스완슨

▲ 루이스 브룩스

참고 1930년대 뷰티 아이콘

▲ 그레타 가르보 ▲ 마를렌 디트리히

▲ 진 할로우 ▲ 조안 크로포드

참고 1940년대 뷰티 아이콘

▲ 리타 헤이워드 ▲ 잉그리드 버그만

참고 1950년대 뷰티 아이콘

▲ 오드리 헵번 ▲ 마릴린 먼로

현대	1960년대	• 전쟁 이후 태어난 베이비붐 세대와 하류 계층이 패션의 흐름을 주도함
		• 고형 립스틱이 출시됨
		• 아이섀도, 파운데이션, 마스카라 등이 대량 제조됨
		• 1960년대 후반 상업주의에 대한 반발로 히피가 출현함
		• 뷰티 아이콘
		  – 브리지트 바르도(Brigitte Bardot): 야성미, 육감적 메이크업, 아이 메이크업 강조, 립은 라인을 강조하고 색상은 흐리게 표현함
		  – 트위기(Twiggy): 미소년 같은 말괄량이 이미지, 아이라인과 마스카라, 인조 속눈썹을 사용하여 눈을 강조, 립은 흐린 색으로 창백하게 표현, 가짜 주근깨

	1970년대	• 여성의 활동 증가로 인해 건강하고 적극적이며 개성 있는 스타일을 선호함 • 라이트 파운데이션이 출시됨 • 일광욕으로 건강한 피부 관리(태닝 → 부의 상징) • 사회질서에 대한 저항으로 펑크족이 출현함 • 립 표현: 립라이너로 형태를 그리고 립글로스를 안쪽에 바름 • 뷰티 아이콘: 파라포셋(Farrah Fawcett)
	1980년대	• 다양한 컬러의 색조 화장이 유행함 • 앤드로지너스룩 유행(성별 구별 없이 각자 개성을 표출) • 여드름 방지 화장품, 노화 방지 크림 등의 기능성 화장품 개발 • 워터프루프(Water proof) 마스카라 등장 • 뷰티 아이콘: 브룩 쉴즈(Brooke Shields), 마돈나(Madonna), 소피 마르소(Sophie Marceau) • 화장을 자신의 건강함과 개성을 나타내는 수단으로 이용함
	1990년대	• 경기 침체와 걸프전의 영향으로 복고적인 경향과 미래적 경향이 공존함 • 환경 문제의 대두로 천연 원료 추출 • 노화 방지 성분 등이 개발됨 • 자연스러운 피부 표현 및 아이섀도와 립 연출 • 1990년대 말 아방가르드한 사이버·테크노 이미지 메이크업이 유행함 • 펄과 글리터의 사용 증가 • 뷰티 아이콘: 기네스 펠트로(Gwyneth Kate Paltrow), 줄리아 로버츠(Julia Roberts)
	2000년대	• 웰빙의 대두로 피부 건강에 치중된 내추럴 메이크업이 인기 • 쇼 메이크업에서는 스모키 메이크업이 인기 • 다양한 트렌드가 공존함

참고 1960년대 뷰티 아이콘

▲ 브리지트 바르도　▲ 트위기

출제 예상문제

1 메이크업의 개념

01
메이크업의 일반적 의미로 옳은 것은?
① 일반적으로 캐릭터 창출을 목적으로 한다.
② 신체의 결점을 수정·보완하여 미적 가치를 추구하는 행위를 말한다.
③ 외적 형태의 아름다움을 추구하여 개성만을 연출하는 행위를 말한다.
④ 외적 위험요소들로부터 신체를 보호하고 신체적 아름다움만을 추구하는 행위를 말한다.

- 메이크업의 정의
  - 사전적 의미: '제작하다, 보완하다'라는 뜻
  - 일반적 의미: 화장품의 재료와 도구를 사용하여 얼굴 또는 신체의 아름다운 부분을 강조하고 부족한 부분을 수정 및 보완하는 미적 행위로, 개인의 정체성, 가치관 등 미의식을 표현하는 것

02
메이크업의 목적에 해당하지 않는 것은?
① 본능적 목적 ② 실용적 목적
③ 표시적 목적 ④ 소통적 목적

- 메이크업의 목적
  - 본능적 목적: 개인 또는 종족 보존을 위해 본능적으로 성적 매력을 표현
  - 실용적 목적: 생활의 편의를 도모하거나 같은 종족임을 표시하여 외부 위험으로부터 보호·방어
  - 신앙적 목적: 주술적·종교적 행위
  - 표시적 목적: 신분, 계급, 결혼 여부를 구분 또는 표시

03
메이크업에 대한 설명으로 옳지 않은 것은?
① 처음으로 '메이크업'이라는 용어를 사용한 사람은 리처드 크라슈이다.
② 셰익스피어에 의해 '메이크업'이라는 용어가 대중화되기 시작하였다.
③ 메이크업은 '코스메티코스'라는 그리스어에서 유래되었다.
④ 메이크업은 장점을 부각시키고 단점을 보완하는 행위이다.

- 1910년대에 활동한 맥스팩터에 의해 '메이크업'이라는 용어가 대중화되기 시작함
- 16세기 셰익스피어 희곡에서 '페인팅'이라는 용어가 처음 등장함

04 신규 문제 공략
화장을 나타내는 용어에 해당하지 않는 것은?
① 토일렛(Toilet) ② 코스메틱(Cosmetic)
③ 마누스(Manus) ④ 드레싱(Dressing)

- 토일렛(Toilet): 화장을 포함한 몸치장 전반을 의미
- 코스메틱(Cosmetic): 그리스어 코스메티코스(Cosmeticos)에서 유래한 것으로, 메이크업은 코스메틱을 포함한 의미
- 드레싱(Dressing): '장식하다, 꾸미다'의 의미
- 마누스(Manus): 라틴어로 손을 의미하며, 큐라(Cura)와 함께 매니큐어의 어원에 해당

05
화장 용어와 그 뜻을 연결한 것으로 옳지 않은 것은?
① 담장 – 혼례나 의례 화장
② 농장 – 담장보다 짙고 염장보다 옅은 화장
③ 야용 – 분장
④ 성장 – 주목을 끌 만큼 화려한 화장

- 담장: 피부 손질 위주의 옅은 화장
- 응장: 혼례나 의례 등 행사 때 하는 또렷한 화장

06
단장과 가장 비슷한 의미를 가진 화장 용어는?
① 염장 ② 담장
③ 응장 ④ 성장

- 단장: 피부 손질부터 얼굴, 옷차림, 장신구 등을 수수하게 치장
- 담장: 피부 손질 위주의 옅은 화장
- 염장: 요염한 색채를 표현한 짙은 화장
- 응장: 혼례나 의례 등 행사 때에 하는 또렷한 화장
- 성장: 주목을 끌 만큼 화려한 화장

| 정답 | 01 ② | 02 ④ | 03 ② | 04 ③ | 05 ① | 06 ② |

07 신규 문제 공략

메이크업의 기원설 중 나라마다 특정 문양 및 색과 향을 이용하여 재앙을 물리치고 기도하는 것에서 메이크업이 유래되었다고 보는 것은?

① 보호설 ② 종교설
③ 표시설 ④ 장식설

종교설: 주술적·종교적 행위로 특정 문양 및 색과 향을 이용하여 재앙을 물리치고 신을 숭배하는 데에서 메이크업이 유래되었다고 보는 이론

08

적의 위험으로부터 신체를 보호하고 전쟁 또는 사냥을 승리로 이끌고자 새의 깃털이나 짐승의 치아, 뿔, 뼈, 식물성 색소들을 이용하여 얼굴이나 신체를 위장하는 데에서 메이크업이 유래되었다고 보는 이론은?

① 위장설 ② 신분표시설
③ 미화설 ④ 종교설

- 신분표시설: 개인의 사회적 지위나 계급, 성별, 결혼 여부 등을 표시하는 데에서 메이크업이 유래되었다고 보는 이론
- 미화설: 타인에게 자기 외모의 아름다움을 표현한 데에서 메이크업이 유래되었다고 보는 이론
- 종교설: 주술적·종교적 행위로 특정 문양 및 색과 향을 이용하여 재앙을 물리치고 신을 숭배하는 데에서 메이크업이 유래되었다고 보는 이론

09

메이크업의 기능 중 개인의 성격이나 사고방식 등의 내면을 표현하는 기능은?

① 표현 창출의 기능 ② 미화적 기능
③ 심리적 기능 ④ 사회적 기능

- 표현 창출의 기능: 시나리오나 대본에서 요구하는 이미지나 캐릭터를 표현
- 미화적 기능: 인간의 본능적인 기능으로 얼굴의 결점을 가리고 장점을 살려 아름다움 추구
- 사회적 기능: 신분·직업·계급을 표시, 사회의 관습 및 예의 표현

2 메이크업의 역사

10

우리나라 메이크업의 역사에 대한 설명으로 옳지 않은 것은?

① 말갈 – 피부 미백을 위하여 소변으로 세안하였다.
② 고려 – 신분에 따른 화장의 이원화가 시작되었다.
③ 신라 – 분은 바르되 연지는 바르지 않았다.
④ 백제 – 일본에 화장 문화와 화장품 제조 기술을 전수하였다.

시분무주(施粉無朱): 백제인의 화장법으로, '분은 바르되 연지를 바르지 않음'을 뜻함

11

신라 시대에 굴참나무, 너도밤나무 등의 재를 유연에 개어 만든 화장품은?

① 연지 ② 미묵
③ 홍화 ④ 백분

미묵: 굴참나무, 너도밤나무 등의 재를 유연에 개어 만든 화장품으로, 눈썹을 그릴 때 사용

12

분대화장이 처음 나타난 때는?

① 고려 ② 조선
③ 백제 ④ 개화기

신분에 따른 화장의 이원화는 고려 시대에 처음 나타남

13 신규 문제 공략

다음 중 여염집 여성들의 옅은 화장법과 구분되는 기생들의 짙고 화려한 색조화장법을 가르치던 교육 기관은?

① 보염서 ② 규합총서
③ 후한서 ④ 교방

기생들은 교방에서 가르친 방법대로만 화장하도록 하였으며, 이를 분대화장법이라함

14 신규 문제 공략

고려시대 분대화장 방법에 대한 설명으로 옳은 것은?

① 머리의 유분기를 없애기 위해 분을 발랐다.
② 분은 바르되 연지를 사용하지 않았다.
③ 얼굴을 창백하게 분으로 도포하였다.
④ 눈썹을 굵고 검게 그렸다.

분대화장: 얼굴에는 많은 양의 분을 하얗게 도포하고, 눈썹은 가늘게 가다듬어 또렷하게 그리며, 머릿기름은 반질거릴 만큼 많이 바르는 것이 특징

15

한국에 현대식 화장법이 본격적으로 유행하게 된 때는?

① 1910년대 ② 1920년대
③ 1940년대 ④ 1950년대

- 1910년대: 일본과 중국, 프랑스 등에서 포장과 품질이 우수한 수입 화장품이 유입됨
- 1922년: 분 이외에 크림·향수·비누와 같은 외제 화장품이 수입됨
- 1950년대: 주둔 미군을 통해 미국의 화장품, 패션 등을 받아들임

| 정답 | 07 ② 08 ① 09 ③ 10 ③ 11 ② 12 ① 13 ④ 14 ③ 15 ③

16 신규 문제 공략
고대 이집트 메이크업에 대한 설명으로 옳지 <u>않은</u> 것은?

① 피부를 희게 표현하기 위해 백납분을 사용하였다.
② 코올과 안티몬을 활용하여 눈을 보호하였다.
③ 태양이나 곤충으로부터 피부를 보호하기 위하여 향유를 발랐다.
④ 풍요와 다산 기원의 목적으로 물고기 모양 눈 화장을 하였다.

> 백납분은 그리스 시대부터 사용하기 시작함

17 신규 문제 공략
다음 중 얼굴을 꾸미는 장식적 화장과 의학적 보호 수단으로서의 화장을 합친 용어는?

① 코스메티코스(Cosmeticos)
② 코모티케(Kommotike)
③ 코스메틱(Cosmetic)
④ 코스메티케(Kosmetike)

> 코스메티케 테크네(Kosmetike Techne): 의학적 보호 수단으로서의 화장을 나타내는 그리스 화장술 용어

18
고대 로마 시대의 미용 문화에 대한 설명으로 옳은 것은?

① 미간이 좁아 보이도록 눈썹을 길고 검게 그렸다.
② 흰 피부색을 강조하기 위해 파란 정맥을 그렸다.
③ 미용과 종교 의식을 위한 목욕 문화가 발달하였고 공중목욕탕이 생겨났다.
④ 기독교의 금욕주의 영향으로 가발과 메이크업이 제한되었다.

> • 그리스 시대: 미간이 좁아 보이도록 눈썹을 길고 검게 그림
> • 바로크 시대: 흰 피부색을 강조하기 위해 파란 정맥을 그리기도 하고 패치를 사용하여 창백한 피부를 강조하기도 함
> • 중세시대 전기: 기독교의 금욕주의 영향으로 메이크업과 가발이 제한되었고 화장을 저속한 것으로 여김

19 신규 문제 공략
르네상스 시대 메이크업에 대한 설명으로 옳지 <u>않은</u> 것은?

① 피부색이 보이지 않을 정도로 백납분을 희게 도포하였다.
② 엘리자베스 1세의 짙은 메이크업이 성행하였다.
③ 눈썹을 뽑아 이마와의 경계를 없앴다.
④ 넓은 이마를 표현하기 위해 박쥐피를 이용하였다.

> 르네상스 시대 메이크업
> • 성별 구분 없이 화려한 장식과 사치스러운 화장이 유행
> • 대중에게서 파우더와 루주 유행
> • 엘리자베스 1세 여왕의 화장법 유행
> • 백납분을 하얗게 바르고 얼굴 전체를 깨끗이 면도
> • 머리를 이마 뒤로 기고 눈썹을 뽑아 이마를 한층 강조
> • 볼과 입술을 엷게 표현

20
창백한 피부를 강조하거나 흉터, 여드름 등을 감추기 위한 패치의 사용이 성행한 시기는?

① 이집트 시대
② 그리스 시대
③ 바로크 시대
④ 르네상스 시대

> 바로크 시대
> • 창백하고 흰 피부색과 밝은 눈썹, 뺨에는 붉은 연지를 칠하고 장미꽃 같은 입술을 표현함
> • 흰 피부색을 강조하기 위해 파란 정맥을 그리기도 함
> • 패치를 사용하여 창백한 피부를 강조하거나 주근깨와 여드름을 감춤

21
각 시대별 뷰티 아이콘이 바르게 연결된 것은?

① 1910년대 - 테다 바라
② 1930년대 - 클라라 보우
③ 1950년대 - 트위기
④ 1960년대 - 리타 헤이워드

> 시대별 뷰티 아이콘
> • 1910년대: 테다 바라, 폴라 네그리
> • 1920년대: 클라라 보우, 글로리아 스완스, 루이스 브룩스
> • 1930년대: 그레타 가르보, 마를렌 디트리히, 진 할로우, 조안 크로포드
> • 1940년대: 리타 헤이워드, 잉그리드 버그만
> • 1950년대: 오드리 헵번, 마릴린 먼로
> • 1960년대: 브리지트 바르도, 트위기

22
서양의 메이크업 역사에 대한 설명으로 옳지 <u>않은</u> 것은?

① 1960년대 - 아이라인, 마스카라, 인조 속눈썹으로 눈 화장을 강조하였다.
② 1950년대 - 뷰티 아이콘으로는 마릴린 먼로와 오드리 헵번이 있다.
③ 1940년대 - 크리스찬 디올의 뉴룩이 등장하였다.
④ 1930년대 - 검은색 일자형 눈썹과 눈 주위를 강하게 음영 처리하는 메이크업이 유행하였다.

> • 1910년대: 검은색 일자형 눈썹, 눈 주위에 강한 음영
> • 1930년대: 활 모양의 아치형 눈썹, 깊이감 있는 음영 아이홀 연출, 마스카라와 인조 속눈썹 사용, 적당한 유분기를 가진 레드브라운 립 컬러를 이용하여 인커브 형태로 입술 연출

23
선블록과 같은 기능성 화장품이 개발되기 시작한 시기는?

① 1910년대
② 1920년대
③ 1930년대
④ 1940년대

> 1940년대: 제2차 세계대전으로 인해 선블록, 위장용 크림 등 기능성 화장품이 개발됨

| 정답 | 16 ① 17 ④ 18 ③ 19 ④ 20 ③ 21 ① 22 ④ 23 ④

CHAPTER 02

위생관리 ⓒ

> **합격 TIP** 메이크업 작업환경 위생관리의 필요성과 적합한 환경의 조건 등을 숙지하고 메이크업 재료와 도구 및 기기의 관리, 소독법을 암기해 두도록 합니다.

1 메이크업 작업장 관리

(1) 메이크업 작업환경 위생관리의 필요성
① 메이크업 작업환경에서 질병 감염 경로로 메이크업 작업자의 개인위생과 메이크업 재료 및 도구, 기기, 작업환경(실내공기, 화학물질 노출) 등이 오염원으로 작용할 수 있으므로 유해 요인을 제거하기 위한 위생관리가 필요함
② 메이크업 작업장은 불특정 다수인이 출입하면서 병원균을 옮겨오기 때문에 소독과 위생관리 면에서 더욱 철저하고 특별한 관리가 요구됨

(2) 메이크업 작업환경의 유해 요인

실내공기		• 각종 화학물질의 사용에 따른 실내공기 오염 • 밀폐된 장소에서 다수 인원이 배출하는 이산화탄소 • 메이크업 작업 시 에어브러시로 제품 분사 및 메이크업 제품의 가루날림
작업환경	작업대 · 트레이	메이크업 제품 사용에 따른 가루날림, 얼룩, 착색 등의 오염
	의자 · 거울 · 상담 테이블	먼지, 착색 등 다수 인원의 사용에 따른 오염
실내환경	바닥	신발에서 떨어진 흙이나 사용한 메이크업 재료에 의한 오염
	대기실	다수 인원의 사용에 의한 소파, 쿠션, 방석 등의 오염
	카운터 및 입구	유해공기 유입, 외부에서 들어오는 흙이나 빗물 등 다수 인원의 사용에 따른 오염
	화장실 · 세면대	환기 문제로 생기는 악취, 다수 인원의 이용과 물 사용으로 생기는 세면대 주변, 바닥 등 오염

(3) 작업환경에 따른 사용 세제

매장 내부	무취 · 무독 · 무해한 일반 세제를 사용
재료 · 도구 · 장비	살균제가 포함된 살균용 세제를 사용
손 · 기구 · 식기	세제, 세척제, 유화제 등이 포함된 무색 · 무취의 계면활성제 세제를 사용

(4) 메이크업 작업장 환경
① 실내공기의 오염원인: 실내에 많은 사람이 밀집되면 이산화탄소 증가, 산소 부족, 기온 및 습도 등의 변화로 실내오염이 발생함

② 실내공기 오염 방지를 위한 환기시설 확보

자연환기	• 문이나 창문을 통한 바람이나 온도차에 의해 이루어지는 환기 • 실내외의 온도차가 5℃ 정도일 때 공기순환이 촉진됨 • 하루에 2~3회 이상 환기
인공환기	다수의 사람이 모이는 장소에 환풍기, 배기장치, 공기청정기 등 설치

③ 쾌적한 실내공기 유지를 위한 적정 온·습도
- 적정 온도: 18±2℃
- 적정 습도: 40~70%
- 실내외 온도차: 5~7℃

④ 영업장 안의 적정 조명도: 75lux 이상이 되도록 유지

(5) 메이크업 작업장 내부 청소 및 관리
① 작업장 안의 벽과 바닥 청소 및 쓰레기통의 청결 유지
② 환기시설을 설치하여 쾌적한 실내공기 유지
③ 환풍시설, 냉·난방시설의 주기적인 필터 교체
④ 실내소독은 3% 석탄산용액, 3% 크레졸용액, 1~1.5% 포르말린용액, 역성비누 사용
⑤ 살균기 내의 화학용액들은 자주 교환
⑥ 고객이 사용한 모든 설비는 알코올용액에 적신 면 패드로 닦거나 분무기로 분사하여 소독
⑦ 화장실은 항상 청결을 유지하고 비누, 손 소독제, 페이퍼 타월, 휴지 등의 여유분을 미리 준비하며 환기를 위해 환풍기, 배기장치 등 설치
⑧ 작업장 내에 흐르는 냉·온수시설을 갖추고 안정적으로 식수 공급
⑨ 건물 내에 쥐, 파리, 해충 등이 없도록 위생적으로 관리
⑩ 어떠한 애완동물도 숍 출입 불가

2 메이크업 재료·도구·기기 관리 및 소독

(1) 메이크업 재료 및 도구 관리 빈출
① 미용기구 중 소독을 한 기구와 소독을 하지 않은 기구는 각각 다른 용기에 넣어 보관함
② 메이크업 제품을 사용한 후에는 반드시 뚜껑을 닫아 공기의 접촉을 피하고 직사광선을 피하여 보관함
③ 뚜껑이 없는 제품은 수건을 덮어두거나 수납장 안에 보관함
④ 바닥에 떨어진 도구는 반드시 소독하여 사용함
⑤ 화장품 용기 안의 제품을 다 쓰더라도 가급적 다른 제품을 용기 안에 넣어서는 안 됨
⑥ 메이크업을 할 때 사용된 모든 도구들과 물건들은 세척하고 위생 처리하여 종류별로 분류하여 밀폐된 용기나 수납장 위생용기 안에 보관함

수건·터번·헤드캡	1회용을 사용하거나 세탁 및 일광·증기소독하여 사용
가운	사용 후 세탁 및 일광소독하여 사용
가위	70%의 에탄올 사용, 고압증기 살균 시 이물질 제거 후 가위 날을 거즈나 수건으로 싸서 소독
족집게·스파츌라·눈썹칼·믹싱팔레트	소독액이 묻은 천이나 거즈로 표면을 닦거나 소독액을 뿌리고 물기를 제거한 후 보관

용어 환기
건강상 문제가 되는 유해물질(일산화탄소, 질소산화물 등)로 오염된 실내의 공기를 개선하기 위해 가장 적합한 방법

참고 자연환기를 위한 창문의 면적
환기가 필요한 공간 바닥 면적의 1/20 이상이어야 함

참고 인공환기
- 송풍법: 실외의 신선한 공기를 실내로 공급하는 방법
- 배기법: 실내의 오염된 공기를 실외로 배출하는 방법

참고 미용실 시술 과정 중 전염 가능성이 큰 질병
결핵(호흡기 질환), 트라코마 등

용어 스파츌라
용기 안에 내용물이 있는 제품 사용 시 내용물을 덜어내는 도구

브러시	전용 클리너로 세척하거나 미온수에 중성세제로 세척한 후 린스 물에 헹구고 브러시 끝을 원래 모양대로 가지런히 모아 그늘에 뉘어 말림
스펀지	중성세제를 활용하여 세척 후 재사용이 가능하나 1회 사용 후 버리거나 잘라서 사용하는 것이 좋음
퍼프	중성세제로 세척 · 그늘 건조 후 일광소독하거나 자외선소독하여 별도 보관
아이래시컬러	사용 후 알코올로 닦고 3개월에 한 번씩 고무패드 교체
유리제품	건열멸균기 소독
면봉 · 화장솜 · 면도날	반드시 1회 사용 후 버림

> **참고** 브러시의 세척
> - 브러시를 매번 물로 세척할 수 없는 경우 알코올을 소량 묻혀 깨끗한 수건이나 거즈에 닦아 세척 가능함
> - 립 제품과 같은 유성 제품을 사용하는 인조모 브러시의 경우 클렌징크림 등을 이용하여 립스틱의 잔여분을 녹여내는 방법으로 세척 가능

(2) 메이크업 기기 관리

① 베드 · 미용의자 · 화장대 · 자외선소독기: 소독액(3% 석탄산용액, 3% 크레졸용액, 1~1.5% 포르말린용액, 역성비누 등)이 묻은 천이나 거즈로 표면을 소독함
② 에어브러시: 사용 후 화장품이 남아 있지 않도록 분리하여 세척한 후 물기를 제거하고 소독액이 묻은 천이나 거즈로 표면을 소독함
③ 보관: 소독한 기구(가위 · 브러시 · 유리볼)는 자외선소독기에 보관함

> **참고** 면도칼이나 눈썹가위 등으로 인한 상처 발생 시 B형간염의 감염 위험이 있으므로 사용 전후 반드시 소독 필수

3 메이크업 작업자 개인 위생관리

(1) 메이크업 아티스트로서 신뢰감과 전문성이 보이는 외모로 연출

① 깔끔한 헤어스타일과 자연스러운 화장
② 위생적인 손 관리 및 구강 청결
③ 단정하고 청결한 복장 유지
④ 바이러스성 질환이 유행할 때에는 고객과 본인의 감염 예방을 위해 반드시 마스크 착용

> **기타** 이 · 미용사의 위생복을 흰색으로 하는 이유
> 흰색이 위생복의 청결 상태를 가장 쉽게 확인 가능한 색이기 때문임

(2) 메이크업 작업 시 위생관리

① 신체와 구강을 청결히 하고 매일 깨끗한 유니폼 착용
② 메이크업과 헤어를 단정하게 유지
③ 손과 손톱을 청결히 유지
④ 작업 전후 철저히 손 소독
⑤ 모든 제품과 도구를 잘 정리하고 정비할 것
⑥ 제품의 오염 방지를 위해 스파츌라를 사용하여 내용물을 덜어내고, 한 번 덜어낸 내용물은 용기 안에 다시 넣지 말 것
⑦ 방부제와 소독제는 라벨링하여 안전하게 보관

(3) 고객의 위생관리

① 1회용 음료컵 사용
② 감기, 눈병 등 2차 감염이 가능한 질환자의 객담에 주의하며 가급적 다음에 시술을 받도록 정중히 요청

출제 예상문제

1 메이크업 작업장 관리

01
메이크업 작업장의 쾌적한 실내온도로 가장 적합한 것은?
① 15±5℃ ② 18±2℃
③ 20±5℃ ④ 23±2℃

> 쾌적한 실내공기 유지를 위한 적정 온도: 18℃±2℃

02
이·미용업소의 실내습도로 가장 적합한 것은?
① 25~55% ② 40~70%
③ 70~80% ④ 85% 이상

> 쾌적한 실내공기 유지를 위한 적정 습도: 40~70%

03
메이크업 작업장의 환기에 관한 설명으로 옳지 않은 것은?
① 자연환기를 위한 창문의 면적은 환기가 필요한 공간 바닥 면적의 1/20 이상이어야 한다.
② 실내외의 온도차가 8℃ 이상일 때 공기순환이 촉진된다.
③ 자연환기는 하루에 2~3회 이상 하는 것이 좋다.
④ 인공환기의 방법으로는 환풍기, 배기장치, 공기청정기 등이 이용된다.

> 실내외의 온도차가 5~7℃ 정도일 때 공기순환이 촉진됨

04
메이크업 작업장의 환경으로 가장 적합한 것은?
① 메이크업 숍의 조명도는 65lux 이상이 되도록 유지한다.
② 쾌적한 실내공기 유지를 위해 실내습도는 30% 이하로 유지한다.
③ 다수의 사람이 모이는 메이크업 숍에는 환풍기, 배기장치, 공기청정기 등의 설비가 갖추어져야 한다.
④ 환기를 위한 창문의 면적은 바닥 면적의 1/20 이하이어야 한다.

> • 영업장 안의 적정 조명도: 75lux 이상이 되도록 유지
> • 쾌적한 실내공기 유지를 위한 적정 습도: 40~70%
> • 환기를 위한 창문의 면적: 환기가 필요한 공간 바닥 면적의 1/20 이상

05
메이크업 작업장 내부 청소 및 관리에 대한 내용으로 적합하지 <u>않은</u> 것은?
① 살균기 내의 화학용액들은 자주 교환한다.
② 고객이 사용한 모든 설비는 알코올용액에 적신 면 패드로 닦거나 분무기로 분사하여 소독한다.
③ 작업장 내에 흐르는 냉·온수시설을 갖추고 안정적으로 식수를 공급할 수 있어야 한다.
④ 청결의 유지와 환기를 위해 화장실은 항상 문을 열어둔다.

> 화장실은 항상 청결을 유지하고 비누, 손 소독제, 페이퍼 타월, 휴지 등의 여유분을 미리 준비하며 환기를 위해 환풍기, 배기장치 등을 설치함

2 메이크업 재료·도구·기기 관리 및 소독

06
메이크업의 도구 관리를 위한 설명으로 옳지 <u>않은</u> 것은?
① 수건은 1회용을 사용하거나 세탁 및 일광소독하여 사용한다.
② 눈썹가위는 70%의 에탄올을 사용하여 소독한다.
③ 소독한 메이크업 기구와 소독하지 않은 기구는 표시하여 같은 용기에 보관한다.
④ 아이래시컬러는 사용 후 알코올로 닦고 3개월에 한 번씩 고무패드를 교체한다.

> 소독을 한 기구와 소독을 하지 않은 기구는 각각 다른 용기에 넣어 보관해야 함

07
메이크업 브러시의 관리법으로 옳은 것은?
① 뜨거운 물로 세척하여야 기름때를 효과적으로 제거할 수 있다.
② 중성세제로 세척한 후 린스 물에 헹구어야 한다.
③ 세척한 브러시는 햇빛에 소독 및 건조한다.
④ 브러시의 빠른 건조를 위해 브러시를 세워 말리도록 한다.

> 메이크업 브러시는 전용 클리너로 세척하거나 미온수에 중성세제로 세척한 후 린스 물에 헹구고 브러시 끝을 원래 모양대로 가지런히 모아 그늘에 뉘어 말려야 함

| 정답 | 01 ② 02 ② 03 ② 04 ③ 05 ④ 06 ③ 07 ②

08
미용의자, 화장대, 자외선소독기와 같은 기기를 관리·소독하기에 적합하지 않은 소독제는?

① 3% 석탄산용액 ② 역성비누
③ 3% 크레졸용액 ④ 생석회

> 미용의자, 화장대, 자외선소독기는 3% 석탄산용액, 3% 크레졸용액, 1~1.5% 포르말린용액, 역성비누 등이 묻은 천이나 거즈로 표면을 소독함

09
메이크업을 위한 도구 및 기기의 소독방법으로 적절하지 않은 것은?

① 아이래시컬러: 사용 후 역성비누액으로 닦고 6개월에 한 번씩 고무패드를 교체한다.
② 가위: 고압증기 살균 시에는 이물질 제거 후 가위 날을 거즈나 수건으로 싸서 소독한다.
③ 퍼프: 중성세제로 세척·그늘 건조 후 일광소독하거나 자외선소독기를 사용한다.
④ 가운: 사용 후 세탁 및 일광소독하여 사용한다.

> 아이래시컬러: 사용 후 알코올로 닦고 3개월에 한 번씩 고무패드 교체

3 메이크업 작업자 개인 위생관리

10
메이크업 아티스트의 개인 위생관리 방법으로 가장 적합하지 않은 것은?

① 메이크업 아티스트의 개성이 돋보일 수 있는 화려한 메이크업으로 전문성을 강조한다.
② 손톱은 깨끗하게 정리한 후 네일 컬러는 무난한 색을 선택한다.
③ 앞머리는 흘러내리지 않게 정리한다.
④ 자신의 체형에 적합하고 청결한 의상을 선택한다.

> 메이크업 아티스트의 개성이 돋보일 수 있게 메이크업을 하되 자연스러운 스타일로 연출해야 함

11
메이크업 작업 시 위생관리로 적합하지 않은 것은?

① 메이크업 제품의 오염 방지를 위해 스파츌라를 사용하여 내용물을 덜어낸다.
② 크림이 많이 덜어졌을 경우 피부에 닿지 않은 부분만 스파츌라를 이용하여 용기 안에 다시 넣어 보관한다.
③ 소독제는 라벨링하여 안전하게 보관하는 것이 좋다.
④ 메이크업 작업 전에는 반드시 손을 소독해야 한다.

> 제품의 오염 방지를 위해 스파츌라를 사용하여 내용물을 덜어내며, 한 번 덜어낸 내용물은 용기 안에 다시 넣지 말 것

12
메이크업 작업 시 아티스트와 고객의 위생관리 방법으로 적절하지 않은 것은?

① 제품은 깨끗하게 소독한 손으로 덜어낸다.
② 바이러스 질환이 유행할 때에는 반드시 마스크를 착용한다.
③ 고객에게 음료를 서비스 할 때에는 1회용 컵을 사용한다.
④ 아티스트의 손과 구강을 청결히 유지한다.

> 제품의 오염 방지를 위해 스파츌라를 사용하여 내용물을 덜어내고, 한 번 덜어낸 내용물은 용기 안에 다시 넣지 말 것

13
이·미용실에서 1회용 면도기를 사용함으로써 예방할 수 있는 질병은?

① 뎅기열 ② B형간염
③ 일본뇌염 ④ 결핵

> B형간염은 면도칼이나 눈썹가위 등으로 인한 상처 발생 시 감염의 위험이 큰 질병으로 세심한 주의 필요

CHAPTER 03
피부의 이해 B

합격 TIP 피부의 구조는 기능부터 부속 기관까지 고루 출제되므로 빠짐없이 숙지해 두도록 합니다. 각 영양소의 특징과 결핍 증상을 암기해 두어야 하며, 자외선의 종류와 특징, 피부의 면역작용과 노화, 피부장애도 한 번씩 출제되므로 꼼꼼히 살펴보도록 합니다.

1 피부와 피부 부속 기관

건강한 성인의 피부 표면 pH는 4.5~6.5이며, 습도, 온도, 계절 등의 영향을 받으나 땀에 의한 영향이 가장 큼

(1) 피부의 구조 빈출

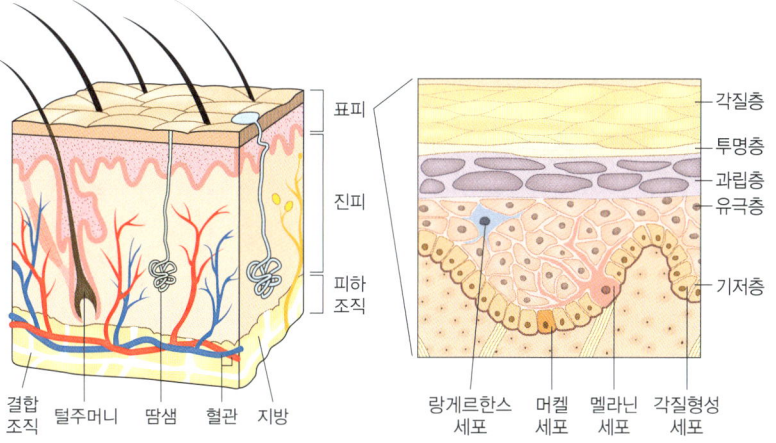

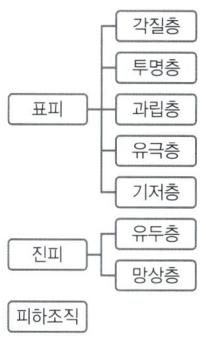

참고 피부의 구조
- 표피
  - 각질층
  - 투명층
  - 과립층
  - 유극층
  - 기저층
- 진피
  - 유두층
  - 망상층
- 피하조직

① 표피
- **역할**: 피부의 가장 표면층으로 외부 자극으로부터 신체를 보호하고 신진대사 작용을 함
- **구조** 빈출

각질층	• 표피의 가장 상부층으로 피부 방어막 역할 • 각화가 완전히 된 무핵의 죽은 세포층 • 비듬이나 때처럼 박리 현상을 일으킴 • 케라틴(각질세포) + 천연 보습인자 + 세포간지질 + 수분으로 구성됨
투명층	• 손바닥과 발바닥 등 비교적 피부층이 두꺼운 부위에 주로 분포함 • 무핵의 죽은 세포층 • 단백질(엘라이딘)을 함유하여 수분 침투를 방지하고 피부를 윤기 있게 함
과립층	• 피부의 수분 증발을 막아 피부 건조, 이물질의 침투, 피부염 유발을 방지하는 수분저지막(레인방어막)이 있음 • 무핵의 죽은 세포층 • 지방세포 생성 • 각화유리질과립(케라토하이알린과립)이 존재함

참고 표피
외배엽에서부터 발생

참고 천연 보습인자
- 구성: 아미노산, 젖산
- 역할: 피부 수분 보유량을 높임

참고 세포간지질의 구성 성분
세라마이드, 지방산, 콜레스테롤

참고 레인방어막의 역할
- 피부의 수분 증발 방지
- 피부 건조 방지
- 외부로부터 이물질의 침투 방지
- 체내에 필요한 물질이 체외로 빠져나가는 것을 방지
- 피부염 유발 억제

참고 각화유리질과립
케라틴 단백질이 뭉쳐 있는 작은 과립 모양의 세포로, 각화 과정에 중요한 역할을 함

유극층	• 표피 중 가장 두꺼운 층을 차지하는 유핵층 • 세포와 세포 사이에 림프액이 흐르고 있어 혈액순환이나 세포 사이의 물질 교환(피부 호흡, 노폐물 배출 등)을 용이하게 함 • 케라틴의 성장과 분열에 관여함
기저층	• 표피의 가장 아래층으로 진피의 유두층에서 영양을 공급받음 • 계란 모양의 핵을 가진 세포들이 일렬로 밀접하게 정렬되어 있으며 새로운 세포가 생성되는 유핵층 • 각질형성세포, 색소형성세포, 머켈세포가 존재함 • 털의 기질부(모기질)

- 표피를 구성하는 세포 〈빈출〉

각질형성세포 (각화세포)	• 표피의 80%를 차지하며, 기저층에 위치함 • 각화 주기는 약 4주(28일)이며, 반복적으로 각화 과정이 이루어짐
색소형성세포 (멜라닌세포)	• 기저층에 위치함 • 멜라닌의 크기와 양에 따라 피부의 색 결정 • 자외선을 흡수하여 세포의 변형과 죽음 방지
랑게르한스세포 (면역세포/간수뇨세포)	• 유극층에 위치함 • 피부의 면역 기능을 담당함 • 외부로부터 침입한 이물질을 림프구로 전달함 • 내인성 노화가 진행되면 감소함
머켈세포 (신경세포)	• 기저층에 위치함 • 신경섬유 말단과 연결되어 촉각을 감지함

② 진피
- 구성 및 역할
  - 점성을 갖는 탄력적 조직으로 교원섬유(콜라겐)조직과 탄력섬유(엘라스틴) 및 점성기질(히알루론산 등)로 구성됨
  - 신경과 혈관, 림프가 지나가며 표피에 영양분을 공급함
- 구조

유두층	• 표피의 경계 부위에 유두 모양의 돌기를 형성하고 있는 진피의 상단 부분 • 모세혈관과 신경이 집중되어 각질형성세포에 산소와 영양분을 공급함 • 수분을 다량 함유하고 있음
망상층	• 유두층 아래에 있으며, 진피의 80%를 차지함 • 교원섬유(콜라겐)+탄력섬유(엘라스틴)가 그물 모양으로 구성되어 있고 점성기질(히알루론산 등)이 존재함 • 혈관, 림프관, 신경층, 땀샘, 피지샘, 모낭이 분포함

③ 피하조직

특징	• 진피와 근육 사이에 위치, 피부의 가장 아래층 • 지방세포들이 성긴 그물 모양의 섬유조직으로 채워져 있음
역할	영양분 저장, 지방 합성, 열 차단(체온 유지), 외부 충격 흡수, 피부 탄력성 유지, 여성의 곡선미를 이루는 중요한 요소

> **참고** 사람의 피부색을 결정하는 요소
> - 멜라닌: 피부색과 모발색 결정
>   - 유멜라닌: 갈색–검정색 중합체
>   - 페오멜라닌: 적색–갈색 중합체
> - 헤모글로빈: 붉은색의 색소
> - 카로틴: 카로티노이드 색소의 일종으로, 당근, 호박 등에 함유, 황색 색소
> - 내인성 노화로 멜라닌 색소가 감소하기 때문에 고령층보다 젊은 층에 색소가 많음

> **참고** 망상층 구성 물질
> - 교원섬유(콜라겐): 진피의 90% 차지, 섬유아세포에서 생성, 나이가 들면 신장성이 떨어져 주름의 원인이 됨
> - 탄력섬유(엘라스틴): 섬유성 단백질인 엘라스틴으로 피부에 탄력과 신축성을 부여, 피부의 이완과 주름에 관여
> - 점성기질: 콜라겐과 엘라스틴 섬유 사이를 채우고 있는 친수성 다당체인 히알루론산, 황산콘드로이친 등으로 이루어짐

(2) 피부의 기능

보호 기능	물리적 보호	각질층과 피하지방층이 압력, 충격, 마찰 등 외부 자극으로부터 보호함
	화학적 보호	• 피지막이 박테리아의 침입을 방지함 • 멜라닌 색소가 자외선으로부터 보호함
	생물학적 보호	• 피부 표면의 약산성 피지막(pH 5.5)이 세균의 침투를 막고 발육 억제 • 세균 침입 시 랑게르한스세포가 면역시스템 가동
체온 조절 기능		땀 분비, 혈관 수축과 확장을 통해 체온을 일정하게 조절함
감각 기능		피부 내의 수용기가 통각, 압각, 온각, 촉각, 냉각 감지
분비·배설 기능		• 피지와 땀, 유기물질 등을 분비함 • 성인의 하루 평균 땀분비량: 700cc~900cc
비타민D 합성 기능		자외선 자극에 의해 프로비타민D가 비타민D로 합성됨
흡수 기능		모낭, 피지선, 한선을 통해 화장품 성분 등을 선택적·제한적으로 흡수하며 이물질의 흡수 방지
항상성 유지 기능		• 피부 표면의 피지와 땀의 pH를 5~6 정도의 약산성으로 유지함 • 땀의 발산과 모공 수축으로 피부 표면의 온도를 일정하게 유지함
저장 기능		영양분, 혈액, 수분 저장
호흡 기능		피부를 통해 산소를 흡수하고 이산화탄소를 방출하여 에너지를 생성함

참고 피지막
땀과 피지가 유화하면서 피지막을 형성함

참고 피부의 감각

통각	감각 중 가장 예민한 감각
온각	감각 중 가장 둔한 감각

피부 감각점의 분포
- 통각·촉각점: 진피의 유두층
- 온각·냉각·압각점: 진피의 망상층
- 분포 밀도: 통각 > 압각 > 촉각 > 냉각 > 온각

(3) 피부 부속 기관의 구조 및 기능

① 한선(땀샘) 빈출
- 진피와 피하조직의 경계부에 위치함
- 체온 조절, 피부 표면의 수분과 pH 유지, 노폐물 배출

구분	위치와 분포	특징
소한선 (에크린선)	• 입술, 음부, 손톱을 제외한 전신에 분포 • 손발바닥, 이마에 집중 분포	• 나선형 땀구멍 • 체온을 유지하고 노폐물을 배출함 • 땀의 99%가 수분이며, 무색·무취 • 실밥을 둥글게 만 것과 같은 모양으로 진피 내에 존재함
대한선 (아포크린선)	겨드랑이, 유두, 배꼽, 성기 주변에 집중 분포	• 사춘기 이후 발달 • 여성이 남성보다 발달함 • 피부상재 박테리아가 땀을 분해할 때 특유의 냄새 발생

참고 피부의 구조

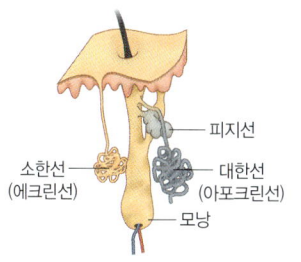

참고 피부 표면의 pH는 신체의 부위, 주위의 환경에도 영향을 받지만 땀 분비에 의해 가장 많이 영향을 받음

② 피지선(피지샘)
- 진피의 망상층에 위치함
- 모낭에 연결되어 있으며 피지를 만들어 모공으로 배출함
- 손바닥과 발바닥을 제외한 전신에 분포함
- 피부와 모발의 수분 증발을 방지하여 수분감과 윤기를 부여함
- 피부 표면을 약산성으로 유지하여 세균으로부터 보호함
- 성인은 하루 1~2g 정도의 피지를 분비함

참고 피지 관련 호르몬
- 안드로겐: 피지 생성 촉진
- 에스트로겐: 피지 분비 억제

참고 피지의 기능
- 피부의 항상성 유지
- 살균 작용
- 유독 물질 배출
- 피부 보호

③ 모발
- 특징

성분	케라틴(80~90%)+멜라닌+지질+수분
성장 속도	하루에 0.2~0.5mm 성장
건강한 모발	• pH: 4.5~5.5 • 단백질 함량: 70~80% • 수분 함량: 10~15%

- 기능: 추위 등 외부 환경으로부터 보호, 감각 전달, 충격 완화, 노폐물 배출, 장식
- 구조

모간	피부 밖으로 나와 있는 부분	
	모표피	모발의 가장 바깥 부분
	모피질	모표피의 안쪽, 멜라닌 색소를 가장 많이 함유
	모수질	모발의 중심부로 멜라닌 색소 함유, 가는 모발일수록 존재하지 않음
모낭	• 모근을 둘러싸고 있는 부위 • 털을 만드는 기관	
모근	• 피부 속 모낭 안에 존재함 • 모구, 모유두, 모모세포로 이루어짐	
	모구	모낭의 아랫부분
	모유두	• 모낭 끝의 작은 돌기 조직으로, 모발의 영양 공급과 성장을 관장함 • 산소와 영양 공급이 활발하고 자율신경이 분포함
	모모세포	모발을 만들어 내는 세포

- 생장 주기

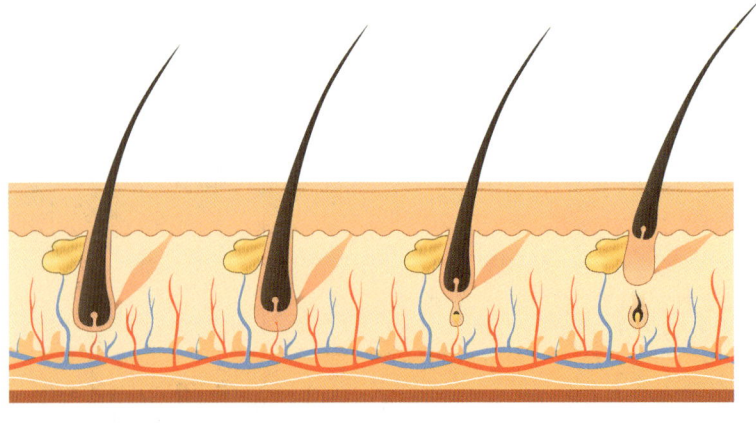

▲ 성장기　　▲ 퇴화기　　▲ 휴지기　　▲ 발생기

성장기	• 모근의 세포 분열 및 증식 작용이 활발한 시기 • 모발의 80~90%가 해당 • 평균 성장 기간: 남성은 3~5년, 여성은 4~6년
퇴화기	• 모발의 성장이 느려지는 시기 • 모발의 1%가 해당 • 기간: 3~4주

참고 모발의 팽윤성
- 모발이 수분을 흡수하면 길이는 1~2% 길어지고, 두께는 12~15% 정도 두꺼워지는 현상
- pH4~5에서 가장 낮은 팽윤성을 나타내며 pH8~9에서 급격히 증대

참고 케라틴
- 시스틴, 글루탐산, 알기닌 등의 아미노산으로 구성
- 시스틴은 황을 함유한 황아미노산(10~14%로 가장 높은 함유량)으로 모발을 태우면 노린내 발생

참고 모발의 구조

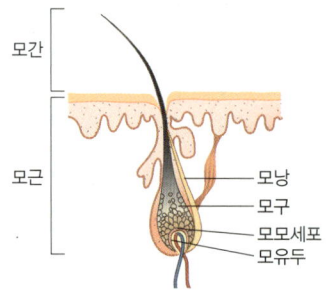

참고 모간의 구조

휴지기	• 모발의 성장이 멈추고 가벼운 물리적 자극에 의해 쉽게 탈모되는 단계 • 모발의 14~15%가 해당 • 기간: 3~4개월
발생기	• 모유두가 모근부와의 결합으로 다시 세포 분열이 일어나는 시기 • 새로운 모발이 자라나면서 휴지기의 노화된 모발을 밀어내어 빠짐 • 기간: 2~4개월

(4) 손톱

① 구조

조근 (네일 루트)	• 손톱의 성장이 시작되는 곳 • 손상되면 손톱이 빠짐
조체/조판 (네일 보디/ 네일 플레이트)	• 육안으로 보이는 손발톱판으로, 일반적으로 손톱이라고 부르는 부분 • 각질층이 변형된 것으로 얇은 겹으로 이루어져 조상을 보호하는 역할을 함
자유연 (프리에지)	• 모양과 길이를 자유롭게 조절할 수 있는 부분 • 스마일 라인 아래부터 손끝의 끝부분 단면까지를 지칭함
조상 (네일 베드)	조체를 받치고 있는 부분
조모 (네일 매트릭스)	조근 밑에 위치하여 각질세포의 생산과 성장을 담당함
조반월 (루눌라)	반달 모양의 손톱 아래 부분
스마일 라인 (옐로 라인)	자유연과 조상의 경계선
큐티클	병균 및 미생물의 침입을 방지하는 역할을 함
스트레스 포인트	손톱이 피부와 분리되기 시작하는 곳

② 성장
- 성장 속도: 하루에 0.1~0.15mm 성장
- 대체 기간: 5~6개월
- 10~14세에 가장 빨리 자라고, 20세 이후 속도가 저하됨
- 여름에 성장 속도가 빠름
- 손가락마다 성장의 속도가 다르고, 손가락을 많이 움직일수록 빨리 성장함

③ 건강한 손톱
- 단단하고 탄력과 윤기가 있어야 함
- 반투명의 핑크빛을 띠어야 함
- 아치 모양으로 손톱이 조상에 단단히 붙어 있어야 함
- 12~18%의 수분을 함유하고 있어야 함
- 갈라짐이나 부러짐, 흰 반점이 없어야 함

참고 손톱의 구조

참고 발톱의 대체 기간
발톱의 대체 기간은 9~12개월임

2 피부와 영양

(1) 3대 영양소

영양소란 에너지를 발생시키고 우리 몸을 구성하며, 몸의 기능을 조절하는 역할을 하는 물질

① 탄수화물(Carbohydrate)

기능 및 특징		• 신체의 중요한 에너지원(75%를 에너지원으로 사용) • 피부의 에너지 생성을 돕고 활력과 보습에 영향을 줌 • 혈당 유지(뇌는 포도당을 에너지로 사용) • 장에서 포도당, 과당, 갈락토오스의 형태로 흡수됨 • 최종 분해 산물: 포도당(글루코오스, Glucose) • 최종 저장 형태: 글리코겐 • 소화 흡수율은 99%에 가까움
종류	단당류	포도당, 과당(과일, 꿀), 갈락토오스(우유)
	이당류	자당, 맥아당, 유당
	다당류	전분, 글리코겐, 셀룰로오스(섬유소), 펙틴 등
영향	과잉	• 혈액의 산도를 높이고 간이나 피하조직에 글리코겐으로 저장되어 비만 유발 • 피지 분비량 증가 • 피부염, 부종 유발
	결핍	피로, 발육 부진, 체중 감소, 탈수

② 단백질(Protein) 빈출

기능 및 특징		• 피부, 근육, 손발톱 등 신체 조직을 구성함 • 소화효소와 호르몬을 합성함 • 피부의 탄력 증진과 각화 작용에 필수적인 요소로 pH를 조절함 • 효소, 호르몬, 면역과 항독 물질의 성분 • 면역세포와 항체 형성(신체방어 능력과 관계됨) • 분해 효소: 트립신
종류	필수 아미노산	• 신체에서 합성이 불가능하여 반드시 음식으로 섭취해야 함 • 성인(9가지): 히스티딘, 류신, 라이신, 트레오닌, 아이소루신, 메티오닌, 페닐알라닌, 트립토판, 발린 • 영아(10가지): 성인의 9가지+아르기닌
	비필수 아미노산	• 신체에서 합성 가능 • 알라닌, 아스파라진(아스파라긴), 아스파트산, 시스틴, 글루탐산, 글루타민, 글리신, 타이로신(티로신), 프롤린, 세린
영향	과잉	골다공증, 불면증, 신경 과민, 비만 유발
	결핍	성장 발육 부진, 소화기 질환, 빈혈

③ 지방(Fat)

기능 및 특징	• 고효율 에너지 공급원(1g당 9kcal의 에너지를 공급) • 필수 지방산 공급 • 체온 조절 및 장기 보호 • 지방산과 글리세린이 결합한 상태로 피부에 기름막을 형성하여 윤기와 탄력 부여 • 지용성 비타민(A, D, E, F, K)의 흡수 촉진

> **참고** 3대 영양소의 최종 분해 산물
> • 탄수화물: 포도당(글루코오스)
> • 단백질: 아미노산
> • 지방: 글리세롤

영양소의 역할에 따른 분류

열량 영양소	• 탄수화물, 단백질, 지방 • 신체를 움직이는 에너지원으로 몸에 필요한 에너지 공급
구성 영양소	• 탄수화물(1% 미만), 단백질, 지방, 물 • 몸의 발육을 위해 신체의 조직을 만드는 성분을 공급
조절 영양소	• 비타민, 무기질, 물 • 신체의 생리 기능 조절과 대사 조절 등의 보조 작용

> **참고** 아르기닌
> • 성인에게는 비필수 아미노산이지만, 영아에게는 필수 아미노산임
> • 암모니아나 대량의 아미노산의 독 작용에 대해 신체를 보호함
> • 어류의 정자에 존재하는 단백질 프로타민에 속하며, 청어·연어 등에서는 구성 아미노산의 약 70%를 차지함

종류	포화 지방산	• 주로 동물성 지방 • 체내 축적 시 고지혈증과 심혈관질환 유발

	불포화 지방산	• 필수 지방산
		  – 리놀레산, 리놀렌산, 아라키돈산
		  – 체내 합성이 되지 않아 반드시 음식물로 섭취
		  – 신체 성장 유지 및 기능 정상화
		  – 생체막 구성 성분
		• 순환계, 호르몬계, 면역계를 조절하고 콜레스테롤 억제, 항노화 기능

영향	과잉	콜레스테롤과 연관된 질환(비만, 동맥경화, 심장병), 여드름 유발
	결핍	체중 감소와 피지 분비 저하로 건조하고 거친 피부 유발

(2) 비타민(Vitamin)

① 수용성 비타민
- 물에 용해되고 소변으로 배출되어 매일 섭취가 필요함
- 결핍 증상이 비교적 빨리 일어남
- 모든 비타민B 복합체들은 분자 내에 질소를 함유하고 있음

비타민B₁ (티아민)	특징	신경자극 전달, 피부면역, 상처 치유, 피부 알레르기에 효과적임
	결핍	각기병, 알레르기, 여드름, 거친 피부, 식욕 부진, 피로감
	식품	돼지고기, 견과류, 곡물의 배아, 콩류
비타민B₂ (리보플라빈)	특징	혈액순환 촉진, 피부 보습과 탄력 유지, 피부염증 예방
	결핍	구순염, 비듬, 습진, 체중 감소, 접촉성 피부염, 빈혈, 백내장
	식품	간, 육류, 우유, 효모, 치즈, 달걀
비타민B₃ (나이아신)	특징	에너지 생산에 관여, 탄력 유지, 지질대사 개선, 피부염증 치료, 혈액순환 촉진, 신경물질 전달, 피부 수분 유지
	결핍	피부염증, 소화관 점막의 염증, 구토, 변비 또는 설사, 소화관 장애, 우울증, 무감각, 펠라그라(Pellagra)
	식품	우유, 난황류, 닭고기, 땅콩
비타민C (아스코르브산, 항산화 비타민)	특징	• 미백 효과(멜라닌 색소 억제), 색소침착 방지, 피부 탄력 부여 • 모세혈관 강화, 피부 손상 방지 • 피부 과민증 억제 및 해독 작용 • 콜라겐 합성에 관여하여 진피의 결체조직 강화
	결핍	괴혈병, 잇몸 출혈, 각화증, 고지혈증, 기미, 빈혈
	식품	감귤, 딸기, 녹색채소

② 지용성 비타민
- 기름과 유기용매에 녹으며 식품조리 시 비교적 손실이 적음
- 쉽게 몸 밖으로 배출되지 않고 결핍 증상이 서서히 일어남

비타민A (레티놀)	특징	• 상피 보호, 피부 재생, 주름과 각질 예방, 노화 방지 • 각화 주기에 관여하여 여드름을 감소시킴 • 피지 분비를 억제하여 각질 연화제로 사용
	결핍	야맹증, 결막건조증, 피부건조증, 손톱 홈 파임
	식품	녹황색채소, 해조류, 간유, 버터, 우유, 토마토, 당근

참고 비타민의 특징
- 소량으로 신체의 기능을 조절하고 영양소와 무기질 대사에 관여함
- 체내에서 자체 합성되지 않음

비타민의 기능
- 3대 영양소의 대사를 돕는 보조효소로 작용
- 성장 촉진
- 생식 능력 증진
- 소화기관의 정상 작용 도움
- 신경 안정
- 면역력 증진
- 상처 개선

참고 수용성 비타민의 기능

비타민B₁	피부 저항력 증진
비타민B₂	모세혈관 순환 촉진, 보습
비타민B₃	피부 탄력 유지
비타민B₅	에너지 생성 및 피로 개선
비타민B₆	피지 분비 억제 및 항염
비타민C	콜라겐 생성 촉진, 멜라닌 생성 억제, 항산화, 피로 억제
비타민H	항염, 세포 성장, 머리카락과 손톱에 영향
비타민P	혈관벽 강화

참고 지용성 비타민의 기능

비타민A	피부 재생, 노화 방지
비타민D	항구루병, 뼈와 치아 형성
비타민E	항산화, 항불임
비타민K	지혈

비타민D (칼시페롤)	특징	• 뼈와 치아 형성 및 발육 촉진, 골다공증 예방 • 자외선을 받으면 체내 합성 가능
	결핍	구루병, 골다공증, 습진, 건선
	식품	마가린, 난황, 버섯, 생선간유, 유제품
비타민E (토코페롤)	특징	항산화 기능, 노화 지연, 임신·생식에 관여함
	결핍	빈혈, 생식 기능 장애
	식품	곡물의 배아, 푸른 채소, 식물성 기름, 콩류
비타민K (메나퀴논)	특징	• 혈액 응고에 관여, 모세혈관 강화로 피부 홍반에 좋음 • 피부염과 습진 예방
	결핍	혈액 응고 지연, 피부나 점막에 출혈
	식품	푸른 채소, 난황, 우유, 간, 콩기름

[참고] 폐경기의 여성은 에스트로겐(여성호르몬)의 감소로 인해 골다공증 발생률이 증가함

(3) 무기질(Mineral)

구분	특징	결핍 증상
칼슘 (Ca)	• 골격과 치아의 주성분 • 혈액 응고에 관여 • 근육의 이완과 수축 작용 • 항산화 기능, 노화 지연, 임신·생식에 관여 • 혈압 및 혈액의 pH 조절	구루병, 골다공증, 충치, 신경과민증
철 (Fe)	• 적혈구의 헤모글로빈을 구성(혈액 색과 관련) • 체내에 가장 많은 무기질 • 산소 운반 • 면역 기능 • 혈행 개선	빈혈, 적혈구 감소
인 (P)	• 골격과 치아의 주성분 • 비타민 및 효소의 활성화에 관여 • 근육 수축, 신경 전달 • 체내 pH 조절	골연화증, 치아 발육 부진
마그네슘 (Mg)	• 삼투압 조절 • 신경 안정 기능 • 골격과 치아 구성	눈 주위 떨림, 근육경련, 불면증, 우울증
칼륨 (K)	• 삼투압, pH 조절 • 항알레르기 작용 • 체내 노폐물 배설 촉진	근육이완, 근육상실
나트륨 (Na)	• 주로 혈액에 존재 • 혈액과 피부 수분 균형에 관여 • 삼투압 조절 • 근육 및 신경의 자극 전도	피로감, 노동력 저하
요오드 (I)	• 갑상선 및 부신의 기능 촉진 • 체내 기초대사율 조절 • 피부와 모발 건강에 관여 • 모세혈관의 기능 정상화	갑상선 질환
황 (S)	• 모발과 손발톱의 구성 성분 • 케라틴 합성에 관여	거친 모발 및 손발톱 거침증

[참고] 무기질의 특징
• 신체 성장과 생식에 관여
• 에너지를 갖지 않음
• 골격과 치아의 주성분
• 근육의 이완과 수축에 관여
• 효소와 호르몬의 구성 성분
• 수분과 산, 염기의 평형 조절

체내 무기질 함량

칼슘	• 다량 원소 • 체중의 0.01% 이상
인	
마그네슘	
칼륨	
황	• 미량 원소 • 체중의 0.01% 이하
아연	
요오드	

[기타] 물의 기능
• 인체의 약 70% 차지함
• 체온 조절 및 면역력 강화
• 섭취한 영양소를 각 세포에 공급함
• 독성물질 및 노폐물을 체외로 배출함
• 혈액의 pH 균형 유지
• 각종 바이러스와 암세포의 면역시스템 강화
• 디스크나 관절의 충격 흡수 및 완충 역할
• 유전자 DNA의 손상 방지와 회복에 도움을 줌
• 피부의 노화 방지 및 눈 건강에 도움을 줌

[기타] 식이섬유의 기능
• 장의 연동 운동을 촉진하여 원활한 배변 작용을 도움
• 혈장 콜레스테롤의 저하
• 식사 후 당분의 흡수 속도 조절
• 포만감을 부여하여 과식 방지

3 피부와 광선

(1) 자외선
① 특징: 200~400nm의 파장의 태양광선으로, 눈으로 보거나 느낄 수 없으며 화학 반응을 일으킴

② 종류 빈출

분류	파장의 길이	피부 도달층	특징
UV-A	장파장 320~400nm	진피 망상층	• 생활자외선으로 피부 탄력 감소, 잔주름 유발 • 광노화 현상: 조사 즉시 색소(멜라닌) 침착 유발, 피부 건조의 원인 • 콜라겐과 엘라스틴 파괴·변형
UV-B	중파장 280~320nm	표피 기저층	• 피부 홍반(UV-A의 1,000배) 반응 • 일광 화상의 원인 • 기미, 비타민D 합성에 관여
UV-C	단파장 200~280nm	표피 각질층	• 대부분 오존층에 흡수되지만, 오존층 파괴로 인해 피부에 영향을 미치면 피부암이 발생할 수 있음 • 강력한 소독 및 살균 작용(UV-A의 1,000~10,000배)

③ 영향

긍정적 영향	• 신진대사 촉진 • 소독 및 살균 작용 • 노폐물 제거 • 비타민D 합성
부정적 영향	• 광노화 현상 • 색소침착 • 일광 화상 • 홍반 반응 • 피부암 유발

(2) 적외선
① 특징: 피부 깊숙이 침투하여 열을 발생하는 것으로, 열선이라고도 함

② 영향

긍정적 영향	• 혈관을 자극하여 혈액순환 촉진 • 체온을 높여 신진대사 촉진 • 근육이완, 통증 완화와 진정 • 식균 작용 • 피지선과 한선의 기능을 활성화하여 피부 노폐물 배출을 도움
부정적 영향	• 피부 화상 • 민감성피부 유발

참고 자외선

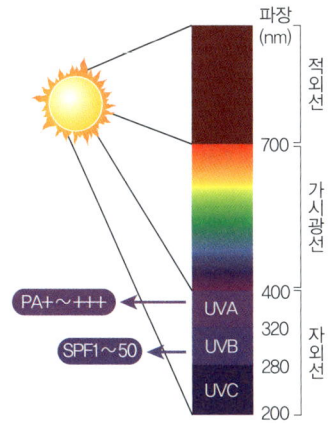

자외선이 가장 강한 시간
오전 10시~오후 3시(야외활동 주의 필요)

참고 멜라닌 합성에 영향을 주는 요소
• 유전적 요인
• 자외선
• 혈액순환의 정도
• 식습관
• 호르몬의 영향

용어 적외선
• 800nm~1mm에 해당하는 복사선
• 화학 작용은 극히 적으며 열작용은 크므로 열선이라고도 함
• 물체, 생체 내에 진입을 잘 하여 가열, 건조, 의료, 미용 등의 분야에서 사용

4 피부면역 빈출

(1) 피부의 면역 작용

랑게르한스세포	골수 기원성 세포로, 표피의 유극층에 존재하며, 면역을 담당함
표피의 각질층	외부로부터 피부 방어 및 보호
표피의 기저층	각질형성세포가 면역 조절에 작용함
피지선과 한선	피지와 땀이 만드는 산성막이 박테리아 성장을 억제함
피부염증	면역을 담당하는 대식세포가 침입한 세균을 방어하기 위해 피부염증을 일으켜 면역 반응을 함

> **참고** 면역 반응의 장·단점
>
> | 장점 | • 병원균에 대한 면역으로 숙주 보호
• 면역 감시세포로 암세포 제거 |
> |---|---|
> | 단점 | • 과민 반응
• 자가면역 반응
• 이식 거부증 |

(2) 특이성 면역(획득면역, 후천적 면역)

후천적 면역으로, 체내에 침입하거나 체내에서 생성되는 항원에 대해 항체가 작용하는 면역 기능

능동면역		몸이 스스로 병원체를 기억하여 방어
수동면역		예방접종을 통해 병원체 방어
3차 방어 면역 체계인자	B-림프구	• 체액성 면역 반응에 관여 • 림프구의 20~30% 차지함 • 세포 외 공간의 미생물을 파괴하여 세포 내 감염을 통한 전파 방지 • 골수에서 생성되며 비장과 림프절로 이동 • T-림프구의 도움을 받아 특정 병원체에 대항하는 항체 면역글로불린을 분비하는 형질세포로 분화
	T-림프구	• 세포성 면역에 관여 • 림프구의 3/4 차지함 • 세포 사멸을 유도하며 면역 기능, 알레르기와 관련됨 • 직접적으로 항원 공격 및 파괴

(3) 비특이성 면역(자가면역, 선천적 면역)

모체로부터 자연적으로 얻어진 면역으로, 모든 병원체에 대해 무작위로 대항하는 면역 기능

1차 방어기전	기계적 방어벽	피부각질층, 점막, 코털 등
	화학적 방어벽	콧물, 가래, 위액산도, 소화효소 등
	반사 작용	재채기, 섬모운동
2차 방어기전	식세포 작용	대식세포, 단핵구
	염증 및 발열	히스타민
	방어 단백질	보체, 인터페론
	자연살해세포 (Natural killer cell)	• 바이러스에 감염된 세포나 암세포를 직접 파괴하는 면역세포 • 간이나 골수에서 성숙

> **용어** 히스타민
>
> 비만세포에 의해 만들어지며 알레르기의 원인

5 피부노화

(1) 노화의 원인

① 호르몬의 변화
② 활성산소 라디칼 반응
③ 신진대사 과정에서 발생하는 독소
④ 신경세포의 피로
⑤ 스트레스
⑥ 자외선
⑦ 텔로미어 단축
⑧ 아미노산 라세미화

(2) 피부의 노화 현상 빈출

내인성 노화 (생리적 원인)	• 자연스럽게 나타나는 피부노화 • 피지와 땀 분비 감소 • 표피가 얇아지고 피부가 건조해지며 잔주름 발생 • 진피는 감소하고 표피의 각질층은 두꺼워짐 • 멜라닌세포 및 랑게르한스세포의 감소로 피부면역 기능 저하
외인성 노화·광노화 (환경적 원인)	• 건조한 환경, 바람, 추위, 공해로 인한 피부노화 • 자외선의 만성노출로 인하여 기미와 주근깨, 주름 유발, 노화 촉진 • 진피 내의 모세혈관이 확장되고 피부 표면이 두꺼워짐 • 멜라닌세포 수 증가 • 과색소침착증 발생 • 깊고 굵은 주름 발생 • 콜라겐의 변성과 파괴 • 랑게르한스세포의 저하로 면역력 저하 • 섬유아세포 수 감소 • 혈관벽의 비대로 혈관 탄력 저하

6 피부장애와 질환

(1) 피부질환

① 열에 의한 피부질환

고온	화상	뜨거운 열이나 물에 의한 상처
	땀띠(한진)	한관의 막힘으로 땀이 배출되지 않아 발생
	주사	• 열이나 다양한 자극에 대한 혈관 조절 기능 이상 • 주로 코와 뺨 등 얼굴의 중간 부위에 나비 모양으로 발생하는데 붉어진 얼굴과 혈관 확장이 주 증상 • 남녀 모두 10대 이후 모든 연령에서 볼 수 있으나, 30~50대에서 가장 흔하고 여자에게 더 자주 발생 • 간혹 구진, 농포, 부종 등이 관찰되는 만성 질환
	열성 홍반	강한 열에 지속적으로 노출되어 피부에 홍반과 과색소가 침착
저온	동상	낮은 기온에 의해 세포가 죽은 상태
	동창	한랭에 의한 비정상적인 국소염증반응
	한랭 두드러기	추위에 노출되는 경우 발생

참고 피부노화 이론
- 노화프로그램 이론: 인체의 유전 정보를 담고 있는 DNA에 인체가 늙어가도록 프로그래밍되어 있다는 이론
- 마모 이론: 가장 오래된 이론으로, 인체와 세포를 계속 사용하면 손상이 되어 노화가 일어난다는 이론
- 신경호르몬 이론: 신체의 중요한 기능들을 조절하는 생화학물질의 네트워크인 신경호르몬 체계에 초점을 맞춘 이론
- 프리라디칼 활성산소 이론: 활성산소가 세포를 손상시켜 단백질 기능과 DNA에 손상을 준다는 이론
- 텔로미어 이론: 염색체의 말단부에 존재하는 텔로미어가 세포 분열이 반복될수록 점점 짧아지고 결국 소실되어 세포노화를 유발한다는 이론

기타 라세미화(Racemization)
- 생명체를 구성하는 기본 물질의 순도가 감소하거나 상실되는 현상
- 생합성이나 대사의 과정에서 아미노산이나 당 등이 라세미화됨으로써 노화의 원인이 됨

참고 내인성 노화의 예방
- 섭취 열량 제한
- 항산화제 성분 섭취와 도포
- 보습제 사용
- 레티노이드제의 사용
- 호르몬 요법

참고 화상의 구분
- 1도 화상: 화상피부가 붉게 변하면서 국소 열감과 동통을 수반
- 2도 화상: 진피층까지 손상된 상태로 물집(수포)이 생기고, 붓고, 심한 통증이 동반
- 3도 화상: 피부 전층이 손상된 상태로 피부색이 흰색 또는 검은색으로 변하며, 피부 신경이 손상되어 통증을 느끼지 못함
- 4도 화상: 피부 전층과 근육, 신경 및 뼈 조직이 손상된 상태

② 습진에 의한 피부질환

접촉성 피부염	특정 물질과의 접촉으로 발생하는 피부염
지루성 피부염	과다한 피지 분비와 진균 증식에 의한 피부질환으로, 피지의 분비가 많은 부위(머리, 이마, 가슴, 겨드랑이 등)에 발생하기 쉬운 만성염증성 피부질환
아토피성 피부염	유전적·환경적 요인으로 피부장벽의 손실을 가져오며 원인이 정확하지 않음

③ 감염에 의한 피부질환

세균 (박테리아)	농가진	영유아의 피부에 잘 발생하는 얕은 화농성 감염
	모낭염	세균에 의해 모낭에 발생한 염증
바이러스	단순포진	단순성 포진 바이러스에 의한 피부 및 점막의 감염으로 주로 물집이 발생하는 질환(헤르페스)
	대상포진	몸의 좌우 한쪽 신경에 포진 바이러스가 감염되어 일어나는 질환
	수두	수두-대상포진바이러스로 인한 가려움을 동반한 수포성 발진
	사마귀	유두종바이러스(HPV)에 의해 구진 또는 판의 형태로 발생
	홍역	홍역 바이러스로 인한 급성 발진성 질환
	풍진	풍진 바이러스로 인한 귀 뒤, 목 뒤의 림프절 비대와 통증과 얼굴과 몸에 발진(연분홍색의 홍반성 구진) 발생
진균		무좀, 두부백선, 칸디다증, 어루러기 등

④ 색소성 피부질환

과색소성 피부질환	표피형 색소침착	기미, 주근깨, 검버섯, 흑색점 등
	진피형 색소침착	기미, 오타반점, 몽고반점 등
저색소성 피부질환		백색증, 백반증, 백피증 등

- 색소침착의 원인: 자외선, 내분비 기능 장애, 임신, 갱년기 장애, 유전적 요인 및 스트레스, 약물, 외상

⑤ 안검질환: 눈 주변 질환으로, 한관종과 비립종 등이 있음
- 한관종: 물사마귀라고도 하며 눈 주변, 뺨, 이마 등이 호발부위임
- 비립종: 피부 표면 가까이에 위치한 1mm 내외의 크기가 작은 흰색 혹은 노란색의 주머니로, 안에는 각질이 차 있는 낭종
  - 원발성 비립종: 자연적으로 발생하는 비립종으로, 모든 연령에서 발생이 가능하며, 솜털의 한 부분에서 기원. 안면, 특히 뺨과 눈꺼풀에서 잘 발생
  - 속발성 비립종: 물집병이나 박피술, 화상 등 피부 외상 후에 발생하는 잔류 낭종으로, 모낭, 땀샘 등에서 기원

⑥ 기계적 손상에 의한 피부질환
- 건선: 붉은 반점과 비늘처럼 일어나는 피부각질(인설)을 동반한 발진(구진)으로 압력이나 마찰을 받는 부위, 즉 팔다리의 관절 부위나 엉덩이, 두피 등에 흔히 나타나는 질환
- 그 외: 티눈, 욕창, 마찰성 수포, 지루 피부염, 소양감 등

참고 기미 발생 원인
- 임신 혹은 경구피임약의 복용 후 발생하며 그 외에는 태양광선에 대한 노출, 내분비 이상, 유전인자, 약제(항경련제), 영양 부족, 간 기능 이상 등에 의해 발생함
- 자외선에 노출되면 점점 더 검게 되며, 자외선을 차단하면 더 검게 변하지 않음

참고 비립종
- 양성의 피부 종양으로 번지지 않음
- 단발 혹은 다발성으로 발생
- 주로 미용 목적으로 치료

(2) 원발진과 속발진

① 원발진: 건강한 피부에 처음으로 나타나는 병적 변화

홍반	모세관 확장·충혈로 인해 피부가 붉게 변하는 상태
반점	피부 표면에 융기나 함몰 없이 원형이나 타원형으로 색깔 변화만 있는 것(기미, 주근깨, 오타모반)
반	반점보다 넓은 피부상의 색깔 변화
구진	고름 없이 표피에 형성되는 1cm 미만의 발진
판	구진이 커지거나 서로 뭉쳐서 형성된 넓고 평평한 병변
농포	• 피부 위로 고름이 잡히며 염증을 동반 • 주변 조직이 파손되지 않게 되도록 빨리 제거해야 함
결절	피부면에서 융기한 발진으로 구진보다 크고 단단함
낭종	액체나 반고체의 물질이 들어 있는 주머니 모양의 혹
팽진	심한 가려움증과 함께 피부가 부분적으로 부어오르는 증상(두드러기)
면포	피지 덩어리가 모공을 막아 좁쌀 크기로 튀어나와 있는 상태
종양	세포의 비정상적인 증식으로 생기는 큰 결절. 직경 2cm 이상
수포	피부의 간극에 액체가 괴여 표면이 반구 모양으로 융기한 상태

② 속발진: 원발진이 변화하여 다른 형태로 이어지는 병적 변화

미란	피부 또는 점막의 표층이 결손된 것
궤양	• 피부의 상피나 점막에 상처가 생기고 헐어서 염증과 출혈이 뒤따르는 상태 • 치료 후 흉터 발생
균열	심한 건조증이나 외상 또는 질병으로 인해 피부가 갈라진 상태
인설	표피의 상층에서 떨어져 나온 은백색의 각질(비듬)
가피	고름과 혈청이 굳어 피딱지처럼 보이는 현상
반흔(흉터)	• 진피로부터 피하조직까지의 결손 후 그 조직 결손부를 메운 흔적 • 땀샘이나 모낭 등 피부 부속 기관이 없을 수 있음
태선화	피부를 지나치게 긁어 가죽처럼 두꺼워지는 현상
농양	피부에 고름염이 생겨, 그 부분의 세포가 죽고 고름이 몰려 있는 상태
변지	손바닥이나 발바닥에 생기는 굳은살
위축	진피의 세포난 성분 감소로 피부가 얇아진 상태

CHAPTER 03 피부의 이해 | 출제 예상문제 B

1 피부와 피부 부속 기관

01
표피층의 순서를 바르게 나열한 것은?
① 각질층 → 투명층 → 과립층 → 기저층 → 유극층
② 각질층 → 유극층 → 투명층 → 과립층 → 기저층
③ 각질층 → 투명층 → 과립층 → 유극층 → 기저층
④ 각질층 → 과립층 → 투명층 → 유극층 → 기저층

> 피부의 표피는 표면에서부터 각질층 → 투명층 → 과립층 → 유극층 → 기저층의 순으로 되어 있음

02 〔신규 문제 공략〕
면역과 관련된 세포에 대한 설명으로 옳은 것은?
① 머켈세포: 진피의 신경섬유 말단과 연결되어 있어 피부의 신경자극을 뇌로 전달하며 면역 반응을 일으킨다.
② 랑게르한스세포: 피부에서 항원을 잡아 가까운 림프절로 이동하여 림프구에게 항원을 제공하여 면역 반응을 일으킨다.
③ 색소형성세포: 색소형성세포의 멜라닌소체는 기질 단백과 단백효소를 이용하여 면역 반응을 일으킨다.
④ 각화세포: 유극세포와 과립세포에 합성, 분해 과정을 거쳐 각질세포가 박리되며 면역 반응을 일으킨다.

> 랑게르한스세포: 외부로부터 침입한 이물질을 림프구로 전달하여 면역 기능을 하는 대식세포

03
기저층에 위치하며 신경섬유 말단과 연결되어 촉각을 감지하는 세포는?
① 머켈세포　　　② 랑게르한스세포
③ 각화세포　　　④ 멜라닌세포

> • 랑게르한스세포: 면역세포
> • 각화세포: 각질형성세포
> • 멜라닌세포: 색소형성세포

04
피부의 기능에 대한 설명으로 옳지 않은 것은?
① 각질층과 피하조직층이 압력, 충격, 마찰 등 외부 자극으로부터 신체를 보호한다.
② 피부 내의 머켈세포가 통각, 압각, 온각, 촉각, 냉각 등의 감각을 감지한다.
③ 자외선 자극에 의해 프로비타민D를 비타민D로 합성한다.
④ 피부 표면의 피지와 땀의 pH를 약산성인 5~6 정도로 유지한다.

> 피부 내의 수용기가 통각, 압각, 온각, 촉각, 냉각을 감지함

05
각질층에 대한 설명으로 옳지 않은 것은?
① 비듬이나 때처럼 박리 현상을 일으킨다.
② 표피를 구성하는 세포층 중 가장 상부에 있는 층으로 피부 방어막 역할을 한다.
③ 단백질을 함유하여 피부를 윤기 있게 한다.
④ 케라틴과 세포간지질, 천연 보습인자로 구성되어 있다.

> 투명층: 손바닥과 발바닥 등 비교적 피부층이 두꺼운 부위에 주로 분포하며, 단백질을 함유하여 피부를 윤기 있게 함

06
세포와 그 위치의 연결이 옳지 않은 것은?
① 각질형성세포 - 기저층
② 색소형성세포 - 과립층
③ 랑게르한스세포 - 유극층
④ 머켈세포 - 기저층

> 색소형성세포는 각질형성세포, 머켈세포와 함께 기저층에 분포함

07
손바닥과 발바닥에서 주로 볼 수 있는 세포층은?
① 기저층　　　② 각질층
③ 투명층　　　④ 유극층

> 투명층: 손바닥과 발바닥 등 비교적 피부층이 두꺼운 부위에 주로 분포

| 정답 | 01 ③ | 02 ② | 03 ① | 04 ② | 05 ③ | 06 ② | 07 ③ |

08
새로운 세포의 생성이 이루어지는 세포층은?

① 표피의 기저층 ② 진피의 망상층
③ 진피의 유두층 ④ 표피의 투명층

> 기저층: 표피의 가장 아래층으로 진피의 유두층에서 영양을 공급받으며 새로운 세포가 생성됨

09
피부의 수분 증발과 이물질의 침투를 방지하는 세포층은?

① 기저층 ② 과립층
③ 유극층 ④ 각질층

> 과립층: 피부의 수분 증발과 이물질의 침투를 방지하는 수분저지막(레인방어막)이 있어 피부염 유발을 방지함

10
엘라스틴에 대한 설명으로 옳은 것은?

① 나이가 들면 신장성이 떨어져 주름의 원인이 된다.
② 교원섬유와 탄력섬유 사이를 채우고 있는 친수성 다당체이다.
③ 피부에 탄력과 신축성을 부여한다.
④ 모세혈관과 신경이 집중 분포되어 있어 세포 분열이 일어난다.

> • 엘라스틴: 섬유성 단백질로, 피부에 탄력과 신축성을 부여함
> • 콜라겐: 나이가 들면 신장성이 떨어져 주름의 원인이 됨
> • 점성기질: 콜라겐과 엘라스틴 섬유 사이를 채우고 있는 친수성 다당체

11
피부의 구조에서 진피에 해당하는 세포층은?

① 망상층 ② 유극층
③ 투명층 ④ 과립층

> 진피
> • 유두층과 망상층으로 구성되어 있음
> • 망상층은 유두층 아래에 있으며 진피의 80%를 차지함
> • 교원섬유(콜라겐)와 탄력섬유(엘라스틴)가 그물 모양으로 구성되어 있음

12
피부의 항상성 유지 기능에 대한 설명으로 옳은 것은?

① 피부 표면의 피지와 땀의 pH를 3~4 정도의 약산성으로 유지한다.
② 땀의 발산과 모공 수축으로 피부 표면의 온도를 일정하게 유지한다.
③ 영양분, 혈액, 수분을 일정하게 저장·유지한다.
④ 세균 침입 시 랑게르한스세포가 면역시스템을 가동하여 몸의 건강 상태를 일정하게 유지한다.

> 항상성 유지 기능
> • 피부 표면의 피지와 땀의 pH를 5~6 정도의 약산성으로 유지
> • 땀의 발산과 모공 수축으로 피부 표면의 온도를 일정하게 유지

13
통각·촉각점이 분포하는 곳은?

① 진피의 망상층 ② 진피의 유두층
③ 표피의 유극층 ④ 표피의 과립층

> 피부 감각점의 분포
> • 통각·촉각점: 진피의 유두층
> • 온각·냉각·압각점: 진피의 망상층

14
한선에 대한 설명으로 옳은 것은?

① 손바닥과 발바닥을 제외한 전신에 분포되어 있다.
② 케라틴, 멜라닌, 지질, 수분으로 이루어져 있다.
③ 피부 표면의 수분과 pH를 유지시킨다.
④ 성인 기준 하루 1~2g 정도의 피지를 분비한다.

> • 한선: 진피와 피하조직의 경계부에 위치하며, 체온을 조절하고 피부 표면의 수분과 pH를 유지하고 노폐물을 배출함
> • 피지선: 손바닥과 발바닥을 제외한 전신에 분포하며, 성인은 하루 1~2g 정도의 피지를 분비함
> • 모발: 케라틴, 멜라닌, 지질, 수분으로 이루어짐

15
한선 중 사춘기 이후 발달하고 피부상재 박테리아가 땀을 분해할 때 특유의 냄새를 발생시키는 한선은?

① 아포크린선 ② 소한선
③ 에크린선 ④ 신경선

> 대한선(아포크린선): 겨드랑이, 유두, 배꼽, 성기 주변에 집중 분포되어 있으며, 사춘기 이후 발달하기 시작하고, 피부상재 박테리아가 땀을 분해할 때 특유의 냄새를 발생시킴

| 정답 | 08 ① | 09 ② | 10 ③ | 11 ① | 12 ② | 13 ② | 14 ③ | 15 ① |

16
피지선에 대한 설명으로 옳지 않은 것은?
① 성인은 하루 1~2g 정도의 피지를 분비한다.
② 손바닥과 발바닥을 제외한 전신에 분포되어 있다.
③ 피부와 모발의 수분 증발을 방지하여 수분감과 윤기를 부여한다.
④ 체온 조절을 하며 피부 표면의 수분과 pH를 유지한다.

한선: 체온 조절을 하며, 피부 표면의 수분과 pH를 유지함

17
건강한 모발의 pH는 얼마인가?
① pH 4.0~6.5 ② pH 4.5~5.5
③ pH 4.5~6.5 ④ pH 6.5~7.5

건강한 모발: pH 4.5~5.5 유지

18
머리카락의 색을 결정하는 세포가 가장 많이 분포된 부분은?
① 모근 ② 모구
③ 모낭 ④ 모피질

- 모피질: 모표피의 안쪽으로, 멜라닌 색소를 가장 많이 함유하고 있음
- 모근: 모구, 모유두, 모모세포로 이루어짐
- 모구: 모낭의 아랫부분
- 모낭: 털을 만드는 기관

19
모발을 태울 때 노린내를 발생시키는 성분은 무엇인가?
① 유황 ② 알기닌
③ 이산화탄소 ④ 탄소

모발 성분 중 시스틴은 황아미노산으로 모발을 태울 때 노린내가 발생함

20
모발의 구조와 이에 대한 설명으로 옳지 않은 것은?
① 모구 – 모낭의 아랫부분
② 모수질 – 피부 속 모낭 안에 존재
③ 모근 – 모구, 모유두, 모모세포로 구성
④ 모유두 – 모발의 영양 공급과 성장 관장

모수질: 모간에 존재하며 모발의 중심부로 멜라닌 색소를 함유하고 있음

21
손톱에 대한 설명으로 옳지 않은 것은?
① 손톱의 대체 기간은 약 5~6개월이다.
② 손톱의 성장 속도는 하루에 0.1~0.15mm이다.
③ 손톱은 겨울보다 여름에 성장 속도가 빠르다.
④ 손톱의 조상 부분은 손톱의 성장이 시작되는 곳이다.

조근(네일 루트): 손톱의 성장이 시작되는 곳으로, 손상되면 손톱이 빠짐

22
건강한 손톱의 적정 수분 함량은 얼마인가?
① 9~11% ② 12~18%
③ 16~20% ④ 18~21%

건강한 손톱은 단단하고 탄력과 윤기가 있는 반투명의 핑크빛으로, 수분 함량은 12~18%임

23
손톱의 구조와 이에 대한 설명으로 옳은 것은?
① 자유연 – 손톱이 피부와 분리되기 시작하는 곳
② 스마일 라인 – 병균 및 미생물의 침입을 방지
③ 조근 – 손톱의 성장이 시작되는 곳
④ 조모 – 각질층이 변형된 것으로 얇은 겹으로 이루어짐

- 자유연: 모양과 길이를 자유롭게 조절할 수 있는 부분
- 스마일 라인: 자유연과 조상의 경계선
- 조모: 조근 밑에 위치하여 각질세포의 생산과 성장을 담당함

2 피부와 영양

24
이당류에 해당하는 것은?
① 포도당, 과당, 갈락토오스
② 자당, 맥아당, 유당
③ 맥아당, 유당, 글리코겐
④ 전분, 글리코겐, 셀룰로오스, 펙틴

- 단당류: 포도당, 과당, 갈락토오스
- 다당류: 전분, 글리코겐, 셀룰로오스, 펙틴

25
면역세포와 항체를 형성하고 소화효소와 호르몬을 합성하는 영양소는?

① 비타민　　② 탄수화물
③ 지방　　　④ 단백질

단백질
- 피부, 근육, 손발톱 등 신체 조직을 구성함
- 피부의 탄력 증진과 각화 작용에 필수적인 요소로 pH를 조절함
- 소화효소와 호르몬 합성 및 면역세포와 항체 형성

26
필수 지방산에 포함되지 않는 것은?

① 리놀레산　　② 아라키돈산
③ 아스코르브산　④ 리놀렌산

필수 지방산: 세포의 성장과 신체의 발달 과정에 꼭 필요한 지방산이지만, 체내 합성이 되지 않아 반드시 음식물로 섭취해야 하며, 리놀레산, 리놀렌산, 아라키돈산 등이 있음

27
과잉 섭취 시 골다공증, 불면증, 신경 과민, 비만을 유발하는 영양소는?

① 비타민　　② 탄수화물
③ 지방　　　④ 단백질

- 단백질 과잉 섭취 시: 골다공증, 불면증, 신경 과민, 비만 유발
- 단백질 결핍 시: 성장 발육 부진, 소화기 질환, 빈혈

28
과잉 섭취 시 혈액의 산도를 높이고 간이나 피하조직에 글리코겐으로 저장되어 피지 분비량을 증가시키는 영양소는?

① 단백질　　② 탄수화물
③ 지방　　　④ 무기질

탄수화물 과잉 섭취 시
- 혈액의 산도를 높이고 간이나 피하조직에 글리코겐으로 저장되어 비만 유발
- 피지 분비량 증가
- 피부염, 부종 유발

29
과잉 섭취 시 동맥경화, 심장병, 여드름을 유발하는 영양소는?

① 지방　　　② 단백질
③ 비타민　　④ 탄수화물

- 지방 과잉 섭취 시: 콜레스테롤과 연관된 질환(비만, 동맥경화, 심장병), 여드름 유발
- 지방 결핍 시: 체중 감소와 피지 분비 저하로 건조하고 거친 피부 유발

30
장에서 포도당, 과당, 갈락토오스의 형태로 흡수되는 영양소는?

① 탄수화물　② 단백질
③ 지방　　　④ 무기질

탄수화물: 장에서 포도당, 과당, 갈락토오스의 형태로 흡수되며, 신체의 중요한 에너지원으로 혈당을 유지함

31
신체에서 합성이 불가능하여 반드시 음식으로 섭취해야 하며 히스티딘, 류신, 라이신 등이 속해 있는 영양소는?

① 탄수화물　② 비타민D
③ 단백질　　④ 마그네슘

히스티딘, 류신, 라이신은 단백질 중 필수 아미노산에 속하며 신체에서 합성이 불가능하여 반드시 음식으로 섭취해야 함. 그 외 필수 아미노산에는 트레오닌, 아이소루신, 메티오닌, 페닐알라닌, 트립토판, 발린 등이 있음

32
암모니아나 대량의 아미노산의 독 작용에 대하여 신체를 보호하며, 성인에게는 비필수 아미노산이지만 영아에게는 필수 아미노산인 것은?

① 아르기닌　　② 히스티딘
③ 트레오닌　　④ 트립토판

아르기닌
- 단백질을 구성하는 아미노산 중 하나임
- 어류의 정자에 존재하는 단백질 프로타민에 속함
- 청어·연어 등에서는 구성 아미노산의 약 70%를 차지함
- 암모니아나 대량의 아미노산의 독 작용에 대하여 신체를 보호함
- 영아의 필수 아미노산

|정답| 25 ④　26 ③　27 ④　28 ②　29 ①　30 ①　31 ③　32 ①

33
3대 영양소 중 탄수화물에 대한 설명으로 옳지 않은 것은?

① 피부의 에너지 생성을 돕고 활력과 보습에 영향을 준다.
② 탄수화물을 과잉 섭취하면 혈액의 산도가 높아지고 간이나 피하조직에 글리코겐으로 저장된다.
③ 탄수화물 결핍 시에는 피로, 발육 부진, 체중 감소, 탈수 현상이 발생한다.
④ 탄수화물의 다당류에는 전분, 글리코겐, 셀룰로오스, 갈락토오스가 있다.

> 탄수화물의 다당류에는 전분, 글리코겐, 셀룰로오스(섬유소), 펙틴 등이 있음

34
영양소에 대한 설명으로 옳지 않은 것은?

① 지방은 지방산과 글리세린이 결합한 상태로 피부에 기름막을 형성하여 윤기와 탄력을 부여한다.
② 성인이 섭취해야 하는 필수 아미노산은 히스티딘, 류신, 라이신, 트레오닌, 아이소루신, 메티오닌, 페닐알라닌, 트립토판, 아르기닌 등이 있고, 영아는 발린을 추가로 섭취해야 한다.
③ 불포화지방산 중 필수 지방산에는 리놀레산, 리놀렌산, 아라키돈산 등이 있고, 순환계, 호르몬계, 면역계를 조절하고 콜레스테롤을 억제하며 항노화 기능을 한다.
④ 탄수화물의 다당류에는 전분, 글리코겐, 셀룰로오스, 펙틴이 있다.

> 성인의 필수 아미노산에는 히스티딘, 류신, 라이신, 트레오닌, 아이소루신, 메티오닌, 페닐알라닌, 트립토판, 발린이 있으며, 영아는 성인의 9가지 필수 아미노산과 아르기닌을 섭취해야 함

35
영양소와 그 최종 분해 산물을 연결한 것으로 옳지 않은 것은?

① 지방 – 글리세롤　　② 단백질 – 아미노산
③ 비타민 – 미네랄　　④ 탄수화물 – 포도당

> 비타민: 몸의 여러 가지 기능을 조절하는 조절 영양소로, 단백질, 탄수화물, 지방, 무기질의 대사에 관여함

36
비타민 중 성격이 다른 하나는?

① 리보플라빈　　② 칼시페롤
③ 메나퀴논　　　④ 토코페롤

> • 리보플라빈(비타민B_2): 수용성 비타민
> • 칼시페롤(비타민D): 지용성 비타민
> • 메나퀴논(비타민K): 지용성 비타민
> • 토코페롤(비타민E): 지용성 비타민

37
다음의 기능을 가진 비타민은?

| 미백 효과, 색소침착 방지, 피부 탄력 부여, 콜라겐 합성에 관여 |

① 비타민A　　② 비타민B_2
③ 비타민C　　④ 비타민D

> 비타민C
> • 미백 효과(멜라닌 색소 억제), 색소침착 방지, 피부 탄력 부여
> • 콜라겐 합성에 관여하여 진피의 결체조직 강화

38
각 비타민과 그 효능을 바르게 연결한 것은?

① 비타민C – 헤모글로빈의 합성
② 비타민A – 피부 재생 및 노화 방지
③ 비타민E – 혈액응고 및 모세혈관 강화
④ 비타민D – 피부 과민증 억제 및 해독 작용

> • 비타민C: 미백 효과, 색소침착 방지, 피부 탄력 부여
> • 비타민E: 항산화 기능, 노화 지연, 임신·생식에 관여
> • 비타민D: 뼈와 치아 형성 및 발육 촉진, 골다공증 예방

39 신규 문제 공략
비타민A에 대한 설명으로 바르지 못한 것은?

① 피지 분비를 억제하여 각질 연화제로 사용된다.
② 간유, 버터, 우유, 토마토 등에서 섭취할 수 있다.
③ 각화 주기에 관여하여 여드름을 감소시킨다.
④ 철이나 칼륨과 결합했을 때 체내로 흡수된다.

> 비타민A는 지용성 비타민으로 지방이나 기름과 결합했을 때에만 체내로 흡수됨

정답 33 ④　34 ④　35 ③　36 ①　37 ③　38 ②　39 ④

40
결핍 시 각기병, 알레르기를 유발하는 영양소는?

① 비타민B₁ ② 비타민C
③ 비타민D ④ 비타민B₃

> 비타민B₁ 결핍 시: 각기병, 알레르기, 여드름, 거친 피부, 식욕 부진, 피로감

41
각 비타민과 결핍증이 바르게 연결된 것은?

① 비타민B₂ – 구순염 ② 비타민C – 야맹증
③ 비타민D – 각기병 ④ 비타민A – 괴혈병

> - 비타민C: 괴혈병, 잇몸 출혈, 각화증, 고지혈증, 기미, 빈혈
> - 비타민D: 구루병, 골다공증, 습진, 건선
> - 비타민A: 야맹증, 결막건조증, 피부건조증, 손톱 홈 파임

42
지용성 비타민에 대한 설명으로 옳지 않은 것은?

① 기름과 유기용매에 녹으며, 식품조리 시 비교적 손실이 많고, 쉽게 몸 밖으로 배출되지 않으며, 결핍 증상이 서서히 일어난다.
② 레티놀은 상피 보호, 피부 재생, 주름과 각질 예방 및 노화 방지 작용을 한다.
③ 토코페롤은 곡물의 배아나 푸른 채소, 식물성 기름, 콩류에서 섭취가 가능하다.
④ 비타민D는 뼈와 치아 형성 및 발육을 촉진하며 자외선을 받으면 체내 합성이 가능하다.

> 지용성 비타민은 기름과 유기용매에 녹으며, 식품조리 시 비교적 손실이 적고, 레티놀, 칼시페롤, 토코페롤, 메나퀴논 등이 있음

43
비타민과 그 작용에 대한 설명으로 옳지 않은 것은?

① 비타민B₂ – 혈액순환 촉진과 피부 보습
② 비타민C – 콜라겐 합성 관여 및 멜라닌 색소 억제
③ 비타민E – 뼈와 치아 형성 및 발육 촉진
④ 비타민A – 피부 재생 및 노화 방지

> - 비타민E: 항산화 기능, 노화 지연, 임신, 생식에 관여
> - 비타민D: 뼈와 치아 형성 및 발육 촉진, 골다공증 예방

44
주로 혈액에 존재하며 혈액과 피부의 수분 균형 및 삼투압 조절에 관여하는 것은?

① 나트륨 ② 요오드
③ 칼슘 ④ 마그네슘

> - 요오드: 갑상선 및 부신의 기능 촉진, 체내 기초대사율 조절
> - 칼슘: 골격과 치아의 주성분, 혈액 응고에 관여
> - 마그네슘: 삼투압 조절, 신경 안정 기능, 골격과 치아 구성

45 신규 문제 공략
다음 비타민 중 성격이 다른 하나는?

① 티아민 ② 나이아신
③ 토코페롤 ④ 리보플라빈

> - 수용성 비타민: 티아민, 리보플라빈, 나이아신, 아스코르브산
> - 지용성 비타민: 레티놀, 칼시페롤, 토코페롤, 메나퀴논

46
무기질과 그 결핍증이 바르게 연결된 것은?

① 칼슘 – 구루병 ② 철 – 치아 발육 부진
③ 황 – 갑상선 질환 ④ 요오드 – 근육이완

> - 철: 빈혈, 적혈구 감소
> - 황: 거친 모발 및 손발톱 거침증
> - 요오드: 갑상선 질환

47
적혈구의 헤모글로빈을 구성하여 혈액의 색과 밀접한 관계가 있는 영양소는?

① 마그네슘 ② 칼슘
③ 칼륨 ④ 철

> 철: 적혈구의 헤모글로빈을 구성하며 체내에 가장 많은 무기질로 산소 운반과 면역 기능 및 혈행 개선을 담당함

48
체내 기초대사율을 조절하고 모세혈관의 기능 정상화 및 갑상선과 부신의 기능 촉진과 관련된 영양소는?

① 나트륨 ② 요오드
③ 칼륨 ④ 마그네슘

> 요오드: 갑상선 및 부신의 기능을 촉진하고 체내 기초대사율을 조절하며, 피부와 모발 건강에 관여하고 모세혈관의 기능을 정상화함. 결핍 시 갑상선 질환을 야기함

| 정답 | 40 ① 41 ① 42 ① 43 ③ 44 ① 45 ③ 46 ① 47 ④ 48 ②

49
무기질에 대한 설명으로 옳지 <u>않은</u> 것은?
① 황은 모발과 손발톱의 구성 성분으로 케라틴 합성에 관여하고 결핍 시 모발 및 손발톱이 거칠어진다.
② 나트륨은 혈액과 피부 수분 균형에 관여하며 결핍 시 피로감을 느끼고 노동력이 저하된다.
③ 마그네슘은 골격과 치아를 구성하며 결핍 시 구루병과 신경과민증이 유발된다.
④ 철은 적혈구의 헤모글로빈을 구성하며 결핍 시 빈혈과 적혈구 감소가 발생한다.

> 마그네슘: 삼투압 조절, 신경 안정 기능을 하고 골격과 치아를 구성하며 결핍 시 눈 주위 떨림, 근육경련, 불면증, 우울증이 생김

50
무기질의 종류와 그 특징으로 옳지 <u>않은</u> 것은?
① 칼슘(Ca) – 골격과 치아의 주성분이고 근육의 이완과 수축 작용을 담당한다.
② 철(Fe) – 비타민 및 효소의 활성화에 관여하며 산소 운반과 면역 기능을 담당한다.
③ 나트륨(Na) – 삼투압 조절 기능으로 혈액과 피부 수분 균형에 관여하며 주로 혈액에 존재한다.
④ 요오드(I) – 갑상선 및 부신의 기능을 촉진하고 체내 기초대사율을 조절하고 피부와 모발 건강에 관여한다.

> • 철(Fe): 적혈구의 헤모글로빈을 구성하는 성분으로 혈액 색과 관련이 있으며 체내에 가장 많은 무기질
> • 인(P): 비타민 및 효소의 활성화에 관여하며 체내 pH를 조절

51 [신규 문제공략]
머리카락과 손톱, 발톱을 형성하는 단백질인 케라틴 합성에 도움을 주는 무기질은?
① 철(Fe)
② 요오드(I)
③ 황(S)
④ 칼슘(Ca)

> 황(S)
> • 모발과 손발톱의 구성 성분으로 결핍 시 거친 모발 및 손발톱 거침증 발생
> • 케라틴 합성에 관여

52
각 영양소의 기능 및 특성에 대한 설명으로 옳지 <u>않은</u> 것은?
① 지방 – 체온을 조절하고 장기를 보호하며 피부에 윤기와 탄력을 부여한다.
② 비타민 – 신체의 기능을 조절하고 영양소와 무기질 대사에 관여하며 모두 체내에서 합성된다.
③ 무기질 – 수분과 산, 염기의 평형을 조절하며 골격과 치아의 주성분이다.
④ 단백질 – 소화효소와 호르몬을 합성하고 피부, 근육, 손발톱 등 신체조직을 구성한다.

> 비타민은 체내 합성이 되지 않아 반드시 음식으로 섭취해야 함. 단, 비타민 D는 자외선을 받으면 체내 합성이 가능함

53
소화기관의 정상 작용을 돕고 생식 능력을 증진하며 면역력과 신경 안정 기능을 강화하는 영양소는?
① 지방
② 단백질
③ 비타민
④ 탄수화물

> 비타민: 주 영양소는 아니지만 신체의 정상적인 발육과 영양을 위해 반드시 필요한 영양소로, 3대 영양소의 대사를 돕는 보조효소로 작용함

54
신체의 생리 기능을 조절하는 영양소가 <u>아닌</u> 것은?
① 비타민
② 무기질
③ 물
④ 식이섬유

> 비타민, 무기질, 물은 신체의 생리 기능을 조절하는 조절 영양소임

55
물의 기능이 <u>아닌</u> 것은?
① 섭취한 영양소를 각 세포에 공급
② 디스크나 관절의 충격 흡수의 완충 역할
③ 체온 조절 및 면역력을 강화
④ 식사 후 당분의 흡수 속도 조절

> 식사 후 당분의 흡수 속도 조절은 식이섬유의 기능임

56
식이섬유의 역할이 <u>아닌</u> 것은?
① 장의 연동 운동을 촉진하여 원활한 배변 작용을 돕는다.
② 식사 후 당분의 흡수 속도를 조절한다.
③ 혈장 콜레스테롤을 저하시킨다.
④ 혈액의 pH 평형성을 유지한다.

> 혈액의 pH 평형성을 유지하는 것은 물의 기능임

|정답| 49 ③ 50 ② 51 ③ 52 ② 53 ③ 54 ④ 55 ④ 56 ④

3 피부와 광선

57
자외선에 대한 설명으로 옳지 <u>않은</u> 것은?
① 200~400nm의 파장의 태양광선이다.
② 콜라겐과 엘라스틴을 파괴하거나 변형시켜 노화의 원인이 된다.
③ 오존층 파괴로 인해 피부에 영향을 미치면 피부암이 발생할 수 있다.
④ 혈관을 자극하여 혈액순환을 촉진시킨다.

> 혈관을 자극하여 혈액순환을 촉진시키는 것은 적외선이 피부에 미치는 영향임

58
자외선 중 단파장에 속하며 강력한 소독 및 살균 작용 능력이 있는 것은?
① UV-A   ② UV-B
③ UV-C   ④ UV-α

> UV-C
> • 단파장(200~280nm)으로 강력한 소독 및 살균 작용
> • 대부분 오존층에 흡수되지만, 오존층 파괴로 인해 피부에 영향을 미치면 피부암이 발생할 수 있음

59
UV-A의 특징이 <u>아닌</u> 것은?
① 콜라겐과 엘라스틴을 파괴하거나 변형시킨다.
② 광노화 현상을 일으킨다.
③ 색소침착을 유발한다.
④ 일광 화상의 원인이 된다.

> UV-B: 피부 홍반을 일으키며 일광 화상의 원인이 됨

60
자외선 UV-B는 UV-A에 비해 피부 홍반 반응도가 몇 배 높은가?
① 10,000   ② 1,000
③ 100   ④ 10

> 자외선 UV-B
> • 280~320nm의 중파장으로 표피의 기저층까지 도달함
> • 일광 화상의 원인이 되며 피부 홍반 반응도는 UV-A의 1,000배임

61
자외선의 긍정적인 영향이 <u>아닌</u> 것은?
① 신진대사 촉진   ② 소독 및 살균 작용
③ 비타민D 합성   ④ 근육이완

> 근육이완을 하여 통증을 완화하는 것은 적외선의 긍정적인 영향임

62
적외선을 쬐었을 때 발생하는 작용이 <u>아닌</u> 것은?
① 색소침착   ② 신진대사 촉진
③ 혈액순환 촉진   ④ 식균 작용

> 색소침착: UV-A가 멜라닌 색소에 영향을 주어 발생함

63 [신규 문제 공략]
파장의 길이가 800nm~1mm에 해당하는 복사선으로 열선이라고도 하며 물체, 생체 내에 진입을 잘 하는 광선은?
① 자외선   ② 가시광선
③ 적외선   ④ 감마선

> 적외선
> • 800nm~1mm에 해당하는 복사선. 화학작용은 극히 적으며 열작용은 크므로 열선이라고도 함
> • 물체, 생체 내에 진입을 잘 하여 가열, 건조, 의료, 미용 등의 분야에서 사용

64
적외선에 대한 설명으로 옳지 <u>않은</u> 것은?
① 근육을 이완시킨다.
② 민감성피부를 유발한다.
③ 피부 노폐물 배출을 돕는다.
④ 비타민D의 합성을 돕는다.

> 비타민D 합성에 관여하는 것은 자외선 UV-B임

4 피부면역

65 [신규 문제 공략]
알레르기의 원인이 되는 히스타민을 분비하는 곳은?
① 랑게르한스세포   ② 비만세포
③ 말피기세포   ④ 유극세포

> 비만세포는 알레르기의 원인의 되는 히스타민을 분비함

66
2차 방어기전 중 방어 단백질에 해당하는 것은?
① 자연살해세포   ② 단핵구
③ 보체   ④ 히스타민

> 방어 단백질: 보체, 인터페론

정답 57 ④ 58 ③ 59 ④ 60 ② 61 ④ 62 ① 63 ③ 64 ④ 65 ② 66 ③

67
1차 방어기전 중 기계적 방어벽에 해당하는 것은?

① 섬모운동 ② 소화효소
③ 점막 ④ 재채기

> 기계적 방어벽에는 피부각질층, 점막, 코털 등이 있음

68 신규 문제 공략
질병을 앓고 난 후 체내에서 항체가 생성되는 면역은?

① 선천적 능동면역 ② 선천적 수동면역
③ 후천적 능동면역 ④ 후천적 수동면역

> • 후천적 면역: 체내에 침입하거나 체내에서 생성되는 항원에 대해 항체가 작용하는 면역 기능
> • 능동면역: 몸이 스스로 병원체를 기억하여 방어

5 피부노화

69
내인성 노화가 일어날 때 보이는 현상으로 옳지 않은 것은?

① 피지와 땀 분비가 감소한다.
② 표피의 각질층이 두꺼워진다.
③ 랑게르한스세포가 감소한다.
④ 모세혈관이 확장된다.

> 외인성 노화로 진피 내의 모세혈관이 확장됨

70
피부의 외인성 노화 현상으로 옳지 않은 것은?

① 과색소침착증이 발생한다.
② 콜라겐의 변성과 파괴가 일어난다.
③ 표피가 얇아지고 피부가 건조해진다.
④ 섬유아세포의 수가 줄어든다.

> 표피가 얇아지고 피부가 건조해지는 현상은 내인성 노화의 현상임

71
내인성 노화 현상의 예방법으로 옳지 않은 것은?

① 섭취 열량 제한
② 항산화제 성분 섭취와 도포
③ 보습제 사용
④ 항히스타민제 복용

> 항히스타민제: 히스타민의 작용을 억제하는 약물로, 알레르기성 질환, 콧물, 재채기 등을 완화함

6 피부장애와 질환

72
원발진에 속하지 않는 것은?

① 구진 ② 홍반
③ 수포 ④ 궤양

> 궤양은 속발진에 속하며, 인설, 찰상, 균열, 위축, 반흔 등도 속발진에 속함

73 신규 문제 공략
비립종에 대한 설명으로 옳지 않은 것은?

① 피부 표면에 위치한 1mm 내외의 작은 흰색 또는 노란색 주머니이다.
② 원발성 비립종은 외상 후에 발생하는 잔류 낭종이다.
③ 다발성으로 발생하며 안면에 잘 발생한다.
④ 속발성은 모낭, 땀샘 등에서 기원한다.

> 외상 후에 발생하는 잔류 낭종은 속발성 비립종임

74
습진에 의한 피부질환 중 과다한 피지 분비와 진균 증식에 의한 피부질환은?

① 아토피성 피부염 ② 지루성 피부염
③ 농포성 피부염 ④ 접촉성 피부염

> 지루성 피부염: 과다한 피지 분비와 진균 증식에 의한 피부질환으로 피지의 분비가 많은 부위(머리, 이마, 가슴, 겨드랑이 등)에 발생하기 쉬운 만성 염증성 피부질환

75
속발진에 대한 설명으로 옳은 것은?

① 피부질환의 초기 병변으로 질병으로 간주되지 않는다.
② 면포, 반점, 구진, 결절, 농포, 수포, 홍반, 낭종 등이 해당한다.
③ 원발진에 이어 피부의 2차적인 증상이 더하여 나타나는 피부장애이다.
④ 한관의 막힘으로 땀이 배출되지 않아 발생한다.

> • 속발진: 원발진에 이어 피부의 2차적인 증상이 더해져 나타나는 피부장애로, 미란, 궤양, 균열, 인설, 가피, 반흔(흉터), 태선화, 농양 등이 있음
> • 땀띠(한진): 한관의 막힘으로 땀이 배출되지 않아 발생함

76
피부질환 중 성격이 다른 것은?

① 아토피성 피부염 ② 지루성 피부염
③ 진균성 피부염 ④ 접촉성 피부염

> • 습진에 의한 피부질환: 접촉성 피부염, 지루성 피부염, 아토피성 피부염
> • 감염에 의한 피부질환: 진균성 피부염

화장품 분류

합격 TIP 화장품과 의약품의 정의와 특징을 구분하여 숙지하고 화장품 성분 중 계면활성제와 보습제를 살펴보도록 합니다. 화장품의 제조기술과 특성을 숙지하고 향수와 에센셜 오일 및 캐리어 오일, 기능성 화장품의 기능과 특징 위주로 학습해 두도록 합니다.

1 화장품 기초

(1) 화장품의 정의(화장품법 제2조)

화장품	• 인체를 청결·미화하여 매력을 더하고 용모를 밝게 변화시키거나 피부·모발의 건강을 유지 또는 증진하기 위해 인체에 바르고 문지르거나 뿌리는 등 이와 유사한 방법으로 사용되는 물품 • 인체에 대한 작용이 경미한 것 • 의약품에 해당하는 물품은 제외
기능성 화장품	• 피부의 미백에 도움을 주는 제품 • 피부의 주름 개선에 도움을 주는 제품 • 피부를 곱게 태워주거나 자외선으로부터 피부를 보호하는 데 도움을 주는 제품 • 모발의 색상 변화·제거 또는 영양 공급에 도움을 주는 제품 • 피부나 모발의 기능 약화로 인한 건조함, 갈라짐, 빠짐, 각질화 등을 방지하거나 개선하는 데에 도움을 주는 제품 • 그 외에 총리령으로 정하는 화장품

> **참고** 화장품의 사용 목적
> • 피부의 노폐물을 제거하여 청결 유지
> • 피부와 용모를 가꾸어 아름다움 증진
> • 피부와 모발을 건강하고 아름답게 보호·유지
> • 얼굴에 입체감과 색감을 부여하여 자신만의 개성 표현

> **참고** 기능성 화장품
> • 안전성 및 유효성에 관하여 식품의약품안전평가원장의 심사를 받거나 식품의약품안전평가원장에게 보고서를 제출해야 함
> • 기능성 화장품을 나타내는 도안으로서 식품의약품안전처장이 정하는 도안을 기재해야 함
> • 주성분 표시의 의무가 있음
> • 제품의 효능 광고 가능
> • 기능성 화장품 표시 가능

(2) 화장품과 의약품

구분	화장품	의약외품	의약품
대상	정상인	정상인	환자
목적	청결·미화	위생·예방	질병의 진단 및 치료
사용 기간	장기	장기 또는 단기	단기
사용 범위	전신	특정 범위	특정 범위
부작용	없어야 함	없어야 함	있을 수 있음
처방 필요성	임의 사용 가능	임의 사용 가능	의사 처방 필요

> **기타** 화장품 사용 시 공통 주의사항 (화장품법 시행규칙 별표 3)
> • 화장품 사용 시 또는 사용 후 직사광선에 의해 사용부위가 붉은 반점, 부어오름 또는 가려움증 등의 이상 증상이나 부작용이 있는 경우 전문의 등과 상담할 것
> • 상처가 있는 부위 등에는 사용을 자제할 것
> • 어린이의 손이 닿지 않는 곳에 보관할 것
> • 직사광선을 피해서 보관할 것

(3) 화장품의 분류
① 기초 화장품

세안	클렌징	클렌징워터, 클렌징젤, 클렌징로션, 클렌징크림, 클렌징오일, 클렌징티슈, 립 앤 아이 포인트 리무버
	딥클렌징	알파하이드록시산(AHA), 살리실산, 고마쥐, 스크럽, 효소
피부 정돈		화장수(유연·수렴), 팩, 마사지크림
피부 보호		로션, 에센스, 크림, 화장유

② 메이크업 화장품

베이스 메이크업	메이크업 베이스, 프라이머, 파운데이션, 파우더
포인트 메이크업	아이섀도, 립스틱, 치크, 마스카라, 아이라이너, 아이브로

③ 보디용 화장품

세정	보디 클렌저, 보디 스크럽, 비누, 입욕제
보호 및 보습	보디 로션, 보디 오일, 핸드 크림
체취 억제	데오드란트

④ 모발용 화장품

세발용	샴푸, 린스
정발용	헤어 오일, 헤어 로션, 헤어 스프레이, 헤어 무스, 헤어 젤, 헤어 왁스
트리트먼트용	헤어 트리트먼트, 헤어 팩
양모용	헤어 토닉

⑤ 네일용 화장품

미용	네일폴리시, 베이스코트, 톱코트, 리무버
보호	네일 영양제, 네일 크림, 에센스

⑥ 방향용 화장품: 향취 발산 목적 예 퍼퓸, 오드 뚜왈렛, 샤워 코롱 등
⑦ 기능성 화장품: 미백, 주름 개선, 태닝, 자외선 차단, 염색, 체모 제거, 탈모 증상 완화, 여드름 완화, 가려움 등의 개선, 피부 장벽의 기능 회복

용어 데오드란트
겨드랑이 부분이 축축해지면 발생하는 박테리아의 성장을 막아 암내 억제

용어 세발
헤어를 청결히 닦는 것

용어 정발
헤어를 스타일링 하는 것

용어 양모
두피 케어 및 탈모 방지

(4) 화장품 품질의 4대 요건

안전성	• 피부 자극, 알레르기, 독성이 없어야 함 • 이물질이 포함되거나 파손되지 않아야 함
안정성	• 사용 중 변질, 변색, 분리되지 않아야 함 • 미생물 오염이 없을 것
사용성	질감, 발림성, 흡수성 등의 사용감과 향, 색, 디자인 등의 기호성, 크기, 중량, 휴대성 등의 편리성이 좋아야 함
유효성	• 사용 목적에 적합한 기능성을 가져야 함 • 미백, 주름 개선, 탄력, 자외선 차단 등

2 화장품 제조

(1) 화장품의 제조 기술 빈출

① 가용화(Solubilization) 기술
- 다량의 물과 물에 녹지 않는 소량의 오일 성분이 계면활성제에 의해 투명하게 용해되어 있는 상태
- 가용화의 미셀은 입자가 작아 가시광선이 투과되므로 투명하게 보임
- 주로 비이온 계면활성제 사용(친수성이 강한 HLB 15~18을 사용)
- 화장수, 에센스, 헤어 토닉, 향수 등을 제조할 때 활용됨

참고 미셀
계면활성제가 수용액에 위치할 때, 친수성기는 바깥으로 노출되어 물과 닿는 표면을 형성하고, 소수성기는 안쪽으로 핵을 형성하여 만들어지는 구형의 집합체

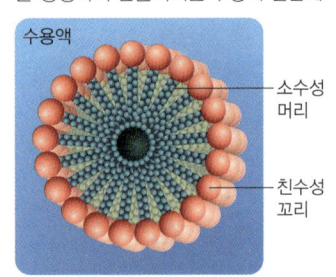

② 유화(Emulsion) 기술
- 많은 양의 유성 성분을 물에 균일하게 혼합하는 기술
- 유화 제품은 빛이 투과하지 못하고 다시 굴절·반사되어 우윳빛으로 백탁화된 상태
- 로션, 크림, 에센스, 마사지크림, 클렌징크림, 메이크업 베이스 등에 광범위하게 적용

O/W형 (수중유형, Oil in Water type)	• 물에 쉽게 희석됨 • W/O형보다 내수성이 떨어짐 • 지성피부에 사용하기에 적합함 • 보습 로션, 선탠 로션 등
W/O형 (유중수형, Water in Oil type)	• 수분 증발을 방지함 • O/W형보다 유분이 많아 끈적임이 있으며 무겁고 오일리한 느낌 • 땀이나 물에 잘 지워지지 않음 • 워터프루프 제품, 영양크림, 선스크린(Sunscreen) 제품에 주로 이용
W/O/W형	• W/O형 에멀전을 다시 물에 유화한 형태 • O/W형의 에멀전보다 보습 효과가 우수함 • 영양물질과 생리 활성물질을 안정한 상태로 보존
O/W/O형	O/W의 에멀전을 다시 오일에 유화한 형태

참고 유화 형태

▲ O/W형

▲ W/O형

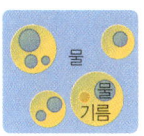
▲ W/O/W형

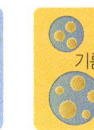
▲ O/W/O형

③ 분산(Dispersion) 기술
- 안료 등의 매우 작게 만든 고체 입자가 액체 속에 균일하게 안정적으로 혼합되어 있는 상태
- 파운데이션, 마스카라, 아이라이너, 립스틱, 아이섀도, 네일에나멜 등 메이크업 화장품 제조 시 주로 활용

(2) 화장품의 원료

① 수성 원료

정제수	• 화장품 제조의 주요한 용매제로 가장 큰 비율을 차지함 • 화장수, 로션, 크림의 기초 물질 • 모든 불순물을 제거한 물 • 종류: 증류수, 탈이온수
에탄올	• 휘발성으로 청량감과 수렴·소독 효과가 있어 아스트리젠트와 같은 수렴화장수에 사용됨 • 친수·친유 성질이 모두 있어 물 또는 유기용매와 잘 섞이는 용매제임 • 심한 건성이나 민감성피부는 피하는 것이 좋음

용어 아스트리젠트
피부를 수렴하고 여분의 지방분을 억제하는 수렴화장수

② 유성 원료
- 특징: 피부와 모발에 유연 작용 및 광택 부여, 수분 증발을 막아 보습 효과 및 피부 보호
- 오일

식물성 오일	특징	• 식물의 잎, 줄기, 뿌리, 열매에서 추출 • 향이 좋고 피부에 자극이 적으며 피부 친화성이 우수 • 불포화 결합이 많아 쉽게 산화됨 • 피부 흡수가 늦음
	종류	아보카도 오일, 동백 오일, 달맞이꽃 오일, 올리브 오일, 로즈힙 오일, 야자 오일, 피마자 오일

참고 화장품의 흡수율
화장품의 흡수율은 분자량이 적을수록 좋으며, 광물성 > 동물성 > 식물성 순으로 높음

동물성 오일	특징	• 동물의 피하조직이나 장기에서 추출 • 피부 친화성이 좋고 피부 흡수가 빠름 • 식물성 오일에 비해 색상이나 냄새가 좋지 않음 • 불포화도가 높아 쉽게 산화되어 변질됨
	종류	밍크 오일, 난황유, 마유, 터틀 오일
광물성 오일	특징	• 석유와 같은 광물질에서 추출한 것 • 피부 흡수가 좋으나 유성감이 강해 피부 호흡을 방해함 • 무색, 무취로 산화 변질이 되지 않음
	종류	미네랄 오일(유동 파라핀), 바셀린, 고형 파라핀
합성 오일	특징	• 합성한 오일로 천연 오일에 비해 쉽게 변질되지 않고 사용감이 좋음 • 화학적 안정성과 사용감이 우수함
	종류	실리콘 오일, 이소프로필 팔미테이트, 미리스틴산 팔미테이트

• 왁스

식물성 왁스	카나우바 왁스	• 카나우바 야자의 잎에서 얻은 밀랍 • 왁스류 중 가장 경도가 높은 왁스(녹는 온도 80~86℃) 예 립스틱, 크림, 고형 마스카라, 탈모제
	칸델릴라 왁스	칸델릴라 나무로부터 채취되는 왁스 예 립스틱
동물성 왁스	밀랍	• 벌집에서 가열압착법·용제추출법 등에 의해 채취 • 알레르기 유발 가능 예 유화제, 크림, 립스틱
	라놀린	• 양모에서 추출한 기름을 정제 • 알레르기 유발 가능 예 보습제, 립스틱
	경랍	향유고래의 뇌유에 다량으로 존재

③ 계면활성제 [빈출]

• 기능
  - 극성(친수성) 부분과 무극성(친유성) 부분을 동시에 가지고 있는 화합물
  - 서로 다른 성질의 물질이 만나는 면(계면)에서 활성화된 물질
• 작용: 가용화 작용, 유화 작용, 분산 작용

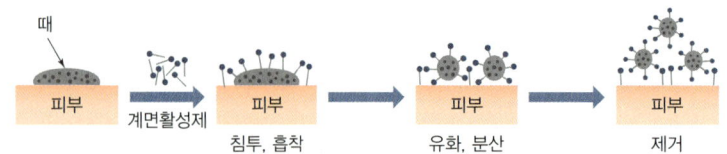

• 피부 자극: 양이온>음이온>양쪽성>비이온
• 세정력: 음이온>양쪽성>양이온>비이온
• 종류

양이온 계면활성제	• 물속에서 해리될 때 양이온이 됨 • 정전기 방지 기능이 있음 • 피부 자극이 가장 큼 예 헤어 린스, 헤어 트리트먼트, 섬유유연제

용어 왁스
• 고급 지방산에 고급 알코올이 결합된 에스테르
• 동·식물체의 표면에 존재하는 보호 물질
• 미생물의 침투, 수분 증발 및 흡수 방지
• 동물성 오일에 비해 변질이 적고 안정성이 높음
• 립스틱, 크림 등의 고형화를 돕고 광택감을 부여함

참고 계면활성제의 구조

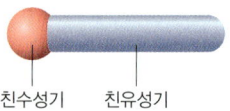

친수성기　친유성기

용어 계면
기체와 액체, 액체와 액체, 액체와 고체가 서로 맞닿은 경계면

음이온 계면활성제	• 물속에서 해리될 때 음이온이 됨 • 일반적으로 많이 쓰는 비누(지방산나트륨) • 살균력은 낮고 세정 작용이 높아 주로 청정제로 사용 • 매독균에 대한 살균력이 높음 • 기포 형성 작용 우수 예 비누, 세탁세제, 샴푸, 클렌징폼, 치약, 면도크림
양쪽성 계면활성제	• 분자 내에 음이온 가능 부위와 양이온 가능 부위를 모두 가지고 있기 때문에 용액의 pH에 따라 양이온 혹은 음이온이 됨 • 피부 자극이 적음 • 세정 작용, 기포 형성 작용은 음이온 계면활성제에 비해 떨어짐 예 베이비용 샴푸, 저자극 샴푸
비이온 계면활성제	• 물에 용해될 때 이온으로 해리되지 않는 수산기 • 피부 자극이 가장 낮음 • 유화 제품에 많이 사용 예 화장수의 가용화제, 크림 유화제

④ 보습제 빈출

기능	피부를 윤택하게 가꾸기 위해 피부의 건조를 막아 피부를 부드럽고 촉촉하게 하는 화장품	
조건	• 흡수력이 높아야 함 • 온도·습도·바람에 영향을 쉽게 받지 않아야 함 • 지속력이 강해야 함 • 다른 성분과의 공존성이 좋아야 함 • 피부 친화성이 뛰어나야 함 • 휘발성이 없고 응고점이 낮아야 함	
종류	폴리오 (다가 알코올)	글리세린, 프로필렌글리콜, 부틸렌글리콜, 솔비톨, 폴리에틸렌글리콜
	천연 보습인자(NMF)	아미노산, 피롤리돈 카르복시산, 젖산염, 요소, 지방산 등
	고분자 보습제	히알루론산염, 가수분해 콜라겐, 콘드로이친 황산

참고 **보습제의 역할**
• 피부의 수분을 증가시킴
• 유연성과 탄력성을 높임
• 피부를 매끄럽고 부드럽게 함
• 다양한 외부 자극으로부터 피부를 보호함

⑤ 방부제: 식품·화장품·의약품의 변질을 막고 그것을 사용하거나 보존하는 동안에 그 순도를 유지시키기 위해 첨가하는 것

파라벤류	• 대표적인 방부제로 '안식향산'이라고도 함 • 박테리아, 곰팡이 모두 억제 • 식품, 의약품, 화장품에 사용 • 메틸파라벤, 에틸파라벤, 프로필파라벤, 부틸파라벤
이미다졸리디닐우레아	• 세균에는 강하고 곰팡이에는 약함 • 독성이 적어 기초 화장품, 유아용품에 사용
페녹시에탄올	메이크업 제품에 많이 사용
메틸이소치아졸리논	• 다른 방부제의 효과를 높임 • 세정 제품에 사용

참고 **이상적인 방부제의 조건**
• 다양한 균종에 효과가 있어야 함
• 넓은 범위의 온도와 pH에서도 안정적으로 효과가 있어야 함
• 인체에 무해, 무색, 무취
• 방부제 첨가로 인해 제품의 품질이 손상되지 않아야 함
• 경제적, 용이한 생산

⑥ 색소
• 염료: 물이나 오일에 녹는 색소

수성염료	화장수, 로션, 샴푸 등의 착색에 사용
유성염료	헤어오일 등의 유성 화장품 착색에 사용

• 안료: 물이나 오일에 녹지 않는 색소로, 빛을 반사·차단하는 능력이 우수함

유기안료	• 무기안료에 비해 빛깔이 선명하고 착색력이 뛰어남 • 색의 종류가 다양함 • 내광성 및 내열성 우수 • 빛·산·알칼리에 약함 • 립스틱, 치크 등의 색조 제품에 사용
무기안료	• 내광성·내열성이 양호, 유기용제에 녹지 않음 • 빛·산·알칼리에 강하지만, 색상이 화려하지 않음 • 경제적임
레이크	• 염료를 안료와 반응시켜 용제에 녹지 않게 만든 것 • 빛에 대한 안정성과 내성이 약함 • 색이 선명하며 착색력이 뛰어남

⑦ 산화방지제

천연 산화방지제	레시틴, 비타민E
합성 산화방지제	부틸히드록시톨루엔(BHT), 부틸하이드록시아니솔(BHA)
산화방지 보조제	구연산, 아스코르브산

⑧ 기타

아줄렌	• 피부 진정 • 염증과 상처 치료	레시틴	• 유연 작용 • 항산화 작용
알파하이드록시산 (AHA)	• 피부각질을 연화시켜 탈락 유도 • 유연, 보습 기능 예 젖산, 글리코릭산, 구연산, 사과산	레티노산	• 비타민A 유도체 • 여드름 치유 • 잔주름 개선
콜라겐	• 빛과 열에 약함 • 보습, 탄력 작용	알부틴	• 미백 작용 • 티로시나아제 효소 억제
아미노산	• 보습 기능 • 피부 침투 우수	나이아신 아마이드	• 미백 작용 • 피부 트러블 억제
솔비톨	보습 작용, 유연 작용	히알루론산	보습 작용, 유연 작용

용어 아줄렌
유칼립투스나 캐모마일에서 나오는 천연추출물로, 피부장벽을 강화하면서 동시에 진정 효과가 있어 외부 자극으로부터 피부를 보호함

참고 미백 작용 기전
• 멜라닌 이동 억제: 나이아신아마이드
• 타이로신(티로신) 산화 방지: 비타민C 유도체 등 항산화 성분
• 티로시나아제 활성 억제: 유용성감초추출물, 알부틴, 알파비사보롤, 닥나무추출물 등

3 화장품의 종류와 기능

(1) 기초 화장품

① 기능
- 피부 청결, 피부 정돈, 피부 보호
- 세안 후 피부의 기능이 정상적으로 발휘되도록 도움
- 기초 화장품의 가장 중요한 기능은 각질층을 충분히 보습하는 것임

② 피부 청결을 위한 화장품(세안제)
- 피부 노폐물과 화장품의 잔여물을 제거하여 청결한 피부를 유지함
- 세안비누, 클렌징폼, 립 앤 아이 포인트 리무버, 클렌징워터, 클렌징젤, 클렌징로션, 클렌징크림, 클렌징오일, 스크럽류 등이 포함됨

③ 피부 정돈을 위한 제품(화장수)
- 70~80%의 정제수에 보습제와 에탄올 등을 첨가한 액상 형태의 제품
- 피부의 pH 균형을 조절하고, 피부의 수분을 공급·유지하며, 세균의 침투를 방지함
- 남아 있는 노폐물이나 화장품의 잔여물을 완전히 제거하여 피부결 정돈
- 유연화장수와 수렴화장수로 분류함

유연 화장수	• 유연제와 보습제 함유 • 수분 공급 및 유연 작용 • 피부를 부드럽고 촉촉하게 유지하여 다음 단계 화장품의 흡수를 도움 • 유액이나 크림류의 융합을 좋게 하는 효과가 있음 • 정상·건성·민감성·노화피부에 적합
수렴 화장수	• '아스트리젠트', '토닝 로션'이라고도 불림 • 각질층에 수분 공급, 모공 수축, 피지 분비 억제, 청량감 제공 및 소독 작용으로 세균으로부터 피부 보호, 과잉 분비되는 피지와 땀 억제 • 노화·건성·민감성피부에는 가급적 사용 자제 • 지성·여드름성피부에 적합

④ 피부 보호를 위한 제품

로션	• 피부에 수분 및 영양 공급, 피부의 유·수분 균형 조절, 피부의 항상성 유지 • O/W형 타입으로 크림에 비해 산뜻한 사용감 • '에멀전'이라고도 불림
크림	• 점도가 높고 다량의 유분과 보습제가 배합됨 • 충분한 유·수분 공급, W/O형 • 피부 생리 기능을 돕고 유효성분들로 피부의 문제점 개선 • 보습 및 외부 자극으로부터 피부 보호 • 유효성분의 영양 공급으로 피부 문제 개선 • 데이크림, 나이트크림, 수분크림, 에몰리언트크림, 마사지크림, 영양크림 등
에센스	• 보습, 피부 보호, 영양 공급, 노화 억제 위한 성분을 고농축한 미용액 • 크림에 비해 산뜻한 사용감, 우수한 흡수력 • '앰플', '세럼', '컨센트레이트'라고도 불림
아이케어 제품	• 눈가 전용 제품 • 주름을 예방 및 탄력 유지 • 눈가를 환하고 밝게 가꿈
자외선 차단제	• 자외선으로부터 피부 보호 • 자외선 흡수제와 자외선 산란제로 분류

⑤ 피부 활성을 위한 제품
- 기능
  - 수분 증발 억제, 혈액순환 촉진
  - 노폐물 및 각질 제거
  - 유효성분의 침투를 용이하게 함

참고 세안제의 조건

안정성	• 습하거나 건조한 곳에서도 형태와 질이 변하지 않아야 함 • 색, 냄새의 변질과 미생물의 오염이 없어야 함
용해성	냉수와 온수에 용해가 잘 되어야 함
기포성	풍부한 거품과 세정력
자극성	저자극

참고 세안비누
- 비누의 세정 작용은 비누 수용액이 오염과 피부 사이에 침투하여 부착을 약화시켜 떨어지기 쉽게 하는 것으로, 거품은 풍성하고 잘 헹구어져야 함
- 메디케이티드(Medicated)비누는 소염제를 배합한 제품으로, 여드름, 면도 상처 및 피부가 거칠어지는 현상을 방지하는 효과가 있음

용어 에몰리언트크림
각질층에 침투하기 쉬운 유성 성분을 많이 함유하여 피부의 건조함을 방지하며 보습 및 유연 효과가 있는 크림

• 종류

팩		피부 도포 시 팩 자체 성분의 효과가 나타나고 외부공기가 통함
마스크		피부 도포 후 시간이 경과하면 굳어지고 외부공기가 차단되어 수분의 증발을 막음
	필오프 타입	• 팩 건조 후 피막 제거 • 노폐물과 죽은 각질을 물리적으로 제거 • 피부에 자극을 줄 수 있으므로 매일 사용하는 것은 자제할 것 • 민감성·건성피부는 사용을 자제할 것
	워시오프 타입	• 일정 시간 후 도포되어 있던 팩을 미온수로 닦아냄 • 저자극
	티슈오프 타입	팩 건조 후 티슈나 화장수로 닦아냄
	시트 타입	시트에 내용물이 묻어 있어 얼굴에 도포했다가 떼어내는 방식
	패치 타입	패치를 부분적으로 붙였다가 떼어내는 방식

(2) 메이크업 화장품

① 기능
- 피부에 색감을 주어 장점은 부각시키고 결점은 보완하는 색조 화장품임
- 심리적 만족감과 자신감을 부여함
- 자신만의 개성을 연출함

② 구성 성분

백색안료	특징	가장 많이 사용하는 안료로, 제품의 커버력을 결정함
	종류	이산화티탄(티타늄디옥사이드), 산화아연(징크옥사이드), 탄산칼슘, 연백, 리토폰
착색안료	특징	• 빛의 흡수와 산란 현상을 통해 발색됨 • 색을 부여하고 커버력을 조절함
	종류	산화철, 레이크
체질안료	특징	• 화장품의 제형 유지 및 사용감에 영향 • 제품을 부드럽게 하고 땀과 유분을 흡수함
	종류	탈크, 마이카, 세리사이트, 카올린
펄안료	특징	광택감과 반짝임 부여
	종류	운모티탄, 비스무스, 옥시클로라이드

③ 베이스 메이크업

기능	• 피부색 보정, 색조 화장품의 발색을 돕는 역할 • 인공 피지막을 형성하여 피부 보호
종류	메이크업 베이스, 프라이머, 파운데이션, 파우더

④ 포인트 메이크업

기능	• 이목구비의 장점을 부각시키고 단점을 수정·보완 • 개성 연출 및 이미지 변화
종류	아이섀도, 아이라이너, 마스카라, 아이브로, 립스틱, 치크

(3) 보디관리 화장품

세정용	피부 표면의 노폐물 및 이물질 제거 예 비누, 보디 클렌저, 입욕제
각질 제거용	신체의 각질 제거 예 보디 스크럽, 보디 솔트
트리트먼트용	샤워 후 수분과 영양 공급 예 보디 로션, 보디 크림, 보디 오일, 핸드 크림, 풋 크림
슬리밍용	혈액순환을 촉진하여 노폐물을 배출하고 지방 분해 예 지방분해 크림, 슬리밍 크림, 슬리밍 젤
체취 방지용	체취 예방 및 제거, 항균 기능 예 데오드란트
자외선 차단용	자외선으로부터 피부노화와 선번(Sunburn) 방지 예 자외선 차단제
태닝용 (일소용)	피부를 곱게 태우고 피부가 거칠어지는 것을 방지 예 선탠용 크림, 선탠용 젤

(4) 방향 화장품 빈출

① 향수의 조건
- 향의 특징이 있어야 함
- 확산성과 지속성이 좋아야 함
- 시대성에 부합해야 하고 향이 조화로워야 함

② 향수의 부향률

구분	부향률	지속 시간	특징
퍼퓸	15~30%	6~7시간	가장 진한 농도
오드 퍼퓸	9~12%	5~6시간	퍼퓸에 가까운 완성도, 퍼퓸보다 경제적임
오드 뚜왈렛	6~8%	3~5시간	일반적으로 가장 많이 사용됨
오드 코롱	3~5%	1~2시간	산뜻한 향, 처음 향수를 접하는 사람에게 적당함
샤워 코롱	1~3%	약 1시간	샤워 후 전신에 도포 및 분사 가능

③ 향수의 발산 속도

톱노트	• 향수를 뿌렸을 때 바로 느껴지는 향 • '헤드노트'라고도 하며, 구매의 계기가 되는 경우가 많음 • 휘발성 높은 시트러스, 그린 계열
미들노트	• '하드노트'라고도 하며, 향수의 향을 지배함 • 부드럽고 따뜻한 느낌 • 플로럴, 푸르트, 시프레, 스파이스 계열
베이스노트	• 휘발성이 낮아 마지막에 남는 향기 • '라스트노트'라고도 하며, 향의 품질을 결정함 • 머스크, 우디 계열

참고 **부향률**
향수의 원액이 포함되어 있는 비율

부향률 순서
퍼퓸>오드 퍼퓸>오드 뚜왈렛>오드 코롱>샤워 코롱

(5) 에센셜(아로마) 오일 및 캐리어 오일

① 아로마테라피
- 아로마(Aroma, 향기) + 테라피(Therapy, 치료)
- 약용식물에서 추출한 휘발성 오일을 이용하여 스트레스와 통증을 완화하고 심신의 안정을 돕는 향기요법(방향요법)

② 에센셜 오일의 추출법

수증기 증류법	• 원료(잎, 꽃, 열매, 줄기 등)를 넣고 열을 가하여 증발된 기체를 냉각하여 추출함 • 천연향을 대량으로 추출할 수 있으나 고온에서 일부 향 성분이 파괴됨
압착법	• 레몬, 베르가못, 열대과일 등의 향을 추출할 때 사용함 • 껍질에서 무기염류를 제거하고 추출함
용매 추출법	핵산, 에테르, 메탄올, 에탄올 등의 휘발성 용매를 이용하며 낮은 온도에서 추출함 예 장미, 자스민
침윤법	비휘발성 용매를 추출하기 위해 오일에 원료를 담가 향을 추출함
이산화탄소 추출법	• 저온, 저압에서 추출함 • 향은 원형에 가깝게 보존되지만, 비용이 많이 발생함

③ 에센셜 오일의 종류

라벤더	• 피부 재생, 습진·여드름성피부·화상, 항박테리아 등에 효과적임 • 정서적 안정, 긴장 완화, 이완, 항우울 • 임신 초기에 사용 금지
티트리	• 살균, 소독(여드름), 기관지염·습진·무좀 등에 효과적임 • 면역 강화, 독소 배출, 피부 정화 • 민감성피부에 사용 주의
자스민	• 피지 조절, 항우울, 피부 보습·재생·이완·진정·상처 치유, 긴장 완화, 분만 촉진 • 임산부 사용 금지
제라늄	• 피지 분비 정상화, 항균, 이뇨, 지혈, 세포 재생, 림프순환 촉진, 셀룰라이트 분해 • 임산부 사용 금지
캐모마일	• 알레르기·습진 등에 효과적, 항염, 항균, 신경이완, 진정, 항우울 • 임신 초기에 사용 금지
레몬그라스	• 미백·모공 수축, 항염·각질 제거 • 빛에 약해 갈색병에 보관
로즈마리	• 피부 청결, 노화피부 개선, 두피 개선, 주름 완화, 기억력 증진, 혈행 촉진, 진통 해소 • 임산부 및 고혈압, 간질환자 사용 금지
파촐리	• 여드름·습진에 효과적이고, 주름 예방, 노화피부에 적합함 • 다량 사용 시 최면 효과
타임	• 항염, 항균, 항박테리아 • 임산부 및 어린이 사용 금지
페퍼민트	• 기관지염과 천식 해소, 피로 회복, 진정, 통증 완화, 해열 • 간질, 심장병, 발열환자 사용 금지
그레이프프루트	• 지성피부 및 여드름성피부에 적합, 셀룰라이트 분해 • 피부 수렴, 피부 정화 작용

참고 **에센셜 오일의 효능**
- 혈액순환과 림프순환 촉진으로 신진대사 조절
- 항염, 항균, 항스트레스 작용
- 면역 기능 강화 및 피부 진정
- 화상, 여드름, 불면증, 편두통에 효과적임

용어 **셀룰라이트**
팽창한 지방 조직들이 단단하게 뭉쳐서 혈관과 림프관을 압박하여 원활한 대사를 방해하고, 피부층을 울퉁불퉁 밀어 올려 피부면을 고르지 않게 하는 것으로, 비만과 관련 있음

참고 **광과민성 오일**
- 햇빛에 민감하므로 반드시 색이 있는 병에 담아 보관해야 함
- 그레이프 프루트, 라임, 레몬, 버거못, 레몬그라스, 오렌지스윗, 탠저린 등

일랑일랑	• 피지 분비 조절, 항우울, 진정 • 피부염증 자극 주의
오렌지	여드름성피부, 노화피부에 효과적임
레몬	• 미백·살균 작용 • 햇빛 노출 시 색소침착 • 여드름성피부에 효과적임

④ 에센셜 오일의 사용법

입욕법	• 따뜻한 물에 에센셜 오일을 6~8방울 떨어뜨리고 20분 정도 몸을 담그는 방법 • 피부를 통한 흡수와 증기 흡입으로 폐와 뇌에 침투하여 신체를 활성화함 • 부인과 질환, 폐경기 질환, 생리증후군, 알레르기 질환에 효과적임 예 전신욕, 반신욕, 좌욕, 족욕 등
흡입법	• 손수건이나 티슈에 에센셜 오일을 1~2방울 떨어뜨리고 심호흡을 하는 방법 • 부비강염, 감기, 인후염, 코막힘 등 이비인후과적 증상과 두통, 스트레스 완화에 효과적임
습포법	• 1리터 정도의 물에 에센셜 오일을 5~10방울 떨어뜨리고 수건을 적신 후 피부에 붙이는 방법 • 냉습포: 삐거나 부상을 입었을 때, 염증이나 부종에 사용 • 온습포: 근육경직이나 통증에 사용
확산법	• 아로마 램프, 오일 워머, 디퓨저 등을 이용하여 향을 확산시키는 방법 • 불면증, 우울증, 긴장감 이완, 기분 전환, 식욕 조절, 방충 등에 효과적임
마사지법	• 캐리어 오일과 블렌딩하여 부드럽게 마사지하는 방법 • 이완 효과와 피로 회복 및 정서적 안정감 부여

참고 에센셜 오일 사용 시 주의사항
- 원액이 피부에 그대로 닿지 않도록 할 것
- 반드시 원액을 희석하여 사용할 것
- 사용 전 패치 테스트를 실시할 것
- 갈색병에 넣고 마개를 닫아 냉암소에 보관할 것
- 눈에 직접 닿지 않도록 주의할 것
- 유통기한이 지난 제품은 사용하지 말 것
- 임산부 및 고혈압, 간질환자 등의 질환이 있는 사람은 특정 오일 사용을 금지할 것

⑤ 캐리어 오일(베이스 오일) 빈출

- 에센셜 오일을 단독으로 사용하기보다 캐리어 오일을 함께 블렌딩하면 아로마테라피 효과가 극대화됨
- 에센셜 오일의 향을 방해하지 않아야 하므로 향이 없어야 하고 피부 흡수력이 좋아야 함
- 비타민, 미네랄, 항균 작용이 우수한 식물성 오일

호호바 오일	• 인체 피지와 유사한 화학 구조를 가져 피부 친화성이 우수하고 모든 피부에 적합함 • 화학적 액체 왁스로 쉽게 산화되지 않아 안정성이 우수하고 끈적임이 적음 • 노폐물 제거, 항균 효과, 보습력 우수 • 여드름·습진·건선피부에 효과적임
아몬드 오일	• 모든 피부에 적합함 • 건조 방지 및 보습 • 비타민A와 E가 풍부함
아보카도 오일	• 모든 피부에 적합하지만, 민감성피부와 노화피부에 특히 적합함 • 비타민E 풍부, 산화가 쉬움 • 건선, 습진, 가려움 완화
달맞이꽃 오일	• 항염, 아토피 완화, 호르몬 분비 조절 • 감마리놀렌산 다량 함유
포도씨 오일	• 비타민E 풍부 • 지성피부·여드름성피부에 적합함 • 피부 재생, 항산화 효과 • 유분이 적고 냄새가 없음

용어 캐리어 오일(Carrier oil)
- 에센셜 오일을 피부로 운반한다는 의미를 담고 있음
- 식물의 씨앗에서 추출함

살구씨 오일	• 민감성피부에 적합함 • 노화 방지, 주름 방지 • 습진, 가려움증 완화 • 끈적임 적고 흡수가 빠름, 마사지용
윗점 오일	• 비타민E와 미네랄 풍부, 피부노화 방지 • 피부 보습 및 혈액순환 촉진, 항산화 효과 • 습진, 건성, 가려움증 완화
피마자 오일	• 피부 보습, 관절통, 근육통 개선 • 피부 자극이 적고 알코올에 잘 녹음

(6) 기능성 화장품 〈빈출〉

① 미백 화장품

알파하이드록시산(AHA)	각질세포의 탈락을 유도하여 멜라닌 색소 제거
산화아연(징크옥사이드), 이산화티탄(티타늄디옥사이드)	자외선 차단 성분이 자외선 흡수를 방지하고 기미·주근깨 등의 생성 억제
알부틴, 코직산, 닥나무 추출물	티로시나아제효소의 활성 억제
비타민C 유도체	도파(DOPA) 산화 억제
하이드로퀴논	피부에 침착된 멜라닌 색소의 색을 엷게 하고 멜라닌 합성과 확산 억제

> **용어** 티로시나아제
> 멜라닌 색소를 만드는 데 관여하는 효소

② 주름 개선 화장품

기능	• 진피층의 밀도를 채워 피부의 탄력을 높이고 피부의 주름을 완화 또는 개선하는 기능 • 섬유아세포 생성 촉진 및 콜라겐 합성	
성분	레티놀·아데노신	섬유아세포 생성 촉진 및 콜라겐 합성
	베타카로틴	당근에서 추출, 피부 재생 효과
	비타민E, SOD	항산화제 성분으로 활성산소 억제, 프리라디칼 제거

> **참고** 프리라디칼
> 적당량이 있으면 세균이나 이물질로부터 방어하는 기능을 하지만, 과다 발생할 경우 정상세포까지 무차별 공격하여 각종 질병과 노화의 주원인이 됨

③ 태닝 화장품

기능	강한 자외선에 의한 홍반은 방지하고 피부를 곱게 태우는 기능
종류	디하이드록시아세톤

> **참고** 자외선으로부터 피부를 보호하는 방법
> • 자외선 차단제 도포
> • 베타카로틴 경구 투여

④ 자외선 차단 화장품

- 기능: 자외선을 차단 또는 산란시켜 자외선으로부터 피부를 보호하는 기능
- SPF(Sun Protection Factor)
  - 자외선 UV-B를 방어할 수 있는 지수
  - 피부의 멜라닌 양과 피부 민감도에 따라 효과는 달라질 수 있음
  - 평상시에는 SPF15 정도가 적당하고, 야외활동 시에는 SPF30~50 정도 사용 권장

$$SPF = \frac{\text{자외선 차단제를 사용했을 때의 최소 홍반량}}{\text{자외선 차단제를 사용하지 않았을 때의 최소 홍반량}}$$

- PA지수(Protection Grade of UV-A): UV-A에 대한 차단지수로, '+' 표시가 많을수록 UV-A에 대한 차단력이 높음

> **용어** 최소 홍반량
> 피부에 홍반 현상을 일으키는 최소의 자외선량

> **참고** 자외선 차단지수 측정방법 기준
>
> | UVA차단
등급(PA) | UVA차단
효과(%) | UVA차단
지수(PFA) |
> |---|---|---|
> | PA+ | 낮음 | 2 이상
4 미만 |
> | PA++ | 보통 | 4 이상
8 미만 |
> | PA+++ | 높음 | 8 이상
16 미만 |
> | PA++++ | 매우 높음 | 16 이상 |

- 자외선 산란제와 흡수제

구분	자외선 산란제(Sunblock)	자외선 흡수제(Sunscreen)
특징	• 자외선을 산란·반사시키는 물리적 자외선 차단제 • 차단 효과 우수 • 피부 안전성이 높아 민감한 피부나 어린 아이에게 사용할 수 있음 • 발림성이 떨어지고 백탁 현상 발생 • 자외선 산란제는 외출 직전에 발라도 무방함	• 자외선을 흡수하는 화학적 자외선 차단제 • 발림성이 좋고 백탁 현상이 없음 • 피부 자극이 강하기 때문에 민감한 피부에 사용할 때에는 주의 • 잘 지워지지 않아 클렌징할 때 주의 • 촉촉하고 산뜻한 발림성 • 화장이 들뜨거나 밀리지 않음 • 자외선 흡수제는 화학적으로 피부에 흡수되는 시간을 고려하여 외출 30분 전에 발라야 함
성분	산화아연(징크옥사이드), 이산화티탄(티타늄디옥사이드), 카오린, 탈크	에칠헥실메톡시신나메이트, 부틸메톡시디벤조일메탄, 아보벤존, 옥시벤존, 벤조페논, 살리실레이트, 파라아미노벤조산 유도체, 벤조이미다졸 유도체, 벤조페논 유도체

참고 **자외선 산란제와 흡수제**

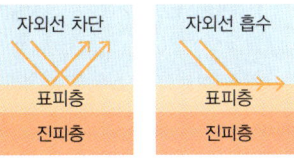

▲ 자외선 산란제 ▲ 자외선 흡수제

⑤ 기타

염모제	• 모발의 색상을 변화(탈염·탈색 포함)시키는 기능을 가진 화장품 • 일시적으로 모발의 색상을 변화시키는 제품은 제외
왁싱제	• 체모를 제거하는 기능을 가진 화장품 • 물리적으로 체모를 제거하는 제품은 제외
탈모 완화제	• 탈모 증상의 완화를 돕는 화장품 • 코팅 등 물리적으로 모발이 굵어 보이게 하는 제품은 제외
여드름 완화제	• 여드름성피부의 완화를 돕는 화장품 • 인체 세정용 제품류로 한정 • 아줄렌, 살리실산, 유황
피부장벽 개선제	피부장벽의 기능을 회복하여 가려움 등의 개선을 돕는 화장품
튼살 완화제	튼살로 인한 붉은 선을 엷게 하는 데 도움을 주는 화장품

참고 **유황**
피지 흡착 탁월, 각질 탈락, 피지 조절, 살균 작용이 우수하여 여드름성피부에 적합함

CHAPTER 04 화장품 분류 | 출제 예상문제 A

1 화장품 기초

01
화장품에 대한 설명으로 옳지 <u>않은</u> 것은?
① 피부와 모발의 건강을 위해 사용한다.
② 인체의 청결과 미화를 위해 사용한다.
③ 기능성 화장품의 사용 시 경우에 따라 의사의 처방이나 의견이 필요하다.
④ 화장품은 인체에 대한 작용이 경미한 것으로, 의약품에 해당하는 물품은 제외된다.

> 화장품은 임의 사용이 가능하고, 의사의 처방이 필요한 것은 의약품에 해당함

02
화장품과 의약품의 차이점에 대한 설명으로 옳은 것은?
① 화장품의 사용 목적은 청결과 미화이다.
② 의약품의 사용 목적은 위생과 피부질환 예방이다.
③ 기능성 화장품은 특정 유효성분 때문에 단기간 사용해야 한다.
④ 의약품의 사용 범위는 정상인과 환자 모두를 포함한다.

> • 의약품의 사용 목적은 질병의 진단 및 치료임
> • 화장품은 장기간 사용해도 부작용이 없어야 함
> • 의약품의 사용 범위는 환자에게만 해당함

03
화장품과 의약품 등의 사용 대상과 목적을 연결한 것으로 옳지 <u>않은</u> 것은?
① 의약외품 – 정상인, 위생 및 진단
② 의약품 – 환자, 질병의 진단 및 치료
③ 화장품 – 정상인, 청결 및 미화
④ 기능성 화장품 – 정상인, 청결 및 미화

> 의약외품 – 정상인, 위생 및 예방

04
화장품법상 화장품에 대한 설명으로 옳지 <u>않은</u> 것은?
① 화장품은 용모를 밝게 변화시키는 제품이다.
② 기능성 화장품은 피부나 모발의 기능 약화를 방지하거나 개선하는 데에 도움을 주는 제품이다.
③ 기능성 화장품은 안전성 및 유효성에 관하여 식품의약품안전평가원장의 심사를 받거나 보고서를 제출해야 한다.
④ 기능성 화장품은 특정 부위의 미화 및 위생, 진단에 관련된 제품이다.

> 기능성 화장품: 미백, 주름 개선, 자외선 차단, 염모 등 특정 효능을 가진 화장품으로, 위생 및 진단에는 관여하지 않음

05
화장품에 대한 설명으로 옳지 <u>않은</u> 것은?
① 화장품은 청결과 미화를 위해 인체에 바르고 문지르거나 뿌리는 등 이와 유사한 방법으로 사용되는 물품이다.
② 기능성 화장품은 주성분 표시의 의무가 있고 제품의 효능 광고가 가능하다.
③ 일반 화장품은 효능 광고가 불가능하고 인체에 부작용이 없어야 하므로 반드시 식품의약품안전처장의 승인이 필요하다.
④ 피부나 모발의 기능 약화로 인한 건조함, 갈라짐, 빠짐, 각질화 등을 방지하거나 개선하는 데에 도움을 주는 제품은 기능성 화장품에 속한다.

> 일반 화장품은 효능 광고가 불가능하고 인체에 부작용이 없어야 하며, 식품의약품안전처장의 승인은 필요하지 않음

06
화장품법상 기능성 화장품에 포함되지 <u>않는</u> 것은?
① 피부의 미백에 도움을 주는 제품
② 피부의 주름 개선에 도움을 주는 제품
③ 자외선으로부터 피부를 보호하는 데 도움을 주는 제품
④ 살균과 소독 기능이 있어 피지 분비를 억제하고 여드름 완화를 위한 약리적 기능을 가진 화장품

> 인체에 약리적인 효과를 주기 위한 것은 의약품에 해당함

07
화장품 분류에 대한 설명으로 옳지 않은 것은?

① 클렌징젤, 에센스, 화장수, 화장유 등은 기초 화장품에 속한다.
② 핸드 크림, 보디 오일, 데오드란트, 마사지크림 등은 보디용 화장품에 속한다.
③ 프라이머, 파운데이션, 파우더 등은 메이크업 화장품에 속한다.
④ 미백, 주름 개선, 태닝, 자외선 차단 등의 기능을 수행하는 화장품은 기능성 화장품에 속한다.

마사지크림은 기초 화장품에 속함

08
화장품의 분류와 사용 목적 및 제품을 연결한 것으로 옳지 않은 것은?

① 네일용 화장품 – 보호 – 네일 영양제
② 보디용 화장품 – 보호 및 보습 – 보디 오일
③ 모발용 화장품 – 양모용 – 헤어 팩
④ 메이크업 화장품 – 베이스 메이크업 – 파우더

모발용 화장품 – 양모용 – 헤어 토닉

09
데오드란트가 속한 화장품의 분류는?

① 기초 화장품
② 보디용 화장품
③ 방향용 화장품
④ 모발용 화장품

데오드란트는 보디용 화장품으로, 체취 억제 제품임

10
화장품 중 성격이 다른 것은?

① AHA
② 고마쥐
③ 스크럽
④ 립 앤 아이 포인트 리무버

• 딥클렌징: 알파하이드록시산(AHA), 살리실산, 고마쥐, 스크럽, 효소 타입
• 클렌징: 립 앤 아이 포인트 리무버, 클렌징워터, 클렌징젤, 클렌징로션, 클렌징크림, 클렌징오일, 클렌징티슈 타입

11
화장품 중 분류가 다른 것은?

① 메이크업 베이스
② 파운데이션
③ 프라이머
④ 화장유

• 메이크업 화장품: 메이크업 베이스, 파운데이션, 프라이머
• 기초 화장품: 화장유

12
모발용 화장품 중 정발용 화장품이 아닌 것은?

① 헤어 오일
② 헤어 팩
③ 헤어 스프레이
④ 헤어 무스

정발용은 헤어스타일링 제품을 말하는 것으로, 헤어 팩은 트리트먼트용 화장품에 속함

13
화장품의 요건에 해당하지 않는 것은?

① 사용성
② 안전성
③ 안정성
④ 제한성

화장품의 요건: 안전성, 안정성, 사용성, 유효성

14
화장품의 품질에 요구되는 특성 중 사용 목적에 적합한 기능성을 가져야 한다는 특성이 해당되는 것은?

① 안전성
② 유효성
③ 안정성
④ 사용성

유효성: 화장품은 미백, 주름 개선, 탄력, 자외선 차단 등에 대한 사용 목적에 적합한 기능을 가져야 한다는 특성

15
화장품의 품질에 요구되는 특성 중 사용감과 편리성이 좋아야 하고 사용자의 기호에 적합해야 한다는 특성이 해당되는 것은?

① 사용성
② 유효성
③ 안전성
④ 안정성

사용성: 화장품은 질감, 발림성, 흡수성 등의 사용감과 향, 색, 디자인 등의 기호성, 크기, 중량, 휴대성 등의 편리성이 좋아야 함

| 정답 | 07 ② 08 ③ 09 ② 10 ④ 11 ④ 12 ② 13 ④ 14 ② 15 ① |

2 화장품 제조

16
화장품 제조에 필요한 기술이 아닌 것은?
① 해리 기술
② 가용화 기술
③ 유화 기술
④ 분산 기술

> 해리: 화합물이 각각의 분자나 원자 또는 이온 등으로 나누어지는 현상으로, 화장품 제조에 직접적으로 해당되지 않음

17
가용화 기술로 만들어지는 제품은?
① 마사지크림
② 메이크업 베이스
③ 화장수
④ 마스카라

> 가용화 기술: 다량의 물과 물에 녹지 않는 소량의 오일 성분이 계면활성제에 의해 투명하게 용해되도록 하는 기술로, 화장수, 에센스, 헤어 토닉, 향수 등을 제조할 때 활용됨

18 신규 문제 공략
유화의 형태 중 O/W에 가장 많이 들어 있는 성분은?
① 정제수
② 오일
③ 계면활성제
④ 에탄올

> O/W형은 물에 기름이 떠 있는 상태

19
화장품 제조 기술에 대한 설명으로 옳지 않은 것은?
① 가용화 기술에는 주로 비이온 계면활성제가 사용된다.
② O/W형의 제품들은 W/O형의 제품들과 비교하여 내수성이 우수하다.
③ 유화 제품은 빛이 투과하지 못하고 다시 굴절·반사되어 백탁화 현상을 일으켜 우윳빛으로 보인다.
④ 분산 기술로 만들어지는 제품에는 파운데이션, 마스카라, 아이라이너, 립스틱 등이 있다.

> O/W형의 제품들은 물에 쉽게 희석되어 W/O형의 제품들보다 내수성이 떨어짐

20
지성피부가 사용하기 적합한 타입의 크림은?
① W/O형
② W/O/W형
③ O/W형
④ O/W/O형

> 지성피부가 사용하기 적합한 크림의 타입은 O/W형으로, 오일보다 물의 양이 더 많이 배합된 제품이 적합함

21
화장품 제조에 필요한 기술 중 가용화 기술에 대한 설명으로 옳은 것은?
① 파운데이션, 마스카라, 아이라이너, 립스틱 등 제조 시 사용한다.
② 빛이 투과하지 못하여 백탁화된 상태이다.
③ 많은 양의 유성 성분을 물에 균일하게 혼합하는 기술이다.
④ 주로 비이온 계면활성제를 사용한다.

> **가용화 기술**
> • 다량의 물과 물에 녹지 않는 소량의 오일 성분이 계면활성제에 의해 투명하게 용해되어 있는 상태
> • 가시광선이 투과되므로 투명하게 보임
> • 가용화의 미셀은 화장수, 에센스, 헤어 토닉, 향수 등을 제조할 때 활용하는 기술

22
화장품의 원료 중 주요한 용매제로 가장 높은 비율을 차지하는 것은?
① 에탄올
② 오일
③ 계면활성제
④ 정제수

> 정제수: 화장수, 로션, 크림의 기초 물질로, 화장품 제조의 주요한 용매제이고 가장 큰 비율을 차지함

23
동물성 오일에 해당하지 않는 것은?
① 밍크 오일
② 피마자 오일
③ 난황유
④ 터틀 오일

> 피마자 오일은 식물성 오일이며, 이외에도 아보카도 오일, 동백 오일, 달맞이꽃 오일, 올리브 오일, 로즈힙 오일, 야자 오일 등이 있음

24
식물성 오일에 대한 설명으로 옳지 않은 것은?
① 피부 친화성이 우수하여 화장품 제조 시 많이 이용된다.
② 불포화 결합이 많아 공기 접촉 시 쉽게 산화된다.
③ 피부 친화성이 좋아서 피부에 빠르게 흡수된다.
④ 아보카도 오일, 로즈힙 오일, 야자 오일 등이 있다.

> 식물성 오일: 동물성 오일에 비해 피부 흡수가 늦음

| 정답 | 16 ① | 17 ③ | 18 ① | 19 ② | 20 ③ | 21 ④ | 22 ④ | 23 ② | 24 ③ |

25
화장품의 원료와 그 특징을 연결한 것으로 옳지 <u>않은</u> 것은?

① 에탄올 – 화장수, 로션, 크림의 기초 물질이다.
② 동물성 오일 – 식물성 오일에 비해 색상이나 냄새가 좋지 않다.
③ 왁스 – 동물성 오일에 비해 변질이 적고 안정성이 높다.
④ 광물성 오일 – 피부 흡수가 좋으나 유성감이 강해 피부 호흡을 방해한다.

- 에탄올: 친수·친유 성질이 모두 있어 물 또는 유기용매와 잘 섞이는 용매제로, 청량감과 수렴·소독 효과가 있지만, 휘발성이므로 심한 건성이나 민감성피부는 피하는 것이 좋음
- 정제수: 화장수, 로션, 크림의 기초 물질

26
화장품의 원료 중 다음 설명에 해당하는 것은?

> 친수·친유 성질이 모두 있어 물 또는 유기용매와 잘 섞이는 용매제로, 청량감과 수렴·소독 효과가 있지만, 휘발성이므로 심한 건성이나 민감성피부는 피하는 것이 좋다.

① 정제수 ② 에탄올
③ 계면활성제 ④ 파라벤

에탄올: 정제수와 함께 화장품의 수성 원료에 속하며, 청량감과 수렴·소독 효과가 있어 아스트리젠트와 같은 수렴화장수에 사용됨

27 신규 문제 공략
다음 중 화학적으로 액체 왁스에 속하는 것은?

① 호호바 ② 로즈힙
③ 피마자 ④ 아카다미아 너트

호호바
- 인체 피지와 유사한 화학 구조를 가져 피부 친화성이 우수하고 모든 피부에 적합함
- 화학적 액체 왁스로 쉽게 산화되지 않아 안정성이 우수하고 끈적임이 적음

28
동물성 오일에 비해 변질이 적고 안정성이 높으며 립스틱, 크림 등의 고형화를 돕고 광택감을 부여하는 화장품의 원료는?

① 합성 오일 ② 왁스
③ 광물성 오일 ④ 광택제

왁스: 고급 지방산에 고급 알코올이 결합된 에스테르로, 변질이 적고 안정성이 높으며, 립스틱, 크림, 고형 마스카라, 파운데이션 등의 고형화를 돕고 광택감을 부여함

29
왁스에 대한 설명으로 옳지 <u>않은</u> 것은?

① 카나우바 왁스는 왁스류 중 가장 경도가 높은 왁스로, 립스틱, 크림, 고형 마스카라, 탈모제 등의 원료가 된다.
② 동물성 왁스에는 밀랍, 라놀린, 경랍 등이 있다.
③ 칸델릴라 왁스는 동물성 왁스로, 유화제, 크림, 립스틱 등의 원료가 된다.
④ 경랍은 향유고래의 뇌유에 다량으로 존재하는 왁스 성분이다.

칸델릴라 왁스: 칸델릴라 나무로부터 채취되는 식물성 왁스로, 주로 립스틱 원료가 됨

30
오일의 종류 중 화학적 안정성과 사용감이 가장 우수한 것은?

① 실리콘 오일 ② 터틀 오일
③ 아보카도 오일 ④ 미네랄 오일

실리콘 오일, 이소프로필 팔미테이트, 미리스틴산 팔미테이트 등은 합성한 오일로, 천연 오일에 비해 쉽게 변질되지 않고 사용감이 좋음

31
화장품의 원료 중 성격이 <u>다른</u> 하나는?

① 실리콘 오일 ② 미네랄 오일
③ 바셀린 ④ 고형 파라핀

- 광물성 오일: 미네랄 오일(유동 파라핀), 바셀린, 고형 파라핀
- 합성 오일: 실리콘 오일, 이소프로필 팔미테이트, 미리스틴산 팔미테이트

32
동물성 왁스에 해당하지 <u>않는</u> 것은?

① 라놀린 ② 카나우바 왁스
③ 밀랍 ④ 경랍

카나우바 왁스: 카나우바 야자의 잎에서 얻은 밀랍으로, 식물성 왁스에 속함

33
계면활성제에 대한 설명으로 옳은 것은?

① 계면활성제는 가용화 작용, 유화 작용, 분산 작용 등을 한다.
② 양이온 계면활성제는 세정 작용, 기포 형성 작용이 우수하여 비누, 세탁세제, 샴푸, 클렌징폼 등에 사용된다.
③ 양쪽성 계면활성제는 정전기 방지 기능이 있어 헤어 린스, 헤어 트리트먼트, 섬유유연제 등에 사용된다.
④ 음이온 계면활성제는 피부 자극이 적어 베이비용 샴푸, 저자극 샴푸 등에 사용된다.

- 양이온 계면활성제: 정전기 방지 기능이 있어 헤어 린스, 헤어 트리트먼트, 섬유유연제 등에 사용됨
- 양쪽성 계면활성제: 피부 자극이 적어 베이비용 샴푸, 저자극 샴푸 등에 사용됨
- 음이온 계면활성제: 세정 작용, 기포 형성 작용이 우수하여 비누, 세탁세제, 샴푸, 클렌징폼 등에 사용됨

34
양모에서 추출하여 화장품의 원료로 사용되는 것은?

① 스쿠알렌 ② 라놀린
③ 경랍   ④ 칸델릴라 왁스

라놀린: 양모에서 만들어지는 동물성 왁스로, 보습제, 립스틱 등의 원료로 사용됨

35
계면활성제의 피부 자극 강도를 바르게 나열한 것은?

① 음이온＞양이온＞양쪽성＞비이온
② 양이온＞음이온＞양쪽성＞비이온
③ 양쪽성＞비이온＞양이온＞음이온
④ 양이온＞음이온＞비이온＞양쪽성

양이온 계면활성제의 피부 자극이 가장 크고, 비이온 계면활성제의 피부 자극이 가장 적음

36
세정 작용과 기포 형성 작용이 있고 피부 자극이 적어 베이비용 샴푸의 원료로 사용되는 계면활성제는?

① 비이온 계면활성제
② 양쪽성 계면활성제
③ 음이온 계면활성제
④ 양이온 계면활성제

양쪽성 계면활성제: 용액의 pH에 따라 양이온 혹은 음이온이 되는 계면활성제로, 음이온 계면활성제에 비해 세정 작용, 기포 형성 작용은 떨어지지만, 피부 자극이 적어 베이비용 샴푸, 저자극 샴푸의 원료로 사용됨

37
피부의 건조를 막아 피부를 부드럽고 촉촉하게 유지시켜 주는 천연보습인자의 성분이 아닌 것은?

① 아미노산 ② 젖산염
③ 요소   ④ 글리세린

글리세린: 폴리오(다가 알코올)에 해당하는 보습제임

38
피부 자극이 가장 적어 화장수의 가용화제와 크림 유화제로 많이 사용되는 계면활성제에 대한 설명으로 옳은 것은?

① 물속에서 해리될 때 친수기 부분이 양이온으로 해리되는 계면활성제
② 물속에서 해리될 때 친수기 부분이 음이온으로 해리되는 계면활성제
③ 분자 내에 음이온 가능 부위와 양이온 가능 부위를 모두 가지고 있기 때문에 용액의 pH에 따라 양이온 혹은 음이온이 되는 계면활성제
④ 물에 용해될 때 이온으로 해리되지 않는 수산기를 가진 계면활성제

비이온 계면활성제: 물에 용해될 때 이온으로 해리되지 않는 수산기를 가진 계면활성제로, 피부 자극이 가장 낮아 화장수의 가용화제와 크림 유화제로 사용됨

39
계면활성제에 대한 설명으로 옳지 않은 것은?

① 계면활성제는 친수성 부분과 친유성 부분을 동시에 가지는 화합물이다.
② 계면활성제의 세정력은 양이온＞음이온＞양쪽성＞비이온의 순으로 감소한다.
③ 음이온 계면활성제는 세정 작용, 기포 형성 작용이 우수하여 비누, 세탁세제, 샴푸, 클렌징폼, 치약 등에 사용된다.
④ 양이온 계면활성제는 정전기 방지 기능이 있어 헤어 린스, 헤어 트리트먼트, 섬유유연제 등에 사용된다.

계면활성제의 세정력: 음이온＞양쪽성＞양이온＞비이온의 순으로 감소함

| 정답 | 33 ① | 34 ② | 35 ② | 36 ② | 37 ④ | 38 ④ | 39 ② |

40
보습제의 조건으로 옳지 않은 것은?

① 온도·습도·바람에 영향을 쉽게 받지 않아야 한다.
② 지속력이 강하고 다른 성분과의 공존성이 좋아야 한다.
③ 휘발성이 없고 응고점이 높아야 한다.
④ 피부 친화성이 뛰어나야 한다.

> **보습제의 조건**
> - 흡수력이 높아야 하고, 온도·습도·바람에 영향을 쉽게 받지 않아야 함
> - 지속력이 강해야 하고, 다른 성분과의 공존성이 좋아야 함
> - 피부 친화성이 뛰어나야 함
> - 휘발성이 없고 응고점이 낮아야 함

41
피부에 수분을 공급하는 보습제의 기능을 갖춘 것은?

① 파라벤
② 히알루론산염
③ 메틸이소치아졸리논
④ 이소프로필 팔미테이트

> 히알루론산염은 고분자 보습제로, 가수분해 콜라겐, 콘드로이친 황산 등이 이에 해당함

42
보습제의 성분 중 폴리오와 관련 없는 것은?

① 글리세린
② 부틸렌글리콜
③ 솔비톨
④ 젖산염

> - 폴리오(다가 알코올): 글리세린, 프로필렌글리콜, 부틸렌글리콜, 솔비톨, 폴리에틸렌글리콜 등
> - 천연 보습인자(NMF): 아미노산, 피롤리돈 카르복시산, 젖산염, 요소, 지방산 등

43
박테리아와 곰팡이 모두를 억제하는 대표적인 방부제로 의약품과 화장품에 사용되는 방부제는?

① 파라벤류
② 이미다졸리디닐우레아
③ 프로필렌글리콜
④ 메틸이소치아졸리논

> **파라벤류**
> - 대표적인 방부제이며 '안식향산'이라고도 함
> - 박테리아와 곰팡이 모두를 억제하고 식품, 의약품, 화장품에 사용되는 방부제
> - 메틸파라벤, 에틸파라벤, 프로필파라벤, 부틸파라벤 등이 이에 해당함

44
안료의 종류와 이에 대한 설명으로 옳지 않은 것은?

① 유기안료 – 내광성 및 내열성이 우수하지만 산과 알칼리에는 약하다.
② 레이크 – 염료를 안료와 반응시켜 용제에 녹지 않게 만든 안료이다.
③ 유기안료 – 무기안료에 비해 빛깔이 선명하고 착색력이 뛰어나다.
④ 레이크 – 빛에 대한 안정성과 내성이 강하고 색이 선명하며 착색력이 뛰어나다.

> 레이크: 색이 선명하며 착색력이 뛰어나지만, 빛에 대한 안정성과 내성이 약함

45
화장품 성분과 그 기능이 바르게 연결된 것은?

① 아줄렌 – 피부 진정
② 나이아신아마이드 – 유연, 보습 기능
③ 알부틴 – 보습, 탄력 작용
④ 레시틴 – 염증, 상처 치료

> - 나이아신아마이드: 미백 작용
> - 알부틴: 미백 작용
> - 레시틴: 유연 작용, 항산화 작용

3 화장품의 종류와 기능

46
기초 화장품의 기능에 해당하지 않는 것은?

① 피부 청결
② 피부 탄력 강화
③ 피부 정돈
④ 피부 보호

> 피부 탄력 강화는 기능성 화장품의 기능에 해당함

47
기초 화장품과 이에 대한 설명으로 옳지 않은 것은?

① 수렴화장수 – 수렴 작용에 의한 모공 수축과 피지 분비 억제 기능이 있다.
② 유연화장수 – 유액이나 크림류의 융합을 좋게 하는 효과가 있으며 정상·건성·민감성·노화피부에 적합하다.
③ 필오프 타입 마스크 – 노폐물 및 각질을 제거하고 혈액순환을 촉진하므로 매일 사용하는 것이 좋다.
④ 에센스 – 보습 및 고영양의 유효성분을 농축한 제품으로 크림에 비해 산뜻한 사용감을 가지고 있다.

> 필오프 타입 마스크: 팩의 건조 후 피막을 제거하는 타입으로 물리적 방법으로 노폐물과 죽은 각질을 제거하여 피부에 자극을 줄 수 있으므로 매일 사용하는 것은 자제해야 함

| 정답 | 40 ③ | 41 ② | 42 ④ | 43 ① | 44 ④ | 45 ① | 46 ② | 47 ③ |

48
피부 보호를 위한 기초 화장품 중 유분 함량이 적은 O/W형 타입으로 피부의 항상성 유지를 돕는 것은?
① 로션 ② 크림
③ 에센스 ④ 팩

> **로션**
> - 피부의 유·수분 균형 조절
> - 피부의 항상성 유지
> - O/W형 타입으로 크림에 비해 산뜻한 사용감

49
다음 설명에 해당하는 제품은?

> 지성·여드름성피부에 적합한 제품으로 모공 수축, 청량감 제공 및 소독 작용을 한다.

① 유연화장수 ② 수렴화장수
③ 에몰리언트크림 ④ 컨센트레이트

> **수렴화장수**
> - 각질층에 수분 공급, 모공 수축, 피지 분비 억제, 청량감 제공 및 소독 작용으로 세균으로부터 피부 보호, 과잉 분비되는 피지와 땀 억제
> - 지성·여드름성피부 및 여름 화장수로 많이 사용
> - 노화·건성·민감성피부에는 가급적 사용 자제
> - '아스트리젠트', '토닝 로션'이라고도 불림

50
메이크업 화장품의 구성 성분과 그 특성에 대한 설명으로 옳지 않은 것은?
① 백색안료 - 가장 많이 사용하는 안료로 제품의 커버력을 결정한다.
② 착색안료 - 메이크업 화장품에 색을 부여하고 커버력을 조절한다.
③ 체질안료 - 화장품의 제형을 유지하고 지속성과 피복성을 높인다.
④ 펄안료 - 광택감과 반짝임을 부여한다.

> 체질안료: 화장품의 제형 유지 및 사용감에 영향을 줌

51
메이크업 화장품의 안료와 그 종류를 연결한 것으로 옳지 않은 것은?
① 백색안료 - 이산화티탄, 산화아연, 탄산칼슘, 연백, 리토폰
② 펄안료 - 운모티탄, 비스무스, 옥시클로라이드
③ 착색안료 - 산화철, 레이크
④ 체질안료 - 프로필렌글리콜, 이미다졸리디닐우레아, 이소치아졸리논

> 체질안료: 탈크, 마이카, 세리사이트, 카올린

52
보디관리를 위한 제품과 그 기능에 대한 설명으로 옳지 않은 것은?
① 보디 트리트먼트 - 샤워 후 피부에 수분과 영양을 공급한다.
② 보디 슬리밍 - 혈액순환을 촉진하여 노폐물을 배출하고 지방 분해에 도움을 준다.
③ 각질 제거제 - 노화된 각질을 부드럽게 제거하여 미백 기능을 돕는다.
④ 체취 방지제 - 몸의 체취를 예방하거나 제거하며 세균의 활동을 억제한다.

> 각질 제거제: 오래된 각질을 부드럽게 제거하며, 미백 효과는 없음

53
보디관리 화장품의 기능에 해당하지 않는 것은?
① 태닝 ② 체취 제거
③ 피부 영양 공급 ④ 손발톱 강화

> 손발톱 강화는 네일용 화장품의 기능에 해당함

54
땀의 분비로 인한 세균의 증식과 냄새를 억제 또는 예방하는 제품은?
① 샤워 코롱 ② 데오드란트
③ 항균 파우더 ④ 보디 로션

> 데오드란트는 체취 방지용 화장품임

55
보디관리 화장품과 그 종류를 연결한 것으로 옳지 않은 것은?

① 세정용 – 비누, 보디 클렌저, 입욕제
② 체취 방지용 – 데오드란트
③ 태닝용 – 선탠용 크림, 선탠용 젤
④ 트리트먼트용 – 보디 로션, 보디 크림, 보디 솔트

- 트리트먼트용: 보디 로션, 보디 크림, 보디 오일, 핸드 크림, 풋 크림
- 각질 제거용: 보디 스크럽, 보디 솔트

56 신규 문제 공략
주름 개선 화장품의 효과와 거리가 먼 것은?

① 콜라겐을 합성을 도와준다.
② 피부의 탄력을 강화시킨다.
③ 섬유아세포의 분해를 도와준다
④ 프리라디칼 제거에 도움을 준다.

주름 개선 화장품은 섬유아세포의 생성을 도와줌

57
향수의 조건으로 옳지 않은 것은?

① 향의 특징이 있어야 한다.
② 향의 확산성이 좋아야 한다.
③ 불쾌한 냄새를 잘 가려야 한다.
④ 향이 조화로워야 한다.

향수의 조건
- 향의 특징이 있어야 함
- 확산성과 지속성이 좋아야 함
- 시대성에 부합해야 하고, 향이 조화로워야 함

58
부향률이 가장 낮은 것은?

① 샤워 코롱
② 오드 뚜왈렛
③ 오드 퍼퓸
④ 퍼퓸

샤워 코롱: 부향률 1~3%로, 샤워 후 전신에 도포 및 분사가 가능한 제품

59
부향률이 높은 것부터 순서대로 바르게 나열한 것은?

① 오드 퍼퓸 > 샤워 코롱 > 오드 코롱 > 오드 뚜왈렛 > 퍼퓸
② 오드 코롱 > 샤워 코롱 > 오드 뚜왈렛 > 오드 퍼퓸 > 퍼퓸
③ 퍼퓸 > 오드 퍼퓸 > 오드 코롱 > 오드 뚜왈렛 > 샤워 코롱
④ 퍼퓸 > 오드 퍼퓸 > 오드 뚜왈렛 > 오드 코롱 > 샤워 코롱

퍼퓸(15~30%) > 오드 퍼퓸(9~12%) > 오드 뚜왈렛(6~8%) > 오드 코롱(3~5%) > 샤워 코롱(1~3%)

60
'헤드노트'라고도 불리고 구매의 계기가 되는 경우가 많으며 휘발성 높은 시트러스, 그린 계열을 많이 사용하는 노트는?

① 톱노트
② 미들노트
③ 하드노트
④ 베이스노트

톱노트
- 향수를 뿌렸을 때 바로 느껴지는 향
- '헤드노트'라고도 하며, 구매의 계기가 되는 경우가 많음
- 휘발성 높은 시트러스, 그린 계열을 많이 사용함

61
'라스트노트'라고도 하며 향의 품질을 결정하고 머스크, 우디 계열을 많이 사용하는 노트는?

① 미들노트
② 하드노트
③ 베이스노트
④ 톱노트

베이스노트
- 휘발성이 낮아 마지막에 남는 향기
- '라스트노트'라고도 하며, 향의 품질을 결정함
- 머스크, 우디 계열을 많이 사용함

62
에센셜 오일의 추출법 중 가장 많이 사용되는 추출법으로 잎, 꽃, 열매, 줄기 등의 원료를 넣고 열을 가하여 증발된 기체를 냉각하여 향기를 추출하는 방법은?

① 수증기 증류법
② 용매 추출법
③ 냉각법
④ 침윤법

수증기 증류법
- 원료를 넣고 열을 가하여 증발된 기체를 냉각하여 향기를 추출하는 방법
- 천연향을 대량으로 추출할 수 있으나, 고온에서 일부 향 성분이 파괴되는 단점이 있음

63 신규 문제 공략
식물의 섬세한 향을 파괴할 우려가 있는 경우에 주로 사용하는 추출법으로 핵산, 에테르, 메탄올, 에탄올 등의 휘발성 물질을 이용하여 낮은 온도에서 에센셜 오일을 추출하는 방법은?

① 압착법
② 침윤법
③ 이산화탄소 추출법
④ 용매 추출법

- 압착법: 껍질에서 무기염류를 제거하고 추출
- 침윤법: 비휘발성 용매를 추출하기 위해 오일에 원료를 담가 향을 추출
- 이산화탄소 추출법: 저온, 저압에서 추출

정답 55 ④ 56 ③ 57 ③ 58 ① 59 ④ 60 ① 61 ③ 62 ① 63 ④

64
에센셜 오일 효능이 아닌 것은?

① 혈액순환과 림프순환 촉진으로 신진대사를 조절한다.
② 항염, 항균, 항스트레스 등의 작용을 한다.
③ 면역 기능을 강화하고 피부 진정 기능, 미백 기능이 있다.
④ 여드름, 불면증, 편두통 등에 효과적이다.

미백 작용은 에센셜 오일의 기능에 해당하지 않음

65
에센셜 오일 사용 시 주의점으로 옳지 않은 것은?

① 눈에 직접 닿지 않도록 주의해야 한다.
② 사용 전에는 패치 테스트를 실시해야 한다.
③ 사용 후에는 갈색병에 넣고 마개를 닫아 냉암소에 보관해야 한다.
④ 에센셜 오일은 다양한 유효성분이 있어 누구나 사용 가능하다.

임산부 및 고혈압, 간질환자 등 질환이 있는 사람은 특정 오일 사용을 금지해야 함

66
에센셜 오일의 효과적 침투를 위해 사용하는 것은?

① 캐리어 오일 ② 아로마 오일
③ 미네랄 오일 ④ 트렌스 오일

에센셜 오일을 단독 사용하기보다 캐리어 오일을 함께 블렌딩하면 효과가 극대화되며 캐리어 오일은 에센셜 오일의 향을 방해하지 않아야 하므로 향이 없어야 하고 피부 흡수력이 좋아야 함

67
에센셜 오일에 대한 설명으로 옳지 않은 것은?

① 시트러스 계열의 오일은 햇빛에 민감하여 반드시 색이 있는 병에 담아 보관해야 한다.
② 에센셜 오일의 입욕법에는 전신욕, 반신욕, 좌욕, 족욕 등이 있다.
③ 페퍼민트는 기관지염과 천식 해소, 피로 회복, 진정, 통증 완화, 해열에 좋으나 간질, 심장병환자는 사용을 금한다.
④ 캐리어 오일은 에센셜 오일의 효과를 극대화하는 오일로 주로 동물성 오일을 많이 사용한다.

캐리어 오일: 에센셜 오일의 향을 방해하지 않아야 하므로 향이 없어야 하고 피부 흡수력이 좋아야 하며, 비타민, 미네랄, 항균 작용이 우수한 식물성 오일이 사용됨

68
캐리어 오일로 사용하기에 적합하지 않은 것은?

① 피마자 오일 ② 아보카도 오일
③ 포도씨 오일 ④ 로즈마리 오일

로즈마리 오일: 에센셜 오일로 피부 청결, 노화피부 개선, 두피 개선, 주름 완화, 기억력 증진, 혈행 촉진, 진통 해소 등의 효능이 있지만, 임산부 및 고혈압, 간질환자는 사용을 금지함

69
다음 설명에 해당하는 캐리어 오일의 종류는?

- 인체의 피지와 유사한 화학 구조를 가져 피부 친화성이 우수하고 모든 피부에 적합하다.
- 여드름, 습진, 건선피부에 효과적이다.

① 호호바 오일 ② 아몬드 오일
③ 달맞이꽃 오일 ④ 살구씨 오일

호호바 오일
- 인체 피지와 유사한 화학 구조를 가져 피부 친화성이 우수하고 모든 피부에 적합함
- 쉽게 산화되지 않아 안정성이 우수하고 끈적임이 적음
- 노폐물 제거, 항균 효과, 보습력이 우수함
- 여드름·습진·건선피부에 효과적임

70
에센셜 오일의 종류와 사용 시 주의사항을 연결한 것으로 옳지 않은 것은?

① 티트리 - 고혈압, 간질환자 사용 금지
② 캐모마일 - 임신 초기 사용 금지
③ 파촐리 - 다량 사용 시 최면 효과
④ 페퍼민트 - 심장병, 발열환자 사용 금지

티트리 오일: 면역 강화, 독소 배출, 피부 정화 기능이 있고, 민감성피부에는 사용을 주의해야 함

71
미백 화장품의 성분이 아닌 것은?

① 알부틴 ② 코직산
③ 닥나무 추출물 ④ 레티놀

레티놀: 주름 개선 화장품의 주요 성분

72 신규 문제 공략
활성산소를 억제하고 산소라디칼을 제거하여 항산화를 도와주는 성분은?
① SOD
② SPF
③ NMF
④ DAPA

SOD: 항산화제 성분으로 활성산소 억제, 프리라디칼의 한 종류인 산소라디칼을 제거함

73
자외선 차단제에 대한 설명으로 옳지 않은 것은?
① 자외선 산란제 – 피부 안전성이 높아 민감한 피부나 어린 아이에게 사용할 수 있다.
② 자외선 흡수제 – 잘 지워지지 않아 클렌징할 때 주의가 필요하다.
③ 자외선 산란제 – 촉촉하고 산뜻하며 발림성이 좋아 화장이 들뜨거나 밀리지 않는다.
④ 자외선 흡수제 – 에칠헥실메톡시신나메이트, 부틸메톡시디벤조일메탄 등의 성분으로 백탁 현상이 없다.

자외선 산란제
- 자외선을 산란·반사시키는 물리적 자외선 차단제로 차단 효과가 우수하나 발림성이 떨어지고 백탁 현상이 발생함
- 피부 안전성이 높아 민감한 피부나 어린 아이에게 사용할 수 있음
- 산화아연(징크옥사이드), 이산화티탄(티타늄디옥사이드), 카오린, 탈크

74
기능성 화장품과 그 기능을 연결한 것으로 옳지 않은 것은?
① 염모제 – 모발의 색상을 탈염하거나 탈색하는 기능을 가진 화장품으로 일시적으로 모발의 색상을 변화시키는 제품은 제외된다.
② 피부장벽 개선제 – 피부장벽의 기능을 회복하여 가려움 등의 완치를 돕는 화장품이다.
③ 왁싱제 – 체모를 제거하는 기능을 가진 화장품으로 물리적으로 체모를 제거하는 제품은 제외된다.
④ 튼살 완화제 – 튼살로 인한 붉은 선을 엷게 하는 데 도움을 주는 화장품이다.

피부장벽 개선제
- 피부장벽의 기능을 회복하여 가려움 등의 개선을 돕는 화장품
- 기능성 화장품은 환자의 치료가 아닌 정상인을 대상으로 특정 효능을 얻기 위해 사용하는 제품

75 신규 문제 공략
항산화제에 속하지 않는 것은?
① 베타카로틴(β-Carotene)
② 수퍼, 옥사이드 디스뮤타제(SOD)
③ 비타민 E
④ 비타민 F

베타카로틴, SOD, 비타민 E, 레티놀, 아데노신 등은 주름 개선을 도와주는 성분으로 항산화제에 속함

76
기능성 화장품과 그 성분을 연결한 것으로 옳지 않은 것은?
① 태닝 화장품 – 디하이드록시아세톤
② 주름 개선 화장품 – 글리시리진산, 산화아연
③ 미백 화장품 – 알부틴, 코직산, AHA
④ 여드름 완화 – 아줄렌, 살리실산

주름 개선 화장품
- 피부에 탄력을 주어 피부의 주름을 완화 또는 개선하는 기능이 있음
- 레티놀, 아데노신, 베타카로틴, 비타민E, SOD 등의 성분이 사용됨

77 신규 문제 공략
자외선 산란제의 대표적인 성분은?
① 부틸메톡
② 이산화티탄
③ 에칠헥실메톡시신나메이트
④ 아보벤존

자외선 산란제: 산화아연(징크옥사이드), 이산화티탄(티타늄디옥사이드), 카오린, 탈크

78
자외선 차단 화장품의 SPF지수가 방어하기 위한 것은?
① 자외선 UV-A
② 자외선 UV-B
③ 자외선 UV-C
④ 자외선 UV-α

SPF(Sun Protection Factor): 자외선 UV-B를 방어할 수 있는 지수

PART

02

MAKE UP ARTIST

메이크업 고객 서비스

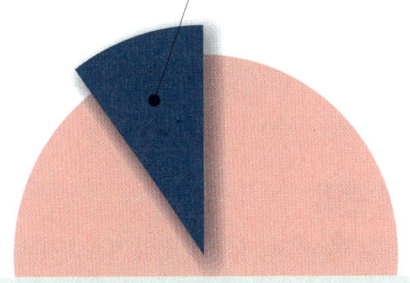

출제비중 **10%**

|출제(예상)문제 수| Ⓐ 5문제 이상 Ⓑ 4문제~2문제 Ⓒ 1문제 이하

- Ⓒ **CHAPTER 01** 고객 응대
- Ⓑ **CHAPTER 02** 메이크업 카운슬링
- Ⓒ **CHAPTER 03** 퍼스널 이미지 제안

CHAPTER 01
고객 응대 C

합격 TIP 고객 관리의 중요성과 고객 서비스를 위한 상황별 응대법에 대해 학습해 두도록 합니다. 불만 고객의 불만 처리 8단계에 대해서도 숙지해 두도록 합니다.

1 고객 관리

신규 고객❶의 확보, 고객 선별 및 기존 고객의 재방문 유도뿐만 아니라 고객과의 관계 형성 등을 통해 수익을 증대시키기 위한 일련의 활동을 의미함

(1) 고객 관리의 중요성
① 반복적인 구매의 증가로 매출 증대
② 입소문 효과로 신규 고객 유치
③ 고객 만족도를 통한 단골 고객 유치

(2) 단계별 고객 관리

고객 확보	창업 초기에 주로 이루어지고 시장 및 고객 점유율 확장을 위한 활동이 이루어짐
고객 유지	고객과의 관계 강화 단계로, 단골 고객 유치 및 고객 이탈 방지를 위한 활동이 이루어짐
고객 평생화	고객과의 신뢰를 바탕으로 충성도 높은 단골 고객, 평생 고객 또는 동반자의 관계로 발전하는 활동이 이루어짐

(3) 신규 고객 관리
① 고객 개인정보 관리의 중요성 숙지
② 신규 고객 신청서 작성 및 고객DB❷ 입력
③ 고객의 메이크업 내용을 차트로 만들어 DB 작업
④ 신규 방문 고객에게 해피콜 서비스를 실시하여 만족도 조사

(4) 고객 분류에 따른 고객 관리

신규 고객	• 기업의 긍정적 이미지 전달 • 고객 만족도 조사
재방문 고객 · 일반 고객	• 고객에 대한 인지 및 친밀감 유발 • 서비스 정보 및 이벤트를 적극적으로 제공, 고객 우대정책 소개 • 이탈 방지 프로그램 시작
단골 고객	• 고객 우대정책 및 통합관리 시작 • 고객별 차별화 및 맞춤형 서비스 제공, 소개 고객 유치에 따른 우대정책 전달 • 이탈 방지 프로그램 유지

참고 고객
경제에서 창출된 재화와 용역을 구매하는 개인이나 가구

고객 개념의 변화

과거	수요 > 공급	생산 지향적 단계
↓	수요 = 공급	판매 지향적 단계
현재	수요 < 공급	고객 지향적 단계

참고 고객DB
• 고객의 정보와 서비스 내용 등을 데이터에 저장하는 것을 말함
• 이름, 전화번호 등의 기본적 내용뿐만 아니라 고객의 사소한 특성까지 기록함

(5) 고객의 요구와 서비스 제안

① 고객의 요구

기술적 측면에서의 기대	• 전문가적 감각과 노련하고 정확한 메이크업 • 적당한 시술 시간과 요금
서비스적 측면에서의 기대	• 편안한 서비스 • 환영과 칭찬 받기를 희망 • 중요한 고객으로 응대 받기를 희망 • 예의 바르고 정중한 태도와 신뢰도 높은 상담 • 위생적이고 쾌적한 환경에서의 서비스

② 고객을 위한 서비스 제안

언어 서비스	때와 장소에 적합한 언어 구사
청각 서비스	• 불필요한 소음 발생 방지 • 음악 재생 또는 방음시설 확보로 외부소음 차단 • 직원들 간의 대화 시 적절한 톤 조절
시각 서비스	• 깔끔하고 위생적인 용모 유지 • 바른 자세와 움직임

(6) 고객 상담

① 단계별 상담

사전 상담	• 정보 제공(소요시간, 비용, 시술 방법 등) • 고객의 의문점 해소로 신뢰감 상승
시술 중 상담	• 중간 점검을 통한 만족도 확인 • 추가 설명 및 수정 사항을 상담
시술 후 상담	• 사후관리 방법 및 시술 상태에 대한 점검 • 예약 등의 고객 관리 상담

② 고객 상담의 필요성

고객 입장	기업 입장
• 고객에게 필요한 정확한 정보 제공 • 맞춤 상담으로 신뢰감 향상 • 고객의 니즈와 관심에 적합한 상담으로 만족도 상승	• 신규 고객 확보 • 소비자들의 심리 분석 • 시장경쟁에서 우위 확보 • 브랜드의 신뢰도 확보

③ 고객 상담 시 화법

- 밝고 명랑한 목소리
- 공감대 형성
- 쿠션어 사용 예 죄송합니다만~
- 쉬운 단어와 간결한 문장 사용
- 정확한 발음과 적당한 속도
- 단답식 부정형이 아닌 긍정형의 대답
- 말씨와 억양에 유의하고 비속어 사용 금지
- 명령이나 지시가 아닌 부탁과 권유의 어조

(7) 고객카드 작성

① 고객과 관련된 시술 및 서비스 내용 기재
② 고객의 특성에 따른 부작용 및 트러블 방지
③ 고객 재방문 시 상담 자료 및 사후관리 자료로 활용

용어 고객카드
고객의 인적 사항, 특징, 특이사항, 메이크업 시술 내용, 선호 스타일, 만족도 등을 기입하여 고객DB로 활용

2 고객 응대

(1) 방문 고객 응대 절차
① 사업장을 방문하는 고객에게 밝은 얼굴, 올바른 자세로 인사
② 고객의 옷과 소지품 보관
③ 방문 사유 확인 및 서비스 공간으로 안내
④ 대기 고객은 휴식 및 대기 공간으로 안내하여 다과 및 책자 제공
⑤ 상담 후 예약이 필요한 경우 예약카드 작성
⑥ 고객 상담 시에는 적절한 아이콘택트와 리액션, 경청하는 자세, 친절한 화법 필요
⑦ 작업이 종료된 고객에게 서비스 내역과 요금 안내 후 정산
⑧ 고객 배웅

(2) 전화 고객 응대
① 상황별 전화 응대

전화 받는 법	• 전화벨이 3번 이상 울리기 전에 받기 • 밝고 명랑하게 인사 • 사업장 이름과 본인 이름 말하기 • 경청 및 고객 관리 • 통화 내용 중 중요한 부분 메모
전화 끊는 법	• 통화 내용 재확인 • 끝인사 • 고객이 먼저 끊은 후 수화기 내려놓기 • 고객이 찾는 사람이 부재할 경우 용건을 메모하여 내용 전달

② 전화 예약 절차

순서	응대 요령
1단계 전화 받기	• 인사 및 소속과 이름 소개 • 전화는 벨이 2번 울릴 때 받는 것이 적절함 • 메모지와 예약 일정표를 미리 준비
2단계 상대의 신분 확인	• 상대가 신분을 밝혔을 경우 반갑게 인사 • 예약을 원하는 고객의 신분을 확인
3단계 예약 내용 확인	예약 날짜, 시간, 메이크업 작업 내용, 메이크업 담당자 등 질문
4단계 예약 내용 확정	• 기존 메이크업 담당자가 있을 경우 담당자의 일정을 확인한 후 확정 • 기존 메이크업 담당자가 없을 경우 다른 메이크업 작업자의 일정을 확인한 후 확정 • 전화상 내용이나 숫자 등은 잘못 전달될 수 있으므로 예약 내용을 한 번 더 확인하고 예약 일정표에 정확하게 기록한 후 확인
5단계 끝인사	기타 궁금한 사항을 묻고 없으면 끝인사로 마무리
6단계 전화 끊기	고객이 먼저 끊은 것을 확인한 후 수화기를 내려놓음

> **참고** 고객응대 시 메이크업 종사자의 자세
>
> | | |
> |---|---|
> | 내적 요소 | • 전문지식 습득과 창조적 작업 마인드 필요
• 소비자의 니즈 파악
• 건강한 체력과 전문가다운 마인드
• 이해와 배려 및 상호 협조적 자세
• 투철한 직업정신
• 고객의 결점과 단점을 보완하고, 개성을 잘 살릴 수 있도록 노력
• 고객의 의견과 취향을 존중, 연령, 직업, 얼굴 모양 등을 살펴 표현 |
> | 외적 요소 | • 개인 위생관리와 메이크업 제품 및 도구의 위생 및 안전 점검
• 단정한 외모, 바른 언어와 경어 사용
• 친절한 태도와 표정 유지 |

> **참고** 휴식 및 대기 공간
> 메이크업 대기고객과 동반자가 주로 이용하는 공간으로서 메이크업 작업을 기다리며 머무는 공간

(3) 온라인 고객 응대
　① 온라인 고객 응대방법
　　• 대형 포털 사이트, SNS 등에 온라인 마케팅으로 신규 고객 유치
　　• 사업장의 플랫폼에서 정보를 제공하여 1:1채팅으로 상담
　　　- 시간대별 전문 온라인 상담사 배치
　　　- 텔레마케터와 같이 기본 스크립트 활용
　　　- 이미지나 영상을 고객에게 맞춤으로 제공
　② 온라인 고객 응대 시 주의사항
　　• 온라인의 특성상 고객의 요청이나 질문에 대한 신속한 대응 필요
　　• 온라인상에서의 개인정보 유출이나 초상권 등의 사고 방지

(4) 불만 고객 응대
　① 불만 발생의 요인
　　• 불쾌한 언행이나 불친절한 태도
　　• 불확실하거나 잘못된 정보의 전달
　　• 약속 불이행
　　• 서비스 본질에 대한 불만족
　② 불만 처리 8단계

단계	항목	처리 내용
1단계	사과하기	고객에게 우선 사과하기
2단계	경청하기	• 불만사항을 적극적으로 경청 • 불만의 원인을 파악하여 고객의 불만을 이해하고 있다는 인상을 줌
3단계	공감하기	• 불편사항에 공감 • 고객 관점의 어휘 사용 • 고객의 입장에 서 있음을 인식시키고 공감대 형성
4단계	원인 분석	• 문제 발생의 원인 파악 • 고객의 잘못을 말하지 않음 • 자신의 의견이나 평가를 개입시키지 않음 • 객관적으로 사실 파악
5단계	해결책 제시	• 매장의 방침이나 규정 여부를 검토한 후 신속한 해결책 강구 • 알기 쉬운 말로 해결책 제시
6단계	고객 의견 경청	제시한 해결책에 대한 고객의 의견을 듣고 동조를 이끌어 냄
7단계	대안 제시	불만이 해결되지 않았다면 다시 대안을 제시
8단계	감사 표시	고객이 이해해 준 것에 대한 감사 표시

출제 예상문제

1 고객 관리

01
고객 관리의 중요성에 대한 설명으로 옳지 않은 것은?
① 고객들의 입소문으로 신규 고객을 유치할 수 있다.
② 잠재 고객의 DB 확보로 부가적 효과를 얻을 수 있다.
③ 고객의 만족도를 통해 기존 고객의 재방문을 유도할 수 있다.
④ 반복적인 구매의 증가로 경제적 효과를 얻을 수 있다.

> **고객 관리의 중요성**
> • 반복적인 구매의 증가로 매출 증대
> • 입소문 효과로 신규 고객 유치
> • 고객 만족도를 통한 단골 고객 유치

02 신규 문제 공략
처음 매장을 방문한 고객을 관리하는 방법으로 거리가 먼 것은?
① 해피콜을 실시하여 만족도를 조사한다.
② 고객 DB를 확보하고 입력한다.
③ 이탈 방지 프로그램을 시작한다.
④ 매장의 긍정적인 이미지를 전달한다.

> 이탈 방지 프로그램은 재방문 고객 관리 방법 중 하나임

03
고객 분류에 따른 관리 방법으로 옳지 않은 것은?
① 단골 고객 – 소개 고객 유치에 따른 우대정책을 전달한다.
② 재방문 고객 – 고객에 대해 인지하고 친밀감을 유발한다.
③ 일반 고객 – 서비스 정보와 이벤트를 적극적으로 제공한다.
④ 신규 고객 – 이탈 방지 프로그램을 시작한다.

> 신규 고객: 기업의 긍정적 이미지를 전달하고 고객 만족도를 조사함

04
신규 고객 관리 방법으로 옳지 않은 것은?
① 고객의 정보를 고객DB에 입력하고 관리한다.
② 고객의 메이크업 내용을 차트로 만들어 관리한다.
③ 고객의 개인정보를 공유하여 친밀감을 형성한다.
④ 신규 방문 고객에게 해피콜 서비스를 실시하여 만족도를 조사한다.

> 고객 개인정보 관리의 중요성을 숙지하고 고객의 개인정보가 노출되지 않도록 보안을 철저히 유지해야 함

05
고객의 만족도를 높이기 위한 방법으로 옳지 않은 것은?
① 예의 바르고 정중한 태도로 상담에 임한다.
② 중요 고객으로 인식시키기 위해 자연스러운 스킨십을 최대한 많이 한다.
③ 쾌적한 환경 서비스를 위해 환기를 자주 한다.
④ 전문가적 감각과 스킬로 정확한 메이크업 서비스를 제공한다.

> 지나친 스킨십은 고객으로 하여금 불쾌감과 부담감을 불러일으킬 수 있으므로 자제함

06
고객 상담의 필요성에 대한 설명으로 옳지 않은 것은?
① 고객의 니즈에 적합한 상담으로 고객의 만족도를 높인다.
② 맞춤 상담으로 브랜드의 신뢰도가 향상된다.
③ 고객에게 필요한 정확한 정보를 제공할 수 있다.
④ 타 브랜드의 정보를 공유하고 벤치마킹하여 신규 고객을 확보할 수 있다.

> 고객 상담은 정보 제공, 신뢰감 향상, 만족도 상승과 관계된 것으로 타 브랜드의 정보 공유와는 관련 없음

| 정답 | 01 ② 02 ③ 03 ④ 04 ③ 05 ② 06 ④ |

07
고객 상담 시의 화법으로 옳지 <u>않은</u> 것은?

① 명령이나 지시가 아닌 부탁과 권유의 어조를 사용해야 한다.
② 말씨와 억양에 유의하고 비속어를 사용하지 않아야 한다.
③ 정확한 발음과 적당한 속도로 말해야 한다.
④ 되도록 세련된 언어 구사를 위해 영어 단어를 섞어 사용해야 한다.

> **고객 상담 시 화법**
> • 밝고 명랑한 목소리
> • 정확한 발음과 적당한 속도
> • 명령이나 지시가 아닌 부탁과 권유의 어조
> • 단답식 부정형이 아닌 긍정형의 대답
> • 쿠션어 사용 [예] 죄송합니다만~
> • 말씨와 억양에 유의하고 비속어 사용 금지
> • 쉬운 단어와 간결한 문장 사용
> • 공감대 형성

2 고객 응대

08 신규 문제공략
메이크업 고객과 고객의 동반자가 주로 이용하는 공간으로서 메이크업 작업을 기다리며 머무는 공간은?

① 상담 공간
② 휴식 및 대기 공간
③ 카운터
④ 메이크업 작업 보조 공간

> • 상담 공간: 메이크업 상담을 목적으로 만들어진 별도의 개별 공간
> • 카운터: 응대 및 결제 목적으로 만들어진 별도의 공간
> • 메이크업 작업 보조 공간: 메이크업의 준비, 마무리 단계에서 사용되는 공간으로, 세면실, 샴푸실 등이 해당함

09
고객 응대방법으로 옳지 <u>않은</u> 것은?

① 사업장을 방문하는 고객에게 밝은 얼굴, 올바른 자세로 인사한다.
② 전화는 전화벨이 3번 이상 울리고 받아야 한다.
③ 고객 상담 시에는 적절한 아이콘택트와 경청하는 자세가 필요하다.
④ 전화를 받기 전에 메모지와 예약 일정표를 미리 준비한다.

> 전화벨이 3번 이상 울리기 전에 받아야 함(벨이 2번 울릴 때 받는 것이 적절)

10
예약을 희망하는 고객의 전화 응대방법으로 옳지 <u>않은</u> 것은?

① 밝고 명랑한 목소리로 인사하고 소속과 이름을 소개한다.
② 고객이 먼저 전화를 끊은 것을 확인한 후 수화기를 내려놓는다.
③ 기존 메이크업 담당자가 있을 경우 고객이 희망하는 일정에 예약일을 확정한다.
④ 전화상 내용이나 숫자 등은 잘못 전달될 수 있으므로 예약 내용을 한 번 더 확인하고 예약 일정표에 정확하게 기록한다.

> 기존 메이크업 담당자가 있을 경우 담당자의 일정을 확인한 후 확정

11 신규 문제공략
고객 응대 범위에 대한 설명으로 옳지 <u>않은</u> 것은?

① 고객 응대에는 고객 서비스도 포함된다.
② 디자이너의 메이크업 스킬 향상도 고객 응대에 포함된다.
③ 고객 응대에는 방문 고객의 소지품 보관도 포함된다.
④ 온라인을 통한 비대면 불만 처리는 고객 응대에 포함되지 않는다.

> 온라인을 통한 비대면 불만 처리도 고객 응대에 포함함

12
불만 고객 응대에 대한 설명으로 옳지 <u>않은</u> 것은?

① 고객의 입장에서 불만사항을 끝까지 경청한다.
② 문제 발생에 대해 사과하고 고객의 실수도 객관적으로 설명하고 이해시킨다.
③ 고객의 불만사항의 원인을 분석하되 자신의 의견이나 평가를 개입시키지 않는다.
④ 매장의 방침이나 규정 여부를 검토한 후 신속한 해결책을 강구한다.

> 문제 발생에 대해 사과하고 고객의 실수가 있었다 할지라도 고객의 잘못을 말하지 않음

13
온라인 고객 응대에 대한 설명으로 옳지 <u>않은</u> 것은?

① 고객이 요청하는 정보는 무엇이든 신속하게 제공한다.
② 시간대별로 전문 온라인 상담사를 배치한다.
③ 텔레마케터와 같이 기본 스크립트를 활용한다.
④ 사업장의 플랫폼에서 정보를 제공하여 1:1채팅으로 상담한다.

> 온라인상에서의 개인정보 유출이나 초상권 등의 사고가 일어날 수 있으므로 고객이 요청하더라도 타인의 개인정보나 사진 등은 제공해서는 안 됨

| 정답 | 07 ④　08 ②　09 ②　10 ③　11 ④　12 ②　13 ①

CHAPTER
02

메이크업 카운슬링

합격 TIP 얼굴의 균형도와 얼굴형에 따른 이미지를 숙지하고, 가시광선의 특성과 색의 분류 및 요소 등은 기본적으로 암기해 두어야 합니다. 색의 혼합과 색채의 감정, 조명 등을 주의 깊게 학습해 두도록 합니다.

1 얼굴 특성 파악

(1) 얼굴의 비율과 균형

① 가장 이상적인 비율
- 얼굴의 가로 길이와 세로 길이가 1:1.618의 비율
- 윗입술과 아랫입술의 비율이 1:1.5의 비율

② 얼굴의 균형도 빈출: 이상적인 비율의 얼굴을 표현

가로 분할 3등분		세로 분할 5등분	
1등분	헤어라인~눈썹앞머리	1등분	왼쪽 헤어라인~왼쪽 눈꼬리
		2등분	왼쪽 눈꼬리~왼쪽 눈앞머리
2등분	눈썹앞머리~코 끝	3등분	왼쪽 눈앞머리~오른쪽 눈앞머리
		4등분	오른쪽 눈앞머리~오른쪽 눈꼬리
3등분	코 끝~턱 끝	5등분	오른쪽 눈꼬리~오른쪽 헤어라인

③ 이목구비의 위치

눈썹	• 눈썹앞머리는 콧방울에서 수직으로 올린 선에 위치 • 눈썹꼬리는 콧방울에서 눈꼬리를 연결한 사선과 만나는 지점에 위치
눈	• 눈앞머리는 콧방울에서 수직으로 올린 선에 위치 • 눈과 눈 사이의 길이는 눈의 길이와 동일
코	• 코의 폭은 눈의 길이와 동일 • 코는 얼굴을 세로로 3등분했을 때 가운데 등분에 위치
입술	정면을 바라보고 눈동자 안쪽의 수직 연장선과 만나는 점에 위치
귀	귓바퀴의 윗부분은 눈의 측면 높이, 귓불의 아랫부분은 코 아래 정도의 높이에 위치

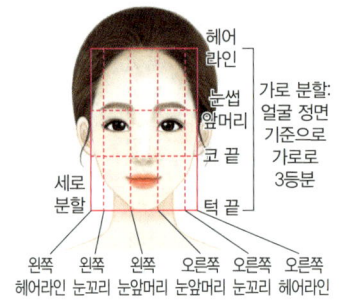

참고 얼굴의 균형도

(2) 얼굴의 골격

① 골상(얼굴형)의 이해: 얼굴뼈에 의해 얼굴의 기본 모양이 결정

후두골(뒤통수뼈)	머리뼈의 뒤쪽을 차지하는 큰 뼈
안두정골(마루뼈)	• 머리뼈 윗면의 뒤쪽 약 2/3를 이루는 네모꼴의 편평한 뼈 • 양쪽 뼈는 정중앙면에서 톱니가 물리듯 연결되어 있음
전두골 (앞머리뼈, 이마뼈)	얼굴 상부의 형태를 결정함

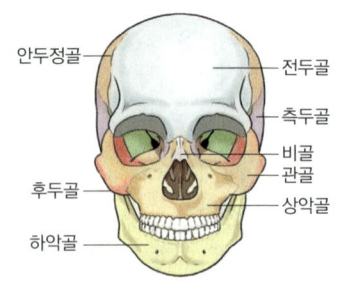

참고 얼굴의 골격도

측두골(관자뼈)	뇌머리뼈의 양쪽에 위치한 좌우 한 쌍의 뼈
비골(코뼈)	콧마루를 형성하는 뼈
관골(광대뼈)	얼굴의 양쪽 뺨과 관자놀이 사이의 뼈
상악골(위턱뼈)	위쪽 턱을 형성하는 뼈로, 얼굴뼈에서 가장 큰 부분을 차지함
하악골(아래턱뼈)	아래쪽 턱을 형성하는 뼈로 얼굴형을 결정짓는 가장 중요한 요소

② 얼굴형에 따른 이미지 빈출

계란 얼굴형	• 가장 기본형이며 이상적인 얼굴형 • 얼굴의 관자놀이 부분이 가장 넓고 이마와 턱 부분으로 갈수록 가늘어지는 형태의 얼굴 • 얼굴 너비와 얼굴 길이의 비율은 1:1.5 정도 • 안정적이고 여성미가 돋보이는 이미지
둥근 얼굴형	• 얼굴의 광대뼈 부분이 가장 넓고 턱선이 부드러운 둥근 형태를 이룸 • 얼굴 너비와 얼굴 길이의 비율이 1:1에 가까운 얼굴형 • 귀여운 동안의 이미지
긴 얼굴형	• 얼굴 너비가 좁고 얼굴 길이가 긴 얼굴형 • 대부분 이마나 턱이 발달하였으며 코가 긴 편임 • 성숙하고 고상한 이미지
사각 얼굴형	• 관자놀이 쪽 헤어라인에서부터 턱선까지 직선 형태를 이루며 광대뼈가 두드러지지 않고 각진 턱을 지님 • 얼굴이 평면적이고 안정된 느낌을 가지며 고집스럽고 남성적인 이미지
마름모 얼굴형	• 좁은 이마와 뾰족한 턱을 가지며 광대뼈 부분이 가장 넓은 얼굴형 • 샤프한 이미지
역삼각 얼굴형	• 관자놀이와 이마 부분은 넓고 헤어라인은 수평을 이루며 턱이 뾰족한 얼굴형 • 세련되고 이지적인 현대적 이미지

(3) 얼굴의 근육

참고 얼굴의 근육

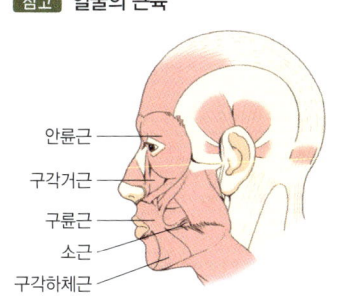

안륜근 (눈둘레근)	• 눈을 둥글게 둘러싸고 있으며 눈을 감고 뜨게 하는 기능 • 명암을 그러데이션하여 들어가 보이게 표현하는 부분으로, 표현 방법에 따라 다양한 이미지 표현이 가능함
구륜근 (입둘레근)	입 주위를 둥글게 감싸고 있으며 표현과 표정을 나타냄
소근 (입꼬리당김근)	볼의 근막에서 일어나 입꼬리의 피부에 붙어 입꼬리를 양쪽으로 당기는 근육으로 감정을 표현하는 근육
구각거근 (입꼬리올림근)	• 위턱뼈에서 일어나 입꼬리 피부로 닿는 얼굴 근육 • 입꼬리를 위쪽으로 올리는 작용을 하여 즐거운 감정을 표현하는 근육
구각하체근 (입꼬리내림근)	• 아래턱뼈에서 일어나 입꼬리에서 다른 얼굴 근육과 합쳐지는 근육 • 입꼬리를 아래쪽으로 내리는 작용을 하여 슬프거나 화난 감정을 표현하는 근육

2 메이크업과 색채

(1) 빛
① 분류: 파장의 길이에 따라 적외선, 가시광선, 자외선 등으로 나뉨

② 가시광선 <빈출>
- 사람의 눈으로 볼 수 있는 빛으로, 자외선과 적외선 사이에 위치하며, 파장 범위는 380~780나노미터(nm)임
- 빨강·주황·노랑·초록·파랑·남색·보라 등으로 인식함

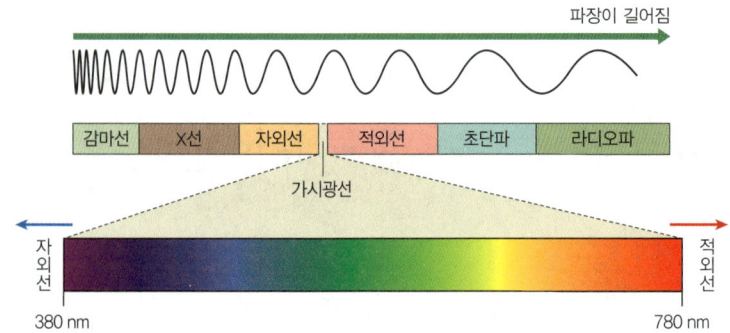

③ 빛의 물리적 3요소: 주파장(색상), 분광률(명도), 포화도(채도)

(2) 색
① 빛의 파장에 대한 눈의 반응으로, 반사·흡수·투과 등의 현상을 통해 색을 지각함
② 빛을 모두 반사하면 흰색, 모두 흡수하면 검은색으로 감지함

(3) 색의 지각
① 색채
- 의미: 물리적 현상인 색이 감각기관인 눈을 통해 지각되거나 그 지각 현상과 마찬가지의 경험 효과를 가리키는 현상
- 색채 지각의 3요소: 빛(광원), 물체, 시각(눈)

② 눈의 구조

눈	카메라	역할
눈꺼풀	렌즈 커버	눈 표면을 보호함
각막	렌즈 본체	빛을 굴절시켜 상이 맺히도록 함
수정체	렌즈	빛의 굴절 및 초점 조절
홍채	조리개	빛의 양을 조절함
망막	필름	• 물체의 상이 맺히는 곳 • 추상체: 색 구분 • 간상체: 명암 구분

(4) 색의 분류

무채색	색상과 채도가 없고 명도만 있음 예 하양, 회색, 검정
유채색	• 무채색을 제외한 모든 색으로, 색상·명도·채도 모두 있음 • 무채색에 유채색을 조금이라도 섞어 색의 기미가 있으면 유채색이 됨

참고 빛의 성질
- 반사: 빛이 물체에 부딪칠 때 진행 방향이 바뀌어 나아가는 현상
- 흡수: 빛의 에너지를 조직에 전달하고 흡수되어 없어지는 현상
- 굴절: 빛이 물이나 유리처럼 다른 물질과 만나는 경계면에서 속도가 바뀌면서 파동의 진행을 바꾸는 현상
- 산란: 빛의 파동이 대기 중에서 분자나 원자, 미립자 등과 충돌하여 빛의 진행 방향이 여러 방향으로 불규칙하게 분산되어 퍼지는 현상
- 회절: 빛이 장애물에 의해 굴절되어 빛의 파동이 휘어지는 현상

참고 가시광선 파장의 범위
- 보라: 380~450nm
- 파랑: 450~495nm
- 초록: 495~570nm
- 노랑: 570~590nm
- 주황: 590~620nm
- 빨강: 620~780nm

참고 물체의 색
- 표면색: 물체의 표면에서 빛이 반사하여 나타나는 색
- 투과색: 투명한 물질을 빛이 투과하여 나타나는 색
- 광원색: 광원에서 방출되는 빛의 색 예 태양광·형광등·백열등 빛의 색

참고 색의 지각

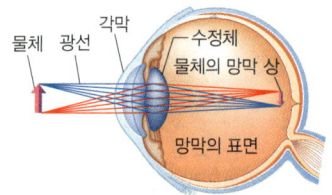

빛 → 각막 → 수정체 → 유리체 → 망막 → 시세포 → 시신경 → 뇌

참고 시세포의 종류와 기능
- 추상체: 장파장에 민감하고, 밝은 곳에서 시각을 느끼며, 색을 식별함(주행성 동물의 망막에 주로 존재)
- 간상체: 단파장에 민감하고, 어두운 곳에서 시각을 느끼며, 명암을 식별함(야행성 동물의 망막에 주로 존재)

(5) 색의 3요소 빈출

① 색상(Hue)
- 의미: 빛의 파장에 따라 달라지는, 색 자체가 갖는 고유의 특성으로, 유채색에만 있음
- 먼셀의 기본 5색: 빨강(R), 노랑(Y), 녹색(G), 파랑(B), 보라(P)
- 중간색상: 주황(YR), 연두(GY), 청록(BG), 남색(PB), 자주(RP)
- 먼셀의 10색상환

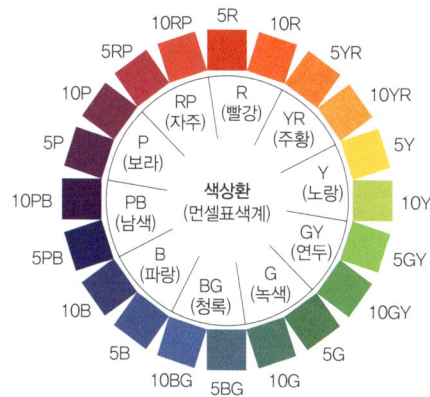

| 참고 | 먼셀의 색 표기법 |

HV/C(색상, 명도/채도)
예 5Y4/8: 5Y=노랑, 4=명도, 8=채도

| 기타 | 보색 |

먼셀의 색상환에서 가장 먼 거리를 두고 서로 마주보는 색

② 명도(Value)
- 의미: 색의 밝고 어두움을 나타내는 명암 단계로, 무채색은 명도만 있음
- 명도 기준의 척도: 그레이스케일(Gray scale)
- 흰색을 섞을수록 명도는 높아지고, 검정을 섞을수록 명도는 낮아짐

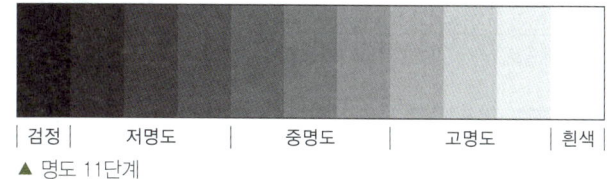

▲ 명도 11단계

| 용어 | 그레이스케일 |

하양에서 검정 사이의 회색의 점진적인 단계 범위로, 톤의 참조 기준으로 사용함

③ 채도(Chroma)
- 의미: 색의 맑고 탁함의 정도와 색의 강약을 나타내는 것으로, 유채색에만 존재함
- 순색에 가까울수록 채도는 높아지고, 무채색이나 다른 색을 섞을수록 채도는 낮아짐

| 용어 | 순색, 청색, 탁색 |

순색	채도가 가장 높으며 무채색의 기미가 전혀 없는 색
청색	• 명청색: 순색+흰색 • 암청색: 순색+검정색
탁색	• 명탁색: 순색+회색 • 암탁색: 청색+검정색

(6) 색명법

기본색명	• 특정 사물이나 대상이 연상되지 않음 • 한국산업규격(KS)에서 12개의 기본색명과 무채색 3개를 규정함 • 유채색: 빨강 · 주황 · 노랑 · 연두 · 녹색 · 청록 · 파랑 · 남색 · 보라 · 자주 · 분홍 · 갈색 • 무채색: 하양 · 회색 · 검정
관용색명	옛날부터 관습적으로 사용되는 색 이름 예 비둘기색, 살구색, 카멜, 쑥색, 밤색, 루비, 살몬핑크
계통색명	한국산업규격의 색명법에 따라 KS기본색명에 색상 · 명도 · 채도에 관한 수식어를 붙여 표현 예 연한 파랑, 밝은 노랑

(7) 색채의 지각 원리

명순응	어두운 곳에서 밝은 곳으로 나오면 처음에는 눈이 부시지만 곧 잘 보이게 되는 현상
암순응	밝은 곳에서 어두운 곳으로 왔을 때 시간 경과 후 잘 보이게 되는 현상으로, 명순응의 시간보다 오래 걸림
색순응	조명에 따라 물체의 색이 바뀌어 보여도 곧 자신이 알고 있는 고유의 색으로 보이게 되는 현상
푸르킨예 현상	밝은 곳에서 어두운 곳으로 옮겨갈 때 붉은색은 어둡고 탁하게 보이고, 녹색과 청색은 상대적으로 밝게 보이는 현상
박명시	명소시와 암소시의 중간 밝기에서 색 구분의 정확성이 떨어지는 현상
연색성	조명에 따라 동일한 물체의 색이 다르게 보이는 현상
항상성	조명의 강도가 바뀌어도 물체의 색은 이전과 동일하게 느끼는 현상
면적 효과	같은 색이라도 면적이 크면 채도가 높게 보이는 현상
착시	색상 대비, 명도 대비 등으로 인해 사물의 형태, 크기, 색깔 등이 객관적인 사실과 다르게 느껴지는 현상
조건등색(메타메리즘)	서로 다른 두 색이 특수한 상태에서 같은 색으로 보이는 현상
컬러 어피어런스	어떤 색채가 환경(매체, 주변 색, 조도 등)에 따라 다르게 보이는 현상

용어 명소시
밝기가 어느 정도 이상 높은 곳에서의 시각 상태

용어 암소시
어두운 곳에서의 시각 상태

(8) 색의 혼합

원색	하나의 색을 더 이상 분해할 수 없는 기본색으로, 다른 색을 혼합하여 만들 수 없음
가산 혼합	• 빛(색광)의 혼합(가법 혼합) • 색광의 3원색: 빨강(R)+초록(G)+파랑(B)=하양 • 색광의 3원색을 혼합하면 모든 색광을 만들 수 있음 • 색광을 혼합할수록 명도가 높아짐
감산 혼합	• 색료(물감)의 혼합(감법 혼합) • 색료의 3원색: 마젠타(M)+노랑(Y)+시안(C)=검정 • 색료를 혼합할수록 명도가 낮아짐

참고 가산 혼합

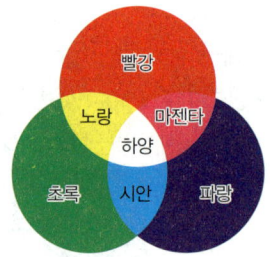

• 파랑+빨강=마젠타
• 파랑+초록=시안
• 빨강+초록=노랑
• 빨강+초록+파랑=하양

참고 감산 혼합

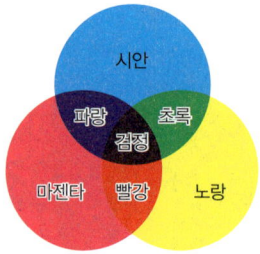

• 노랑+시안=초록
• 노랑+마젠타=빨강
• 마젠타+시안=파랑
• 마젠타+시안+노랑=검정

(9) 색채의 지각적 특색

① 색의 대비: 두 가지 색을 인접하게 배치했을 때 서로 영향을 주어 차이가 강조되어 보이는 현상

동시 대비	색상 대비		주위색의 영향으로 색이 다르게 보이는 현상
	명도 대비		명도가 다른 두 색을 대비시켰을 때 명도가 높은 쪽은 더 높게, 명도가 낮은 쪽은 더 낮게 느껴지는 현상

용어 동시 대비
나란히 놓인 두 색을 동시에 볼 때 서로의 영향으로 본래 색과는 다르게 보이는 현상. 색상 대비, 명도 대비, 채도 대비, 보색 대비, 연변 대비 등이 있음

동시대비	채도 대비	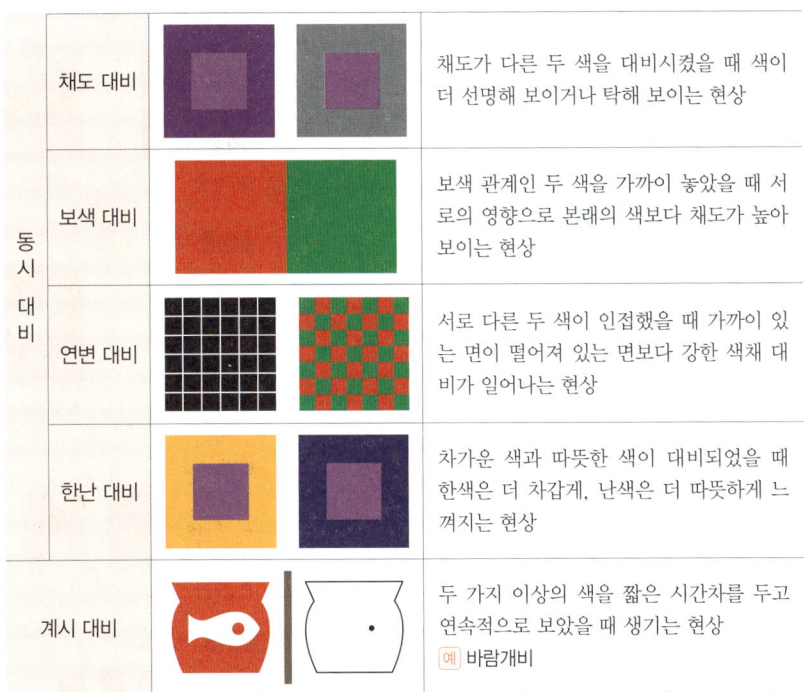	채도가 다른 두 색을 대비시켰을 때 색이 더 선명해 보이거나 탁해 보이는 현상
	보색 대비		보색 관계인 두 색을 가까이 놓았을 때 서로의 영향으로 본래의 색보다 채도가 높아 보이는 현상
	연변 대비		서로 다른 두 색이 인접했을 때 가까이 있는 면이 떨어져 있는 면보다 강한 색채 대비가 일어나는 현상
	한난 대비		차가운 색과 따뜻한 색이 대비되었을 때 한색은 더 차갑게, 난색은 더 따뜻하게 느껴지는 현상
계시 대비			두 가지 이상의 색을 짧은 시간차를 두고 연속적으로 보았을 때 생기는 현상 예 바람개비

② **색의 동화**: 두 색상이 서로 영향을 받아 인접 색과 유사해 보이는 현상

색상동화	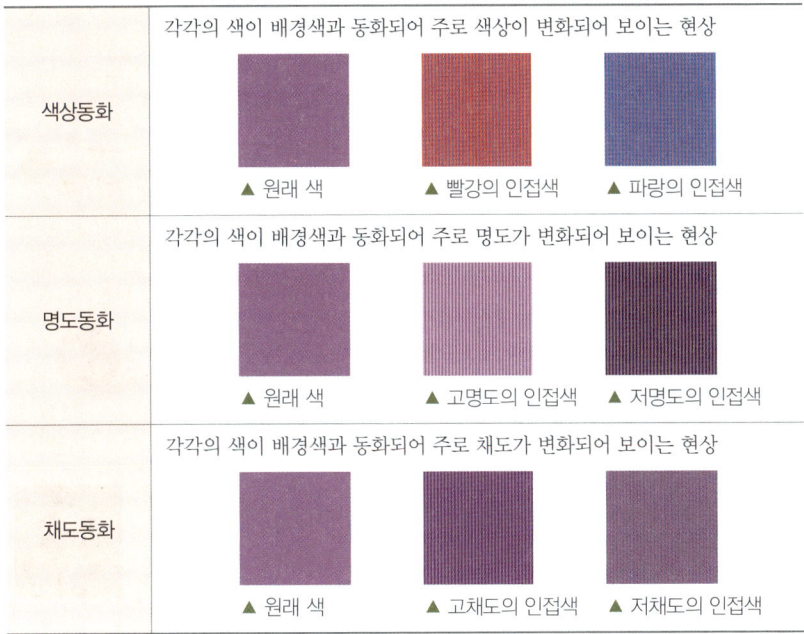	각각의 색이 배경색과 동화되어 주로 색상이 변화되어 보이는 현상 ▲ 원래 색　▲ 빨강의 인접색　▲ 파랑의 인접색
명도동화		각각의 색이 배경색과 동화되어 주로 명도가 변화되어 보이는 현상 ▲ 원래 색　▲ 고명도의 인접색　▲ 저명도의 인접색
채도동화		각각의 색이 배경색과 동화되어 주로 채도가 변화되어 보이는 현상 ▲ 원래 색　▲ 고채도의 인접색　▲ 저채도의 인접색

③ **색의 잔상**: 색의 자극으로 그 색이 없어져도 색의 감각이 남아 있거나 반대의 상이 남는 현상으로, 자극의 강도, 지속 시간, 크기에 비례함

정의 잔상	원래의 자극과 동일한 상이 계속적으로 느껴지는 현상 예 쥐불놀이 불의 잔상, 사진에 찍힌 불빛의 잔상
부의 잔상	원래의 자극과 반대의 밝기나 색상의 잔상이 느껴지는 현상 예 빨간 바탕색 위의 흰 점을 일정 시간(약 30~40초 정도) 응시한 후 흰 바탕색의 빨간 점으로 눈을 이동시키면 초록색의 잔상이 보임

참고 **정의 잔상**

참고 **부의 잔상**

(10) 색채와 감정

진출·후퇴	• 색상, 명도, 채도 모두의 영향을 받음 • 난색이 한색보다 진출되어 보임 • 명도와 채도가 높을수록 진출되어 보임 • 유채색이 무채색보다 진출되어 보임
수축·팽창	• 동일한 면적이라도 색에 따라 크기가 다르게 느껴짐 • 명도가 높을수록 팽창되어 보임 • 난색이 한색보다 팽창되어 보임 • 수축색: 실제보다 면적이 작아 보임 • 팽창색: 실제보다 면적이 커 보임
흥분·진정	• 색상, 명도, 채도 중 색상의 영향이 가장 큼 • 난색은 흥분 유발, 한색은 심리적 안정감을 부여함 • 명도와 채도가 높을수록 흥분되어 보임 • 주위의 색과 차이가 뚜렷할수록 자극적인 느낌을 부여함
온도감	• 색상, 명도, 채도 중 색상의 영향이 가장 큼 • 파란색 계열(한색)은 차게 느껴지고, 붉은색 계열(난색)은 따뜻하게 느껴짐 • 온도감 순서: 빨강 > 주황 > 노랑 > 연두 > 녹색 > 파랑 > 하양
중량감	• 색상, 명도, 채도 중 명도의 영향이 가장 큼 • 명도가 낮을수록 무겁게 느껴짐 • 아래쪽에 어두운 색이 오면 안정감이 느껴짐
경연감	• 색상, 명도, 채도 중 명도와 채도의 영향을 받음 • 명도가 높고 채도가 낮으며 난색인 경우 부드러운 느낌이 남 • 중명도 이하로 명도가 낮고 채도가 높으며, 한색인 경우에는 딱딱한 느낌이 남
속도감	• 빨강, 노랑 등 장파장인 색은 속도가 빠른 것처럼 느껴짐 • 고명도일수록 속도감이 증가함
명시성(시인성)	• 주위의 색과 차이가 뚜렷하여 눈에 쉽게 띄는 현상 • 바탕색과 색상, 명도, 채도 차가 클 때 명시도가 높음
주목성	• 시선을 끌고 이목을 집중시키는 것 • 일반적으로 명시성이 높은 색은 주목성이 높음 • 고명도, 고채도, 난색이 주목성이 높음 • 장파장은 단파장보다 산란이 잘 되지 않는 특성이 있어 빨간색은 주목성이 높음. 따라서 위험과 금지를 알리는 표지판에 많이 사용되며 신호등의 빨간색은 흐린 날 멀리서도 식별 가능함

참고 **진출·후퇴**

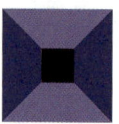

▲ 진출   ▲ 후퇴

참고 **수축·팽창**

▲ 수축   ▲ 팽창

참고 **흥분·진정**

▲ 흥분   ▲ 진정

참고 **온도감**

참고 **중량감**

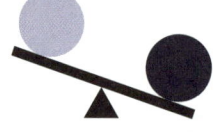

참고 **경연감**

참고 **속도감**

   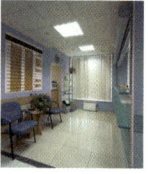

(11) 색의 배색 빈출

두 가지 이상의 색을 효과나 목적에 맞게 배치하여 조화로운 이미지를 나타내는 것

동일 색상 배색		• 같은 색에 다른 명도나 다른 채도의 색 배색 • 무난하면서 온화한 느낌
반대 색상 배색		• 색상환에서 서로 반대편에 위치한 색끼리의 배색 • 생동감을 느끼는 배색으로 명도·채도 차이가 큼
유사 색상 배색		• 색상환에서 가까운 색끼리의 배색 • 온화, 상냥, 정적이면서 무난한 이미지
그러데이션 배색		• 색상, 명도, 채도, 톤 등이 한 방향으로 점진적으로 변화하는 배색으로 편안하고 자연스러운 느낌 • 3색 이상의 배색에 활용함

배색		설명
도미넌트 배색		슈브뢸이 주장한 색채 조화로, 색의 속성 중 공통된 요소를 갖춤으로써 통일감과 친숙함을 표현하는 배색
세퍼레이션 배색		두 가지 이상의 색의 배색이 조화롭지 못한 경우 다른 한 색을 분리색으로 삽입하여 배색
액센트 배색		단조로운 배색에 대조되는 색을 소량 배색하여 조화롭게 배색한 것으로 강렬한 느낌
반복 배색		두 가지 이상의 색이 반복적으로 배색
톤온톤 배색		동일 색상에서 명도 차를 비교적 크게 둔 배색
톤인톤 배색		비슷한 톤의 배색으로 인접 또는 유사색으로 배색
카마이외 배색		동일한 색에 가까운 색을 사용한 미묘한 색차의 배색
포 카마이외 배색		색상과 톤에 약간의 변화를 준 배색
비콜로 배색 (바이컬러)		• 두 가지 컬러를 사용한 배색 • 국기의 배색에 사용함
트리콜로 배색 (트리콜로레)		• 세 가지 컬러를 사용한 배색 • 국기의 배색에 사용함 • 변화와 리듬, 적당한 긴장감을 부여함
토널 배색		• 중명도·중채도의 색을 이용한 배색 • 미국의 색채 학자 파버 비렌이 탁색계를 '톤(Tone)'이라 불렀던 것에서 유래함

참고 명시성

참고 주목성

참고 주목성을 높이는 조건
- 유채색 > 무채색
- 고채도 > 저채도
- 난색계 > 한색계

기타 배색의 구분
- 주조색: 배색을 할 때 가장 큰 면적을 차지하는 색으로, 전체 색의 약 70% 이상을 차지하는 색상
- 보조색: 주조색을 보조하는 색으로, 전체 색의 약 20% 정도를 차지하는 색상
- 강조색: 배색에서 포인트로 사용되며 10% 이내의 면적을 차지하는 색으로, 시각적으로 활기를 넣는 색상

(12) 색채와 조명

① 광원의 종류

태양광 (자연광)	• 백색광으로, 물체 그대로를 보이게 함 • 파장이 고르게 분광 • 빛의 강도가 강하면 선명도가 높고, 약하면 선명도가 떨어져 푸른 빛을 띰 • 맑은 날: 따뜻한 백색과 주황색 기운이 보임 • 흐린 날: 차가운 느낌의 푸른 기운이 보임
백열등	• 휘도가 높고 열 방사가 많음 • 온도가 높을수록 주광색에 가까우며 그림자가 많이 생김 • 노란빛을 띠며 백열등에서 보는 난색 계열의 색은 실제보다 진하게 보임 • 2,500~3,000K 정도의 색온도를 가짐 • 온화하고 따뜻한 이미지 연출에 적합하여 메이크업의 색상이 과장되고 아름답게 보임

용어 휘도
광원의 밝기

용어 주광색
6,000~6,500K 정도의 색온도로, 쿨화이트 빛을 띠며, 색온도가 높을수록 푸른 빛을 띠고, 색온도가 낮을수록 붉은 빛을 띰

| 형광등 | • 백열등이나 수은등보다 열효율이 좋고 경제적이며 수명이 긺
• 붉은빛이 없어 원래 색을 보기 어려우며 색상이 선명해 보이거나 왜곡되어 보이므로 메이크업 시 적합하지 않음
[예] 빨간색은 보라색으로 보이고 오렌지나 핑크 색상은 잘 표현되지 않음
• 난색 계열보다 한색 계열의 색이 살아남
• 단파장 계열의 빛 방출로 푸른색 기운이 가미되어 보임 |

② 조명의 기법에 따른 분류

▲ 직접 조명   ▲ 반직접 조명   ▲ 반간접 조명   ▲ 간접 조명   ▲ 전반 확산 조명

직접 조명	• 빛의 90% 이상을 직접 투사하는 방식으로, 효율이 높고 경제적임 • 눈부심이 생기기 쉬움 • 조도 분포가 불균일하며 강한 그림자가 생김
반직접 조명	• 빛의 60~90% 가량이 물체에 직접 투사되고 나머지는 반사되는 방식 • 가장 일반적으로 사용되는 방식 • 눈부심이 조금 있고 그림자가 옅게 생김 • 용도: 일반 사무실, 주택
반간접 조명	• 빛의 60~90%를 천장이나 벽에 투사하는 방식 • 적은 양의 빛을 아래로 투사하여 음영을 부드럽게 하고 눈부심을 최소화함 • 용도: 장시간 정밀한 작업을 필요로 하는 장소
간접 조명	• 빛의 90% 이상을 천장이나 벽에 투사하여 반사광을 얻는 방식 • 실내조명 중 조명 효율이 천장 색깔에 가장 크게 좌우됨 • 빛이 가장 부드러우며 온화한 분위기 연출이 가능함 • 눈부심이 적어 눈 보호에 가장 적합함 • 용도: 침실이나 병실 등 휴식 공간
전반 확산 조명	• 반투명 재질의 글로브를 통해 빛을 모든 방향으로 일정하게 확산시키는 방식 • 눈부심이 적고 은은하지만 밝기가 덜함 • 용도: 사무실, 주택, 상점, 공장

[참고] 직접 조명과 간접 조명

구분	직접 조명	간접 조명
효율	높음	낮음
눈부심	많음	적음
조도 분포	불균일	균일
그림자	강함	부드러움
분위기	사실적	온화함

③ 메이크업과 조명: 조명에 의해 색이 달라지는 현상은 저채도에서 잘 일어나고, 고채도에서는 일어나지 않음

자연 조명		• 본래 색이 그대로 노출되므로 자연스러운 메이크업이 적합함 • 메이크업이 실제보다 두꺼워 보이므로 소량으로 얇게 표현함 • 흰색이 포함된 제품은 가급적 자제함 • 계절과 시간에 따라 태양광의 강도 차이가 생겨 색상이 다르게 표현될 수 있음 • 맑은 날의 색조 화장이 흐린 날보다 약해 보일 수 있음
인공 조명	백열등	• 피부가 어둡게 보임 • 차가운 톤이 경감되며 따뜻한 계열의 색조가 더욱 강하게 보임 • 붉은색 계열, 갈색 및 베이지, 핑크 계열은 실제보다 진하게 보임 • 파운데이션은 주간의 태양광보다 더 짙게 보임
	형광등	• 포인트 메이크업이 진하거나 칙칙해 보임 • 푸른 색조는 보랏빛으로 보이며 원래 색보다 발색이 약하게 보임 • 그린과 블루 조명을 부분적으로 사용하면 톤의 경감 효과가 있음 • 핑크나 오렌지색이 정확하게 보이지 않으며, 짙은 핑크톤은 푸른 빛으로 보임

[참고] 조명의 위치
• 조명의 위치가 너무 높으면 턱 밑이나 코 밑에 그림자가 생김
• 조명의 위치가 너무 낮으면 배경에 그림자가 생김

3 메이크업 디자인 요소

(1) 형태(Shape)
얼굴의 형태를 바탕으로 선과 명암이 모여 균형과 대칭이 잘 이루어진 조화로운 메이크업을 구성함

메이크업에서의 선 요소	눈썹, 아이라인, 립라인 등
메이크업에서의 명암 요소	아이섀도, 입술, 치크, 하이라이트, 섀딩

① 선

사선	상향선	명랑, 쾌활, 생기 있어 보이지만, 지나치면 차가우며 강하고 사나운 느낌
	하향선	유머러스함, 온화함, 우울함, 노화되어 보임
수평선		정적, 온화함, 여성스러움, 차분함, 평범함, 지루함
수직선		공격적, 강인함, 남성스러움

② 면

넓은 면	얼굴의 전체적인 크기와 면적을 결정하는 곳 예 볼, 이마
좁은 면	메이크업의 포인트가 되는 부분 예 눈, 입술
돌출된 면	주로 하이라이트를 주는 곳 예 이마, 콧등, 광대뼈 등
들어간 면	주로 섀딩을 주는 곳 예 헤어라인, 페이스라인, 코의 옆면 등

(2) 색상(Color)
① 가장 자극적이므로 어떠한 것을 볼 때 시각적으로 가장 먼저 인식하게 되는 요소
② 피부를 돋보이게 하고, 얼굴의 윤곽을 수정·보완하며 입체감을 부여함
③ 의상과 헤어스타일의 조화를 통해 아름다움과 개성을 표현, 메시지 전달
④ 색에 의한 톤의 변화, 색채의 감성, 배색에 의한 조화에 의해 다양한 이미지 연출이 가능함

> **참고** 색상의 심리 효과
>
> | 한색 | 차가움, 차분, 성숙 |
> |---|---|
> | 난색 | 따뜻함, 행복, 발랄 |
> | 고채도 | 젊음, 발랄 |
> | 저채도 | 성숙, 세련, 차분 |
> | 무채색 | 세련, 차분 |
> | 고명도 | 순수, 젊음 |
> | 저명도 | 성숙 |

(3) 질감(Texture)

매트(Matt)	• 광택 없는 질감 • 성숙·지적인 이미지 • 그러데이션 용이 • 피부 표면이 부드럽고 보송하며 깨끗해 보임 • 소프트 매트: 평면적인 부드러운 이미지 • 하드 매트: 무겁고 볼륨감 있는 느낌
글로시(Glossy)	• 윤기가 있으며 매끈한 질감 • 생동감 있고 활동적인 이미지 • 파우더 광택과 오일 광택이 있음
글리터링(Glitering)	• 펄보다 입자가 큰 가루를 사용하여 좀 더 화려하고 반짝이는 광택 효과 • 굵고 거친 펄, 비즈, 스팽글 등을 사용
루미네이슨스(Luminescence)	• 은은한 윤광이 느껴지는 질감 • 빛이 반사되어 잔주름이 완화되어 보임

펄(Pearl)	• 반짝임과 화사함 • 고급스럽고 감각적임
크리미(Creamy)	• 자연스럽게 올라오는 유분감 있는 질감 • 유분감으로 약간의 끈적거림이 있음 • 매끈한 피부결을 살린 자연스러운 질감
쉬머(Shimmer)	• 미세한 펄감의 윤기와 광택이 나는 피부 표현 • 글로시와 실키의 중간 단계 • 건강하고 섹시한 피부 표현
실키(Sillky)	• 모공과 잔주름까지 피부 표면을 깨끗하고 균일하게 메워 부드럽고 완벽한 질감을 연출함 • 가볍고 얇게 피부 질감을 표현하지만, 물광보다 커버력이 높음

(4) 착시(Optical illusion)

대비에 의한 착시	배경에 따른 착시 현상으로, 배경이 크면 사물이 작아 보이고 배경이 작으면 사물이 커 보임 예 눈썹이 길면 얼굴 폭이 좁아 보이고, 눈썹이 짧으면 얼굴 폭이 넓어 보임
가로선의 착시	선을 막고 여는 것에 따라 길이가 다르게 보임
세로선의 착시	상향, 하향, 수평 등에 따라 세로선의 길이가 다르게 보임
색의 착시	밝은 색은 팽창·진출되어 보이고, 어두운 색은 수축·후퇴되어 보임 예 메이크업 시 하이라이트와 섀딩으로 얼굴 윤곽 수정
질감에 의한 착시	같은 피부라도 매트하게 처리했을 때와 글로시하게 처리했을 때 그 느낌이 다르게 표현됨

4 메이크업의 조건

T.P.O	메이크업 시 시간, 장소, 상황에 맞추어 시술
조화	의상, 헤어, 인물의 분위기 등 전체적인 조화로움을 고려하여 시술
대비	색상, 명도, 채도를 이용하여 색의 대비효과를 줌
대칭	메이크업 시 좌·우 밸런스를 맞추어 메이크업
그러데이션	메이크업 시 색상을 부드럽게 펴주어 자연스럽게 연출

CHAPTER 02 메이크업 카운슬링 | 출제 예상문제 Ⓑ

1 얼굴 특성 파악

01
다음 설명 중 옳지 <u>않은</u> 것은?
① 하악골은 아래쪽 턱을 형성하는 뼈로, 얼굴형을 결정짓는 가장 중요한 요소이다.
② 얼굴을 가로로 분할할 때 가운데 2등분의 위치는 눈썹앞머리에서 윗입술까지이다.
③ 이상적인 미간의 거리는 눈의 가로 길이와 같다.
④ 눈썹앞머리의 이상적인 위치는 콧방울에서 수직으로 올렸을 때 눈썹과 만나는 지점이다.

> 얼굴을 가로로 분할할 때에는 헤어라인~눈썹앞머리, 눈썹앞머리~코 끝, 코 끝~턱 끝으로 나눔

02
얼굴의 비율과 균형 등 얼굴의 특성에 대한 설명으로 옳지 <u>않은</u> 것은?
① 눈썹꼬리는 콧방울에서 눈꼬리를 연결한 사선과 만나는 지점에 위치한다.
② 얼굴의 가장 이상적인 비율은 얼굴의 가로 길이와 세로 길이가 1:1.618의 비율을 이루는 것이다.
③ 입술은 정면을 바라보고 눈동자 안쪽의 수직 연장선과 만나는 점에 위치한다.
④ 코는 얼굴을 세로로 3등분 했을 때 가운데 등분에 위치하고 코의 폭은 입술 폭의 2/3 정도이다.

> • 코의 폭은 눈의 길이와 동일함
> • 코는 얼굴을 세로로 3등분 했을 때 가운데 등분에 위치함

03
얼굴 너비와 얼굴 길이의 비율이 1:1에 가까운 얼굴형으로 귀여운 동안의 이미지를 갖는 얼굴형은?
① 사각 얼굴형
② 둥근 얼굴형
③ 마름모 얼굴형
④ 계란 얼굴형

> 둥근 얼굴형
> • 얼굴의 광대뼈 부분이 가장 넓고 턱선이 부드러운 둥근 형태를 이룸
> • 얼굴 너비와 얼굴 길이의 비율이 1:1에 가까운 얼굴형
> • 귀여운 동안의 이미지

04
얼굴 근육에 대한 설명으로 옳지 <u>않은</u> 것은?
① 입꼬리올림근 – 위턱뼈에서 일어나 입꼬리 피부로 닿는 얼굴 근육으로 입꼬리를 위쪽으로 올리는 기능을 한다.
② 입둘레근 – 입 주위를 둥글게 감싸고 있으며 표현과 표정을 나타내는 기능을 한다.
③ 입꼬리내림근 – 볼의 근막에서 일어나 입꼬리의 피부에 붙어 입꼬리를 양쪽으로 당기는 근육으로 감정을 표현하는 기능을 한다.
④ 눈둘레근 – 눈을 둥글게 둘러싸고 있으며 눈을 감고 뜨게 하는 기능을 한다.

> 입꼬리내림근
> • 아래턱뼈에서 일어나 입꼬리에서 다른 얼굴 근육과 합쳐지는 근육
> • 입꼬리를 아래쪽으로 내리는 작용을 하여 슬프거나 화난 감정을 표현하는 근육

2 메이크업과 색채

05
가시광선 중 파장의 범위가 가장 긴 색은?
① 빨강
② 노랑
③ 파랑
④ 보라

> • 빨강: 620~780nm
> • 노랑: 570~590nm
> • 파랑: 450~495nm
> • 보라: 380~450nm

06
인간이 색을 지각하기 위해 필요한 요소가 <u>아닌</u> 것은?
① 물체
② 거리
③ 광원
④ 시각

> 색채 지각의 3요소: 빛(광원), 물체, 시각(눈)

| 정답 | 01 ② 02 ④ 03 ② 04 ③ 05 ① 06 ②

07
색에 대한 설명으로 옳지 않은 것은?
① 무채색은 색상과 채도가 없고 명도만 있다.
② 색은 빛의 파장에 대한 눈의 반응이다.
③ 빛을 모두 반사하면 흰색으로 감지된다.
④ 빛을 모두 투과하면 검은색으로 감지된다.

빛을 모두 흡수하면 검은색으로 감지됨

08
눈과 카메라의 구조가 바르게 연결된 것은?
① 눈꺼풀 – 렌즈 본체
② 각막 – 조리개
③ 수정체 – 렌즈
④ 망막 – 렌즈 커버

눈의 구조
- 눈꺼풀: 렌즈 커버
- 각막: 렌즈 본체
- 수정체: 렌즈
- 홍채: 조리개
- 망막: 필름

09
표면색에 대한 설명으로 옳은 것은?
① 광원에서 방출되는 빛의 색
② 태양광·형광등·백열등 빛의 색
③ 투명한 물질을 빛이 투과하여 나타나는 색
④ 물체의 표면에서 빛이 반사하여 나타나는 색

- 광원색: 광원에서 방출되는 빛의 색으로, 태양광·형광등·백열등 빛의 색 등이 있음
- 투과색: 투명한 물질을 빛이 투과하여 나타나는 색

10
물체의 상이 맺히는 곳과 색의 명암을 식별하는 세포가 바르게 연결된 것은?
① 홍채 – 추상체
② 망막 – 간상체
③ 홍채 – 간상체
④ 망막 – 추상체

- 망막: 물체의 상이 맺히는 곳
- 간상체: 어두운 곳에서 작용하며, 명암을 식별함

11
색채에 대한 설명으로 옳지 않은 것은?
① 유채색은 채도와 명도가 모두 있다.
② 무채색에 유채색을 조금이라도 섞어 색의 기미가 있다면 이 색은 색상과 채도만 존재하는 색이 된다.
③ 순색은 채도가 가장 높은 색이다.
④ 순색에 흰색을 섞을수록 명도는 높아진다.

무채색에 유채색을 조금이라도 섞어 색의 기미가 있으면 색상·명도·채도가 모두 있는 유채색이 됨

12
색의 3요소에 대한 설명으로 옳지 않은 것은?
① 채도는 순색에 가까울수록 낮아진다.
② 명도는 흰색을 섞을수록 높아진다.
③ 채도는 색의 맑고 탁함을 말한다.
④ 무채색은 색의 3요소 중 명도만 있다.

채도는 순색에 가까울수록 높아짐

13
색채의 지각 원리 중 다음 설명에 해당하는 것은?

밝은 곳에서 어두운 곳으로 옮겨갈 때 붉은색은 어둡고 탁하게 보이고, 녹색과 청색은 상대적으로 밝게 보이는 현상

① 암순응 현상
② 푸르킨예 현상
③ 명순응 현상
④ 색순응 현상

- 암순응: 밝은 곳에서 어두운 곳으로 왔을 때 시간 경과 후 잘 보이게 되는 현상
- 명순응: 어두운 곳에서 밝은 곳으로 나오면 처음에는 눈이 부시지만 곧 잘 보이게 되는 현상
- 색순응: 조명에 따라 물체의 색이 바뀌어 보여도 곧 자신이 알고 있는 고유의 색으로 보이게 되는 현상

14
색의 혼합에 대한 설명으로 옳지 않은 것은?
① 가산 혼합은 색광의 혼합이다.
② 색광을 혼합할수록 명도는 높아진다.
③ 마젠타, 노랑, 시안을 혼합하면 하양이 된다.
④ 색료 혼합은 감법 혼합이라고도 불린다.

마젠타, 노랑, 시안은 색료의 3원색으로 혼합하면 검정이 됨

|정답| 07 ④ 08 ③ 09 ④ 10 ② 11 ② 12 ① 13 ② 14 ③

15
감법 혼합에 대한 설명으로 옳지 않은 것은?

① 빨강+초록=노랑
② 노랑+시안=초록
③ 마젠타+시안=파랑
④ 노랑+마젠타=빨강

가법 혼합: 빨강+초록=노랑

16 신규 문제 공략
패션쇼에서 워킹 중인 모델에게 흰색 조명을 조사하려고 할 때 사용되는 색은?

① 빨강+초록+파랑
② 초록+시안+노랑
③ 노랑+마젠타+파랑
④ 파랑+초록+노랑

가산 혼합(색광 혼합): 빨강+초록+파랑=하양

17 신규 문제 공략
색의 강약에 가장 많은 영향을 주는 것은?

① 색상
② 명도
③ 채도
④ 배색

채도: 색의 맑고 탁한 정도나 색의 강약을 나타내는 것으로, 유채색에만 존재함

18
서로 다른 두 색이 인접했을 때 가까이 있는 면이 떨어져 있는 면보다 강한 색채 대비가 일어나는 현상은?

① 계시 대비
② 연변 대비
③ 채도 대비
④ 색상 대비

- 계시 대비: 두 가지 이상의 색을 짧은 시간차를 두고 연속적으로 보았을 때 생기는 현상
- 채도 대비: 채도가 다른 두 색을 대비시켰을 때 색이 더 선명해 보이거나 탁해 보이는 현상
- 색상 대비: 주위색의 영향으로 색이 다르게 보이는 현상

19
두 색이 가까워졌을 때 서로의 영향을 받아 주위의 색과 가까운 색으로 변화되어 보이는 현상은?

① 색의 잔상
② 색의 동화
③ 색의 대비
④ 색의 마찰

색의 동화: 두 색상이 서로 영향을 받아 인접 색과 유사해 보이는 현상

20
빨간색을 지속적으로 보다가 색이 사라지면 초록색의 잔상이 보이는 현상은?

① 부의 잔상
② 정의 잔상
③ 비모호성
④ 친근성

부의 잔상: 원래의 자극과 반대의 밝기나 색상의 잔상이 느껴지는 현상

21
색의 요소 중 색채의 중량감과 관련 있는 것은?

① 명도
② 탁도
③ 채도
④ 색상

중량감은 색의 3요소 중 명도의 영향이 크고, 명도가 높을수록 무게감은 가벼워짐

22
색의 흥분과 진정에 대한 설명으로 옳지 않은 것은?

① 색상, 명도, 채도 중 색상의 영향을 가장 크게 받는다.
② 명도와 채도가 높을수록 흥분되어 보인다.
③ 한색은 심리적 안정감을 준다.
④ 주위의 색과 차이가 뚜렷할수록 진정된 느낌을 준다.

주위의 색과 차이가 뚜렷할수록 자극적인 느낌을 부여함

23
색채와 감정에 대한 설명으로 옳지 않은 것은?

① 명도가 높을수록 팽창되어 보인다.
② 명도와 채도가 높을수록 진출되어 보인다.
③ 중량감은 채도에 가장 크게 영향을 받는다.
④ 장파장인 색은 속도가 빠른 것처럼 느껴진다.

중량감은 명도에 가장 크게 영향을 받음

24
동일 색상에서 명도 차를 비교적 크게 둔 배색은?

① 액센트 배색
② 톤온톤 배색
③ 톤인톤 배색
④ 유사 색상 배색

- 액센트 배색: 단조로운 배색에 대조되는 색을 소량 배색하여 조화롭게 배색
- 톤인톤 배색: 비슷한 톤의 배색으로 인접 또는 유사색으로 배색
- 유사 색상 배색: 색상환에서 가까운 색끼리의 배색

정답 15 ① 16 ① 17 ③ 18 ② 19 ② 20 ① 21 ① 22 ④ 23 ③ 24 ②

25
도미넌트 배색에 대한 설명으로 옳지 않은 것은?
① 색의 속성 중 공통된 요소를 갖춤으로써 통일감을 주는 배색이다.
② 통일감이나 친숙함을 표현할 수 있다.
③ 슈브뢸이 주장한 색채 조화이다.
④ 중명도·중채도의 색을 이용한 배색이다.

> 토널 배색: 중명도·중채도의 색을 이용한 배색

26 신규 문제 공략
배색 방법과 그 이미지를 연결한 것으로 옳지 않은 것은?
① 톤온톤 배색 – 안정감
② 유사 색상 배색 – 화려함
③ 액센트 배색 – 긴장감
④ 도미넌트 배색 – 통일감

> 유사 색상 배색: 톤과 색이 비슷한 배색으로 온화, 상냥, 정적이면서 무난한 이미지

27
빛의 60~90% 가량이 물체에 직접 투사되고 나머지는 반사되며, 가장 일반적으로 사용되는 방식의 조명은?
① 반간접 조명 ② 간접 조명
③ 반직접 조명 ④ 전반 확산 조명

> 반직접 조명
> • 빛의 60~90% 가량이 물체에 직접 투사되고 나머지는 반사되는 방식
> • 가장 일반적으로 사용되는 방식
> • 눈부심이 조금 있고 그림자가 옅게 생김
> • 용도: 일반 사무실, 주택

28
빛의 90% 이상을 천장이나 벽에 투사하는 조명으로 침실이나 병실 등 휴식 공간에 많이 사용하는 조명 방식은?
① 간접 조명 ② 전반 확산 조명
③ 반직접 조명 ④ 직접 조명

> 간접 조명: 빛의 90% 이상을 천장이나 벽에 투사하여 반사광을 얻는 방식으로 빛이 가장 부드러우며, 눈부심이 적고 온화한 분위기를 연출할 수 있어 침실이나 병실 등 휴식 공간에 사용함

29
자연 조명에 대한 설명으로 옳지 않은 것은?
① 본래 색이 그대로 노출되므로 자연스럽게 메이크업을 해야 한다.
② 맑은 날의 색조 화장이 흐린 날보다 약해 보일 수 있다.
③ 계절과 시간에 따라 태양광의 강도 차이가 생겨 색상이 다르게 표현될 수 있다.
④ 차가운 톤이 경감되므로 메이크업 시 붉은색의 조절이 필요하다.

> 백열등: 차가운 톤이 경감되며 따뜻한 계열의 색조가 더욱 강하게 보임

30
조명에 대한 설명으로 옳지 않은 것은?
① 눈부심이 적어 눈 보호에 가장 적합한 것은 간접 조명이다.
② 백열등은 온화하고 따뜻한 이미지 연출에 적합하다.
③ 반간접 조명은 장시간 정밀한 작업에 적합하다.
④ 조명의 위치가 너무 높으면 배경에 그림자가 나오게 된다.

> • 조명의 위치가 너무 높으면 턱 밑이나 코 밑에 그림자가 생김
> • 조명의 위치가 너무 낮으면 배경에 그림자가 생김

31
조명에 대한 설명으로 옳지 않은 것은?
① 형광등: 핑크나 오렌지색이 정확하게 보이지 않으며 짙은 핑크 톤은 푸른빛으로 보인다.
② 백열등: 메이크업 시 차가운 톤이 경감되며 따뜻한 계열의 색조가 더욱 강하게 보인다.
③ 전반 확산 조명: 눈부심이 적고 은은하나 밝기가 덜하다.
④ 직접 조명: 빛의 60~90% 가량이 물체에 직접 투사되고 나머지는 반사된다.

> 직접 조명: 빛의 90% 이상을 직접 투사하는 방식으로, 효율이 높고 경제적임

32
직접 조명과 간접 조명에 대한 설명으로 옳지 않은 것은?
① 간접 조명: 조도 분포가 균일하다.
② 직접 조명: 효율이 높다.
③ 직접 조명: 눈부심이 많다.
④ 간접 조명: 사실적 분위기가 느껴진다.

> 직접 조명과 간접 조명
>
> | 구분 | 직접 조명 | 간접 조명 |
> | --- | --- | --- |
> | 효율 | 높음 | 낮음 |
> | 눈부심 | 많음 | 적음 |
> | 조도 분포 | 불균일 | 균일 |
> | 그림자 | 강함 | 부드러움 |
> | 분위기 | 사실적 | 온화함 |

| 정답 | 25 ④ 26 ② 27 ③ 28 ① 29 ④ 30 ④ 31 ④ 32 ④

3 메이크업 디자인 요소

33
메이크업의 요소 중 선에 대한 설명으로 옳지 <u>않은</u> 것은?
① 상향의 사선은 명랑하고 생기 있어 보이지만, 지나치면 강하고 사나운 느낌을 준다.
② 하향의 사선은 유머러스하고 우울한 느낌을 주며 노화되어 보이기도 한다.
③ 수평선은 정적이고 온화하며 평범하고 지루한 느낌을 준다.
④ 수직선은 공격적이고 강인하며 여성스러운 느낌을 준다.

수직선: 공격적, 강인함, 남성적인 느낌

34
메이크업에서의 명암 요소에 해당하지 <u>않는</u> 것은?
① 눈썹   ② 아이섀도
③ 치크   ④ 섀딩

- 메이크업에서의 선 요소: 눈썹, 아이라인, 립라인 등
- 메이크업에서의 명암 요소: 아이섀도, 입술, 치크, 하이라이트, 섀딩

35
메이크업 디자인 요소에 해당하지 <u>않는</u> 것은?
① 형태   ② 질감
③ 착시   ④ 변화

메이크업 디자인 요소: 형태, 색상, 질감, 착시

36
난색에서 느껴지는 느낌이 <u>아닌</u> 것은?
① 따뜻함   ② 발랄
③ 차분함   ④ 행복

- 한색 계열: 차가움, 차분, 성숙
- 난색 계열: 따뜻함, 행복, 발랄

37 신규 문제 공략
메이크업의 디자인 요소 중 얼굴의 윤곽을 수정·보완하며, 다양한 이미지 연출이 가능하게 하는 요소는?
① 질감   ② 색상
③ 착시   ④ 형태

색상
- 어떠한 것을 볼 때 시각적으로 가장 먼저 인식하게 되는 요소
- 피부를 돋보이게 하고, 얼굴의 윤곽을 수정·보완하며 입체감을 부여함

38
성숙하고 지적인 느낌의 메이크업을 표현하고자 할 때 사용하기 적합한 질감은?
① 글로시   ② 펄
③ 매트   ④ 루미네이슨스

- 글로시: 생동감 있고 활동적인 느낌
- 펄: 고급스럽고 감각적인 느낌
- 루미네이슨스: 은은한 윤광이 느껴지는 느낌

39
다음 중 메이크업의 조건이 <u>아닌</u> 것은?
① 그러데이션   ② 조화
③ 대비   ④ 변화

메이크업의 조건: T.P.O, 조화, 대비, 대칭, 그러데이션

40 신규 문제 공략
메이크업의 조건 중 의상, 헤어, 인물의 분위기 등 전체적인 어울림을 고려하여 시술해야 하는 것은?
① 조화   ② 그러데이션
③ 대칭   ④ 대비

- 그러데이션: 메이크업 시 색상을 부드럽게 펴주어 자연스럽게 연출
- 대칭: 메이크업 시 좌우 밸런스를 맞추어 메이크업
- 대비: 색상, 명도, 채도를 이용하여 색의 대비 효과를 줌

41
메이크업 시 생동감 있고 활동적인 이미지가 느껴지는 질감으로 파우더와 오일의 광택감을 활용할 수 있는 것은?
① 루미네이슨스   ② 글리터링
③ 쉬머   ④ 글로시

글로시
- 윤기가 있으며 매끈한 질감
- 생동감 있고 활동적인 이미지
- 파우더 광택과 오일 광택이 있음

| 정답 | 33 ④ 34 ① 35 ④ 36 ③ 37 ② 38 ③ 39 ④ 40 ① 41 ④

CHAPTER 03
퍼스널 이미지 제안 Ⓒ

합격 TIP 퍼스널 컬러의 역할을 이해하고 퍼스널 유형에 따른 신체적 특징과 어울리는 컬러 및 메이크업 등을 숙지해 두도록 합니다. 또한 퍼스널 컬러 진단 시의 유의점도 암기해 두도록 합니다.

1 퍼스널 컬러 파악

(1) 퍼스널 컬러의 분석 및 진단
① **퍼스널 컬러**: 개인의 고유 신체 색상과 조화를 이루는 색채 유형을 사계절로 분류하고 자신에게 맞는 색을 찾아 외모의 긍정적 변화를 이루어냄
② 이론적 배경

요하네스 이텐	피부·머리카락 색과 결합하여 특정 색들을 사용했을 때 초상화가 훨씬 잘 표현된다는 것을 깨닫고 사계절에 기반한 4개의 컬러 팔레트를 제안함
로버트 도어	컬러 키 프로그램을 통해 파란색 언더톤(Undertone)을 키 I(Key I)으로, 노란색 언더톤을 키 II(Key II)로 구분하고 사람의 신체 색을 옐로 베이스는 따뜻한 유형으로, 블루 베이스는 차가운 유형으로 분류함
캐롤 잭슨	• 퍼스널 컬러를 패션과 뷰티 분야에 접목하여 의상, 화장, 옷장 계획 등을 위한 가이드로 사계절 색상 팔레트를 제공함 • 인간의 이미지를 신체 색의 톤에 따라 따뜻한 유형의 봄과 가을, 차가운 유형의 여름과 겨울의 4가지로 세분화함
알버트 먼셀	색의 3속성을 척도로 체계화한 '먼셀 표색계'를 발표함

③ 퍼스널 컬러 진단에 사용되는 분류 요인
• 색상

웜톤 (Yellow Base)	• 봄·가을 색상 • 노랑과 황색이 섞여 있는 색으로, 무채색과 실버는 포함되지 않음 • 활동적·외향적 느낌과 생동감을 주는 색상 • 시각적 편안함을 느끼게 하는 색상 예 옐로, 오렌지, 옐로그린, 올리브그린, 카키, 피치브라운, 브라운, 골드
쿨톤 (Blue Base)	• 여름·겨울 색상 • 하양, 검정, 파랑이 섞인 색으로, 주황과 황색, 골드는 포함되지 않음 • 이지적이면서도 부드러움을 지니고 있으며 모던하고 세련된 정적인 이미지 예 블루, 마젠타, 와인, 블루그린, 그레이, 실버

• 명도

밝은 색 (Light)	• 고명도에서 중명도에 속하는 색(명도 단계 6~11단계) • 밝고 연한 색으로 부드럽고 은은한 파스텔톤 • 봄은 노랑, 여름은 하양이 기본적으로 혼합됨
어두운 색 (Dark)	• 중명도에서 저명도에 속하는 색(명도 단계 1~5단계) • 어둡고 진한 색 • 가을은 황색, 겨울은 파랑이 기본적으로 혼합됨

참고 퍼스널 컬러의 결정 요인
• 피부색: 얼굴 피부색, 두피색과 손목 안쪽 피부색, 헤모글로빈의 붉은색, 멜라닌의 갈색, 카로틴의 황색이 합쳐져 결정
• 머리카락 색: 흑갈색을 띠는 유멜라닌, 황적색을 띠는 페오멜라닌의 분포와 양에 따라 결정
• 눈동자 색: 홍채에 있는 멜라닌 색소의 빛깔과 혈관 분포 정도에 따라 결정

참고 색의 온도감
• 옐로 베이스(노랑, 황색)가 혼합되면 따뜻한 느낌
• 블루 베이스(하양, 검정, 파랑)가 혼합되면 차가운 느낌
• 같은 색상일 경우 저명도일수록 따뜻한 느낌
• 같은 색상일 경우 고채도일수록 따뜻한 느낌

웜톤과 쿨톤

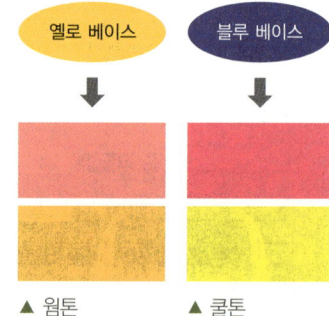

▲ 웜톤　　▲ 쿨톤

참고 오렌지
오렌지(주황)는 레드와 옐로의 혼합색으로, 쿨톤에는 존재하지 않음

- 채도

선명한 색 (Clear, 고채도)	• 순색에 가까운 색으로, 선명하고 깨끗함 • 화려하고 자극적이며 에너지가 느껴짐 • 봄과 겨울의 색상
흐린 색 (Muted, 저채도)	• 무채색을 혼합한 색으로, 불투명하고 색의 힘이 약함 • 여름과 가을의 색상

④ 사계절 컬러 시스템❓: 사계절 컬러에서는 같은 계열의 색이라도 기본 베이스 컬러에 따라 따뜻한 색과 차가운 색으로 구분됨

봄	• 모든 색에 노랑이 혼합됨	• 고명도, 고채도
여름	• 모든 색에 하양과 파랑이 혼합됨	• 고명도, 저채도
가을	• 모든 색에 황색이 혼합됨	• 저명도, 저채도
겨울	• 모든 색에 검정과 파랑이 혼합됨	• 저명도, 고채도

⑤ PCCS톤 분류

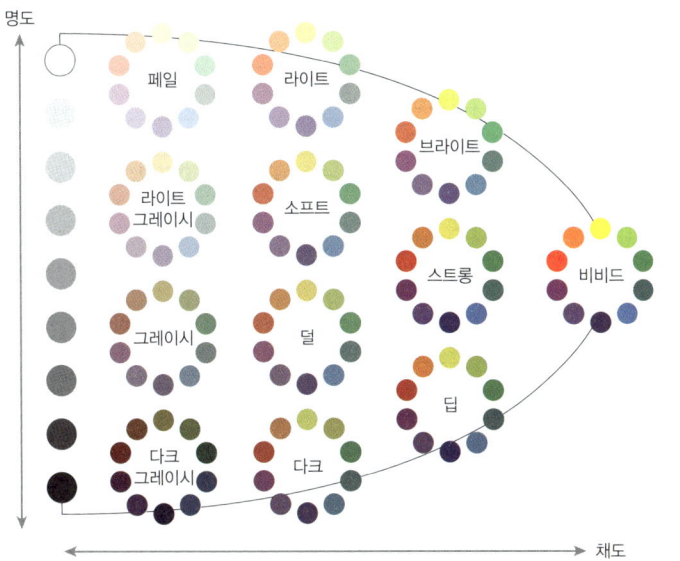

⑥ 퍼스널 컬러 진단
- 컬러 드레이핑 측정
    - 피부색과 얼굴 형태의 변화를 파악하고 신체 고유색❓과의 조화도를 분석하여 사계절 유형을 판단하는 것
    - 피부색을 육안으로만 진단하는 것보다 컬러 진단 천을 이용하여 진단의 정확도를 높일 수 있음
- 퍼스널 컬러 진단 시 유의점
    - 빛은 자연광(11~15시)이나 95~100W의 중성광❓에서 진단할 것
    - 상체를 가릴 흰 가운을 착용할 것
    - 화장과 액세서리는 하지 않고 진단할 것
    - 염색을 한 헤어일 경우 흰 수건으로 가리고 진단할 것
    - 선탠이나 약물을 중단한 후 진단할 것
    - 진단 전 15일 동안은 피부 색소에 영향을 줄 수 있는 비타민A · 카로틴이 함유된 식품 섭취에 주의할 것

> **참고** 사계절 컬러 시스템

▲ 봄 유형 컬러

▲ 여름 유형 컬러

▲ 가을 유형 컬러

▲ 겨울 유형 컬러

> **참고** 신체 고유 색상 측정 시 비중도
- 얼굴 바탕색: 40%
- 뒷머리 두피색과 손목 안쪽 피부색: 30%
- 눈동자 색: 20%
- 머리카락 색: 10%

> **용어** 중성광(Light-neutral)
형광등과 백열등의 중간 정도의 빛으로, 정오 자연광에 가장 가까운 빛

⑦ 퍼스널 컬러의 긍정적 효과
- 피부의 투명감 상승
- 피부색 중 붉은색과 노란색이 감소되어 보여 안색이 좋아 보임
- 잡티와 주름, 여드름 등이 약화되어 보임
- 페이스라인 등이 정리되어 입체적이고 깔끔한 인상을 줌
- 눈동자가 빛나 보이며 눈동자 색이 강하게 보임
- 자신감 상승
- 자신에게 어울리는 세련된 모습으로 연출 가능

2 퍼스널 이미지 제안

(1) 퍼스널 컬러 이미지

① 봄 유형

이미지		밝음, 화사함, 경쾌함, 귀여움, 사랑스러움
톤 분류		비비드, 라이트, 브라이트, 페일
어울리는 색		노란색이 가미된 원색, 크림베이지, 아이보리, 핑크베이지, 피치, 오렌지, 코럴, 옐로그린, 아쿠아그린, 브라운
신체적 특징	피부	• 노르스름한 피부에 옐로베이지가 혼합된 피부 • 사계절 피부 유형 중 피부색이 가장 밝음 • 섬세하고 투명한 피부결을 가지며 볼은 복숭앗빛 혈색을 지님 • 볼 부분의 주근깨는 오렌지빛을 띠며 쉽게 붉어지는 경향
	머리카락	밝은 황색이 가미된 황갈색 계열, 주황빛이 도는 갈색에 윤기가 나고 부드러움
	눈동자	골든브라운, 밝은 갈색
	콘트라스트	신체 색상 사이에 콘트라스트가 적고 전체적으로 여성스럽고 귀여운 동안 이미지
메이크업	연출	피부색을 살리는 밝은 메이크업으로 밝은 색과 중간색을 이용하여 은은하고 부드럽게 연출
	파운데이션	노란색을 띠는 웜베이지를 기본으로 라이트베이지, 내추럴베이지, 피치베이지 계열
	아이섀도	노란색이 가미된 색조의 베이지, 아이보리, 피치핑크, 코럴핑크, 오렌지, 라이트옐로, 옐로그린, 블루그린 계열
	아이라인과 눈썹	강하지 않게 표현
	치크	피치베이지, 코럴핑크, 핑크베이지, 오렌지 계열
	립	코럴핑크, 피치, 오렌지 계열의 밝은 색
헤어스타일	연출	단발이나 굵은 웨이브로 발랄하고 경쾌하게 연출
	색상	오렌지브라운, 옐로브라운, 라이트브라운, 골든브라운 계열, 코럴브라운
패션		생동감 있고 화사하고 경쾌한 색으로 연출

② 여름 유형

이미지	낭만적, 여성스러움, 우아함, 자연스러움	
톤 분류	라이트 그레이시, 라이트, 덜	
어울리는 색	부드럽고 차분하며 차가운 느낌의 파스텔 계열이나 크림베이지, 라이트핑크, 인디언핑크, 아쿠아블루, 라벤더, 블루그린, 퍼플, 블루, 그레이	
신체적 특징	피부	• 불그스름한 피부에 로즈베이지가 혼합된 피부 • 중간색 피부 톤이 많으며, 붉은 경향 • 자외선 노출 시 쉽게 붉어졌다가 원 상태로 돌아옴
	머리카락	밝은 회갈색, 로즈브라운
	눈동자	흐린 빛의 회색이 가미되거나 로즈브라운, 그레이브라운
	콘트라스트	신체 색상 사이에 콘트라스트가 적어 부드럽고 여성적인 이미지
메이크업	연출	화사, 우아, 깨끗한 느낌으로 파스텔과 펄을 사용하여 연출
	파운데이션	흰색과 붉은색을 띠는 쿨베이지를 기본으로 내추럴베이지, 로즈베이지, 핑크베이지
	아이섀도	흰색, 푸른색이 가미된 색조의 밝은 옐로, 화이트핑크, 아쿠아블루, 베이지핑크, 핑크, 라벤더, 퍼플, 바이올렛, 블루그레이 계열의 파스텔톤과 펄을 사용
	아이라인과 눈썹	강하지 않게 표현
	치크	붉은색이 가미된 색조의 코럴핑크, 내추럴브라운, 핑크, 로즈핑크 계열
	립	붉은색이 가미된 색조의 로즈베이지, 베이지브라운, 핑크 계열
헤어스타일	연출	긴 스트레이트형이나 굵은 웨이브로 여성스럽고 낭만적인 스타일을 연출
	색상	로즈브라운, 그레이브라운, 다크브라운, 와인블랙 계열
패션	차갑지만 부드러운 색상으로 우아하고 세련되게 연출	

③ 가을 유형

이미지	우아함, 고전적, 여성스러움	
톤 분류	그레이시, 스트롱, 딥, 덜	
어울리는 색	황색빛을 띤 자연스럽고 차분한 계열의 골든옐로, 오렌지, 베이지, 연산호, 아브리코, 머스터드, 카키, 브라운, 코럴핑크, 올리브그린	
신체적 특징	피부	• 노르스름한 피부에 골든베이지가 혼합된 피부 • 봄 피부보다 짙은 피부색 • 멜라닌 색소가 많아 쉽게 타며, 잡티나 기미가 짙고 혈색이 없음
	머리카락	짙은 적갈색
	눈동자	다크브라운, 검정
	콘트라스트	신체 색상 사이에 콘트라스트가 적으며 차분하고 성숙하며 고상한 이미지

메이크업	연출	깊이 있는 색조와 그러데이션으로 이지적이고 성숙한 느낌으로 연출
	파운데이션	노란색과 황색을 띠는 웜베이지를 기본으로 내추럴베이지, 코럴베이지, 골든베이지 계열
	아이섀도	황색이 가미된 색조의 베이지, 코럴핑크, 코럴베이지, 골드, 카키, 올리브그린, 브라운 계열을 선택하여 깊이감 있는 색조 화장과 그러데이션으로 전체적인 색상의 톤을 맞추어 연출
	아이라인과 눈썹	강하지 않게 표현
	치크	코럴핑크, 코럴, 레드오렌지 계열
	립	버건디, 레드 계열의 중간색이나 짙은 색
헤어스타일	연출	긴 머리에 볼륨감을 주어 기품 있는 스타일로 연출
	색상	레드브라운, 골든브라운, 진한 구릿빛 골드, 블랙브라운 계열
패션		차분하고 클래식하며 고급스러운 이미지를 연출

④ 겨울 유형

이미지		세련됨, 도시적, 활동적
톤 분류		비비드, 베리페일, 다크
어울리는 색		• 채도가 높고 선명한 밝은 색과 짙은 색의 명도 차이가 분명함, 블랙과 화이트, 네이비, 마젠타, 와인 계열 • 푸른빛을 띤 차가운 색으로 핑크, 블루, 퍼플, 버건디, 블루그린, 마젠타, 화이트, 블랙, 실버, 그레이, 와인 등 강렬하면서도 대조되는 색
신체적 특징	피부	• 푸르스름한 피부에 핑크베이지가 혼합된 피부 • 유난히 희고 푸른빛의 창백한 피부 또는 올리브 계열로 회색이나 흑색이 가미된 짙은 피부 • 홍조를 띠지 않고 피부결이 얇으며 투명
	머리카락	블루블랙, 회갈색
	눈동자	유난히 검은색이나 밝은 회갈색의 선명한 톤
	콘트라스트	사계절 피부 중 유일하게 신체 색상 사이에 콘트라스트가 있어 선명하고 명쾌한 이미지
메이크업	연출	• 깔끔하고 강한 대비가 있는 선명하고 절제된 느낌으로 연출 • 원포인트 패턴을 활용하여 강한 대비를 연출
	파운데이션	흰색과 붉은색을 띠는 쿨베이지를 기본으로 내추럴베이지, 화이트베이지, 피치베이지 계열
	아이섀도	흰색, 푸른색, 검은색이 가미된 색조의 밝은 옐로, 화이트핑크, 퍼플, 바이올렛, 그레이, 코코아브라운 계열
	아이라인과 눈썹	강하지 않게 표현
	치크	붉은색이 가미된 색조의 코럴핑크, 내추럴브라운, 화이트핑크 계열
	립	붉은색이 가미된 색조의 누드핑크베이지, 누드베이지, 베이지브라운, 버건디, 레드, 레드브라운 계열
헤어스타일	연출	쇼트커트나 깔끔한 포니테일로 세련되게 연출
	색상	블루블랙, 다크브라운, 그레이브라운, 실버그레이 계열
패션		차갑고 강렬하며 선명한 대비가 있는 색상으로 도시적이고 세련된 이미지 연출

CHAPTER 03 퍼스널 이미지 제안 | 출제 예상문제

1 퍼스널 컬러 파악

01
퍼스널 컬러를 결정하는 요인이 아닌 것은?
① 얼굴 피부색
② 눈동자 색
③ 손목 바깥쪽 피부색
④ 머리카락 색

> 퍼스널 컬러의 결정 요인: 피부색(얼굴 피부색, 두피색과 손목 안쪽 피부색), 눈동자 색, 머리카락 색

02
피부·머리카락 색과 결합하여 특정 색들을 사용했을 때 초상화가 훨씬 잘 표현된다는 것을 깨닫고 사계절에 기반한 4개의 컬러 팔레트를 제안하여 퍼스널 컬러의 이론적 배경을 정립한 사람은?
① 요하네스 이텐
② 로버트 도어
③ 캐롤 잭슨
④ 알버트 먼셀

> • 로버트 도어: 파란색 언더톤을 키 I(Key I)으로, 노란색 언더톤을 키 II(Key II)로 구분하고 사람의 신체 색을 옐로 베이스는 따뜻한 유형으로, 블루 베이스는 차가운 유형으로 분류함
> • 캐롤 잭슨: 퍼스널 컬러를 패션과 뷰티 분야에 접목하여 의상, 화장, 옷장 계획 등을 위한 가이드로 사계절 색상 팔레트를 제공하고 인간의 이미지를 신체 색의 톤에 따라 따뜻한 유형의 봄과 가을, 차가운 유형의 여름과 겨울의 4가지로 세분화함
> • 알버트 먼셀: 색의 3속성을 척도로 체계화한 '먼셀 표색계'를 발표함

03
색의 온도감에 대한 설명으로 옳지 않은 것은?
① 어떠한 색에 노랑과 황색이 섞여 있으면 따뜻한 느낌이다.
② 저명도의 색일수록 따뜻한 느낌이다.
③ 어떠한 색에 흰색과 검정이 섞여 있으면 따뜻한 느낌이다.
④ 고채도의 색일수록 따뜻한 느낌이다.

> 색의 온도감
> • 옐로 베이스(노랑, 황색)가 혼합되면 따뜻한 느낌
> • 블루 베이스(하양, 검정, 파랑)가 혼합되면 차가운 느낌
> • 같은 색상의 경우 저명도일수록 따뜻한 느낌
> • 같은 색상의 경우 고채도일수록 따뜻한 느낌

04
웜톤에 대한 설명으로 옳지 않은 것은?
① 이지적이면서도 부드러운 느낌을 가진다.
② 노랑과 황색이 섞여 있는 색이다.
③ 무채색과 실버는 포함되지 않는다.
④ 올리브그린, 카키, 피치브라운 등이 해당한다.

> • 웜톤: 활동적·외향적인 느낌과 생동감을 주며 시각적으로 편안함
> • 쿨톤: 이지적이면서도 부드러움을 지니고 있으며 모던하고 세련된 정적인 이미지

05
웜톤에만 있고 쿨톤에는 존재하지 않는 컬러는?
① 빨강
② 주황
③ 노랑
④ 핑크

> 오렌지(주황): 레드와 옐로의 혼합색으로, 쿨톤에는 존재하지 않음

06
웜톤과 쿨톤의 색에 대한 설명으로 옳지 않은 것을 모두 고른 것은?

> ㉠ 옐로, 오렌지, 와인은 웜톤에 해당된다.
> ㉡ 초록은 그린에 블루가 많이 혼합되거나 블랙이 혼합될 경우 쿨톤이 된다.
> ㉢ 원색의 레드에 블랙이 혼합되면 따뜻한 느낌의 컬러가 된다.
> ㉣ 핑크는 레드와 화이트의 혼합색으로, 화이트가 많이 혼합된 핑크는 차가운 계열의 대표색이다.

① ㉠, ㉢
② ㉠, ㉣
③ ㉡, ㉢
④ ㉡, ㉣

> • 와인은 쿨톤 중 겨울의 대표색
> • 원색의 레드에 블루나 블랙이 혼합되면 차가운 레드가 됨

| 정답 | 01 ③ 02 ③ 03 ③ 04 ③ 05 ② 06 ①

07
사계절 컬러와 이와 관련 있는 명도·채도를 바르게 연결한 것은?

① 봄 – 고명도, 저채도
② 여름 – 저명도, 저채도
③ 가을 – 고명도, 저채도
④ 겨울 – 저명도, 고채도

- 봄: 고명도, 고채도
- 여름: 고명도, 저채도
- 가을: 저명도, 저채도
- 겨울: 저명도, 고채도

08
퍼스널 컬러 진단 시 적합한 조도의 범위는?

① 85~90W
② 95~100W
③ 105~130W
④ 135~150W

퍼스널 컬러 진단 시 적합한 조도는 95~100W임

09
신체 고유 색상 측정 시 비중도가 가장 높은 항목은?

① 얼굴 바탕색
② 손목 안쪽 피부색
③ 눈동자 색
④ 머리카락 색

- 얼굴 바탕색: 40%
- 뒷머리 두피색과 손목 안쪽 피부색: 30%
- 눈동자 색: 20%
- 머리카락 색: 10%

10
퍼스널 컬러 진단 시 유의점으로 옳지 않은 것은?

① 상체를 가릴 흰 가운을 착용한다.
② 화장과 액세서리는 하지 않고 진단한다.
③ 염색을 한 헤어일 경우 흰 수건으로 가린다.
④ 식품 섭취는 퍼스널 컬러 진단에 영향을 주지 않는다.

진단 전 15일 동안은 피부 색소에 영향을 줄 수 있는 비타민A·카로틴이 함유된 식품 섭취에 주의해야 함

11
퍼스널 컬러의 긍정적 효과로 옳지 않은 것은?

① 잡티와 주름, 여드름 등이 약화되어 보인다.
② 페이스라인 등이 정리되어 입체적이고 깔끔한 인상을 준다.
③ 피부색 중 붉은색과 노란색이 증가되어 보여 안색이 좋아 보인다.
④ 자신에게 어울리는 세련된 모습으로 연출이 가능하다.

피부색 중 붉은색과 노란색이 감소되어 보임

2 퍼스널 이미지 제안

12
사계절 컬러 시스템 적용 시 봄의 톤에 해당하지 않는 것은?

① 비비드톤
② 페일톤
③ 라이트톤
④ 딥톤

- 봄: 비비드, 라이트, 브레이드, 페일
- 딥톤은 가을에 해당함

13
컬러 중 계절감이 다른 하나는?

① 골든옐로
② 올리브그린
③ 마젠타
④ 레드브라운

- 가을: 골든옐로, 오렌지, 레드, 올리브그린, 레드브라운, 다크브라운
- 겨울: 마젠타, 퍼플, 와인, 블루, 화이트

14
가을 유형의 색상에 대한 설명으로 옳은 것은?

① 명도와 채도가 낮아 선명하지 않고 어두운 색이다.
② 페일, 라이트, 소프트, 덜, 라이트 그레이시 등의 톤이 해당한다.
③ 모든 색에 검은색이 혼합되어 있다.
④ 세련되고 도시적인 이미지이다.

가을 유형
- 모든 색에 황색이 혼합되어 있음
- 명도와 채도가 낮아 선명하지 않고 어두운 색
- 차분하고 클래식한 이미지와 성숙하고 고상한 이미지
- 그레이시톤, 스트롱톤, 딥톤, 덜톤
- 골든옐로, 오렌지, 브라운, 올리브그린, 레드브라운

15
섬세하고 투명한 피부결로, 볼 부분의 주근깨는 오렌지빛을 띠며 쉽게 붉어지는 경향이 있는 피부 유형은?

① 봄
② 여름
③ 가을
④ 겨울

봄 유형
- 노르스름한 피부에 옐로베이지가 혼합된 피부
- 사계절 피부 유형 중 피부색이 가장 밝음
- 섬세하고 투명한 피부결을 가지며, 볼은 복숭앗빛 혈색을 지님
- 볼 부분의 주근깨는 오렌지빛을 띠며 쉽게 붉어지는 경향

| 정답 | 07 ④ | 08 ② | 09 ① | 10 ④ | 11 ③ | 12 ④ | 13 ③ | 14 ① | 15 ① |

16
여름 유형의 고유 머리카락 색은?

① 골든브라운　　② 짙은 적갈색
③ 로즈브라운　　④ 블루블랙

여름 유형의 머리카락은 밝은 회갈색, 로즈브라운임

17
다음 설명에 해당하는 메이크업의 계절 유형은?

- 깔끔하고 강한 대비가 있는 선명하고 절제된 이미지로 연출함
- 세련되고 도시적이며 활동적 이미지
- 메이크업 시 원포인트 패턴을 활용하여 강한 대비를 연출함

① 봄　　② 여름
③ 가을　　④ 겨울

겨울 유형
- 푸르스름한 피부에 핑크베이지가 혼합된 피부
- 사계절 피부 중 유일하게 신체 색상 사이에 콘트라스트가 있어 선명하고 명쾌한 이미지
- 메이크업 시 원포인트 패턴을 활용하여 강한 대비를 연출함

18
각 계절과 눈동자 색을 연결한 것으로 옳지 않은 것은?

① 봄 – 골든브라운, 밝은 갈색
② 여름 – 로즈브라운, 딥브라운
③ 가을 – 다크브라운, 검정
④ 겨울 – 검은색, 밝은 회갈색

여름: 로즈브라운, 밝은 회갈색

19
퍼스널 컬러 중 가을 유형에 대한 설명으로 옳지 않은 것은?

① 봄 피부보다 옅은 피부색으로 멜라닌 색소가 적어 쉽게 타며, 잡티나 기미가 짙고 혈색이 없다.
② 신체 색상 사이에 콘트라스트가 적으며 차분하고 성숙하며 고상한 이미지가 느껴진다.
③ 메이크업 시 깊이 있는 색조 화장과 그러데이션을 활용하여 전체적인 색상의 톤을 맞추어 연출하도록 한다.
④ 황색빛을 띤 자연스럽고 차분한 계열의 골든옐로, 오렌지, 베이지, 연산호, 머스터드, 카키, 브라운, 올리브그린 등의 컬러가 잘 어울린다.

봄 피부보다 멜라닌 색소가 많아 짙은 피부색을 가짐

20
부드럽고 차가운 느낌의 파스텔 계열이나 크림베이지, 라이트핑크, 인디언핑크, 아쿠아블루, 라벤더 등이 어울리는 퍼스널 컬러 유형은?

① 봄　　② 여름
③ 가을　　④ 겨울

- 봄: 노란색이 가미된 원색, 크림베이지, 아이보리, 핑크베이지, 피치, 오렌지, 코럴, 옐로그린, 아쿠아그린, 브라운
- 가을: 황색빛을 띤 자연스럽고 차분한 계열의 골든옐로, 오렌지, 베이지, 연산호, 아브리코, 머스터드, 카키, 브라운, 코럴핑크, 올리브그린
- 겨울: 푸른빛을 띤 차가운 색으로 핑크, 블루, 퍼플, 버건디, 블루그린, 마젠타, 화이트, 블랙, 실버, 그레이, 와인 등 강렬하면서도 대조되는 색

21
퍼스널 컬러 적용 시 계절별 메이크업 이미지를 연결한 것으로 옳지 않은 것은?

① 봄 – 경쾌함, 귀여움, 사랑스러움
② 여름 – 낭만적, 여성스러움, 우아함
③ 가을 – 우아함, 여성스러움, 화사함
④ 겨울 – 세련됨, 도시적

- 가을: 우아함, 고전적, 여성스러움
- 봄: 밝음, 화사함, 경쾌함, 귀여움, 사랑스러움

22
신체 고유 색상 사이에 콘트라스트가 있는 유형은?

① 봄　　② 여름
③ 가을　　④ 겨울

겨울: 사계절 피부 중 유일하게 신체 색상 사이에 콘트라스트가 있어 선명하고 명쾌한 이미지

23
부드럽고 차분한 라이트 그레이시, 라이트, 덜 톤으로 코디네이션이 가능한 계절 유형은?

① 봄　　② 여름
③ 가을　　④ 겨울

여름 유형
- 이미지: 낭만적, 여성스러움, 우아함, 자연스러움
- 톤: 라이트 그레이시, 라이트, 덜

|정답| 16 ③　17 ④　18 ②　19 ①　20 ②　21 ③　22 ④　23 ②

**에듀윌이
너를
지**지할게

ENERGY

나침반 바늘은 정확한 방향을 가리키기 전에 항상 흔들린다.
인생도 마찬가지다.
그러므로 지금 흔들리고 있는 것을 걱정할 필요가 없다.
언젠가는 바른 방향을 가리키게 될 것이기 때문이다.

– 김은주, 「달팽이 안에 달」 中

PART

03

MAKE UP ARTIST

메이크업 시술

출제비중 **45%**

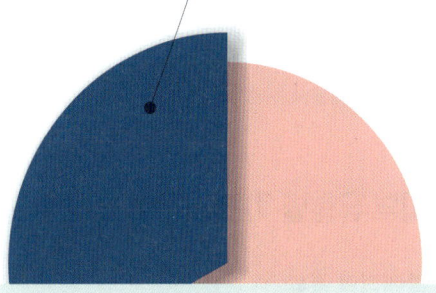

| 출제(예상)문제 수 | **A** 5문제 이상   **B** 4문제~2문제   **C** 1문제 이하

- **C** CHAPTER 01 메이크업 기초 화장품 사용
- **B** CHAPTER 02 베이스 메이크업
- **B** CHAPTER 03 색조 메이크업
- **C** CHAPTER 04 속눈썹 연출·연장
- **C** CHAPTER 05 본식 웨딩 메이크업
- **B** CHAPTER 06 응용 메이크업
- **B** CHAPTER 07 트렌드 메이크업
- **B** CHAPTER 08 미디어 캐릭터 메이크업
- **C** CHAPTER 09 무대공연 캐릭터 메이크업

CHAPTER 01

메이크업 기초 화장품 사용

합격 TIP 기초 화장품의 종류와 그 특징을 숙지해 두도록 합니다. 피부 유형별 특징을 인지하고 그에 적합한 기초 화장법 사용법을 학습해 두도록 합니다.

1 피부 유형별 기초 화장품 선택 및 활용

(1) 클렌징의 종류

① 용제형

포인트 리무버	피부의 두께가 얇고 비교적 진한 메이크업을 하는 입술과 눈 전용 리무버
클렌징워터	• 세정력이 약해 가벼운 메이크업 제거 시 적합함 • 메이크업을 하기 전에 피부 청결용으로 사용하기에도 적합함 • 끈적임이 적고 수분 함량이 많아 지성·건성·여드름성피부에 적합함
클렌징젤	• 피부에 부드럽게 밀착되며 세정력이 우수함 • 물로 제거가 가능하여 이중세안이 필요 없음 • 여드름성·지성·민감성피부에 적합함
클렌징로션	• O/W형태(친수성)로, 클렌징크림에 비해 유분감이 적고 물에 잘 용해됨 • 가벼운 메이크업 제거 시 적합함 • 피부에 자극이 적으므로 건성·지성·민감성·노화피부에 적합함
클렌징크림	• W/O형태(친유성)로, 유분감이 많아 건성피부나 진한 메이크업 제거 시 적합함 • 광물성 오일이 40~50% 함유되어 사용 후 클렌징폼이나 약산성 비누를 사용하여 이중세안 필요함
클렌징오일	• 물과 친화력이 좋은 수용성 오일로 자극이 적음 • 진한 메이크업 제거에도 효과적임 • 건성·민감성·노화피부에 적합함

② 계면활성제형

클렌징폼	• 약산성 상태로 피부 자극이 없어 민감하고 약한 피부에 효과적임 • 유성 성분(에몰리언트제)과 보습제를 함유하여 과도한 탈지를 방지함 • 피부 당김과 자극이 적음 • 크림 타입과 거품 타입이 있음
비누	• 천연유지, 지방산 알칼리염의 계면활성 작용을 이용해서 만듦 • pH 10~11의 알칼리성으로 산성막과 피지막을 파괴하여 탈지·탈수 현상 및 피부 건조 유발 • 클렌징 효과와 살균 효과가 우수함
스크럽류	• 알갱이가 함유되어 노화 각질 및 노폐물 제거 시 사용함 • T존 부위에 사용하면 효과적임 • 건성·민감성피부는 사용 자제

> **참고** 클렌징폼
> • 거품이 많고 미세할수록 피부 자극은 적고 깨끗이 세안이 가능함
> • 양손을 비벼 충분히 거품을 낸 후 그 거품으로 얼굴 전체를 감싸 문질러 사용함
> • 거품 타입의 경우 미세한 거품으로 분사되기 때문에 따로 거품을 만들 필요가 없어 편리함

> **참고** 각질 제거제
> • 물리적 각질 제거제: 스크럽, 고마쥐
> • 화학적 각질 제거제: 효소, 알파하이드록시산(AHA)

(2) 클렌징의 효과

① 피부의 죽은 각질을 제거하여 피부 표면을 부드럽게 함
② 혈액순환을 촉진하여 신진대사를 원활하게 함
③ 메이크업의 잔여물 및 먼지 등을 제거하여 피부를 청결하게 유지함
④ 화장품 유효성분의 흡수를 도움

> **참고** 클렌징 시 주의사항
> - 제품의 유효기간을 확인하고 제품을 청결하게 보관함
> - 작업 전 도구 및 기구와 손을 소독함
> - 고객의 피부 상태를 세심히 분석한 후 피부 타입에 맞는 제품을 선정함
> - 노폐물이 피부에 침투하지 못하도록 2~3분 이내에 신속히 닦아냄

(3) 클렌징의 순서

① 포인트 메이크업 클렌징

아이섀도·아이브로	화장솜에 포인트 리무버를 충분히 적셔 앞머리에서 꼬리 방향으로 2~3회 가볍게 눌러 닦음
아이라인	포인트 리무버를 묻힌 면봉을 이용하여 속눈썹 결 방향으로 눈꼬리 쪽으로 가볍게 닦음
마스카라	속눈썹 밑에 포인트 리무버를 적신 화장솜을 받쳐 놓고 면봉으로 속눈썹 결 방향으로 위에서 아래로 닦아 낸 후, 화장솜을 눈썹 쪽으로 접어 올려 눈꼬리 쪽으로 닦음
립	화장솜에 포인트 리무버를 충분히 적셔 한 손으로 입술 끝을 가볍게 누르고 윗입술은 위에서 아래로, 아랫입술은 밑에서 위로 닦음

② 얼굴 전체 클렌징

- 피부 타입에 맞는 제형의 제품을 선택함
- 얼굴과 목에 클렌징 제품을 나누어 펴 바른 후 피부결을 따라 가볍고 신속하게 마사지함
- 메이크업 티슈, 젖은 해면, 찜질 수건 등을 이용해 닦음
- 화장수를 화장솜에 적셔 피부결 방향으로 닦아 메이크업의 잔여물을 말끔히 제거하고 피부결을 정돈함

> **참고** 피부결 방향
> - 이마 중앙에서 귀 쪽
> - 볼 중앙에서 귓불 쪽
> - 턱과 이어지는 라인을 따라 귓불 쪽

(4) 기초 화장품의 사용법

① 제품별 사용법

화장수	화장수를 듬뿍 묻힌 솜을 가운데 손가락에 끼우고 피부결 방향으로 넓은 곳에서 좁은 곳으로, 안쪽에서 바깥쪽으로 닦아내듯 바른 후 남은 양은 두드려 흡수시킴
로션	적당량의 로션을 손가락 두 마디를 이용하여 얼굴의 바깥 부분을 향해 슬라이딩하여 바른 후 손바닥으로 가볍게 눌러 흡수시킴
아이케어 제품	눈가 피부는 얇고 섬세하므로 가장 힘이 없는 넷째 손가락을 이용하여 눈앞머리에서 눈꼬리 쪽으로 아이케어 제품을 펴 바른 후 눈썹뼈를 가볍게 누르며 손가락 끝으로 지압함
에센스·크림	적당량의 제품을 손가락으로 슬라이딩하여 안쪽에서 바깥쪽으로 펴 바른 후 눈썹뼈를 가볍게 누르며 손가락 끝으로 지압함
자외선 차단제	너무 많은 양을 한 번에 바르지 않도록 부드럽게 펴 바름

② 기초 화장품 사용 전 준비사항

- 제품의 유효기간을 확인하고 제품을 청결하게 보관함
- 작업 전 도구와 기구, 손을 깨끗이 소독함
- 고객용 의자 및 목받이의 높이를 조절함
- 피부 타입에 맞는 기초 화장품을 준비함

(5) 피부 유형별 기초 화장품의 선택과 활용

① 정상피부

특징	가장 이상적인 피부로 수분 함량이 12% 이상인 중성피부
관리 목적 및 요령	• 피부 보호 능력 저하 방지, 피부 보습 유지·관리를 목적으로 함 • 계절적 변화 요인을 고려하여 제품 선택
클렌징	로션, 크림, 오일, 젤 등 모든 타입의 클렌저 사용 가능
화장수	유연화장수 사용
기초 화장품	아침: 클렌저를 사용하지 않고 미온수로 세안 후 유연화장수 및 보습 제품과 자외선 차단제로 마무리 관리 저녁: 클렌저로 세안 후 유연화장수, 아이케어 제품, 수분에센스 및 보습 크림 도포, 주 1회 효소 클렌저를 이용하여 각질 정리

> **참고 피부의 유형을 결정짓는 요소**
> 수분 함유량, 피지 분비량, 모공의 크기, 피부의 두께 등

② 건성피부

특징	• 수분 함량이 10~12% 이하 • 피지 분비량이 부족하여 유·수분 밸런스가 맞지 않음 • 피부가 얇아 탄력 저하, 색소침착, 주름 발생이 쉬우며 노화가 빠르게 진행됨 • 모공이 작고 피부결이 섬세하나 윤기가 없음 • 피부가 거칠고 각질이 발생하기 쉬우며 화장이 들뜨기 쉬움 • 세안 후 이마와 볼 부위 피부 당김 현상이 있음
관리 목적 및 요령	• 유·수분 밸런스 관리가 필요하므로 알칼리성 세안제 사용 자제 • 세안 직후 보습 효과가 있는 화장수와 영양 성분이 풍부한 건성용 크림 사용
클렌징	로션 타입이나 유분기가 있는 크림 타입 또는 오일, 워터, 거품 타입의 클렌저 사용
화장수	보습 위주의 유연화장수로 6~10% 이하의 알코올이 함유된 건성용 화장수나 무알코올성 화장수 사용
기초 화장품	아침: 미온수로 가볍게 세안 후 무알코올성 유연화장수, 수분에센스와 수분영양크림을 도포하고 자외선 차단제로 마무리 관리 저녁: 클렌징 세안 후 무알코올성 유연화장수와 아이케어 제품, 보습 효과가 뛰어난 에센스 및 영양크림 도포
유효성분	세라마이드, 콜라겐, 호호바 오일, 아보카도 오일, 알로에베라, 히알루론산, 엘라스틴, 솔비톨, 아미노산

> **참고 건성피부의 유형**
> • 일반건성: 피지샘의 기능 감소와 땀샘 및 보습 능력의 감소로 인한 건성피부
> • 표피수분부족건성: 외부적 요인(자외선, 지나친 냉난방과 같은 환경적 요인, 부적절한 화장품의 사용, 나쁜 습관)으로 인한 건성피부
> • 진피수분부족건성: 피부 자체의 수화 기능 문제로 인한 건성피부

③ 지성피부

특징	• 남성호르몬(안드로겐)과 여성호르몬(프로게스테론)의 분비가 활발한 유형 • 피지 분비가 왕성하여 번들거림이 심하고 피부결이 거침 • 모공이 크고 여드름과 블랙헤드가 쉽게 발생
관리 목적 및 요령	• 모공 속 피지와 노폐물을 제거하여 피부 트러블 예방 및 피지 조절 • 수렴 성분이 있는 화장수와 수분 함량이 높은 화장품 사용
클렌징	로션·워터·젤 타입 사용, 유분기가 많은 크림 또는 오일류 사용 자제
화장수	피지 과잉 분비를 억제하고 소염·진정·모공 수축 작용 및 청량감을 주는 수렴화장수 사용

> **참고 안드로겐**
> • 피지 분비 활성화
> • 남성 생식계의 성장과 발달, 기능에 영향을 미치는 남성호르몬
> • 에스트로겐의 전구체로 여성의 생리 작용에도 중요함

기초 화장품	아침	클렌징 세안 후 수렴화장수, 보습 및 피지조절 크림을 도포하고 자외선 차단제로 마무리 관리
	저녁	이중세안으로 클렌징 후 수렴화장수, 아이케어 제품, 피지조절 세럼 및 수분크림 도포
유효성분		살리실산, 캄퍼 오일, 티트리 오일, 프로폴리스, 멘톨, 설파(유황), 비타민B

④ 민감성피부

특징	피부가 얇고 투명해 보이며 외부 자극에 예민해 쉽게 붉어짐
관리 목적 및 요령	• 피부 자극을 최소화하여 피부의 안정감 유지와 보호가 목적 • 피부 진정 및 쿨링 효과가 있는 화장품을 선택하여 피부 트러블을 예방하고 청결한 피부 유지 • 무알코올성 화장수, 식물성 보습크림 등 저자극 제품 사용
클렌징	로션이나 오일 타입, 거품 타입 클렌저로 무향·무색소·저자극 제품, 약산성 클렌저 사용
화장수	알코올, 색소, 방부제, 향이 없는 저자극성 제품 사용

기초 화장품	아침	미온수로 세안 후 무알코올성 화장수, 수딩세럼과 크림을 도포하고 자외선 차단제로 마무리 관리
	저녁	클렌징 세안 후 무알코올성 화장수, 아이케어 제품, 수딩세럼과 영양크림 도포
유효성분		알란토인, 알로에베라, 아줄렌, 캐모마일, 카렌듈라, 수레국화

⑤ 복합성피부

특징	• 얼굴 부위에 따라 유·수분의 불균형으로 2가지 이상의 피부 타입이 존재하여 부분별 관리가 필요한 유형 • T존 부위는 피지 분비가 많아 모공이 넓고, 피부가 거칠며 피부 트러블이 발생함 • U존 부위는 피지 분비가 적고 모공이 작음 • 코 주위에 블랙헤드가 많음 • 유분은 많지만 세안 후 피부 당김 현상이 있음 • 피부의 윤기가 적고, 피부가 칙칙해 보이며 화장이 쉽게 지워짐
관리 목적 및 요령	• T존: 피지를 조절 • U존: 유·수분 조절을 통해 pH 정상화
클렌징	• T존: 로션 타입이나 젤 타입 사용, 유분기가 많은 오일류 사용 자제 • U존: 밀크 타입이나 유분기가 있는 크림 또는 오일류 사용 • 젤, 로션, 워터, 거품 타입은 T존과 U존 모두 사용 가능
화장수	• T존: 수렴화장수 • U존: 유연화장수

기초 화장품	아침	젤 클렌징 세안 후 수렴·유연화장수를 이용하여 부위별로 관리하고 수분에센스와 수분크림 도포, 자외선 차단제로 마무리 관리
	저녁	클렌징 세안 후 수렴·유연화장수, 아이케어 제품, 보습세럼 및 보습크림 도포

⑥ 여드름성피부

특징		• 사춘기 시기에 호르몬과 피지 분비가 왕성해지면서 염증성, 비염증성 피부 발진 증상이 나타남 • 다양한 원인에 의해 피지가 많이 생기고 모공이 막혀 피지 배출이 원활하지 않음
관리 목적 및 요령		• 피지 배출이 원활하지 못하여 피부 발진 증상이 나타는 피부이므로 클렌징과 충분한 수분 공급에 중점을 두고 관리 • 유분이 많은 화장품은 피하고 여드름성피부 전용 제품이나 오일프리(Oil free) 제품 위주로 사용
클렌징		로션 타입이나 젤 타입 사용, 유분기가 많은 오일류 사용 자제
화장수		피지 과잉 분비를 억제하고 소염·진정·모공 수축 작용 및 청량감을 주는 수렴화장수 사용
기초 화장품	아침	클렌징 세안 후 수렴화장수, 보습 및 피지조절크림을 도포하되 여드름성피부 전용 제품이나 오일프리 제품을 사용하고 자외선 차단제로 마무리 관리
	저녁	이중세안으로 클렌징 후 수렴화장수, 아이케어 제품, 피지조절 세럼 및 수분크림 도포
유효성분		아줄렌, 글리시리진산, 살리실산, 유황

⑦ 노화피부

특징	• 피부 재생력이 저하되어 주름과 색소침착이 일어나는 유형 • 진피 내 히알루론산의 감소로 보습력이 저하되어 피부가 건조해짐 • 피지 분비가 저하됨 • 표피와 진피가 얇아지고 경계가 느슨해짐 • 콜라겐과 엘라스틴 조직의 약화로 모공이 늘어나고 깊은 주름이 발생함
관리 목적 및 요령	• 조기 노화 방지 및 노화 지연이 목적 • 주름을 완화하고 새로운 세포 형성을 촉진 • 마사지 관리 등을 통해 피부 탄력 증진
클렌징	로션 타입이나 오일 타입 클렌저 사용
화장수	보습제와 유연제가 함유된 유연화장수 사용
기초 화장품	유·수분과 항산화 성분이 포함된 비타민C, 비타민E 등의 영양을 공급
유효성분	토코페롤(비타민E), 플라센타(태반), 레티놀, 프로폴리스, 은행 추출물, 알파하이드록시산(AHA), SOD, 인삼 추출물, 레티닐팔미테이트

용어 레티닐팔미테이트
레티놀(Retinol; Vitamin A)과 팔미산(Palmitic Acid)의 합성물로, 항산화제로서 기능하며 피부 세포의 조정에 영향을 줌

(6) 기초 화장품의 유통기한

① 기초 화장품은 종류와 개봉 유무에 따라 유통기한이 다름
② 직사광선이 들지 않고 온도 변화가 심하지 않은 상온에서 보관하는 것이 바람직함

제품	개봉 전	개봉 후
클렌저	3년	1년~1년 6개월
스킨	3년	1년
로션	2년	1년
에센스	2~3년	8~10개월
크림	2~3년	1년
자외선 차단제	2년	4개월~1년

참고 자외선 차단제 사용기간
제품의 사용기간이 길어지면 자외선 차단 지수가 떨어질 수 있으므로 사용기간은 1년을 넘기지 않도록 함

CHAPTER 01 메이크업 기초 화장품 사용

출제 예상문제

1 피부 유형별 기초 화장품 선택 및 활용

01 세정력이 약해 가벼운 메이크업 제거 시 적합하고 메이크업을 하기 전에 피부 청결용으로 사용하기에도 좋은 클렌징 타입은?

① 클렌징로션　② 클렌징워터
③ 클렌징오일　④ 클렌징크림

> **클렌징워터**
> • 세정력이 약해 가벼운 메이크업 제거 시 적합함
> • 메이크업을 하기 전에 피부 청결용으로 사용하기에도 적합함
> • 끈적임이 적고 수분 함량이 많아 지성·건성·여드름성피부에 적합함

02 클렌징의 효과로 옳지 않은 것은?

① 혈액순환을 촉진하여 신진대사를 원활하게 한다.
② 메이크업의 잔여물을 제거하여 피부를 청결하게 유지한다.
③ 피부의 죽은 각질을 제거하여 피부 표면을 부드럽게 한다.
④ 피부 재생을 도와 턴오버 주기를 당긴다.

> **클렌징의 효과**
> • 피부의 죽은 각질을 제거하여 피부 표면을 부드럽게 함
> • 혈액순환을 촉진하여 신진대사를 원활하게 함
> • 메이크업의 잔여물 및 먼지 등을 제거하여 피부를 청결하게 유지함
> • 화장품 유효성분의 흡수를 도움

03 클렌징 효과는 우수하지만 산성막과 피지막을 파괴하여 탈지·탈수 현상 및 피부 건조를 유발하는 것은?

① 클렌징폼　② 스크럽류
③ 비누　　　④ 클렌징워터

> **비누**
> • 천연유지, 지방산 알칼리염의 계면활성 작용을 이용하여 만듦
> • pH 10~11의 알칼리성으로 산성막과 피지막을 파괴하여 탈지·탈수 현상 및 피부 건조 유발
> • 클렌징 효과와 살균 효과 우수

04 클렌징과 그 제품에 대한 설명으로 옳지 않은 것은?

① 클렌징은 혈액순환을 촉진하여 원활한 신진대사를 도우므로 4~5분 정도 충분히 마사지한 후 세안하도록 한다.
② 클렌징 제품은 유효기간을 확인한 후 사용하고 사용 후 제품은 청결히 보관하도록 한다.
③ 아이라인은 포인트 리무버를 묻힌 면봉을 이용하여 눈꼬리 쪽으로 가볍게 닦아낸다.
④ 립 메이크업은 화장솜에 포인트 리무버를 충분히 적셔 윗입술은 위에서 아래로, 아랫입술은 밑에서 위로 닦아낸다.

> 노폐물이 피부에 침투하지 못하도록 2~3분 이내에 신속히 닦아냄

05 모공 속 피지와 노폐물을 제거하여 피부 트러블을 예방하고 피지 조절 관리가 필요한 피부 유형은?

① 정상피부　② 건성피부
③ 지성피부　④ 민감성피부

> **지성피부**
> • 클렌징 시 유분기가 많은 크림 또는 오일류 사용 자제
> • 피지 과잉 분비를 억제하고 소염·진정·모공 수축 작용 및 청량감을 주는 수렴화장수 사용

06 무알코올 성분의 화장수를 사용해야 하는 피부 유형이 바르게 연결된 것은?

① 건성피부 – 민감성피부
② 민감성피부 – 지성피부
③ 지성피부 – 여드름성피부
④ 여드름성피부 – 건성피부

> • 건성피부: 유·수분 밸런스 관리가 필요한 피부 유형으로, 보습 위주의 무알코올성 유연화장수 사용
> • 민감성피부: 피부가 얇고 외부 자극에 민감하므로 알코올, 색소, 방부제, 향이 없는 저자극성 화장수 사용

07 지성피부가 사용하기에 적합하지 않은 제품은?

① 클렌징워터　② 클렌징젤
③ 클렌징크림　④ 클렌징로션

> **지성피부**: 피지 분비가 왕성하여 번들거림이 심한 피부로, 유분기가 많은 클렌징크림 사용 자제

| 정답 | 01 ② | 02 ④ | 03 ③ | 04 ④ | 05 ③ | 06 ① | 07 ③ |

08

건성피부의 관리 방법으로 옳지 않은 것은?

① 아침에는 클렌저를 사용하지 않고 미온수로만 세안해도 무방하다.
② 알칼리성 세안제 사용을 자제하도록 한다.
③ 보습 효과가 있는 화장수와 영양 성분이 풍부한 크림을 선택하도록 한다.
④ 청결한 피부를 유지하기 위해 수렴화장수를 사용한다.

- 건성피부: 유·수분 밸런스 관리가 필요한 피부 유형으로 보습 위주의 무알코올성 유연화장수 사용
- 지성피부: 피지 과잉 분비를 억제하고 소염·진정·모공 수축 작용 및 청량감을 주는 수렴화장수 사용

09

각 피부에 따른 관리 방법으로 옳지 않은 것은?

① 복합성피부 – 피지 분비가 많은 T존은 수렴화장품을 사용하여 관리한다.
② 지성피부 – 피지를 조절하기 위해 수렴화장수를 사용한다.
③ 여드름성피부 – 염증의 완화를 위해 부드러운 유연화장수를 사용한다.
④ 정상피부 – 아침 세안은 클렌저를 사용하지 않고 미온수 세안만으로도 무방하다.

여드름성피부: 피지 과잉 분비를 억제하고 소염·진정·모공 수축 작용 및 청량감을 주는 수렴화장수 사용

10

진한 메이크업 제거 시 적합하며 W/O형 제품인 것은?

① 클렌징젤   ② 클렌징로션
③ 클렌징크림   ④ 스크럽

클렌징크림은 W/O형태로, 유분감이 많아 진한 메이크업 제거 시 적합하며, 광물성 오일이 40~50% 함유되어 이중세안이 필요함

11

수렴 성분이 들어있는 화장수를 사용하면 안 되는 피부의 유형은?

① 건성피부   ② 복합성피부
③ 지성피부   ④ 여드름성피부

- 건성피부: 유·수분 밸런스 관리가 필요한 피부 유형으로 보습 위주의 무알코올성 유연화장수 사용
- 복합성피부: 유·수분의 불균형으로 얼굴 부위에 따라 2가지 이상의 피부 타입이 존재하며, T존에는 수렴화장수를 사용하여 피지 과잉 분비를 억제함

12

피부 유형에 따른 관리 방법으로 옳지 않은 것은?

① 민감성피부 – 피부가 얇고 외부 자극에 민감하므로 식물성 보습크림 등 저자극 제품을 사용한다.
② 건성피부 – 무알코올성 유연화장수, 수분에센스와 수분영양크림 등으로 보습 효과를 준다.
③ 지성피부 – 수렴 성분이 있는 화장수와 수분 함량이 높은 화장품을 사용한다.
④ 여드름성피부 – 세안 후 바로 보습 및 유연 효과가 있는 화장수와 영양 성분이 풍부한 크림을 사용한다.

여드름성피부: 세안 후 수렴화장수, 보습 및 피지조절크림을 도포하되 여드름성피부 전용 제품이나 오일프리 제품을 사용함

13

기초 화장품의 사용법으로 옳지 않은 것은?

① 로션 – 적당량의 로션을 손가락을 이용하여 얼굴의 바깥 부분을 향해 슬라이딩하여 바른 후 가볍게 눌러 흡수시킨다.
② 화장수 – 화장수를 듬뿍 묻힌 솜을 가운데 손가락에 끼우고 얼굴 안쪽에서 바깥쪽으로 닦아내듯 바른 후 남은 양은 두드려 흡수시킨다.
③ 아이케어 제품 – 둘째 손가락을 이용하여 눈앞머리에서 눈꼬리 쪽으로 힘 있게 압력을 주어 펴 바른다.
④ 에센스 – 손가락으로 슬라이딩하여 안쪽에서 바깥쪽으로 펴 바른 후 눈썹뼈를 가볍게 누르며 손가락 끝으로 지압한다.

눈가 피부는 얇고 섬세하므로 가장 힘이 없는 넷째 손가락을 이용하여 부드럽게 발라야 함

14

기초 화장품을 활용한 민감성피부의 관리 방법으로 옳지 않은 것은?

① 세안 시 클렌징 제품은 로션 타입, 오일 타입 또는 거품 타입의 제품을 사용한다.
② 화장수는 무알코올성 제품을 사용한다.
③ 피부에 영양 공급을 위해 고농축 크림을 사용한다.
④ 미온수를 활용하여 세안한다.

민감성피부는 피부가 얇고 외부 자극에 민감하기 때문에 무알코올성 화장수, 식물성 보습크림 등 저자극 제품을 사용함

CHAPTER 02

베이스 메이크업 B

합격TIP 각 베이스 메이크업 제품의 사용 목적과 기능을 학습하고 종류별 특징과 사용법을 숙지해 두도록 합니다. 베이스 메이크업 시 사용하는 도구의 종류와 활용법도 놓치지 말고, 얼굴형에 따른 윤곽 수정법은 반드시 암기해 두도록 합니다.

1 피부 표현 메이크업

(1) 베이스 메이크업 제품 활용

① 메이크업 베이스(Make-up base)
- 사용 목적과 기능
  - 파운데이션의 퍼짐성, 밀착력, 지속성을 높임
  - 피부 톤과 색조 조절 및 보정
  - 색조 메이크업의 착색 방지
  - 자외선 및 외부 환경으로부터 피부 보호
  - 피지 분비량 조절
- 종류

리퀴드 타입	데일리 메이크업에 적합함
크림 타입	두꺼운 화장 전에 사용하며, 건성피부에 적합함
젤 타입	청량감을 주어 여름에 사용하기에 적합함
에센스 타입	보습 성분을 함유하여 건성피부에 사용하거나 겨울에 사용하기에 적합함
컨트롤 타입	촉촉하면서 커버력이 있어 잡티가 많은 피부에 적합함

- 색상 선택 **빈출**

화이트	어둡고 칙칙한 피부, 흰 피부 표현 시 사용
핑크	창백한 피부에 혈색 부여, 신부 메이크업 시 사용
오렌지	탄력 있고 건강한 피부 표현, 태닝 피부 표현 시 사용
옐로	어두운 피부에 사용, 남자 피부에 주로 사용
그린	붉은 피부에 사용, 잡티 커버에 사용
퍼플	노란 피부의 중화에 사용
블루	얼굴의 붉은 기를 중화시켜 피부를 희게 표현할 때 사용
피치	자연스러운 피부색 표현

- 도포 방법
  - 제품을 진주알만큼 덜어 얼굴의 안쪽에서 바깥쪽으로, 위에서 아래쪽으로 피부결을 따라 바르되 패팅과 슬라이딩 기법으로 밀착력을 높임
  - 도포 시 손이나 스펀지를 이용하고 번들거림이 남아 있으면 티슈로 가볍게 눌러 유분기를 제거함
  - 메이크업 베이스의 양이 많으면 파운데이션이 들뜨거나 밀림

> **참고** 베이스 메이크업의 순서
> 메이크업 베이스(프라이머) → 파운데이션 → 파우더

② 프라이머(Primer)
- 사용 목적과 기능
  - 넓은 모공, 요철 등을 메워 피부 표면을 매끈하게 연출
  - 다음 단계 화장품의 밀착을 높여 메이크업의 지속력❓을 높임
  - 피지 조절, 번들거림 방지 및 피부 질감 보정
- 종류

젤 타입	수분 함량이 높아 건성피부에 적합함
로션 타입	모든 피부에 적합함
실리콘 타입	• 모공을 잘 막아 땀과 피지에 강함 • 지성피부에 적합함
아이 프라이머	• 눈가 전용 제품으로 눈 화장의 번짐과 착색 방지 • 파운데이션 전후 모두 사용 가능
립 프라이머	입술 전용 제품으로 입술 주름을 메워 번짐 없이 지속력 향상

> 참고 메이크업을 고정시켜 지속력을 높이는 제품으로 메이크업 픽서가 있음

③ 컨실러(Concealer)
- 사용 목적❓과 기능: 다크서클과 흉터 등 피부의 잡티와 결점을 자연스럽게 커버하여 화사하고 깨끗한 피부로 연출
- 종류

리퀴드 타입	수분 함량이 많고 얇게 표현되지만, 커버력이 다소 약함
크림 타입	유분 함량이 많고 발림성과 지속력이 좋음
스틱 타입	• 커버력이 우수하여 붉은 반점이나 뾰루지, 잡티 등 피부 결점을 커버하는 데 효과적임 • 매트하고 발림성이 좋지 않음
펜슬 타입	• 점, 입술 라인 등 좁은 부위를 커버하는 데 효과적임 • 간편하게 사용 가능
케이크 타입	• 커버력 우수 • 커버 부위와 주변 피부의 경계를 잘 펴 발라야 함

> 참고 컨실러 사용 목적에 따른 분류
>
> | 다크서클 커버용 | • 피부 톤보다 한 톤 밝은 색상
• 핑크 톤 및 피치 톤 사용
• 얇게 바르고 두드려 밀착
• 리퀴드나 크림 타입이 적합 |
> |---|---|
> | 결점 커버용 | • 피부 톤과 같은 톤의 색상을 선택
• 결점 부위보다 넓게 바르고 두드려 밀착
• 펜슬이나 스틱 타입이 적합 |

④ 파운데이션(Foundation)
- 사용 목적과 기능
  - 피부의 톤이 통일된 이상적인 피부 톤을 표현하여 색조 화장 표현을 도움
  - 얼굴 윤곽 수정 및 보완, 얼굴의 잡티 커버
  - 자외선 및 외부 환경으로부터 보호
- 종류

리퀴드 타입	• 수분 함량이 많음 • 투명하고 자연스러운 피부 표현이 가능하여 20대 초반 여성들이 사용하기에 적합함 • 커버력, 지속력은 약함
크림 타입	• 유분 함량이 리퀴드 타입에 비해 많고 커버력이 있음 • 지속력과 발림성이 좋음 • 짙은 메이크업을 할 때나 건조한 피부에 적합함 • 20대 여성보다 피부에 유분기가 적은 30~40대 여성에게 적합함
스킨커버 타입	• 크림 타입보다 커버력이 우수함 • 웨딩이나 무대 메이크업, 잡티가 많은 피부에 적합함

스틱 타입	• 고체화된 제품으로, 커버력과 지속력이 뛰어나 무대 분장에 적합함 • 퍼짐성이 적어 스피디한 메이크업은 불가능함	
파우더 타입	• 파우더 분말을 압축한 타입으로, 빠르게 화장할 수 있으며 휴대가 용이함 • 건조함을 유발할 수 있어 민감성피부나 건성피부에 사용하기에는 부적합함 • 습도가 높은 계절에 사용하기에 적합함	
팬케이크 타입	• 물에 녹여 쓰는 방법으로 사용 시 수분은 증발하여 안료만 남게 됨 • 방수성과 내수성, 지속력이 매우 뛰어나 활동량이 많은 무용 메이크업에 적합함	
투웨이케이크 (트윈케이크) 타입	• 파운데이션과 파우더를 함께 압축한 타입 • 커버력, 밀착력이 우수함 • 땀이나 물에 강하여 여름에 사용하기에 적합함 • 매트하게 표현되며 잦은 사용 시 피부가 건조해지므로 중년 여성에게는 부적합함	
쿠션 타입	• 번들거림이 없고 가볍고 간편하게 피부 표현이 가능함 • 휴대가 간편함 • 커버력과 지속력이 우수함 • 쿠션 형태의 스펀지로 파운데이션을 피부에 찍어 바르는 형태	
비비크림 타입	• '블레미시 밤(Blemish Balm)'이라고도 함 • 피부과 치료 후 피부 재생 및 보호의 목적으로 사용됨 • 잡티 커버 및 피부 톤 정리에 적합함	

• 피부 타입에 따른 파운데이션

건성피부	리퀴드, 크림 타입
지성피부	리퀴드, 파우더, 팬케이크 타입
잡티가 많은 피부	스킨커버 타입, 스틱 타입
복합성피부	• T존: 리퀴드 타입 • U존: 리퀴드, 크림 타입
노화피부	크림 타입

• 색상 선택

베이지	• 일반적으로 무난하게 사용 가능 • 흰 피부: 라이트베이지 • 붉은 피부: 톤 다운된 베이지
핑크	• 혈색 있는 피부와 화사한 피부 표현에 적합함 • 흰 피부, 노란 피부에 적합함
브라운	• 건강한 피부 톤 연출 • 태닝 피부에 적합함

• 얼굴 부위에 따른 파운데이션 빈출

명칭	부위	특징
헤어라인	이마와 머리카락의 경계 부분	• 헤어라인에 가까워질수록 파운데이션과 파우더를 소량 사용해야 함 • 라텍스 스펀지에 남아 있는 파운데이션을 사용하여 구레나룻까지 슬라이딩 기법으로 바름

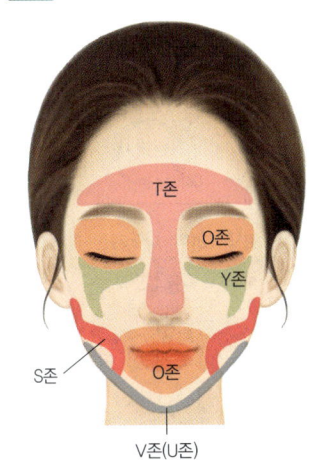

참고 얼굴의 부위별 명칭

존	위치	설명
T존	이마와 콧대를 연결하는 부분	• 하이라이트를 주어야 하는 부분 • 피지 분비가 많아 화장이 뭉치거나 들뜨기 쉬워 파운데이션을 소량 사용해야 함
Y존	눈 밑 광대뼈 위의 Y모양 부위	• 하이라이트를 주어야 하는 부분 • 피부가 얇고 움직임이 많아 파운데이션과 파우더를 소량 사용해야 함
V존 (U존)	볼과 턱선으로 이어지는 부위	• 얼굴 면적 중 가장 넓은 부위 • T존에 비해 상대적으로 피지 분비량이 적어 건조해지기 쉬우므로 파운데이션을 소량 사용해야 함
S존	귀 밑에서 턱까지 이어지는 S자형의 부위	• 얼굴형에 따라 섀딩이나 하이라이트를 주어 윤곽 수정이 가능함 • 슬라이딩 기법과 가볍게 두드리는 패팅 기법을 병행하여 메이크업의 지속성을 높임
O존	눈과 입 주변 부위	피부가 얇고 움직임이 많아 파운데이션을 얇게 도포해야 함

- 도포 방법
  - 화장 목적에 맞는 제형을 선택한 후 적당량을 덜어 얼굴의 중앙에서 바깥쪽으로 피부결을 따라 바름
  - 처음에는 슬라이딩 기법으로 펴 바르고 패팅 기법으로 밀착력 있게 마무리하되 경계가 보이지 않도록 함
  - 얼굴형에 따라 2~3가지 컬러의 파운데이션으로 색상의 명암 차를 이용하여 윤곽 수정과 입체적인 얼굴을 표현함
  - 콧방울이나 눈 주변, 입술 주변은 적은 양을 세심하게 펴 바름
  - 한 번에 많은 양을 바르는 것보다 얇게 여러 번 덧바르는 것이 효과적임

- 파운데이션 테크닉

슬라이딩 (Sliding)	• 얼굴 중심에서 바깥쪽으로 펴 바르는 기법 • 얼굴의 좁은 면이나 굴곡진 부분을 섬세하게 펴 바르는 기법 • 가장 기초적인 방법
패팅 (Patting)	잡티가 많은 눈 밑, 볼 등 얼굴의 넓은 면을 스펀지 또는 손가락으로 가볍게 두드리는 기법으로, 밀착과 흡수력을 높이는 기법
블렌딩 (Blending)	하이라이트, 섀딩 파운데이션을 베이스 색과 경계가 생기지 않도록 바르는 기법
선 긋기 (Lining)	브러시를 사용하여 선을 긋는 듯 바르는 기법
페더링 (Feathering)	선의 경계가 뚜렷하지 않게 부드럽게 연결시키는 기법
에어브러시 (Airbrush)	에어브러시 건을 사용하여 파운데이션을 고르게 분사하는 기법

⑤ 파우더(Powder)
- 사용 목적과 기능
  - 파운데이션의 유분기를 제거하여 메이크업의 지속력을 높임
  - 자외선 및 외부 환경으로부터 피부를 보호함
  - 메이크업이 땀과 물에 얼룩지는 것을 방지함
  - 난반사 효과를 가져 피부를 화사하고 매끈하게 연출함

참고 파운데이션 도포 시 사용 가능한 도구

손	• 장점: 우수한 밀착력, 부드러운 발림성 • 단점: 불결한 위생 상태, 두껍게 발림
라텍스	• 장점: 우수한 밀착력·지속력·커버력 • 단점: 파운데이션 소비량이 많음
브러시	• 장점: 촉촉함 • 단점: 밀착력이 떨어짐, 브러시 자국이 남음

- 파우더가 갖춰야 할 성질
  - 피복성: 기미나 주근깨 등을 감추어 피부색을 조정하는 성질
  - 신전성❷: 부드러운 감촉으로 매끄럽게 잘 펴져 피부에 생동감 부여
  - 흡수성: 피부 분비물을 흡수하여 지속력을 높이는 성질
  - 부착성: 피부에 장시간 부착하는 성질
  - 착색성: 적절한 광택을 유지하여 자연스러운 피부색을 조정·유지하는 성질

> 참고 신전성
> 피부에 쉽게 발리는 성질

- 종류

루즈 파우더	• 가루형 파우더로, 발림성이 우수함 • 투명감 있게 표현되며 피지나 땀 등을 흡수하여 자연스러운 피부 연출
프레스드 파우더	• '압축형 파우더' 또는 '콤팩트 파우더'라고도 함 • 커버력이 뛰어나며 간편하게 사용이 가능함 • 휴대가 간편함
피니시 파우더	• 여러 가지 컬러를 복합적으로 사용이 가능함 • 구슬형 파우더와 가루형 파우더 등이 있음
스타 파우더	• 입자의 크기가 다양함 • 펄이 들어 있어 화려한 분위기를 연출함

- 색상 선택

투명	• 색상이 없어 자연스러운 색조를 유지함 • 내추럴 메이크업에 적합함
베이지	여러 베이지 톤에 따라 차분하고 자연스러운 피부를 연출함
핑크	• 창백한 피부에 혈색과 생기를 부여함 • 화사하고 사랑스러운 신부 메이크업에 자주 사용함
오렌지·브론즈	• 건강하고 생기 있는 피부 표현 • 태닝 피부에도 사용함
그린	• 붉은 피부 중화 • 잡티 커버
퍼플	• 노란 피부 중화 • 자연광보다 인공광에 어울리며, 화사한 분위기를 연출, 파티 메이크업 시 사용
옐로	검은 피부 중화
화이트	• 입체감을 위한 하이라이트용으로 사용함 • 밝고 화사하게 연출함 • 분장용으로도 사용함 예 가부키, 경극, 귀신, 삐에로 등
펄 파우더	• 펄이 들어간 것으로, 하이라이트를 주거나 마무리용으로 사용함 • 화사하고 화려하여 무대용으로 사용함 • 사이버 메이크업, 쉬머 메이크업, 글래머러스 메이크업 등에 사용

- 도포 방법

퍼프 (Puff)	• 밀착력이 필요할 경우 사용하며 매트한 피부 표현에 적합함 • 퍼프에 파우더를 덜어낸 후 다른 퍼프와 서로 비벼서 고르게 묻혀 누르듯 발라 유분기를 제거함 • 파우더는 소량으로 T존과 볼 부위부터 시작하여 외곽으로 꼼꼼히 바름 • 남은 여분의 파우더는 팬 브러시를 사용하여 제거함
브러시 (Brush)	• 자연스럽고 화사한 피부결 표현에 적합함 • 모질이 부드러운 브러시로 피부결을 따라 뭉치지 않게 쓸어주거나 가볍게 누름 • 브러시를 이용해 얼굴라인에만 파우더를 바르면 산뜻한 느낌을 줄 수 있음

(2) 베이스 메이크업 제품의 도구 활용 빈출

① 스펀지
- 기능 및 용도
  - 메이크업 베이스나 파운데이션을 펴 바를 때 사용하는 도구로, 슬라이딩과 패팅 기법 시 이용함
  - 파운데이션을 바를 때에는 손에 힘을 빼고 사용하는 것이 좋음
  - 커버력과 밀착력 상승
- 종류

라텍스 스펀지	• 천연 생고무로 만들어진 가장 일반적인 스펀지 • 세척이 불가능하므로 사용한 면을 깨끗이 잘라 사용함
합성 스펀지	• 석유화학물질로 만든 스펀지 • 유분을 흡수하는 능력은 떨어지지만, 탄성이 좋고 가격이 저렴함 • 사용 후 세척 가능
해면 스펀지	• 천연 스펀지로, 건조된 상태에서는 딱딱하나 물에 닿으면 부드러워짐 • 클렌징용 또는 팬케이크 파운데이션 도포 시 사용함 • 사용 후 세척 가능
진동 스펀지	패팅의 번거로움을 덜어주지만 굴곡이 심한 부위나 세심한 커버가 필요한 곳에는 접근이 어려운 단점이 있음

② 브러시
- 기능 및 용도
  - 파우더를 바르거나 피부 표현 및 포인트 메이크업 시 사용함
  - 용도와 사이즈에 따라 다양한 표현이 가능함
- 종류

파운데이션 브러시	• 파운데이션을 뭉침 없이 펴 바를 때 사용함 • 윤기 있고 균일한 피부 표현이 가능함 • 관리가 쉬운 인조모의 활용도가 높음 • 탄성이 좋고 브러시 모의 끝부분이 납작한 것이 좋음 • 너무 짧거나 두껍거나 강한 탄성의 브러시는 선택하지 말 것
파우더 브러시	• 가장 큰 브러시로, 파우더를 바를 때 사용함 • 투명하고 깨끗한 피부 연출 • 숱이 많고 둥글며 모가 부드럽고 자극이 없는 것을 선택함
컨실러 브러시	• 기미나 점과 같은 잡티, 다크서클 및 눈 주위를 커버할 때 사용함 • 탄력 있고 힘이 있는 합성모가 적합함 • 일반적으로 1~1.5cm의 납작한 브러시를 고르는 것이 좋으나, 기미, 주근깨 등 비교적 넓은 부위에는 길고 넓은 브러시를 선택함
노즈섀도 & 하이라이트 브러시	• 얼굴의 입체감을 위해 음영을 줄 때 사용하는 브러시 • 사선형으로 되어 있어 코 벽에 음영을 주기에 적합함
팬 브러시	• 부채꼴 모양의 브러시 • 파우더나 아이섀도의 여분을 털어낼 때 사용함 • 약간 뻣뻣한 모 형태가 좋음

참고 **베이스 메이크업 브러시의 종류**
- 파운데이션 브러시
- 파우더 브러시
- 컨실러 브러시
- 노즈섀도 & 하이라이트 브러시
- 팬 브러시

③ 퍼프
- 기능 및 용도: 파우더를 바르거나 모델과 아티스트의 직접적인 피부 접촉을 막기 위해 사용함

참고 **재질에 따른 퍼프**
- 벨벳 퍼프: 고운 입자의 파우더를 사용할 때 활용함
- 면 퍼프: 땀과 유분 흡수에 강함
- 에어 퍼프: 쿠션 안에 공기층이 존재하여 들뜨거나 뭉침 없이 파우더가 밀착됨

- 종류

파우더 퍼프	• 루즈 파우더를 바를 때 사용 • 파운데이션 후 유·수분기를 잡기 위해 파우더와 함께 사용하는 도구 • 면 100% 제품으로 촉감이 부드러운 것이 적합함
쿠션 퍼프	쿠션 제품을 바를 때 사용하는 퍼프로, 밀착력을 높이기에 적합함
콤팩트 파우더 퍼프	콤팩트 파우더를 바르거나 블렌딩하기에 적합함

④ 기타

스파츌라	용기에 든 화장품을 위생적으로 덜어낼 때, 제품을 덜어낼 때, 파운데이션 컬러를 피부 톤에 맞추기 위해 제품을 섞을 때 사용함
팔레트	파운데이션이나 립스틱 또는 라이닝 컬러 등 다양한 제품을 섞기 위해 사용하는 것으로, 제품을 담아 보관할 수 있는 팔레트와 패널만으로 이루어진 믹싱팔레트의 두 종류가 있음
손	밀착력과 발림성이 좋지만, 매트하게 표현되지는 않음

2 얼굴 윤곽 수정

(1) 얼굴 형태 수정 빈출

① 얼굴 윤곽 수정 메이크업: 색의 명암 차이를 이용해 얼굴에 입체감을 부여하는 메이크업 방법

베이스(Base)	피부 톤과 같은 톤의 파운데이션, 목의 색과 비교해서 자연스러운 색을 선택
하이라이트 (Highlight)	• 피부 톤보다 1~2톤 밝은 색상, 돌출시키고자 하는 부위에 사용함 • 사용 부위: 이마, T존, 눈 밑 다크서클, 눈 아래 튀어나온 부분, 눈썹뼈 부분, 턱의 가장 튀어나온 부분 등
섀딩 (Shading)	• 피부 톤보다 1~2톤 어두운 브라운 색상, 들어가 보이게 할 부위 혹은 축소되어 보이게 할 부위에 사용함 • 섀딩 컬러가 헤어라인 안쪽까지 이어지게 그러데이션 • 사용 부위: 각진 턱과 넓은 이마, 헤어라인, 얼굴라인, 코 벽 등

참고 하이라이트와 섀딩

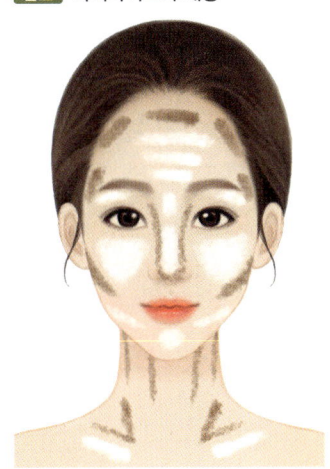

② 얼굴형에 따른 윤곽 수정
- 계란 얼굴형

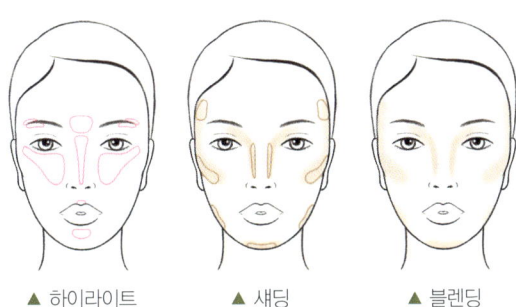

▲ 하이라이트   ▲ 섀딩   ▲ 블렌딩

- 가장 이상적이고 부드러워 보이는 이미지
- 다양한 연출과 테크닉 구사 가능

• 둥근 얼굴형

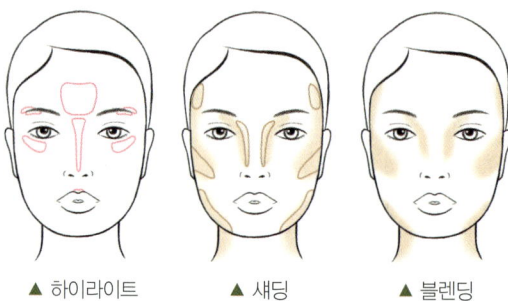

▲ 하이라이트　　▲ 섀딩　　▲ 블렌딩

특징	둥근 볼, 둥근 턱선, 둥근 이마, 헤어라인의 경계선이 둥근 모양
이미지	어리고 귀여워 보이는 이미지
하이라이트	코가 길어 보이도록 이마에서 코 끝을 향해 하이라이트 연출
섀딩	양쪽 볼 측면

• 긴 얼굴형

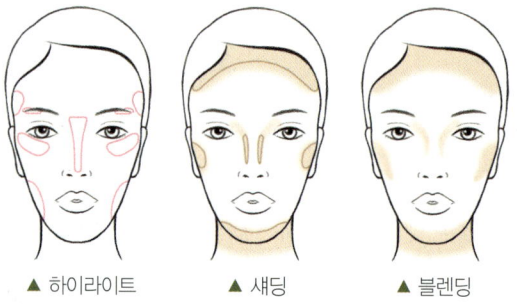

▲ 하이라이트　　▲ 섀딩　　▲ 블렌딩

특징	얼굴의 가로 폭이 좁고 세로의 길이가 긴 얼굴형
이미지	성숙하고 우아하지만 나이 들어 보이는 이미지
하이라이트	이마와 눈 밑 부분에 가로 방향(수평형)으로 연출
섀딩	헤어라인, 코 끝, 턱 끝

• 사각 얼굴형

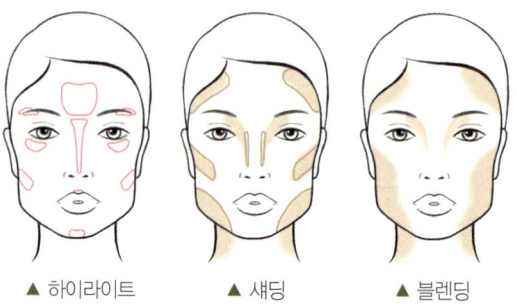

▲ 하이라이트　　▲ 섀딩　　▲ 블렌딩

특징	이마선과 턱선이 각져 볼선도 직선에 가까움
이미지	활동적이며 선이 굵은 인상을 주어 남성적인 이미지
하이라이트	T존에 둥근 느낌으로 하이라이트 연출
섀딩	이마 양 옆, 턱의 각진 부분

• 역삼각 얼굴형

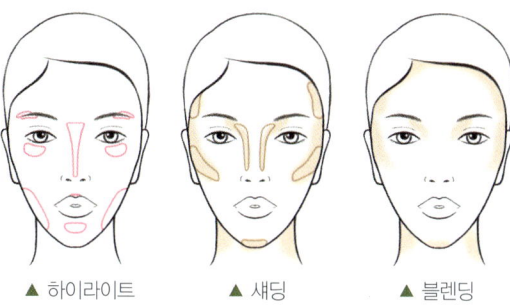

▲ 하이라이트   ▲ 섀딩   ▲ 블렌딩

특징	이마가 넓고 턱이 뾰족함
이미지	지적이고 세련된 이미지
하이라이트	콧등, 눈 밑, 양쪽 볼에 하이라이트 연출
섀딩	양쪽 이마 부분, 턱 끝

• 마름모 얼굴형

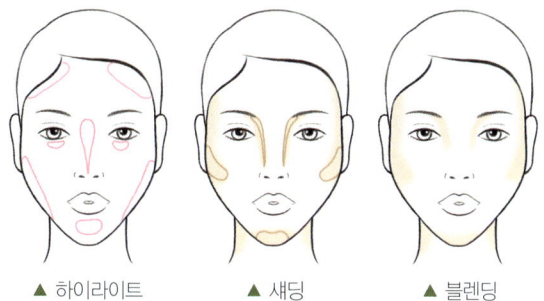

▲ 하이라이트   ▲ 섀딩   ▲ 블렌딩

특징	이마가 좁고 턱이 갸름하며 광대가 발달함
이미지	샤프한 이미지
하이라이트	양쪽 이마, 양쪽 볼에 하이라이트 연출
섀딩	광대뼈, 턱 끝

③ 코 형태에 따른 윤곽 수정

기본형	T존에 하이라이트, 코 벽에 섀딩
짧은 코	콧등 부위에 길게 하이라이트 처리
긴 코	콧방울 아래 부분에 자연스러운 가로 섀딩
콧방울이 작은 코	콧방울 부위에 하이라이트
콧방울이 퍼진 코	콧방울 부위에 섀딩

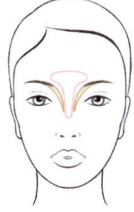 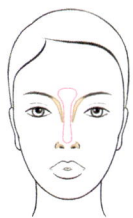 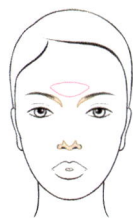 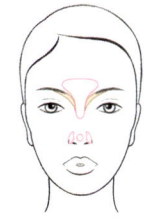 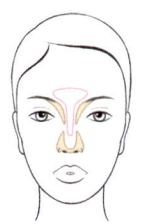

▲ 기본형   ▲ 짧은 코   ▲ 긴 코   ▲ 콧방울이 작은 코   ▲ 콧방울이 퍼진 코

④ 이미지에 따른 윤곽 수정

귀여운 이미지	눈 밑 뺨 부분에 하이라이트를 둥근 느낌으로 넣고 헤어라인이 둥글어 보이게 섀딩을 줌
활동적인 이미지	볼 뼈 아래쪽 섀딩을 사선 느낌으로 강하게 줌
지적인 이미지	볼 뼈 위쪽에 하이라이트를 주고 아래쪽 섀딩을 사선 느낌으로 강하게 줌

3 피부 결점 보완

(1) 피부색에 맞는 제품 선택

① 흰 피부

특징	• 여성스럽고 깨끗한 이미지 • 창백하고 아파 보임
메이크업 베이스	• 핑크 컬러로 화사함 부여 • 투명 컬러로 흰 피부 강조
파운데이션	• 핑크베이지 컬러로 혈색을 부여하거나, 라이트베이지로 차분하고 자연스럽게 연출 • 펄이 있는 제품을 사용하여 건강미와 화사함 부여
파우더	• 핑크 컬러로 화사함 부여 • 투명 컬러로 흰 피부 강조

② 노란 피부

특징	• 우리나라에서 흔히 보이는 피부색 • 칙칙하고 생기가 없어 보이며 나이 들어 보임
메이크업 베이스	• 핑크 컬러로 화사함 부여 • 퍼플 컬러로 노란색을 중화하여 생기 부여
파운데이션	얼굴색과 비슷한 연한 핑크톤의 파운데이션으로 화사함 부여
파우더	• 핑크 컬러로 화사함 부여 • 퍼플 컬러로 노란색을 중화하여 생기 부여

③ 붉은 피부

특징	모세혈관이 확장된 얇은 피부, 여드름성피부
메이크업 베이스	그린이나 블루로 붉은색을 중화
파운데이션	얼굴색과 비슷한 톤 다운된 옐로베이지톤 컬러의 파운데이션으로 피부의 홍조 커버
파우더	옐로톤이 가미된 베이지 계열의 파우더

④ 어두운 황갈색 피부

특징	건강하고 섹시해 보이거나 탁하고 칙칙해 보임
메이크업 베이스	옐로 컬러로 어두운 피부를 중화

파운데이션	명도 높은 핑크는 피부가 들떠 보이므로 연한 핑크빛의 자연스러운 베이지 또는 오클베이지 컬러의 파운데이션으로 피부를 안정감 있게 표현
파우더	베이지 계열의 파우더

⑤ 여드름 · 흉터

특징	여드름과 상처 자국으로 피부가 붉고 얼룩덜룩함
메이크업 베이스	그린 컬러로 여드름과 흉터의 붉은색을 중화
파운데이션	피부보다 살짝 어두운 컬러로 여드름과 흉터를 부분 커버한 후 피부와 비슷한 컬러의 파운데이션으로 전체를 커버함
파우더	그린 또는 베이지 계열의 파우더

⑥ 기미 · 주근깨 · 잡티

특징	부분 커버보다 전체적으로 커버해야 함
메이크업 베이스	옐로나 그린 컬러
파운데이션	피부색과 비슷한 베이지 컬러의 스틱 파운데이션으로 커버력 있게 도포
컨실러	펜슬 타입이나 스틱 타입의 컨실러
파우더	베이지 계열의 파우더를 2~3회 나누어 도포

⑦ 다크서클

특징	눈 밑 피부조직은 얇고 유분이 없어 건조하면 주름이 도드라져 보임
메이크업 베이스	옐로 컬러
파운데이션	가벼운 느낌의 아이케어 제품을 눈 밑에 소량 발라 촉촉하게 만든 후 컨실러 타입의 파운데이션에 살굿빛을 첨가하여 얇게 커버
컨실러	리퀴드 타입이나 크림 타입의 컨실러
파우더	옐로 계열의 파우더

⑧ 백반증

특징	얼굴에 부분적으로 흰 반점이 있으므로 얼굴의 전체적인 톤을 맞추도록 함
메이크업 베이스	피부색에 맞는 메이크업 베이스 컬러
파운데이션	피부색과 가까운 컬러의 파운데이션을 펴 바르고 적당히 흡수되면 한 번 더 얇게 도포
파우더	피부색과 가까운 케이크 타입의 파우더

CHAPTER 02 베이스 메이크업 | 출제 예상문제 B

1 피부 표현 메이크업

01
메이크업 베이스에 대한 설명으로 옳지 <u>않은</u> 것은?
① 피부 색조를 조절·보정한다.
② 파운데이션의 지속력을 높인다.
③ 자외선으로부터 피부를 보호한다.
④ 피부의 톤이 통일된 이상적인 피부 톤을 표현한다.

> 파운데이션: 피부의 톤이 통일된 이상적인 피부 톤을 표현함

02
파운데이션에 대한 설명으로 옳지 <u>않은</u> 것은?
① 핑크 컬러의 파운데이션은 노란 피부에 적합하다.
② 지성피부는 리퀴드 타입과 파우더 타입, 팬케이크 타입의 파운데이션이 적합하다.
③ 투웨이케이크 타입 파운데이션은 땀이나 물에 강하다.
④ 스틱 타입 파운데이션은 잡티가 많은 건성피부에 적합하다.

> • 건성피부는 리퀴드 타입, 크림 타입 파운데이션이 적합함
> • 잡티는 컨실러를 이용하여 부분적으로 커버하는 것이 적합함

03
다음 설명에 해당하는 제품은?

> • 자외선 및 외부 환경으로부터 피부를 보호한다.
> • 파운데이션의 유분기를 제거하여 메이크업의 지속력을 높인다.
> • 피복성이 있어야 한다.

① 파우더　　　　② 컨실러
③ 미스트　　　　④ 메이크업 픽서

> • 컨실러: 피부의 잡티와 결점 커버
> • 미스트: 피부에 수분 보충
> • 메이크업 픽서: 메이크업 고정

04
넓은 모공, 요철 등을 메워 피부 표면을 매끈하게 연출할 때 필요한 제품은?
① 메이크업 베이스　　② 컨실러
③ 파운데이션　　　　④ 프라이머

> • 메이크업 베이스: 피부 톤과 색조 조절 및 보정
> • 컨실러: 피부의 잡티와 결점 커버
> • 파운데이션: 피부의 톤이 통일된 이상적인 피부 톤 표현

05
30~40대의 직장인 여성이 건조한 봄에 사용하기 적합한 파운데이션의 종류는?
① 크림 파운데이션　　② 투웨이케이크 파운데이션
③ 파우더 파운데이션　④ 팬케이크 파운데이션

> 크림 파운데이션은 유분의 함량이 많고 커버력이 있어 30~40대의 직장인 여성이 건조한 봄에 사용하기에 적합함

06
사이버 메이크업이나 쉬머 메이크업 등의 특징을 살리기 위해 주로 사용되는 파우더는?
① 퍼플 파우더　　② 투명 파우더
③ 펄 파우더　　　④ 화이트 파우더

> 펄 파우더: 펄이 들어간 파우더로 무대용이나 사이버 메이크업, 쉬머 메이크업, 글래머러스 메이크업 등에 사용

07
파운데이션에 대한 설명으로 옳지 <u>않은</u> 것은?
① 잡티 커버를 위해 파운데이션을 두껍게 발라 커버한다.
② 얼굴형에 따라 2~3가지 컬러의 파운데이션으로 윤곽 수정을 한다.
③ 파운데이션의 밀착력을 높이기 위해서는 슬라이딩보다 패팅 기법을 사용한다.
④ 얼굴의 중앙에서 바깥쪽으로 피부결을 따라 바른다.

> 파운데이션은 얇게 바르는 것이 좋고, 잡티 커버는 컨실러를 사용하여 부분적으로 커버해야 함

| 정답 | 01 ④　02 ④　03 ①　04 ④　05 ①　06 ③　07 ①

08
파우더에 대한 설명으로 옳지 <u>않은</u> 것은?

① 밀착력이 필요한 경우에는 브러시보다 퍼프를 사용하는 것이 좋다.
② 매트한 피부 연출을 위해서는 브러시를 사용한다.
③ 모질이 부드러운 브러시로 피부결을 따라 뭉치지 않게 쓸어주거나 가볍게 눌러준다.
④ 남은 여분의 파우더는 팬 브러시를 사용하여 제거한다.

> 매트한 피부를 표현하려면 많은 파우더 양과 누르는 압력이 필요하므로 브러시를 사용하는 것은 적합하지 않음

09
파운데이션의 기법 중 피부 결점 부위 등 넓은 부위를 자연스럽게 연결시켜 밀착력과 흡수력을 높이는 기법은?

① 슬라이딩　　② 블렌딩
③ 패팅　　　　④ 페더링

> • 슬라이딩: 얼굴 중심에서 바깥쪽으로 피부결 방향대로 펴 바르는 기법
> • 블렌딩: 하이라이트, 섀딩 파운데이션을 베이스 색과 경계가 생기지 않도록 바르는 기법
> • 페더링: 선의 경계가 뚜렷하지 않게 부드럽게 연결시키는 기법

10
메이크업 베이스 색상의 선택이 바르게 연결된 것은?

① 핑크 – 어두운 피부에 사용한다.
② 오렌지 – 붉은 피부에 사용한다.
③ 퍼플 – 노란 피부의 중화에 사용한다.
④ 블루 – 창백한 피부에 사용한다.

> • 핑크: 창백한 피부에 혈색 부여, 신부 메이크업 시 사용함
> • 오렌지: 탄력 있고 건강한 피부 표현, 태닝 피부 표현 시 사용함
> • 블루: 기미, 주근깨, 잡티가 많은 피부에 사용함

11
모공을 잘 막아 땀과 피지에 강하여 지성피부에 가장 적합한 프라이머는?

① 로션 타입 프라이머　　② 실리콘 타입 프라이머
③ 아이 프라이머　　　　④ 젤 타입 프라이머

> • 로션 타입: 모든 피부에 적합함
> • 아이 프라이머: 눈가 전용 제품으로 눈 화장의 번짐과 착색 방지
> • 젤 타입: 수분 함량이 높아 건성피부에 적합함

12
땀이나 물에 강하여 여름에 사용하기 적합하지만, 자주 사용할 경우 피부가 건조해지므로 중년 여성에게는 부적합한 파운데이션은?

① 팬케이크 타입　　② 크림 타입
③ 쿠션 타입　　　　④ 투웨이케이크 타입

> • 팬케이크 타입: 방수성과 내수성, 지속력이 매우 뛰어나 활동량이 많은 무용 메이크업에 적합함
> • 크림 타입: 유분 함량이 리퀴드 타입에 비해 많고 커버력이 있으며 짙은 메이크업을 할 때나 건조한 피부에 적합함
> • 쿠션 타입: 번들거림이 없고 가볍고 간편하게 피부 표현이 가능함

13
파운데이션을 바르는 방법으로 옳지 <u>않은</u> 것은?

① O존 – 피부가 얇고 움직임이 많아 파운데이션을 얇게 도포해야 한다.
② V존 – 피지 분비가 많아 화장이 뭉치거나 들뜨기 쉬워 파운데이션을 소량 사용해야 한다.
③ Y존 – 피부가 얇고 움직임이 많아 파운데이션과 파우더를 소량 사용해야 한다.
④ 헤어라인 – 헤어라인에 가까워질수록 파운데이션과 파우더를 소량 사용해야 한다.

> • V존: T존에 비해 상대적으로 피지 분비량이 적어 건조해지기 쉬우므로 파운데이션을 소량 사용해야 함
> • T존: 피지 분비가 많아 화장이 뭉치거나 들뜨기 쉬워 파운데이션을 소량 사용해야 함

14 신규 문제 공략
빛의 난반사 효과를 통해 화사한 피부를 연출하고 메이크업의 지속력을 높여주는 것은?

① 선크림　　　　② 파우더
③ 파운데이션　　④ 메이크업 베이스 크림

> **파우더**
> • 파운데이션의 유분기를 제거하여 메이크업의 지속력을 높임
> • 자외선 및 외부 환경으로부터 피부를 보호함
> • 메이크업이 땀과 물에 얼룩지는 것을 방지함
> • 난반사 효과를 가져 피부를 화사하고 매끈하게 연출함

| 정답 | 08 ② 09 ③ 10 ③ 11 ② 12 ④ 13 ② 14 ②

15
파우더 색상의 선택으로 옳지 않은 것은?

① 브론즈 – 건강한 피부 표현
② 옐로 – 차분하고 자연스러운 피부 연출
③ 핑크 – 창백한 피부에 혈색 부여
④ 그린 – 붉은 피부 중화

- 옐로: 검은 피부 중화
- 베이지: 여러 베이지 톤에 따라 차분하고 자연스러운 피부 연출

16
파우더가 갖추어야 할 성질과 이에 대한 설명으로 옳지 않은 것은?

① 피복성 – 피부에 장시간 부착하는 성질
② 신전성 – 피부에 쉽게 발리는 성질
③ 흡수성 – 피부 분비물을 흡수하는 성질
④ 착색성 – 자연스러운 피부색을 조정·유지하는 성질

- 피복성: 기미나 주근깨 등을 감추어 피부색을 조정하는 성질

17
피부 타입별 파운데이션의 선택으로 옳지 않은 것은?

① 건성피부 – 투웨이케이크 타입
② 노화피부 – 크림 타입
③ 지성피부 – 팬케이크 타입
④ 잡티가 많은 피부 – 스틱 타입

- 건성피부: 리퀴드 타입, 크림 타입

18
다음 설명에 해당하는 파운데이션의 종류는?

> 물에 녹여 사용하는 파운데이션으로, 수분은 증발하여 안료만 남게 되며 방수 효과가 매우 뛰어나 활동량이 많은 무용 메이크업에 적합하다.

① 파우더 타입
② 스틱 타입
③ 팬케이크 타입
④ 투웨이케이크 타입

- 팬케이크 타입: 방수성과 내수성, 지속력이 매우 뛰어나 활동량이 많은 무용 메이크업에 적합함

19
파운데이션의 종류와 그 특징에 대한 설명으로 옳지 않은 것은?

① 팬케이크 타입 – 물에 녹여 사용하고, 사용 시 수분은 증발하여 안료만 남으며 방수 효과가 매우 뛰어나 활동량이 많은 무용 메이크업에 적합하다.
② 투웨이케이크 타입 – 파운데이션과 파우더를 함께 압축한 제품으로 커버력과 밀착력이 우수하고 땀이나 물에 강하여 여름에 사용하기 적합하다.
③ 리퀴드 타입 – 수분 함량이 높은 파운데이션으로, 투명하고 자연스러운 피부 연출이 가능하여 20대 초반 여성들이 사용하기에 적합하다.
④ 파우더 타입 – 파우더 분말을 압축한 타입으로 빠르게 화장을 할 수 있으며, 민감성피부나 건성피부에 사용하기에 적합하다.

- 파우더 타입: 파우더 분말을 압축한 타입으로, 빠르게 화장을 할 수 있으며 휴대가 용이하지만 건조함을 유발할 수 있어 민감성피부나 건성피부에 사용하기에는 부적합함

20
파운데이션을 이용하여 커버력과 지속력이 있으면서도 피부를 매트하게 표현하고 싶을 때 사용할 수 있는 도구는?

① 블랙 스펀지
② 파운데이션 브러시
③ 라텍스 스펀지
④ 손

- 블랙 스펀지: 분장용 스펀지
- 파운데이션 브러시: 윤기 있고 균일한 피부 표현 가능
- 손: 밀착력과 발림성이 좋지만, 매트하게 표현되지는 않음

21
부채꼴 모양의 브러시로 파우더의 여분을 털어낼 때 사용하는 것은?

① 파우더 브러시
② 파운데이션 브러시
③ 팬 브러시
④ 컨실러 브러시

- 파우더 브러시: 가장 큰 브러시로, 파우더를 바를 때 사용함
- 파운데이션 브러시: 파운데이션을 뭉침 없이 펴 바를 때 사용함
- 컨실러 브러시: 기미나 점 같은 잡티, 다크서클 및 눈 주위를 커버할 때 사용함

| 정답 | 15 ② 16 ① 17 ① 18 ③ 19 ④ 20 ③ 21 ③

22
제품을 덜어낼 때나 파운데이션 컬러를 피부 톤에 맞추기 위해 섞을 때 사용하는 도구는?

① 컨실러 브러시 ② 팔레트
③ 아이래시컬러 ④ 스파츌라

- 컨실러 브러시: 기미나 점 같은 잡티, 다크서클 및 눈 주위를 커버할 때 사용함
- 팔레트: 파운데이션이나 립스틱 또는 라이닝 컬러 등 다양한 제품을 섞기 위해 사용함
- 아이래시컬러: 마스카라 전에 처진 속눈썹에 컬을 주기 위해 사용함

23 〔신규 문제 공략〕
메이크업 화장품 중에서 O/W형 유화 타입으로 안료가 균일하게 분산되어 있어 투명감 있게 마무리되며, 피부의 결점이 적은 경우 적용하는 제품은?

① 크림 파운데이션 ② 리퀴드 파운데이션
③ 스틱 파운데이션 ④ 트윈 케이크

리퀴드 파운데이션: O/W형 유화 타입으로 수분의 함량이 많아 투명감 있게 마무리되며 커버력이 약해 결점이 적은 사람이 사용하기 적합함

24
메이크업 도구와 그 기능이 바르게 연결된 것은?

① 스펀지 – 파운데이션 도포 시 사용하는 도구로 커버력과 밀착력을 상승시킨다.
② 파우더 브러시 – 파우더나 아이섀도의 여분을 털어낼 때 사용한다.
③ 벨벳 퍼프 – 면 퍼프에 비해 땀과 유분 흡수에 강하다.
④ 팬 브러시 – 파운데이션 후 유·수분기를 잡기 위해 파우더와 함께 사용한다.

- 파우더 브러시: 가장 큰 브러시로, 파우더를 바를 때 사용함
- 벨벳 퍼프: 고운 입자의 파우더를 사용할 때 활용함
- 팬 브러시: 파우더나 아이섀도의 여분을 털어낼 때 사용함

2 얼굴 윤곽 수정

25
긴 얼굴형에 대한 설명으로 옳은 것은?

① 활동적이고 선이 굵은 인상을 주어 남성적인 이미지이다.
② 이상적이고 부드러워 보이는 이미지이다.
③ 우아하며 성숙한 이미지이다.
④ 지적이고 세련된 이미지이다.

- 사각 얼굴형: 활동적이고 선이 굵은 인상을 주어 남성적인 이미지
- 계란 얼굴형: 가장 이상적이고 부드러워 보이는 이미지
- 역삼각 얼굴형: 지적이고 세련된 이미지

26
다양한 연출과 테크닉의 구사가 가능하며 가장 이상적인 얼굴형은?

① 둥근 얼굴형 ② 긴 얼굴형
③ 사각 얼굴형 ④ 계란 얼굴형

- 둥근 얼굴형: 어리고 귀여워 보이는 이미지
- 긴 얼굴형: 세로 길이가 긴 얼굴형으로 성숙한 이미지
- 사각 얼굴형: 활동적이며 다소 남성적인 이미지

27 〔신규 문제 공략〕
어두운 황갈색 피부를 가진 여성이 사용하기에 가장 적합한 메이크업 베이스의 컬러는?

① 옐로 컬러 ② 그린 컬러
③ 블루 컬러 ④ 핑크 컬러

어두운 황갈색 피부: 옐로 컬러로 어두운 피부를 중화함

28
다음 설명에 해당하는 얼굴형은?

> 얼굴이 갸름해 보일 수 있게 연출하며 하이라이트는 코가 길어 보이도록 이마에서 코 끝을 향해 연출한다. 어리고 귀여워 보이는 이미지이다.

① 긴 얼굴형 ② 둥근 얼굴형
③ 사각 얼굴형 ④ 마름모 얼굴형

- 긴 얼굴형: 하이라이트를 이마와 눈 밑 부분에 가로 방향(수평형)으로 주고 섀딩을 헤어라인, 코 끝, 턱 끝 부분에 연출
- 사각 얼굴형: 하이라이트를 T존에 둥근 느낌으로 주고 섀딩을 이마 양옆, 턱의 각진 부분에 연출
- 마름모 얼굴형: 하이라이트를 양쪽 이마, 양쪽 볼에 주고 섀딩을 광대뼈, 턱 끝에 연출

| 정답 | 22 ④ 23 ② 24 ① 25 ④ 26 ④ 27 ① 28 ②

29
귀여운 이미지의 얼굴을 표현하려 할 때 얼굴 윤곽 수정 방법으로 적합한 것은?

① T존 부위에 하이라이트를 길게 넣고 턱 아래쪽으로 섀딩을 준다.
② 볼 뼈 위쪽에 하이라이트를 주고 아래쪽 섀딩을 사선으로 준다.
③ 눈 밑 뺨 부분에 하이라이트를 둥근 느낌으로 넣고 헤어라인이 둥글어 보이게 섀딩을 준다.
④ 볼 뼈 아래쪽 섀딩을 사선 느낌으로 강하게 준다.

> **이미지에 따른 윤곽 수정**
> - 귀여운 이미지: 눈 밑 뺨 부분에 하이라이트를 둥근 느낌으로 넣고 헤어라인이 둥글어 보이게 섀딩을 줌
> - 활동적인 이미지: 볼 뼈 아래쪽 섀딩을 사선 느낌으로 강하게 줌
> - 지적인 이미지: 볼 뼈 위쪽에 하이라이트를 주고 아래쪽 섀딩을 사선 느낌으로 강하게 줌

30
하이라이트를 T존에 둥근 느낌으로 연출하고 섀딩을 이마 양 옆, 턱의 각진 부분에 연출해야 하는 얼굴형은?

① 사각 얼굴형 ② 긴 얼굴형
③ 둥근 얼굴형 ④ 역삼각 얼굴형

> - 긴 얼굴형: 하이라이트를 이마와 눈 밑 부분에 가로 방향(수평형)으로 연출하고 섀딩을 헤어라인, 코 끝, 턱 끝 부분에 연출
> - 둥근 얼굴형: 코가 길어 보이도록 하이라이트를 이마에서 코 끝을 향해 연출하고 섀딩을 양쪽 볼 측면에 연출
> - 역삼각 얼굴형: 하이라이트를 콧등, 눈 밑, 양쪽 볼에 연출하고 섀딩을 양쪽 이마 부분, 턱 끝에 연출

31
마름모 얼굴형의 하이라이트와 섀딩 부위로 가장 적합한 것은?

① 하이라이트: 콧등, 눈 밑, 양쪽 볼
   섀딩: 양쪽 이마 부분
② 하이라이트: 양쪽 이마, 양쪽 볼
   섀딩: 광대뼈, 턱 끝
③ 하이라이트: T존에 둥근 느낌으로 연출
   섀딩: 이마 양 옆, 턱의 각진 부분
④ 하이라이트: 이마와 눈 밑 부분에 가로 방향으로 연출
   섀딩: 헤어라인, 코 끝, 턱 끝

> 마름모 얼굴형은 하이라이트를 양쪽 이마, 양쪽 볼에 주고, 섀딩은 광대뼈, 턱 끝에 주어 인상이 부드러워 보일 수 있도록 윤곽을 수정함

3 피부 결점 보완

32
피부색에 맞는 메이크업 베이스 제품을 연결한 것으로 옳지 않은 것은?

① 노란 피부 – 퍼플 컬러로 노란색을 중화하여 생기를 부여한다.
② 어두운 황갈색 피부 – 그린이나 블루로 황갈색 기운을 중화한다.
③ 흰 피부 – 핑크 컬러로 화사함을 부여한다.
④ 기미·주근깨·잡티 – 옐로나 그린 컬러로 커버한다.

> 그린이나 블루는 붉은색을 중화하므로 붉은 피부에 적합함

33
피부 결점을 보완하기 위한 메이크업 방법으로 옳지 않은 것은?

① 여드름성피부는 피부보다 밝은 컬러의 파운데이션으로 여드름을 부분 커버하고 피부와 비슷한 컬러의 파운데이션으로 전체를 도포한다.
② 다크서클이 있는 피부는 옐로 컬러의 메이크업 베이스로 눈 밑을 커버한 후 컨실러 타입의 파운데이션에 살굿빛을 첨가하여 얇게 커버한다.
③ 백반증을 가진 피부는 얼굴에 부분적으로 흰 반점이 있으므로 얼굴의 전체적인 톤을 맞추도록 한다.
④ 붉은 피부는 그린 컬러의 메이크업 베이스를 바른 후 얼굴색과 비슷한 톤 다운된 옐로베이지톤 컬러의 파운데이션을 도포한다.

> 여드름성피부: 피부보다 살짝 어두운 컬러의 파운데이션으로 여드름을 부분 커버한 후 피부와 비슷한 컬러의 파운데이션으로 전체를 커버함

34
모세혈관이 확장된 얇은 피부를 커버할 때 이의 방법으로 적합한 것은?

① 블루 컬러의 메이크업 베이스를 바른 후 톤 다운된 옐로베이지톤의 파운데이션으로 안정감 있게 표현한다.
② 퍼플 컬러의 메이크업 베이스를 바른 후 오클베이지 컬러의 파운데이션으로 피부를 안정감 있게 표현한다.
③ 그린 컬러의 메이크업 베이스를 바른 후 얼굴색과 비슷한 연한 핑크톤의 파운데이션으로 화사하게 표현한다.
④ 옐로 컬러의 메이크업 베이스를 바른 후 피부보다 살짝 밝은 베이지톤의 파운데이션으로 가볍게 표현한다.

> 모세혈관 확장 피부는 그린이나 블루로 붉은색을 중화한 후 얼굴색과 비슷한 톤 다운된 옐로베이지톤 컬러의 파운데이션을 사용함

CHAPTER 03 색조 메이크업 B

합격 TIP 각 색조 메이크업 제품의 기능과 종류별 특징, 사용법 및 주의점 등을 숙지하고 색조 메이크업 시 사용하는 도구의 종류와 활용법을 학습해 두도록 합니다. 이 챕터는 메이크업의 기본을 다루는 내용이므로 꼼꼼히 학습해 두도록 합니다.

1 아이브로 메이크업

(1) 아이브로 메이크업의 효과
① 얼굴형과 눈매의 단점 보완
② 얼굴의 인상 결정
③ 아이브로의 색, 모양, 길이감을 변화시켜 얼굴 전체의 이미지 변화 및 개성 연출
④ 얼굴의 좌우 균형을 이루게 하여 안정감 부여

(2) 눈썹 모양에 따른 이미지

기본형 눈썹	가장 표준이 되는 눈썹의 모양
각진 눈썹	• 지적이고 현대적이며 단정하고 세련된 이미지 • 둥근 얼굴형, 넓은 삼각 얼굴형에 어울림
아치형 눈썹	• 우아하고 여성스러워 보이며 성숙하고 부드러운 이미지 • 이마가 넓은 얼굴형, 각진 얼굴형, 역삼각 얼굴형에 어울림
수평형 눈썹	• 남성적이며 활동적인 이미지 • 긴 얼굴형, 긴 네모 얼굴형에 어울림
상승형 눈썹	• 개성적이고 생동감 있어 보이지만, 날카로워 보일 수 있는 이미지 • 둥근 얼굴형, 각진 얼굴형에 어울림
처진 눈썹	온화하고 겸손해 보이지만, 어리석어 보일 수 있는 이미지
미간이 넓은 눈썹	너그럽고 낙천적이고 온화해 보이지만, 어리석어 보이는 이미지
미간이 좁은 눈썹	지적인 느낌은 있지만, 답답하고 인색해 보이는 이미지
눈썹과 눈 사이가 넓은 눈썹	강한 의지가 보이며 인내심 있어 보이는 이미지
눈썹과 눈 사이가 좁은 눈썹	서구적이며 비밀스러운 이미지

참고 눈썹 모양에 따른 이미지

▲ 기본형 눈썹   ▲ 각진 눈썹

▲ 아치형 눈썹   ▲ 수평형 눈썹

▲ 상승형 눈썹   ▲ 처진 눈썹

(3) 아이브로 굵기와 길이, 색상에 따른 이미지

굵기	가는 눈썹	부드러움, 여성스러움, 섬세함, 동양적, 성숙함
	굵은 눈썹	건강미, 강함, 젊음, 활동적, 야성미
길이	긴 눈썹	점잖음, 고상함, 여성스러움, 성숙함, 정적
	짧은 눈썹	명랑함, 경쾌함, 어려 보임, 귀여움, 코믹스러움
색상	옅은 색상의 눈썹	여성스러움, 엘레강스, 섬세함
	짙은 색상의 눈썹	고전적, 젊음, 활동적

(4) 기본형 눈썹 그리는 방법
① 얼굴형과 이미지를 고려하여 아이브로를 디자인한 후 콤 브러시를 이용하여 눈썹결대로 빗음
② 눈썹의 앞머리 위치: 콧방울에서 수직으로 올렸을 때 눈썹과 만나는 곳
③ 눈썹산의 위치: 눈썹 길이의 2/3 지점
④ 눈썹꼬리의 위치: 눈썹앞머리보다 아래로 내려오지 않고, 콧방울과 눈꼬리를 사선으로 연결하여 45°가 되는 지점으로 눈 길이보다 약간 길게 그림
⑤ 눈썹의 앞머리: 두껍고 흐리고 자연스럽게, 꼬리로 갈수록 진하고 가늘게 그림
⑥ 눈썹의 색상: 헤어 색상과 맞추어 선택함

(5) 아이브로 정리 방법
① 스크루 브러시나 아이브로 콤 브러시로 눈썹결대로 빗기
② 아이브로 펜슬로 원하는 형태 잡기
③ 콤 브러시로 눈썹을 상하로 빗었을 때 형태 밖으로 벗어난 부위의 눈썹을 눈썹가위나 눈썹칼로 정리하기
④ 콤 브러시로 전체적인 톤을 살펴 숱이 뭉친 부분을 가위로 정리하기
⑤ 눈썹칼이나 족집게로 잔털 제거하기
⑥ 화장솜에 수렴화장수를 묻혀 패팅하면서 진정시시키

(6) 아이브로 특징에 따른 수정 메이크업

숱이 두꺼운 눈썹	얼굴형에 맞게 손질하여 갈색과 회색 섀도로 정리한 후 나머지 부분의 눈썹을 제거함
숱이 적은 눈썹	아이브로 펜슬로 본래 눈썹 모양을 살려 한 올 한 올 자연스러운 형태를 그린 후 갈색과 회색 섀도로 정리함
처진 눈썹	처진 부위의 눈썹을 정리하고 아이브로 펜슬로 형태를 그림
올라간 눈썹	눈썹의 올라간 부분을 제거하고 눈썹꼬리 쪽을 굴리면서 채움
일직선 눈썹	눈썹꼬리 쪽 아래의 눈썹을 제거하여 부드러운 곡선의 형태로 만든 후 앞머리와 연결하여 자연스러운 형태로 그림
눈썹모가 불규칙한 눈썹	불규칙한 눈썹을 정리하고 아이브로 펜슬로 형태를 그린 후 갈색과 회색 섀도로 정리함

(7) 아이브로 제품 활용
① 종류

펜슬 타입	• 눈썹이 뚜렷하지 않거나 숱이 적은 경우에 사용함 • 짙은 메이크업 시 사용 • 선명하고 깨끗하게 그려지는 장점이 있지만 인위적으로 보일 수 있음 • 대중적으로 많이 사용하는 제품 예 에보니 펜슬
섀도 타입	• 가장 자연스럽게 눈썹 표현을 할 수 있음 • 눈썹 숱이 많은 사람에게 적합함
크림 타입	• 색이 강하고 지속력이 좋아 무대 메이크업으로 사용함 • 붓을 이용하여 그림
마스카라 타입	• 브로 쉐이퍼 기능이 있음 • 자연스럽게 눈썹결을 살림 • 눈썹 숱 보완 가능

참고 기본형 눈썹의 형태

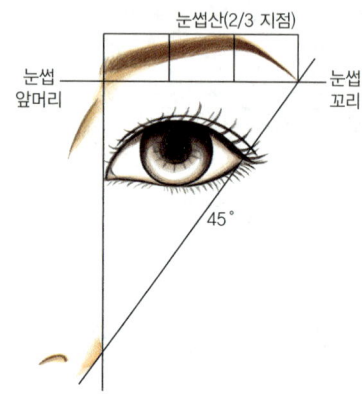

아이브로 그릴 때 주의점
• 눈썹산은 수직선 위에서 동공보다 안쪽으로 들어오지 않음
• 눈썹산의 높이에 따라 이미지가 좌우되므로 유의해야 함
• 눈썹앞머리보다 눈썹꼬리가 처지지 않게 그림
• 눈꼬리보다 짧게 그리지 않음

참고 아이브로 정리 방법

가위컷	수정가위를 사용하여 불필요한 눈썹을 잘라내는 방법
블렌드컷	아이브로 브러시를 대고 눈썹을 위아래로 빗질하여 빗 밖으로 빠져나온 눈썹을 가위로 잘라내는 방법
트위저	족집게를 이용하여 눈썹을 뽑아내는 방법
쉐이빙	눈썹칼을 이용하여 불필요한 털을 미는 방법

참고 아이브로 제품의 조건
• 제품 발색이 선명하고 섬세한 표현이 가능해야 함
• 사용하기 용이해야 하고 건조가 빠르며 쉽게 지워지지 않아야 함
• 미생물에 오염되지 않아야 함

용어 에보니 펜슬
원래는 미술용 연필이지만 메이크업에서 눈썹의 형태를 잡을 때나 수정할 때 사용함

용어 브로 쉐이퍼
눈썹 전용 마스카라로, 색감을 부여하고 눈썹결을 고정함

② 색상 빈출

검정	• 단정하면서 시크해 보이고 중성적인 이미지 • 눈이 크고 흰 피부에 적합함
회색	• 차분하고 자연스러움 • 노인, 환자 메이크업에 활용됨
회갈색	• 세련되고 자연스러워 대중적임 • 동양인에게 가장 잘 어울리는 컬러
갈색	• 우아하고 성숙, 세련되고 지적인 느낌 • 머리색이 밝은 경우, 눈동자 색이 밝은 경우에 잘 어울리며, 인상이 부드럽고 밝은 이미지로 표현 가능

2 아이 메이크업

(1) 아이섀도

① 목적 및 기능
- 눈매를 수정·보완
- 눈에 색감과 음영을 주어 깊이감과 입체감 연출
- 컬러의 이미지에 따라 다양한 이미지 연출 가능

② 아이섀도 부위별 명칭

베이스 컬러	• 눈두덩 전체에 바르는 컬러로 가장 연한 색상 • 메인 색상과 포인트 색상의 아이섀도를 돋보이게 하는 색상 또는 피부 톤과 비슷한 색상을 사용
메인 컬러	가장 주된 컬러로, 베이스 컬러보다는 진하고 포인트 컬러보다는 연한 색
포인트 컬러	• 눈매를 강조하기 위해 메인 컬러보다 진한 색으로 쌍꺼풀 라인이나 꼬리 부분에 펴 바름 • 눈의 크기, 형태, 이미지를 좌우함 • 의상 컬러와 T.P.O.에 맞추어 사용함
하이라이트 컬러	입체감을 표현하기 위해 눈썹뼈 아랫부분, 눈앞머리, 눈동자 중앙 위치에 사용함
언더 컬러	• 메인 컬러나 포인트 컬러의 아이섀도를 눈 밑 언더라인에 바르는 선 느낌의 섀도 • 눈의 형태나 취향에 따라 생략 또는 강조 가능 • 눈 윗부분과 언더 부분을 연결하여 눈매가 또렷하고 커 보이도록 함

③ 종류 빈출

케이크 타입 (프레스드 파우더 타입)	• 가장 대중적이고 그러데이션이 용이함 • 색상 혼합과 도포가 쉽지만, 잘 지워지고 파우더가 날림
크림 타입	• 유분이 많아 부드럽게 잘 펴 발리고 도포가 용이함 • 기온 변화 시 번들거림이 생기는 단점이 있음 • 장시간 지속 효과가 낮으나, 제품 도포 후 파우더로 색을 고정시켜 색의 선명도를 향상시킬 수 있고 뭉침과 얼룩 방지가 가능함
펜슬 타입	• 초보자의 사용이 용이함 • 발색력이 우수하며 휴대가 간편함 • 유분이 많아 사용 후 케이크 타입으로 마무리가 필요

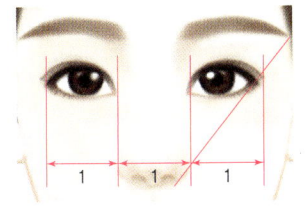

참고 이상적인 눈의 모양
- 눈과 콧방울의 넓이가 같아야 함
- 콧방울에서 눈썹꼬리를 일직선으로 이었을 때 눈꼬리를 지나야 함

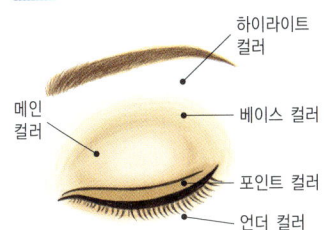

참고 아이섀도 부위별 명칭

하이라이트 컬러 / 메인 컬러 / 베이스 컬러 / 포인트 컬러 / 언더 컬러

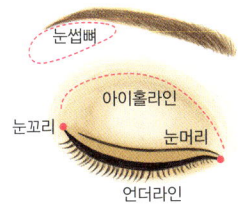

눈의 부위별 명칭

눈썹뼈 / 아이홀라인 / 눈꼬리 / 눈머리 / 언더라인

파우더 타입	• 하이라이트용으로 사용되며 일반적으로 펄이 포함됨 • 펄 날림이 심하므로 사용 시 주의
피그먼트 타입	전문가용으로 발색력이 우수하고 메탈릭한 광택감을 가지고 있어 강한 연출 가능

④ 색상

핑크 계열	• 어려 보이고 소녀다운 느낌, 로맨틱한 이미지 • 흰 피부에 잘 어울림 • 봄 메이크업에 적합함
그린 계열	• 생기 있고 신선하며 발랄한 느낌 • 봄 메이크업의 포인트 색으로 많이 사용함 • 다갈색 피부에 어울림
블루 계열	• 젊고 깨끗, 시원하고 차가운 느낌 • 눈을 가장 또렷하게 보이도록 함 • 여름 메이크업에 적합함
퍼플 계열	• 우아하고 성숙한 느낌, 여성미 • 흰 피부에 어울리고, 파티 메이크업에 주로 활용함
오렌지 계열	• 따뜻한 느낌을 주며 밝고 경쾌하고 건강한 이미지 • 선탠한 듯한 약간 검은 피부에 적합함
브라운 계열	• 자연스럽고 차분한 느낌 • 피부색, 모발색과 잘 어울리고 어느 피부에나 적합함 • 입체감을 살리는 음영 메이크업 시 많이 사용함
그레이 계열	• 세련된 느낌으로 흰 피부에 잘 어울림 • 스모키 메이크업에 주로 사용함

참고 아이섀도 컬러 선택 시 고려사항

의상의 색, 피부 톤, 눈동자 색, 모발색, 눈의 형태, 계절감, 이미지 등

계절별 아이 메이크업 컬러

봄	핑크, 그린, 옐로, 피치, 오렌지
여름	화이트, 블루, 실버, 라이트블루
가을	베이지, 브라운, 골드, 카키
겨울	버건디, 와인, 화이트펄, 레드, 퍼플

⑤ 눈 모양에 따른 아이섀도 방법 [빈출]

작은 눈	• 눈 전체를 밝은 색으로 하고 눈앞머리부터 눈꼬리까지 라인을 중심으로 짙은 색상으로 연장함 • 위아래 라인을 전체적으로 그러데이션하듯 펴 바름
큰 눈	진하지 않은 자연스러운 색상으로 아이홀을 따라 엷게 그러데이션하듯 펴 바름
눈꼬리가 올라간 눈	• 눈앞머리 부분에 짙은 색을 바르고 눈 중앙에서 꼬리까지 엷은 색을 바름 • 언더 컬러를 바를 때 꼬리 부분을 넓게 펴 바름
눈꼬리가 처진 눈	• 눈앞머리보다 꼬리 부분에 포인트를 주되 사선 방향으로 올려 넓게 펴 바름 • 눈꼬리의 언더라인 부위에도 너무 진하지 않은 색상을 그러데이션함
쌍꺼풀이 없는 눈	• 쌍꺼풀 두께만큼의 포인트 컬러를 길고 넓게 주고, 눈썹뼈 위쪽에 하이라이트를 주어 입체감 부여 • 쌍꺼풀 라인만큼 아이홀을 잡고 아이홀 쪽으로 그러데이션 후 라인 안쪽을 밝게 표현함
눈두덩이 나온 눈 (부어 보이는 눈)	• 펄이 함유되거나 붉은 계열의 컬러는 피하고 어두운 딥톤 색상을 선택함 • 펄감이 없는 브라운이나 그레이 컬러로 아이홀을 중심으로 넓지 않게 펴 바름 • 포인트 색상은 선을 긋는 것처럼 선명하게 표현함

참고 눈 모양에 따른 아이섀도 방법

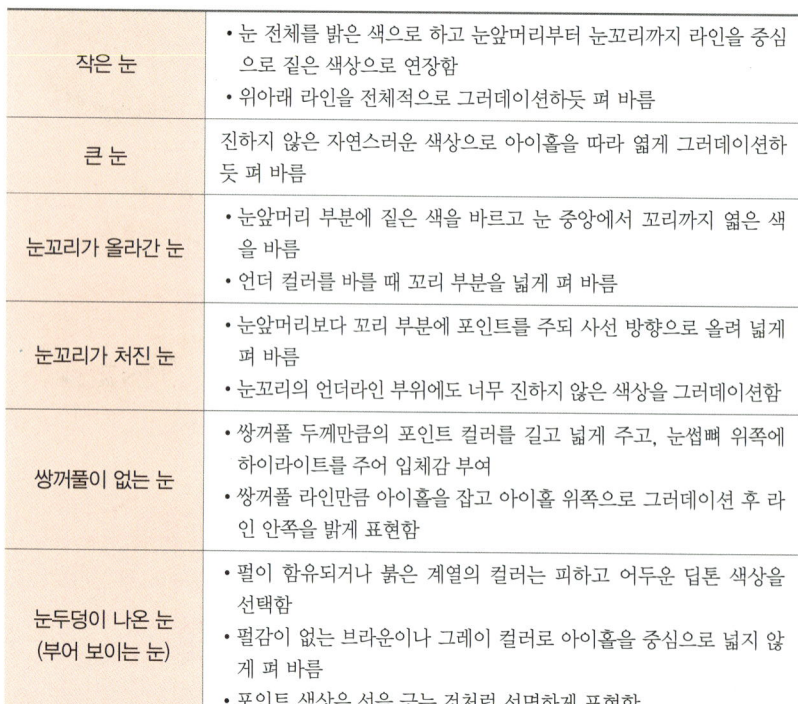

▲ 작은 눈   ▲ 큰 눈

▲ 눈꼬리가 올라간 눈   ▲ 눈꼬리가 처진 눈

▲ 쌍꺼풀이 없는 눈   ▲ 눈두덩이 나온 눈

▲ 움푹 들어간 눈   ▲ 돌출된 눈

▲ 눈과 눈 사이가 좁은 경우   ▲ 눈과 눈 사이가 먼 경우

움푹 들어간 눈	눈두덩 중앙에 따뜻한 계열의 밝은 색이나 펄이 들어간 아이섀도를 넓게 펴 바름	
돌출된 눈	펄이 없는 매트한 파스텔브라운을 자연스럽게 펴 바름	
눈과 눈 사이가 좁은 경우	눈앞머리보다 꼬리 부분에 포인트 컬러를 줌	
눈과 눈 사이가 먼 경우	• 진한 포인트 컬러를 눈앞머리에 표현하고 꼬리 부분을 밝게 처리함 • 노즈섀딩을 강조하여 면을 분할하여 연출함	
짝눈	두 눈의 균형을 맞추기 위해 작은 눈 쪽에 베이스 컬러와 포인트 컬러를 좀 더 넓게 펴주어 음영감을 살림	

⑥ 아이섀도 사용법
- 티슈나 손등에서 아이섀도의 양을 미리 조절한 후 눈두덩에 바름
- 아이섀도의 색상끼리 경계가 생기지 않도록 주의하여 그러데이션함
- 아이섀도 브러시는 사용 후 클렌저나 알코올로 닦아 브러시 끝을 모아 보관함
- 아이섀도의 지속력과 발색력을 위해 소량의 아이섀도를 여러 번 나누어 바르는 것이 효과적임

⑦ 메이크업 아이섀도 기법

프레임 기법 (가로 기법)		• 아이섀도 기법의 기본형 • 메인 컬러를 아이홀까지 고르게 펴고 포인트 컬러를 쌍꺼풀 라인까지 채우며 그러데이션함 • 자연스러움, 부드럽고 차분한 분위기 연출에 적합함 • 돌출된 눈이나 부은 눈에 적합함
사선 기법		• 메인 컬러를 아이홀까지 고르게 펴고 포인트 컬러를 눈꼬리 쪽에서 사선 모양으로 그러데이션함 • 강렬, 지적인 분위기 연출에 적합함 • 처진 눈이나 눈 사이가 좁은 눈에 적합함
홀 기법	내측	눈에 홀라인을 잡은 후 아이홀 안쪽으로 그러데이션함
	외측	눈에 홀라인을 잡은 후 아이홀 바깥쪽으로 그러데이션하고, 홀라인의 안쪽은 밝은 색으로 채움
	음영	• 눈에 홀라인을 잡은 후 아이홀라인에 음영감을 주며 그러데이션함 • 클래식한 분위기나 화려한 연출에 적합함 • 그윽한 눈매 연출이나 들어간 눈에 적합함
실루엣 기법		눈의 앞머리와 꼬리 부분에 포인트를 주는 기법으로, 꼬리 부분을 조금 더 넓고 강하게 연출하고 눈동자 부분에 하이라이트를 줌

참고 아이섀도 기법

▲ 프레임 기법

▲ 사선 기법

▲ 홀 기법 내측

▲ 홀 기법 외측

▲ 홀 기법 음영

▲ 실루엣 기법

참고 홀 기법
- 눈매가 깊고 커보이게 연출되므로 오페라나 발레 등 무대 공연에서 자주 활용
- 뷰티 메이크업에서는 서양인의 눈매처럼 깊고 그윽하게 연출할 때 활용

(2) 아이라이너

① 목적 및 기능
- 눈매를 수정·보완
- 눈을 또렷하게 만들어 생동감을 줌
- 눈 모양별로 다양한 아이라인의 색상, 길이와 두께에 따라 새로운 이미지 연출 가능

② 종류

펜슬 타입	• 사용이 쉬워 초보자에게 용이함 • 자연스러운 분위기 연출 • 쉽게 지워지고 번짐 현상이 있어 사용 후 새도로 번짐 방지 • 정교한 아이라인 연출이 어려움
리퀴드 타입	• 액상으로 선명하게 그려지며 내수성과 방수성이 강하여 번짐 없이 장시간 지속됨 • 수정이 어려워 많은 연습이 필요함 • 조명에 의해 광택감이 생기며 강한 인상 연출
케이크 타입	• 라이너 브러시에 스킨이나 물 등의 액체를 섞어 농도를 조절하여 사용함 • 깊이 있는 자연스러운 눈매 연출 가능 • 지속력은 펜슬 타입과 리퀴드 타입의 중간
젤 타입	• 선명하게 연출 가능하며 그러데이션이 쉬움 • 건조가 빠르고, 리퀴드 타입보다 자연스럽고 광택감과 번짐이 적음
붓펜 타입	젤이나 케이크 타입에 비해 색의 선명도가 떨어짐

③ 색상

블랙	• 선명하고 또렷한 눈매 연출, 두껍게 그리면 강한 이미지 연출 가능 • 가장 대중적임
브라운	자연스러운 눈매 연출이 가능하여 큰 눈이나 인상이 강해 보이는 눈에 적합함
블루	아이섀도 컬러와 맞추어 주로 여름에 사용함

④ 눈 모양에 따른 아이라이너 방법

작은 눈 (쌍꺼풀 없는 눈)	위쪽 아이라인과 언더라인 모두를 약간 굵게 그리되 꼬리 부분에서 만나지 않게 그림
큰 눈 (쌍꺼풀 있는 눈)	아이라인이 너무 강조되지 않게 속눈썹 가까이에 섬세하게 그림
눈꼬리가 올라간 눈	위쪽 아이라인을 가늘게 그리고, 아래쪽 눈꼬리 부분을 수평 또는 살짝 아래로 그림
눈꼬리가 처진 눈	위쪽 눈꼬리 부분에서 약간 올리듯 두께감 있게 그리고, 언더라인은 생략하거나 연하게 처리함
지방이 많은 두툼한 눈	눈앞머리부터 꼬리까지 전체적으로 라인을 그리되 꼬리를 굵게 그림
가늘고 긴 눈	눈동자가 위치한 눈의 중앙 부분을 도톰하게 그리고, 눈앞머리와 꼬리는 자연스럽게 그림
동그란 눈	눈동자의 중간 부분은 생략하고 눈앞머리와 꼬리만 살짝 그림

(3) 마스카라

① 목적 및 기능

- 속눈썹을 길게 하여 크고 또렷하며 깊이 있는 눈매 연출
- 속눈썹에 볼륨을 주어 풍성한 속눈썹 연출
- 속눈썹 상태에 따라 다양한 눈매를 표현하여 이미지 연출
- 아이섀도 효과를 증진하여 아름다운 눈매 연출

> [참고] 눈 모양에 따른 아이라이너 방법
>
>
> ▲ 작은 눈　▲ 큰 눈
>
>
> ▲ 눈꼬리가 올라　▲ 눈꼬리가 처진
> 　간 눈　　　　　눈
>
>
> ▲ 지방이 많은 두　▲ 가늘고 긴 눈
> 　툼한 눈

> [참고] 마스카라 타입
>
> • 액상형 마스카라: 나선형 솔을 사용하여 도포
> • 고형 마스카라: 마스카라 중 역사가 가장 오래된 것으로, 안료를 함유한 납류를 합성한 것을 말하며, 물에 젖은 붓에 찍어 사용함

② 종류 [빈출]

볼륨 마스카라	섬유질이 속눈썹에 볼륨감을 주어 숱이 풍성해 보임
컬링 마스카라	• 부착력과 강도가 뛰어나 속눈썹이 잘 올라가고 장시간 유지됨 • 속눈썹이 처진 사람에게 유용함
롱래시 마스카라	섬유질이 들어 있어 속눈썹 길이가 길어 보이게 함
워터프루프 마스카라	• 물에 강해 눈 주위가 쉽게 번지는 사람에게 효과적임 • 건조가 빠르고 내수성이 좋아 여름에 적합함 • 클렌징 시에는 오일 성분의 타입을 사용해야 함
투명 마스카라	• 자연스러운 눈매 연출 • 마스카라가 잘 번지는 경우 젤 타입의 투명 마스카라를 사용하여 번지지 않게 표현할 때 유용함 • 자연스러운 아이브로 연출을 위해 사용함

> **참고** 속눈썹 유형별 마스카라 기법
> • 긴 속눈썹: 숱이 많고 두꺼운 오버사이즈 브러시
> • 짧은 속눈썹: 얇은 솔 브러시
> • 언더 속눈썹: 나선형 브러시
> • 숱이 적은 속눈썹: 끝이 점점 가늘어지는 원뿔형 브러시
> • 숱이 많은 속눈썹: 얇은 스푼형 브러시
> • 처진 속눈썹: 볼록한 땅콩형 브러시
> • 컬링 된 속눈썹: 살짝 휘어진 스푼형 브러시

③ 색상

블랙	• 선명하고 또렷한 눈매 연출 • 가장 대중적임
브라운	• 자연스러운 눈매 연출 • 큰 눈이나 인상이 강해 보이는 눈에 적합함
블루	청량감을 주어 여름에 많이 사용함
퍼플	우아하고 화려한 이미지 연출 가능
투명	속눈썹 숱이 많은 사람들이 결 정리의 목적으로 사용함

④ 사용 순서
- 아이래시 컬링: 눈을 내려뜬 후 아이래시컬러를 사용하여 속눈썹 뿌리 쪽에서 밖으로 여러 번 나누어 누르며 2~3회 반복하여 컬링함
- 마스카라 도포: 마스카라 액을 조절한 후 눈을 아래로 뜨고 위쪽에서 아래로 쓸어준 후 좌우 방향으로 흔들면서 속눈썹 뿌리부터 끝 쪽으로 올림
- 언더 속눈썹은 마스카라 브러시를 세로로 세워 가로 방향으로 반복하여 바름
- 마스카라 액이 건조되면 스크루 브러시나 콤 브러시를 이용하여 엉킨 속눈썹을 풂

> **참고** 마스카라가 뭉치거나 번졌을 때 사용할 수 있는 도구
> • 스크루 브러시
> • 콤 브러시
> • 면봉

3 립 메이크업

(1) 목적 및 기능
① 이미지를 결정하는 데 중요한 역할
② 혈색과 입체감을 부여하여 건강미와 여성미를 연출
③ 입술 모양의 단점을 수정·보완
④ 외부 자극으로부터 입술 보호

(2) 입술의 위치와 비율
① 위치: 정면을 바라보았을 때 눈동자 안쪽 선에서 수직으로 내려온 선에 입술꼬리가 위치
② 비율
- 윗입술과 아랫입술의 비율은 1:1.5임
- 동안형 얼굴로 표현할 때에는 윗입술과 아랫입술의 비율을 1:1.2~1:1.3으로 연출함

> **참고** 입술의 위치와 비율

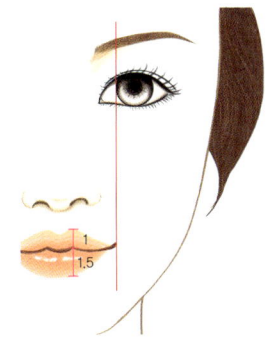

- 입술의 볼륨감을 위해서는 아랫입술 중앙 부분에 메인 컬러보다 밝은 색상을 발라 입술이 도톰해 보이게 연출함

(3) 종류

립스틱	• 스틱 타입의 고체형으로, 가장 일반적이고 사용이 용이함 • 색상과 질감이 다양함		
		표준 질감	색상의 변화가 적고 약간의 윤기가 있으며 가장 무난한 타입
		매트	광택이 없고 색이 강하며 지속력이 우수하지만, 건조해지기 쉬움
		롱래스팅	색소 성분을 강화하여 오랜 시간이 지나도 지워지지 않음
		모이스처라이징	보습 성분이 있어 촉촉하고 윤기가 있고, 오일 함량이 많아 색의 퍼짐성은 좋지만, 쉽게 번지고 지속력이 약함
		글로스	왁스보다 오일이 많이 함유되어 색이 진하고 번들거리며 건조가 빠르므로 자주 덧발라야 함
립글로스	• 입술에 보습과 윤기를 부여하는 화장품 • 립스틱에 비해 발색은 약하고 볼륨감을 주지만 지속력이 미흡함		
립라이너	• 펜슬 타입은 위생을 위해 고객이 바뀔 때마다 깎아 사용함 • 입술의 경계를 그려 또렷한 립라인 연출 및 립스틱의 번짐 방지 • 유분이 너무 많으면 번지거나 쉽게 지워지므로 주의할 것 • 립스틱과 유사한 컬러 또는 1~2단계 어두운 컬러를 선택함		
립코트	립스틱 위에 발라 립스틱의 지속력을 높임		
립밤	입술에 유·수분을 보충하고 건조함을 방지하여 주름을 완화함		
립크레용	립라이너보다 두꺼운 형태로, 오일 성분이 적어 매트함		
립틴트	착색제의 일종으로, 발색이 자연스럽고 지속력이 강함		

참고 립스틱 선택 시 주의점
- 전체가 균일하고 색상이 얼룩지지 않는 것
- 사용 시 부드럽게 발리고 퍼짐성이 좋은 것
- 향이 강하지 않고 은은한 것
- 립스틱 색상이 입술에 착색되지 않는 것

참고 입술에는 피지선이 없어 외부 자극으로부터 스스로 방어할 수 있는 기능이 떨어지므로 립밤으로 유·수분을 보충하여 건조함을 방지해야 함

(4) 색상

레드	• 열정적이고 관능적 섹시미 연출 • 강렬하고 화려한 이미지 • 얼굴을 깨끗하게 보이게 함
핑크	• 청순, 로맨틱, 소녀적 이미지 연출 • 흰 피부에 잘 어울림 • 봄 메이크업에 적합함
오렌지	• 밝고 건강한 느낌 연출 • 태닝 피부에 어울림
브라운	• 차분하고 지적이며 세련된 이미지 연출 • 가을 메이크업에 적합함
퍼플	• 우아하고 성숙하며 여성미 있는 이미지 연출 • 흰 피부에 적합함

(5) 피부색과 어울리는 립 컬러

구분	피부 특징	립 컬러
핑크 계열	희고 투명한 피부	어떤 컬러든 무난하게 어울림
	희고 붉은 피부	퍼플, 레드
베이지 계열	노르스름하고 창백한 피부	오렌지, 코럴
	짙은 황갈색 피부	오렌지레드, 브라운

> **참고** 얼굴에 잡티가 많은 피부의 립스틱 색상
> 선명하고 짙은 컬러를 발라 시선을 입술에 집중시킴
> **예** 다크레드, 다크브라운, 마젠타, 와인

(6) 립 컬러 선택 시 주의점
① 피부 톤에 맞추어 선택할 것
② 착용할 의상의 색상에 맞추어 선택할 것
③ 치아 색을 고려하여 선택할 것 **예** 치아가 황색일 경우 붉은색은 피함
④ 연령에 따라 선택할 것 **예** 연령이 높을수록 진한 컬러가 어울림
⑤ 전체적 스타일링을 고려하여 선택할 것

(7) 립라인의 유형

스트레이트 (Straight)	• 입술 라인을 둥글지 않고 구각에서 입술산까지의 선을 직선형으로 연출함 • 활동적이고 현대적인 느낌으로 샤프하고 지적인 이미지 • 유니폼 착용 시 적합함
아웃커브 (Out curve)	• 성숙하고 여성적이며 매혹적이고 섹시한 이미지 • 원래 입술라인보다 1~2mm 바깥쪽으로 그림 • 입술이 얇거나 작은 사람의 단점을 보완할 때 주로 활용함
인커브 (In curve)	• 귀엽고 여성스러운 이미지 • 원래 입술라인보다 1~2mm 안쪽으로 그림 • 입술이 두껍거나 큰 사람의 단점을 보완할 때 주로 활용함

> **참고** 립라인의 유형
>
>
> ▲ 스트레이트형
>
>
> ▲ 아웃커브형
>
>
> ▲ 인커브형

(8) 립 메이크업 순서

입술 정리	• 입술 보호제를 면봉이나 립 브러시에 묻혀 입술에 묻어 있는 잔여물 등을 닦아 내고, 립밤 등을 발라 촉촉하게 정리 • 컨실러나 파운데이션으로 입술 주변 라인을 정리하고 입술색을 최대한 커버한 후 파우더로 유분기를 제거
입술 그리기	• 윗입술 → 아랫입술 → 입꼬리 • 립라이너나 립 브러시에 립스틱을 묻혀 '입술산 → 아랫입술 수평선 → 구각에서 입술 중앙' 순으로 그리고 립스틱으로 입술 안쪽을 채움
수정	립스틱으로 입술 안쪽을 채운 후 필요 시 컨실러나 파운데이션으로 모양 수정
마무리	• 필요에 따라 컨실러나 파운데이션으로 립 모양을 수정 후 립스틱의 유분이 많으면 메이크업 티슈로 유분기를 제거하여 지속력을 높임 • 경우에 따라 립글로스나 펄 파우더로 하이라이트를 주어 완성

> **참고** 립라인 수정 시 메이크업 방법
> 립 모양을 인커브나 아웃커브 등으로 수정할 때에는 컨실러나 파운데이션으로 입술색을 커버한 후 립스틱을 도포함

(9) 입술 유형별 테크닉 빈출

두꺼운 입술	파운데이션으로 입술색을 커버한 후 매트한 질감의 짙은 색 립스틱을 사용하여 입술라인보다 1~2mm 안쪽으로 그림
얇은 입술	엷은 파스텔이나 펄이 들어간 립스틱을 사용하여 입술라인보다 1~2mm 바깥쪽으로 그림
돌출형 입술	짙은 색 립라이너로 라인을 먼저 그리고 짙은 색 립스틱을 사용하여 1~2mm 안쪽으로 그림
처진 입술	구각을 살짝 올려 그리고 펄이 든 밝은 컬러의 립스틱을 사용함
주름이 많은 입술	파우더로 입술의 유분기를 제거하여 주름 사이로 립스틱이 번지는 것을 방지한 후 립라이너로 라인을 선명하게 그리고 연한 색상의 매트한 립스틱을 사용함
윤곽이 흐린 입술	얼굴 전체의 인상이 흐려 보일 수 있으므로 립라이너를 이용하여 입술을 또렷하게 연출한 후 선명한 컬러의 립스틱을 사용함
작은 입술	입술의 길이와 넓이를 1~2mm 넓혀서 그리며, 핑크 또는 오렌지 등 밝고 따뜻한 색 사용

> 참고 **입술 유형별 테크닉**
>
>
> ▲ 두꺼운 입술
>
>
> ▲ 얇은 입술
>
>
> ▲ 돌출형 입술
>
>
> ▲ 처진 입술
>
>
> ▲ 윤곽이 흐린 입술

4 치크 메이크업

(1) 목적 및 기능
① 혈색을 부여하여 건강해 보이게 함
② 여성스러운 인상 부여
③ 얼굴에 음영을 주어 입체감 있는 얼굴 연출
④ 피부 색조 보정
⑤ 치크 방법에 따라 다양한 이미지 연출 가능

(2) 기본 치크의 위치
① 눈동자 중앙선보다 바깥쪽에 위치
② 콧방울보다 아래쪽으로 떨어지지 않게 위치

(3) 종류

케이크 타입	• 일반적으로 널리 사용됨 • 파우더 처리 후 브러시로 발색
크림 타입	• 유분기가 있어 파우더 처리 전 발색 • 그러데이션이 용이하고 케이크 타입보다 지속력과 발색력이 좋음 • 건성피부에 적합함 • 글로시한 질감 표현에 활용함
젤 타입	파운데이션과 파우더의 중간 단계에서 사용하여 얼굴의 수분 유지를 도움

> 참고 **기본 치크의 위치**
>
>

(4) 색상

핑크	귀엽고 사랑스러운 느낌, 여성스럽고 청순함
오렌지	건강하고 발랄한 느낌
로즈	화사하고 여성적인 느낌
브라운	차분, 세련되고 지적인 느낌

> 참고 **블러셔 컬러 선택 시 고려사항**
> 피부 색조, 아이섀도 컬러, 립 컬러, 이미지 등

(5) 피부 톤에 따른 치크 컬러

희고 밝은 피부 톤	핑크 계열
노르스름하고 약간 창백한 톤	오렌지, 코럴 계열
짙은 황갈색 톤	브라운 계열

(6) 기본 치크 바르는 방법
① 색상을 선택한 후 손등에서 미리 농도를 조절함
② 원하는 부위에 경계가 생기지 않도록 얇게 칠하고 중복해서 덧바르며 강도를 조절함
③ 경계가 생기면 분첩으로 가볍게 눌러 보완함

(7) 이미지에 따른 치크 메이크업 방법

사랑스럽고 귀여운 이미지	• 핑크 계열로 연출 • 볼 중앙으로 가까이 갈수록, 치크의 모양이 둥근 느낌일수록 귀여운 느낌으로 연출
여성스럽고 화려한 이미지	• 레드 계열로 연출 • 볼뼈를 중심으로 감싸듯이 둥글려 그러데이션함
세련되고 지적인 이미지	• 브라운 계열로 연출 • 광대뼈 위쪽으로는 하이라이트 느낌으로 밝게, 아래쪽으로는 섀딩 느낌으로 어둡게 치크를 표현하면 이지적인 느낌으로 연출
건강하고 활동적인 이미지	오렌지 컬러의 크림 타입 치크를 피부 색조와 유사한 파운데이션을 섞어 자연스럽게 연출
청순하고 연약한 이미지	핑크와 연보라 컬러를 섞어 광대뼈를 부드럽게 감싸 혈색처럼 연출
동양인의 오리엔탈 이미지	오렌지 컬러의 크림 치크를 애플존에 발라 노란빛의 피부 색조를 중화하여 연출
성숙한 이미지	관자놀이에서 구각 쪽으로 사선으로 치크를 발라 성숙한 느낌으로 연출

(8) 얼굴형에 따른 치크 메이크업 방법

계란 얼굴형	다양한 연출과 테크닉 구사 가능
둥근 얼굴형	광대뼈에서 입꼬리 방향으로 사선 느낌으로 연출
긴 얼굴형	귀에서 볼 중앙 방향으로 가로의 느낌이 들도록 연출
사각 얼굴형	광대뼈 아랫부분에 둥글리듯 부드럽게 연출
역삼각 얼굴형	광대뼈 윗부분에 약간 갸름하게 파스텔톤으로 부드럽게 연출
마름모 얼굴형	광대뼈를 감싸듯 둥글려 부드러운 이미지 연출

참고 얼굴형에 따른 치크

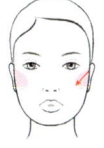
▲ 계란 얼굴형 ▲ 둥근 얼굴형

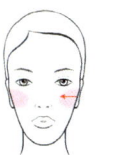
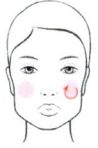
▲ 긴 얼굴형 ▲ 사각 얼굴형

▲ 역삼각 얼굴형 ▲ 마름모 얼굴형

5 색조 메이크업 도구 빈출

(1) 아이브로 메이크업

아이브로 브러시	• 눈썹을 자연스럽게 그릴 때 사용함 • 합성모+천연모 혼합 브러시가 적합함 • 사선 형태로 되어 있어 '사선 브러시'라고 불리기도 함
스크루 브러시	• 눈썹을 그리기 전에 눈썹을 정리하고 짙게 그려진 눈썹을 부드럽게 수정할 때 사용함 • 눈썹을 빗거나 뭉친 마스카라를 제거할 때 사용함 • 모에 힘이 있어야 함
아이브로 콤 브러시	• 눈썹의 방향과 형태를 정리할 때 사용함 • 콤은 눈썹을 다듬을 때 길이를 체크하거나 마스카라 후 뭉치지 않도록 빗을 때 사용함
눈썹가위	• 눈썹 모양을 정리하고 눈썹의 길이를 조절할 때 사용함 • 눈썹결 반대 방향으로 눕혀서 사용함 • 알코올로 소독 후 사용함
족집게	눈썹을 정리하거나 인조 속눈썹을 붙일 때 사용함
눈썹칼	불필요하게 자란 눈썹 및 눈두덩의 잔털 제거에 사용함

(2) 아이 메이크업

아이섀도 브러시	• 아이섀도를 넓게 펴 바를 때 사용함 • 베이스용은 납작하고 끝이 둥근 것이 적합함 • 포인트용은 폭이 좁고 탄력이 있어야 섬세한 표현이 가능함
아이라이너 브러시	가늘고 탄성이 좋아야 하며 끝이 갈라지지 않은 것이 적합함
팁 브러시	• 강한 포인트 컬러 표현 시 사용함 • 사용 시 가루날림이 적어 초보자가 사용하기에 용이함
아이래시컬러	• 마스카라 전에 처진 속눈썹에 컬을 주기 위해 사용함 • 한 번에 힘을 주어 집으면 속눈썹이 끊기거나 각질 수 있으므로 뿌리에서 끝으로 3~4회 나누어 집음 • 속눈썹과 인조 속눈썹의 사이가 뜨지 않도록 밀착시킬 때 사용함
면봉·화장티슈	메이크업의 수정 및 제거 시 사용함
샤프너	펜슬형 아이라이너나 펜슬형 립라이너를 뾰족하게 다듬을 때 사용하는 연필깎이
인조 속눈썹	• 마스카라와 같은 목적으로 더 또렷하고 커 보이며 깊고 아름다운 눈매 연출을 위해 사용함 • 길이와 굵기, 모양, 형태, 컬러가 다양하여 필요에 따라 선택이 가능함
속눈썹 풀	인조 속눈썹을 부착하거나 아트메이크업 시 큐빅이나 스팽글을 붙이는 접착제

(3) 립·치크 메이크업

립 브러시	• 립스틱을 바를 때 사용함 • 둥근 입술을 그릴 때 편리한 라운드형 브러시와 각진 입술을 그릴 때 편리한 스트레이트형 브러시가 있음 • 끝이 갈라지지 않고 탄력과 힘이 있는 것이 적합함

참고 색조 메이크업 브러시 종류

아이브로 브러시	
스크루 브러시	
아이브로 콤 브러시	
아이섀도 브러시	
아이라이너 브러시	
팁 브러시	
립 브러시	
치크 브러시	

치크 브러시	• 염소털, 담비털 등 천연모 사용 • 크고 둥근 브러시: 볼의 넓은 부위를 자연스럽게 연출 시 사용 • 끝이 수평으로 잘린 둥근 형태의 브러시: 강하고 균일하며 정확한 색상 표현 시 사용 • 사선 형태의 브러시: 안면 윤곽 수정 시 사용

6 얼굴 유형별 색조 메이크업

(1) 계란 얼굴형
다양한 연출과 테크닉 구사 가능

(2) 둥근 얼굴형

아이브로	눈썹산을 약간 높게 그리거나 꼬리를 상승형으로 올려 얼굴이 갸름해 보일 수 있게 연출
아이섀도	눈꼬리가 처져 보이지 않게 상승형으로 올려 그러데이션
치크	광대뼈에서 입꼬리 방향으로 사선 느낌으로 연출
코	콧등에서 코 끝까지 하이라이트를 길게 연출

(3) 긴 얼굴형

아이브로	약간 도톰한 일자형 눈썹으로 얼굴이 가로 분할되어 보이도록 연출
아이섀도	가로 프레임 기법을 활용하고 아이라인도 조금 길게 연출
치크	귀에서 볼 중앙 방향으로 가로의 느낌이 들도록 연출
코	코 끝에 섀딩을 주어 코의 길이가 짧아 보이게 연출

(4) 사각 얼굴형

아이브로	눈썹산이 각지지 않은 아치형의 눈썹으로 얼굴이 부드러워 보일 수 있게 연출
아이섀도	아이홀 방향으로 둥근 느낌을 내면서 그러데이션
치크	광대뼈 아랫부분에 둥글리듯 부드럽게 연출
립	립라인을 곡선으로 연출

(5) 역삼각 얼굴형

아이브로	이마가 좁아 보이게 눈썹산을 약간 앞으로 당겨 아치형의 눈썹으로 얼굴이 부드러워 보일 수 있게 연출
아이섀도	부드러워 보일 수 있게 밝고 엷은 색 아이섀도 사용
치크	광대뼈 윗부분에 약간 갸름하게 파스텔톤으로 부드럽게 연출

(6) 마름모 얼굴형

아이브로	광대뼈가 부각되어 보이지 않게 눈썹앞머리에 포인트를 주어 연출
아이섀도	눈앞머리에 포인트를 주어 연출
치크	광대뼈를 감싸듯 둥글려 부드러운 이미지 연출

CHAPTER 03 색조 메이크업 | 출제 예상문제 B

1 아이브로 메이크업

01 기본형 눈썹을 그리는 방법에 대한 설명으로 옳지 않은 것은?

① 눈썹산은 눈썹 길이의 1/3 지점이어야 한다.
② 눈썹의 꼬리는 콧방울과 눈꼬리를 사선으로 연결하여 45°가 되는 지점이다.
③ 눈썹의 앞머리는 두껍고 흐리게, 꼬리로 갈수록 진하고 가늘게 그린다.
④ 눈썹의 색상은 헤어 색상과 맞추어 선택한다.

> 눈썹산은 눈썹 길이의 2/3 지점이어야 함

02 눈썹 모양에 따른 이미지로 옳지 않은 것은?

① 수평형 눈썹 – 남성적이며 활동적인 이미지
② 처진 눈썹 – 온화하고 겸손해 보이지만 어리석어 보일 수 있는 이미지
③ 아치형 눈썹 – 지적이고 현대적이며 세련된 이미지
④ 상승형 눈썹 – 개성적이고 생동감 있어 보이지만 날카로워 보일 수 있는 이미지

> 아치형 눈썹: 우아하고 여성스러워 보이며 성숙하고 부드러운 이미지

03 아이브로에 대한 설명으로 옳지 않은 것은?

① 얼굴형이나 눈매를 보완한다.
② 갈색 눈썹은 우아하고 성숙한 느낌이 든다.
③ 마스카라 타입의 아이브로는 브로 쉐이퍼 기능이 있다.
④ 섀도 타입의 아이브로는 선명하고 깨끗하게 그려지는 장점이 있지만, 인위적으로 보일 수 있다.

> • 섀도 타입: 가장 자연스럽게 눈썹 표현을 할 수 있음
> • 펜슬 타입: 선명하고 깨끗하게 그려지는 장점이 있지만, 인위적으로 보일 수 있음

04 영화에서 부드럽고 성숙한 동양 여성 캐릭터를 표현하려 할 때 가장 적합한 눈썹의 모양은?

① 길고 가는 눈썹
② 길고 굵은 눈썹
③ 짧고 가는 눈썹
④ 짧고 굵은 눈썹

> • 가는 눈썹: 부드러움, 여성스러움, 섬세함, 동양적, 성숙함
> • 굵은 눈썹: 건강미, 강함, 젊음, 활동적, 야성미
> • 긴 눈썹: 점잖음, 고상함, 여성스러움, 성숙함, 정적
> • 짧은 눈썹: 명랑함, 경쾌함, 어려 보임, 귀여움, 코믹스러움

05 성숙함과 우아함이 느껴지는 세련된 이미지를 표현하고자 할 때 가장 적합한 컬러의 아이브로는?

① 갈색 아이브로
② 회갈색 아이브로
③ 회색 아이브로
④ 검은색 아이브로

> • 갈색: 우아하고 성숙, 세련되고 지적인 느낌
> • 회갈색: 세련되고 자연스러워 대중적임
> • 검정: 단정하면서 시크해 보이고 중성적인 이미지
> • 회색: 차분하고 자연스러움

06 [신규 문제 공략] 눈썹의 꼬리는 콧방울과 눈꼬리를 사선으로 연결하였을 때 가장 이상적인 각도는?

① 40°
② 45°
③ 50°
④ 55°

> 눈썹의 꼬리: 콧방울과 눈꼬리를 사선으로 연결하여 45°가 되는 지점

| 정답 | 01 ① | 02 ③ | 03 ④ | 04 ① | 05 ① | 06 ② |

2 아이 메이크업

07
아이섀도 부위별 명칭에 대한 설명으로 옳지 않은 것은?

① 포인트 컬러 – 눈매를 강조하기 위해 메인 컬러보다 진한 색으로 쌍꺼풀 라인이나 꼬리 부분에 펴 바른다.
② 메인 컬러 – 가장 주된 컬러로, 베이스 컬러보다 진하고 포인트 컬러보다 연한 색이다.
③ 베이스 컬러 – 아래 눈꺼풀에 바르는 선 느낌의 섀도이다.
④ 하이라이트 컬러 – 입체감을 표현하기 위해 눈썹뼈 아랫부분, 눈앞머리, 눈동자 중앙 위치에 바른다.

- 베이스 컬러: 눈두덩 전체에 바르는 컬러로, 메인 색상과 포인트 색상의 아이섀도를 돋보이게 하는 색상 또는 피부 톤과 비슷한 색상을 사용함
- 언더 컬러: 메인 컬러나 포인트 컬러의 아이섀도를 눈 밑 언더라인에 바르는 선 느낌의 섀도

08
눈꼬리가 처진 눈의 아이섀도 방법으로 적절한 것은?

① 눈두덩 중앙에 따뜻한 계열의 밝은 색이나 펄이 들어간 아이섀도를 넓게 펴 바른다.
② 눈앞머리보다 꼬리 부분에 포인트를 주되 사선 방향으로 올려 넓게 펴 바른다.
③ 펄이 없는 매트한 파스텔브라운을 자연스럽게 펴 바른다.
④ 눈앞머리보다 꼬리 부분에 포인트 컬러를 준다.

- 눈꼬리가 처진 눈: 눈앞머리보다 꼬리 부분에 포인트를 주되 사선 방향으로 올려 넓게 펴 바름
- 움푹 들어간 눈: 눈두덩 중앙에 따뜻한 계열의 밝은 색이나 펄이 들어간 아이섀도를 넓게 펴 바름
- 돌출된 눈: 펄이 없는 매트한 파스텔브라운을 자연스럽게 펴 바름
- 눈과 눈 사이가 좁은 경우: 눈앞머리보다 꼬리 부분에 포인트 컬러를 줌

09 신규 문제공략
서양인의 눈매처럼 크고 그윽한 눈매를 연출하려고 할 때 가장 적합한 아이섀도 기법은?

① 세로 프레임 기법   ② 음영 아이홀 기법
③ 사선 기법   ④ 실루엣 기법

음영 아이홀 기법
- 눈에 홀라인을 잡은 후 아이홀라인에 음영감을 주며 그러데이션함
- 서양인의 눈매처럼 크고 그윽한 눈매 연출이나 들어간 눈에 적합함

10
유분기가 있어 잘 펴 발리지만 기온 변화 시 번들거림이 생길 수 있는 아이섀도의 타입은?

① 케이크 타입   ② 피그먼트 타입
③ 파우더 타입   ④ 크림 타입

크림 타입
- 유분이 많아 부드럽게 잘 펴 발리고 도포가 용이함
- 기온 변화 시 번들거림이 생기는 단점이 있음
- 장시간 지속 효과가 낮지만, 제품 도포 후 파우더로 색을 고정시켜 색의 선명도를 향상시킬 수 있고 뭉침과 얼룩 방지가 가능함

11
아이섀도의 컬러 선택 시 고려사항이 아닌 것은?

① 의상의 색   ② 눈의 형태
③ 얼굴형   ④ 피부 톤

아이섀도 컬러 선택 시 고려사항: 의상의 색, 피부 톤, 눈동자 색, 모발색, 눈의 형태, 계절감, 이미지 등

12
아이섀도를 사용하는 방법으로 옳지 않은 것은?

① 티슈나 손등에서 아이섀도의 양을 미리 조절한 후 눈두덩에 바른다.
② 아이섀도의 색상끼리 경계가 생기지 않도록 주의하여 그러데이션한다.
③ 아이섀도 브러시는 사용 후 클렌저나 알코올로 닦아 브러시 끝을 모아 보관한다.
④ 강한 색을 표현할 때에는 한 번에 많은 양의 섀도를 바르는 것이 효과적이다.

아이섀도의 지속력과 발색력을 위해서는 소량의 아이섀도를 여러 번 나누어 바르는 것이 효과적임

13
여름에 사용하기 적합한 아이섀도 컬러를 바르게 묶은 것은?

① 오렌지, 브라운   ② 실버, 라이트블루
③ 그레이, 퍼플   ④ 그린, 블루

계절별 아이 메이크업 컬러
- 봄: 핑크, 그린, 옐로, 피치, 오렌지
- 여름: 화이트, 블루, 실버, 라이트블루
- 가을: 베이지, 브라운, 골드, 카키
- 겨울: 버건디, 와인, 화이트펄, 레드, 퍼플

| 정답 | 07 ③ 08 ② 09 ② 10 ④ 11 ③ 12 ④ 13 ②

14
생기있고 활기차 보이며 신선 발랄하여 봄 메이크업의 포인트로 많이 활용되는 컬러는?

① 핑크　　　　　　　② 퍼플
③ 버건디　　　　　　④ 그린

> 그린 계열: 생기있고 신선하며 발랄한 느낌으로, 봄 메이크업 포인트 컬러로 많이 사용하며 다갈색 피부에 어울림

15
메이크업 중 아이섀도에 대한 기법으로 메인 컬러를 아이홀까지 고르게 펴고 포인트 컬러를 쌍꺼풀 라인까지 채우며 그러데이션하는 기법은?

① 프레임 기법　　　　② 사선 기법
③ 홀 기법　　　　　　④ 실루엣 기법

> • 사선 기법: 메인 컬러를 아이홀까지 고르게 펴고 포인트 컬러를 눈꼬리 쪽에서 사선 모양으로 그러데이션함
> • 홀 기법: 아이홀을 강조하여 홀의 안쪽이나 바깥쪽으로 그러데이션함
> • 실루엣 기법: 눈의 앞머리와 꼬리 부분에 포인트를 주는 기법으로, 꼬리 부분을 조금 더 넓고 강하게 연출하고 눈동자 부분에 하이라이트를 줌

16
눈 모양에 따른 아이라이너 메이크업 기법으로 옳지 않은 것은?

① 작은 눈 – 위쪽 아이라인과 언더라인 모두 약간 굵게 그리되 꼬리 부분에서 만나지 않게 그린다.
② 눈꼬리가 올라간 눈 – 위쪽 아이라인을 가늘게 그리고, 아래쪽 눈꼬리 부분을 수평 또는 살짝 아래로 그린다.
③ 눈꼬리가 처진 눈 – 눈동자가 위치한 눈의 중앙 부분을 도톰하게 그리고 눈앞머리와 꼬리는 자연스럽게 그린다.
④ 큰 눈 – 아이라인이 너무 강조되지 않게 속눈썹 가까이에 섬세하게 그린다.

> • 눈꼬리가 처진 눈: 위쪽 눈꼬리 부분에서 약간 올리듯 두께감 있게 그리고, 언더라인은 생략하거나 연하게 처리함
> • 가늘고 긴 눈: 눈동자가 위치한 눈의 중앙 부분을 도톰하게 그리고, 눈앞머리와 눈꼬리는 자연스럽게 그림

17
아이라이너 중 그러데이션이 쉬우면서도 선명하게 연출 가능하고 건조가 빠르며 번짐이 적은 타입은?

① 펜슬 타입　　　　　② 젤 타입
③ 리퀴드 타입　　　　④ 붓펜 타입

> 젤 타입 아이라이너: 리퀴드 아이라이너와 펜슬 아이라이너의 중간 정도의 선명도와 지속력을 가지며, 건조가 빠르고 번짐이 적음

18
눈 모양에 따른 아이라이너 방법으로 옳지 않은 것은?

① 지방이 많은 두툼한 눈 – 눈앞머리부터 꼬리까지 전체적으로 라인을 그리되 꼬리를 굵게 그린다.
② 눈꼬리가 처진 눈 – 위쪽 눈꼬리 부분에서 약간 올리듯 두께감 있게 그리고, 언더라인은 눈앞머리 부분을 강조하여 그린다.
③ 작은 눈 – 위쪽 아이라인과 언더라인 모두를 약간 굵게 그리되 꼬리 부분에서 만나지 않게 그린다.
④ 큰 눈 – 아이라인이 너무 강조되지 않게 속눈썹 가까이에 섬세하게 그린다.

> 눈꼬리가 처진 눈: 위쪽 눈꼬리 부분에서 약간 올리듯 두께감 있게 그리고, 언더라인은 생략하거나 연하게 처리함

19
다음 설명에 해당하는 아이라이너 타입은?

> 초보자가 쉽게 사용할 수 있고 자연스러운 분위기 연출이 가능하나 쉽게 지워지고 시간이 지나면 번짐이 있어 아이섀도를 사용하여 번짐을 방지해야 한다.

① 케이크 타입　　　　② 붓펜 타입
③ 리퀴드 타입　　　　④ 펜슬 타입

> 펜슬 타입
> • 사용이 쉬워 초보자에게 용이함
> • 자연스러운 분위기 연출
> • 쉽게 지워지고 번짐 현상이 있어 사용 후 섀도로 번짐 방지
> • 정교한 아이라인 연출이 어려움

| 정답 | 14 ④　15 ①　16 ③　17 ②　18 ②　19 ④

20
아이라이너에 대한 설명으로 옳지 <u>않은</u> 것은?

① 선명하고 또렷한 눈매 연출을 위해서는 브라운 컬러의 라이너를 사용한다.
② 붓펜 타입의 아이라이너는 젤이나 케이크 타입에 비해 색의 선명도가 떨어진다.
③ 작은 눈은 위쪽 아이라인과 언더라인 모두를 약간 굵게 그리되 꼬리 부분에서 만나지 않게 그려야 눈매가 시원해 보인다.
④ 아이라인의 길이와 두께에 따라 새로운 이미지 연출이 가능하다.

> 아이라이너의 색상
> • 블랙: 선명하고 또렷한 눈매 연출
> • 브라운: 자연스러운 눈매 연출

21
마스카라의 종류와 그 특징으로 옳은 것은?

① 볼륨 마스카라 – 건조가 빠르고 내수성이 좋아 여름에 적합하다.
② 컬링 마스카라 – 부착력과 강도가 뛰어나 속눈썹이 잘 올라가고 장시간 유지된다.
③ 워터프루프 마스카라 – 섬유질이 들어 있어 속눈썹 길이가 길어 보이게 한다.
④ 롱래시 마스카라 – 섬유질이 속눈썹에 볼륨감을 주어 숱이 풍성해 보인다.

> • 볼륨 마스카라: 섬유질이 속눈썹에 볼륨감을 주어 숱이 풍성해 보임
> • 워터프루프 마스카라: 건조가 빠르고 내수성이 좋아 여름에 적합함
> • 롱래시 마스카라: 섬유질이 들어 있어 속눈썹 길이가 길어 보이게 함

22
마스카라에 대한 설명으로 옳지 <u>않은</u> 것은?

① 마스카라를 사용하기 전에 눈을 내려뜬 후 아이래시컬러를 사용하여 속눈썹 뿌리 쪽에서 밖으로 여러 번 나누어 누르며 컬링하는 것이 좋다.
② 마스카라 액이 건조되면 스크루 브러시나 콤 브러시를 이용하여 엉킨 속눈썹을 푼다.
③ 워터프루프 마스카라는 부착력과 강도가 뛰어나 속눈썹이 잘 올라가고 장시간 유지된다.
④ 처음 사용된 마스카라의 형태는 고형 마스카라이다.

> 워터프루프 마스카라: 건조가 빠르고 내수성이 좋아 여름에 적합함

23
아이 메이크업에 대한 설명으로 옳지 <u>않은</u> 것을 모두 고른 것은?

> ㉠ 리퀴드 타입의 아이라이너는 사용이 쉬워 초보자에게 용이하다.
> ㉡ 엉킨 속눈썹은 스크루 브러시나 콤 브러시를 이용하여 분리한다.
> ㉢ 아이래시컬러로 속눈썹을 컬링할 때에는 속눈썹 뿌리 쪽을 강하게 눌러 한 번에 올라가도록 한다.
> ㉣ 눈꼬리가 올라간 눈은 위쪽 아이라인을 가늘게 그리고, 아래쪽 눈꼬리 부분을 수평 또는 살짝 아래로 그린다.
> ㉤ 움푹 들어간 눈은 눈두덩 중앙에 따뜻한 계열의 밝은 색이나 펄이 들어간 아이섀도를 넓게 펴 바른다.
> ㉥ 눈 사이가 먼 경우에는 눈앞머리보다 꼬리 부분에 포인트 컬러를 준다.

① ㉠, ㉢, ㉤
② ㉠, ㉢, ㉥
③ ㉡, ㉢, ㉥
④ ㉡, ㉣, ㉤

> • 초보자가 사용하기 용이한 아이라이너는 펜슬 타입임
> • 속눈썹을 컬링할 때 눈을 내려뜬 후 아이래시컬러를 사용하여 속눈썹 뿌리 쪽에서 밖으로 여러 번 나누어 누르며 2~3회 반복하여 컬링함
> • 눈 사이가 먼 경우에는 진한 포인트 컬러를 눈앞머리에 표현하고 꼬리 부분을 밝게 처리함

24
마스카라가 뭉치거나 번졌을 때 사용할 수 있는 도구가 <u>아닌</u> 것은?

① 면봉
② 스크루 브러시
③ 콤 브러시
④ 팬 브러시

> 팬 브러시: 부채꼴 모양의 브러시로, 파우더나 아이섀도의 여분을 털어낼 때 사용함

25
빠른 시간 내에 손쉽게 메이크업하고자 할 때 효과적이며 초보자도 사용이 용이하고 휴대의 간편성을 지닌 아이섀도 타입은?

① 크림 타입
② 펜슬 타입
③ 파우더 타입
④ 케이크 타입

> 펜슬 타입 아이섀도: 초보자의 사용이 용이하며, 발색력이 우수하고 휴대가 간편하다는 것이 장점이지만 유분이 많아 케이크 타입으로 마무리가 필요

3 립 메이크업

26
립 컬러 선택 시 주의점으로 옳지 않은 것은?
① 착용할 의상의 색상에 맞추어 선택한다.
② 치아가 황색일 경우 붉은색이 적합하다.
③ 연령이 높을수록 진한 컬러가 어울린다.
④ 전체적 스타일링을 고려하여 선택한다.

> 치아가 황색일 경우 붉은색은 적합하지 않음

27
아웃커브 립라인이 해당하는 이미지는?
① 귀엽고 여성스러운 이미지
② 샤프한 이미지
③ 지적이고 딱딱한 이미지
④ 성숙하고 여성적인 이미지

> • 인커브: 귀엽고 여성스러운 이미지
> • 스트레이트: 활동적이고 현대적인 느낌으로 샤프하고 지적인 이미지

28
립 메이크업에 대한 설명으로 옳지 않은 것은?
① 두꺼운 입술은 짙은 색 립스틱이 적합하다.
② 입술을 아웃커브로 수정할 때에는 파운데이션으로 입술색을 최대한 커버한 후 립스틱을 발라야 한다.
③ 돌출형 입술에는 선명한 레드가 적합하다.
④ 립스틱을 바른 후 메이크업 티슈로 유분기를 제거하면 지속력이 상승한다.

> • 선명한 레드: 돌출되어 보이는 색으로 돌출형 입술에 부적합함
> • 돌출형 입술: 짙은 색 립라이너로 라인을 먼저 그리고, 짙은 색 립스틱을 사용하여 1~2mm 안쪽으로 그림

29
입술 모양에 따른 립스틱 테크닉으로 옳지 않은 것은?
① 두꺼운 입술 – 파운데이션으로 입술색을 커버한 후 짙은 색 립스틱을 사용하여 입술라인보다 1~2mm 안쪽으로 그린다.
② 처진 입술 – 구각을 살짝 옆으로 늘리고 펄이 든 밝은 컬러의 립스틱을 사용한다.
③ 돌출형 입술 – 짙은 색 립라이너로 라인을 먼저 그린 후 짙은 색 립스틱을 사용하여 연출한다.
④ 얇은 입술 – 엷은 파스텔이나 펄이 들어간 립스틱을 사용하여 입술라인보다 1~2mm 바깥쪽으로 그린다.

> 처진 입술: 구각을 살짝 올려 그리고, 펄이 든 밝은 컬러의 립스틱을 사용하여 연출함

30
립 제품에 관한 설명으로 옳지 않은 것은?
① 립스틱은 전체가 균일하고 색상이 얼룩지지 않는 것을 선택해야 한다.
② 립 메이크업은 혈색과 입체감을 부여하여 건강미와 여성미를 연출한다.
③ 립라이너는 흐린 입술을 또렷하게 표현할 때 사용한다.
④ 퍼플 컬러의 립스틱은 차분하고 세련된 이미지를 연출한다.

> 퍼플 컬러의 립스틱: 우아하고 성숙하며 여성미 있는 이미지를 연출하며 흰 피부에 적합함

31
윤곽이 흐린 입술을 위한 메이크업 기법으로 옳은 것은?
① 입술라인보다 1~2mm 바깥쪽으로 엷은 파스텔톤의 립스틱을 바른다.
② 파우더로 입술의 유분기를 제거하여 주름 사이로 립스틱의 번짐을 방지한 후 매트한 립스틱을 사용한다.
③ 립라이너를 이용하여 입술을 또렷하게 연출한 후 선명한 컬러의 립스틱을 도포한다.
④ 펄이 든 밝은 컬러의 립스틱으로 입술 전체를 도포한다.

> 윤곽이 흐린 입술은 얼굴 전체의 인상이 흐려 보일 수 있으므로 립라이너를 이용하여 입술을 또렷하게 연출한 후 선명한 컬러의 립스틱을 사용함

32
피부색과 어울리는 립 컬러를 연결한 것으로 적절하지 않은 것은?
① 희고 붉은 피부 – 퍼플, 레드
② 짙은 황갈색 피부 – 핑크, 퍼플, 레드
③ 희고 투명한 피부 – 어떤 컬러든 무난하게 어울림
④ 노르스름하고 창백한 피부 – 오렌지, 코럴

> 짙은 황갈색 피부: 오렌지레드, 브라운

33 〔신규 문제 공략〕
다음의 설명 중 틀린 것은?
① 잡티가 많은 얼굴은 화사하고 밝은 립컬러를 선택한다.
② 촉촉한 입술 연출을 위해 립글로스를 사용한다.
③ 립라이너는 립스틱 대용으로 사용이 가능하다.
④ 립틴트는 발색이 자연스럽고 지속력이 좋다.

> 잡티가 많은 얼굴에는 선명하고 매트한 립스틱이 효과적임

| 정답 | 26 ② | 27 ④ | 28 ③ | 29 ② | 30 ④ | 31 ③ | 32 ② | 33 ① |

34
다음 설명에 해당하는 입술의 유형은?

> • 입술을 그릴 때 전체적으로 1~2mm 정도 안쪽으로 그린다.
> • 짙은 색 립라이너로 라인을 먼저 그리고 짙은 색 립스틱을 바른다.

① 돌출형 입술 ② 처진 입술
③ 주름이 많은 입술 ④ 윤곽이 흐린 입술

> 돌출형 입술: 입술이 두꺼워 보이며 투박한 인상을 줄 수 있어 전체적으로 1~2mm 정도 안쪽으로 그리되 짙은 색 립라이너로 라인을 먼저 그리고, 짙은 색 립스틱을 사용하여 바름

4 치크 메이크업

35
치크 메이크업에 대한 설명으로 옳지 <u>않은</u> 것은?

① 치크는 콧방울보다 아래쪽으로 떨어지지 않도록 연출한다.
② 귀여운 이미지를 내고자 할 때에는 볼 중앙에 둥근 느낌으로 바른다.
③ 광대뼈 위쪽으로는 하이라이트 느낌으로 밝게, 아래쪽으로는 섀딩 느낌으로 어둡게 치크를 표현하면 지적인 느낌이 든다.
④ 긴 얼굴형은 광대뼈에서 입꼬리 방향으로 사선 느낌으로 치크를 연출한다.

> • 긴 얼굴형: 귀에서 볼 중앙 방향으로 가로 느낌으로 연출
> • 둥근 얼굴형: 광대뼈에서 입꼬리 방향으로 사선 느낌으로 연출

36
세련되고 지적인 느낌을 연출하고자 할 때 적합한 치크의 색상은?

① 브라운 ② 로즈
③ 오렌지 ④ 핑크

> • 로즈: 화사하고 여성적인 느낌
> • 오렌지: 건강하고 발랄한 느낌
> • 핑크: 귀엽고 사랑스러운 느낌

37 신규 문제 공략
둥근 모양으로 볼 중앙에 연출하는 블러셔에서 느껴지는 이미지는?

① 세련된 느낌 ② 여성스러운 느낌
③ 귀여운 느낌 ④ 활동적인 느낌

> 볼 중앙으로 가까이 갈수록, 치크의 모양이 둥근 느낌일수록 귀여운 느낌으로 연출됨

38
치크 메이크업의 목적과 기능에 대한 설명으로 옳지 <u>않은</u> 것은?

① 혈색을 부여하여 건강해 보이게 한다.
② 매끄러운 피부를 연출한다.
③ 여성스러운 인상을 부여한다.
④ 보다 입체적인 얼굴을 연출한다.

> 치크 메이크업의 목적 및 기능
> • 혈색을 부여하여 건강해 보이게 함
> • 여성스러운 인상 부여
> • 얼굴에 음영을 주어 입체감 있는 얼굴 연출
> • 피부 색조 보정
> • 치크 방법에 따라 다양한 이미지 연출 가능

39
노르스름하고 약간 창백한 피부 톤에 어울리는 치크 컬러는?

① 딥브론즈 계열 ② 핑크 계열
③ 브라운 계열 ④ 오렌지 계열

> • 노르스름하고 약간 창백한 톤: 오렌지, 코럴 계열
> • 희고 밝은 피부 톤: 핑크 계열
> • 짙은 황갈색 톤: 브라운 계열

40
이미지에 따른 치크 연출법으로 옳지 <u>않은</u> 것은?

① 여성스러운 이미지 - 볼뼈를 중심으로 감싸듯이 둥글려 그러데이션한다.
② 귀여운 이미지 - 치크의 모양이 둥근 느낌일수록 귀여운 느낌으로 연출된다.
③ 성숙한 이미지 - 관자놀이에서 볼 중앙 쪽으로 둥글리듯 연출한다.
④ 지적인 이미지 - 광대뼈 위쪽으로는 하이라이트 느낌으로 밝게, 아래쪽으로는 섀딩 느낌으로 어둡게 연출한다.

> 성숙한 이미지: 관자놀이에서 구각 쪽으로 사선으로 치크를 발라 성숙한 느낌으로 연출

41
파우더 처리 후 사용해야 하는 치크 타입은?

① 케이크 타입 ② 젤 타입
③ 크림 타입 ④ 리퀴드 타입

> • 케이크 타입: 일반적으로 널리 사용되며, 파우더 처리 후 브러시로 발색
> • 젤 타입: 파운데이션과 파우더 중간 단계에서 사용하여 얼굴의 수분 유지를 도움
> • 크림 타입: 유분기가 있어 파우더 처리 전 발색

5 색조 메이크업 도구

42
강하고 균일하며 정확한 색상 표현을 위해 사용되는 치크 브러시의 형태는?

① 사선 형태의 브러시
② 크고 둥근 브러시
③ 끝이 수평으로 잘린 둥근 형태의 브러시
④ 부채꼴 모양으로 넓게 펴진 브러시

- 사선 형태의 브러시: 안면 윤곽 수정 시 사용
- 크고 둥근 브러시: 볼의 넓은 부위를 자연스럽게 연출 시 사용

43
눈썹의 방향과 형태를 정리하거나 마스카라 후 뭉치지 않도록 빗을 때 사용하는 브러시는?

① 사선 브러시　　② 팬 브러시
③ 팁 브러시　　　④ 아이브로 콤 브러시

아이브로 콤 브러시
- 눈썹의 방향과 형태를 정리할 때 사용함
- 콤은 눈썹을 다듬을 때 길이를 체크하거나 마스카라 후 뭉치지 않도록 빗을 때 사용함

44
아이 메이크업에 필요한 도구에 대한 설명으로 옳지 않은 것은?

① 아이라이너 브러시 – 가늘고 탄성이 좋아야 하며 끝이 갈라지지 않은 것이 적합하다.
② 아이래시컬러 – 속눈썹을 한 번에 힘을 주어 집어야 효과적인 컬링이 지속된다.
③ 팬 브러시 – 부채꼴 모양의 브러시로, 파우더나 아이섀도의 여분을 털어낼 때 사용한다.
④ 팁 브러시 – 강한 포인트 컬러를 표현할 때 사용하며, 가루날림이 적어 초보자도 쉽게 사용할 수 있다.

아이래시컬러
- 마스카라 전에 처진 속눈썹에 컬을 주기 위해 사용함
- 한 번에 힘을 주어 집으면 속눈썹이 끊기거나 각질 수 있으므로 뿌리에서 끝으로 3~4회 나누어 집음
- 속눈썹과 인조 속눈썹 사이가 뜨지 않도록 밀착시킬 때 사용함

45
속눈썹과 인조 속눈썹의 사이가 뜨지 않도록 밀착시킬 때 사용하는 도구는?

① 콤 브러시　　② 스크루 브러시
③ 아이래시컬러　④ 속눈썹 풀

- 콤 브러시: 눈썹을 다듬을 때 길이 체크용으로 사용함
- 스크루 브러시: 눈썹을 빗거나 뭉친 마스카라 제거 시 사용함
- 속눈썹 풀: 인조 속눈썹을 부착하거나 아트메이크업 시 큐빅이나 스팽글을 붙이는 접착제

46
아이 메이크업 브러시 중 강한 포인트 컬러 표현 시 사용이 적합하고 가루날림이 적어 초보자가 사용하기에 용이한 브러시는?

① 팁 브러시　　② 콤 브러시
③ 스크루 브러시　④ 팬 브러시

- 콤 브러시: 눈썹을 다듬을 때 길이를 체크하거나 마스카라 후 뭉치지 않도록 빗을 때 사용함
- 스크루 브러시: 눈썹을 그리기 전에 눈썹을 정리하고 짙게 그려진 눈썹을 부드럽게 수정할 때, 눈썹을 빗거나 뭉친 마스카라를 제거할 때 사용함
- 팬 브러시: 부채꼴 모양의 브러시로, 파우더나 아이섀도의 여분을 털어낼 때 사용함

47
색조 메이크업 도구에 대한 설명으로 옳지 않은 것은?

① 아이라이너 브러시는 가늘고 탄성이 좋아야 한다.
② 눈썹가위는 눈썹결 반대 방향으로 눕혀서 사용한다.
③ 포인트용 아이섀도 브러시는 폭이 좁고 부드러워야 한다.
④ 각진 입술을 연출 시에는 스트레이트형 립 브러시가 적합하다.

포인트용 아이섀도 브러시: 폭이 좁고 탄력이 있어야 섬세한 표현이 가능함

정답 | 42 ③ 43 ④ 44 ② 45 ③ 46 ① 47 ③

6 얼굴 유형별 색조 메이크업

48
사각 얼굴형의 단점을 보완하는 메이크업을 하려고 할 때 적합하지 않은 것은?

① 눈썹은 약간 도톰한 일자형 눈썹형으로 그려 동안으로 연출한다.
② 아이섀도는 아이홀 방향으로 둥근 느낌을 내면서 그러데이션한다.
③ 치크는 광대뼈 아랫부분에 둥글리듯 부드럽게 연출한다.
④ 립은 라인을 곡선으로 연출한다.

> 사각 얼굴형: 눈썹산이 각지지 않은 아치형의 눈썹으로 얼굴이 부드러워 보일 수 있게 연출

49
역삼각 얼굴형에 가장 적합한 눈썹 연출 방법은?

① 눈썹산을 약간 높게 그리거나 꼬리를 상승형으로 올려 연출한다.
② 길이감이 느껴지는 일자형 눈썹으로 연출한다.
③ 눈썹산을 약간 앞으로 당겨 아치형의 눈썹으로 연출한다.
④ 눈썹앞머리에 포인트를 주되 눈썹꼬리를 길게 빼서 연출한다.

> 역삼각 얼굴형: 이마가 좁아 보이게 눈썹산을 약간 앞으로 당겨 아치형의 눈썹으로 얼굴이 부드러워 보일 수 있게 연출

50
다음의 설명에 해당하는 메이크업 연출법이 가장 적합한 얼굴형은?

> • 아이브로: 눈썹의 꼬리를 상승형으로 올려 그린다.
> • 치크: 광대뼈에서 입꼬리 방향으로 사선 느낌으로 연출한다.
> • 코: 콧등에서 코 끝까지 하이라이트를 길게 연출한다.

① 마름모 얼굴형　　② 사각 얼굴형
③ 긴 얼굴형　　　　④ 둥근 얼굴형

> 둥근 얼굴형
> • 아이브로: 눈썹산을 약간 높게 그리거나 꼬리를 상승형으로 올려 얼굴이 갸름해 보일 수 있게 연출
> • 아이섀도: 눈꼬리가 처져 보이지 않게 상승형으로 올려 그러데이션
> • 치크: 광대뼈에서 입꼬리 방향으로 사선 느낌으로 연출
> • 코: 콧등에서 코 끝까지 하이라이트를 길게 연출

51
치크 연출 시 귀에서 볼 중앙 방향으로 가로 느낌이 들도록 표현해야 하는 얼굴형은?

① 역삼각 얼굴형　　② 긴 얼굴형
③ 사각 얼굴형　　　④ 마름모 얼굴형

> • 역삼각 얼굴형: 광대뼈 윗부분에 약간 갸름하게 파스텔톤으로 부드럽게 연출
> • 사각 얼굴형: 광대뼈 아랫부분에 둥글리듯 부드럽게 연출
> • 마름모 얼굴형: 광대뼈를 감싸듯 둥글려 부드러운 이미지 연출

52
광대뼈가 도드라져 보이지 않도록 광대뼈를 감싸듯 둥글려 부드러운 이미지로 치크를 연출해야 하는 얼굴형은?

① 사각 얼굴형　　② 둥근 얼굴형
③ 마름모 얼굴형　④ 계란형 얼굴

> 마름모 얼굴형
> • 아이브로: 광대뼈가 부각되어 보이지 않게 눈썹앞머리에 포인트를 주어 연출
> • 아이섀도: 눈앞머리에 포인트를 주어 연출
> • 치크: 광대뼈를 감싸듯 둥글려 부드러운 이미지 연출

53
얼굴형에 따른 치크 테크닉으로 옳지 않은 것은?

① 긴 얼굴형 – 귀에서 볼 중앙 방향으로 가로의 느낌이 들도록 연출한다.
② 둥근 얼굴형 – 광대뼈에서 입꼬리 방향으로 사선 느낌으로 연출한다.
③ 역삼각 얼굴형 – 광대뼈를 감싸듯 둥글려 부드럽게 연출한다.
④ 사각 얼굴형 – 광대뼈 아랫부분에 둥글리듯 부드럽게 연출한다.

> 역삼각 얼굴형: 광대뼈 윗부분에 약간 갸름하게 파스텔톤으로 부드럽게 연출

| 정답 | 48 ① | 49 ③ | 50 ④ | 51 ② | 52 ③ | 53 ③ |

속눈썹 연출 · 연장 ⓒ

> **합격 TIP** 인조 속눈썹의 기능과 종류 및 재료와 도구에 대해 숙지해 두도록 합니다. 특히, 속눈썹 연장에서 가모의 종류와 눈 모양에 따른 속눈썹 디자인 및 시술 과정과 주의점에 대해 꼼꼼히 암기해 두도록 합니다.

1 인조 속눈썹 디자인

(1) 인조 속눈썹의 기능
① 속눈썹이 길고 풍성해져 깊이 있는 눈매 연출
② 또렷하고 커 보이는 눈매 연출
③ 다양한 형태와 길이로 개성 연출

(2) 인조 속눈썹의 종류

스트립 래시	• 눈 모양으로 휘어진 띠에 인조 속눈썹이 붙어 있는 형태로, 눈 길이에 맞게 잘라 사용함 • 모양과 컬러가 다양하여 메이크업의 이미지에 맞게 선택
인디비주얼 래시	• 인조 속눈썹이 한 가닥 또는 2~3가닥이 한 올로 모여 있는 형태 • 속눈썹 사이사이에 붙여 속눈썹을 풍성하게 만듦 • 필요한 만큼 양 조절이 가능하며, 자연스럽게 연출할 수 있음 • 스트립 래시를 가닥가닥 잘라 사용하기도 함
연장용 래시	• 속눈썹 위에 인조 속눈썹을 한 올씩 연장해 붙여 길이가 길어 보이게 함 • 취급 방법에 따라 2~4주 지속 가능 • 일회용 글루가 아닌 연장용 전문 글루를 사용함

참고 인조 속눈썹의 종류

▲ 스트립 래시

▲ 인디비주얼 래시

▲ 연장용 래시

(3) 목적에 따른 인조 속눈썹

기본 내추럴 인조 속눈썹	10~11mm 정도의 길이로 속눈썹 숱이 너무 과하지 않은 자연스러운 형태
결혼·파티용 인조 속눈썹	• 결혼이나 행사, 파티를 위해 다양한 패션과 접목한 속눈썹 • 한복: 10~11mm 정도의 속눈썹 부착 • 드레스: 12mm 정도의 길이에 인조 보석이나 깃털, 반짝이 등을 부착함
무대용 인조 속눈썹	• 연극, 뮤지컬, 콘서트 등의 공연을 위한 속눈썹으로 눈매를 강조하기 위해 15~16mm 정도 길이의 속눈썹을 사용함 • 장소와 콘셉트에 따라 속눈썹의 길이와 디자인이 다름

참고 목적에 따른 인조 속눈썹

▲ 기본 내추럴 인조 속눈썹

▲ 결혼·파티용 인조 속눈썹

▲ 무대용 인조 속눈썹

2 인조 속눈썹 작업

(1) 속눈썹 부착 방법
① 재료 준비 후 도구와 손을 소독함
② 아이래시컬러를 사용하여 속눈썹 뿌리 부분부터 끝까지 3~4회 정도 눌러 완만한 C커브 컬을 연출함

③ 핀셋을 이용해 케이스에 붙어 있는 속눈썹을 떼어냄
④ 모델의 눈 가로 길이와 세로 길이를 고려하여 인조 속눈썹을 재단함
- 인조 속눈썹을 눈앞머리로부터 약 5mm 떨어진 부분부터 눈꼬리로부터 약 2mm 떨어진 지점까지 붙일 수 있도록 재단함(눈의 길이보다 너무 길거나 짧지 않도록 주의함)
- 인조 속눈썹을 3등분, 4등분, 6등분 등으로 재단하여 사용하면 자연스러운 속눈썹이 연출됨

⑤ 인조 속눈썹의 띠 부분을 눈의 커브에 맞게 동그랗게 만든 후 살짝 움직여 유연하게 만듦
⑥ 인조 속눈썹 스트립 부분에 속눈썹 풀을 바르고 속눈썹 풀이 반쯤 마르면 부착력이 가장 높아지므로 눈앞머리에서 2~3가닥(5mm) 떨어진 부분부터 속눈썹 가까이 붙이고 꼬리는 아이라인에 맞춰 붙임
⑦ 면봉이나 스틱으로 스트립 부분을 지그시 눌러 접착력을 높임
⑧ 속눈썹 풀 자국이 남지 않도록 다시 한 번 아이라인을 수정한 후 마스카라를 발라 속눈썹과 인조 속눈썹 사이가 뜨지 않도록 아이래시컬러로 속눈썹과 인조 속눈썹을 같이 집음

(2) 눈 모양에 따른 인조 속눈썹 적용

둥근 눈	눈꼬리 쪽의 길이가 긴 인조 속눈썹을 붙임
지방이 두껍고 홑겹인 눈	속눈썹의 길이를 일반적인 길이보다 1~2mm 길게 재단함
눈 길이가 짧고 미간이 좁은 눈	눈꼬리의 길이를 길게 하고 속눈썹 숱에 포인트를 줌
눈 길이가 길고 눈 크기가 작고 미간이 넓은 눈	눈꼬리 부분을 짧게 하고 앞부분부터 중앙까지 길이감을 주어 재단함
아래로 처진 눈	처진 눈이 리프팅 되는 효과가 있도록 보통보다 짧고 끝 쪽이 길게 재단함

(3) 속눈썹 제거 및 관리
① 워터 타입의 메이크업 리무버 또는 스킨이나 진정제를 이용해 패팅을 하여 눈 부위를 진정시키면서 눈꼬리에서 눈앞머리를 향해 조심스럽게 떼어냄
② 떼어낸 인조 속눈썹은 리무버에 담가 마스카라와 속눈썹 풀을 충분히 불린 후 손과 핀셋으로 조심스럽게 속눈썹 풀을 제거하고 면봉으로 마스카라 여분과 유분기를 닦음
③ 인조 속눈썹을 보관 시에는 속눈썹의 양끝 부분에 속눈썹 접착액을 발라 인조 속눈썹 원래 모양 그대로 케이스에 넣어 보관함

3 속눈썹 연장

(1) 속눈썹 연장 재료와 도구

속눈썹 가모 (연장 모)	천연모	• 인모나 동물의 털을 가공한 것 • 가볍고 자연스러우며 우수한 밀착력 • 컬과 길이가 일정하지 않음
	합성섬유모	• PBT원사를 가공하여 만든 합성모 • 부드럽고 탄성이 우수하며 컬 유지력이 좋음

참고 가모의 보관 방법
가모가 직접적으로 빛을 받으면 가모 테이프에 접착력이 발생하여 이물감을 느끼게 되므로 그늘지고 서늘한 곳에 보관

글루	• 가모를 붙이기 위한 접착제로, 반드시 KC인증제품을 사용해야 함 • 글루는 공기 중의 수분과 만나면 굳으므로 필요한 양만 글루판에 준비함 • 사용 전에는 글루를 흔들어서 침전 현상 방지 • 사용 후 뚜껑을 닫아 습기가 없는 냉암소에 세워 보관함
글루 리무버	• 가모를 제거하거나 글루를 닦아낼 때 사용함 • 개봉 후 2개월 이내에 사용, 직사광선을 피해 실온 보관
글루판	글루를 덜어내어 사용하는 판

핀셋	• 가모를 잡기 위한 도구
	• 사용 전 반드시 소독이 필요하고 핀셋의 끝이 안구로 향하지 않도록 주의
	• 알코올로 닦아 자외선소독기에 소독하고 사용 후에는 고무마개로 닫아 보관함
	
	   일자핀셋 자연모를 분리하여 접착제가 묻는 것을 방지
	   곡자핀셋 가모를 한 올 한 올 잡아 속눈썹 연장

전처리제	• 가모를 부착하기 전 속눈썹의 노폐물과 먼지, 유분기 제거 • 속눈썹 연장의 지속력과 밀착력을 높임
송풍기	속눈썹 시술 후 글루를 빠르게 건조시키는 역할
아이패치	• 아래 · 위 속눈썹이 서로 붙지 않도록 아래 속눈썹을 고정하는 역할 • 핀셋이나 글루, 리무버로부터 고객의 피부 보호 • 속눈썹이 잘 보이게 하여 시술을 용이하게 함 • 비타민, 콜라겐 등이 함유되어 주름 개선 및 보습 효과가 있음
스킨테이프	• 3M 테이프, 코팅 테이프 등을 주로 사용함 • 피부에 직접 닿기 때문에 접착력이 강하지 않고 자극이 적은 제품을 사용함 • 눈 밑 라인에 맞추어 붙여 주되 눈 점막에 닿지 않도록 주의
팬 브러시	시술 전후 이물질이나 잔여물 제거
속눈썹 브러시	완성된 속눈썹을 정리하거나 빗질할 때 사용함
마이크로 브러시	• 글루 리무버를 묻혀 가모를 제거할 때 사용함 • 일반 면봉보다 솜의 크기가 작고 내용물을 흡수하는 양이 적어 불필요한 낭비를 줄일 수 있음
우드 스파츌라	전처리제나 글루 리무버 사용 시 속눈썹 아래에 받치고 사용함
헤어터번 또는 타월	고객의 피부에 시술자의 손이 직접 닿지 않도록 방지함
소독제	손이나 도구 소독 시 사용

참고 글루 리무버의 종류

젤 타입	• 적당한 점도로 사용 용이 • 강력한 제거력 • 좁은 부위 사용에 적합
액상 타입	• 침투력이 우수하여 신속한 제거 가능 • 사용 전에 충분히 흔들어 사용 • 눈에 들어갈 위험이 있어 초보자에게는 부적합
크림 타입	높은 점도로 넓게 도포하기가 용이하여 가모 전체 제거에 적합

참고 핀셋의 종류

▲ 일자핀셋

▲ 곡자핀셋

참고 아이패치

(2) 속눈썹 연장 디자인

① 가모의 길이: 8~15mm까지 다양하며, 일반적으로 10~12mm를 가장 많이 사용함

8mm	눈썹의 앞머리나 끝부분, 속눈썹 사이사이의 짧은 속눈썹에 사용함
9mm	본인 속눈썹 길이 정도의 자연스러운 길이에 적합함
10mm	적당한 속눈썹 길이를 원할 때 사용함
11mm	눈을 강조하거나 포인트를 주어야 하는 경우, 긴 속눈썹 길이가 필요할 경우에 사용함
12mm	화려한 눈매 연출을 위해 긴 속눈썹이 필요할 경우 사용함

② 가모의 굵기: 일반적으로 0.10~0.20mm의 굵기를 가장 많이 사용함

0.10mm	• 마스카라를 두 번 덧바른 느낌 • 속눈썹 컬이 자연스럽게 연출
0.15mm	• 마스카라를 세 번 덧바른 느낌 • 선호도가 가장 높은 굵기로 또렷한 느낌의 눈매 연출
0.20mm	• 마스카라를 네 번 덧바른 느낌 • 진한 눈매와 풍성한 속눈썹 연출
0.25mm	특별한 날 다른 굵기와 섞어 포인트로 연출

③ 가모 컬의 종류

J컬	• 20° 각도로 가장 자연스러운 기본 컬로, 일반적으로 많이 사용함 • 내추럴 이미지에 적합
JC컬	• 35° 각도로 J컬과 C컬의 중간 단계로 선호도가 가장 높음 • 세련된 이미지에 적합하며, 아이래시 컬을 사용한 효과를 줌
C컬	• 45° 각도로 볼륨감이 있어 생기 있게 연출 가능 • 발랄한 이미지에 적합
CC컬	• 90°에 가까운 각도로 가장 풍부한 볼륨감과 컬링감 • 인위적이고 화려한 이미지 연출에 적합
L컬	일반적인 라운드 형태의 가모보다 접착 부분이 길어 강한 유지력과 화려함을 동시에 가짐

참고 가모 컬의 종류

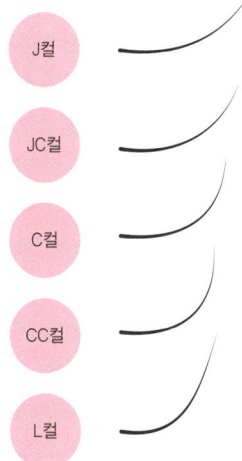

④ 가모 연출 디자인

베이직	한 가지 호수를 사용한 가장 기본적인 디자인
포인트	뒷부분에 길게 포인트를 주어 눈매가 길어 보이게 연출
믹스	길이를 종류별로 섞어 연출
라운드	앞뒤가 짧고 가운데가 길어 사람의 속눈썹과 가장 흡사하여 자연스러움

참고 가모 연출 디자인

▲ 베이직

▲ 포인트

▲ 믹스

▲ 라운드

⑤ 눈 모양에 따른 이미지 및 속눈썹 디자인

눈 모양	이미지	속눈썹 디자인
큰 눈	시원한, 명랑한, 정열적인, 감정이 풍부한	J컬 가모로 부채 모양으로 연장
작은 눈	소극적인, 답답한, 보수적인, 완고한	J컬, C컬 가모로 눈 중앙에서 꼬리 부분으로 길이감을 주고 밀도를 높여 포인트가 되도록 연장
둥근 눈	명랑한, 밝은, 놀란, 발랄, 귀여움	J컬 가모로 눈꼬리 부분에 길이감을 주고 밀도를 높여 눈이 길어 보이도록 연출
가는 눈	섬세한, 예리함, 잔인함, 냉정한	J컬, C컬 가모를 이용하여 눈 중앙 부위에 포인트를 주고 길이를 늘려, 눈이 커 보이도록 부채 모양으로 연장
올라간 눈	냉정한, 날카로운, 고집스러운, 예민한	J컬 가모로 눈앞머리 부분이 포인트가 되도록 밀도를 높여 연장
처진 눈	순진한, 우울한, 미숙한	컬링이 강한 C컬, CC컬, L컬 등으로 눈꼬리가 올라가 보이게 연출, 속눈썹 길이가 너무 길지 않도록 주의
돌출된 눈	고집스러운, 퉁명스러운	J컬 가모로 눈앞머리와 꼬리 부분에 포인트를 주어 부드러운 이미지로 연출하되 조금 짧은 가모를 선택

움푹 들어간 눈	성숙한, 섬세함, 피곤한	J컬, C컬 가모로 눈 중앙 부위에 밀도와 길이감을 주어 연장
외꺼풀 눈	깔끔함, 고집스러운, 고전적인, 냉정한	중앙 부분에 포인트를 주고 컬이 강한 JC컬, C컬의 다소 긴 가모로 연장
미간이 넓은 눈	낙천적, 서구적, 밝음, 발랄	눈앞머리 부분에 길이감과 볼륨감을 주기 위해 C컬 가모로 밀도를 높임
미간이 좁은 눈	답답함, 소극적, 신경질적	J컬, C컬 가모로 눈 중앙에서 꼬리 부분으로 길이감을 주어 연출

⑥ 이미지에 따른 디자인

내추럴 이미지	• J컬, 10~11mm • 전체적으로 고르게 시술하되 꼬리 부분을 앞보다 살짝 길게 연출
시크 이미지	• J컬 또는 JC컬, 7~12mm • 눈꼬리 쪽에 포인트를 두고 중앙은 사이드 포인트로 연출 • 눈꼬리 쪽으로 갈수록 풍성하게 연출
큐티 이미지	• CC컬, 6~12mm • 눈 가운데 포인트를 두며 눈앞머리와 꼬리 부분은 사이드 포인트로 연출

(3) 속눈썹 연장 과정

준비 과정	• 재료와 도구 준비 후 시술 전 도구와 손 소독 • 고객의 머리에 헤어터번을 감싸고 움직이지 않도록 고정 • 아이패치 부착: 언더 속눈썹 라인에 맞춰 점막에 닿지 않도록 주의하며 부착 (테이프 처리 시 접착력이 너무 강하면 떼어낼 때 피부에 자극이 되므로 손등에서 부착력을 떨어뜨린 후 부착해야 함) • 전처리제 작업: 전처리제를 면봉이나 마이크로 브러시에 묻혀 속눈썹 모근에서 모 끝 방향으로 닦음 • 가모 및 글루 준비: 필요한 가모는 사용할 양을 길이별로 플레이트판에 부착하고 글루도 필요한 양만 전용 글루판❷에 준비

시술 과정	• 속눈썹 가르기: 핀셋 2개를 사용하여 왼손 핀셋으로 속눈썹 분리
	• 가모 분리: 오른손 핀셋으로 가모의 1/3 지점을 잡고 분리
	• 글루 묻히기: 분리한 가모를 45° 각도로 잡고 가모의 1/2 지점까지 묻힘
	• 속눈썹 가모 부착
	  – 기준점❷을 잡은 후 속눈썹의 정중앙 부분이 가장 길어 보이도록 가모를 배치하여 부착
	  – 속눈썹 뿌리에서 1.5~2mm 정도 떨어지게 부착
	  – 눈앞머리 부분은 속눈썹 2~3단(5mm)을 띄어 시술
	  – 바로 옆 속눈썹을 시술하면 가모끼리 붙는 경우가 발생하므로 구획을 나누어 옮겨가며 시술함
	  – 핀셋 끝이 안구를 향하지 않도록 주의
	  – 너무 힘을 주거나 눌러 고객의 눈꺼풀을 압박하지 않도록 주의

마무리 과정	• 테이프 제거
	  – 글루가 건조된 것을 확인한 후 끝이 뾰족하지 않은 핀셋으로 눈 안쪽에서 바깥쪽으로 부드럽게 제거
	  – 정제수를 묻힌 화장솜을 이용하여 접착력을 떨어뜨린 후 부드럽게 떼어냄
	• 글루 건조: 송풍기나 드라이어 사용
	• 속눈썹 정리: 속눈썹 빗으로 속눈썹을 정리
	• 고객에게 완성된 모습을 확인시킨 후 이물감이나 불편감 확인
	• 주의사항❷ 전달

> **참고** 글루판
> • 글루는 공기 중의 수분과 만나면 굳기 때문에 필요한 양만 전용 글루판에 준비함
> • 가모에 글루를 묻힐 때에는 글루판에서 양을 조절하여 방울이 생기지 않도록 주의함

> **참고** 가모 부착 기준점 및 시술 순서 (오른쪽 눈 기준)

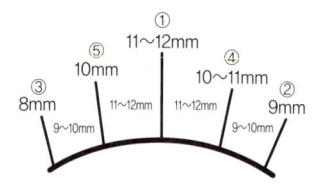

부착 순서	위치	가모 길이
①	가운데 기준점	11~12mm
②	눈꼬리	9mm
③	눈앞머리	8mm
④	눈꼬리와 중앙 사이	10~11mm
⑤	눈앞머리와 중앙 사이	10mm

> **참고** 속눈썹 연장 시술 후 주의사항
> • 연장 후 6시간 정도 세안 금지
> • 세안 및 메이크업 시 오일프리 제품 사용
> • 시술 4주 후 리터치 필요
> • 가모 제거 시 무리하게 떼어내지 말고 전문가에게 시술받아야 함

4 속눈썹 리터치

(1) 속눈썹 상태에 따른 리터치

일반적인 리터치의 주기는 4주이고, 4주 이후에 리터치를 할 때에는 전체를 제거한 후 재시술하는 것이 바람직함

속눈썹의 상태	대체방안	추천 가모
정상적인 속눈썹	다양한 컬과 길이를 상담 후 결정	눈매에 따라 결정
얇은 속눈썹	• 리터치 주기가 짧은 것은 좋지 않음 • 글루의 탈부착이 잦을수록 속눈썹의 상태가 불안정함 • 고객의 요구에 맞추어 얇고 가벼운 모 추천	0.07~0.10mm 정도의 얇고 가벼운 싱글 가모
외부 자극으로 약해진 속눈썹	• 리터치의 주기가 1~2주 빠르게 진행되므로 자연 속눈썹의 건강 상태에 따라 제품과 시술 방법을 선정하는 것이 좋음 • 극손상모는 속눈썹 숱을 자연스럽게 연출하거나 일정 기간 시술을 하지 않는 것이 좋음	일정한 눈썹모의 형태가 아닌 경우가 많으므로 0.10mm의 Y래시❶와 싱글 가모 등 가벼운 가모를 선택
두껍고 처진 속눈썹	처진 속눈썹을 보완하기 위해 CC컬, L컬, 아이래시컬러를 사용	지나치게 두꺼운 자연모는 컬의 힘을 받지 못하므로 0.15mm 굵기의 가모 사용

> **참고** Y래시
> 가모가 뿌리 쪽에서 양쪽으로 갈라져 시술 시 속눈썹이 풍성해 보임

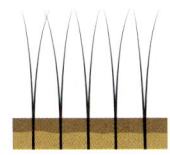

(2) 연령별 리터치 시술의 특징

20대	건강한 속눈썹을 보유하고 있으며, 풍성하고 긴 길이의 화려한 스타일 선호
30~40대	• 사회활동을 활발히 하는 경우 빠른 시술 희망 • 가정주부의 경우 자연스러운 숱과 길이를 선호
50~60대	노화로 인한 모의 약화와 성장 둔화 및 눈꺼풀의 지방층 처짐 현상으로 자연모의 상태를 정확히 파악한 후 가모의 길이와 컬을 선택

(3) 속눈썹 연장 리터치 과정

준비 과정	• 재료와 도구 준비 및 시술 전 도구와 손 소독 • 고객의 머리에 헤어터번을 감싸고 움직이지 않도록 고정 • 아이패치 부착
시술 과정	• 리터치 범위 지정 　- 접착면의 뿌리가 들린 경우 　- 접착면의 방향이 틀어진 경우 　- 접착면의 흔들리는 경우를 구분하여 제거할 속눈썹 가모의 범위를 정함 　- 탈락 여부에 따라 전체 제거와 부분 제거를 선택함 • 불량 가모 제거 　- 보통 리무버는 젤 타입이나 크림 타입이지만, 최근 패치 타입이 보편적으로 사용됨 　- 시술 범위에 따라 리무버의 타입을 선택하여 가모를 제거 • 전처리제 도포: 속눈썹 전용 전처리제를 면봉과 마이크로 브러시에 묻혀 속눈썹 모근에서 모 끝으로 향해 닦아냄 • 연장모 리터치 시술: 숱이 적은 눈부터 붙인 후 다른 쪽 눈의 균형을 맞춰 시술
마무리 과정	• 테이프 제거 → 글루 건조 → 속눈썹 정리 → 주의사항 전달

(4) 가모 탈락의 원인
① 높은 습도 예 사우나, 찜질방, 수영, 과격한 운동으로 인한 땀
② 오일 성분 예 클렌징 제품, 마스카라 등의 화장품
③ 마찰이나 자극 예 눈 비빔, 아이래시컬러의 사용
④ 염분 예 휴가철 바닷물, 땀
⑤ 수면 시 엎드려 자면 가모에 구김이나 부담이 가므로 주의할 것

(5) 속눈썹 연장 시술 시 주의해야 할 사람
① 쌍꺼풀 수술 후에는 매몰법은 약 2주 후, 절개법은 약 3~4주 후 시술 가능
② 라식, 라섹과 같은 안과수술 시 3개월 후 시술 가능
③ 반영구 아이라인 시술 시 각질이 모두 탈락한 1~2주 후 시술 가능
④ 안구 건조증, 알레르기, 아이 메이크업 제품에 민감한 경우 시술을 삼가할 것

> 참고 속눈썹 연장 시 발생 가능한 부작용
> 눈시림, 눈가 가려움과 따가움, 안구 건조, 충혈과 이물감, 통증, 점막 붓기, 염증 및 고름

5 연장 속눈썹 제거

(1) 연장 속눈썹 제거 요인
① 가모가 거의 탈락하고 지저분할 경우
② 시술 후 불편함이나 이상 증상이 있을 경우
③ 시술 후 모습이 불만족스러울 경우

(2) 부분 속눈썹 제거
① 아이패치 부착
② 제거할 모를 선정한 후 핀셋으로 속눈썹을 가르고 제거할 한 올을 면봉 위에 올림
③ 마이크로 브러시에 젤 리무버를 바른 후 면봉 위의 가모에 부드럽게 쓸어주듯이 발라 가모를 분리함
④ 가모가 분리되면 새 면봉과 마이크로 브러시에 정제수를 묻혀 남아 있는 리무버를 깨끗이 닦아 낸 후 영양제를 발라 마무리함

(3) 전체 속눈썹 제거
① 아이패치 부착
② 화장 솜에 정제수를 묻혀 눈꺼풀에 붙도록 늘려 아래 속눈썹 위에 올림
③ 속눈썹과 연장 모의 접착면 전체에 크림 타입의 리무버를 도포한 후 약 5분간 방치
④ 마이크로 브러시를 이용하여 리무버가 도포된 가모의 모근에서 모 끝 방향으로 밀어내듯 가모를 분리
⑤ 화장 솜을 교체하고 새로운 면봉으로 남아 있는 리무버를 정제수나 미온수로 닦고 영양제를 발라 마무리

CHAPTER 04 속눈썹 연출·연장 | 출제 예상문제 C

1 인조 속눈썹 디자인

01
인디비주얼 래시에 대한 설명으로 옳지 <u>않은</u> 것은?
① 속눈썹 사이사이에 붙여 속눈썹을 풍성하게 만드는 인조 속눈썹이다.
② 한 번 붙이면 취급 방법에 따라 2~4주 지속이 가능하다.
③ 필요한 만큼 양 조절이 가능하며 자연스럽게 연출이 가능하다.
④ 인조 속눈썹이 한 가닥 또는 2~3가닥이 한 올로 모여 있는 형태이다.

> **연장용 래시**
> • 속눈썹 위에 인조 속눈썹을 한 올씩 심듯이 붙여 길이를 연장하고 속눈썹이 풍성해 보이게 함
> • 취급방법에 따라 2~4주 지속 가능

02
기본 내추럴 속눈썹을 연출하고자 할 때 가장 많이 사용되는 속눈썹의 길이는?
① 8~9mm 내외   ② 10~11mm 내외
③ 12~13mm 내외 ④ 14~15mm 내외

> • 기본 내추럴 인조 속눈썹: 10~11mm 내외
> • 결혼·파티용 인조 속눈썹: 한복 착용 시 10~11mm 내외, 드레스 착용 시 12mm 내외
> • 무대용 인조 속눈썹: 15~16mm 내외

03
인조 속눈썹에 대한 설명으로 옳지 <u>않은</u> 것은?
① 다양한 형태와 길이로 개성 연출이 가능하다.
② 한복 메이크업 시 인조 속눈썹의 길이는 10~11mm 정도가 적합하다.
③ 스트립 래시는 눈 모양으로 휘어진 띠에 인조 속눈썹이 붙어 있는 형태로 모든 눈에 동일하게 적용된다.
④ 인조 속눈썹은 속눈썹을 길고 풍성하게 만들어 깊이 있는 눈매를 연출한다.

> 스트립 래시: 눈 모양으로 휘어진 띠에 인조 속눈썹이 붙어 있는 형태로, 눈의 길이나 형태에 맞게 잘라 사용이 가능함

2 인조 속눈썹 작업

04
눈 모양에 따른 인조 속눈썹의 적용 방법으로 옳지 <u>않은</u> 것은?
① 둥근 눈 - 눈꼬리 쪽의 길이가 긴 인조 속눈썹을 붙인다.
② 미간이 좁은 눈 - 눈꼬리의 길이를 길게 하고 속눈썹 숱에 포인트를 준다.
③ 미간이 넓은 눈 - 길이가 짧은 속눈썹을 선택하고 눈의 중앙에 포인트를 준다.
④ 지방이 두껍고 홑겹인 눈 - 속눈썹의 길이를 일반적인 길이보다 1~2mm 길게 재단한다.

> 미간이 넓은 경우 눈꼬리 부분을 짧게 하고 앞부분부터 중앙까지 길이감을 주어 넓은 미간을 커버함

05
인조 속눈썹의 부착 및 제거 방법으로 옳지 <u>않은</u> 것은?
① 인조 속눈썹 스트립 부분에 속눈썹 풀을 바르는 즉시 눈 앞머리부터 중앙, 눈꼬리 순으로 속눈썹 가까이 붙인다.
② 속눈썹을 부착 후에는 풀 자국이 남지 않도록 다시 한 번 아이라인을 수정한다.
③ 인조 속눈썹을 제거할 때에는 메이크업 리무버 또는 스킨이나 진정제를 이용해 패팅을 하여 눈 부위를 진정시키면서 눈꼬리에서 눈앞머리를 향해 조심스럽게 떼어낸다.
④ 속눈썹을 부착한 후에는 마스카라를 발라 속눈썹과 인조 속눈썹 사이가 뜨는 것을 방지한다.

> 인조 속눈썹 스트립 부분에 속눈썹 풀을 바르고 속눈썹 풀이 반쯤 마르면 부착력이 가장 높아지므로 눈앞머리에서 2~3가닥(5mm) 떨어진 부분부터 속눈썹 가까이 붙이고 꼬리는 아이라인에 맞춰 붙임

3 속눈썹 연장

06
스트립 래시 부착 시 필요한 재료 및 도구에 해당하지 않는 것은?

① 아이래시컬러
② 핀셋
③ 속눈썹 풀
④ 전처리제

> 전처리제: 속눈썹 연장 시 가모를 부착하기 전 속눈썹의 노폐물과 먼지, 유분기를 제거하여 속눈썹 연장의 지속력과 밀착력을 높이는 용도로 사용하며, 일반적인 스트립 래시 부착 시에는 사용하지 않음

07
속눈썹 연장에 필요한 재료와 도구에 대한 설명으로 옳지 않은 것은?

① 핀셋 – 가모를 가르거나 잡을 때 사용한다.
② 송풍기 – 속눈썹 시술 후 글루를 빠르게 건조시킬 때 사용한다.
③ 아이패치 – 속눈썹이 잘 보이게 하여 시술을 용이하게 한다.
④ 마이크로 브러시 – 완성된 속눈썹을 정리 및 빗질할 때 사용한다.

> - 마이크로 브러시: 글루 리무버를 묻혀 가모를 제거할 때 사용
> - 속눈썹 브러시: 완성된 속눈썹을 정리하거나 빗질할 때 사용

08 신규 문제 공략
결혼식을 위해 한복을 입으려 할 때 가장 적합한 인조 속눈썹의 길이는?

① 8~9mm
② 10~11mm
③ 12~13mm
④ 13mm 이상

> - 기본 내추럴 인조 속눈썹: 10~11mm
> - 한복용 인조 속눈썹: 10~11mm
> - 드레스용 인조 속눈썹: 12mm
> - 무대용 인조 속눈썹: 15~16mm

09
속눈썹 연장용 글루 리무버에 대한 설명으로 옳지 않은 것은?

① 글루 리무버는 개봉 후 2개월 이내에 사용하는 것이 좋다.
② 젤 타입 글루 리무버는 적당한 점도로 사용이 용이하며 좁은 부위 사용에 적합하다.
③ 글루 리무버는 사용 후 직사광선을 피해 실온 보관한다.
④ 액상 타입 글루 리무버는 침투력이 우수하여 신속한 제거가 가능하며 초보자가 사용하기에 적합하다.

> 액상 타입
> - 침투력이 우수하여 신속한 제거 가능
> - 사용 전에 충분히 흔들어 사용
> - 눈에 들어갈 위험이 있어 초보자에게는 부적합

10
가모를 부착하기 전에 사용하여 속눈썹 연장의 지속력과 밀착력을 높이는 것은?

① 스킨테이프
② 전처리제
③ 글루 리무버
④ 글루

> 전처리제
> - 가모를 부착하기 전 속눈썹의 노폐물과 먼지, 유분기 제거
> - 속눈썹 연장의 지속력과 밀착력을 높임

11
속눈썹 연장에 필요한 재료와 도구에 대한 사용법으로 옳지 않은 것은?

① 글루 – 공기 중에서 쉽게 굳을 수 있으므로 가모에 바로 묻혀 사용한다.
② 핀셋 – 사용 시 핀셋의 끝이 안구로 향하지 않도록 주의해야 한다.
③ 우드 스파츌라 – 전처리제나 글루 리무버 사용 시 속눈썹 아래에 받치고 사용한다.
④ 아이패치 – 핀셋이나 글루, 리무버로부터 고객의 피부를 보호하기 위해 고객의 눈 밑에 붙인다.

> 글루는 공기 중의 수분과 만나면 굳으므로 필요한 양만 글루판에 준비함

12
눈 모양에 따른 이미지로 적합하지 않은 것은?

① 올라간 눈 – 냉정한, 날카로운, 고집스러움
② 작은 눈 – 소극적인, 답답함, 보수적인
③ 움푹 들어간 눈 – 성숙한, 낙천적, 서구적
④ 외꺼풀 눈 – 깔끔함, 고집스러운

> 움푹 들어간 눈: 성숙한, 섬세함, 피곤한

| 정답 | 06 ④ 07 ④ 08 ② 09 ④ 10 ② 11 ① 12 ③

13
눈 모양에 따른 속눈썹의 디자인으로 적절하지 <u>않은</u> 것은?

① 큰 눈 - J컬 가모로 부채 모양으로 연장한다.
② 가는 눈 - J컬 가모로 눈 중앙에서 꼬리 부분으로 길이감을 주고 밀도를 높여 포인트가 되도록 연장한다.
③ 처진 눈 - 컬링이 강한 C컬, CC컬, L컬 등으로 눈꼬리가 올라가 보이게 연출한다.
④ 미간이 좁은 눈 - J컬, C컬 가모로 눈 중앙에서 꼬리 부분으로 길이감을 주어 연출한다.

> 가는 눈: J컬, C컬 가모를 이용하여 눈 중앙 부위에 포인트를 주고 길이를 늘려, 눈이 커 보이도록 부채 모양으로 연장함

14
다음 설명에 해당하는 속눈썹 연장술이 적합한 눈의 형태는?

> 소극적인, 답답한, 보수적인 이미지의 눈으로 J컬, C컬 가모로 눈 중앙에서 꼬리 부분으로 길이감을 주고 밀도를 높여 포인트가 되도록 연장한다.

① 작은 눈
② 둥근 눈
③ 돌출된 눈
④ 미간이 넓은 눈

> • 둥근 눈: J컬 가모로 눈꼬리 부분에 길이감을 주고 밀도를 높여 눈이 길어 보이도록 연출
> • 돌출된 눈: J컬 가모로 눈앞머리와 꼬리 부분에 포인트를 주어 부드러운 이미지로 연출하되 조금 짧은 가모를 선택함
> • 미간이 넓은 눈: 눈앞머리 부분에 길이감과 볼륨감을 주기 위해 C컬 가모로 밀도를 높임

15
속눈썹 연장용 가모에 대한 설명으로 옳지 <u>않은</u> 것은?

① 속눈썹 연장용 가모는 일반적으로 10~12mm를 가장 많이 사용한다.
② 8mm의 가모는 눈썹의 앞머리나 끝부분에 주로 사용한다.
③ J컬 가모는 가장 자연스러운 기본 컬로 내추럴 이미지에 적합하다.
④ 화려한 눈매 연출을 위해서는 0.15mm의 가모를 사용하는 것이 적합하다.

> 0.15mm 가모: 선호도가 가장 높은 굵기로 또렷한 느낌의 눈매 연출에 적합하며 화려한 눈매 연출을 위해서는 더 굵은 가모를 사용하는 것이 적합함

16
속눈썹 연장용 가모의 컬에 대한 설명으로 옳은 것은?

① JC컬 - J컬과 C컬의 중간 단계로 내추럴 이미지에 적합하다.
② J컬 - 35° 각도로 가장 자연스러운 기본 컬로 생기 있는 연출에 적합하다.
③ C컬 - 볼륨감이 있어 생기 있어 보이며 발랄한 이미지에 적합하다.
④ L컬 - 일반적인 라운드 형태의 가모보다 유지력이 약하다.

> • JC컬: J컬과 C컬의 중간 단계로, 세련된 이미지에 적합함
> • J컬: 20° 각도로 가장 자연스러운 기본 컬로 내추럴 이미지에 적합함
> • L컬: 일반적인 라운드 형태의 가모보다 접착 부분이 길어 강한 유지력과 화려함을 동시에 가짐

17
다음 설명에 해당하는 방법이 나타내고자 하는 이미지는?

> • CC컬, 6~12mm
> • 눈 가운데 포인트를 두며 눈앞머리와 꼬리 부분은 사이드 포인트로 연출한다.

① 큐티 이미지
② 내추럴 이미지
③ 시크 이미지
④ 엘레강스 이미지

> 큐티 이미지: 눈이 크고 둥글게 보이도록 CC컬을 활용하여 눈 가운데 포인트를 두며 눈앞머리와 꼬리 부분은 사이드 포인트로 연출함

18
속눈썹 연장에 대한 설명으로 옳지 <u>않은</u> 것은?

① 가모는 속눈썹 뿌리에서 1.5~2mm 정도 떨어지게 부착한다.
② 가모를 분리할 때에는 가모의 1/3 지점을 잡고 분리한다.
③ 분리한 가모를 45° 각도로 잡고 가모의 1/2 지점까지 글루를 묻힌다.
④ 가모는 최대한 눈앞머리부터 부착한다.

> 눈앞머리 부분은 속눈썹 2~3기닥(5mm)을 띠어 시술함

19
속눈썹 연장 시술에 대한 설명으로 옳지 <u>않은</u> 것은?
① 가모에 글루를 묻힐 때 글루판에서 양을 조절하여 방울이 생기지 않도록 한다.
② 일반적으로 속눈썹 연장은 0.10~0.20mm의 굵기의 가모를 가장 많이 사용한다.
③ 눈꼬리 쪽에 포인트를 두고 중앙은 사이드 포인트로 연출하면 시크한 이미지의 눈매가 연출된다.
④ 테이프 제거 시에는 끝이 뾰족하지 않은 핀셋으로 눈 바깥쪽에서 안쪽으로 부드럽게 제거해야 한다.

테이프는 끝이 뾰족하지 않은 핀셋으로 눈 안쪽에서 바깥쪽으로 부드럽게 제거함

20
속눈썹 연장을 위한 준비 과정으로 옳지 <u>않은</u> 것은?
① 고객의 머리에 헤어터번을 감싸 고정시킨다.
② 아이패치는 점막에 닿지 않도록 주의하여 부착한다.
③ 전처리제를 모 끝에서 모근 방향으로 닦아 유분기를 제거한다.
④ 글루는 필요한 양만 전용 글루판에 준비한다.

전처리제는 면봉이나 마이크로 브러시에 묻혀 속눈썹 모근에서 모 끝 방향으로 닦음

21
속눈썹을 연장 시술할 때 주의점으로 옳지 <u>않은</u> 것은?
① 눈매의 폭과 모양 등을 고려하여 속눈썹의 디자인을 결정한다.
② 가모를 분리할 때에는 가모의 1/3 지점을 잡고 분리한다.
③ 너무 힘을 주거나 눌러 고객의 눈꺼풀을 압박하지 않아야 한다.
④ 가모는 눈썹앞머리에서 꼬리 쪽으로 차례대로 시술한다.

바로 옆 속눈썹을 시술하면 가모끼리 붙는 경우가 발생하므로 구획을 나누어 옮겨가며 시술함

4 속눈썹 리터치

22
속눈썹을 연장했을 때 일반적인 리터치의 주기는?
① 3주　② 4주
③ 5주　④ 6주

일반적인 리터치의 주기는 4주이고, 4주 이후에 리터치를 할 때에는 전체를 제거한 후 재시술하는 것이 바람직함

23
속눈썹 연장술 리터치에 대한 설명으로 옳지 <u>않은</u> 것은?
① 얇은 속눈썹의 경우 리터치의 주기를 1~2주 빠르게 진행한다.
② 외부 자극으로 약해진 속눈썹의 경우 속눈썹 숱을 자연스럽게 연출하거나 일정 기간 시술을 하지 않는 것이 좋다.
③ 50~60대 여성의 리터치를 진행할 경우 노화로 인한 모의 약화와 눈꺼풀 처짐 현상이 있으므로 자연모의 상태를 정확히 파악 후 가모의 길이와 컬을 선택하여야 한다.
④ 두껍고 처진 속눈썹의 경우 처진 속눈썹을 보완하기 위해 CC컬을 사용한다.

얇은 속눈썹의 경우 리터치 주기가 짧은 것은 좋지 않으며, 글루의 탈부착이 잦을수록 속눈썹의 상태가 불안정함

24 신규 문제 공략
속눈썹 연장 시 J컬을 사용하지 <u>않는</u> 눈 모양은?
① 큰 눈　② 둥근 눈
③ 미간이 넓은 눈　④ 돌출된 눈

미간이 넓은 눈: C컬 가모로 눈앞머리 부분에 길이감과 볼륨감을 줌

25
속눈썹 연장에 대한 설명으로 옳지 <u>않은</u> 것은?
① 사우나, 찜질방, 수영, 과격한 운동 등은 가모 탈락의 원인이 된다.
② 메이크업 클렌징 시에는 오일프리 제품은 피해 사용한다.
③ 반영구 아이라인 시술 시 각질이 모두 탈락한 1~2주 후 시술이 가능하다.
④ 안구 건조증, 알레르기, 아이 메이크업 제품에 민감한 경우에는 시술을 삼가한다.

메이크업 클렌징 시에는 오일프리 제품을 사용함

정답 | 19 ④　20 ③　21 ④　22 ②　23 ①　24 ③　25 ②

CHAPTER 05
본식 웨딩 메이크업

> **합격 TIP** 예식 장소에 따른 특징과 메이크업 방법에 대해 학습하고, 웨딩 메이크업의 이미지별 표현법을 숙지해 두도록 합니다. 또한 신랑 메이크업과 혼주 메이크업 시의 주의점도 살펴두도록 합니다.

1 신랑·신부 본식 메이크업

(1) 본식 웨딩 메이크업 시 고려사항

① 우아하고 사랑스러운 신부의 이미지를 표현하도록 하고 예식이 끝날 때까지 메이크업이 유지될 수 있도록 주의함
② 신부의 이미지, 나이, 웨딩드레스의 색상, 피부 톤과 얼굴의 형태, 예식 장소의 조명이나 분위기 등을 고려함
③ 화사한 컬러를 사용하여 자연스러운 메이크업으로 표현하되 라인을 강조하여 또렷한 인상을 연출함
④ 얼굴, 목, 어깨 부분에 경계가 생기지 않도록 균일한 피부 톤을 연출함

(2) 예식 장소에 따른 메이크업 <빈출>

장소	특징	메이크업
예식장	노란빛이 많은 샹들리에와 할로겐을 사용하고 있어 실내가 밝음	피부 톤보다 약간 밝은 파운데이션으로 화사하고 자연스러운 핑크 계열을 선택
호텔	• 넓고 고급스러운 인테리어 • 화려한 조명	• 음영을 넣어 윤곽을 뚜렷하게 강조 • 핑크 계열의 메이크업 베이스와 파운데이션으로 연출 • 화사한 색감과 은은한 펄감이 있는 제품을 사용 • 예식장이나 성당보다 화사하고 밝은 색조의 메이크업으로 연출
교회·성당	• 웅장하고 엄숙한 분위기 • 어두운 조명	• 피부 톤보다 한 톤 밝게 표현하되 음영을 주어 윤곽을 뚜렷하게 표현 • 너무 화려하거나 펄이 강한 색조 화장보다 차분한 컬러로 단아하면서도 우아한 신부 이미지 연출
야외	• 자연광의 밝은 분위기 • 인공 조명이 없는 넓은 공간	• 피부 표현은 밝게 하되 창백해 보이지 않도록 주의 • 베이스 메이크업은 촉촉하게 연출하되 메이크업의 지속력을 위해 세미 매트로 피부 표현 마무리 • 자연광에서의 메이크업은 실제보다 두꺼워 보이므로 소량의 파운데이션으로 피부를 표현하되 컨실러를 이용하여 잡티를 커버함 • 핑크나 오렌지 계열의 아이 메이크업과 깔끔하고 선명한 색의 립으로 연출 • 과한 펄감과 과한 색조의 사용 자제

> **참고** 실내 웨딩 메이크업의 특징
> • 장시간이 소요되는 결혼식을 위해 메이크업의 지속력과 밀착력이 중요함
> • 신부의 이미지와 피부 톤, 웨딩드레스, 계절 등을 먼저 고려하여 색조 메이크업 색상을 결정함
> • 과도한 윤곽 수정 및 강한 색상의 눈 화장은 삼가야 함
> • 얼굴 톤과 보디 메이크업이 자연스럽게 이어지도록 연결해야 함
> • 피부 결점은 완벽히 커버해야 하며 신부 얼굴형에 맞는 눈썹을 연출해야 함
> • 피부 톤은 좀 더 밝고 화사하게 표현해야 함
> • 자연스럽고 화사함과 깨끗함을 강조한 웨딩 메이크업이 현재의 트렌드임

> **참고** 야외 웨딩 메이크업 시 주의점
> • 본래 색이 그대로 노출되므로 자연스러운 메이크업이 적합함
> • 계절과 시간에 따라 태양광의 강도 차이가 생겨 색상이 다르게 표현될 수 있음
> • 맑은 날의 색조 화장이 흐린 날보다 약해 보일 수 있음
> • 너무 강한 섀딩이나 하이라이트 등의 윤곽 수정은 야외에서 부자연스럽고 인위적으로 보이므로 주의해야 함
> • 화장이 들뜨거나 뭉칠 수 있으므로 티슈와 수분 공급 스프레이, 라텍스 스펀지 등을 이용하여 파운데이션 수정 작업을 할 수 있도록 준비해 두어야 함

(3) 드레스 컬러와 메이크업의 조화

웨딩드레스 컬러	이미지	메이크업
화이트	순수함, 깨끗함	핑크와 베이지 톤을 이용하여 깨끗하고 내추럴한 이미지로 연출
핑크·아이보리	큐트, 로맨틱	치크와 립에 포인트를 주어 로맨틱한 이미지로 연출
크림	우아함, 고급스러움	골드와 피치 톤으로 우아하고 고급스러운 이미지로 연출

(4) 웨딩 메이크업의 이미지별 표현법

① 내추럴 이미지

특징	자연스러우면서도 신부의 순결함이 묻어나는 청초한 느낌으로 연출
베이스	리퀴드 파운데이션을 사용하여 피부 톤을 한 톤 정도 밝고 화사하게 표현한 후 파우더는 소량만 도포
아이	• 신부의 순결한 이미지를 표현하기 위해 색조를 최대한 배제 • 아이라인, 컬링된 속눈썹으로 또렷한 눈매를 표현
립	최근 트렌드를 반영하여 자연스러운 느낌으로 연출
치크	연한 핑크로 은은하게 연출

참고 내추럴 이미지

② 엘레강스 이미지

특징	차분하고 세련된 이미지로, 보다 여성스럽고 기품 있는 분위기로 연출
베이스	• 피부 톤보다 한 톤 밝은 파운데이션과 핑크 파우더를 이용하여 화사하게 연출하되 컨투어링 메이크업으로 입체감 표현 • 신부의 피부 상태를 고려하여 리퀴드 파운데이션과 컨실러를 믹스하여 사용
아이	핑크베이지, 핑크, 그레이, 퍼플, 브라운 계열의 아이섀도로 그윽한 분위기의 눈매를 연출
립	컨실러를 활용하여 입술을 수정한 후 내추럴 컬러의 립라이너로 입술을 선명하게 그리고 골든피치 톤으로 연출
치크	광대뼈 하단 부분에 미디엄 브론즈로 섀딩을 하고 피치 톤으로 애플존에 색감을 더해 성숙함을 연출

참고 엘레강스 이미지

③ 로맨틱 이미지

특징	전체적으로 청순하고 사랑스러운 느낌으로 연출
베이스	• 핑크 톤업크림을 사용하여 전체 피부 톤을 정리 • 핑크 파우더로 화사함 연출
아이	핑크베이지, 핑크, 퍼플, 살구 계열의 아이섀도로 연출
립	입술 안쪽부터 핑크 계열의 색감을 짙게 하여 입술 라인까지 자연스럽게 그러데이션
치크	피부 베이스 단계에서 크림 타입의 치크를 웃을 때 올라오는 광대 부분에 자연스럽게 펴 바름

참고 로맨틱 이미지

④ 클래식 이미지

특징	단아하면서도 고급스럽고, 전형적이면서도 기품 있는 느낌으로 연출
베이스	• 깨끗한 피부 표현을 위해 잡티를 꼼꼼하게 커버 • 윤광 피부로 고급스럽게 연출
아이	베이지나 브라운 톤 아이섀도로 은은하게 연출 후 아이라인과 속눈썹을 과하지 않게, 깨끗하게 표현
립	깔끔한 입술을 표현하기 위해 컨실러를 활용하여 입술을 수정한 후 체리핑크나 코럴오렌지 등으로 윤기 있게 연출
치크	로즈핑크처럼 단아한 컬러로 생기 있게 연출

참고 클래식 이미지

⑤ 모던 이미지

특징	도시적이며 세련되고 현대적 여성의 자아를 표현하는 느낌으로 연출
베이스	• 피부 톤에 맞춘 차분한 톤으로 고운 피부결을 연출 • 파우더를 이용하여 약간의 유분만 제거
아이	누드베이지, 베이지, 브라운 계열의 아이섀도 사용
립	레드와 와인 컬러를 사용하여 립의 컬러감을 또렷하게 연출
치크	베이지브라운 계열로 연하게 음영만 연출

참고 모던 이미지

⑥ 트레디셔널 이미지

특징	한복의 고전적인 느낌을 극대화하면서도 동시에 단아하고 절제된 메이크업으로 은은하게 연출
베이스	• 파운데이션으로 밝고 화사하게 표현한 후 파우더로 유분기를 조절하여 마무리 • 베이스 단계에서 크림 치크를 이용하여 자연스러운 피부 톤을 연출
아이	• 한복 깃과 한복의 고름 색상을 고려하여 은은하게 표현 • 아이라인은 점막 부분을 채운 후 눈매 라인을 교정하여 마무리
립	입술 주변의 어두운 부분 등은 컨실러로 마무리한 후 살짝 붉은색을 사용하여 자연스럽게 연출
치크	소프트한 느낌의 컬러를 이용하여 광대뼈가 강조되지 않도록 화사하게 연출

참고 트레디셔널 이미지

(5) 신랑 웨딩 메이크업

베이스	• 원래의 피부 톤을 고려하여 최대한 자연스럽고 균일한 톤으로 연출(펄 사용 금지) • 잡티는 피부 톤보다 한 톤 어두운 컬러의 하드 타입 컨실러로 커버 • 파우더 양이 많아 과하게 매트하거나 유분이 너무 많아 피부가 번들거리면 건강한 이미지를 해칠 수 있으므로 피부 톤의 파우더를 소량만 바름
아이브로	• 지저분한 잔털을 눈썹 전용 칼로 정리한 후 눈썹 전용 가위와 족집게를 이용해 눈썹 길이 조절 • 눈썹이 부족한 부분은 헤어 컬러와 유사한 아이브로 펜슬로 빈 부분을 채움
아이	브라운 계열의 아이섀도로 쌍꺼풀 위치에 자연스럽게 음영을 더함
립	• 입술선이 흐린 경우는 입술색과 같은 펜슬을 이용하여 라인을 그리고 거의 같은 색으로 혈색만 살짝 더함 • 입술 컬러보다 생기 있고 촉촉한 컬러를 발라 자연스럽게 연출
윤곽 수정	• 브라운 계열이나 피부 톤보다 어두운 브론즈 컬러로 얼굴의 윤곽만 잡음 • 피부색보다 두 톤 어두운 색도로 코 벽을 섀딩함

2 혼주 메이크업

(1) 고려사항
① 한복의 부드러운 곡선 이미지를 최대한 살려 선을 섬세하게 표현함
② 색조 메이크업은 저고리 깃이나 고름의 색상에 맞추어 선택하되 포인트 메이크업의 색상 사용은 자제하고 단아한 이미지로 연출함
③ 혼주의 한복 색상은 신랑 측과 신부 측이 다르게 착용하므로 한복 색에 맞추어 메이크업함
④ 혼주 메이크업이 두꺼우면 시간이 지날수록 주름이 두드러져 보일 수 있으므로 유의해야 함

(2) 연출 방법

베이스	• 한 톤 밝은 핑크베이지색 파운데이션으로 주름이 강조되지 않도록 눈가와 입가는 최대한 얇게 세심하게 패팅하여 도포함 • 기미나 잡티가 두드러진 뺨 부분은 컨실러와 믹스하여 커버함 • 화사함을 위해 핑크와 베이지 파우더를 볼, 눈두덩, 콧방울 등 유분이 발생하기 쉬운 부위에 소량만 사용함
아이브로	다크브라운이나 회갈색으로 자연스러운 아치형으로 두껍지 않게 연출
아이	• 핑크, 피치 등 한복의 색상을 고려한 두 가지 정도의 차분한 색상으로 단아하게 연출하고 골드 컬러로 중앙 부분에 하이라이트를 줌 • 브라운 젤 아이라이너로 눈매를 자연스럽게 올려 그린 후 블랙 리퀴드 라이너로 속눈썹 사이를 채움
립	• 처져 보이는 구각 부분은 베이지핑크 컬러의 립라이너를 이용해 입꼬리가 올라가 보이도록 보완하고 진한 핑크 톤 립스틱으로 입술을 채우고 소량의 립글로스를 도포함 • 동양미가 느껴지도록 윗입술을 살짝 인커브로 연출 • 지나친 펄감이나 립글로스는 자제함
치크	연한 코럴 컬러의 치크를 광대뼈 아랫부분부터 볼까지 사선으로 연결하고 연한 핑크색 치크를 볼 중앙에 둥글리듯 블렌딩함

(3) 혼주 메이크업 시 주의사항
① 유·수분 밸런스 유지를 위해 기초 제품을 피부에 잘 흡수시켜야 함
② 주름이 강조되지 않도록 베이스 제품은 소량만 사용해야 함
③ 노화로 인한 눈 처짐은 쌍꺼풀 테이프를 이용하여 보완함
④ C존을 화사하게 연출하여 피부 리프팅 효과를 주도록 함
⑤ 치마 색상이나 저고리 고름 색상에 맞추어 립 컬러를 선택하고 깔끔하고 선명한 곡선의 형태로 표현함

> **참고** 한복 메이크업
> • 메이크업 색상은 너무 강하거나 튀는 톤, 비비드 색상은 피함
> • 펄이 많이 들어간 제품이나 립글로스의 과도한 사용은 자제
> • 한복 색상이 원색이거나 화사한 경우
> − 눈 화장은 자연스럽게 함
> − 입술라인과 색깔 표현은 깔끔하게 강한 색으로 포인트를 줌
> • 한복 색상이 파스텔 색상인 경우
> − 자연스럽고 부드러운 분위기로 표현
> − 색조 화장보다는 피부 질감을 강조

출제 예상문제

1 신랑·신부 본식 메이크업

01 웨딩 메이크업에 대한 설명으로 옳지 <u>않은</u> 것은?

① 교회에서 예식을 할 경우 피부 톤보다 한 톤 밝게 표현하되 음영을 주어 윤곽을 뚜렷하게 연출한다.
② 신부의 이미지, 나이, 피부 톤과 얼굴 형태, 웨딩드레스의 색상 등을 고려해야 한다.
③ 신부는 사랑스럽게 연출해야 하므로 핑크색 위주의 메이크업이 가장 적합하다.
④ 실내 예식장은 노란빛이 많은 샹들리에와 할로겐 전구를 사용하여 실내가 밝으므로 피부 톤보다 약간 밝은 파운데이션으로 자연스러운 핑크 계열을 선택한다.

> 신부의 이미지, 피부 톤, 웨딩드레스의 색상, 웨딩 콘셉트에 따라 메이크업의 색상은 달라질 수 있음

02 로맨틱한 이미지를 연출하고자 하는 신부의 메이크업으로 적절하지 <u>않은</u> 것은?

① 핑크 톤업크림을 사용하여 전체 피부 톤을 정리하고 핑크 파우더로 화사함을 연출한다.
② 치크는 광대뼈 하단 부분에 미디엄 브론즈로 섀딩을 하고 피치 톤으로 애플존에 색감을 더해 연출한다.
③ 립은 입술 안쪽부터 핑크 계열의 색감을 짙게 하여 입술 라인까지 자연스럽게 그러데이션한다.
④ 핑크베이지, 핑크, 퍼플, 살구 계열의 아이섀도를 사용한다.

> 피부 베이스 단계에서 크림 타입의 치크를 웃을 때 올라오는 광대 부분에 자연스럽게 펴 바름

03 야외 웨딩 메이크업에 대한 설명으로 옳지 <u>않은</u> 것은?

① 계절과 시간에 따라 태양광의 강도 차이가 생겨 색상이 다르게 표현될 수 있으므로 주의해야 한다.
② 아름다운 신부를 표현하기 위해 윤곽 수정을 뚜렷하게 하여 입체감 있는 얼굴을 연출한다.
③ 자연광에서의 메이크업은 실제보다 두꺼워 보일 수 있으므로 주의해야 한다.
④ 베이스 메이크업은 촉촉하게 연출하되 메이크업의 지속력을 위해 세미 매트로 피부 표현을 마무리한다.

> 강한 섀딩이나 하이라이트 등의 윤곽 수정은 야외에서 부자연스럽고 인위적으로 보이므로 주의함

04 예식 장소와 이에 따른 메이크업에 대한 설명으로 옳지 <u>않은</u> 것은?

① 호텔 – 예식장보다 차분하고 우아한 색조로 메이크업을 연출한다.
② 실내 예식장 – 피부 톤보다 약간 밝은 파운데이션으로 화사하고 자연스러운 핑크 계열을 연출한다.
③ 야외 – 자연광 아래에서는 메이크업이 두껍게 보일 수 있으므로 소량의 파운데이션으로 피부를 표현하되 컨실러를 이용하여 잡티를 커버한다.
④ 성당 – 웅장하고 엄숙한 분위기에 맞추어 단아하면서도 우아한 신부 이미지를 연출한다.

> 호텔 예식은 예식장이나 성당보다 화사하고 밝은 색조의 메이크업으로 연출하고 화사한 색감과 은은한 펄감이 있는 제품을 사용

| 정답 | 01 ③ 02 ② 03 ④ 04 ①

05
신랑 메이크업에 대한 설명으로 옳지 않은 것은?

① 원래의 피부 톤을 고려하여 최대한 자연스럽게 연출한다.
② 파우더는 번들거림 방지를 위해 듬뿍 발라 보송하게 연출한다.
③ 브라운 계열로 얼굴의 윤곽을 잡는다.
④ 입술은 혈색만 살짝 더한다.

신랑 메이크업 시 파우더는 소량만 발라 건강한 이미지를 살림

06
본식 웨딩 메이크업에 대한 설명으로 옳지 않은 것은?

① 예식이 끝날 때까지 메이크업이 유지될 수 있도록 주의해야 한다.
② 신부의 이미지와 피부 톤, 웨딩드레스, 계절 등을 먼저 고려하여 색조 메이크업 색상을 결정한다.
③ 뚜렷한 윤곽 수정과 강한 아이 메이크업으로 신부의 아름다움을 표현한다.
④ 얼굴, 목, 어깨 부분에 경계가 생기지 않도록 균일한 피부 톤을 연출한다.

웨딩 메이크업 시에는 과도한 윤곽 수정 및 강한 색상의 눈 화장은 삼가하고 화사한 컬러를 사용하여 자연스러운 메이크업으로 표현하되 라인을 강조하여 또렷한 인상으로 연출함

07
신부 메이크업 시 고려사항이 아닌 것은?

① 신부의 나이
② 웨딩드레스의 가격
③ 신부의 피부 상태
④ 웨딩드레스의 디자인과 컬러

신부 메이크업 시에는 신부의 이미지, 나이, 웨딩드레스의 색상, 피부 톤과 얼굴의 형태, 예식 장소의 조명이나 분위기 등을 고려

08
클래식한 이미지를 연출하고자 하는 신부의 메이크업으로 적절하지 않은 것은?

① 깨끗한 피부 표현을 위해 잡티를 꼼꼼하게 커버하고 윤광 피부로 고급스럽게 연출한다.
② 아이섀도는 베이지나 브라운 톤으로 은은하게 연출한다.
③ 치크는 로즈핑크처럼 단아한 컬러로 생기 있게 연출한다.
④ 립은 입술 안쪽부터 핑크 계열의 색감을 짙게 하여 입술 라인까지 자연스럽게 그러데이션한다.

클래식한 이미지의 립은 깔끔한 입술을 표현하기 위해 컨실러를 활용하여 입술을 수정한 후 체리핑크나 코럴오렌지 등으로 윤기 있게 연출

2 혼주 메이크업

09
혼주 메이크업에 대한 설명으로 옳지 않은 것은?

① 주름이 강조되지 않도록 베이스 제품은 소량만 사용한다.
② 한복의 부드러운 곡선 이미지를 최대한 살려 선을 섬세하게 표현한다.
③ 노화로 인한 눈 처짐은 쌍꺼풀 테이프를 이용하여 보완한다.
④ 잡티 커버를 위해 피부 톤보다 한 톤 어두운 크림 파운데이션을 도톰하게 바른다.

한 톤 밝은 핑크베이지색 파운데이션으로 주름이 강조되지 않도록 눈가와 입가는 최대한 얇게 세심하게 패팅하여 도포함

10
혼주 메이크업에 대한 설명으로 옳은 것은?

① 아이라인은 눈매를 자연스럽게 올려 그린다.
② 촉촉한 피부 표현을 위해 베이스 제품을 충분히 도포한다.
③ 노화로 인한 잡티 커버를 위해 스틱 파운데이션을 사용 후 파우더로 유분기를 잡는다.
④ 볼륨 있는 입술 표현을 위하여 펄감 있는 립스틱을 사용한다.

• 주름이 강조되지 않도록 베이스 제품은 소량만 사용함
• 혼주 메이크업이 두꺼우면 시간이 지날수록 주름이 두드러져 보일 수 있으므로 파운데이션을 얇게 바르고 필요한 부분은 컨실러로 커버함
• 혼주 메이크업의 립 표현 시 지나친 펄감이나 립글로스는 자제함

CHAPTER 06
응용 메이크업 B

합격 TIP 패션이미지에 따른 메이크업의 색상 및 선과 형태, 질감 등의 특징을 파악하고 그에 따른 의상과 헤어스타일을 숙지해 두도록 합니다. 또한 T.P.O.에 따른 메이크업 표현법도 꼼꼼하게 학습해 두도록 합니다.

1 패션이미지에 따른 메이크업

(1) 패션쇼 메이크업
① 역할: 의상과 조화를 이루어 패션 메시지를 표현하고 전달함
② 패션쇼 메이크업 시 유의점
- 실내·외의 구분과 장소의 크기 고려

넓은 장소	이목구비를 뚜렷하게 표현
좁은 장소	메이크업을 섬세하게 표현

- 무대의 색, 조명의 색과 광량 고려
- 디자이너가 표현하고자 하는 패션쇼의 콘셉트에 대한 정확한 이해가 필요
- 각 모델의 개성을 존중하면서 패션쇼의 콘셉트와 조화롭게 연출
- 무대의 높이를 고려

(2) 패션이미지에 따른 메이크업
① 내추럴 이미지(Natural Image)
- 자연스럽고 편안한 느낌으로 소박한 감각에 온화하고 차분한 이미지
- 실루엣이 편안하고 여유가 있으며, 패턴, 디자인, 색상, 소재 등이 자연스러움
- 인공적인 소재보다 천연 소재로 따뜻하고 편안한 느낌

메이크업 색상	중채도에서 저채도의 브라운, 골든베이지, 카키, 베이지브라운, 베이지, 핑크, 피치, 라이트, 그레이시톤 계열의 컬러	
메이크업 선과 형태	형태의 과장을 최소화한 자연스러운 기본형 스타일	
메이크업 질감	자연스러운 질감 표현	
	피부	윤광
	아이섀도	소프트
	립	소프트
메이크업	베이스	자연스럽고 촉촉한 피부 표현을 위해 피부색과 유사한 리퀴드 파운데이션으로 얇게 도포한 후 투명 파우더로 마무리
	아이브로	베이지브라운 색으로 눈썹결을 살리며 모델의 얼굴형에 어울리는 기본형으로 그림
	아이	• 베이지, 핑크, 피치 등의 소프트한 색상으로 아이섀도 연출 • 인위적인 아이라인보다는 펜슬을 이용한 자연스러운 눈매 연출 후 마스카라로 마무리

참고 패션쇼의 분류
- 오트쿠튀르(Haute couture)
  - 영어에서의 '하이 패션(High fashion)'
  - 프랑스 일류 디자이너의 고급 주문 여성복을 의미하는 뜻으로도 통용됨
  - 오트쿠튀르는 판매의 목적보다 예술로서의 패션을 선보여 기성복 디자인을 위한 영감의 원천이 되고 있음
- 프레타포르테(Prêt-à-porter)
  - 영어로는 'ready-to-wear'
  - 오트쿠튀르의 맞춤복과 구별되거나 대조되는 형태의 고급 기성복을 의미함
  - 상업성이 가미되어 실용적이고 트렌디함
  - 세계 4대 프레타포르테: 파리를 중심으로 뉴욕, 런던, 밀라노에서 매년 두 차례 열리는 컬렉션

참고 내추럴 이미지

메이크업	립	누드브라운이나 연한 핑크 또는 핑크베이지 등 입술색과 비슷한 컬러로 자연스럽고 촉촉하게 연출
	치크	연한 핑크나 피치 컬러로 볼을 감싸는 듯 터치하여 건강하고 자연스러워 보이게 연출
헤어스타일		자연스러운 긴 웨이브 머리, 물결 모양의 컬
의상		• 천연 소재인 면, 마, 울, 니트 등의 소재를 활용한 유사톤 배색으로 자연스러운 스타일을 연출 • 베이비핑크, 크림옐로, 피치 등의 컬러 활용
소품		캔버스 천이나 부드러운 가죽 소재의 가방이나 모자

② 클래식 이미지(Classic Image)
- 복고적인 패션 스타일로 고유의 독창성을 유지하며 유행에 관계없이 오랜 기간 지속되는 가치와 보편성을 지닌 스타일
- 공식적인 모임 또는 지적인 이미지나 신뢰감을 연출해야 할 때 활용
- 패션 스타일 또한 몸의 선을 강조하거나 장식이 강하지 않음

참고 클래식 이미지

메이크업 색상		• 차분하고 깊이 있는 짙은 톤과 어두운 톤의 탁색이 주조색 • 전체적인 메이크업의 색상과 톤이 통일감 있고 무난하게 보이게 연출 • 베이지, 브라운, 버건디, 골드, 다크그린, 무채색 등 유행에 민감하지 않은 컬러
메이크업 선과 형태		인위적인 선이나 형태보다 절제 속에서 세련되고 지적인 멋이 느껴지도록 차분하면서도 단정한 품격이 느껴지게 표현
메이크업 질감		무겁거나 답답한 느낌보다는 자연스러운 질감으로 표현
	피부	실키, 매트
	아이	매트
	립	소프트, 매트
	치크	매트
메이크업	베이스	엷은 베이지 계열의 파운데이션을 사용하고 너무 과하지 않게 윤곽 수정
	아이브로	다크브라운으로 다소 각진 눈썹 연출
	아이	• 아이보리 컬러로 베이스를 한 후 오렌지브라운, 카멜브라운, 카키 등을 사용하여 입체적으로 연출 • 검정 아이라인을 그린 후 볼륨감 있는 마스카라로 연출
	립	립라인을 직선으로 선명하게 그린 후 레드 또는 레드브라운 계열의 립스틱으로 깔끔하게 연출
	치크	핑크브라운 색상을 이용하여 광대뼈를 중심으로 사선 방향이 되도록 연출
헤어스타일		깔끔하게 빗어 넘겨 목 뒷선에 묶는 스타일, 굵은 단발 웨이브, 업 스타일
의상		• 베이직 수트 스타일로 벨벳이나 트위드, 울 소재 등이 적당하며, 약한 체크 무늬나 스트라이프를 활용 • 재킷과 블라우스, 샤넬 라인의 스커트, 테일러드 수트 등
소품		유행에 민감하지 않은 디자인의 액세서리, 스카프

③ 로맨틱 이미지(Romantic Image)

- 여성스러운 부드러움과 낭만적이고 사랑스러운 이미지와 온화하고 감미로운 분위기를 표현
- 성숙한 여인의 아름다움보다 순수한 소녀의 달콤하고 사랑스러운 이미지를 연출
- 부드러운 색조와 꽃무늬나 프릴, 레이스 등을 사용하여 원피스나 블라우스로 연출

메이크업 색상		핑크 계열 또는 페일 톤, 라이트 톤의 채도 사용
메이크업 선과 형태		직선보다 둥근 곡선형이나 완만한 사선 사용
메이크업 질감		은은한 펄감이나 자연스럽고 생기가 느껴지는 글로시한 느낌을 강조하기도 함
	피부	윤광
	아이섀도	소프트
	립	글로시, 매트
메이크업	베이스	한 톤 밝은 색상의 파운데이션을 이용하여 화사하고 사랑스럽고 생기 있게 연출
	아이브로	브라운 색상을 이용하여 살짝 둥글려 귀여운 이미지를 연출
	아이	• 펄감이 있는 화이트 컬러와 파스텔 컬러로 아이섀도를 한 후 부드럽고 둥근 느낌의 아이라인 연출 • 풍성한 마스카라와 긴 인조 속눈썹으로 눈을 강조할 수 있음
	립	핑크나 오렌지 계열로 촉촉한 입술 연출
	치크	핑크 또는 피치 색상을 이용하여 부드럽게 둥글리며 연출
헤어스타일		긴 웨이브, 브레이드(땋은 머리)
의상		여성스럽고 귀여운 이미지를 위해 부드럽고 가벼운 소재인 시폰, 보일, 론을 활용한 의상
소품		레이스, 프릴, 리본, 코르사주 장식

참고 로맨틱 이미지

④ 엘레강스 이미지(Elegance Image)

- '품위 있는', '여성스러운 우아함', '기품 있는', '고상함'이라는 의미로 성숙한 여성의 고급스러우면서 품위 있는 아름다움을 연출
- 단정하면서 흘러내리는 듯한 우아한 드레이핑 형태가 특징임

메이크업 색상		소프트 톤의 인디언핑크, 회갈색, 퍼플, 적갈색, 와인 등 성숙하고 우아한 컬러 활용
메이크업 선과 형태		직선이나 사선보다 부드러운 곡선으로 연출
메이크업 질감		글로시한 느낌보다 소프트 매트의 느낌으로 연출
	피부	실키
	아이섀도	샤이니, 매트
	립	소프트
메이크업	베이스	본래의 피부보다 살짝 밝은 파운데이션을 사용하여 결점을 커버하며, 자연스러운 윤곽 수정
	아이브로	그레이브라운 컬러의 부드러운 아치형 눈썹을 연출

참고 엘레강스 이미지

메이크업	아이	• 소프트한 색상 또는 샤이니한 질감의 아이섀도로 눈두덩에 광택을 준 후 포인트 색상을 이용하여 눈매를 선명하게 연출 • 아이라인은 너무 진하지 않게 그린 후 마스카라로 그윽한 눈매를 연출
	립	소프트한 핑크베이지 색상 또는 레드 계열로 입술산이 각지지 않게 완만한 아웃커브로 연출
	치크	피치 색상을 둥글리면서 부드럽게 연출
헤어스타일		자연스러운 업 스타일
의상		• 부드러운 곡선을 살린 드레스나 허리선을 강조한 실루엣으로 우아한 여성미 연출 • 무채색이나 딥 그레이시톤 사용
소품		진주, 실크 스카프, 토트백

⑤ 모던 이미지(Modern Image)

- 진보적인 스타일의 도회적 감성을 표현하고, 기능적이면서 심플하고 기하학적이며 도시적·이지적 이미지로 차갑고 세련된 스타일
- 줄무늬나 기하학적인 무늬, 체크 등이 활용됨
- 포스트모던, 하이테크, 하이브리드, 퓨처리스트 룩 등이 해당함

참고 모던 이미지

메이크업 색상		• 라이트 그레이시, 덜 톤 • 무채색을 주조색으로 블루와 같은 포인트 색을 가미
메이크업 선과 형태		각지고 라인이 강조된 직선 및 사선
메이크업 질감		다양한 질감을 시도함으로써 미래지향적이거나 실험적인 이미지를 전달할 수도 있음
	피부	매트
	아이섀도	실키
	립	소프트, 매트
메이크업	베이스	프라이머와 쉬머한 제형의 파운데이션으로 실키한 도자기와 같은 피부를 연출
	아이브로	그레이브라운을 이용하여 각진 눈썹 연출
	아이	펄이 가미된 무채색 계열의 아이섀도로 미래적이고 도시적인 이미지를 연출
	립	누드 톤 또는 와인 색상의 립 연출
	치크	베이지브라운을 이용하여 사선 방향으로 연출
헤어스타일		짧은 단발, 스트레이트
의상		• 무늬가 없고 차가운 단색 의상 • 헬멧이나 롱 부츠, 가죽 코트, 메탈릭한 징이나 패치워크, 기하학적 패턴을 활용하여 첨단적이고 환상적인 연출을 시도할 수 있음
소품		실버 계통의 액세서리

⑥ 매니시 이미지(Mannish Image)
- 여성적인 면보다 남성적인 특징이 강하게 드러나는 자립적인 여성의 감성 이미지
- 1930년대 영화배우 디트리히가 신사복을 입은 것에서 시작함
- 현대 사회에서는 남성적인 이미지 속에 화려함과 격조를 갖춘 디자인이 특징임
- 넥타이나 손수건, 딱 맞게 떨어지는 남성 맞춤 정장 등으로 남성적 이미지 연출

메이크업 색상		피부 톤과 색조 메이크업은 기본형으로 표현하고 과도한 색감과 포인트 색상은 가급적 줄임
메이크업 선과 형태		간결하거나 직선 또는 사선 형태가 어울림
메이크업 질감		깨끗하고 담백한 자연미가 느껴지는 질감
	피부	매트
	아이섀도	매트
	립	매트
	치크	매트
메이크업	베이스	얼굴 윤곽에 베이스를 직선적으로 발라 남성적인 이미지를 전달
	아이브로	다크그레이 색상을 이용하여 각진 상승형으로 그리고, 눈썹앞머리는 숱과 볼륨감을 강조하기 위해 아이브로 마스카라로 연출
	아이	무채색 계열을 이용하여 아이 메이크업을 강조하거나 직선적인 검정 아이라인으로 눈매를 강조하여 연출
	립	누드 톤 또는 상반된 깊은 색상으로 입술라인을 각지게 연출
	치크	베이지브라운을 이용하여 사선 방향으로 연출
헤어스타일		쇼트커트, 시뇽(뒤로 모아 틀어 올린 머리)
의상		• 남성적인 스타일의 특성이나 소재와 실루엣, 패턴 등을 반영 • 무채색 계열 또는 헤링본 무늬의 신사복
소품		중절모, 넥타이, 두꺼운 벨트

참고 매니시 이미지

⑦ 액티브 이미지(Active Image)
- 젊음과 건강함, 생동감과 경쾌함이 특징으로 젊은 감각을 지닌 패션이미지
- 정장이 아닌, 재킷에 바지나 스커트를 조합한 활동적인 스타일
- 스포티, 마린 룩, 워크 룩, 레포츠 룩 등이 해당함

메이크업 색상		비비드, 스트롱, 브라이트 톤의 밝고 경쾌한 컬러
메이크업 선과 형태		색이 강조되므로 선과 형태는 기본형으로 연출
메이크업 질감		건강하고 자연스러운 질감 표현
	피부	글로시
	아이섀도	실키, 글로시
	립	매트, 글로시

참고 액티브 이미지

메이크업	베이스	피부 톤을 글로시하게 표현하여 활동적 이미지 연출
	아이브로	브라운 컬러로 각진 기본형 또는 상승형으로 연출
	아이	채도가 높은 오렌지, 핑크, 블루, 그린 등의 색상으로 원포인트 아이 메이크업 연출
	립	• 자연스러운 글로스로 생동감 연출 • 아이 메이크업 색상을 다소 소프트하게 표현했다면 비비드한 레드, 핑크 색상의 립스틱으로 포인트를 줌
	치크	핑크, 피치, 브라운 색상을 이용하여 사선 방향으로 연출
헤어스타일		쇼트커트, 시뇽(뒤로 모아 틀어 올린 머리)
의상		• 데님, 면, 기하학적 패턴 등 스포티한 의상 • 스포티하고 활동적인 자켓, 사파리 점퍼, 트레이닝 웨어, 셔츠에 청바지 등으로 연출
소품		배낭, 양말, 모자 포인트

⑧ 에스닉 이미지(Ethnic Image)

- 특정 지역의 자연 환경, 생활 풍습 등에서 연유한 자연스럽고 민속적인 이미지로 독특한 색이나 소재, 수공예적 디테일 등을 사용하여 연출
- 이그조틱, 엔틱, 포클로어, 집시, 라틴, 아라비안, 오리엔탈, 인디언, 차이니즈 등이 해당함

메이크업 색상		딜, 딥톤 계열의 오렌지, 옐로, 그린 컬러를 사용해 이국적이거나 순박한 느낌 연출
메이크업 선과 형태		둥글거나 짧은 직선의 형태가 어울림
메이크업 질감		자연미가 느껴지는 질감
	피부	윤광, 매트
	아이섀도	매트, 글로시
	립	소프트, 매트
메이크업	베이스	표현하고자 하는 콘셉트에 맞는 피부 톤을 선택하여 연출
	아이브로	레드브라운 또는 다크브라운 색상을 이용하여 눈썹을 일자로 진하게 연출
	아이	• 아이라인을 중심으로 한 코올 메이크업 또는 스머지 효과를 주면서 아이섀도를 연출 • 볼륨 마스카라로 뚜렷한 눈매 연출
	립	투명 립글로스 또는 레드브라운 색상으로 연출
	치크	넓게 수평으로 바르거나 사선으로 강하게 표현
헤어스타일		부드러운 긴 웨이브, 브레이드(땋은 머리)
의상		각 국가 특색에 맞게 민족적이고 이국적 느낌의 자수, 아플리케, 패치워크 장식과 민속적 의상
소품		민속풍 장신구, 두건

참고 에스닉 이미지

- 포클로어: 유럽의 농민이나 인디언 등의 소박하고 전통적인 민속풍 이미지
- 이그조틱: 열대 지방의 민속풍 이미지

용어 아플리케

바탕천에 조각천을 좋아하는 무늬로 오려 붙이고 윤곽을 실로 꿰매 붙이는 자수

용어 패치워크

작은 조각천이나 큰 조각천을 이어 붙여 한 장의 천을 만드는 수예

⑨ 아방가르드 이미지(Avant-garde Image)
- 군대 용어로, 기존의 예술을 부정하고 새로움을 추구하려는 급격한 진보적 성향을 말함
- 독특한 디자인과 스타일, 비대칭적이고 과장된 실루엣, 미니멀리즘과 볼륨감 있는 스타일의 조화 등 시험적이고 혁신적인 감각을 표현하는 패션 스타일

메이크업 색상	독특하고 실험적인 표현을 위해 다양한 톤의 색과 선, 질감 연출 가능	
메이크업 선과 형태	다양한 시도로 선과 라인을 강조	
메이크업 질감	피부	매트, 글로시
	아이섀도	매트, 글로시
	립	매트, 글로시
	치크	매트
메이크업	의상의 콘셉트에 맞추어 기본에 얽매이지 않는 실험적이고 혁신적인 메이크업 디자인과 스타일링으로 개성 표현	
헤어스타일	볼륨 다이렉트 컬 등 독특하고 실험적인 헤어스타일링	
의상	기본에 얽매이지 않는 비대칭적이고 과장된 실루엣, 독특한 재단의 의상	
소품	과장된 액세서리 및 모자	

> **참고** 아방가르드 이미지

2 T.P.O.에 따른 메이크업

(1) 시간(Time)에 따른 메이크업

① 데이 메이크업(Day Make-up)
- 일상적인 메이크업으로 낮 시간 외출 시 적합함
- 자연광 아래에서 보이는 메이크업으로 자연스럽고 은은한 내추럴 메이크업
- 의상색이나 계절색에 어울리는 동일색 또는 유사색 계열로 연출

베이스	• 피부 톤에 적합한 리퀴드 파운데이션으로 자연스럽게 연출 • 투명 파우더나 베이지 계열의 파우더로 유분 제거
아이브로	브라운과 그레이를 섞어 자연스럽게 그림
아이	• 브라운, 베이지 계열의 색상으로 약한 펄이나 무광으로 은은하게 연출 • 리퀴드보다 펜슬 타입의 아이라이너로 자연스러운 눈매 연출
립	의상의 색을 고려하여 무난한 파스텔 계열을 선택
치크	의상이나 립 컬러에 어울리는 컬러로 자연스럽게 음영 연출

② 나이트 메이크업(Night Make-up)
- 인공광 아래에서 보이는 메이크업이므로 메이크업 톤이 흐려 보이지 않게 연출해야 함
- 조명에 의해 평면적으로 보일 수 있으므로 입체감을 강조한 윤곽 수정과 화사한 피부 표현에 유의해야 함
- 펄이나 광택감이 있는 글로스 제품 사용

> **참고** T.P.O.에 따른 메이크업
> - Time(시간): 시간대에 알맞은 메이크업
> - Place(장소): 장소에 어울리는 메이크업
> - Occasion(상황): 상황과 목적에 어울리는 메이크업

> **참고** 시간에 따른 메이크업
> - 데이 메이크업: 면 위주의 자연미와 세련된 이미지 연출
> - 나이트 메이크업: 선 위주의 또렷함과 화려한 이미지 연출

베이스	• 잡티 커버를 위해 스틱 파운데이션이나 스킨 커버 제품 사용 • 하이라이트와 섀딩을 주어 입체감 있는 얼굴을 연출 • 투명 파우더나 연한 핑크 계열의 파우더로 유분 제거
아이브로	브라운 컬러로 얼굴형에 어울리게 그리되 꼬리로 갈수록 펜슬을 사용하여 또렷하게 연출
아이	• 베이지나 옐로 계열의 색상으로 베이스를 한 후 와인이나 퍼플 계열로 화려한 눈매 연출 • 눈동자 중앙이나 눈썹뼈에 펄이 있는 하이라이트를 주어 입체감과 화려함을 표현 • 리퀴드 타입의 아이라이너와 인조 속눈썹으로 깊이 있는 눈매 연출
립	• 와인이나 레드 계열을 선택하여 아웃라인으로 연출 • 펄이나 립글로스를 덧바름
치크	• 여성스러움을 강조하기 위해 사선으로 연출 • 화사한 피니시 파우더로 하이라이트 부분 리터치

(2) 장소(Place)에 따른 메이크업

① 실내 메이크업: 장소의 크기와 실내 디자인의 화려함, 조명의 조건에 영향을 받음

오피스	• 부드럽고 샤프하게, 발랄하고 생동감 있게 연출하거나 신뢰감과 차분함을 연출하는 것이 좋음 • 의상에 따라 색상을 정한 후 무난한 톤의 유사한 색이나 동일 색상 배색을 이용하여 밝게 메이크업함
파티 저녁 모임	• 모임 장소의 분위기나 조명을 고려하여 메이크업의 콘셉트를 정함 • 피부 표현은 은은한 광을 연출할 수 있는 쉬머한 질감의 제품을 선택하여 입체감 있는 얼굴 연출 • 와인이나 퍼플그레이 등의 색조를 이용하고 펄과 인조 속눈썹으로 화려한 분위기 연출

② 실외 메이크업
- 사방이 트인 곳으로 가는 경우 날씨와 온도 등에 영향을 받음
- 자연스러운 메이크업 연출

(3) 상황(Occasion)에 따른 메이크업

상황이나 경우를 고려하여 메이크업 연출이 적절히 이루어져야 함
① 면접: 깔끔하고 단정한 메이크업으로 호감가는 분위기를 연출
② 결혼식이나 축하객: 완벽한 메이크업으로 분위기를 돋움
③ 조문객: 내추럴 메이크업으로 경건함을 표현
④ 야외 운동: UV파운데이션이나 매트한 파운데이션을 사용하여 깔끔하게 연출
⑤ 사진 촬영: 윤곽 수정으로 얼굴이 퍼져 보이지 않게 연출
  • 컬러 사진 또는 영상 메이크업

특징	• 배경색, 의상의 색, 조명, 카메라 각도, 전체 이미지를 미리 고려한 후 작업 • 장시간 뜨거운 조명 아래에 있어야 하므로 지속력과 밀착력이 좋은 파운데이션을 사용 • 많은 조명이 사용되기 때문에 색조 메이크업을 실제보다 좀 더 강하게 연출 • 실제보다 확장되고 평면적으로 보일 수 있으므로 윤곽 수정 시 주의 • 진한 핑크색은 더 짙게 보일 수 있음 • 모발이 빈약한 경우 모발색과 비슷한 컬러의 섀도로 헤어라인을 메움

> **참고** 배경색에 따른 피부색의 변화
> - 흰색: 피부가 검게 보임
> - 붉은 계통: 피부가 불그스름하고 지저분해 보임
> - 녹색·파란색: 피부가 깨끗해 보임
> - 아이보리 계통: 피부색이 부드러워 보임

베이스	• 지속력과 커버력이 좋은 제품을 선택 • 모델의 피부 톤보다 한 톤 어두운 것을 선택하여 얼굴형에 맞게 윤곽 수정 • 베이스는 얇게 두드리며 여러 번 덧바르는 것이 좋음
아이브로	헤어 색상과 맞는 컬러로 얼굴형에 어울리는 눈썹을 또렷하게 그림
아이	• 아이보리, 피치, 브라운 등의 컬러로 연출하되 의상 색을 고려해야 함 • 아이섀도의 하이라이트 표현은 아이보리나 크림색을 사용함 • 아이라인과 마스카라로 눈매 보정
립	의상 색에 맞추어 연출
치크	• 미디움브라운 컬러로 윤곽을 수정하고 아이보리 컬러로 하이라이트 • 치크는 자연스러운 피치 컬러로 마무리

- 흑백 사진 메이크업

특징	• 흑백 방송이나 흑백 사진 촬영용 메이크업 • 색이 보이지 않으므로 무채색 계열이나 음영을 나타낼 수 있는 컬러를 주로 사용
베이스	• 지속력과 커버력이 좋은 제품을 선택 • 모델의 피부 톤보다 한 톤 밝은 것을 선택하여 얼굴형에 맞게 윤곽 수정
아이브로	그레이나 블랙 컬러로 얼굴형에 어울리는 눈썹을 또렷하게 그림
아이	• 아이보리, 연그레이, 그레이, 블랙 등의 컬러로 눈매에 어울리게 연출 • 블랙 아이라인과 마스카라로 눈매 보정
립	• 자연스러운 연출을 원할 때에는 베이지브라운 계열의 컬러를 사용 • 강한 느낌의 연출을 원할 때에는 와인이나 다크브라운 계열의 컬러를 사용 • 선명한 립을 연출할 때에는 검정 립스틱을 활용
치크	베이지브라운 컬러로 윤곽과 치크를 함께 연출

참고 짙은 입술을 표현하기 위해 레드 립스틱 대신 사용 가능한 색상은 명도가 낮은 네이비나 블랙 등이 있음

(4) 목적에 따른 메이크업

사진 메이크업	사진 촬영을 위한 메이크업
아트 메이크업	• 메이크업이자 예술작품 • 페이스페인팅, 판타지 메이크업, 보디페인팅 등 행사나 이벤트를 위한 메이크업
소셜 메이크업	성장 메이크업(화려한 메이크업), 사교모임 등에서 하는 짙은 메이크업
미디어 메이크업	방송이나 촬영을 위한 메이크업
무대공연 메이크업 (그리스 페인팅 메이크업)	무대와 관객과의 거리를 고려하여 입체감 있게 표현하되 배우가 맡은 캐릭터에 적합한 특징을 살려 표현

참고 오디너리 메이크업(ordinary make up)
일상 생활에서의 메이크업

(5) 계절에 따른 메이크업

① 봄 메이크업
- **표현 방향**: 화사하고 사랑스러우며 신선함이 느껴지는 메이크업으로 표현
- 연출 방법

베이스	• 화사함을 위해 너무 어둡지 않게 피부 톤보다 한 톤 밝은 색을 선택 • 투명한 피부 표현을 위해 리퀴드 파운데이션을 사용
아이브로	자연스러운 브라운 또는 그레이를 섞어 진하지 않게 표현

참고 계절별 메이크업 컬러

봄	핑크, 그린, 옐로, 피치, 오렌지
여름	화이트, 블루, 실버, 라이트블루
가을	베이지, 브라운, 골드, 카키
겨울	버건디, 와인, 화이트펄, 레드, 퍼플

아이	• 옐로, 핑크, 오렌지, 그린 계열을 사용하여 자연스럽게 그러데이션 • 자연스러운 아이라인 연출
립	엷은 핑크나 오렌지 색상을 발라 산뜻하게 표현
치크	연한 핑크나 오렌지 색상으로 은은하게 표현

② 여름 메이크업
- 표현 방향: 짙은 메이크업은 피하고 시원하고 청량한 느낌의 메이크업 또는 태닝 메이크업으로 건강해 보이는 메이크업으로 표현
- 연출 방법

베이스	밝고 투명한 이미지를 표현하기 위해 두꺼운 느낌이 들지 않게 가볍게 커버
아이브로	• 진하지 않게 브라운 또는 그레이를 섞어 사용 • 약간 각진 눈썹형으로 표현하여 시원한 느낌을 살림
아이	• 화이트, 블루 계열을 사용하여 시원해 보이도록 연출 • 마스카라도 블루 컬러로 자연스럽게 연출 • 땀으로 인한 번짐을 막기 위해 워터프루프 마스카라 사용이 가능
립	펄이 들어 있는 색상으로 시원한 시각적 효과를 연출
치크	연한 핑크로 가볍게 처리하거나 생략해도 무방함

③ 가을 메이크업
- 표현 방향: 차분하고 지적인 여성미를 풍기는 음영이 강조된 메이크업으로 표현
- 연출 방법

베이스	베이지, 오클 계열의 색상으로 크림 파운데이션을 선택
아이브로	흑갈색으로 지적인 느낌이 연출되도록 살짝 각진 느낌으로 연출
아이	• 베이지, 브라운, 카키, 다크브라운 계열의 색상으로 그윽한 눈매 연출 • 아이라인을 또렷하게 그리고 조금 길게 빼 깊이 있는 눈으로 연출
립	짙은 오렌지, 브라운, 레드브라운, 골드를 섞어 연출
치크	브라운이나 핑크브라운, 오렌지브라운 컬러로 안정감 있게 연출

④ 겨울 메이크업
- 표현 방향: 깨끗하고 심플한 느낌의 메이크업으로 표현하거나 콘트라스트가 강한 색상과 밝은 색상을 사용하며, 건조한 날씨를 고려하여 충분한 수분과 영양을 공급
- 연출 방법

베이스	• 베이지 톤의 크림 파운데이션이 적합함 • 건조함 방지를 위해 파우더를 적당량 사용함
아이브로	흑갈색 계열로 또렷하게 그림
아이	• 브라운, 와인 계열의 색상으로 연출 • 아이라인을 선명하게 그리고 검정 마스카라로 깔끔하게 연출
립	다크브라운, 레드나 와인을 섞어 연출
치크	누드베이지나 핑크베이지 컬러로 자연스럽게 연출

> **참고** 태닝 메이크업
> - 건강한 피부 연출을 위해 브론즈 또는 오렌지 계열을 메이크업 베이스로 사용하면 효과적임
> - 브론즈나 골드 파우더로 하이라이트 존을 가볍게 터치하면 섹시함과 입체감의 표현이 가능함

> **용어** 워터프루프(Waterproof)
> 물과 땀에 잘 지워지지 않는 방수제품을 말함

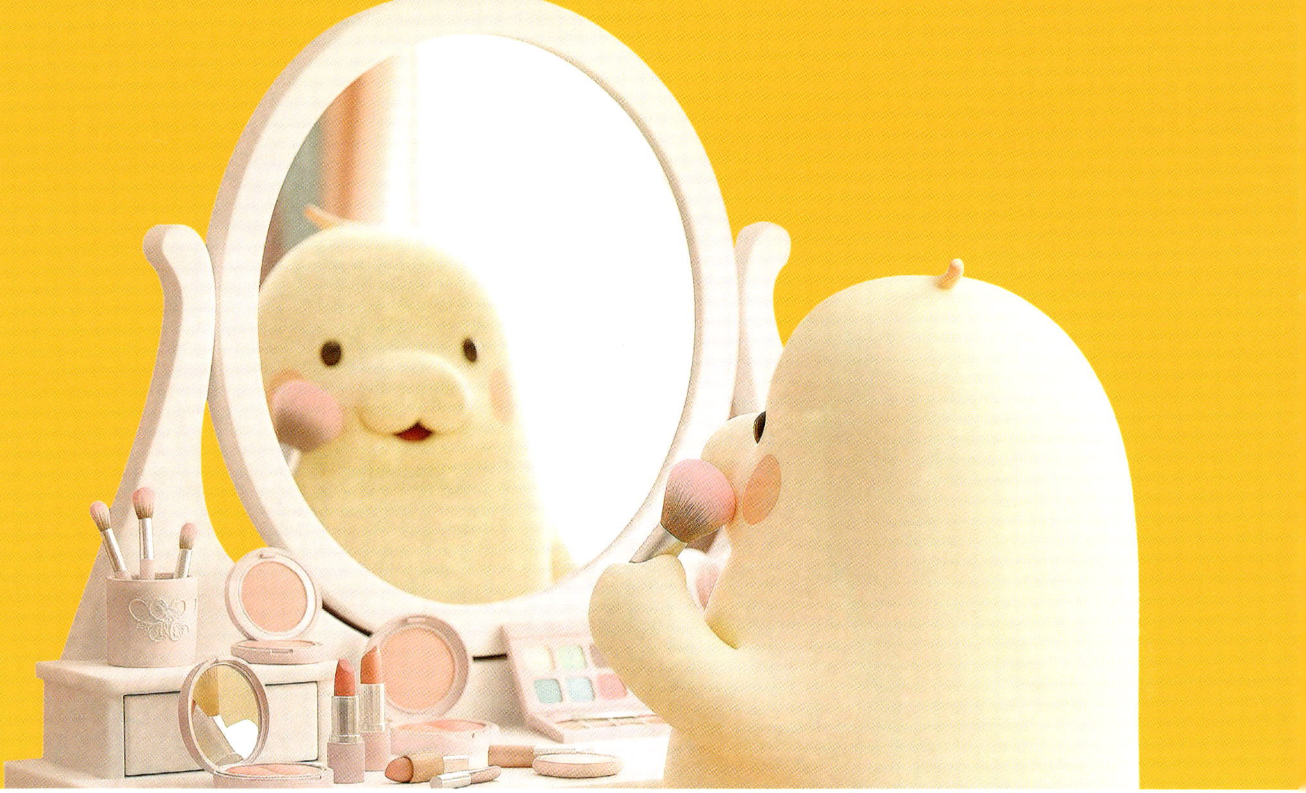

4시간 만에 자동암기
특강자료

에듀윌 메이크업미용사
필기 1주끝장
기출(복원) 모의고사 18회분+무료특강

무료특강 바로 보기
에듀윌 도서몰(book.eduwill.net)
▶ 동영상강의실 ▶ '메이크업' 검색

PART 01 | 메이크업 위생관리

001 메이크업의 용어

서양	페인팅	16세기 셰익스피어 희곡에 처음 등장한 용어로, 짙은 화장을 의미
	메이크업	17세기 초 리처드 크라슈가 처음 사용
	토일렛	화장을 포함한 몸치장 전반을 의미
	마끼아쥬	분장을 의미하는 프랑스 연극 용어
	드레싱	'장식하다, 꾸미다'의 의미
한국	담장	피부 손질 위주의 엷은 화장
	농장	담장보다 짙고 염장보다 옅은 화장
	염장	요염한 색채를 표현한 짙은 화장
	응장	혼례나 의례 등 행사 때 하는 또렷한 화장
	성장	주목을 끌 만큼 화려한 화장
	야용	분장
	미용	얼굴 치장
	단장	피부 손질부터 얼굴, 옷차림, 장신구 등을 수수하게 치장
	장식	피부 손질부터 얼굴, 옷차림, 장신구 등을 화려하게 치장

002 메이크업의 목적

본능적 목적	개인 또는 종족 보존을 위하여 본능적으로 성적 매력을 표현
실용적 목적	생활의 편리를 도모하거나 같은 종족임을 표시하여 외부 위험으로부터 보호·방어
신앙적 목적	주술적·종교적 행위
표시적 목적	신분, 계급, 결혼 여부를 구분 또는 표시

003 메이크업의 기원

종교설	주술적·종교적 행위로 특정 문양 및 색과 향을 이용하여 재앙을 물리치고 신을 숭배하는 데서 메이크업이 유래
보호설	외부의 위험으로부터 자신을 보호하고 은폐하기 위한 수단으로 메이크업이 유래
신분 표시설	개인의 사회적 지위나 계급, 성별, 결혼 여부 등을 표시하는 데서 메이크업이 유래
장식설	• 인간이 옷을 입기 전인 원시 시대부터 인간의 타고난 미적 욕구로 인해 장식하고 치장한 것에서 메이크업 유래 • 현재까지 가장 신빙성을 얻고 있음
위장설	적의 위험으로부터 신체를 보호하고 전쟁 또는 사냥을 승리로 이끌고자 새의 깃털이나 짐승의 치아, 뿔, 뼈, 식물성 색소들을 이용하여 얼굴이나 신체를 위장하는 것에서 메이크업이 유래
미화설	• 타인에게 자기 외모의 아름다움을 표현한 데서 메이크업이 유래 • 우월성을 표현하기 위한 수단

004 메이크업의 기능

미화적 기능	인간의 본능적인 기능으로 얼굴의 결점을 가리고 장점을 살림
표현 창출의 기능	시나리오나 대본에서 요구하는 이미지나 캐릭터를 표현
보호적 기능	외부의 공기, 온도, 습도, 자외선, 먼지 등으로부터 피부를 보호
심리적 기능	• 외모에 대한 자신감 부여 • 개인의 성격이나 사고방식 등 내면을 표현
사회적 기능	• 자신의 신분·직업·계급을 표시 • 사회의 관습 및 예의의 표현

005 한국 메이크업의 역사

고조선~여러 나라 시대		• 고조선: 희고 건강한 피부를 위해 쑥·마늘·꿀 등으로 세안 및 도포 • 읍루: 돈고(돼지기름)를 사용하여 피부를 보호하고 동상을 예방 • 말갈: 미백을 위하여 오줌 세수
삼국시대	고구려	• 계급과 신분에 따라 다르게 장식 • 머리에 관을 쓰고 연지로 입술과 볼을 붉게 화장
	백제	• 『화한삼재도회』: 백제가 일본에 화장품 제조 기술 및 화장법을 전달했음 • 시분무주: '분은 바르되 연지를 바르지 않음'을 뜻함
	신라	• 영육일치사상: 깨끗한 몸과 단정한 옷차림을 추구 • 불교의 영향으로 목욕이 대중화 • 미묵으로 눈썹 화장
고려 시대		신분에 따른 화장의 이원화 시작 • 분대화장: 기생 중심의 짙은 화장 • 비분대화장: 여염집 여성 중심의 엷은 화장

조선 시대		• 유교 사상의 영향으로 외면적인 아름다움보다는 내면의 아름다움 강조
		• 화장의 이원화의 세분화
		  − 분대화장: 기생(교육 기관: 교방)·궁녀
		  − 비분대화장: 여염집 여성, 평소에는 청결 위주, 혼인·연회 외출 시 화장과 구분
		• 보염서: 궁중 화장품을 전담·제작하는 기관
		• 『규합총서』: 다양한 두발 형태, 열 가지 눈썹 모양, 화장품 제조 방법 및 화장 방법 수록

근대개화기 (1876년~1930년대)		• 일본과 중국, 프랑스 등에서 포장과 품질이 우수한 수입 화장품 유입 • 1916년: 가내수공업으로 만든 최초의 국산 화장품인 박가분 출시
1940년대		신여성과 영화배우의 현대식 화장법과 옷차림이 본격적으로 유행
1950년대		주둔 미군을 통해 미국의 화장품과 패션 등을 받아들이고 화장품 산업이 성숙기를 맞이

연도	내용
1960년대	• 국산 화장품 산업이 본격적으로 발전 • 색조 화장품 생산
1970년대	• 입체 화장의 생활화 • 의상에 맞춘 토털코디네이션 메이크업 등장
1980년대	• 남성 메이크업 보급 • T.P.O.(Time, Place, Occasion)에 맞춘 토털코디네이션 메이크업
1990년대	에콜로지의 영향으로 자연스러운 색조 사용
2000년대 이후	• 웰빙이 대두되면서 피부 건강에 초점 • 기능성 화장품이 대중화됨

006 서양 메이크업의 역사

고대	이집트	• 고대 미용의 발상지 • 종교적이고 의학적인 목적에서 메이크업이 시작됨 • 사회적 신분 표시(가발 착용)와 장식적 목적(헤나를 이용하여 매니큐어, 염색, 손발바닥을 장식)의 메이크업을 처음 시작함
	그리스	• 성별 및 신분에 따른 메이크업 - 일반 여성: 피부 관리 - 매춘부·무희: 화려한 화장, 전신 화장
	로마	• 미용과 종교 의식을 위한 목욕 문화 발달(공중목욕탕) • 제모와 마사지, 몸 단련 등이 유행 • 흰 피부 연출을 위해 백납분을 바름
중세	전기	기독교의 금욕주의 영향으로 메이크업과 가발이 제한됨
	후기	• 십자군 전쟁 이후 몸에 대한 관심이 살아남 • 몸의 악취를 감추기 위해 향수 사용
르네상스 시대 (14~16세기)		• 문예 부흥으로 사치스러운 화장이 유행 • 엘리자베스 1세 여왕의 화장법 유행 • 백납분을 하얗게 바르고 얼굴 전체를 깨끗이 면도 • 이마를 한층 강조(눈썹을 뽑아 이마와의 경계를 없앰)
바로크 시대 (17세기)		• 성별 구분 없이 화려하고 사치스러운 의상에 어울리는 진한 화장 • 불쾌한 체취를 감추기 위해 향수 사용 • 패치를 사용하여 창백한 피부를 강조하거나 주근깨와 여드름을 감춤
로코코 시대 (18세기)		• 체취 커버를 위한 향수가 보편화됨 • 백발의 유행에 맞추어 얼굴은 매우 희게 강조함 • 펜슬 타입의 루주 등장 • 플럼퍼를 입 안에 물어 뺨을 통통하게 보이도록 만듦 • 숱이 적은 눈썹은 인조눈썹(쥐의 피부 사용)을 붙여 커버
근대 (19세기)		• 뷰티살롱 등장 • 메이크업의 경향이 자연스럽고 우아한 모습으로 변모 • 비누의 사용 보편화(위생·청결·피부 관리의 목적)
1900년대		러시아 발레단 공연으로 인해 오리엔탈 붐이 일어나 동양적인 색조가 인기
1910년대		• 뷰티 아이콘: 테다 바라, 폴라 네그리 • 검은색 일자형의 눈썹, 눈 주위에 강한 음영 • 얇고 또렷한 입술을 작게 표현
1920년대		• 뷰티 아이콘: 클라라 보우, 글로리아 스완슨, 루이스 브룩스 • 둥글고 정교하게 그려진 가는 눈썹 • 아이섀도로 눈이 들어가 보이도록 연출 • 검은색과 푸른색 마스카라 사용 • 붉은색 립스틱으로 인커브하여 꽃봉오리 같은 입매 연출
1930년대		• 뷰티 아이콘: 그레타 가르보, 마를렌 디트리히, 진 할로우, 조안 크로포드 • 불황으로 인한 경제 침체기, 할리우드 영화는 호황 • 활 모양의 아치형 눈썹과 깊이감 있는 음영 아이홀 연출, 마스카라와 인조속눈썹 사용 • 적당한 유분기를 가진 레드브라운 립 컬러를 이용하여 인커브 형태로 연출
1940년대		• 뷰티 아이콘: 리타 헤이워드, 잉그리드 버그만 • 팬케이크 파운데이션이 개발됨 • 제2차 세계대전으로 인해 선블록, 위장용 크림 등 기능성 화장품이 개발됨 • 이상적인 여성상: 핀업걸(Pin-up Girl) • 두껍고 또렷한 아치형 눈썹 • 올라간 화살형의 아이라이너를 사용하여 선명한 눈 화장 연출 • 빨간 립스틱으로 볼륨감 있는 또렷한 입술 연출
1950년대		• 오드리 헵번: 귀엽고 청순한 이미지, 두꺼운 눈썹, 치켜 올라간 눈꼬리 • 마릴린 먼로: 섹시한 이미지, 길게 뺀 아이라인, 아웃커브된 빨간 입술, 매력점 • 케이크형 콤팩트 파우더 유행
1960년대		• 브리지트 바르도: 야성미, 육감적 메이크업 • 트위기: 미소년 같은 말괄량이 이미지, 아이라인과 마스카라, 인조속눈썹을 사용하여 눈을 강조, 가짜 주근깨 • 고형 립스틱 출시 • 1960년대 후반 상업주의에 대한 반발로 히피가 출현함
1970년대		• 뷰티 아이콘: 파라포셋 • 라이트 파운데이션 출시 • 일광욕으로 건강한 피부 관리(태닝) • 사회질서에 대한 저항으로 펑크족이 출현함
1980년대		• 앤드로지너스룩 유행(성별 구별 없이 개성을 표출) • 다양한 컬러의 색조 화장이 유행 • 화장을 자신의 건강함과 개성을 나타내는 수단으로 이용
1990년대		• 1990년대 말 아방가르드한 사이버·테크노 이미지 메이크업이 유행 • 펄과 글리터의 사용 증가
2000년대		• 웰빙의 대두로 피부 건강에 치중된 내추럴 메이크업이 인기 • 다양한 트렌드가 공존

007 메이크업 작업장의 적정 온·습도 및 조명도

- 적정 온도: 18±2℃
- 적정 습도: 40~70%
- 실내외 온도차: 5~7℃
- 조명도: 75lux 이상이 되도록 유지

008 메이크업 재료·도구 관리 및 소독

수건·터번·헤드캡	1회용 사용 또는 세탁 및 일광·증기소독
가위	70%의 에탄올 사용, 고압증기 살균(가위 날을 거즈나 수건으로 싸서 소독)
브러시	• 전용 클리너로 세척 • 미온수에 중성세제로 세척한 후 그늘에 뉘어서 말림
스펀지	• 중성세제를 활용하여 세척 • 1회 사용 후 버리거나 잘라서 사용하는 것이 좋음
퍼프	중성세제로 세척·그늘 건조 후 일광소독하거나 자외선 소독하여 별도 보관
아이래시컬러	사용 후 알코올로 닦고 3개월에 한 번씩 고무패드 교체
면봉·화장솜·면도날	반드시 1회 사용 후 버림

009 메이크업 기기 관리 및 소독

소독한 기구(가위·브러시·유리볼)는 자외선소독기에 보관

베드·미용의자·화장대·자외선소독기	소독액(3% 석탄산용액, 3% 크레졸용액, 1~1.5% 포르말린용액, 역성비누 등)이 묻은 천이나 거즈로 표면을 소독
에어브러시	화장품이 남아 있지 않도록 분리하여 세척한 후 물기를 제거하고 소독액이 묻은 천이나 거즈로 표면을 소독함

010 메이크업 고객의 위생관리

• 1회용 음료컵 사용
• 감기, 눈병 등 2차 감염이 가능한 질환자의 객담에 주의하며 가급적 다음에 시술을 받도록 정중히 요청

011 표피의 구조 및 기능

각질층	• 표피의 가장 상부층으로 피부 방어막 역할 • 각화가 완전히 된 무핵의 죽은 세포층 • 비듬이나 때처럼 박리 현상을 일으킴 • 케라틴(각질세포)+천연 보습인자+세포간지질+수분으로 구성
투명층	• 손바닥과 발바닥 등 비교적 피부층이 두꺼운 부위에 주로 분포 • 무핵의 죽은 세포층 • 단백질(엘라이딘)을 함유하여 수분 침투를 방지하고 피부를 윤기 있게 함
과립층	• 피부의 수분 증발과 이물질의 침투를 방지하고 피부염 유발을 방지하는 수분저지막(레인방어막)이 있음 • 지방세포 생성 • 각화유리질과립이 존재
유극층	• 표피 중 가장 두꺼운 층을 차지하는 유핵층 • 세포와 세포 사이에 림프액이 흐르고 있어 혈액순환이나 세포 사이의 물질 교환을 용이하게 함 • 케라틴의 성장과 분열에 관여
기저층	• 표피의 가장 아래층으로 진피의 유두층에서 영양을 공급받음 • 각질형성세포, 색소형성세포, 머켈세포가 존재함 • 털의 기질부(모기질)

012 표피를 구성하는 세포

각질형성세포	• 표피의 80%를 차지, 기저층에 위치 • 각화 주기는 약 4주(28일)이며 반복적으로 각화 과정이 이루어짐
색소형성세포	• 기저층에 위치 • 멜라닌의 크기와 양에 따라 피부의 색 결정 • 자외선을 흡수하여 세포의 변형과 죽음 방지
랑게르한스세포	• 유극층에 위치 • 피부의 면역 기능을 담당 • 외부로부터 침입한 이물질을 림프구로 전달 • 내인성 노화가 진행되면 감소함
머켈세포	• 기저층에 위치 • 신경섬유 말단과 연결되어 촉각을 감지

013 진피의 구조 및 기능

점성을 갖는 탄력적 조직으로 교원섬유(콜라겐)조직과 탄력섬유(엘라스틴) 및 점성기질(히알루론산 등)로 구성

유두층	• 표피의 경계 부위에 유두 모양의 돌기를 형성하고 있는 진피의 상단 부분 • 모세혈관과 신경이 집중되어 각질형성세포에 산소와 영양분 공급 • 수분을 다량 함유
망상층	• 유두층 아래에 있으며 진피의 80%를 차지 • 교원섬유+탄력섬유가 그물 모양으로 구성 • 혈관, 림프관, 신경층, 땀샘, 피지샘, 모낭이 분포함

014 망상층 구성 물질

교원섬유(콜라겐)	진피의 90% 차지, 섬유아세포에서 생성, 나이가 들면 신장성이 떨어져 주름의 원인이 됨
탄력섬유(엘라스틴)	섬유성 단백질인 엘라스틴으로 피부에 탄력과 신축성을 부여, 피부의 이완과 주름에 관여
점성기질	콜라겐과 엘라스틴 섬유 사이를 채우고 있는 친수성 다당체인 히알루론산, 황산콘드로이친 등으로 이루어짐

015 피하조직

특징	• 진피와 근육 사이에 위치, 피부의 가장 아래층 • 지방세포들이 엉성한 그물 모양의 섬유조직으로 채워져 있음
역할	영양분 저장, 지방 합성, 열 차단(체온 유지), 외부 충격 흡수, 피부 탄력성 유지, 여성의 곡선미를 이루는 중요한 요소

016 피부의 기능

구분	내용
보호 기능	• 각질층과 피하지방층이 압력, 충격, 마찰 등 외부 자극으로부터 보호 • 피지막이 박테리아의 침입 방지 • 멜라닌 색소가 자외선으로부터 보호 • 피부 표면의 약산성 피지막(pH 5.5)이 세균의 침투를 막고 발육 억제 • 세균 침입 시 랑게르한스세포가 면역시스템 가동
체온 조절 기능	땀 분비, 혈관 수축과 확장을 통해 체온을 일정하게 조절
감각 기능	피부 내의 수용기가 통각, 압각, 온각, 촉각, 냉각 감지
분비·배설 기능	피지와 땀(하루 평균 땀 분비량: 700cc~900cc), 유기물질 등 분비
비타민D 합성 기능	자외선 자극에 의해 프로비타민D가 비타민D로 합성됨
항상성 유지 기능	• 피부 표면의 피지와 땀의 pH를 5~6 정도의 약산성으로 유지 • 땀의 발산과 모공 수축으로 피부 표면의 온도를 일정하게 유지
호흡 기능	피부를 통해 산소를 흡수하고 이산화탄소를 방출하여 에너지 생성

017 한선(땀샘)

구분	위치와 분포	특징
소한선 (에크린선)	• 입술, 음부, 손톱을 제외한 전신에 분포 • 손발바닥, 이마에 집중 분포	• 나선형 땀구멍 • 체온을 유지하고 노폐물 배출 • 땀의 99%가 수분이며 무색·무취 • 실밥을 둥글게 만 것 같은 모양으로 진피 내에 존재
대한선 (아포크린선)	겨드랑이, 유두, 배꼽, 성기 주변에 집중 분포	• 사춘기 이후 발달 • 여성이 남성보다 발달 • 피부상재 박테리아가 땀을 분해할 때 특유의 냄새 발생

018 피지선

- 진피의 망상층에 위치
- 모낭에 연결되어 있으며 피지를 만들어 모공으로 배출
- 손바닥과 발바닥을 제외한 전신에 분포
- 피부와 모발의 수분 증발을 방지하여 수분감과 윤기 부여
- 피부 표면을 약산성으로 유지하여 세균으로부터 보호
- 성인은 하루 1~2g 정도의 피지를 분비함

019 모발

구분	내용
성분	케라틴(80~90%)+멜라닌+지질+수분
건강한 모발	• pH: 4.5~5.5 • 단백질 함량: 70~80% • 수분 함량: 10~15%
기능	추위 등 외부 환경으로부터 보호, 감각 전달, 충격 완화, 노폐물 배출, 장식
모발의 색소	멜라닌 색소(모피질에 많음)
생장주기	성장기 → 퇴화기 → 휴지기 → 발생기

020 3대 영양소

- 탄수화물

구분	내용
기능 및 특징	• 신체의 중요한 에너지원 • 장에서 포도당, 과당, 갈락토오스의 형태로 흡수 • 최종 분해 산물: 포도당(글루코오스)
종류	• 단당류: 포도당, 과당, 갈락토오스 • 이당류: 자당, 맥아당, 유당 • 다당류: 전분, 글리코겐, 셀룰로오스, 펙틴 등

- 단백질

구분	내용
기능 및 특징	• 피부, 근육, 손발톱 등 신체조직을 구성 • 소화효소와 호르몬을 합성함 • 피부의 탄력 증진과 각화 작용에 필수적인 요소로 pH를 조절 • 효소, 호르몬, 면역과 항독 물질의 성분 • 면역세포와 항체 형성(신체방어 능력과 관계됨) • 분해 효소: 트립신
필수 아미노산	• 신체에서 합성이 불가능하여 반드시 음식으로 섭취해야 함 • 성인(9가지): 히스티딘, 류신, 라이신, 트레오닌, 아이소루신, 메티오닌, 페닐알라닌, 트립토판, 발린 • 영아(10가지): 성인의 9가지+아르기닌

- 지방

구분	내용
기능 및 특징	• 고효율 에너지 공급원(1g당 9kcal의 에너지) • 필수 지방산 공급 • 체온 조절 및 장기 보호 • 피부에 윤기와 탄력 부여 • 지용성 비타민(A, D, E, F, K)의 흡수 촉진
불포화 지방산	• 필수 지방산 - 리놀레산, 리놀렌산, 아라키돈산 - 신체 성장 유지 및 기능 정상화 - 생체막 구성 성분 • 순환계, 호르몬계, 면역계를 조절하고 콜레스테롤 억제, 항노화 기능

021 비타민C(아스코르브산, 항산화 비타민)

- 미백 효과(멜라닌 색소 억제), 색소침착 방지, 피부 탄력 부여
- 모세혈관 강화, 피부 손상 방지
- 피부 과민증 억제 및 해독 작용
- 콜라겐 합성에 관여하여 진피의 결체조직 강화
- 결핍: 괴혈병, 잇몸 출혈, 각화증, 고지혈증, 기미, 빈혈

022 지용성 비타민

비타민A (레티놀)	• 상피 보호, 피부 재생, 주름과 각질 예방, 노화 방지 • 각화 주기에 관여하여 여드름을 감소시킴 • 결핍: 야맹증, 결막건조증, 피부건조
비타민D (칼시페롤)	• 뼈와 치아 형성 및 발육 촉진, 골다공증 예방 • 자외선을 받으면 체내 합성 가능 • 결핍: 구루병, 골다공증, 습진, 건선
비타민E (토코페롤)	• 항산화 기능, 노화 지연, 임신·생식에 관여 • 결핍: 빈혈, 생식 기능 장애
비타민K (메나퀴논)	• 혈액 응고에 관여, 모세혈관 강화로 피부 홍반에 좋음 • 피부염과 습진 예방 • 결핍: 혈액 응고 지연, 피부나 점막에 출혈

023 무기질

칼슘 (Ca)	• 골격과 치아의 주성분 • 혈액 응고에 관여 • 결핍: 구루병, 골다공증, 충치, 신경과민증
철 (Fe)	• 적혈구의 헤모글로빈을 구성(혈액 색과 관련) • 체내에 가장 많은 무기질 • 산소 운반, 면역 기능, 혈행 개선 • 결핍: 빈혈, 적혈구 감소
요오드 (I)	• 갑상선 및 부신의 기능 촉진 • 모세혈관의 기능 정상화 • 결핍: 갑상선 질환

024 자외선

UV-A	• 장파장(320~400nm), 진피 망상층까지 도달 • 생활자외선으로 피부 탄력 감소, 잔주름 유발 • 광노화 현상: 조사 즉시 색소(멜라닌) 침착 유발, 피부 건조의 원인 • 콜라겐과 엘라스틴 파괴·변형
UV-B	• 중파장(280~320nm), 표피 기저층까지 도달 • 피부 홍반(UV-A의 1,000배) 반응 • 일광 화상의 원인 • 기미, 비타민D 합성에 관여
UV-C	• 단파장(200~280nm), 표피 각질층까지 도달 • 대부분 오존층에 흡수되나 오존층 파괴로 인해 피부에 영향을 미치면 피부암 발생 가능 • 강력한 소독 및 살균 작용(UV-A의 1,000~10,000배)

025 피부의 면역작용

랑게르한스 세포	골수 기원성 세포로 표피의 유극층에 존재하며 면역 담당
각질층	외부로부터 피부 방어 및 보호
기저층	각질형성세포가 면역 조절에 작용함
피지선과 한선	피지와 땀이 만드는 산성막이 박테리아 성장 억제
피부염증	면역을 담당하는 대식세포가 침입한 세균을 방어하기 위해 피부염증을 일으켜 면역 반응을 함

026 피부노화

내인성 노화 (생리적 원인)	• 피지와 땀 분비 감소 • 표피가 얇아지고 피부가 건조, 잔주름 발생 • 진피는 감소, 각질층은 두꺼워짐 • 피부면역 기능 저하
외인성 노화 ·광노화 (환경적 원인)	• 자외선의 만성노출로 인하여 기미와 주근깨, 주름 유발, 노화 촉진 • 진피 내의 모세혈관이 확장, 피부 표면이 두꺼워짐 • 멜라닌세포 수 증가 • 과색소침착증 발생 • 깊고 굵은 주름 발생 • 콜라겐의 변성과 파괴 • 랑게르한스세포의 저하로 면역력 저하 • 섬유아세포 수 감소 • 혈관벽의 비대로 혈관 탄력 저하

027 피부장애와 질환

열	주사	• 열이나 다양한 자극에 대한 혈관 조절 기능 이상 • 주로 코와 뺨 등 얼굴의 중간 부위에 나비 모양으로 발생하는데 붉어진 얼굴과 혈관 확장이 주 증상 • 남녀 모두 10대 이후 모든 연령에서 볼 수 있으나 30~50대에서 가장 흔하고 여자에게 더 자주 발생 • 간혹 구진, 농포, 부종 등이 관찰되는 만성 질환
바이러스	단순 포진	단순성 포진 바이러스에 의한 피부 및 점막의 감염으로 주로 물집이 발생하는 질환(헤르페스)
	대상 포진	몸의 좌우 한쪽 신경에 포진 바이러스가 감염되어 일어나는 질환
	사마귀	유두종바이러스(HPV)에 의해 구진 또는 판의 형태로 발생
	홍역	홍역 바이러스로 인한 급성 발진성 질환
원발진	홍반	모세관 확장·충혈로 인해 피부가 붉게 변하는 상태
	반점	피부 표면에 융기나 함몰 없이 원형이나 타원형으로 색깔 변화만 있는 것(기미, 주근깨, 오타모반)
	구진	고름 없이 표피에 형성되는 1cm 미만의 발진
	농포	• 피부 위로 고름이 잡히며 염증을 동반 • 주변 조직이 파손되지 않게 되도록 빨리 제거해야 함
속발진	미란	피부 또는 점막의 표층이 결손된 것
	궤양	• 피부의 상피나 점막에 상처가 생기고 헐어서 염증과 출혈이 뒤따르는 상태 • 치료 후 흉터 발생
	호호바	심한 건조증이나 외상 또는 질병으로 인해 피부가 갈라진 상태

028 화장품의 정의

화장품	• 인체를 청결·미화하여 매력을 더하고 용모를 밝게 변화시키거나 피부·모발의 건강을 유지 또는 증진하기 위하여 인체에 바르고 문지르거나 뿌리는 등 이와 유사한 방법으로 사용되는 물품 • 인체에 대한 작용이 경미한 것 • 의약품에 해당하는 물품은 제외

기능성 화장품	• 피부의 미백에 도움을 주는 제품 • 피부의 주름 개선에 도움을 주는 제품 • 피부를 곱게 태워주거나 자외선으로부터 피부를 보호하는 데 도움을 주는 제품 • 모발의 색상 변화·제거 또는 영양 공급에 도움을 주는 제품 • 피부나 모발의 기능 약화로 인한 건조함, 갈라짐, 빠짐, 각질화 등을 방지하거나 개선하는 데에 도움을 주는 제품 • 그 외에 총리령으로 정하는 화장품

029 화장품과 의약품

구분	화장품	의약외품	의약품
대상	정상인	정상인	환자
목적	청결·미화	위생·예방	질병의 진단 및 치료
사용 기간	장기	장기 또는 단기	단기
처방 필요성	임의 사용 가능	임의 사용 가능	의사 처방 필요

030 화장품 품질의 4대 요건

안전성	• 피부 자극, 알레르기, 독성이 없어야 함 • 이물질이 포함되거나 파손되지 않아야 함
안정성	• 사용 중 변질, 변색, 분리되지 않아야 함 • 미생물 오염이 없을 것
사용성	질감, 발림성, 흡수성 등의 사용감과 향, 색, 디자인 등의 기호성, 크기, 중량, 휴대성 등의 편리성이 좋아야 함
유효성	• 사용 목적에 적합한 기능성을 가져야 함 • 미백, 주름 개선, 탄력, 자외선 차단 등

031 화장품 제조 기술

가용화	• 다량의 물+소량의 오일 성분이 계면활성제에 의해 투명하게 용해되어 있는 상태 • 주로 비이온 계면활성제 사용 • 화장수, 에센스, 헤어 토닉, 향수 등을 제조할 때 활용
유화	• 많은 양의 유성 성분이 물에 균일하게 혼합되어 우윳빛으로 백탁화된 상태 • 로션, 크림, 에센스, 마사지크림, 클렌징크림, 메이크업 베이스 등에 광범위하게 적용
분산	• 매우 작게 만든 고체 입자가 액체 속에 균일하게 안정적으로 혼합되어 있는 상태 • 파운데이션, 마스카라, 아이라이너, 립스틱, 아이섀도, 네일에나멜 등 메이크업 화장품 제조 시 주로 활용

032 유화의 형태

O/W형 (수중유형)	• 물에 쉽게 희석됨 • W/O형보다 내수성이 떨어짐 • 지성피부에 사용하기에 적합함 • 보습 로션, 선탠 로션 등
W/O형 (유중수형)	• 수분 증발을 방지 • O/W형보다 유분이 많아 끈적임이 있으며 무겁고 오일리한 느낌 • 땀이나 물에 잘 지워지지 않음 • 워터프루프 제품, 영양크림, 선스크린 제품에 주로 이용
W/O/W형	W/O형 에멀전을 다시 물에 유화한 형태
O/W/O형	O/W의 에멀전을 다시 오일에 유화한 형태

033 오일

식물성 오일	• 향이 좋고 피부에 자극이 적으며 피부 친화성이 우수 • 불포화 결합이 많아 쉽게 산화됨 • 피부 흡수가 늦음 • 아보카도 오일, 동백 오일, 달맞이꽃 오일
동물성 오일	• 피부 친화성이 좋고 피부에 흡수 빠름 • 불포화도가 높아 쉽게 산화되어 변질됨 • 밍크 오일, 난황유, 마유, 터틀 오일
광물성 오일	• 피부 흡수가 좋으나 유성감이 강해 피부 호흡을 방해 • 무색, 무취로 산화 변질이 되지 않음 • 미네랄 오일(유동 파라핀), 바셀린, 고형 파라핀
합성 오일	• 합성한 오일로 천연 오일에 비해 쉽게 변질되지 않고 사용감이 좋음 • 화학적 안정성과 사용감이 우수함 • 실리콘 오일, 이소프로필 팔미테이트, 미리스틴산 팔미테이트

034 동물성 왁스

밀랍	벌집에서 채취 예 유화제, 크림, 립스틱
라놀린	양모에서 추출한 기름을 정제 예 보습제, 립스틱
경랍	향유고래의 뇌유에 다량으로 존재

035 계면활성제

• 피부 자극: 양이온>음이온>양쪽성>비이온
• 세정력: 음이온>양쪽성>양이온>비이온

양이온 계면활성제	정전기 방지 기능, 피부 자극이 가장 큼 예 헤어 린스, 헤어 트리트먼트, 섬유유연제
음이온 계면활성제	기포 형성 작용 우수 예 비누, 세탁세제, 샴푸, 클렌징폼, 치약, 면도크림
양쪽성 계면활성제	• 분자 내에 음이온 가능 부위와 양이온 가능 부위를 모두 가짐 • 피부 자극이 적음 예 베이비용 샴푸, 저자극 샴푸
비이온 계면활성제	피부 자극이 가장 낮음 예 화장수의 가용화제, 크림 유화제

036 보습제의 종류

폴리오 (다가 알코올)	글리세린, 프로필렌글리콜, 부틸렌글리콜, 솔비톨, 폴리에틸렌글리콜

천연 보습인자 (NMF)	아미노산, 피롤리돈 카르복시산, 젖산염, 요소, 지방산 등
고분자 보습제	히알루론산염, 가수분해 콜라겐, 콘드로이친 황산

037 보습제와 방부제의 조건

보습제	• 흡수력이 높아야 함 • 온도 · 습도 · 바람에 영향을 쉽게 받지 않아야 함 • 지속성이 강해야 함 • 다른 성분과의 공존성이 좋아야 함 • 피부 친화성이 뛰어나야 함 • 휘발성이 없고 응고점이 낮아야 함
방부제	• 다양한 균종에 효과가 있어야 함 • 넓은 범위의 온도와 pH에서도 안정적으로 효과가 있어야 함 • 인체에 무해, 무색, 무취 • 방부제 첨가로 인해 제품의 품질이 손상되지 않아야 함 • 경제적, 용이한 생산

038 색소

염료	• 물이나 오일에 녹는 색소 • 수성: 화장수, 로션, 샴푸 등의 착색에 사용 • 유성: 헤어오일 등의 유성 화장품 착색에 사용
안료	• 물이나 오일에 녹지 않는 색소 • 유기안료: 무기안료에 비해 빛깔이 선명하고 착색력이 뛰어남(립스틱, 치크) • 무기안료: 빛 · 산 · 알칼리에 강하나 색상이 화려하지 않음 • 레이크: 색이 선명하며 착색력도 우수

039 메이크업 화장품의 구성 성분

백색 안료	• 가장 많이 사용하는 안료. 제품의 커버력을 결정 • 이산화티탄(티타늄디옥사이드), 산화아연(징크옥사이드), 탄산칼슘, 연백, 리토폰
착색 안료	• 색을 부여하고 커버력을 조절 • 산화철, 레이크
체질 안료	• 화장품의 제형 유지 및 사용감에 영향 • 탈크, 마이카, 세리사이트, 카올린
펄 안료	• 광택감과 반짝임 부여 • 운모티탄, 비스무스, 옥시클로라이드

040 향수의 부향률

퍼퓸	부향률 15~30%, 6~7시간
오드 퍼퓸	부향률 9~12%, 5~6시간
오드 뚜왈렛	부향률 6~8%, 3~5시간
오드 코롱	부향률 3~5%, 1~2시간, 처음 향수를 접하는 사람에게 적당
샤워 코롱	부향률 1~3%, 약 1시간, 샤워 후 전신에 도포 및 분사 가능

041 향수의 발산 속도

톱노트	• 향수를 뿌렸을 때 바로 느껴지는 향 • 헤드노트라고도 하며 구매의 계기가 되는 경우가 많음
미들노트	• 하드노트라고도 하며 향수의 향을 지배함 • 부드럽고 따뜻한 느낌
베이스 노트	• 휘발성이 낮아 마지막에 남는 향기 • 라스트노트라고도 하며 향의 품질을 결정함

042 에센셜 오일 추출법

수증기 증류법	• 원료(잎, 꽃, 열매, 줄기 등)를 넣고 열을 가하여 증발된 기체를 냉각하여 추출 • 천연향을 대량으로 추출할 수 있으나 고온에서 일부 향 성분이 파괴됨
압착법	껍질에서 무기염류를 제거하고 추출(레몬, 베르가못, 열대과일)
용매 추출법	핵산, 에테르, 메탄올, 에탄올 등의 휘발성 용매를 이용해 낮은 온도에서 추출(장미, 자스민)
침윤법	비휘발성 용매를 추출하기 위해 오일에 원료를 담가 향을 추출
이산화탄소 추출법	• 저온, 저압에서 추출 • 향은 원형에 가깝게 보존되나 비용이 많이 발생

043 에센셜 오일 사용시 주의점

• 원액이 피부에 그대로 닿지 않도록 할 것
• 반드시 원액을 희석하여 사용할 것
• 사용 전 패치 테스트 실시할 것
• 갈색병에 넣고 마개를 닫아 냉암소 보관할 것
• 눈에 직접 닿지 않도록 주의할 것
• 유통기한이 지난 제품은 사용하지 말 것
• 임산부 및 고혈압, 간질환자 등 질환이 있는 사람은 특정 오일 사용 금지

044 캐리어 오일

• 에센셜 오일을 단독 사용하기보다 캐리어 오일을 함께 블렌딩하면 아로마테라피 효과가 극대화됨
• 에센셜 오일의 향을 방해하지 않아야 하므로 향이 없어야 하고 피부 흡수력이 좋아야 함
• 비타민, 미네랄, 항균 작용이 우수한 식물성 오일

045 에센셜 · 캐리어 오일 종류

	라벤더	• 피부 재생, 습진 · 여드름성피부 · 화상 등에 효과 • 정서적 안정, 긴장 완화, 이완, 항우울
에센셜 오일	티트리	• 살균, 소독(여드름), 기관지염 · 습진 · 무좀 등에 효과적 • 면역 강화, 독소 배출, 피부 정화
	자스민	피지 조절, 항우울, 피부 보습 · 재생 · 이완 · 진정 · 상처 치유, 긴장 완화, 분만 촉진
	로즈마리	피부 청결, 노화피부 개선, 두피 개선, 주름 완화, 기억력 증진, 혈행 촉진, 진통 해소

캐리어 오일	호호바	• 인체 피지와 유사한 화학 구조를 가져 피부 친화성이 우수하고 모든 피부에 적합 • 쉽게 산화되지 않아 안정성이 우수하고 끈적임이 적음 • 노폐물 제거, 항균 효과, 보습력 우수 • 여드름 · 습진 · 건선피부에 효과적

046 미백 화장품

알파하이드록시산 (AHA)	각질세포의 탈락을 유도하여 멜라닌 색소 제거
산화아연 (징크옥사이드), 이산화티탄 (티타늄디옥사이드)	자외선 차단 성분이 자외선 흡수를 방지하고 기미 · 주근깨 등의 생성 억제
알부틴, 코직산, 닥나무 추출물	티로시나아제효소의 활성 억제
비타민C 유도체	도파(DOPA) 산화 억제
하이드로퀴논	피부에 침착된 멜라닌 색소의 색을 엷게 하고 멜라닌 합성과 확산 억제

047 주름 개선 화장품

• 진피층의 밀도를 채워 피부의 탄력을 높이고 피부의 주름을 완화 또는 개선하는 기능
• 섬유아세포 생성 촉진 및 콜라겐 합성

레티놀 · 아데노신	섬유아세포 생성 촉진 및 콜라겐 합성
베타카로틴	당근에서 추출, 피부 재생 효과
비타민E, SOD	항산화제 성분으로 활성산소 억제, 프리라디칼 제거

048 자외선 차단 화장품

자외선 산란제	• 자외선을 산란 · 반사시키는 물리적 자외선 차단제 • 차단 효과가 우수 • 피부 안전성이 높아 민감한 피부나 어린 아이에게 사용할 수 있음 • 산화아연(징크옥사이드), 이산화티탄(티타늄디옥사이드), 카오린, 탈크
자외선 흡수제	• 자외선을 흡수하는 화학적 자외선 차단제 • 발림성이 좋고 백탁 현상이 없음 • 피부 자극이 강하기 때문에 민감한 피부에 사용할 때는 주의 • 촉촉하고 산뜻한 발림성 • 에칠헥실메톡시신나메이트, 부틸메톡시디벤조일메탄, 아보벤존, 옥시벤존, 벤조페논, 살리실레이트, 파라아미노 벤조산 유도체, 벤조이미다졸 유도체, 벤조페논 유도체

049 자외선 지수

• SPF: 자외선 UV-B를 방어할 수 있는 지수

$$SPF = \frac{\text{자외선 차단제를 사용했을 때 최소 홍반량}}{\text{자외선 차단제를 사용하지 않았을 때 최소 홍반량}}$$

• PA지수: UV-A에 대한 차단지수로 '+' 표시가 많을수록 UV-A에 대한 차단력이 높음

출제 예상문제 풀어보기

01
다음 중 화장 용어와 그 뜻을 연결한 것으로 옳지 <u>않은</u> 것은?
① 담장 - 혼례나 의례 화장
② 농장 - 담장보다 짙고 염장보다 옅은 화장
③ 야용 - 분장
④ 성장 - 남의 이목을 끄는 화려한 화장

• 담장: 피부 손질 위주의 옅은 화장
• 응장: 혼례나 의례 등 행사 때 하는 또렷한 화장

02
메이크업의 도구 관리를 위한 설명으로 옳지 <u>않은</u> 것은?
① 수건은 1회용을 사용하거나 세탁 및 일광소독하여 사용한다.
② 눈썹가위는 70%의 에탄올을 사용하여 소독한다.
③ 소독한 메이크업 기구와 소독하지 않은 기구는 표시하여 같은 용기에 보관한다.
④ 아이래시컬러는 사용 후 알코올로 닦고 3개월에 한 번씩 고무패드를 교체한다.

소독을 한 기구와 소독을 하지 않은 기구는 각각 다른 용기에 넣어 보관해야 함

03
기저층에 위치하며 신경섬유 말단과 연결되어 촉각을 감지하는 세포는?
① 머켈세포　　　② 랑게르한스세포
③ 각화세포　　　④ 멜라닌세포

• 랑게르한스세포: 면역세포
• 각화세포: 각질형성세포
• 멜라닌세포: 색소형성세포

04
자외선에 대한 설명으로 옳지 <u>않은</u> 것은?
① 200~400nm의 파장의 태양광선이다.
② 콜라겐과 엘라스틴을 파괴하거나 변형시켜 노화의 원인이 된다.
③ 오존층 파괴로 인해 피부에 영향을 미치면 피부암이 발생할 수 있다.
④ 혈관을 자극하여 혈액순환을 촉진시킨다.

혈관을 자극하여 혈액순환을 촉진시키는 것은 적외선이 피부에 미치는 영향임

| 정답 | 01 ① 02 ③ 03 ① 04 ④

05
머리카락과 손톱, 발톱을 형성하는 단백질인 케라틴 합성에 도움을 주는 무기질은?

① 철(Fe)
② 요오드(I)
③ 황(S)
④ 칼슘(Ca)

황(S)
- 모발과 손발톱의 구성 성분으로 결핍 시 거친 모발 및 손발톱 거침증 발생
- 케라틴 합성에 관여함

06
사용감과 편리성이 좋아야 하고 사용자의 기호에 적합하여야 한다는 특성은 화장품의 품질에 요구되는 특성 중 어떤 것에 해당하는가?

① 사용성
② 유효성
③ 안전성
④ 안정성

사용성: 화장품은 질감, 발림성, 흡수성 등의 사용감과 향, 색, 디자인 등의 기호성, 크기, 중량, 휴대성 등의 편리성이 좋아야 함

07
다음 중 계면활성제의 피부 자극 강도를 바르게 나열한 것은?

① 음이온＞양이온＞양쪽성＞비이온
② 양이온＞음이온＞양쪽성＞비이온
③ 양쪽성＞비이온＞양이온＞음이온
④ 양이온＞음이온＞비이온＞양쪽성

양이온 계면활성제의 피부 자극이 가장 크고 비이온 계면활성제의 피부 자극이 가장 적음

08
활성산소를 억제하고 산소라디칼을 제거하여 항산화를 도와주는 성분은?

① SOD
② SPF
③ NMF
④ APA

SOD: 항산화제 성분으로 활성산소 억제, 프리라디칼의 한 종류인 산소라디칼을 제거함

PART 02 | 메이크업 고객 서비스

001 고객관리의 중요성
- 반복적인 구매의 증가로 매출 증대
- 입소문 효과로 신규 고객 유치
- 고객 만족도를 통한 단골 고객 유치

002 고객을 위한 서비스 제안

언어 서비스	때와 장소에 적합한 언어 구사
청각 서비스	• 불필요한 소음 발생 방지 • 음악 재생 또는 방음시설 확보로 외부소음 차단 • 직원들 간의 대화 시 적절한 톤 조절
시각 서비스	• 깔끔하고 위생적인 용모 유지 • 바른 자세와 움직임

003 고객상담 시 화법
- 밝고 명랑한 목소리
- 정확한 발음과 적당한 속도
- 명령이나 지시가 아닌 부탁과 권유의 어조
- 단답식 부정형이 아닌 긍정형의 대답
- 쿠션어 사용 예 죄송합니다만~
- 말씨와 억양에 유의하고 비속어 사용 금지
- 쉬운 단어와 간결한 문장 사용
- 공감대 형성

004 고객 상담의 필요성

고객 입장	기업 입장
• 고객에게 필요한 바른 정보 제공 • 맞춤 상담으로 신뢰감 향상 • 고객의 니즈와 관심에 적합한 상담으로 만족도 상승	• 신규 고객 확보 • 소비자들의 심리 분석 • 시장경쟁에서 우위 확보 • 브랜드의 신뢰도 확보

005 방문 고객응대 절차
- 사업장을 방문하는 고객에게 밝은 얼굴, 올바른 자세로 인사
- 고객의 옷과 소지품 보관
- 방문 사유 확인 및 서비스 공간으로 안내
- 대기 고객은 휴식 및 대기 공간으로 안내하여 다과 및 책자 제공
- 상담 후 예약이 필요한 경우 예약카드 작성
- 고객 상담 시에는 적절한 아이콘택트와 리액션, 경청하는 자세, 친절한 화법 필요
- 작업이 종료된 고객에게 서비스 내역과 요금 안내 후 정산
- 고객 배웅

006 전화 예약 절차

순서	응대 요령
전화 받기	• 인사 및 소속과 이름 소개 • 전화는 벨이 2번 울릴 때 받는 것이 적절함 • 메모지와 예약일정표를 미리 준비
상대의 신분확인	• 상대가 신분을 밝혔을 경우 반갑게 인사 • 예약을 원하는 고객의 신분을 확인
예약 내용 확인	예약 날짜, 시간, 메이크업 작업 내용, 메이크업 담당자 등 질문
예약 내용 확정	• 기존 메이크업 담당자가 있을 경우 담당자의 일정을 확인 후 확정 • 기존 메이크업 담당자가 없을 경우 다른 메이크업 작업자의 일정을 확인 후 확정 • 예약 내용을 한 번 더 확인하고 예약일정표에 정확하게 기록 후 확인
끝인사	기타 궁금한 사항을 묻고 없으면 끝인사로 마무리
전화 끊기	고객이 먼저 끊은 것을 확인 후 수화기를 내려놓음

007 불만 고객 처리

순서	처리 내용
사과하기	고객에게 우선 사과하기
경청하기	• 불만사항을 적극적으로 경청 • 불만의 원인을 파악하여 고객의 불만을 이해하고 있다는 인상을 줌
공감하기	• 불편사항에 공감 • 고객 관점의 어휘 사용 • 고객의 입장에 서 있음을 인식시키고 공감대 형성
원인 분석	• 문제 발생의 원인 파악 • 고객의 잘못을 말하지 않음 • 자신의 의견이나 평가를 개입시키지 않음 • 객관적으로 사실 파악
해결책 제시	• 매장의 방침이나 규정 여부를 검토 후 신속한 해결책 강구 • 알기 쉬운 말로 해결책 제시
고객 의견 경청	제시한 해결책에 대한 고객의 의견을 듣고 동조를 이끌어 냄
대안 제시	불만이 해결되지 않았다면 다시 대안을 제시
감사 표시	고객이 이해해 준 것에 대한 감사 표시

008 얼굴의 비율과 균형

- 얼굴의 가로 길이와 세로 길이가 1 : 1.618의 비율이 이상적
- 윗입술과 아랫입술의 비율이 1 : 1.5의 비율이 이상적

가로 분할 3등분		세로 분할 5등분	
1등분	헤어라인 ~눈썹앞머리	1등분	왼쪽 헤어라인 ~왼쪽 눈꼬리
		2등분	왼쪽 눈꼬리 ~왼쪽 눈앞머리
2등분	눈썹앞머리 ~코 끝	3등분	왼쪽 눈앞머리 ~오른쪽 눈앞머리
		4등분	오른쪽 눈앞머리 ~오른쪽 눈꼬리
3등분	코 끝~턱 끝	5등분	오른쪽 눈꼬리 ~오른쪽 헤어라인

009 얼굴의 골격

- 얼굴뼈에 의해 얼굴의 기본 모양이 결정
- 하악골(아래턱뼈): 아래쪽 턱을 형성하는 뼈로 얼굴형을 결정짓는 가장 중요한 요소

010 가시광선

- 파장 범위: 380~780나노미터(nm)
- 빨강 · 주황 · 노랑 · 초록 · 파랑 · 남색 · 보라 등으로 인식

011 색의 3요소

색상	색 자체가 갖는 고유의 특성으로 유채색에만 있음
명도	• 색의 밝고 어두움을 나타내는 명암 단계로 무채색은 명도만 있음 • 흰색을 섞을수록 명도는 높아짐
채도	• 색의 맑고 탁한 정도와 색의 강약, 유채색에만 존재 • 순색에 가까울수록 채도는 높아짐

012 색채 지각의 3요소

빛(광원), 물체, 시각(눈)

013 먼셀의 색체계

- 기본 5색: 빨강(R), 노랑(Y), 녹색(G), 파랑(B), 보라(P)
- 색 표기법: HV/C(색상, 명도/채도)

014 색채의 지각 원리

명순응	어두운 곳에서 밝은 곳으로 나오면 처음에는 눈이 부시지만 곧 잘 보이게 되는 현상
암순응	밝은 곳에서 어두운 곳으로 왔을 때 시간 경과 후 잘 보이게 되는 현상으로 명순응의 시간보다 오래 걸림
푸르킨예 현상	밝은 곳에서 어두운 곳으로 옮겨갈 때 붉은색은 어둡고 탁하게 보이고, 녹색과 청색은 상대적으로 밝게 보이는 현상
연색성	조명에 따라 동일한 물체의 색이 달리 보이는 현상

항상성	조명의 강도가 바뀌어도 물체의 색은 이전과 동일하게 느끼는 현상
조건등색 (메타메리즘)	서로 다른 두 색이 특수한 상태에서 같은 색으로 보이는 현상
컬러 어피어런스	어떤 색채가 환경(매체, 주변 색, 조도 등)에 따라 달리 보이는 현상

015 색의 혼합

가산 혼합	• 빛(색광)의 혼합(가법 혼합) • 빨강(R)+초록(G)+파랑(B)=하양 • 색광을 혼합할수록 명도가 높아짐
감산 혼합	• 색료(물감)의 혼합(감법 혼합) • 마젠타(M)+노랑(Y)+시안(C)=검정 • 색료를 혼합할수록 명도가 낮아짐

016 색채와 감정

진출·후퇴	• 난색이 한색보다, 유채색이 무채색보다 진출되어 보임 • 명도와 채도가 높을수록 진출되어 보임
흥분·진정	• 난색은 흥분 유발, 한색은 심리적 안정감 부여 • 명도와 채도가 높을수록 흥분되어 보임
온도감	• 파란색 계열(한색)은 차게 느껴지고 붉은색 계열(난색)은 따뜻하게 느껴짐 • 온도감 순서: 빨강 > 주황 > 노랑 > 연두 > 녹색 > 파랑 > 하양
중량감	명도가 낮을수록 무겁게 느껴짐
경연감	명도가 높고 채도가 낮으며 난색인 경우 부드러운 느낌
속도감	장파장인 색은 속도가 빠른 것처럼 느껴짐
명시성	바탕색과 색상, 명도, 채도 차가 클 때 명시도가 높음
주목성	고명도, 고채도, 난색이 주목성이 높음

017 색의 배색

도미넌트 배색	색의 속성 중 공통된 요소를 갖춤으로써 통일감과 친숙함을 표현하는 배색
세퍼레이션 배색	두 가지 이상의 색의 배색이 조화롭지 못한 경우 다른 한 색을 분리색으로 삽입하여 배색
톤온톤 배색	동일 색상에서 명도 차를 비교적 크게 둔 배색
톤인톤 배색	비슷한 톤의 배색으로 인접 또는 유사색으로 배색
비콜로 배색	두 가지 컬러를 사용한 배색
트리콜로 배색	세 가지 컬러를 사용한 배색
토널 배색	• 중명도·중채도의 색을 이용한 배색 • 미국의 색채 학자 파버 비렌이 탁색계를 '톤(Tone)'이라 불렀던 것에서 유래

018 조명 기법에 따른 분류

직접 조명	• 빛의 90% 이상을 직접 투사하는 방식으로 효율이 높고 경제적 • 눈부심이 생기기 쉬움 • 조도 분포가 불균일하며 강한 그림자가 생김
반직접 조명	• 빛의 60~90% 가량이 물체에 직접 투사되고 나머지는 반사되는 방식 • 가장 일반적으로 사용되는 방식 • 눈부심이 조금 있고 그림자가 옅게 생김 • 용도: 일반 사무실, 주택
반간접 조명	• 빛의 60~90%를 천장이나 벽에 투사하는 방식 • 적은 양의 빛을 아래로 투사하여 음영을 부드럽게 하고 눈부심을 최소화함 • 용도: 장시간 정밀한 작업을 필요로 하는 장소
간접 조명	• 빛의 90% 이상을 천장이나 벽에 투사하여 반사광을 얻는 방식 • 빛이 가장 부드러우며 온화한 분위기 연출 가능 • 눈부심이 적어 눈 보호에 가장 적합 • 용도: 침실이나 병실 등 휴식 공간
전반 확산 조명	• 반투명 재질의 글로브를 통해 빛을 모든 방향으로 일정하게 확산시키는 방식 • 눈부심이 적고 은은하나 밝기가 덜함 • 용도: 사무실, 주택, 상점, 공장

019 퍼스널 컬러의 이론적 배경

요하네스 이텐	피부·머리카락 색과 결합하여 특정 색들을 사용했을 때 초상화가 훨씬 잘 표현된다는 것을 깨달은 후 사계절에 기반한 4개의 컬러 팔레트를 제안
로버트 도어	컬러 키 프로그램을 통해 사람의 신체 색을 옐로 베이스는 따뜻한 유형으로, 블루 베이스는 차가운 유형으로 분류
캐롤 잭슨	인간의 이미지를 신체 색의 톤에 따라 따뜻한 유형의 봄과 가을, 차가운 유형의 여름과 겨울의 4가지로 세분화

020 퍼스널 컬러의 결정요인

피부색(얼굴 피부색, 두피색과 손목 안쪽 피부색), 머리카락 색, 눈동자 색

021 웜톤과 쿨톤

웜톤 (Yellow Base)	• 봄·가을 색상 • 노랑과 황색이 섞여 있는 색으로 무채색과 실버는 포함되지 않음 • 활동적·외향적 느낌과 생동감을 주는 색상 • 시각적 편안함을 느끼게 하는 색상
쿨톤 (Blue Base)	• 여름·겨울 색상 • 하양, 검정, 파랑이 섞여 있는 색으로 주황과 황색, 골드는 포함되지 않음 • 이지적이면서도 부드러움을 지니고 있으며 모던하고 세련된 정적인 이미지

022 사계절 컬러 시스템

봄	모든 색에 노랑이 혼합, 고명도, 고채도
여름	모든 색에 하양과 파랑이 혼합, 고명도, 저채도
가을	모든 색에 황색이 혼합, 저명도, 저채도
겨울	모든 색에 검정과 파랑이 혼합, 저명도, 고채도

023 퍼스널 컬러 진단 시 유의점

- 빛은 자연광(11~15시)이나 95~100W의 중성광에서 진단
- 상체를 가릴 흰 가운 착용
- 화장과 액세서리는 하지 않고 진단
- 염색을 한 헤어일 경우 흰 수건으로 가리고 진단
- 선탠이나 약물 중단 후 진단
- 진단 전 15일 동안은 피부 색소에 영향을 줄 수 있는 비타민A · 카로틴이 함유된 식품 섭취에 주의

024 퍼스널 컬러 이미지

• 봄 유형

이미지		밝음, 화사함, 경쾌함, 귀여움, 사랑스러움
톤 분류		비비드, 라이트, 브라이트, 페일
신체적 특징	피부	노르스름한 피부에 옐로베이지가 혼합된 피부
	머리카락	밝은 황색이 가미된 황갈색 계열, 주황빛이 도는 갈색
	눈동자	골든브라운, 밝은 갈색
메이크업		• 파운데이션: 노란색을 띠는 웜베이지를 기본으로 사용 • 아이섀도: 노란색이 가미된 색조의 베이지, 아이보리, 피치핑크, 코랄핑크, 오렌지, 옐로그린, 블루그린 계열 • 립 · 치크: 코랄핑크, 피치, 오렌지 계열
헤어		• 단발이나 굵은 웨이브로 발랄하고 경쾌하게 연출 • 오렌지브라운, 옐로브라운, 라이트브라운, 골든브라운 계열, 코랄 브라운
패션		생동감 있고 화사하고 경쾌한 색으로 연출

• 여름 유형

이미지		낭만적, 여성스러움, 우아함, 자연스러움
톤 분류		라이트 그레이시, 라이트, 덜
신체적 특징	피부	붉그스름한 피부에 로즈베이지가 혼합된 피부
	머리카락	밝은 회갈색, 로즈브라운
	눈동자	흐린 빛의 회색이 가미되거나 로즈브라운, 그레이브라운
메이크업		• 파운데이션: 흰색과 붉은색을 띠는 쿨베이지를 기본으로 사용 • 아이섀도: 흰색, 푸른색이 가미된 색조의 밝은 옐로, 화이트핑크, 아쿠아블루, 베이지핑크, 핑크, 라벤더, 퍼플, 바이올렛, 블루그레이 계열의 파스텔톤과 펄 • 치크: 코랄핑크, 내추럴브라운, 핑크, 로즈핑크 계열 • 립: 붉은색이 가미된 색조의 로즈베이지, 베이지브라운, 핑크 계열
헤어		• 긴 스트레이트형이나 굵은 웨이브로 여성스럽고 낭만적인 스타일을 연출 • 로즈브라운, 그레이브라운, 다크브라운, 와인블랙 계열
패션		차갑지만 부드러운 색상으로 우아하고 세련되게 연출

• 가을 유형

이미지		우아함, 고전적, 여성스러움
톤 분류		그레이시, 스트롱, 딥, 덜
신체적 특징	피부	노르스름한 피부에 골든베이지가 혼합된 피부
	머리카락	짙은 적갈색
	눈동자	다크브라운, 검정
메이크업		• 파운데이션: 노란색과 황색을 띠는 웜베이지를 기본으로 사용 • 아이섀도: 황색이 가미된 색조의 베이지, 코랄핑크, 코랄베이지, 골드, 카키, 올리브그린, 브라운 계열 • 치크: 코랄핑크, 코랄, 레드오렌지 계열 • 립: 버건디, 레드 계열의 중간색이나 짙은 색
헤어		• 긴 머리에 볼륨감을 주어 기품 있는 스타일로 연출 • 레드브라운, 골든브라운, 진한 구릿빛 골드, 블랙브라운 계열
패션		차분하고 클래식하며 고급스러운 이미지를 연출

• 겨울 유형

이미지		세련됨, 도시적, 활동적
톤 분류		비비드, 베리페일, 다크
신체적 특징	피부	푸르스름한 피부에 핑크베이지가 혼합된 피부
	머리카락	블루블랙, 회갈색
	눈동자	유난히 검은색이나 밝은 회갈색의 선명한 톤
	콘트라스트	사계절 피부 중 유일하게 신체 색상 사이에 콘트라스트가 있어 선명하고 명쾌한 이미지
메이크업		• 파운데이션: 흰색과 붉은색을 띠는 쿨베이지를 기본으로 사용 • 아이섀도: 흰색, 푸른색, 검은색이 가미된 색조의 밝은 옐로, 화이트핑크, 퍼플, 바이올렛, 그레이, 코코아브라운 계열 • 치크: 붉은색이 가미된 색조의 코랄핑크, 내추럴브라운, 화이트핑크 계열 • 립: 붉은색이 가미된 색조의 누드핑크베이지, 누드베이지, 베이지브라운, 버건디, 레드, 레드브라운 계열
헤어		• 쇼트커트나 깔끔한 포니테일로 세련되게 연출 • 블루블랙, 다크브라운, 그레이브라운, 실버그레이 계열
패션		차갑고 강렬하며 선명한 대비가 있는 색상으로 도시적이고 세련된 이미지 연출

출제 예상문제 풀어보기

01
불만 고객 응대에 대한 설명으로 옳지 않은 것은?

① 고객의 입장에서 불만사항을 끝까지 경청한다.
② 문제 발생에 대하여 사과하고 고객의 실수도 객관적으로 설명하고 이해시킨다.
③ 고객의 불만사항의 원인을 분석하되 자신의 의견이나 평가를 개입시키지 않는다.
④ 매장의 방침이나 규정 여부를 검토 후 신속한 해결책을 강구한다.

문제 발생에 대하여 사과하고 고객의 실수가 있었다 할지라도 고객의 잘못을 말하지 않음

02
다음 중 얼굴의 비율과 균형 등 얼굴의 특성에 대한 설명으로 옳지 않은 것은?

① 눈썹꼬리는 콧방울에서 눈꼬리를 연결한 사선과 만나는 지점에 위치한다.
② 얼굴의 가장 이상적인 비율은 얼굴의 가로 길이와 세로 길이가 1 : 1.618의 비율을 이루는 것이다.
③ 입술은 정면을 바라보고 눈동자의 안쪽의 수직 연장선과 만나는 점에 위치한다.
④ 코는 얼굴을 세로로 3등분했을 때 가운데 등분에 위치하고 코의 폭은 입술 폭의 2/3 정도이다.

- 코의 폭은 눈의 길이와 동일
- 코는 얼굴을 세로로 3등분했을 때 가운데 등분에 위치

03
배색 방법과 그 이미지를 연결한 것으로 옳지 않은 것은?

① 톤온톤 배색 – 안정감
② 유사 색상 배색 – 화려함
③ 액센트 배색 – 긴장감
④ 도미넌트 배색 – 통일감

유사 색상 배색: 톤과 색이 비슷한 배색으로 온화, 상냥, 정적이면서 무난한 이미지

04
가을 유형의 색상에 대한 설명으로 바른 것은?

① 명도와 채도가 낮아 선명하지 않고 어두운 색이다.
② 페일, 라이트, 소프트, 덜, 라이트 그레이시 등의 톤이 해당된다.
③ 모든 색에 검은색이 혼합되어 있다.
④ 세련되고 도시적인 이미지이다.

가을 유형
- 모든 색에 황색이 혼합
- 명도와 채도가 낮아 선명하지 않고 어두운 색
- 차분하고 클래식한 이미지와 성숙하고 고상한 이미지
- 그레이시톤, 스트롱톤, 딥톤, 덜톤
- 골든옐로, 오렌지, 브라운, 올리브그린, 레드브라운

| 정답 | 01 ② 02 ④ 03 ② 04 ① |

PART 03 | 메이크업 시술

001 클렌징의 종류

용제형	• 포인트 리무버: 입술과 눈 전용 리무버 • 클렌징워터: 가벼운 메이크업 제거 시 적합 • 클렌징젤: 여드름성 · 지성 · 민감성피부에 적합 • 클렌징로션: O/W형태(친수성)로 가벼운 메이크업 제거 시 적합 • 클렌징크림: W/O형태(친유성)로, 유분감이 많아 건성피부나 진한 메이크업 제거 시 적합, 이중세안 필요 • 클렌징오일: 물과 친화력이 좋은 수용성 오일로 자극이 적음
계면활성제형	• 클렌징폼: 약산성 상태로 피부 자극이 없어 민감하고 약한 피부에 효과적 • 비누: 알칼리성으로 산성막과 피지막을 파괴하여 탈지 · 탈수 현상 및 피부 건조 유발 • 스크럽류: 노화 각질 및 노폐물 제거 시 사용, 건성 · 민감성피부는 사용 자제

002 클렌징의 효과

- 피부의 죽은 각질을 제거하여 피부 표면을 부드럽게 함
- 혈액순환을 촉진하여 신진대사를 원활하게 함
- 메이크업의 잔여물 및 먼지 등을 제거하여 피부를 청결하게 유지
- 화장품 유효성분의 흡수를 도움

003 피부 유형별 기초화장품

• 정상피부

특징	수분 함량이 12% 이상인 중성피부
관리 목적 및 요령	• 피부 보호 능력 저하 방지, 피부 보습 유지 · 관리를 목적으로 함 • 계절적 변화 요인을 고려하여 제품 선택
클렌징	로션, 크림, 오일, 젤 등 모든 타입의 클렌저 사용 가능
화장수	유연화장수
기초 화장품	아침	미온수로 세안 후 유연화장수 및 보습 제품과 자외선 차단제로 마무리 관리
	저녁	클렌저로 세안 후 유연화장수, 아이케어 제품, 수분에센스 및 보습 크림 도포, 주 1회 효소 클렌저를 이용하여 각질 정리

• 건성피부

특징	수분 함량이 10~12% 이하이며, 피지 분비량이 부족하여 탄력 저하, 색소침착, 주름 발생이 쉬우며 노화가 빠르게 진행
관리 목적 및 요령	• 유 · 수분 밸런스 관리가 필요하므로 알칼리성 세안제 사용 자제 • 세안 직후 보습 효과가 있는 화장수와 영양 성분이 풍부한 건성용 크림 사용
클렌징	로션 타입이나 유분기가 있는 크림 타입 또는 오일, 워터, 거품 타입의 클렌저 사용

기초화장품	화장수	보습 위주의 건성용 유연화장수나 무알코올성 화장수 사용
	아침	미온수로 가볍게 세안 후 무알코올성 유연화장수, 수분에센스와 수분영양크림 도포 후 자외선 차단제로 마무리 관리
	저녁	클렌징 세안 후 무알코올성 유연화장수와 아이케어 제품, 보습 효과가 뛰어난 에센스 및 영양크림 도포
유효성분		세라마이드, 콜라겐, 호호바 오일, 아보카도 오일, 알로에베라, 히알루론산, 엘라스틴, 솔비톨, 아미노산

• 지성피부

특징		• 남성호르몬(안드로겐)과 여성호르몬(프로게스테론)의 분비가 활발한 유형 • 피지 분비가 왕성하여 번들거림이 심하고 피부결이 거침 • 모공이 크고 여드름과 블랙헤드가 쉽게 발생
관리 목적 및 요령		• 모공 속 피지와 노폐물을 제거하여 피부 트러블 예방 및 피지 조절 • 수렴 성분이 있는 화장수와 수분 함량이 높은 화장품 사용
클렌징		로션·워터·젤 타입 사용, 유분기가 많은 크림 또는 오일류 사용 자제
화장수		피지 과잉 분비를 억제하고 소염·진정·모공 수축 작용 및 청량감을 주는 수렴화장수 사용
기초화장품	아침	클렌징 세안 후 수렴화장수, 보습 및 피지조절 크림을 도포하고 자외선 차단제로 마무리 관리
	저녁	이중세안으로 클렌징 후 수렴화장수, 아이케어 제품, 피지조절 세럼 및 수분크림 도포
유효성분		살리실산, 캄퍼 오일, 티트리 오일, 프로폴리스, 멘톨, 설파(유황), 비타민B

• 민감성피부

특징		피부가 얇고 투명해 보이며 외부 자극에 예민해 쉽게 붉어짐
관리 목적 및 요령		• 피부 자극을 최소화하기 위해 피부 진정 및 쿨링 효과가 있는 화장품을 선택하여 피부 트러블을 예방하고 청결한 피부 유지 • 무알코올성 화장수, 식물성 보습크림 등 저자극 제품 사용
클렌징		로션이나 오일 타입, 거품 타입 클렌저로 무향·무색소·저자극 제품, 약산성 클렌저 사용
화장수		알코올, 색소, 방부제, 향이 없는 저자극성 제품 사용
기초화장품	아침	미온수로 세안 후 무알코올성 화장수, 수딩세럼과 크림을 도포하고 자외선 차단제로 마무리 관리
	저녁	클렌징 세안 후 무알코올성 화장수, 아이케어 제품, 수딩세럼과 영양크림 도포
유효성분		알란토인, 알로에베라, 아줄렌, 캐모마일, 카렌듈라, 수레국화

• 복합성피부

특징		• T존 부위는 피지 분비가 많아 모공이 넓고, 피부가 거칠며 피부 트러블이 발생함 • U존 부위는 피지 분비가 적고 모공이 작음
관리 목적 및 요령		• T존: 피지를 조절 • U존: 유·수분 조절을 통해 pH 정상화
클렌징		• T존: 로션 타입이나 젤 타입 사용, 유분기가 많은 오일류 사용 자제 • U존: 밀크 타입이나 유분기가 있는 크림 또는 오일류 사용
화장수		• T존: 수렴화장수 • U존: 유연화장수
기초화장품	아침	젤 클렌징 세안 후 수렴·유연화장수를 이용하여 부위별로 관리하고 수분에센스와 수분크림 도포, 자외선 차단제로 마무리 관리
	저녁	클렌징 세안 후 수렴·유연화장수, 아이케어 제품, 보습세럼 및 보습크림 도포

• 여드름성피부

특징		호르몬과 왕성한 피지 분비로 염증성, 비염증성 피부 발진 증상이 나타남
관리 목적 및 요령		• 클렌징과 충분한 수분 공급에 중점을 두고 관리 • 유분이 많은 화장품은 피하고 여드름성피부 전용 제품이나 오일프리 제품 위주로 사용
클렌징		로션 타입이나 젤 타입 사용, 유분기가 많은 오일류 사용 자제
화장수		피지 과잉 분비를 억제하고 소염·진정·모공 수축 작용 및 청량감을 주는 수렴화장수 사용
기초화장품	아침	클렌징 세안 후 수렴화장수, 보습 및 피지조절크림을 도포하되 여드름성피부 전용 제품이나 오일프리 제품을 사용하고 자외선 차단제로 마무리 관리
	저녁	이중세안으로 클렌징 후 수렴화장수, 아이케어 제품, 피지조절 세럼 및 수분크림 도포
유효성분		아줄렌, 글리시리진산, 살리실산, 유황

• 노화피부

특징	• 피부 재생력이 저하되어 주름과 색소침착이 일어나는 유형 • 진피 내 히알루론산의 감소로 보습력이 저하되어 피부가 건조해짐 • 피지 분비가 저하됨
관리 목적 및 요령	• 조기 노화 방지 및 노화 지연이 목적 • 새로운 세포 형성을 촉진 및 마사지 관리 등을 통해 피부 탄력 증진
클렌징	로션 타입이나 오일 타입 클렌저 사용
화장수	보습제와 유연제가 함유된 유연화장수 사용
기초화장품	유·수분과 항산화 성분이 포함된 비타민C, 비타민E 등의 영양을 공급
유효성분	토코페롤(비타민E), 플라센타(태반), 레티놀, 프로폴리스, 은행 추출물, 알파하이드록시산(AHA), SOD, 인삼 추출물, 레티닐팔미테이트

004 베이스 메이크업 제품의 기능

메이크업 베이스	• 파운데이션의 퍼짐성, 밀착력, 지속성을 높임 • 피부 톤과 색조 조절 및 보정 • 색조 메이크업의 착색 방지 • 자외선 및 외부 환경으로부터 피부 보호 • 피지 분비량 조절
프라이머	• 넓은 모공, 요철 등을 메워 피부 표면을 매끈하게 연출 • 다음 단계 화장품의 밀착력을 높여 메이크업의 지속력을 높임 • 피지 조절, 번들거림 방지 및 피부 질감 보정
컨실러	다크서클과 흉터 등 피부의 잡티와 결점을 자연스럽게 커버
파운데이션	• 피부의 톤이 통일된 이상적인 피부 톤 표현 • 얼굴 윤곽 수정 및 보완 • 자외선 및 외부 환경으로부터 보호 • 얼굴의 잡티 커버 • 색조 화장 표현을 도움
파우더	• 파운데이션의 유분기를 제거하여 메이크업의 지속력을 높임 • 자외선 및 외부 환경으로부터 피부 보호 • 메이크업이 땀과 물에 얼룩지는 것을 방지

005 얼굴의 부위별 명칭

헤어라인	• 이마와 머리카락의 경계 부분 • 헤어라인에 가까워질수록 파운데이션과 파우더를 소량 사용
T존	• 이마와 콧대를 연결하는 부분 • 하이라이트를 주어야 하는 부분
Y존	• 눈 밑 광대뼈 위의 Y모양 부위 • 피부가 얇고 움직임이 많아 파운데이션과 파우더를 소량 사용
V존(U존)	• 볼과 턱선으로 이어지는 부위 • T존에 비해 상대적으로 피지 분비량이 적어 건조해지기 쉬우므로 파운데이션을 소량 사용
S존	• 귀 밑에서 턱까지 이어지는 S자형의 부위 • 얼굴형에 따라 섀딩이나 하이라이트를 주어 윤곽 수정이 가능함
O존	• 눈과 입 주변 부위 • 피부가 얇고 움직임이 많아 파운데이션을 얇게 도포

006 얼굴 윤곽 수정 메이크업

베이스	피부 톤과 같은 톤의 파운데이션, 목의 색과 비교해서 자연스러운 색을 선택
하이라이트	• 피부 톤보다 1~2톤 밝은 색상, 돌출시키고자 하는 부위에 사용 • 이마, 콧등 T존, 눈 밑 다크서클, 눈 아래 튀어나온 부분, 눈썹뼈 부분, 턱의 가장 튀어나온 부분 등
섀딩	• 피부 톤보다 1~2톤 어두운 브라운 색상, 들어가 보이게 할 부위 혹은 축소되어 보이게 할 부위에 사용 • 섀딩 컬러가 헤어라인 안쪽까지 이어지게 그러데이션 • 각진 턱과 넓은 이마, 헤어라인, 얼굴라인, 코 벽 등

007 얼굴형에 따른 윤곽 수정

명칭	하이라이트	섀딩
둥근 얼굴형	이마에서 코 끝	양쪽 볼 측면
긴 얼굴형	이마와 눈 밑 부분에 가로 방향	헤어라인, 코 끝, 턱 끝
사각 얼굴형	T존에 둥근 느낌	이마 양 옆, 턱 양 옆
역삼각 얼굴형	콧등, 눈 밑, 양쪽 볼	양쪽 이마 부분, 턱 끝
마름모 얼굴형	양쪽 이마, 양쪽 볼	광대뼈, 턱 끝

008 파운데이션 테크닉

슬라이딩	• 얼굴 중심에서 바깥쪽으로 펴 바르는 기법 • 가장 기초적인 방법
패팅	스펀지 또는 손가락으로 가볍게 두드리는 기법으로 밀착력과 흡수력을 높이는 기법
블렌딩	하이라이트, 섀딩 파운데이션을 베이스 색과 경계가 생기지 않도록 바르는 기법
선 긋기	브러시를 사용하여 선을 긋는 듯 바르는 기법
페더링	선의 경계가 뚜렷하지 않게 부드럽게 연결시키는 기법
에어브러시	에어브러시 건을 사용하여 파운데이션을 고르게 분사하는 기법

009 메이크업 베이스와 파우더 컬러의 기능

투명	• 색상이 없어 자연스러운 색조를 유지 • 내추럴 메이크업에 적합
베이지	여러 베이지 톤에 따라 차분하고 자연스러운 피부 연출
핑크	창백한 피부에 혈색과 생기 부여
오렌지 · 브론즈	• 건강하고 생기 있는 피부 표현 • 태닝 피부에도 사용
그린	붉은 피부 중화, 잡티 커버
퍼플	• 노란 피부 중화 • 자연광보다는 인공광에 어울리며 화사한 분위기를 연출하므로 파티 메이크업 시 사용
옐로	검은 피부 중화
화이트	• 입체감을 위한 하이라이트용으로 사용 • 밝고 화사하게 연출
블루	얼굴의 붉은 기를 중화시켜 피부를 희게 표현할 때 적합

010 피부색에 맞는 제품 선택

흰 피부	• 메이크업 베이스: 핑크, 투명 • 파운데이션: 핑크베이지, 라이트베이지 • 파우더: 핑크, 투명

노란 피부	• 메이크업 베이스: 핑크, 퍼플 • 파운데이션: 연한 핑크톤 • 파우더: 핑크, 퍼플
붉은 피부	• 메이크업 베이스: 그린, 블루 • 파운데이션: 옐로베이지톤 • 파우더: 옐로톤이 가미된 베이지
어두운 황갈색 피부	• 메이크업 베이스: 옐로 • 파운데이션: 연한 핑크빛의 자연스러운 베이지, 오클베이지 • 파우더: 베이지
여드름·흉터	• 메이크업 베이스: 그린 • 파운데이션: 살짝 어두운 컬러로 부분 커버한 후 피부와 비슷한 컬러의 파운데이션으로 전체를 커버 • 파우더: 그린, 베이지
기미·주근깨·잡티	• 메이크업 베이스: 옐로, 그린 • 파운데이션: 베이지 컬러의 스틱 파운데이션 • 파우더: 베이지
다크서클	• 메이크업 베이스: 옐로 • 파운데이션: 컨실러 타입의 파운데이션에 살굿빛을 첨가하여 얇게 커버 • 파우더: 옐로

011 눈썹 모양에 따른 이미지

기본형 눈썹	가장 표준이 되는 눈썹의 모양
각진 눈썹	• 지적이고 현대적, 단정하고 세련된 이미지 • 둥근 얼굴형, 넓은 삼각 얼굴형에 어울림
아치형 눈썹	• 우아하고 여성스러움, 성숙하고 부드러운 이미지 • 이마가 넓은 얼굴형, 각진 얼굴형, 역삼각 얼굴형에 어울림
수평형 눈썹	• 남성적, 활동적인 이미지 • 긴 얼굴형, 긴 네모 얼굴형에 어울림
상승형 눈썹	• 개성적, 생동감, 날카로워 보일 수 있음 • 둥근 얼굴형, 각진 얼굴형에 어울림
처진 눈썹	온화하고 겸손, 어리석어 보일 수 있음
미간이 넓은 눈썹	너그럽고 낙천적이고 온화, 어리석어 보일 수 있음
미간이 좁은 눈썹	지적인 느낌, 답답하고 인색해 보일 수 있음
가는 눈썹	부드러움, 여성스러움, 섬세함, 동양적, 성숙함
굵은 눈썹	건강미, 강함, 젊음, 활동적, 야성미
긴 눈썹	점잖음, 고상함, 여성스러움, 성숙함, 정적
짧은 눈썹	명랑함, 경쾌함, 어려 보임, 귀여움, 코믹스러움

012 기본형 눈썹 그리는 방법

눈썹 앞머리	콧방울에서 수직으로 올렸을 때 눈썹과 만나는 곳
눈썹산	눈썹 길이의 2/3 지점
눈썹꼬리	눈썹앞머리보다 아래로 내려오지 않고, 콧방울과 눈꼬리를 사선으로 연결하여 45°가 되는 지점

색상	• 헤어 색상과 맞추어 선택 • 눈썹앞머리는 두껍고 흐리고 자연스럽게, 꼬리로 갈수록 진하고 가늘게 그림

013 아이섀도 부위별 명칭

베이스 컬러	• 눈두덩 전체에 바르는 컬러로 가장 연한 색상 • 메인 색상과 포인트 색상의 아이섀도를 돋보이게 하는 색상 또는 피부 톤과 비슷한 색상을 사용
메인 컬러	가장 주된 컬러로, 베이스 컬러보다는 진하고 포인트 컬러보다는 연한 색
포인트 컬러	• 눈매를 강조하기 위해 메인 컬러보다 진한 색으로 쌍꺼풀 라인이나 꼬리 부분에 펴 바름 • 눈의 크기, 형태, 이미지를 좌우함
하이라이트 컬러	입체감을 표현하기 위해 눈썹뼈 아랫부분, 눈앞머리, 눈동자 중앙 위치에 사용
언더 컬러	메인 컬러나 포인트 컬러의 아이섀도를 눈 밑 언더라인에 바르는 선 느낌의 섀도

014 눈 모양에 따른 아이섀도 방법

작은 눈	• 눈 전체를 밝은 색으로 하고 눈앞머리부터 눈꼬리까지 라인을 중심으로 짙은 색상으로 연장 • 위아래 라인을 전체적으로 그러데이션하듯 펴 바름
큰 눈	진하지 않은 자연스러운 색상으로 아이홀을 따라 엷게 그러데이션하듯 펴 바름
눈꼬리가 올라간 눈	• 눈앞머리 부분에 짙은 색을 바르고 눈 중앙에서 꼬리까지 엷은 색을 바름 • 언더 컬러를 바를 때 꼬리 부분을 넓게 펴 바름
눈꼬리가 처진 눈	• 눈앞머리보다는 꼬리 부분에 포인트를 주되 사선 방향으로 올려서 넓게 펴 바름 • 눈꼬리의 언더라인 부위에도 너무 진하지 않은 색상을 그러데이션
부어 보이는 눈	• 펄이 함유되거나 붉은 계열의 컬러는 피하고 어두운 딥톤 색상을 선택 • 펄감이 없는 브라운이나 그레이 컬러로 아이홀을 중심으로 넓지 않게 펴 바름 • 포인트 색상은 선을 긋는 것처럼 선명하게 표현
움푹 들어간 눈	눈두덩 중앙에 따뜻한 계열의 밝은 색이나 펄이 들어간 아이섀도를 넓게 펴 바름
돌출된 눈	펄이 없는 매트한 파스텔브라운을 자연스럽게 펴 바름
눈 사이가 좁은 경우	눈앞머리보다 꼬리 부분에 포인트 컬러를 줌
눈 사이가 먼 경우	• 진한 포인트 컬러를 눈앞머리에 표현하고 꼬리 부분을 밝게 처리함 • 노즈섀딩을 강조하여 면을 분할하여 연출함

015 아이라이너의 목적 및 기능

• 눈매를 수정·보완
• 눈을 또렷하게 만들어 생동감을 줌
• 눈 모양별로 다양한 아이라인의 색상, 길이와 두께에 따라 새로운 이미지 연출 가능

016 눈 모양에 따른 아이라이너 방법

작은 눈	위쪽 아이라인과 언더라인 모두를 약간 굵게 그리되 꼬리 부분에서 만나지 않게 그림
큰 눈	아이라이이 너무 강조되지 않게 속눈썹 가까이에 섬세하게 그림
눈꼬리가 올라간 눈	위쪽 아이라인을 가늘게 그리고 아래쪽 눈꼬리 부분을 수평 또는 살짝 아래로 그림
눈꼬리가 처진 눈	위쪽 눈꼬리 부분에서 약간 올리듯 두께감 있게 그리고 언더라인은 생략하거나 연하게 처리
지방이 많은 두툼한 눈	눈앞머리부터 꼬리까지 전체적으로 라인을 그리되 꼬리를 굵게 그림
가늘고 긴 눈	눈동자가 위치한 눈의 중앙 부분을 도톰하게 그리고 눈앞머리와 꼬리는 자연스럽게 그림

017 마스카라 종류

볼륨	섬유질이 속눈썹에 볼륨감을 주어 숱이 풍성해 보임
컬링	• 부착력과 강도가 뛰어나 속눈썹이 잘 올라가고 장시간 유지됨 • 속눈썹이 처진 사람에게 유용함
롱래시	섬유질이 들어 있어 속눈썹 길이가 길어 보이게 함
워터프루프	• 물에 강해 눈 주위가 쉽게 번지는 사람에게 효과적 • 건조가 빠르고 내수성이 좋아 여름에 적합 • 클렌징 시에는 오일 성분의 타입을 사용하여야 함

018 립라인의 유형

스트레이트	• 구각에서 입술산까지의 선을 직선형으로 연출 • 활동적, 현대적, 샤프하고 지적인 이미지 • 유니폼 착용 시 적합
아웃커브	• 성숙하고 여성적이며 매혹적이고 섹시한 이미지 • 원래 입술라인보다 1~2mm 바깥쪽으로 그림
인커브	• 귀엽고 여성스러운 이미지 • 원래 입술라인보다 1~2mm 안쪽으로 그림

019 얼굴형에 따른 치크

둥근형	광대뼈에서 입꼬리 방향으로 사선 느낌으로 연출
긴 형	귀에서 볼 중앙 방향으로 가로의 느낌이 들도록 연출
사각형	광대뼈 아랫부분에 둥글리듯 부드럽게 연출
역삼각형	광대뼈 윗부분에 약간 갸름하게 파스텔톤으로 부드럽게 연출
마름모형	광대뼈를 감싸듯 둥글려 부드러운 이미지 연출

020 메이크업 도구

파운데이션 브러시	• 파운데이션을 뭉침 없이 펴 바를 때 사용 • 탄성이 좋고 브러시 모의 끝부분이 납작한 것이 좋음
파우더 브러시	• 가장 큰 브러시로, 파우더를 바를 때 사용 • 숱이 많고 둥글며 모가 부드럽고 자극이 없는 것을 선택
컨실러 브러시	• 기미나 점 같은 잡티, 다크서클 및 눈 주위를 커버할 때 사용 • 탄력 있고 힘이 있는 합성모가 적합함
팬 브러시	• 부채꼴 모양의 브러시 • 파우더나 아이섀도의 여분을 털어낼 때 사용
아이섀도 브러시	• 베이스용은 납작하고 끝이 둥근 것이 적합함 • 포인트용은 폭이 좁고 탄력이 있어야 섬세한 표현 가능
아이라이너 브러시	가늘고 탄성이 좋아야 하며 끝이 갈라지지 않은 것이 적합함
팁 브러시	• 강한 포인트 컬러 표현 시 사용 • 사용 시 가루날림이 적어 초보자가 사용하기에 용이함
아이브로 브러시	• 눈썹을 자연스럽게 그릴 때 사용 • 합성모+천연모 혼합 브러시가 적합
스크루 브러시	• 눈썹을 그리기 전에 눈썹을 정리하고 짙게 그려진 눈썹을 부드럽게 수정할 때 사용 • 눈썹을 빗거나 뭉친 마스카라를 제거할 때 사용
아이브로 콤 브러시	• 눈썹의 방향과 형태를 정리할 때 사용 • 콤은 눈썹을 다듬을 때 길이를 체크하거나 마스카라 후 뭉치지 않도록 빗을 때 사용
눈썹가위	눈썹 모양을 정리하고 눈썹의 길이를 조절할 때 사용
족집게	눈썹을 정리하거나 인조속눈썹을 붙일 때 사용
눈썹칼	불필요하게 자란 눈썹 및 눈두덩의 잔털 제거에 사용
아이래시 컬러	• 마스카라 전에 처진 속눈썹에 컬을 주기 위하여 사용 • 뿌리에서 끝으로 3~4회 나누어 집음
스파츌라	용기에 든 화장품을 위생적으로 덜어낼 때, 제품을 덜어낼 때, 파운데이션 컬러를 피부 톤에 맞추기 위해 제품을 섞을 때 사용
팔레트	파운데이션이나 립스틱 또는 라이닝 컬러 등 다양한 제품을 섞기 위해 사용하는 것
면봉·화장티슈	메이크업의 수정 및 제거 시 사용
화장솜	메이크업을 지울 때나 액상형 제품을 바를 때 사용

021 인조속눈썹의 기능

• 속눈썹이 길고 풍성해져 깊이 있는 눈매 연출
• 또렷하고 커 보이는 눈매 연출
• 다양한 형태와 길이로 개성 연출

022 목적에 따른 인조속눈썹

기본 내추럴 인조속눈썹	10~11mm 정도의 길이로 속눈썹이 숱이 너무 과하지 않은 자연스러운 형태
결혼·파티용 인조속눈썹	• 한복: 10~11mm 정도의 속눈썹 부착 • 드레스: 12mm 정도의 길이에 인조보석이나 깃털, 반짝이 등을 부착
무대용 인조속눈썹	연극, 뮤지컬, 콘서트 등의 공연을 위한 속눈썹으로 눈매를 강조하기 위해 15~16mm 정도 길이의 속눈썹을 사용

023 속눈썹 연장 재료와 도구

속눈썹 가모	• 천연모: 인모나 동물의 털을 가공하여 가볍고 자연스러우며 밀착력이 우수 • 합성섬유모: PBT원사를 가공하여 만든 합성모로 부드럽고 탄성이 우수하며 컬 유지력이 좋음
글루	가모를 붙이기 위한 접착제로 반드시 KC인증제품을 사용하여야 함
글루 리무버	• 가모를 제거하거나 글루를 닦아낼 때 사용 • 개봉 후 2개월 이내에 사용
핀셋	가모를 잡거나 자연모를 분리하기 위한 도구
전처리제	• 가모 부착 전 속눈썹의 노폐물과 먼지, 유분기 제거 • 속눈썹 연장의 지속력과 밀착력을 높임
송풍기	속눈썹 시술 후 글루를 빠르게 건조시키는 역할
아이패치	• 아래·위 속눈썹이 서로 붙지 않도록 아래 속눈썹을 고정하는 역할 • 핀셋이나 글루, 리무버로부터 고객의 피부 보호 • 속눈썹이 잘 보이게 하여 시술을 용이하게 함
속눈썹 브러시	완성된 속눈썹을 정리 및 빗질할 때 사용
마이크로 브러시	• 글루 리무버를 묻혀 가모를 제거할 때 사용 • 솜 크기가 작고, 내용물을 흡수하는 양이 적어 낭비를 줄일 수 있음
우드 스파츌라	전처리제나 글루 리무버 사용 시 속눈썹 아래에 받치고 사용
헤어터번 또는 타월	고객의 피부에 시술자의 손이 직접 닿지 않도록 방지

024 가모 컬의 종류

J컬	• 20° 각도로 가장 자연스러운 기본 컬 • 내추럴 이미지에 적합
JC컬	• 35° 각도로 J컬과 C컬의 중간 단계로, 선호도가 가장 높음 • 세련된 이미지에 적합
C컬	• 45° 각도로 볼륨감이 있어 생기 있게 연출 가능 • 발랄한 이미지에 적합
CC컬	• 90°에 가까운 각도로 가장 풍성한 볼륨감과 컬링감 • 인위적이고 화려한 이미지 연출에 적합
L컬	일반적인 라운드 형태의 가모보다 접착 부분이 길어 강한 유지력과 화려함을 동시에 가짐

025 눈 모양에 따른 이미지 및 속눈썹 디자인

큰 눈	J컬 가모로 부채 모양으로 연장
작은 눈	J컬, C컬 가모로 눈 중앙에서 꼬리 부분으로 길이감을 주고 밀도를 높여 포인트가 되도록 연장
둥근 눈	J컬 가모로 눈꼬리 부분에 길이감을 주고 밀도를 높여 눈이 길어 보이도록 연출
가는 눈	J컬, C컬 가모를 이용하여 눈 중앙 부위에 포인트를 주고 길이를 늘려, 눈이 커 보이도록 부채 모양으로 연장
올라간 눈	J컬 가모로 눈앞머리 부분이 포인트가 되도록 밀도를 높여 연장
처진 눈	컬링이 강한 C컬, CC컬, L컬 등으로 눈꼬리가 올라가 보이게 연출, 속눈썹 길이가 너무 길지 않도록 주의
돌출된 눈	J컬 가모로 눈앞머리와 꼬리 부분에 포인트를 주어 부드러운 이미지로 연출하되 조금 짧은 가모를 선택
움푹 들어간 눈	J컬, C컬 가모로 눈 중앙 부위에 밀도와 길이감을 주어 연장
외꺼풀 눈	중앙 부분에 포인트를 주고 컬이 강한 JC컬, C컬의 다소 긴 가모로 연장
미간이 넓은 눈	눈앞머리 부분에 길이감과 볼륨감을 주기 위해 C컬 가모로 밀도를 높임
미간이 좁은 눈	J컬, C컬 가모로 눈 중앙에서 꼬리 부분으로 길이감을 주어 연출

026 이미지에 따른 속눈썹 디자인

내추럴 이미지	• J컬, 10~11mm • 전체적으로 고르게 시술하되 꼬리 부분을 앞보다 살짝 길게 연출
시크 이미지	• J컬 또는 JC컬, 7~12mm • 눈꼬리 쪽에 포인트를 두고 중앙은 사이드 포인트로 연출 • 눈꼬리 쪽으로 갈수록 풍성하게 연출
큐티 이미지	• CC컬, 6~12mm • 눈 가운데 포인트를 두며 눈앞머리와 꼬리 부분은 사이드 포인트로 연출

027 속눈썹 가모 부착 방법

• 기준점을 잡은 후 속눈썹의 정중앙 부분이 가장 길어 보이도록 가모를 배치하여 부착
• 속눈썹 뿌리에서 1.5~2mm 정도 떨어지게 부착
• 눈앞머리 부분은 속눈썹 2~3가닥(5mm)을 띄어서 시술
• 바로 옆 속눈썹을 시술하면 가모끼리 붙는 경우가 발생하므로 구획을 나누어 옮겨가며 시술
• 핀셋 끝이 안구를 향하지 않도록 주의
• 너무 힘을 주거나 눌러 고객의 눈꺼풀을 압박하지 않도록 주의

028 속눈썹 연장 시술 후 주의사항

• 연장 후 6시간 정도 세안 금지
• 시술 4주 후 리터치 필요

029 가모 탈락의 원인

높은 습도, 오일 성분, 마찰이나 자극, 염분, 수면 시 엎드려 자면 가모에 구김이나 부담이 가므로 주의할 것

030 웨딩 메이크업의 이미지별 표현법

내추럴	자연스러우면서도 신부의 순결함이 묻어나는 청초한 느낌으로 연출

엘레강스	차분하고 세련된 이미지로, 보다 여성스럽고 기품 있는 분위기로 연출
로맨틱	전체적으로 청순하고 사랑스러운 느낌으로 연출
클래식	단아하면서도 고급스럽고, 전형적이면서도 기품 있는 느낌으로 연출
모던	도시적이며 세련되고 현대적 여성의 자아를 표현하는 느낌으로 연출
트레디셔널	한복의 고전적인 느낌을 극대화하면서도 동시에 단아하고 절제된 메이크업으로 은은하게 연출

031 혼주 메이크업

- 한복의 부드러운 곡선 이미지를 최대한 살려 선을 섬세하게 표현함
- 색조 메이크업은 저고리 깃이나 고름의 색상에 맞추어 선택하되 포인트 메이크업의 색상 사용은 자제하고 단아한 이미지로 연출
- 혼주의 한복 색상은 신랑 측과 신부 측이 다르게 착용하므로 한복 색에 맞추어 메이크업함
- 혼주 메이크업이 두꺼우면 시간이 지날수록 주름이 두드러져 보일 수 있으므로 유의
- 주름이 강조되지 않도록 베이스 제품은 소량만 사용하여야 함
- 노화로 인한 눈 처짐은 쌍꺼풀 테이프를 이용하여 보완함
- C존을 화사하게 연출하여 피부 리프팅 효과를 줌
- 치마 색상이나 저고리 고름 색상에 맞추어 립 컬러를 선택하고 깔끔하고 선명한 곡선의 형태로 표현함

032 패션이미지 메이크업

- 내추럴 이미지

메이크업	• 중채도에서 저채도의 브라운, 골든베이지, 카키, 베이지브라운, 베이지, 핑크, 피치 계열의 컬러 • 형태의 과장을 최소화한 자연스러운 기본형 스타일
헤어스타일	자연스러운 긴 웨이브 머리, 물결 모양의 컬
의상	천연 소재인 면, 마, 울, 니트 등의 소재를 활용한 유사 톤 배색
소품	캔버스 천이나 부드러운 가죽 소재의 가방이나 모자

- 클래식 이미지

메이크업	• 차분하고 깊이 있는 짙은 톤과 어두운 톤 • 베이지, 브라운, 버건디, 골드, 다크그린
헤어스타일	깔끔하게 빗어 넘겨 목 뒷선에 묶는 스타일, 굵은 단발 웨이브, 업스타일
의상	베이직 수트 스타일로 재킷과 블라우스, 샤넬 라인의 스커트, 테일러드 수트 등
소품	유행에 민감하지 않은 디자인의 액세서리, 스카프

- 로맨틱 이미지

메이크업	• 핑크 계열 또는 페일 톤, 라이트 톤의 채도 사용 • 직선보다는 둥근 곡선형이나 완만한 사선 사용
헤어스타일	긴 웨이브, 브레이드(땋은 머리)
의상	부드럽고 가벼운 소재인 시폰, 보일, 론을 활용한 의상
소품	레이스, 프릴, 리본, 코르사주 장식

- 엘레강스 이미지

메이크업	• 인디언핑크, 회갈색, 퍼플, 적갈색, 와인 등 성숙하고 우아한 컬러 활용 • 직선이나 사선보다는 부드러운 곡선으로 연출
헤어스타일	자연스러운 업 스타일
의상	부드러운 곡선을 살린 드레스나 허리선을 강조한 실루엣으로 우아한 여성미 연출
소품	진주, 실크 스카프, 토트백

- 모던 이미지

메이크업	• 라이트 그레이시, 덜 톤 • 각지고 라인이 강조된 직선 및 사선
헤어스타일	짧은 단발, 스트레이트
의상	헬멧이나 롱 부츠, 가죽 코트, 메탈릭한 징이나 패치워크, 기하학적 패턴을 활용하여 첨단적이고 환상적인 연출을 시도할 수 있음
소품	실버 계통의 액세서리

- 매니시 이미지

메이크업	• 피부 톤과 색조 메이크업은 기본형으로 표현하고 과도한 색감과 포인트 색상은 가급적 줄임 • 간결하거나 직선 또는 사선 형태가 어울림
헤어스타일	쇼트커트, 시뇽(뒤로 모아 틀어 올린 머리)
의상	남성적인 스타일의 특성이나 소재와 실루엣, 패턴 등을 반영
소품	중절모, 넥타이, 두꺼운 벨트

- 액티브 이미지

메이크업	• 비비드, 스트롱, 브라이트 톤의 밝고 경쾌한 컬러 • 색이 강조되므로 선과 형태는 기본형으로 연출
헤어스타일	쇼트커트, 시뇽(뒤로 모아 틀어 올린 머리)
의상	스포티하고 활동적인 자켓, 사파리 점퍼, 트레이닝 웨어, 셔츠에 청바지 등으로 연출
소품	배낭, 양말, 모자 포인트

- 에스닉 이미지

메이크업	덜, 딥톤 계열의 오렌지, 옐로, 그린 컬러를 사용해 이국적이거나 순박한 느낌 연출
헤어스타일	부드러운 긴 웨이브, 브레이드(땋은 머리)
의상	각 국가 특색에 맞게 민족적이고 이국적 느낌의 자수, 아플리케, 패치워크 장식과 민속적 의상
소품	민속풍 장신구, 두건

- 아방가르드 이미지

메이크업	독특하고 실험적인 표현을 위해 다양한 톤의 색과 선, 질감 연출 가능
헤어스타일	독특하고 실험적인 헤어 스타일링

의상	비대칭적이고 과장된 실루엣, 독특한 재단의 의상
소품	과장된 액세서리 및 모자

033 T.P.O.(Time, Place, Occasion) 메이크업

시간	• 데이 메이크업: 자연광 아래에서 보이는 메이크업으로 자연스럽고 은은한 내추럴 메이크업 • 나이트 메이크업: 인공광 아래에서 보이는 메이크업이므로 메이크업 톤이 흐려 보이지 않게 연출
장소	• 실내(인공광): 조명의 색상과 밝기에 따라 톤 조절 • 실외(자연광): 전체적으로 자연스러운 메이크업
상황	• 면접: 깔끔하고 단정한 메이크업으로 호감가는 분위기 연출 • 결혼식이나 축하객: 완벽한 메이크업으로 분위기를 돋움 • 조문객: 내추럴 메이크업으로 경건함을 표현 • 야외 운동: UV파운데이션이나 매트한 파운데이션을 사용하여 깔끔하게 연출

034 사진 메이크업

컬러 사진	• 많은 조명이 사용되기 때문에 색조 메이크업을 실제보다 좀 더 강하게 연출 • 실제보다 확장되고 평면적으로 보일 수 있으므로 윤곽 수정 시 주의 • 진한 핑크색은 더 짙게 보일 수 있음
흑백 사진	• 색이 보이지 않으므로 무채색 계열이나 음영을 나타낼 수 있는 컬러를 주로 사용 • 모델의 피부 톤보다 한 톤 밝은 것을 선택하여 얼굴형에 맞게 윤곽 수정

035 계절에 따른 메이크업

봄	화사하고 사랑스러우며 신선함이 느껴지는 메이크업
여름	짙은 메이크업은 피하고 시원하고 청량한 느낌의 메이크업 또는 태닝 메이크업으로 건강해 보이는 메이크업
가을	차분하고 지적인 여성미를 풍기는 음영이 강조된 메이크업
겨울	깨끗하고 심플한 느낌의 메이크업으로 표현하거나 콘트라스트가 강한 색 상과 밝은 색상을 사용하며, 건조한 날씨를 고려하여 충분한 수분과 영양을 공급

036 트렌드 메이크업

미니멀	화려하거나 기교를 부리지 않은, 절제된 최소한의 메이크업
스모키	도발적이고 섹시한 느낌을 살리며 그윽하고 깊은 눈매를 표현하는 메이크업
원포인트	입술 색에 포인트를 주어 다른 색조 아이템은 배제하고 가볍고 매트한 피부 표현에 강렬한 색상으로 초점을 맞춘 메이크업
글로시	'촉촉한', '광택 있는', '윤이 나는'이라는 뜻으로 내추럴하면서도 촉촉하고 반짝이는 메이크업
샤이니	'빛나는', '반짝이는'이라는 뜻으로 화려하고 강렬하며 관능적이고 도발적인 이미지의 메이크업
실키	빛을 받은 실크처럼 부드럽고 완벽한 질감을 주는 메이크업
메탈릭	금속 느낌이 강한 메이크업으로 포스트모더니즘의 다양성이 공존하는 메이크업
레트로	최신 유행하는 메이크업이 아닌 고전적인 아름다움을 과하지 않으면서 세련되게, 현대적인 감각으로 재해석한 메이크업
글래머러스	여성의 성적 매력이 강조된 성숙한 이미지의 메이크업

037 시대별 메이크업

1900년대	• 부드럽고 관능적인 여성미 • 오리엔탈 붐으로 동양적인 색조 유행 • 광택 없고 창백한 피부, 윤곽 수정 생략(통통한 이미지가 미인형) • 뷰티 아이콘: 릴리언 러셀
1910년대	• 관능적 매력의 팜므파탈룩 → 코올(Kohl) 메이크업 • 일자형 아이브로, 블랙 펜슬로 진하고 길게 연출 • 어두운 붉은색 립스틱으로 얇고 또렷한 입술을 작게 표현 • 뷰티 아이콘: 테다 바라, 폴라 네그리
1920년대	• 물질적 번영의 시기로 소비가 성행 • 눈썹을 뽑고 가늘게 다듬어 블랙 펜슬로 아치형으로 그림. 눈썹꼬리가 눈썹앞머리보다 처지게 연출 • 마스카라와 인조속눈썹으로 졸린 듯한 눈매를 표현 • 뷰티 아이콘: 클라라 보우, 글로리아 스완슨, 루이스 브룩스
1930년대	• 현실의 도피처로 할리우드 영화가 각광 받으며 호황 • 활 모양의 가늘고 긴 아치형 눈썹 • 펄이 없는 브라운 계열을 이용하여 깊은 음영 아이홀 연출, 아이라인과 인조속눈썹으로 깊고 그윽하게 연출 • 브라운 색으로 입체감을 강조한 치크, 레드브라운 립 컬러의 인커브형 입술 • 뷰티 아이콘: 그레타 가르보, 마를렌 디트리히, 진 할로우, 조안 크로포드
1940년대	• 2차 세계대전 발발로 여성들의 패션스타일이 변화 • 두껍고 또렷한 아치형의 눈썹 • 입술은 레드브라운으로 크고 선명하게 연출 • 뷰티 아이콘: 리타 헤이워드, 잉그리드 버그만, 베로니카 레이크, 베티 그레이블, 비비안 리

1950년대	• 할리우드 영화와 대중음악 유행
	• 오드리 헵번
	  – 귀엽고 청순한 이미지
	  – 두껍고 각진 눈썹으로 연출하고 아이라인을 다소 두껍게 그리되 끝을 살짝 올려 눈을 강조
	• 마릴린 먼로
	  – 섹시한 이미지
	  – 유분기를 가진 레드 컬러 립스틱으로 아웃커브하여 연출, 매력점
	• 뷰티 아이콘: 오드리 헵번, 마릴린 먼로, 엘리자베스 테일러, 소피아 로렌, 에바 가드너, 그레이스 켈리

1960년대	• 반전운동으로 신좌파와 히피 등장 • 현대 예술사조 성행(옵 아트, 팝 아트, 미니멀리즘) • 트위기 　– 주근깨를 강조한 얇은 피부 표현 　– 쌍꺼풀 라인 강조, 속눈썹으로 인형 같은 눈매 연출 • 브리지트 바르도 　– 관능미 　– 아이라인을 길게 강조하고 진한 마스카라와 인조 속눈썹으로 섹시한 눈매 연출, 누드톤 립
1970년대	• 불신과 저항의 문화가 확산되어 펑크족 출현 • 창백한 피부 톤, 직선적인 느낌의 상승형 눈썹 연출
1980년대	• 앤드로지너스룩 • 다양한 컬러의 색조 화장 유행 • 뷰티 아이콘: 브룩 쉴즈, 마돈나, 소피 마르소
1990년대	• 에콜로지가 부각 • 복고적 경향과 세기말적 경향이 공존 • 뷰티 아이콘: 기네스 펠트로, 줄리아 로버츠, 케이트 모스
2000년대	• 웰빙 대두 • 색조 메이크업보다는 피부 표현에 중점을 두는 메이크업이 성행

038 볼드캡의 재료

라텍스 캡	• 가장 오래된 피부용 특수 분장 재료로, 초창기 특수 분장 재료로 많이 사용 • 단단하고 두꺼울수록 투명도가 떨어짐 • 가장자리에 이음새 표시가 남 • 쉽게 마르고 가격이 저렴하여 특수효과를 위한 볼드캡으로 많이 사용, 1회용으로 사용 후 폐기
플라스틱 캡	• 액화된 플라스틱 사용 시 유해성분이 발생되므로 마스크 착용이 필수 • 라텍스에 비하여 제작이 까다롭고 비쌈 • 가장자리 마무리는 아세톤으로 녹여 완성도 있는 표현이 가능하여 영상매체에 효과적

039 연령별 특징

청장년기 (20~40세)	• 피부가 점점 건조해짐 • 청년기에는 노화 진행이 거의 보이지 않다가 장년기에 접어들면서 팔자주름과 아이 백이 생기기 시작
중년기 (41~60세)	• 얼굴의 골격이 드러나기 시작 • 아이홀의 윤곽이 깊어지고 눈 밑 주름이 생기며 볼이 꺼져 광대뼈가 도드라져 보임 • 볼이 꺼지고 콧방울 옆의 볼 주름이 생김 • 눈썹이 가늘어지고 흐려지기 시작하며 수염 자국이 짙어짐
노년기 (61세 이후)	• 이마, 팔자주름, 아이 백 등 큰 주름 발생 • 코 또는 귀 등의 연골이 내려앉아서 젊었을 때에 비해 코의 길이가 길어지고 귀가 커짐 • 턱선, 아이 백, 팔자주름 주변의 근육이 처짐 • 피부가 거칠고 윤기가 없으며 검버섯이 진행됨 • 머리카락이 얇아지고 머리숱이 현저히 적어지며 흰머리가 많아짐

040 노화에 따른 백모 진행 순서

• 흰머리: 귀밑머리 → 앞머리 → 뒷머리
• 수염: 턱 밑 → 턱선 위 → 전체적 진행
• 콧수염: 바깥쪽 → 안쪽으로 진행
• 눈썹: 듬성듬성 진행, 전체적으로 하얗게 진행되지는 않음

041 노인 메이크업의 종류

명암법	• 음영을 이용한 착시 효과로 윤곽을 강조하고 주름을 그려 넣는 방법 • 섀도가 발린 부위에는 반드시 하이라이트가 위 방향으로 올라가야 효과적
파운데이션 빌드업	스틱 파운데이션과 파우더를 주름이 많이 생기는 부위에 반복적으로 덧발라 자연스러운 갈라짐으로 발생된 주름을 사용
라텍스 빌드업	• 라텍스를 발라 인위적으로 입체감이 느껴지는 주름을 만드는 방법으로 명암법에 비해 세심하고 자연스러운 연출이 가능 • 1회성이거나 하루만에 촬영분을 모두 찍을 수 있을 경우 다른 분장법보다 경제적이며 효과적
플라스틱 빌드업	• 라텍스 빌드업에 비해 사실적이고 시간이 적게 걸림 • 큰 화면에서 미세한 주름이 자연스럽게 표현됨
어플라이언스 메이크업	• 극사실적인 분장이 필요할 때 사용 • 배우의 얼굴에 조소 작업과 몰드 작업을 거쳐 제작하므로 배우 본인에게만 적용 가능 • 어플라이언스 제작에 최소 2주 이상 소요되며 발생되는 비용이 비쌈

042 제작된 수염 종류

망수염 (벤틸레이티드 수염)	• 육각형 모양의 망에 수염을 한 가닥씩 떠서 제작 • 오랜 제작 기간과 상대적으로 높은 비용 발생 • 분장 시간이 짧고 반복 사용이 가능하여 신의 연결성이 좋음 • 망이 두껍거나 뻣뻣하면 부착이 잘 되지 않고 쉽게 떨어짐
플라스틱백 수염	• 얼굴 모형 마네킹에 여러 겹의 액체 플라스틱을 발라 형태를 잡은 후 그 위에 수염을 붙여 제작 • 다양한 맞춤형 수염 제작 가능 • 영상 매체에서 사실적 표현을 위해 사용 • 제작 기간이 길고 1~2회밖에 사용할 수 없어 극의 연결성이 떨어짐
라텍스백 수염 (거는 수염)	• 얼굴 모형 마네킹에 여러 겹의 라텍스를 발라 형태를 잡은 후 그 위에 수염을 붙여 제작 • 극의 전환 시 시간 절약을 위하여 라텍스 위에 스타킹을 길게 붙여 귀에 걸도록 제작 • 피부에 접착되지 않아 사실감이 떨어지고 소극장의 경우 관객이 쉽게 알아볼 수 있음

043 수염에 사용되는 털의 종류

생사	• 염색이 가능하고 부드러우며 자연스러움 • 물에 약하고 모양 유지력이 약함 • 털의 두께가 얇아 인조사와 섞어 사용하는 것이 보편적
인조사	• 윤기가 있고 사실적이며 모가 강함 • 다양한 길이로 작업이 가능하고 웨이브를 만들어 사용 가능 • 뜬 수염, 외국인 수염으로 사용 가능
인모	• 망수염 제작에 적합 • 모발이 얇은 북유럽이나 인도인들의 모발을 많이 사용 • 드라이, 아이론 사용과 염색이 가능하여 특수 분장 형태의 수염 디자인이 가능함 • 알코올과 아세톤 등에 녹지 않으므로 수염 제거 시 망수염이 망가지지 않음
야크헤어	• 야생 들소 야크의 털 • 털이 두껍고 뻣뻣하여 가루수염, 짧은 수염, 망수염 제작에 유용
크레이프 울	• 양털을 가공한 것으로 얇고 가벼워 부착이 잘 되며 염색이 가능함 • 스팀다리미를 이용하여 웨이브를 조절 가능하여 서양인의 수염 표현이나 특정 캐릭터 분장에 효과적

044 시간 경과에 따른 멍의 색

레드 → 머룬 → 퍼플 → 그린 → 옐로

045 무대 크기별 분류

소극장	• 200석 이하 • 배우와의 거리가 가까우므로 지나친 명암법 메이크업은 피함 • 인위적인 명암법보다 섬세하고 자연스러운 메이크업이 요구
중극장	• 200석 이상 1,000석 이하 • 일반적인 분장 명암법을 사용 • 노인 분장이나 캐릭터 분장을 표현하기에 적합
대극장	• 1,000석 이상 • 대극장은 대형 스크린이 설치되어 있어 중극장 이상의 명암법을 쓰지 않음(소극장과 중극장의 중간 정도 명암법을 사용)

046 무대공연 메이크업 시 유의점

• 메이크업 완성 후 파우더를 충분히 발라서 지속력을 높임
• 공연 시간이 긴 경우, 파우더보다는 크림 타입의 섀도와 치크 등을 사용하는 것이 좋음
• 메이크업이 끝난 배우는 반드시 세팅된 조명 아래에서 메이크업을 체크함
• 무대의 크기는 다르지만 조명은 거의 비슷하므로 얼굴의 윤곽 위치는 같고 깊이감은 다르게 메이크업함
• 디테일한 잔주름은 잘 보이지 않으므로 노인 무대 메이크업은 골격과 음영 위주로 표현함
• 속눈썹을 눈꼬리 부분이 살짝 올라가도록 붙임

출제 예상문제 풀어보기

01
다음 중 클렌징의 효과로 옳지 않은 것은?
① 혈액순환을 촉진하여 신진대사를 원활하게 한다.
② 메이크업의 잔여물을 제거하여 피부를 청결하게 유지한다.
③ 피부의 죽은 각질을 제거하여 피부 표면을 부드럽게 한다.
④ 피부 재생을 도와 턴오버 주기를 당긴다.

클렌징의 효과
• 피부의 죽은 각질을 제거하여 피부 표면을 부드럽게 함
• 혈액순환을 촉진하여 신진대사를 원활하게 함
• 메이크업의 잔여물 및 먼지 등을 제거하여 피부를 청결하게 유지
• 화장품 유효 성분의 흡수를 도움

02
피부 유형에 따른 관리 방법으로 옳지 않은 것은?
① 민감성피부 – 피부가 얇고 외부 자극에 민감하므로 식물성 보습크림 등 저자극 제품을 사용한다.
② 건성피부 – 무알코올성 유연화장수, 수분에센스와 수분 영양크림 등으로 보습 효과를 준다.
③ 지성피부 – 수렴 성분이 있는 화장수와 수분 함량이 높은 화장품을 사용한다.
④ 여드름성피부 – 세안 후 바로 보습 및 유연 효과가 있는 화장수와 영양 성분이 풍부한 크림을 사용한다.

여드름성피부: 세안 후 수렴화장수, 보습 및 피지조절크림을 도포하되 여드름성피부 전용 제품이나 오일프리 제품을 사용

03
파운데이션의 종류와 그 특징에 대한 설명으로 옳지 않은 것은?
① 팬케이크 타입 – 물에 녹여 사용하며, 사용 시 수분은 증발하여 안료만 남으며 방수 효과가 매우 뛰어나서 활동량이 많은 무용 메이크업에 적합하다.
② 투웨이케이크 타입 – 파운데이션과 파우더를 함께 압축한 제품으로 커버력과 밀착력이 우수하고 땀이나 물에 강하여 여름에 사용하기 적합하다.
③ 리퀴드 타입 – 수분 함량이 높은 파운데이션으로, 투명하고 자연스러운 피부 연출이 가능하여 20대 초반 여성들이 사용하기에 적합하다.
④ 파우더 타입 – 파우더 분말을 압축한 타입으로 빠르게 화장을 할 수 있으며, 민감성피부나 건성피부에 사용하기에 적합하다.

파우더 타입: 파우더 분말을 압축한 타입으로, 빠르게 화장을 할 수 있으며 휴대가 용이하지만 건조함을 유발할 수 있어 민감성피부나 건성피부에 사용하기에는 부적합함

정답 | 01 ④ 02 ④ 03 ④

04
다음 중 피부색에 맞는 메이크업 베이스 제품을 연결한 것으로 옳지 않은 것은?

① 노란 피부 – 퍼플 컬러로 노란색을 중화하여 생기를 부여한다.
② 어두운 황갈색 피부 – 그린이나 블루로 황갈색 기운을 중화한다.
③ 흰 피부 – 핑크 컬러로 화사함을 부여한다.
④ 기미·주근깨·잡티 – 옐로나 그린 컬러로 커버한다.

그린이나 블루는 붉은색을 중화하므로 붉은 피부에 적합함

05
다음 중 눈 모양에 따른 아이라이너 방법으로 옳지 않은 것은?

① 지방이 많은 두툼한 눈 – 눈앞머리부터 꼬리까지 전체적으로 라인을 그리되 꼬리를 굵게 그린다.
② 눈꼬리가 처진 눈 – 위쪽 눈꼬리 부분에서 약간 올리듯 두께감 있게 그리고 언더라인은 눈앞머리 부분을 강조하여 그린다.
③ 작은 눈 – 위쪽 아이라인과 언더라인 모두를 약간 굵게 그리되 꼬리 부분에서 만나지 않게 그린다.
④ 큰 눈 – 아이라인이 너무 강조되지 않게 속눈썹 가까이에 섬세하게 그린다.

눈꼬리가 처진 눈은 위쪽 눈꼬리 부분에서 약간 올리듯 두께감 있게 그리고 언더라인은 생략하거나 연하게 처리함

06
아이 메이크업에 필요한 도구에 대한 설명으로 옳지 않은 것은?

① 아이라이너 브러시 – 가늘고 탄성이 좋아야 하며 끝이 갈라지지 않은 것이 적합하다.
② 아이래시컬러 – 속눈썹을 한 번에 힘을 주어 집어야 효과적인 컬링이 지속된다.
③ 팬 브러시 – 부채꼴 모양의 브러시로, 파우더나 아이섀도의 여분을 털어낼 때 사용한다.
④ 팁 브러시 – 강한 포인트 컬러를 표현할 때 사용하며, 가루 날림이 적어 초보자도 쉽게 사용할 수 있다.

아이래시컬러
• 마스카라 전에 처진 속눈썹에 컬을 주기 위하여 사용
• 한 번에 힘을 주어 집으면 속눈썹이 끊기거나 각질 수 있으므로 뿌리에서 끝으로 3~4회 나누어 집음

07
다음 중 속눈썹 연장용 가모의 컬에 대한 설명으로 옳은 것은?

① JC컬 – J컬과 C컬의 중간 단계로 내추럴 이미지에 적합하다.
② J컬 – 35° 각도로 가장 자연스러운 기본 컬로 생기 있는 연출에 적합하다.
③ C컬 – 볼륨감이 있어 생기 있어 보이며 발랄한 이미지에 적합하다.
④ L컬 – 일반적인 라운드 형태의 가모보다 유지력이 약하다.

• JC컬: J컬과 C컬의 중간 단계로 세련된 이미지에 적합
• J컬: 20° 각도로 가장 자연스러운 기본 컬
• L컬: 일반적인 라운드 형태의 가모보다 접착 부분이 길어 강한 유지력과 화려함을 동시에 가짐

08
혼주 메이크업에 대한 설명으로 옳지 않은 것은?

① 주름이 강조되지 않도록 베이스 제품은 소량만 사용한다.
② 한복의 부드러운 곡선 이미지를 최대한 살려 선을 섬세하게 표현한다.
③ 노화로 인한 눈 처짐은 쌍꺼풀 테이프를 이용하여 보완한다.
④ 잡티 커버를 위해 피부 톤보다 한 톤 밝은 크림 파운데이션을 도톰하게 바른다.

한 톤 밝은 핑크베이지색 파운데이션으로 주름이 강조되지 않도록 눈가와 입가는 최대한 얇게 섬세하게 패팅하여 도포함

09
가을 시즌을 위한 패션 카달로그 제작과정을 바르게 나열한 것은?

㉠ 사전 제작회의	㉡ 의상의 개념화
㉢ 장소 선택	㉣ 모델 캐스팅
㉤ 제작 촬영	㉥ 의상 피팅
㉦ 시안 검토	

① ㉡ – ㉣ – ㉥ – ㉠ – ㉢ – ㉤
② ㉠ – ㉡ – ㉦ – ㉢ – ㉣ – ㉤
③ ㉡ – ㉠ – ㉢ – ㉦ – ㉣ – ㉥ – ㉤
④ ㉦ – ㉠ – ㉡ – ㉣ – ㉥ – ㉢ – ㉤

카달로그 제작과정: 의상의 개념화 → 사전 제작회의 → 장소 선택 → 시안 검토 → 모델 캐스팅 → 의상 피팅 → 제작 촬영

10
여름 메이크업의 특징이 아닌 것은?

① 밝고 투명한 이미지를 표현하기 위해 두꺼운 느낌이 들지 않도록 가볍게 커버한다.
② 아이브로는 또렷하고 진하게 보이도록 브라운 또는 블랙을 섞어 그린다.
③ 화이트, 블루 계열을 사용하여 시원해 보이게 연출한다.
④ 치크는 연한 핑크로 가볍게 처리하거나 생략해도 무방하다.

아이브로는 진하지 않게 브라운 또는 그레이를 섞어 그림

11
다음에서 설명하는 메이크업은?

화려하거나 기교를 부리지 않은, 절제된 최소한의 메이크업 유형으로, 색감보다는 선이나 피부의 질감 표현에 주력하여 피부 표현은 파운데이션으로 가볍고 투명하게 연출한 후 소량의 투명 파우더를 브러시로 바른다.

① 원포인트 메이크업　② 글로시 메이크업
③ 미니멀 메이크업　　④ 실키 메이크업

• 원포인트 메이크업: 입술 색에 포인트를 주어 다른 색조 아이템은 배제하고 가볍고 매트한 피부 표현에 강렬한 색상으로 초점을 맞춘 메이크업
• 글로시 메이크업: 촉촉하고 광택 있는 피부 표현으로 내추럴하면서 촉촉하고 반짝이는 메이크업
• 실키 메이크업: 빛을 받은 실크처럼 부드럽고 완벽한 질감을 주는 메이크업

| 정답 | 04 ② 05 ② 06 ② 07 ① 08 ④ 09 ③ 10 ② 11 ③

12
각 시대별 뷰티 아이콘과 메이크업에 대한 설명이 바르게 연결되지 **않은** 것은?

① 1980년대 – 마돈나 – 피부 톤에 맞추어 컬러와 질감 연출
② 1960년대 – 트위기 – 인조속눈썹으로 위아래 속눈썹 모두 강조하여 인형 같은 눈매 연출
③ 1950년대 – 오드리 헵번 – 베이지브라운으로 음영을 넣은 후 아이라인을 다소 두껍게 그리되 끝을 살짝 올려 눈을 강조
④ 1930년대 – 그레타 가르보 – 레드 컬러 립스틱으로 아웃 커브하여 연출

> **1930년대 메이크업**
> - 뷰티 아이콘: 그레타 가르보, 마를렌 디트리히, 진 할로우, 조안 크로포드
> - 베이스: 피부를 창백하게 표현하고 하이라이트와 섀딩을 넣어 윤곽을 수정하고 파우더로 매트하게 마무리
> - 아이브로: 활 모양의 가늘고 긴 아치형 눈썹
> - 아이: 펄이 없는 브라운 계열을 이용하여 깊은 음영 아이홀을 연출한 후 아이라인과 인조속눈썹으로 깊고 그윽하게 연출
> - 치크: 브라운 색으로 광대뼈 밑을 강하게 터치하여 입체감을 강조
> - 립: 레드브라운 립 컬러를 이용하여 인커브 형태로 그림

13
라텍스 빌드업과 동일한 방식으로 시술하나 라텍스 빌드업에 비해 시술 시간이 짧다는 장점을 지닌 노인 메이크업 방법은?

① 플라스틱 빌드업
② 어플라이언스 메이크업
③ 파운데이션 빌드업
④ 명암법

> **플라스틱 빌드업**: 라텍스 빌드업과 동일한 방식으로 시술이 가능하며 액체 플라스틱에 파우더를 섞어 농도를 조절하여 보다 빠른 분장이 가능

14
시간 경과에 따른 멍의 색 변화를 바르게 나열한 것은?

① 레드 → 머룬 → 퍼플 → 옐로 → 그린
② 레드 → 머룬 → 퍼플 → 그린 → 옐로
③ 머룬 → 레드 → 퍼플 → 그린 → 옐로
④ 레드 → 퍼플 → 머룬 → 옐로 → 그린

> 시간 경과에 따라 레드 → 머룬 → 퍼플 → 그린 → 옐로로 변함

15
다음 중 극의 전환 시 시간 절약을 위하여 귀에 걸도록 제작되어 사실감이 떨어지고 소극장의 경우 관객이 쉽게 알아볼 수 있는 수염은?

① 벤틸레이티드 수염
② 플라스틱백 수염
③ 라텍스백 수염
④ 직접 붙이는 수염

> **라텍스백 수염**
> - 얼굴 모형 마네킹에 여러 겹의 라텍스를 발라 형태를 잡은 후 그 위에 수염을 붙여 제작
> - 극의 전환 시 시간 절약을 위하여 라텍스 위에 스타킹을 길게 붙여 귀에 걸도록 제작
> - 피부에 접착되지 않아 사실감이 떨어지고 소극장의 경우 관객이 쉽게 알아볼 수 있음

PART 04 | 공중위생관리

001 공중보건학의 정의
지역사회의 조직적인 노력으로 지역사회 집단의 질병을 예방하고 생명을 연장시키며, 육체와 정신적 효율을 증진시키는 기술이자 과학임

002 공중보건

주체	개인이 아닌 국가, 공공단체 및 조직화된 지역사회 (최소 단위: 지역 사회)
목적	질병 예방, 수명 연장, 신체적·정신적 건강 및 효율 증진

003 보건수준 평가 지표

세계보건기구(WHO) 건강수준 지표	조사망률, 비례사망지수, 평균수명
보건수준 3대 평가 지표	영아사망률(대표적 지표), 비례사망지수, 평균수명

004 질병발생의 3대 요인

- 숙주: 병원체가 옮겨 다니는 대상으로 사람이나 동물

생물학적 요인	• 선천적 요인: 성별, 인종, 연령, 유전 • 후천적 요인: 영양상태
사회적 요인	• 경제적 요인: 직업, 주거환경, 작업환경 • 생활양식적 요인: 흡연, 음주, 운동

- 병인: 질병을 일으키는 직접적 감염원

생물학적 병인	세균, 곰팡이, 기생충, 바이러스
물리적 병인	열, 햇빛, 온도, 기후
화학적 병인	농약, 화학약품, 유독물질
정신적 병인	스트레스, 노이로제

- 환경: 주변 환경이나 질병 발생에 영향을 주는 외적 요소

생물학적 환경	병원소, 중간 숙주(식품 등 감염성 질병의 매개체)
물리·화학적 환경	지리적·기상학적 환경
사회·경제적 환경	경제적 수준, 교육 수준, 보건의료시설, 문화, 직업, 불경기, 전쟁

005 인구 피라미드

피라미드형	• 개발도상국형(인구 증가형) • 출생률과 사망률이 높은 유형 • 14세 이하 인구가 65세 이상 인구의 2배 초과
종형	• 이상형(인구 정지형) • 출생률과 사망률이 낮은 유형 • 14세 이하 인구가 65세 이상 인구의 2배 정도

정답 12 ④ 13 ① 14 ② 15 ③

방추형	• 선진국형(인구 감소형) • 평균수명이 높고 인구가 감소하는 유형 • 14세 이하 인구가 65세 이상 인구의 2배 이하
별형	• 도시형(인구 유입형) • 생산층 인구가 증가하는 유형 • 15~49세 인구가 전체 인구의 50% 초과
표주박형	• 농촌형(인구 유출형) • 생산층 인구가 감소하는 유형 • 15~49세 인구가 전체 인구의 50% 미만

006 출생률과 사망률 통계

조출생률	• 한 국가의 출생수준을 표시하는 지표 • 1년 동안의 출생아 수를 당해 연도의 연앙 인구로 나눈 수치를 1,000분율로 표시
일반출생률	1년 동안 가임여성(15~49세) 1,000명당 발생한 출생자의 비율
조사망률	1년 동안의 사망자 수를 당해 연도의 연앙 인구로 나눈 수치를 1,000분율로 표시
영아사망률	• 국가의 보건지수를 나타내는 지표 • 생후 1년 동안 영아의 사망률
신생아사망률	생후 28일 미만의 유아 사망률
비례사망지수	• 국가의 건강수준을 표시하는 지표 • 총 사망자 수에 대한 50세 이상의 사망자 수를 백분율로 표시
평균수명	• 사람이 평균적으로 몇 년을 살 수 있는가에 대한 기댓값 • 신생아가 앞으로 생존할 것으로 기대되는 평균 생존 연수

007 역학의 역할

- 질병의 원인과 병인 규명
- 질병의 발생과 유행 감시
- 질병의 자연사 연구 및 예후 파악
- 지역사회의 질병 규모와 분포의 파악
- 보건의료의 기획과 평가를 위한 자료 수집

008 감염병의 생성 과정

병원체 → 병원소 → 병원소로부터 병원체 탈출 → 병원체의 전파 → 새로운 숙주로의 침입 → 숙주의 감염(감수성, 면역)

009 병원체

• 세균: 적정한 온도와 습도 유지 시 급증

호흡기계	폐렴, 결핵, 나병, 백일해, 디프테리아, 수막구균성수막염, 성홍열
소화기계	장티푸스, 콜레라, 파라티푸스, 세균이질, 파상열
피부점막계	파상풍, 페스트, 매독, 임질

• 바이러스: 살아있는 세포 내에서만 기생, 크기가 작아 전자현미경으로만 관찰 가능

호흡기계	독감(인플루엔자), 홍역, 유행성이하선염
소화기계	소아마비, 폴리오, 유행성간염(A형간염), 브루셀라증(파상열)
피부점막계	후천성면역결핍증(AIDS), 일본뇌염, 공수병, 황열

• 그 외 병원체

리케차	발진티푸스, 발진열, 쯔쯔가무시증, 로키산홍반열
수인성 병원체	• 수인성 감염병: 병원성 미생물에 오염된 물에 의해 매개되는 감염병 • 콜레라, 장티푸스, 파라티푸스, 세균이질, 소아마비, A형간염
기생충	• 원충류 • 연충류: 회충, 요충, 구충, 말레이사상충, 간흡충, 폐흡충, 요코가와흡충, 유구조충, 무구조충, 광절열두조충
진균	• 칸디다증, 백선, 무좀 • 아포 형성 식물(버섯, 곰팡이, 효모)
클라미디아	트라코마, 앵무새병

010 병원소

인간 병원소	환자와 보균자
동물 병원소	개, 소, 닭, 박쥐, 돼지, 쥐 등
토양 병원소	오염된 토양

011 건강 보균자의 보건관리가 어려운 이유

- 증상이 발현되지 않아 색출이 어려움
- 넓은 활동 영역
- 격리의 어려움

012 후천적 면역(획득면역)

능동 면역	자연능동 면역	• 감염병 감염 후 형성 • 영구면역: 홍역, 장티푸스, 콜레라, 백일해 • 일시면역: 디프테리아, 폐렴, 인플루엔자, 세균이질
	인공능동 면역	• 예방접종으로 형성 • 생균백신(경구 투여): 결핵, 홍역, 폴리오 • 사균백신(경피 투여): 장티푸스, 콜레라, 백일해, 폴리오 • 톡소이드(순화독소 주입): 파상풍, 디프테리아
수동 면역	자연수동 면역	• 태반, 모유 수유를 통해 부여받은 면역 • 폴리오, 홍역, 디프테리아
	인공수동 면역	면역혈청을 투입하여 부여받는 면역

013 검역 감염병 및 감시 기간

콜레라	5일(120시간)
중증급성호흡기증후군(SARS)	10일(240시간)

페스트	6일(144시간)
동물인플루엔자 인체감염증	10일(240시간)
황열	6일(144시간)
신종인플루엔자	최대 잠복기
중동호흡기증후군(MERS)	14일(336시간)
에볼라바이러스	21일(504시간)

	모기	말라리아, 일본뇌염, 사상충증, 황열, 뎅기열
곤충	파리	콜레라, 장티푸스, 세균이질, 파라티푸스
	진드기	신증후군출혈열(유행성출혈열), 쯔쯔가무시증
	바퀴벌레	콜레라, 장티푸스, 세균이질
	벼룩	페스트, 재귀열, 발진열, 발진티푸스
	이	발진티푸스, 재귀열, 참호열

014 법정 감염병의 종류

제1급 감염병	에볼라바이러스병, 마버그열, 라싸열, 크리미안콩고출혈열, 남아메리카출혈열, 리프트밸리열, 두창, 페스트, 탄저, 보툴리눔독소증, 야토병, 중증급성호흡기증후군(SARS), 중동호흡기증후군(MERS), 동물인플루엔자인체감염증, 신종인플루엔자, 디프테리아
제2급 감염병	코로나바이러스감염증-19, 원숭이두창, 결핵, 수두, 홍역, 콜레라, 장티푸스, 파라티푸스, 세균이질, 장출혈성대장균감염증, A형간염, 백일해, 유행성이하선염, 풍진, 폴리오, 수막구균감염증, B형헤모필루스인플루엔자, 폐렴구균감염증, 한센병, 성홍열, 반코마이신내성황색포도알균(VRSA)감염증, 카바페넴내성장내세균속균종(CRE)감염증, E형간염
제3급 감염병	파상풍, B형간염, 일본뇌염, C형간염, 말라리아, 레지오넬라증, 비브리오패혈증, 발진티푸스, 발진열, 쯔쯔가무시증, 렙토스피라증, 브루셀라증, 공수병, 신증후군출혈열(유행성출혈열), 후천성면역결핍증(AIDS), 크로이츠펠트-야콥병(CJD) 및 변종 크로이츠펠트-야콥병(vCJD), 황열, 뎅기열, 큐열, 웨스트나일열, 라임병, 진드기매개뇌염, 유비저, 치쿤구니야열, 중증열성혈소판감소증후군(SFTS), 지카바이러스감염증
제4급 감염병	인플루엔자, 매독, 회충증, 편충증, 요충증, 간흡충증, 폐흡충증, 장흡충증, 수족구병, 임질, 클라미디아감염증, 연성하감, 성기단순포진, 첨규콘딜롬, 반코마이신내성장알균(VRE)감염증, 메티실린내성 황색포도알균(MRSA)감염증, 다제내성녹농균(MRPA)감염증, 다제내성아시네토박터바우마니균(MRAB)감염증, 장관감염증, 급성호흡 기감염증, 해외유입기생충감염증, 엔테로바이러스감염증, 사람유두종바이러스감염증

015 매개체별 감염병

	소	탄저, 결핵, 살모넬라증, 브루셀라증(파상열)
동물	돼지	일본뇌염, 살모넬라증, 탄저, 렙토스피라증
	양	탄저, 큐열
	말	살모넬라증, 탄저
	개	공수병
	쥐	페스트, 살모넬라증, 발진열, 렙토스피라증, 재귀열, 신증후군출혈열(유행성출혈열), 쯔쯔가무시증
	토끼	야토병
	고양이	살모넬라증, 톡소플라즈마증

016 감염병의 신고시기

제1급 감염병	즉시 신고
제2급·제3급 감염병	24시간 이내 신고
제4급 감염병	7일 내 신고

017 기생충

	회충	우리나라에서 가장 높은 감염률
선충류	구충	경구감염 시 채독증, 폐 침입 시 기침·가래
	요충	사람의 항문 주위에 산란, 자충포란 형태로 경구감염
	편충	혈액을 동반한 설사, 빈혈, 동통, 고열
	사상충	모기 전파
흡충류	간흡충	• 제1중간 숙주: 쇠우렁이 • 제2중간 숙주: 참붕어, 잉어, 황어, 뱅어
	폐흡충	• 제1중간 숙주: 다슬기 • 제2중간 숙주: 참게, 참가재
	장흡충	• 제1중간 숙주: 다슬기 • 제2중간 숙주: 은어, 황어
	요코가와흡충	• 제1중간 숙주: 다슬기 • 제2중간 숙주: 은어, 숭어
조충류	무구조충	중간 숙주: 소
	유구조충	중간 숙주: 돼지
	광절열두조충	• 제1중간 숙주: 물벼룩 • 제2중간 숙주: 송어, 연어, 대구

018 기후

3대 요소	기온, 기습, 기류
4대 온열인자	기온, 기습, 기류, 복사열

019 이산화탄소(CO_2)

• 무색·무취, 비독성, 약산성, 공기보다 무거움
• 실내 공기오염의 지표로 사용
• 지구온난화의 주된 원인
• 대기 중 0.03% 차지

020 대기오염 현상

기온역전	• 지표면의 기온이 상층보다 낮아지는 현상 • 냉해, 복사 안개 발생 • 대기의 안정으로 대류 작용이 약화되어 복사 안개와 오염된 대기가 결합하여 스모그 현상이 발생함
열섬 현상	• 도시 중심부의 기온이 주변 지역보다 현저하게 높게 나타나는 현상 • 열섬의 강도는 여름보다 겨울에, 낮보다 밤에 현저하게 나타남
산성비	• 수소이온 농도(pH)가 5.6 미만인 비 • 원인 물질: 아황산가스, 질소산화물, 염화수소
온실 효과	온실 효과를 일으키는 가스(이산화탄소) 입자에 의해서 복사열이 빠져 나가지 못해 지구 표면과 대류권이 더워지는 효과
스모그	연기, 그을음, 아황산가스, 질소산화물 등의 대기오염 물질이 수증기와 섞여 안개와 같이 뿌옇게 보이는 현상
엘니뇨	적도 해역의 해수 온도가 주변보다 2~10℃ 이상 높아지는 이상고온 현상

021 수질 오염지표

용존 산소 (DO)	• 물속에 녹아 있는 산소의 양 • 용존 산소가 낮으면 오염도가 높음
생화학적 산소 요구량 (BOD)	• 물속의 유기물질을 호기성 미생물이 분해할 때 소비하는 산소의 양 • 유기물질오염도가 높을수록 BOD 수치가 높음
화학적 산소 요구량 (COD)	• 산업 폐수, 공장 폐수 오염도 측정 지표 • 유기물질오염도가 높을수록 COD 수치가 높음

대장균	• 상수(음용수)오염의 생물학적 지표
	  – 검출 방법 용이
	  – 분포 자체가 오염원, 사람과 동물의 분변과 공존
	  – 다른 병원성 미생물이나 분변오염에 대해 추측 가능
	  – 저항성이 다른 병원균과 비슷하거나 높음
	• 물 100mL 내에 대장균이 검출되지 않아야 음용수로 적합

022 상·하수 처리과정

상수	침사 → 침전 → 여과 → 소독
하수	예비 처리 → 본 처리 → 오니 처리

023 식중독 분류

세균성	감염형	살모넬라균 식중독, 장염 비브리오균 식중독, 병원성대장균 식중독
	독소형	포도상구균 식중독, 보툴리누스균 식중독, 웰치균 식중독
자연독	식물성	• 감자독: 솔라닌, 셉신 • 버섯독: 무스카린, 아마니타톡신, 팔린 • 매실독: 아미그달린 • 미나리독: 시큐톡신
	동물성	• 복어독: 테트로도톡신 • 섭조개독: 삭시톡신
	곰팡이독	• 옥수수·땅콩: 아플라톡신 • 황변미: 황변미독(시트리닌) • 맥각: 에르고톡신
화학물질		불량 첨가물, 유독물질, 유해금속물

024 기초대사량

- 생물체가 생명을 유지하는 데 필요한 최소한의 에너지량
- 체온 유지나 호흡, 심장 박동 등 기초적인 생명 활동을 위한 신진대사에 쓰이는 에너지량

025 보건행정

범위	보건관계 기록의 보존, 모자 보건, 대중에 대한 보건교육, 의료 제공, 환경위생, 보건간호, 감염병 관리
특성	공공성, 사회성, 봉사성, 교육성, 과학성, 기술성, 보장성
보건소	질병의 예방, 진료, 공중보건을 향상시키기 위한 시·군·구 지방 보건 행정기관으로 보건사업의 말단 행정기관

026 소독 관련 용어

소독력 비교: 멸균 > 살균 > 소독 > 방부 > 청결 > 위생

멸균	병원성·비병원성 미생물 및 포자를 모두 사멸 또는 제거하여 무균 상태로 만드는 것
살균	• 생활력을 가지고 있는 미생물을 여러 가지 화학적·물리적 방법으로 급속하게 죽이는 것 • 내열성 포자(아포균)를 제외한 대부분의 병원성 미생물을 제거하는 것
소독	미생물의 생존과 번식을 좌우하는 환경요소(영양소, 온도, 습도, pH, 산소)를 변화시켜 감염력을 없애는 것
방부	병원성 미생물의 발육과 성장을 억제·정지시켜 음식물의 부패나 발효를 방지하는 것

027 소독용 화학약품의 구비 조건

- 강한 살균력을 위해 높은 석탄산계수를 가져야 함
- 원액 또는 희석 상태에서 안정성이 있어야 함
- 높은 용해성을 가져야 함
- 조직에 대한 낮은 독성과 저자극성을 가져야 함
- 표백성과 부식성이 없어야 함
- 강한 침투력과 방취력을 가져야 함
- 경제적이며 사용이 용이해야 함

028 소독 작용에 필요한 조건과 요인

물리적 조건	온도, 시간, 수분
화학적 조건	온도, 시간, 수분, 농도
요인	고온일수록, 고농도일수록, 접촉시간이 길수록, 소독 대상물의 유기물질이 적을수록 효과 상승

029 살균 작용기전

산화 작용	염소 및 그 유도체, 과산화수소, 과망가니즈산칼륨(과망간산칼륨), 오존
균체의 단백질 응고 작용	석탄산, 알코올, 크레졸, 포르말린, 승홍, 생석회
균체의 효소 불활성화 작용	석탄산, 알코올, 역성비누, 중금속염
균체의 가수분해 작용	강산, 강알칼리, 중금속염
탈수 작용	알코올, 포르말린, 식염, 설탕
중금속의 형성	승홍, 머큐로크롬, 질산은
핵산의 작용	자외선, 방사선, 포르말린, 에틸렌옥사이드
균체의 삼투성 변화 작용	석탄산, 역성비누, 중금속염

030 소독법의 분류

물리적 소독법
- 건열 멸균법: 화염 멸균법, 소각법, 건열 멸균법
- 습열 멸균법: 자비 소독법, 증기 멸균법, 간헐 멸균법, 고온증기 멸균법, 저온 살균법, 초고온 살균법
- 무가열 멸균법: 일광소독법, 자외선 살균법, 방사선 살균법, 초음파 살균법
- 여과 멸균법

화학적 소독법
- 석탄류: 석탄산, 크레졸
- 계면활성제류: 역성비누, 음이온비누, 약용비누
- 알코올류: 에탄올, 포르말린
- 수은 화합물: 승홍, 머큐로크롬
- 할로겐 유도체: 염소, 요오드, 표백분
- 산화체: 과산화수소, 과망가니즈산칼륨, 오존
- 에틸렌옥사이드
- 생석회

031 주요 소독법의 특징

• 물리적 소독법

소각법	감염병환자가 사용했던 물품이나 배설물 등을 처리하는 가장 안전한 방법
자비 소독법 (열탕 소독법)	• 100℃의 물에 20~30분간 소독 • 끝이 날카로운 금속은 거즈나 소독포에 싸서 소독 • 금속은 물이 끓기 시작한 후에 넣고, 유리는 처음부터 물에 넣어 끓임 • 아포형성균, B형간염 바이러스에는 부적합
고압증기 멸균법	• 소독시간 – 10lbs(파운드): 115℃에서 30분간 – 15lbs(파운드): 121℃에서 20분간 – 20lbs(파운드): 126℃에서 15분간 • 완전 멸균, 가장 빠르고 효과적인 방법으로 짧은 시간에 포자를 형성하는 세균까지 멸균함 • 수증기가 통과하므로 물에 용해되는 물질은 사용 불가 • 피멸균물에 잔류독성이 없음

• 화학적 소독법

석탄산 (페놀)	• 3%의 농도에서 살균력이 가장 강함 • 강력한 살균력을 가짐(승홍수의 1,000배) • 세균포자나 바이러스에는 작용력 없음 • 석탄산계수는 소독제의 살균력 평가 기준으로 사용됨
에탄올 (에틸알코올)	• 손·피부 소독, 미용기구, 의료기구, 유리 소독의 표면 소독 • 70%의 농도에서 살균력이 가장 강함 • 아포를 사멸하지 못함
승홍 (염화 제2수은)	• 승홍(0.1%)＋식염(0.1%)＋물(99.8%)의 수용액 사용 • 강한 금속 부식성 • 고온일수록 살균력이 강해짐
과산화수소 (옥시폴)	• 피부 상처, 구내염, 인두염, 구강 세척에 사용 • 3%의 농도로 주로 사용

032 석탄산계수(페놀지수)

• 석탄산의 소독력을 기준으로 표시되는 약의 계수로, 값이 클수록 살균력이 강함
• 어떤 소독약의 석탄산계수가 2.0이면 살균력이 석탄산의 2배임을 의미함

$$석탄산계수 = \frac{소독액의 희석배수}{석탄산의 희석배수}$$

033 소독 대상물에 따른 소독법

대변, 배설물, 토사물	소각법(완전 소독 방법), 석탄산, 크레졸, 생석회 분말
의류, 침구류, 모직물	일광소독, 자비 소독, 고압증기 멸균법, 석탄산, 크레졸
고무제품, 모피, 피혁	석탄산, 크레졸, 포르말린
화장실, 하수구, 쓰레기통	• 화장실: 석탄산, 크레졸, 포르말린 • 하수구·쓰레기통: 생석회
초자기구, 목죽제품, 도자기	고압증기 멸균법, 자비 소독, 석탄산, 크레졸, 포르말린, 승홍
환자 및 환자 접촉자	석탄산, 크레졸, 역성비누, 승홍
미용실, 병실	석탄산, 크레졸, 포르말린
피부 관리실 내 기구	알코올

음용수	자외선, 자비 소독, 염소, 표백분
과일, 야채	표백분, 염소, 역성비누

034 미생물

크기	바이러스 < 리케차 < 세균 < 스피로헤타 < 효모 < 곰팡이
증식 조건	온도, 습도(절대적 필요 요건), 영양원, 산소, 수소이온농도(pH 6.5~7.5), 삼투압

035 공중위생관리법의 목적

공중이 이용하는 영업의 위생관리 등에 관한 사항을 규정함으로써 위생수준을 향상시켜 국민의 건강 증진에 기여

036 용어의 정의

공중위생영업	다수인을 대상으로 위생관리서비스를 제공하는 영업으로서 숙박업·목욕장업·이용업·미용업·세탁업·건물위생관리업을 말함
이용업	손님의 머리카락 또는 수염을 깎거나 다듬는 등의 방법으로 손님의 용모를 단정하게 하는 영업을 말함
미용업	손님의 얼굴, 머리, 피부 및 손톱·발톱 등을 손질하여 손님의 외모를 아름답게 꾸미는 영업을 말함

037 미용업의 분류

일반 미용업	파마·머리카락자르기·머리카락모양내기·머리피부손질·머리카락염색·머리감기, 의료기기나 의약품을 사용하지 아니하는 눈썹손질을 하는 영업
피부 미용업	의료기기나 의약품을 사용하지 아니하는 피부상태분석·피부관리·제모·눈썹손질을 하는 영업
네일 미용업	손톱과 발톱을 손질·화장하는 영업
화장·분장 미용업	얼굴 등 신체의 화장, 분장 및 의료기기나 의약품을 사용하지 아니하는 눈썹손질을 하는 영업
종합 미용업	일반, 피부, 네일, 화장·분장과 그 밖에 대통령령으로 정하는 세부 영업의 업무를 모두 하는 영업

038 영업신고

- 공중위생영업을 하고자 하는 자는 보건복지부령이 정하는 시설 및 설비를 갖춘 후 시장·군수·구청장에게 신고하여야 함
- 신고인 제출서류: 영업신고서, 영업시설 및 설비개요서, 교육수료증(미리 교육받은 사람만 해당)

039 변경신고

신고사항	• 영업소의 명칭 또는 상호 변경 시 • 영업소의 주소 변경 시 • 신고한 영업장 면적의 3분의 1 이상의 증감 시 • 대표자의 성명 또는 생년월일 변경 시 • 미용업 업종 간 변경 시
제출서류	다음 서류를 시장·군수·구청장에게 제출해야 함 • 영업신고사항 변경신고서 • 영업신고증(신고증을 분실하여 영업신고사항 변경신고서에 분실 사유를 기재하는 경우에는 첨부하지 않음) • 변경사항을 증명하는 서류

040 폐업신고

공중위생영업을 폐업한 날부터 20일 이내에 시장·군수·구청장에게 신고

041 영업의 승계 가능자

이용업 또는 미용업 면허를 소지한 자 중 아래에 해당하는 자
- 양수인: 미용업을 양도한 경우
- 상속인: 미용업 영업자가 사망한 경우
- 법인: 합병 후 존속하는 법인이나 합병에 의하여 설립되는 법인
- 경매, 환가, 압류재산의 매각, 그 밖에 이에 준하는 절차에 따라 미용업 영업의 관련 시설 및 설비를 인수한 자

042 미용 영업자의 준수사항

- 점빼기·귓볼뚫기·쌍꺼풀수술·문신·박피술 그 밖에 이와 유사한 의료행위를 하여서는 안 됨
- 피부미용을 위해 의약품 또는 의료기기를 사용해서는 안 됨
- 미용기구 중 소독을 한 기구와 소독을 하지 아니한 기구는 각각 다른 용기에 넣어 보관함
- 면도기는 1회용 면도날만을 손님 1인에 한하여 사용
- 영업장 안의 조명도는 75럭스(lux) 이상이 되도록 유지함
- 영업소 내부에 미용업 신고증 및 개설자의 면허증 원본을 게시함
- 영업소 내부에 최종지급요금표를 게시 또는 부착함

043 이·미용기구의 소독 기준

자외선소독	1cm^{2}당 85μW 이상의 자외선을 20분 이상 쪼임
건열멸균소독	섭씨 100℃ 이상의 건조한 열에 20분 이상 쏘임
증기소독	섭씨 100℃ 이상의 습한 열에 20분 이상 쏘임
열탕소독	섭씨 100℃ 이상의 물속에 10분 이상 끓임
석탄산수소독	석탄산수(석탄산 3%, 물 97%의 수용액)에 10분 이상 담금
크레졸소독	크레졸수(크레졸 3%, 물 97%의 수용액)에 10분 이상 담금
에탄올소독	에탄올수용액(에탄올이 70%인 수용액)에 10분 이상 담가두거나 에탄올수용액을 머금은 면 또는 거즈로 기구의 표면을 닦음

044 면허발급(보건복지부령, 시장·군수·구청장)
- 전문대학 또는 이와 같은 수준 이상의 학력이 있다고 교육부장관이 인정하는 학교에서 이용 또는 미용에 관한 학과를 졸업한 자
- 학점인정 등에 관한 법률에 따라 대학 또는 전문대학을 졸업한 자와 같은 수준 이상의 학력이 있는 것으로 인정되어 이용 또는 미용에 관한 학위를 취득한 자
- 고등학교 또는 이와 같은 수준의 학력이 있다고 교육부장관이 인정하는 학교에서 이용 또는 미용에 관한 학과를 졸업한 자
- 초·중등교육법령에 따른 특성화고등학교, 고등기술학교나 고등학교 또는 고등기술학교에 준하는 각종학교에서 1년 이상 이용 또는 미용에 관한 소정의 과정을 이수한 자
- 국가기술자격법에 의한 이용사 또는 미용사의 자격을 취득한 자

045 면허발급 결격 사유자
- 피성년후견인
- 정신질환자(전문의가 이·미용사로서 적합하다고 인정하는 사람은 제외)
- 공중의 위생에 영향을 미칠 수 있는 감염병환자로서 보건복지부령으로 정하는 자
- 마약, 기타 대통령령으로 정하는 약물 중독자
- 면허가 취소된 후 1년이 경과되지 아니한 자

046 면허증의 재발급

요건	• 면허증의 기재사항에 변경이 있는 때 • 면허증을 잃어버린 때 • 면허증이 헐어 못 쓰게 된 때
제출서류	다음 서류를 시장·군수·구청장에게 제출해야 함 • 재발급신청서 • 면허증 원본(기재사항이 변경되거나 헐어 못 쓰게 된 경우에 한정) • 사진 1장 또는 전자적 파일 형태의 사진

047 면허취소 및 정지

면허정지 또는 취소사유	• 면허증을 다른 사람에게 대여한 때 • 국가기술자격법에 따라 자격정지처분을 받은 때(자격정지처분 기간에 한정) • 성매매알선 등 행위의 처벌에 관한 법률이나 풍속영업의 규제에 관한 법률을 위반하여 관계 행정기관의 장으로부터 그 사실을 통보받은 때
필수적 면허취소 사유	• 피성년후견인에 해당될 때 • 정신질환자 및 보건복지부령이 정하는 감염병환자 또는 대통령령으로 정하는 약물 중독자에 해당될 때 • 국가기술자격법에 따라 자격이 취소된 때 • 이중으로 면허를 취득한 때(나중에 발급받은 면허를 말함) • 면허정지처분을 받고도 그 정지 기간 중에 업무를 한 때

048 이용·미용의 업무보조범위
- 이용·미용 업무를 위한 사전 준비에 관한 사항
- 이용·미용 업무를 위한 기구·제품 등의 관리에 관한 사항
- 영업소의 청결 유지 등 위생관리에 관한 사항
- 그 밖에 머리감기 등 이용·미용 업무의 보조에 관한 사항

049 영업소 외에서의 이용 및 미용 업무
- 질병·고령·장애나 그 밖의 사유로 영업소에 나올 수 없는 자에 대하여 이용 또는 미용을 하는 경우
- 혼례나 그 밖의 의식에 참여하는 자에 대하여 그 의식 직전에 이용 또는 미용을 하는 경우
- 사회복지사업법에 따른 사회복지시설에서 봉사활동으로 이용 또는 미용을 하는 경우
- 방송 등의 촬영에 참여하는 사람에 대하여 그 촬영 직전에 이용 또는 미용을 하는 경우
- 이외에 특별한 사정이 있다고 시장·군수·구청장이 인정하는 경우

050 개선 명령

개선명령 대상자	• 공중위생영업의 종류별 시설 및 설비 기준을 위반한 공중위생영업자 • 위생관리 의무 등을 위반한 공중위생영업자
개선기간	• 즉시 또는 6개월 • 개선기간 6개월 연장 가능

051 영업소 폐쇄와 위반사실의 공표
- 영업소 폐쇄

주체	시장·군수·구청장
대상	• 영업정지처분을 받고도 그 영업정지 기간에 영업을 한 경우 • 공중위생영업자가 정당한 사유 없이 6개월 이상 계속 휴업하는 경우 • 공중위생영업자가 관할 세무서장에게 폐업신고를 한 경우 • 관할 세무서장이 사업자 등록을 말소한 경우
폐쇄 조치	• 해당 영업소의 간판 기타 영업표지물의 제거 • 해당 영업소가 위법한 영업소임을 알리는 게시물 등의 부착 • 영업을 위하여 필수불가결한 기구 또는 시설물을 사용할 수 없게 하는 봉인

- 위반사실공표
  - 공중위생관리법 위반사실의 공표라는 내용의 표제
  - 공중위생영업의 종류
  - 영업소의 명칭 및 소재지와 대표자 성명
  - 위반 내용(위반행위의 구체적 내용과 근거 법령을 포함)
  - 행정처분의 내용, 처분일 및 처분 기간
  - 그 밖에 보건복지부장관이 특히 공표할 필요가 있다고 인정하는 사항

052 공중위생감시원

자격	• 위생사 또는 환경기사 2급 이상의 자격증이 있는 사람 • 고등교육법에 따른 대학에서 화학·화공학·환경공학 또는 위생학 분야를 전공하고 졸업한 사람 또는 법령에 따라 이와 같은 수준 이상의 학력이 있다고 인정되는 사람 • 외국에서 위생사 또는 환경기사의 면허를 받은 사람 • 1년 이상 공중위생 행정에 종사한 경력이 있는 사람
업무 범위	• 영업신고 및 폐업신고 규정에 의한 시설 및 설비의 확인 • 공중위생영업 관련 시설 및 설비의 위생상태 확인·검사, 공중위생영업자의 위생관리 의무 및 영업자준수사항 이행 여부의 확인 • 위생지도 및 개선명령 이행 여부의 확인 • 공중위생영업소의 영업의 정지, 일부 시설의 사용중지 또는 영업소 폐쇄명령 이행 여부의 확인 • 위생교육 이행 여부의 확인

053 명예공중위생감시원

자격	• 공중위생에 대한 지식과 관심이 있는 자 • 소비자단체, 공중위생관련 협회 또는 단체의 소속 직원 중에서 당해 단체 등의 장이 추천하는 자
업무 범위	• 공중위생감시원이 행하는 검사대상물의 수거 지원 • 법령 위반행위에 대한 신고 및 자료 제공 • 그 밖에 공중위생에 관한 홍보·계몽 등 공중위생관리 업무와 관련하여 시·도지사가 따로 정하여 부여하는 업무

054 청문(보건복지부장관 또는 시장·군수·구청장)

- 이용사와 미용사의 면허취소 또는 면허정지
- 위생사의 면허취소
- 영업정지명령, 일부 시설의 사용중지명령 또는 영업소 폐쇄명령

055 위생 서비스수준의 평가

- 주기: 2년마다 실시
- 전문기관 및 단체가 평가 실시 가능

056 위생관리등급의 구분

최우수업소	녹색등급
우수업소	황색등급
일반관리대상 업소	백색등급

057 영업자 위생교육

교육 주기 및 시간	매년 3시간(집합 교육과 온라인 교육 병행)
교육대상자와 시기	영업신고를 하고자 하는 자는 미리 위생교육을 받아야 함

교육의 내용	• 공중위생관리법 및 관련 법규 • 소양교육(친절 및 청결에 관한 사항 포함) • 기술교육 • 공중위생에 관하여 필요한 내용
교육 미이수 시	200만 원 이하의 과태료

058 벌금

1년 이하의 징역 또는 1천만 원 이하의 벌금	• 영업신고를 하지 아니하고 영업을 한 자 • 영업정지명령 또는 일부 시설의 사용중지명령을 받고도 그 기간 중에 영업을 하거나 그 시설을 사용한 자 • 영업소 폐쇄명령을 받고도 계속하여 영업을 한 자
6개월 이하의 징역 또는 500만 원 이하의 벌금	• 변경신고를 하지 아니한 자 • 공중위생영업자의 지위를 승계한 자로서 신고를 하지 아니한 자 • 건전한 영업질서를 위하여 공중위생영업자가 준수하여야 할 사항을 준수하지 아니한 자
300만 원 이하의 벌금	• 다른 사람에게 이용사 또는 미용사의 면허증을 빌려주거나 빌린 사람 • 이용사 또는 미용사의 면허증을 빌려주거나 빌리는 것을 알선한 사람 • 면허의 취소 또는 정지 중에 이용업 또는 미용업을 한 사람 • 면허를 받지 아니하고 이용업 또는 미용업을 개설하거나 그 업무에 종사한 사람

059 과징금(시장·군수·구청장)

- 서면으로 통지
- 통지를 받은 날부터 20일 이내 납부

060 과태료

300만 원 이하의 과태료	• 보고를 하지 아니하거나 관계공무원의 출입·검사 기타 조치를 거부·방해 또는 기피한 자 • 시설 및 설비기준, 위생관리 의무에 대한 개선명령에 위반한 자

200만 원 이하의 과태료	• 다음 미용업소의 위생관리 의무를 지키지 아니한 자
	  – 의료기구와 의약품을 사용하지 아니하는 순수한 화장 또는 피부 미용을 할 것
	  – 미용기구는 소독을 한 기구와 소독을 하지 아니한 기구로 분리하여 보관하고, 면도기는 1회용 면도날만을 손님 1인에 한하여 사용할 것
	  – 미용사 면허증을 영업소 안에 게시할 것
	• 영업소 외의 장소에서 이용 또는 미용업무를 행한 자
	• 위생교육을 받지 아니한 자

출제 예상문제 풀어보기

01
공중보건학의 개념상 공중보건사업의 최소 단위는?
① 개인 단위
② 가족 단위
③ 지역사회 단위
④ 성인병 환자 단위

공중보건사업의 최소 단위는 개인이 아닌 지역사회 단위

02
유행 여부를 조사하기 위해 표본 감시 활동이 필요한 감염병으로 질병이 발생하거나 유행 시 7일 이내에 신고해야 하는 감염병은?
① 파상풍
② C형간염
③ 회충증
④ 쯔쯔가무시증

- 7일 이내에 신고해야 하는 감염병: 제4급 감염병으로 회충증, 인플루엔자, 매독, 편충증, 임질 등
- 파상풍, C형간염, 쯔쯔가무시증 등: 제3급 감염병으로 발생 또는 유행 시 24시간 이내에 신고해야 함

03
보건행정의 범위에 속하지 않는 것은?
① 개인위생 수행
② 대중에 대한 보건교육
③ 감염병 관리
④ 보건관계 기록의 보존

보건행정의 범위: 보건관계 기록의 보존, 모자 보건, 대중에 대한 보건교육, 의료 제공, 환경위생, 보건간호, 감염병 관리 등

04
소독의 효능을 표시하는 석탄산 계수의 계산법으로 옳은 것은?
① 석탄산 계수=소독액의 희석배수/석탄산의 희석배수
② 석탄산 계수=석탄산의 희석배수/소독액의 희석배수
③ 석탄산 계수=(석탄산의 희석배수/소독액의 희석배수)×2
④ 석탄산 계수=(소독액의 희석배수/석탄산의 희석배수)÷0.5

석탄산 계수 = 소독액의 희석배수/석탄산의 희석배수

05
다음 중 미생물과 그 특징을 연결한 것으로 옳지 않은 것은?
① 바이러스 – 크기가 가장 작은 미생물로 살아있는 세포 속에서만 생존이 가능하다.
② 나선균 – 길이 1~50μm의 긴 나선형 모양의 세균으로 콜레라균, 매독균, 헬리코박터피로리 등이 이에 속한다.
③ 세균 – 인간의 질병을 일으키는 가장 큰 원인이며 여과기를 통과한다.
④ 진균 – 미생물 중 크기가 가장 크며 무좀, 백선과 같은 피부병을 유발한다.

세균은 여과기를 통과하지 못함

06
공중위생관리법의 목적으로 옳은 것은?
① 공중이 이용하는 영업의 위생관리법을 제정한다.
② 위생수준을 향상시켜 국민의 건강 증진에 기여한다.
③ 현재보다 나은 관리서비스를 제공한다.
④ 공중위생 종사자의 위생 및 건강관리에 기여한다.

공중위생관리법: 공중이 이용하는 영업의 위생관리 등에 관한 사항을 규정함으로써 위생수준을 향상시켜 국민의 건강 증진에 기여함을 목적으로 함

07
다음 중 공중위생관리법상 변경신고사항에 해당하지 않는 것은?
① 미용업 업종 간 변경 시
② 대표자의 성명 또는 생년월일 변경 시
③ 영업소의 명칭 또는 상호 변경 시
④ 영업소 내의 시설 변경 시

변경신고사항
- 영업소의 명칭 또는 상호 변경 시
- 영업소의 주소 변경 시
- 신고한 영업장 면적의 3분의 1 이상의 증감 시
- 대표자의 성명 또는 생년월일 변경 시
- 미용업 업종 간 변경 시

08
공중위생관리법에 의거하여 위반사실을 공표할 때 필수 공표사항에 해당하지 않는 것은?
① 위반행위의 구체적 내용과 근거 법령
② 행정처분의 처분일 및 처분 기간
③ 공중위생영업자의 자택주소
④ 공중위생관리법 위반사실의 공표라는 내용의 표제

공중위생영업자의 자택주소는 필수 공표사항이 아님

정답 01 ③ 02 ④ 03 ① 04 ① 05 ③ 06 ② 07 ④ 08 ③

1 패션이미지에 따른 메이크업

01
패션쇼 메이크업에 대한 설명으로 옳지 않은 것은?
① 패션쇼 메이크업은 무대의 색과 광량을 고려하여 메이크업의 색감과 강도를 조절한다.
② 패션쇼가 넓은 장소에서 진행될 때에는 과감한 컬러와 그러데이션으로 강렬하게 메이크업한다.
③ 패션쇼 메이크업 시에는 디자이너가 표현하고자 하는 콘셉트에 대한 정확한 이해가 필요하다.
④ 패션쇼 메이크업 시에는 무대의 높이를 고려하여 메이크업한다.

장소의 크기 고려
- 넓은 장소: 이목구비를 뚜렷하게 표현
- 좁은 장소: 메이크업을 섬세하게 표현

02
프레타포르테에 대한 설명으로 옳지 <u>않은</u> 것은?
① 오트쿠튀르와 대조되는 형태의 고급 기성복을 의미한다.
② 상업성이 가미되어 실용적이고 트렌디한 성격을 가진다.
③ 영어로는 'High fashion'을 의미한다.
④ 파리를 중심으로 뉴욕, 런던, 밀라노에서 컬렉션이 개최되고 있다.

High fashion은 오트쿠튀르를 나타내는 영어임

03
다음 설명에 해당하는 패션이미지는?

> 성숙한 여인의 아름다움보다 순수한 소녀의 달콤하고 사랑스러운 이미지를 연출하며 부드러운 색조와 꽃무늬나 프릴, 레이스 등을 사용하여 원피스나 블라우스로 연출하여 감미로운 분위기를 표현한 패션이미지

① 고저스 이미지 ② 엘레강스 이미지
③ 매니시 이미지 ④ 로맨틱 이미지

로맨틱 이미지
- 여성스러운 부드러움과 낭만적이고 사랑스러운 이미지와 온화하고 감미로운 분위기를 표현
- 성숙한 여인의 아름다움보다 순수한 소녀의 달콤하고 사랑스러운 이미지를 연출
- 부드러운 색조와 꽃무늬나 프릴, 레이스 등을 사용하여 원피스나 블라우스로 연출

04
이그조틱룩, 엔틱룩, 포클로어룩, 라틴룩, 아라비안룩 등이 공통적으로 해당하는 이미지는?
① 아방가르드 이미지(Avant-garde image)
② 모던 이미지(Modern image)
③ 매니시 이미지(Mannish image)
④ 에스닉 이미지(Ethnic image)

에스닉 이미지
- 특정 지역의 자연 환경, 생활 풍습 등에서 연유한 자연스럽고 민속적인 이미지
- 특정 지역의 자연 환경, 생활 풍습, 민속 의상, 장신구 등에서 영감을 얻은 독특한 색이나 소재, 수공예적 디테일 등을 사용하여 연출

| 정답 | 01 ② 02 ③ 03 ④ 04 ④

05
기존의 예술을 부정하고 새로움을 추구하려는 급격한 진보적 성향을 지향하여 독특한 디자인과 스타일, 비대칭적이고 과장된 실루엣 등 시험적이고 혁신적인 감각을 표현하는 패션 스타일은?

① 액티브 이미지
② 아방가르드 이미지
③ 모던 이미지
④ 매니시 이미지

> **아방가르드 이미지**
> - 군대 용어로, 기존의 예술을 부정하고 새로움을 추구하려는 급격한 진보적 성향을 말함
> - 독특한 디자인과 스타일, 비대칭적이고 과장된 실루엣, 미니멀리즘과 볼륨감 있는 스타일의 조화 등 시험적이고 혁신적인 감각을 표현하는 패션 스타일

06
클래식 이미지 메이크업에 대한 설명으로 옳지 않은 것은?

① 눈썹은 다크브라운으로 다소 각지게 연출한다.
② 립 컬러는 아이 메이크업과 조화되는 컬러나 글로시한 질감을 활용하여 연출한다.
③ 차분하고 깊이 있는 짙은 톤과 어두운 톤을 주조색으로 사용한다.
④ 치크는 핑크브라운 계열로 광대뼈를 중심으로 사선 방향이 되도록 연출한다.

> 클래식 이미지에서 립은 립라인을 직선으로 선명하게 그린 후 레드 또는 레드브라운 계열의 립스틱으로 깔끔하게 연출하고, 질감은 소프트 또는 매트하게 표현

07
패션이미지에 따른 메이크업에 대한 설명으로 옳지 않은 것은?

① 내추럴 이미지 – 피부색과 유사한 리퀴드 파운데이션으로 얇게 도포한 후 투명 파우더로 마무리한다.
② 엘레강스 이미지 – 본래의 피부보다 반 톤 어두운 파운데이션을 사용하고 글로시한 느낌으로 연출한다.
③ 매니시 이미지 – 얼굴 윤곽에 베이스를 직선적으로 발라 남성적인 이미지를 전달하고 매트한 질감으로 연출한다.
④ 액티브 이미지 – 피부 톤을 조금 글로시하게 표현하여 활동적 이미지를 느낄 수 있게 연출한다.

> 엘레강스 이미지: 본래의 피부보다 살짝 밝은 파운데이션을 사용하여 결점을 커버하며, 윤곽 수정은 자연스럽게 하고 실키한 느낌으로 연출함

08
수평형의 아이브로 메이크업이 가장 어울리는 이미지는?

① 내추럴 이미지
② 클래식 이미지
③ 로맨틱 이미지
④ 에스닉 이미지

> - 내추럴 이미지: 베이지브라운 색으로 눈썹결을 살리며 모델의 얼굴형에 어울리는 기본형으로 그림
> - 클래식 이미지: 다크브라운으로 다소 각진 눈썹 연출
> - 로맨틱 이미지: 브라운 색상을 이용하여 살짝 둥글게 귀여운 이미지를 연출

09
모던 이미지에 어울리는 메이크업 색상에 대한 설명으로 옳은?

① 중채도에서 저채도의 브라운 계열, 골든베이지, 테라코타, 카멜, 카키 계열의 컬러를 사용한다.
② 라이트 그레이시, 덜 톤 등의 색상으로 감각적인 이미지를 표현할 수 있다.
③ 인디언핑크, 회갈색, 퍼플, 적갈색, 와인 등 성숙하고 우아한 컬러를 활용한다.
④ 비비드, 스트롱, 브라이트 채도로 밝고 경쾌한 컬러를 사용한다.

> - 내추럴 이미지: 중채도에서 저채도의 브라운, 골든베이지, 카키, 베이지브라운, 베이지, 핑크, 피치 계열의 컬러 사용
> - 엘레강스 이미지: 인디언핑크, 회갈색, 퍼플, 적갈색, 와인 등 성숙하고 우아한 컬러 활용
> - 액티브 이미지: 비비드, 스트롱, 브라이트 톤의 밝고 경쾌한 컬러

10
볼륨 다이렉트 컬 등 독특하고 실험적인 헤어스타일링과 과장된 액세서리 및 모자 등의 소품을 활용하여 패션을 완성하고 독특한 메이크업 디자인과 스타일링으로 강한 개성을 표현하는 이미지는?

① 아방가르드 이미지(Avant-garde image)
② 에스닉 이미지(Ethnic image)
③ 액티브 이미지(Active image)
④ 모던 이미지(Modern image)

> 아방가르드 이미지: 기존의 예술을 부정하고 새로움을 추구하려는 급격한 진보적 성향이 있어 의상의 콘셉트에 맞추어 기본에 얽매이지 않는 실험적이고 혁신적인 메이크업 디자인과 스타일링으로 개성을 표현

11
베이직 수트 스타일로 벨벳이나 트위드, 울 소재의 재킷과 블라우스, 샤넬 라인의 스커트, 테일러드 수트 등과 어울리는 이미지는?

① 로맨틱 이미지　② 클래식 이미지
③ 엘레강스 이미지　④ 에스닉 이미지

- 로맨틱 이미지: 부드럽고 가벼운 소재인 시폰, 보일, 론을 활용한 의상
- 엘레강스 이미지: 부드러운 곡선을 살린 드레스나 허리선을 강조한 실루엣으로 우아한 여성미를 연출
- 에스닉 이미지: 각 국가 특색에 맞게 민족적이고 이국적 느낌으로 연출

12
액티브 이미지의 스타일링에 대한 설명으로 옳지 않은 것은?

① 메이크업 색상은 페일 톤, 라이트 톤의 계열을 사용하여 밝고 가볍게 연출한다.
② 메이크업 색이 강조되므로 선과 형태는 기본형으로 연출한다.
③ 의상은 활동적인 재킷, 사파리 점퍼, 트레이닝 웨어, 셔츠에 청바지 등으로 연출한다.
④ 헤어는 짧은 쇼트커트 스타일이나 시뇽 등의 스타일링이 적합하다.

액티브 이미지의 메이크업 색상: 비비드, 스트롱, 브라이트 톤의 밝고 경쾌한 컬러

13
로맨틱 이미지에 적합한 메이크업 색상은?

① 소프트 톤, 덜 톤 계열
② 페일 톤, 라이트 톤 계열
③ 딥 톤, 다크 톤 계열
④ 브라이트, 덜 톤 계열

로맨틱 이미지: 핑크 계열 또는 페일 톤, 라이트 톤이 적합함

2 T.P.O.에 따른 메이크업

14
일상적인 메이크업으로 낮 시간 외출 시 적합한 메이크업은?

① 데이 메이크업　② 오피스 메이크업
③ 사진 메이크업　④ 소셜 메이크업

- 오피스 메이크업: 직장 출근용 메이크업
- 사진 메이크업: 사진 촬영을 위한 메이크업
- 소셜 메이크업: 성장 메이크업, 사교모임 등에서 하는 짙은 메이크업

15 신규 문제 공략
호텔에서 열리는 파티 메이크업에 대한 설명으로 옳지 않은 것은?

① 또렷한 눈매 연출을 위해 스트랩 래쉬를 사용한다.
② 데이 메이크업보다 자연스럽게 연출한다.
③ 펄과 글로스를 활용한다.
④ 윤곽 수정을 또렷하게 하여 입체적인 얼굴로 연출한다.

인공 조명을 고려하여 데이 메이크업보다 또렷하고 화려한 메이크업으로 연출

16
T.P.O.의 의미에 포함되지 않는 것은?

① 시간　② 장소
③ 상황　④ 의도

T.P.O.
- Time(시간): 시간대에 알맞은 메이크업
- Place(장소): 장소에 어울리는 메이크업
- Occasion(상황): 상황과 목적에 어울리는 메이크업

17 신규 문제 공략
그리스 페인팅 메이크업이란?

① 소셜 메이크업　② 데이 메이크업
③ 미디어 메이크업　④ 무대용 메이크업

그리스 페인팅 메이크업: 그리스 페인트란 분장용 화장품을 가리키는 용어로 무대용 메이크업을 말함

18 신규 문제 공략
상황에 따른 메이크업 방법으로 옳지 않은 것은?

① 바캉스 메이크업 – 자외선 차단제를 꼼꼼히 바르고, 색조 화장은 전체적으로 밝은 톤으로 연출한다.
② 커리어 우먼 메이크업 – 카리스마가 느껴지도록 스모키로 진하게 연출한다.
③ 면접 메이크업 – 연하지만 깔끔하고 뚜렷하게 연출한다.
④ 결혼식 하객메이크업 – 완벽한 메이크업으로 분위기를 살려준다.

커리어 우먼 메이크업: 또렷한 눈썹을 강조하고 차분하면서도 세련된 톤으로 연출

정답 11 ② 12 ① 13 ② 14 ① 15 ② 16 ④ 17 ④ 18 ②

19 흑백 사진 메이크업 시 볼륨 있고 진한 입술을 표현하려 할 때 사용해야 하는 컬러는?
① 파스텔핑크 ② 베이지브라운
③ 펄피치 ④ 딥레드

> 흑백 사진은 색이 보이지 않으므로 강한 느낌의 연출을 원할 때에는 명도가 가장 낮은 색을 선택해야 함

20 신규 문제 공략
다음 중 모델의 피부색이 가장 검게 느껴지는 배경색은?
① 녹색 ② 아이보리
③ 빨강 ④ 흰색

> • 흰색: 피부가 검게 보임
> • 붉은 계통: 피부가 불그스름하고 지저분해 보임
> • 녹색·파란색: 피부가 깨끗해 보임
> • 아이보리 계통: 피부색이 부드러워 보임

21 영상 메이크업에 대한 설명으로 옳지 않은 것은?
① 모발이 빈약한 경우 모발색과 비슷한 컬러의 섀도로 헤어라인을 신경 써서 메운다.
② 진한 핑크색은 더 짙게 보일 수 있다.
③ 많은 조명이 사용되기 때문에 색조 메이크업을 실제보다 좀 더 연하게 연출한다.
④ 장시간 뜨거운 조명 아래에 있어야 하므로 지속력과 밀착력이 좋은 파운데이션을 사용한다.

> 많은 조명이 사용되기 때문에 색조 메이크업의 색상이 뚜렷하지 않게 보일 수 있으므로 실제보다 좀 더 강하게 연출해야 함

22 흑백 사진 메이크업에 대한 설명으로 옳지 않은 것은?
① 피부색은 모델의 피부색보다 한 톤 밝은 것을 선택한다.
② 회색과 검은색의 펜슬을 이용하여 아이브로를 또렷하게 그린다.
③ 선명한 립을 표현하기 위해 검은색 립스틱을 활용한다.
④ 다양한 컬러를 사용하여 메이크업의 디테일을 표현한다.

> 흑백 사진 메이크업은 무채색으로만 표현되기 때문에 다양한 컬러를 사용하기보다 무채색의 명도를 활용하여 디테일을 표현함

23 봄 메이크업에 어울리지 않는 컬러는?
① 옐로, 핑크 ② 핑크, 오렌지
③ 그린, 옐로 ④ 카키, 브라운

> 가을 메이크업 컬러: 베이지, 브라운, 골드, 카키 계열

24 여름 메이크업의 특징이 아닌 것은?
① 밝고 투명한 이미지를 표현하기 위해 두꺼운 느낌이 들지 않도록 가볍게 커버한다.
② 아이브로는 또렷하고 진하게 보이도록 브라운 또는 블랙을 섞어 그린다.
③ 화이트, 블루 계열을 사용하여 시원해 보이게 연출한다.
④ 치크는 연한 핑크로 가볍게 처리하거나 생략해도 무방하다.

> 아이브로는 진하지 않게 브라운 또는 그레이를 섞어 그림

25 신규 문제 공략
땀이나 물에 잘 지워지지 않는 제품에 사용되는 용어로 바캉스 메이크업에 많이 사용되는 것은?
① 안팅에이징 ② 워터프루프
③ 루미네슨스 ④ 글로우

> 워터프루프: 땀이나 물에 잘 지워지지 않는 방수 제품을 말함

26 베이지, 오클 계열의 색상으로 크림 파운데이션을 선택하고 베이지, 브라운, 카키, 다크브라운 계열의 색상으로 그윽한 눈매 연출이 필요한 계절 메이크업은?
① 봄 ② 여름
③ 가을 ④ 겨울

> **가을 메이크업**
> • 베이스: 베이지, 오클 계열의 색상으로 크림 파운데이션 선택
> • 아이브로: 흑갈색으로 지적인 느낌이 연출되도록 살짝 각진 느낌으로 연출
> • 아이: 베이지, 브라운, 카키, 다크브라운 계열의 색상으로 그윽한 눈매를 연출하며, 아이라인을 또렷하게 그리고 조금 길게 빼 깊이 있는 눈으로 연출
> • 립: 짙은 오렌지, 브라운, 레드브라운, 골드를 섞어 연출
> • 치크: 브라운이나 핑크브라운, 오렌지브라운 컬러로 안정감 있게 연출

| 정답 | 19 ④ 20 ④ 21 ③ 22 ④ 23 ④ 24 ② 25 ② 26 ③

CHAPTER 07
트렌드 메이크업 B

합격 TIP 각 트렌드 메이크업의 특징을 구분하여 학습하며, 특히 시대별 메이크업에서는 각 시대의 문화, 패션과 함께 뷰티 아이콘에 따른 메이크업의 특징을 꼼꼼히 암기해 두도록 합니다.

1 트렌드 메이크업

(1) 메이크업 트렌드 분석
  ① 패션이나 메이크업 관련 서적을 수집하고 분석함
  ② 미디어나 박람회, 패션쇼, 헤어쇼, 화장품 브랜드의 시즌별 자료 등을 수집하고 분석함
  ③ 컬러 트렌드 정보를 바탕으로 시즌별 메이크업 컬러 기획 자료를 수집하고 분석함
  ④ 영화나 드라마는 시대적·환경적 배경이 다양하므로 최근 트렌드 분석자료로 사용하기는 어려움

(2) 수집된 정보 관리
  ① 분석한 자료를 트렌드의 흐름에 맞게 정리
  ② 트렌드에 맞는 자료를 수집하여 텍스트와 적절히 배치
  ③ 다양한 자료를 분석한 후 구체적인 트렌드를 파악
  ④ 분석한 자료를 시각적으로 보기 좋게 관리

(3) 메이크업 트렌드 방향 제안
  ① 인터넷과 SNS 등의 자료를 바탕으로 화장품 브랜드의 마케팅 시장 동향을 살펴보고 직접 매장에 나가 유행하는 화장품을 조사, 분석하여 소비자의 요구를 파악
  ② 소비자의 요구에 따라 다음 시즌에 유행할 상품을 메이크업, 헤어, 네일 분야별로 나누어 예측
  ③ 새로운 상품의 기능이나 디자인, 색상에 따라 마케팅과 관련한 아이디어를 도출하고 새로운 트렌드 방향을 제안

(4) 미니멀 메이크업

특징	• 화려하거나 기교를 부리지 않은, 절제된 최소한의 메이크업 유형 • 색감보다 선이나 피부의 질감 표현에 주력
베이스	• 파운데이션으로 가볍고 투명하게 표현한 후 소량의 투명 파우더를 브러시로 바름 • 컨실러나 메이크업 베이스로 피부의 잡티나 색 보정을 꼼꼼하게 처리
아이브로	• 눈썹의 결과 숱을 정리한 후 부족한 부분만 채워 연출 • 숱이 너무 적은 경우에는 모발 색에 맞추어 자연스럽게 그림
아이섀도	• 피부 톤을 고려하여 의상 색과 조화로운 색을 선택하되 눈두덩 전체보다 쌍꺼풀 부위에만 자연스럽게 연출 • 아이보리, 핑크베이지, 코럴베이지 계열이 무난함

용어 메이크업 트렌드
화장의 색상·질감·기법과 관련하여 사람들이 특정한 방식을 선호하는 상이나 추세를 말함

참고 미니멀 메이크업

치크	크림 타입의 핑크 계열 제품을 그러데이션하여 약간의 혈색만 부여
립	핑크브라운이나 옅은 산호색, 옅은 코코아색 등으로 입술 전체를 바른 후 립글로스만 바르고 립라인은 강조하지 않음

(5) 스모키 메이크업

참고 스모키 메이크업

특징		'그을린', '연기 나는'이라는 뜻으로 도발적이고 섹시한 느낌을 살리며 그윽하고 깊은 눈매를 표현하는 메이크업
종류	하드 스모키	퇴폐적이고 관능적인 이미지를 연출
	세미 스모키	• 트렌드 메이크업으로 활용 • 부담스럽지 않은 음영 컬러로 눈을 강조하여 기존의 스모키 메이크업보다 부드러운 느낌을 연출
베이스		• 눈의 깊이감을 표현하기 위해 밝고 깔끔하게 표현 • 파운데이션 후 컨실러를 이용하여 잡티를 커버
아이브로		자신의 눈썹결을 살려 자연스럽게 표현
아이섀도		• 블랙 펜슬을 이용하여 눈의 점막과 속눈썹 라인을 채운 후 카키나 브라운의 어두운 색조를 사용하여 그러데이션 • 눈의 깊이감 표현을 위해 인조 속눈썹을 붙이고 마스카라를 여러 번 덧바름
치크		누드핑크나 누드브라운으로 연출
립		베이지나 누드 톤으로 매트한 입술을 연출

(6) 원포인트 메이크업

참고 원포인트 메이크업

특징	입술 색에 포인트를 주어 다른 색조 아이템은 배제하고 가볍고 매트한 피부 표현에 강렬한 색상으로 초점을 맞춘 메이크업
베이스	다소 커버력이 있는 파운데이션을 도포한 후 컨실러로 잡티를 커버하고, 파우더로 유분기를 제거
아이브로	헤어 색상이나 눈동자 색과 동일한 색으로 자연스럽게 표현
아이섀도	눈두덩 선체에 필감이 없는 내추럴베이지나 스킨베이지 컬러를 바르고 조금 더 진한 컬러로 명암을 연출
치크	광대뼈 밑을 뉴트럴 계열이나 베이지브라운 계열로 섀딩하여 세련된 이미지를 연출하고 헤어라인과 페이스라인 부분을 섬세하게 처리
립	레드 계열 색상을 사용하여 스트레이트형 립라인을 그리고, 매트한 질감으로 세련되고 차분한 분위기를 연출

(7) 질감을 강조한 메이크업

① 특징
- 2000년대 이후 건강을 중시하고 개인의 심리적 안정을 중시하는 웰빙 트렌드에 영향을 받아 시작됨
- 색감보다는 베이스 메이크업의 피부 질감 위주의 메이크업

② 글로시 메이크업(Glossy Make-up)

특징	• '촉촉한', '광택 있는', '윤이 나는'이라는 뜻으로, 내추럴하면서 촉촉하고 반짝이는 메이크업 • 스킨케어 단계에서부터 보습과 촉촉함을 살리고 피부 커버 과정에서 수분감이 있는 제품을 사용하여 피부 결점을 커버
베이스	• 두꺼운 파운데이션과 매트한 느낌의 제품 사용은 지양 • 펄이 들어 있는 메이크업 베이스를 바른 후 리퀴드 파운데이션을 도포하고 소량의 파우더를 사용
아이브로	피부 질감에 중점을 두어야 하므로 모발 색에 맞추어 브라운, 연그레이 색상으로 자연스럽게 그림
아이섀도	펄이 들어간 파스텔 색상의 베이지핑크나 오렌지브라운으로 부드러운 눈매를 연출
치크	• 크림 타입이나 리퀴드 타입을 사용하여 광택감을 유지 • 피치 계열이나 펄핑크로 광대뼈를 감싸듯 가볍게 연출
립	투명 립글로스를 발라 광택과 촉촉함을 연출

참고 글로시 메이크업

③ 샤이니 메이크업(Shiny Make-up)

특징	'빛나는', '반짝이는'이라는 뜻으로, 화려하고 강렬하며 관능적이고 도발적인 이미지의 메이크업
베이스	펄이 들어 있는 메이크업 베이스를 바른 후 리퀴드 파운데이션을 도포하고 펄이 들어 있는 파우더를 사용
아이브로	피부 질감에 중점을 두어야 하므로 모발 색에 맞추어 자연스럽게 그림
아이섀도	• 피부의 질감과 유사하도록 펄이 들어 있는 섀도나 크림 섀도를 사용 • 실버펄 사용 시 회청색, 청보라 등의 펄 아이섀도를 사용 • 골드펄 사용 시 브론즈, 브라운, 오렌지브라운 등의 펄 아이섀도를 사용
치크	크림 타입의 피치 계열이나 펄핑크로 가볍게 연출
립	펄과 글리터 질감을 사용하여 광택과 볼륨감을 연출

참고 샤이니 메이크업

④ 실키 메이크업(Silky Make-up)

특징	• 빛을 받은 실크처럼 부드럽고 완벽한 질감을 주는 메이크업 • 자연스러우며 보송한 메이크업으로 커버력과 볼륨감을 강조 • 정교한 피부 표현과 펄이 적절히 가미되어 윤곽을 또렷이 부각시킴
베이스	• 프라이머로 피부의 요철과 모공을 메워 매끈한 피부를 연출 • 커버력 있는 크림 파운데이션으로 잡티를 커버한 후 브러시를 이용하여 파우더 처리
아이브로	눈썹의 형태와 윤곽을 강조하지 않도록 부드러운 갈색으로 연출
아이섀도	약간의 펄이 가미된 피치색과 엷은 브라운으로 연출
치크	산호색이나 핑크 톤으로 연출
립	오렌지레드, 핑크레드를 입술 전체를 가볍게 바르고 입술 안쪽에 한 톤 진한 컬러로 사랑스럽게 연출

참고 실키 메이크업

⑤ 메탈릭 메이크업(Metallic Make-up)

특징	• 금속 느낌이 강한 메이크업으로, 포스트모더니즘의 다양성이 공존함 • 골드, 실버, 쿠퍼 등의 컬러를 사용하여 화려하면서도 역동적이고 미래지향적인 이미지
베이스	• 펄 입자가 들어 있는 광택 있는 베이스 • 빛이 닿았을 때 가장 밝은 부분을 하이라이터로 강조
아이브로	회갈색이나 검정으로 자연스럽게 눈썹의 형태와 윤곽을 강조하여 약간 길게 연출
아이섀도	펄이 가미된 브라운 또는 블루 계열로 메탈릭한 느낌을 강조
치크	브론즈나 오렌지브라운으로 개성 있게 연출
립	핑크베이지 또는 차가운 톤의 립스틱을 바르고 골드나 화이트펄로 개성 있는 이미지를 연출

(8) 레트로 메이크업

① 최신 유행하는 메이크업이 아닌 고전적인 아름다움을 과하지 않으면서 세련되게, 현대적인 감각으로 재해석한 레트로 스타일의 메이크업
② 1960년대 히피룩, 1970년대 펑크룩, 1980년대 그런지룩과 글램룩, 1990년대 네오히피룩, 여피룩이 해당함

(9) 글래머러스 메이크업

특징	• '매혹적인', '매력 있는', '화려한', '호화로운' 등의 뜻으로, 여성의 성적 매력이 강조된 성숙한 이미지의 메이크업 • 색감이나 질감을 강조하고, 직선의 형태보다 완만한 곡선형으로 표현
베이스	• 에센스나 골드 펄 파우더를 파우더와 믹스하여 글로시하고 쉬머한 질감의 피부를 표현 • 파우더는 최소한의 양을 사용 • 하이라이트와 섀딩 처리로 윤곽과 입체감을 강조
아이브로	• 브라운이나 회갈색으로 부드러운 형태로 연출 • 회색은 가급적 사용하지 않음
아이섀도	• 베이지, 샴페인골드, 골드펄, 카키, 브라운, 와인 등의 화려한 컬러 • 아이홀 기법으로 눈의 음영과 깊이감을 강조하기도 함 • 인조 속눈썹은 숱이 풍성하고 긴 것을 선택
치크	베이지브라운이나 오클 계열
립	• 부드러운 곡선 또는 약간 아웃커브 형태의 립 • 펄과 글로우 질감의 립글로스를 발라 광택 있고 촉촉하게 연출

> **참고** 메탈릭 메이크업

> **참고** 골드 색상
> 따뜻한 느낌의 건강함과 과거를 회고할 수 있는 인간적인 색

> **참고** 실버 색상
> 기계적이고 현대적인 차갑고 냉정한 색

> **참고** 글래머러스 메이크업

> **기타** 이미지에 따른 메이크업
> • 오리엔탈 이미지: 에스닉 메이크업, 젠 메이크업
> • 미니멀 이미지: 원포인트 메이크업, 모던 메이크업
> • 매니쉬 이미지: 원포인트 메이크업, 스모키 메이크업
> • 사이버 이미지: 퓨처리즘 메이크업, 메탈릭 메이크업

2 시대별 메이크업

(1) 1900년대

사회·문화	여성 교육의 확대로 신여성 등장, 아르누보가 예술 분야에 등장함
패션	S자형의 아르누보 스타일, 깁슨걸 스타일, 호블 스커트
헤어	소프트 퐁파두르 스타일
뷰티 아이콘	릴리언 러셀

메이크업	특징	오리엔탈 붐으로 동양적인 색조 유행, 부드럽고 관능적인 여성미 강조
	베이스	광택 없고 창백한 피부로 연출, 윤곽 수정 생략(통통한 이미지가 미인형)
	아이브로	족집게로 손질 후 펜슬로 짙게 연출
	아이	베이지색 아이섀도로 음영을 잡고 진하게 블랙 아이라인을 그린 후 속눈썹을 두껍게 연출
	립	붉은색 립스틱으로 연출

참고 **1900년대 뷰티 아이콘**

▲ 릴리언 러셀

(2) 1910년대

사회·문화	• 1차 세계대전으로 여성들이 사회에 진출 • 무성 영화의 등장으로 패션에 대한 관심이 생겨남
패션	샤넬이 저지로 만든 기능적인 스타일의 의상을 발표함
헤어	• 단순하고 기능성을 추구하는 짧은 단발과 보브 스타일의 헤어 • 넓은 챙의 깃털 장식 모자, 토크형 모자 착용
뷰티 아이콘	테다 바라, 폴라 네그리

메이크업	특징	관능적 매력의 팜므파탈룩 → 코올(Kohl) 메이크업
	아이브로	일자형 아이브로, 블랙 펜슬로 진하고 길게 그리되 다소 처지게 연출
	아이	블랙과 다크브라운으로 음영을 강하게 넣어 연출한 후 마스카라와 인조 속눈썹으로 그윽하게 연출
	립	어두운 붉은색 립스틱으로 얇고 또렷한 입술을 작게 표현

참고 **1910년대 뷰티 아이콘**

▲ 테다 바라 ▲ 폴라 네그리

용어 **코올 메이크업**

검은 펜슬로 눈썹을 새까맣게 일자로 그리고 눈 주위에 음영을 강하게 넣는 메이크업

(3) 1920년대

사회·문화	미국의 승전과 군수산업의 확장으로 인한 물질적 번영의 시기로 소비가 성행
패션	• 보이시·가르손 스타일: 여선의 신체 곡선을 무시한 스타일 • 플래퍼 스타일: 말괄량이 스타일
헤어	• 더 촙 스타일에 터번식 모자와 종 모양의 모자 착용 • 보브 스타일에 맞춰 얇은 와이어로 만든 바비 핀 발명
뷰티 아이콘	클라라 보우, 글로리아 스완슨, 루이스 브룩스

메이크업	베이스	밀가루를 바른 것처럼 창백하게 연출
	아이브로	눈썹을 뽑고 가늘게 다듬어 블랙 펜슬로 아치형으로 그리되 눈썹 꼬리가 눈썹앞머리보다 처지게 연출
	아이	아이홀에 음영을 넣고 아이라인 주위를 블랙으로 연출한 후 마스카라와 인조 속눈썹으로 졸린 듯한 눈매를 표현
	립	붉은색 립스틱으로 인커브로 연출하여 꽃봉오리 같은 입매를 표현

참고 **1920년대 뷰티 아이콘**

▲ 클라라 보우 ▲ 글로리아 스완슨

▲ 루이스 브룩스

(4) 1930년대

사회 · 문화	세계적인 경제 대공황 시기로, 현실의 도피처로 할리우드 영화가 각광 받으며 호황을 누림	
패션	롱 앤 슬림의 여성적인 스타일	
헤어	• 퍼머넌트 웨이브와 아이론을 이용한 성숙한 이미지 • 페이지 보이 보브, 롱 보브 스타일 유행 • 금발에 대한 선망으로 염색 유행	
뷰티 아이콘	그레타 가르보, 마를렌 디트리히, 진 할로우, 조안 크로포드	
메이크업	특징	• 신비로운 분위기 연출 • 파우더, 베이스, 레드립스틱, 네일폴리시, 아이섀도, 펜슬 등 다양한 화장품이 쏟아져 나옴
	베이스	피부를 창백하게 표현하고 하이라이트와 섀딩을 넣어 윤곽을 수정하고 파우더로 매트하게 마무리
	아이브로	활 모양의 가늘고 긴 아치형 눈썹
	아이	펄이 없는 브라운 계열을 이용하여 깊은 음영 아이홀을 연출한 후 아이라인과 인조 속눈썹으로 깊고 그윽하게 연출
	치크	브라운 색으로 광대뼈 밑을 강하게 터치하여 입체감을 강조
	립	적당한 유분기를 가진 레드브라운 립 컬러를 이용하여 인커브 형태로 입술을 그림

> **참고** 1930년대 뷰티 아이콘
>
>
> ▲ 그레타 가르보   ▲ 마를렌 디트리히
>
>
> ▲ 진 할로우   ▲ 조안 크로포드

(5) 1940년대

사회 · 문화	• 민주주의와 공산주의가 서로 대립하여 냉전 시대 시작 • 2차 세계대전 발발로 여성들이 산업 현장에서 일하게 되면서 패션스타일이 변화함 • 전쟁 중 군인들의 사기를 위한 핀업걸 등장	
패션	테일러드 수트 스타일의 밀리터리룩, 거대해 보이는 볼드룩, 여성적인 뉴룩이 성행	
헤어	• 베일이나 깃털로 장식한 필 박스와 베레모가 유행 • 뉴룩의 영향으로 머리가 작아 보이도록 머리 꼭대기에 묶은 머리를 안으로 빗어 넘겨 한쪽으로 부드럽게 말아 올림	
뷰티 아이콘	리타 헤이워드, 잉그리드 버그만, 베로니카 레이크, 베티 그레이블, 비비안 리	
메이크업	특징	성적 매력 강조
	베이스	팬케이크 타입의 파운데이션을 사용하여 하얀 피부 연출, 컨실러를 사용하여 잡티 커버
	아이브로	두껍고 또렷한 아치형의 눈썹
	아이	베이지 계열로 음영을 넣은 후 속눈썹 강조
	치크	광대뼈 아래에서 구각 쪽으로 연출
	립	레드브라운으로 크고 선명하게 연출

> **참고** 1940년대 뷰티 아이콘
>
>
> ▲ 리타 헤이워드   ▲ 잉그리드 버그만
>
> **참고** 팬케이크 타입 파운데이션
> 1938년 맥스펙터가 비비안 리를 위해 개발한 수용성 팬케이크가 일반 여성들에게도 보급됨

(6) 1950년대

사회·문화	• 자동차, 가정용 전자 제품, 컬러TV, 영화, 카메라의 보급 • 광고 기술의 발달로 할리우드 영화와 대중음악 유행
패션	• 다양한 라인(H, A, Y, F-line) 스타일 등장 • 로큰롤룩, 맘보 스타일 유행 • 여자도 바지를 일상복으로 착용 • 토털코디네이션의 개념 확립 • 케이크형 콤팩트 파우더 유행
헤어	픽스 컷(오드리 헵번), 둥근 버블 스타일(마릴린 먼로), 프렌치 스타일 등 입체감을 충분히 살리고 풍부한 웨이브를 강조한 헤어스타일이 유행
뷰티 아이콘	오드리 헵번, 마릴린 먼로, 엘리자베스 테일러, 소피아 로렌, 에바 가드너, 그레이스 켈리
메이크업 — 특징	• 인공적인 색조 기술의 발달로 아이섀도 대중화 • 다양한 컬러의 립스틱 사용
메이크업 — 오드리 헵번	• 이미지: 귀엽고 청순한 이미지 • 베이스: 밝은 파운데이션, 파우더로 매트하게 연출 • 아이브로: 두껍고 각진 눈썹으로 연출 • 아이: 베이지브라운으로 음영을 넣은 후 아이라인을 다소 두껍게 그리되 끝을 살짝 올려 눈을 강조 • 치크: 핑크 컬러로 광대뼈와 얼굴 윤곽선을 감싸듯 바름 • 립: 붉은색 립스틱으로 도톰하게 연출
메이크업 — 마릴린 먼로	• 이미지: 섹시한 이미지 • 베이스: 밝은 핑크 톤 파운데이션, 파우더로 매트하게 연출 • 아이브로: 각진 눈썹으로 연출 • 아이: 핑크와 베이지브라운 계열로 아이홀 연출 후 아이라인 끝을 약간 올려 길게 연출 • 치크: 핑크 톤으로 광대뼈보다 아래쪽으로 구각을 향해 사선으로 표현 • 립: 유분기를 가진 레드 컬러 립스틱으로 아웃커브하여 연출 • 특징: 매력점

참고 1950년대 뷰티 아이콘

▲ 오드리 헵번 　　▲ 마릴린 먼로

(7) 1960년대

사회·문화	• 베이비 붐 세대가 유행·소비의 주축 • 반전운동으로 신좌파와 히피 등장 • 옵 아트, 팝 아트, 미니멀리즘 같은 현대 예술사조 성행
패션	• 초미니 스커트 유행 • 스페이스룩, 시스루룩 등장 • 고형 립스틱 출시
헤어	트위기의 짧은 머리, 비하이브 스타일, 비달사순 컷, 아프로 스타일, 에스닉풍 땋은 머리
뷰티 아이콘	트위기, 브리지트 바르도

참고 1960년대 뷰티 아이콘

▲ 트위기 　　▲ 브리지트 바르도

메이크업	트위기	• 이미지: 미소년 같은 말괄량이 이미지 • 베이스: 주근깨를 강조한 얇은 피부 표현 • 아이브로: 눈썹산 강조 • 아이: 쌍꺼풀 라인 강조, 인조 속눈썹으로 위아래 속눈썹 모두 강조하여 인위적인 쌍꺼풀 라인으로 인형 같은 눈매 연출, 과장된 속눈썹 표현을 위해 언더 속눈썹을 길게 그림 • 치크: 핑크 톤으로 바르고 브라운 섀도 또는 펜슬로 주근깨 표현 • 립: 흐린 누드핑크로 창백하게 표현
	브리지트 바르도	• 이미지: 관능미 • 베이스: 밝은 피부, 파우더로 매트하게 연출 • 아이브로: 자연스럽게 연출 • 아이: 아이라인을 길게 강조하고 진한 마스카라와 인조 속눈썹으로 섹시한 눈매 연출 • 립: 립은 라인을 강조하고 색상은 누드 톤으로 흐리게 표현

(8) 1970년대

사회 · 문화	월남전 발발 후 기존 체제에 대한 불신과 저항의 문화가 확산되어 펑크족 출현
패션	펑크룩, 레이어드룩, 루즈룩, 페전트룩, 에스닉룩, 글래머러스룩, 블루진 등이 다양하게 유행
헤어	아프로 스타일, 펑크 스타일, 미디엄이나 롱레이어 스타일, 짧은 파마 스타일, 양파커트
뷰티 아이콘	파라포셋
메이크업	특징	• 파라포셋: 자연스러운 건강미 연출 • 펑키 스타일
	베이스	창백한 피부 톤(화이트 베이스)
	아이브로	블랙 펜슬로 직선적인 느낌의 상승형 눈썹 연출
	아이	화이트, 그레이, 블랙으로 눈꼬리가 올라가 보이게 눈매 연출
	치크	블랙과 그레이를 믹스한 직선적 느낌으로 연출
	립	블랙 라이너로 립라인을 그린 후 레드브라운 컬러로 그러데이션하며 각진 립라인 연출

(9) 1980년대

사회 · 문화	• 경제의 급성장, 자본주의화, 정보화 사회로 들어서며 사회복지 발달로 풍족한 생활 • 여피족 등장, 여성 운동 확산
패션	• 빅룩, 앤드로지너스룩, 파워수트 등장 • 자연을 모티프로 그린, 블루 컬러와 천연 소재의 직물 사용 유행 • 다양한 컬러의 색조 화장 유행
헤어	• 뷰티 살롱이 대중화되기 시작하여 다이애나 스펜서 스타일, 긴 머리를 땋아 내린 스타일이 유행 • 80년대 초반에는 펑크 스타일 성행 • 후반에는 바가지 머리 등 다양한 스타일을 연출
뷰티 아이콘	브룩 쉴즈, 마돈나, 소피 마르소

메이크업	베이스	피부 톤에 맞추어 컬러와 질감 연출
	아이브로	자연스러운 눈썹 연출
	아이	퍼플, 블루 등 컬러감이 강한 섀도 후 아이라인을 강하게 연출
	치크	피치 컬러로 혈색 표현
	립	다크레드 립펜슬로 라인을 그린 후 붉은 립스틱을 바름

(10) 1990년대

사회·문화	• 인터넷 보급의 급속화로 정보화가 가속됨 • 자연환경 파괴에 대한 인식이 높아지며 에콜로지(Ecology)가 부각됨
패션	• 복고적 경향과 세기말적 경향이 공존 • 에콜로지룩, 네오히피룩, 에스닉룩, 네오클래식룩, 그런지룩, 복고풍룩, 네오아방가르드룩, 미니멀리즘 등 다양하게 표현
헤어	• 초반: 자연스러운 롱웨이브, 쇼트커트 • 후반: 긴 스트레이트 헤어, 굵은 롱웨이브, 머릿결 중시
뷰티 아이콘	기네스 펠트로, 줄리아 로버츠, 케이트 모스
메이크업	• 특정한 스타일보다 다양한 스타일이 공존 • T.P.O.에 따른 메이크업 연출 • 1990년대 후반에는 세기말 분위기의 영향으로 펄과 글리터를 활용한 아방가르드한 사이버·테크노적인 미래주의적 메이크업 유행

(11) 2000년대

사회·문화	지구온난화 현상과 이상기후, 불안정한 세계 정세로 인해 웰빙 대두
패션	• 친환경적인 패턴과 액세서리 유행 • 에스닉룩, 빈티지, 키치, 보헤미안룩 등이 다양하게 유행함
헤어	각자에게 맞는 다양한 헤어스타일
메이크업	색조 메이크업보다는 피부 표현에 중점을 두는 메이크업이 성행함

(12) 2010년대

사회·문화	스마트폰과 인터넷 네트워크로 글로벌화 되어 지구촌 공동체가 형성
패션	클래식한 의상부터 현대적 감각의 의상까지 다채롭게 활용
헤어	포마드 단발, 5:5 가르마, 8:2 가르마, 그런지 웨이브, 바비 웨이브, 느슨한 포니테일 스타일, 브레이즈 스타일
메이크업	수분감이 느껴지는 피부결 메이크업이 성행함

CHAPTER 07 트렌드 메이크업 | 출제 예상문제 B

1 트렌드 메이크업

01 메이크업 트렌드 분석방법으로 옳지 <u>않은</u> 것은?
① 국내외 화장품 브랜드의 시즌별 자료를 수집하고 분석한다.
② 패션이나 메이크업 관련 서적을 수집하여 자료를 분석한다.
③ 컬러 트렌드 정보를 바탕으로 시즌별 메이크업 컬러 기획 자료를 수집하고 분석한다.
④ 최근 영화나 드라마에서 보이는 메이크업 정보를 수집하고 분석한다.

> 영화나 드라마는 시대적·환경적 배경이 다양하므로 최근 트렌드 분석자료로 사용하기가 어려움

02 다음 설명에 해당하는 메이크업은?

> 화려하거나 기교를 부리지 않은, 절제된 최소한의 메이크업 유형으로, 색감보다는 선이나 피부의 질감 표현에 주력하여 피부 표현은 파운데이션으로 가볍고 투명하게 연출한 후 소량의 투명 파우더를 브러시로 바른다.

① 원포인트 메이크업   ② 글로시 메이크업
③ 미니멀 메이크업   ④ 실키 메이크업

> • 원포인트 메이크업: 입술 색에 포인트를 주어 다른 색조 아이템은 배제하고 가볍고 매트한 피부 표현에 강렬한 색상으로 초점을 맞춘 메이크업
> • 글로시 메이크업: 촉촉하고 광택 있는 피부 표현으로 내추럴하면서 촉촉하고 반짝이는 메이크업
> • 실키 메이크업: 빛을 받은 실크처럼 부드럽고 완벽한 질감을 주는 메이크업으로 자연스러우며 보송하고 커버력과 볼륨감을 강조

03 빛나고 반짝이는 피부 표현으로 화려하고 강렬하며 관능적이고 도발적인 이미지의 메이크업은?
① 글로시 메이크업   ② 메탈릭 메이크업
③ 실키 메이크업   ④ 샤이니 메이크업

> 샤이니 메이크업: 화려하고 강렬하며 관능적이고 도발적인 이미지를 연출하는 메이크업

04 스모키 메이크업에 대한 설명으로 옳지 <u>않은</u> 것은?
① 스모키 메이크업을 강하게 연출하면 퇴폐적이고 관능적인 이미지가 부각된다.
② '그을린', '연기 나는'이라는 뜻으로 그윽하고 깊은 눈매를 표현하는 메이크업이다.
③ 눈의 깊이감을 표현하기 위하여 베이스는 밝고 깔끔하게 연출한다.
④ 아이 메이크업과의 밸런스를 위하여 눈썹은 각진 아치형으로 진하게 그린다.

> 스모키 메이크업: 눈을 강조한 메이크업으로 아이브로는 자신의 눈썹결을 살려 자연스럽게 연출함

2 시대별 메이크업

05 오리엔탈 붐으로 동양적인 색조가 유행하며 도발적인 여성미를 추구하던 시기는?
① 1900년대   ② 1910년대
③ 1920년대   ④ 1930년대

> 1900년대
> • 여성 교육의 확대로 신여성 등장
> • 부드럽고 관능적인 여성미
> • 오리엔탈 붐으로 동양적인 색조 유행

06 1920년대의 메이크업에 대한 설명으로 옳지 <u>않은</u> 것은?
① 클라라 보우, 글로리아 스완슨, 루이스 브룩스 등이 뷰티 아이콘으로 활동한 시기이다.
② 아이 메이크업은 아이홀에 음영을 넣고 아이라인 주위를 블랙으로 연출한 후 마스카라와 인조 속눈썹으로 졸린 듯한 눈매를 표현하였다.
③ 브라운 색상으로 활 모양의 가늘고 긴 아치형 눈썹을 연출하였다.
④ 립은 붉은색 립스틱으로 인커브로 연출하여 꽃봉오리 같은 입매를 표현하였다.

> 1920년대 아이브로: 눈썹을 뽑고 가늘게 다듬어 블랙 펜슬로 아치형으로 그리되 눈썹꼬리가 눈썹앞머리보다 처지게 연출

| 정답 | 01 ④ 02 ③ 03 ④ 04 ④ 05 ① 06 ③

07
각 시대의 아이 메이크업에 대한 설명으로 옳지 않은 것은?

① 1910년대 – 블랙과 다크브라운으로 음영을 강하게 넣어 연출한 후 마스카라와 인조 속눈썹으로 그윽하게 연출
② 1930년대 – 펄이 없는 브라운 계열을 이용하여 깊은 음영 아이홀을 연출한 후 아이라인과 인조 속눈썹으로 깊고 그윽하게 연출
③ 1950년대 – 핑크와 베이지브라운 계열로 아이홀을 연출한 후 아이라인 끝을 약간 올려 길게 연출
④ 1960년대 – 퍼플, 블루 등 컬러감이 강한 섀도를 칠한 후 아이라인을 강하게 연출

1960년대 아이 메이크업
- 트위기: 쌍꺼풀 라인 강조, 인조 속눈썹으로 위아래 속눈썹 모두 강조하여 인형 같은 눈매 연출, 과장된 속눈썹 표현을 위해 언더 속눈썹을 길게 그림
- 브리지트 바르도: 아이라인을 길게 강조하고 진한 마스카라와 인조 속눈썹으로 섹시한 눈매 연출

08
다음 설명에 해당하는 시대에 활동한 뷰티 아이콘은?

- 2차 세계대전 발발로 여성들이 산업 현장에서 일하게 되면서 패션스타일이 변화하며 여성적인 뉴룩이 성행
- 베일이나 깃털로 장식한 필 박스와 베레모가 유행
- 팬케이크 타입의 파운데이션을 사용하여 하얀 피부 연출, 컨실러를 사용하여 잡티 커버
- 두껍고 또렷한 아치형의 눈썹과 레드브라운으로 크고 선명한 립을 연출

① 글로리아 스완슨 ② 폴라 네그리
③ 리타 헤이워드 ④ 브리지트 바르도

1940년대에 대한 설명으로, 이때 활동한 뷰티 아이콘은 리타 헤이워드, 잉그리드 버그만, 베로니카 레이크, 베티 그레이블, 비비안 리 등이 있음

09
그레타 가르보, 조안 크로포드가 활동하던 시대의 특징으로 옳은 것은?

① 여성 교육의 확대로 신여성이 등장하며 아르누보 양식이 본격적으로 성행하였다.
② 1차 세계대전으로 여성들이 사회에 진출하게 되었고 무성 영화의 등장으로 패션에 대한 관심이 생겨났다.
③ 미국의 승전과 군수산업의 확장으로 인한 물질적 번영의 시기로 소비가 성행하였다.
④ 세계적인 경제공황을 맞이한 시기로 할리우드 영화가 대중들에게 각광을 받으며 호황을 누렸다.

1930년대
- 세계적인 경제 대공황 시기로 현실의 도피처로 할리우드 영화가 각광 받음
- 뷰티 아이콘: 그레타 가르보, 마를렌 디트리히, 진 할로우, 조안 크로포드

10
다음 설명에 해당하는 시대에 활동한 뷰티 아이콘은?

- 환경 파괴에 대한 인식이 높아지며 에콜로지가 부각됨
- 복고적 경향과 세기말적 경향이 공존
- 특정한 스타일보다는 다양한 스타일이 공존
- T.P.O.에 따른 메이크업 연출
- 후반에는 세기말 분위기의 영향으로 펄과 글리터를 활용한 아방가르드한 사이버·테크노적인 미래주의적 메이크업 유행

① 브룩 쉴즈 ② 기네스 펠트로
③ 마돈나 ④ 소피 마르소

1990년대에 대한 설명으로, 이때 활동한 뷰티 아이콘은 기네스 펠트로, 줄리아 로버츠와 케이트 모스가 있음

11
각 시대별 뷰티 아이콘과 메이크업을 연결한 것으로 옳지 않은 것은?

① 1980년대 – 마돈나 – 피부 톤에 맞추어 컬러와 질감 연출
② 1960년대 – 트위기 – 인조 속눈썹으로 위아래 속눈썹 모두 강조하여 인형 같은 눈매 연출
③ 1950년대 – 오드리 헵번 – 베이지브라운으로 음영을 넣은 후 아이라인을 다소 두껍게 그리되 끝을 살짝 올려 눈을 강조
④ 1930년대 – 그레타 가르보 – 레드 컬러 립스틱으로 아웃커브하여 연출

1930년대 메이크업
- 뷰티 아이콘: 그레타 가르보, 마를렌 디트리히, 진 할로우, 조안 크로포드
- 베이스: 피부를 창백하게 표현하고 하이라이트와 섀딩을 넣어 윤곽을 수정하고 파우더로 매트하게 마무리
- 아이브로: 활 모양의 가늘고 긴 아치형 눈썹
- 아이: 펄이 없는 브라운 계열을 이용하여 깊은 음영 아이홀을 연출한 후 아이라인과 인조 속눈썹으로 깊고 그윽하게 연출
- 치크: 브라운 색으로 광대뼈 밑을 강하게 터치하여 입체감을 강조
- 립: 레드브라운 립 컬러를 이용하여 인커브 형태로 그림

12
동시대에 활동한 뷰티 아이콘을 연결한 것으로 옳지 않은 것은?

① 기네스 펠트로 – 케이트 모스
② 트위기 – 브리지트 바르도
③ 파라포셋 – 소피아 로렌
④ 클라라 보우 – 글로리아 스완슨

- 소피아 로렌 – 1950년대
- 파라포셋 – 1970년대

| 정답 | 07 ④ 08 ③ 09 ④ 10 ② 11 ④ 12 ③

CHAPTER 08

미디어 캐릭터 메이크업

> **합격 TIP** 각 미디어에 따른 메이크업의 특징을 파악하고 캐릭터를 표현하기 위한 볼드캡 제작에 대해 학습해 두도록 합니다. 특히, 연령에 따른 노인 분장의 특징과 수염 메이크업의 종류에 대해 꼼꼼히 살펴보고 상처분장의 표현방법도 익혀 두도록 합니다.

1 미디어 캐릭터 기획

(1) 미디어 특성별 메이크업

영화 메이크업	• 현실감과 생동감을 주기 위해 시나리오 분석에 맞는 메이크업이 필요함 • 대형 스크린을 통해 전달되므로 사실적이고 자연스러워야 함 • 시나리오 분석 후 각 배우별 메이크업을 디자인하고 촬영 시 각 신과 컷별 연속성을 유지하기 위해 연결표를 작성하여 체크함
방송 메이크업 (드라마)	• 방송 출연진의 특성을 고려하여 메이크업을 시행해야 하는지, 캐릭터의 특성에 따라 메이크업을 시행해야 하는지를 구분하여 메이크업을 디자인함 • 드라마일 경우 영화 메이크업과 진행 상황은 유사하지만, 매체, 카메라 조명 등 매체 특성을 파악하고 시행해야 함
광고 메이크업	• 광고의 주체와 제품의 콘셉트에 따라 메이크업이 결정됨 • 전달하는 매체의 특성을 정확히 이해하고 각 성격에 맞는 메이크업을 할 수 있어야 하며 대상이 요구하는 기법을 정확하게 파악한 후 작업 • 지면 또는 카탈로그는 정지되어 있는 화면이므로 세심한 주의가 필요 • 영상 광고는 기술의 발달로 고화질화되고 대형 화면화되어 있어 주의가 요구됨 • 조명, 카메라 각도, 전체 이미지를 미리 고려한 후 작업 • 밝은 조명으로 자칫 얼굴이 평면적으로 보일 수 있으므로 뚜렷한 윤곽 수정이 필수적이며, 장시간 조명에 노출되므로 커버력과 지속력이 우수한 파운데이션을 사용
웹 (web)	• 웹 드라마: 모바일 기기 또는 웹으로 보기에 최적화된 드라마로 기존 텔레비전에서 방영되는 드라마에 비해 한 회의 상영 시간이 짧음 • 웹 광고: 인터넷에 게재되는 온라인 광고의 한 형태로서 변동 발생 시 즉시 수정이 가능한 장점이 있으며 광고뿐만 아니라 마케팅으로도 연결이 가능

(2) 미디어 메이크업의 종류

스트레이트 메이크업	• 시청자 또는 관객이 매체를 통해 볼 때는 메이크업을 하지 않은 것처럼 보이도록 자연스럽게 연출 • 출연자의 피부색과 결점이 최소화되어 보이게 보완하고 조명에 의한 반사를 방지하는 역할
캐릭터 메이크업	• 연기자에게 외형적 변화를 주어 극중 캐릭터에 대한 정보를 시각적으로 전달하는 메이크업 • 연출자가 전달하고자 하는 내용 및 주제를 간접적으로 보여줌 • 연령별 메이크업, 상처 메이크업, 대머리 메이크업, 수염 메이크업 등이 포함
특수효과 메이크업	• 특수한 재료를 사용하여 안면이나 신체에 입체적인 표현을 하는 조각적인 분장 기법 • 현실적으로 존재하기 어려운 상상의 캐릭터나 캐릭터 메이크업만으로 표현이 불가능할 경우 미리 제작된 보형물 등을 붙여 메이크업을 시행

> **참고** 영화 분류
> • 장르에 따른 분류: 공상 과학 영화, 멜로 영화, 판타지 영화, 공포 영화, 코미디 영화, 액션 영화, 전쟁 영화 등
> • 형식에 따른 분류: 흑백, 무성, 유성, 3D, 4D, 단편, 시리즈 등
> • 기타: 다큐, 교육, 패러디, 저예산, 독립, 애니메이션

> **참고** 드라마 분류
> • 방송 형태에 따른 분류: 일일연속극, 주간연속극, 주말연속극, 단막극, 미니시리즈, 대하드라마 등
> • 주제에 따른 분류: 홈드라마, 역사극, 멜로드라마, 치정극, 수사극, 사회극, 농촌드라마 등

> **참고** 광고 분류
> • 목적에 따른 분류: 상업 광고, 공익 광고
> • 전달 매체에 따른 분류: 동영상 광고 (CF), 지면 광고(신문, 잡지 화보, 포스터, 카탈로그, DM)

> **참고** 카탈로그 제작과정 <빈출>
> 의상의 개념화 → 사전 제작회의 → 장소 선택 → 시안 검토 → 모델 캐스팅 → 의상 피팅 → 제작 촬영

> **참고** 캐릭터
> • 영화나 드라마에 등장하는 허구의 인물로 작품 속에 등장하는 모든 인물
> • 작가 또는 연출가의 의도된 기획으로 창조되며 연기자의 대사, 메이크업, 헤어, 의상, 소품을 활용하여 캐릭터를 구체화함

(3) 미디어 캐릭터 기획

① 작품 분석을 바탕으로 등장인물들의 캐릭터를 파악: 작가와 연출가가 의도한 작품의 장르, 성별, 연령, 시대, 상황 등을 고려하여 각 캐릭터별 특성을 파악함

② 캐릭터 정보 수집
- 캐릭터와 관련된 시대와 문화에 적합한 캐릭터별 사진 자료를 수집
- 시대적 캐릭터인 경우 자서전, 사진, 예술품, 미술품 등의 고찰을 통하여 자료를 수집
- 연출가와 작가에게 추가적인 정보 수집

③ 연기자의 이미지 파악: 연기자의 이미지를 분석하여 효과적인 캐릭터 메이크업을 시행

④ 캐릭터 이미지 표현 시 영향을 주는 요소

인상학적 요소	연기자의 생김새, 육체적인 특징
환경적 요소	기후나 지역에 따른 피부색 또는 피부 상태
건강적 요소	질병이나 건강 상태에 따른 피부의 상태와 색, 눈 주위의 음영, 입술의 상태 등
상처적 요소	유전적 원인, 수술, 싸움, 자상, 총상 등 외형으로 드러나는 상처
시대적 요소	캐릭터의 시대적 시점에서 대중적으로 유행하는 요소 고려

(4) 소품 활용

가발이나 틀니, 컬러 콘택트렌즈 등 적절한 소품을 활용하여 연기자가 극중 캐릭터의 심리와 성격을 더 사실감 있게 표현할 수 있도록 함

2 볼드캡 캐릭터 표현

(1) 볼드캡의 역할
① 대머리 캐릭터 분장
② 가발을 씌우기 위한 밑작업
③ 어플라이언스와 함께 시행되는 특수 분장의 사전 작업

(2) 볼드캡의 종류

라텍스 캡 (Latex cap)	• 천연고무에 황과 암모니아를 섞어 만든 라텍스로 제작하여 냄새가 좋지 않음 • 가장 오래된 피부용 특수 분장 재료로, 초창기 특수 분장 재료로 많이 사용 • 단단하고 두꺼울수록 투명도가 떨어짐 • 채색 시 주의가 필요 • 가장자리에 이음새 표시가 남 • 쉽게 마르고 가격이 저렴하여 특수효과를 위한 볼드캡으로 많이 사용 • 1회용으로 사용 후 폐기
플라스틱 캡 (Plastic cap)	• 액체 플라스틱에 아세톤을 첨가하여 농도 조절 후 제작 • 액화된 플라스틱 사용 시 유해성분이 발생하므로 마스크 착용이 필수 • 라텍스에 비해 제작이 까다롭고 비쌈 • 가장자리 마무리는 아세톤으로 녹여 완성도 있는 표현이 가능하여 영상 매체에 효과적임 • 신축성이 없어 모델 두상 사이즈에 맞는 캡이 필요

참고 미디어 캐릭터 기획 시 고려사항
- 미디어의 장르
- 제작 환경
- 연기자의 이미지
- 연기자의 신체적·심리적 특징
  - 얼굴 부분별 사이즈
  - 신장 및 신체 사이즈
  - 알레르기 유무
  - 심리 상태 예 폐쇄 공포증

참고 미디어 캐릭터 표현 시 주의점
- 얼굴과 목 색의 차이가 클 경우 얼굴 톤의 색을 목으로 이어 바르거나, 섀딩으로 턱과 목 부분을 자연스럽게 연출함
- 피부 톤은 이마보다는 볼 부분의 톤에 맞추는 것이 자연스러움
- 현장에서 실제로 보이는 색보다 모니터 색이 연하게 보이므로 조금 더 진하고 화사하게 연출해야 함
- 자연광일 경우 베이스가 실제보다 두꺼워 보일 수 있으므로 파운데이션과 파우더는 소량으로 가볍게 연출
- 빛 반사가 강하기 때문에 립글로스의 과다 사용은 지양

참고 대머리 캐릭터 분장
유전, 직업, 환경 등의 요소를 고려하여 표현해야 함
예 주기적으로 머리카락을 정리해야 하는 스님의 경우, 대머리 부분과 피부 경계 부분의 색 차이가 많이 나지 않아 금방 머리카락을 자른 사람에 비해 푸르스름한 빛을 덜 띰

용어 어플라이언스(Appliance)
특수 분장을 위해 만들어진 부착물로, 폼 라텍스, 실리콘 등이 사용됨

참고 특수 분장의 사전 작업을 위한 볼드캡
- 얼굴 화상, 질병으로 인한 탈모, 외계인, 괴물 등의 외형적 변화와 캐릭터 특징 표현을 위한 사전 작업으로 볼드캡 위에 특수효과로 표현
- 이음새 부분 처리가 대머리 분장만큼 정교하지 않아도 무방함

참고 액체 플라스틱(글라잔)
냄새가 인체에 해가 되므로 반드시 환기가 잘 되는 곳에서 작업해야 하며 아세톤으로 녹여 사용

(3) 볼드캡 제작

① 배우의 두상 크기를 잰 후 유성 펜으로 레드헤드❓에 헤어라인을 표시
② 레드헤드에 바셀린❓을 전체적으로 바름
③ 액체 플라스틱(뉴볼디❓)을 브러시에 적당량 묻혀 레드헤드 중앙에서 가장자리로 바름
④ 이마 헤어라인 가장자리 부분은 횟수를 조절하여 얇게 제작
⑤ 헤어드라이어의 찬바람으로 건조시킴
⑥ 충분한 두께감이 나오도록 5~8회 반복 시행함
⑦ 완성된 볼드캡 위에 파우더를 빠짐없이 도포
⑧ 건조된 볼드캡을 레드헤드에서 분리할 때 밑부분부터 파우더를 겉과 안쪽에 골고루 발라가며 조심스럽게 떼어야 서로 달라붙지 않음

(4) 볼드캡 씌우기❓

① 작업 전에 모델의 피부를 청결히 닦아 유분으로 인한 떨어짐을 방지
② 배우의 피부 상태와 분장 시간 등을 고려하여 적합한 접착제를 선택
  예) 스프리트 검, 프로스에이드, 텔레시스(실리콘 접착제)
③ 모델의 헤어를 모두 넘기고 물 스프레이를 이용하여 가닥이 떨어지지 않게 붙임
④ 볼드캡을 이마 중앙 부분에 맞추고 좌우와 뒷머리 밑까지 잘 자리 잡도록 씌움
⑤ 이마 중앙에 2~3cm 정도 접착제를 피부에 바르고 고정시킨 후 뒷머리 부분에도 같은 방법으로 부착
⑥ 이마 양쪽과 목덜미 부분의 균형을 잡아가며 접착제로 부착
⑦ 귀 부분을 삼각형으로 잘라내고 귀를 꺼낸 뒤 가장자리를 정리한 후 부착
⑧ 볼드캡 가장자리 부분을 아세톤으로 녹여 자연스럽게 정리한 후 채색❓

(5) 볼드캡 제거

① 볼드캡의 뒷부분을 들어 공간을 만든 후 모발을 피해 가위로 볼드캡을 세로로 자름
② 리무버가 묻은 브러시로 피부와 볼드캡 사이의 접착제를 녹여가며 제거
③ 안전하게 볼드캡을 분리한 후 리무버를 이용하여 클렌징

참고 레드헤드 사용 전에는 제작 시 만들어진 이음새의 표면을 사포로 문질러 표면을 고르게 정리

참고 바셀린을 도포하는 이유
볼드캡과 레드헤드를 쉽게 분리시키기 위함

용어 뉴볼디
주름 분장이나 볼드캡 제작 시 사용되는 제품

참고 볼드캡 시술 시 재료
볼드캡, 전용 접착제(프로스에이드, 스프리트 검), 접착제 리무버, 아세톤, 빗, 가위, 파우더, 채색을 위한 재료(에어브러시, 컴프레서, 메이크업 재료, FX 팔레트)

참고 삭발한 지 얼마 되지 않은 캐릭터를 표현할 때는 블랙 스펀지를 이용하여 라이닝 컬러 또는 RMG의 블랙과 블루 컬러를 섞어 두드려 잘린 헤어를 표현

3 연령별 캐릭터 표현

(1) 연령별 캐릭터 특징❓

청장년기 (20~40세)	• 피부가 점점 건조해짐 • 청년기에는 노화 진행이 거의 보이지 않다가 장년기에 접어들면서 팔자주름(스마일 라인)과 아이 백❓이 생기기 시작
중년기 (41~60세)	• 얼굴의 골격이 드러나기 시작 • 아이홀의 윤곽이 깊어지고 눈 밑 주름이 생기며 볼이 꺼져 광대뼈가 도드라져 보임 • 볼이 꺼지고 콧방울 옆의 볼 주름이 생김 • 눈썹이 가늘어지고 흐려지기 시작하며 수염 자국이 짙어짐

용어 아이 백(Eye bag)
나이가 들어감에 따라 눈 밑 피부가 늘어지고, 늘어진 피부 사이의 공간으로 지방이 쌓여 주머니처럼 불룩하게 되는 것

노년기	60~70대	• 이마, 팔자주름, 아이 백 등 큰 주름이 발생 • 코 또는 귀 등의 연골이 내려앉아 젊었을 때에 비해 코의 길이가 길어지고 귀가 커짐 • 턱선, 아이 백, 팔자주름 주변의 근육이 처짐 • 피부가 거칠고 윤기가 없으며 검버섯이 진행됨 • 머리카락이 얇아지고 머리숱이 적어지며 흰머리가 많아짐
	80세 이후	• 치아의 상실, 잇몸의 변화가 생김 • 얼굴의 볼 색과 입술 색 창백하게 변함 • 코끝이 커지고 붉어짐 • 머리가 부분 탈모 또는 완전 탈모로 진행됨

(2) 노인 메이크업의 종류

① 명암법
- 음영을 이용한 착시 효과로, 파운데이션의 밝고 어두운 컬러를 이용하여 윤곽을 강조하고 주름을 그려 넣는 방법
- 마른 사람에게 효과적인 방법이고 정면은 효과적이지만 측면은 평면이기 때문에 클로즈업을 하게 되면 부자연스러움
- 배우의 실제 나이보다 20년 이상 차이나는 표현은 불가능
- 촬영장의 환경과 카메라 조명 등을 고려하여 파운데이션의 명암을 결정함
- 섀도가 발린 부위에는 반드시 하이라이트가 위 방향으로 올라가야 효과적임
- 전체 얼굴 면적에서 하이라이트와 섀도의 표현이 50% 이상 사용되면 얼굴 톤의 변화가 생기므로 주의해야 함

② 명암법을 이용한 노인 메이크업 순서
- 캐릭터와 배우의 얼굴 골격을 파악한 후 디자인함
- 캐릭터의 연령, 직업, 환경, 건강 상태를 고려하여 기본 베이스를 바름
- 광대뼈 아래, 턱선, 관자놀이, 아이홀 등 큰 골격에 음영 처리하고 가장자리로 갈수록 연하게 그러데이션함
- 이마, 눈썹뼈, 콧등, 광대뼈 위, 앞턱 부분이 돌출되어 보이도록 하이라이트 처리함
- 갈색 펜슬이나 브러시를 이용하여 팔자주름과 눈가 주름, 미간주름, 입술 주름, 턱 주름 등을 배우의 근육 흐름에 따라 그리되 주름의 양쪽 끝은 얇게 처리하여 자연스럽게 뺌
- 주름의 경계면에 하이라이트를 주어 입체감을 표현
- 입술은 혈색과 광택이 적은 것을 사용해야 함
- 검버섯과 피부 잡티 등을 표현한 후 파우더로 마무리
- 헤어 화이트너를 칫솔이나 브러시에 묻혀 자연스럽게 흰머리 연출
- 전체 분장을 확인하고 주름이 시작하는 부분에 포인트를 주어 깊이감을 추가하여 마무리함

③ 파운데이션 빌드업
- 초창기 할리우드 영화에서 많이 사용하던 테크닉
- 스틱 파운데이션과 파우더를 주름이 많이 생기는 부위에 반복적으로 덧발라 자연스러운 갈라짐으로 발생된 주름을 사용
- 베이스톤보다 반 톤 정도 밝은 색을 사용
- HD카메라에서는 효과적이지 못하여 요즘은 사용하지 않음

[용어] 검버섯
얼굴의 바깥쪽에서 안쪽으로 진행되며, 심할 경우 손등과 목선에까지 발생함

[참고] 노화에 따른 백모 진행 순서
- 흰머리: 귀밑머리 → 앞머리 → 뒷머리
- 수염: 턱 밑 → 턱선 위 → 전체적 진행
- 콧수염: 바깥쪽 → 안쪽으로 진행
- 눈썹: 듬성듬성 진행, 전체적으로 하얗게 진행되지는 않음

[용어] 명암법을 이용한 노인 메이크업 재료
메이크업 재료 세트, 헤어 화이트너, 칫솔, 스펀지 등

[참고] 노인 메이크업의 음영
- 모델 얼굴의 골격을 바탕으로 뼈가 있는 부분은 하이라이트 표현
  예) 광대뼈, 눈 주위의 굴곡, 이마 등
- 뼈가 없이 굴곡진 부분은 섀도를 넣어 음영 표현
  예) 볼이 패인 부분

[참고] 노인 메이크업의 결정 요인
- 지역적 요인: 국가, 도시, 농촌, 어촌
- 사회적 요인: 경제력, 직업
- 개인적 요인: 건강 상태, 성격, 나이, 습관, 성별

[참고] 흰머리와 눈썹은 뿌리 아래쪽에서부터 바깥쪽으로 브러시 또는 칫솔을 돌려 말듯이 바름

[기타] 백모 표현 시 주의점
흰색 라이닝 컬러는 조명 아래에서 푸른색으로 보이므로 아이보리 또는 회색 라이닝 컬러를 사용함

[용어] 빌드업(build-up)
두꺼운 층을 만들기 위해 연속으로 여러 층을 쌓아올리는 방법

④ 라텍스 빌드업
- 라텍스를 발라 인위적으로 입체감이 느껴지는 주름을 만드는 방법으로 명암법에 비해 세심하고 자연스러운 연출이 가능
- 배우의 실제 나이와 표현되는 캐릭터의 나이 차가 많아도 효과적으로 연출이 가능하고, 60세 이상의 노인 분장 시 효과적임
- 라텍스는 채색이 잘 벗겨지므로 캐스터 오일이 들어 있는 RMG를 사용하여 채색
- 알레르기가 있는 배우에게는 사용이 어려우며, 라텍스 건조 시간상 시술 시간이 긴 단점이 있음
- 1회성이거나 하루만에 촬영분을 모두 찍을 수 있을 경우 다른 분장법보다 경제적이며 효과적임
- 분장 순서
  - 깨끗한 피부에 보호제를 바름
  - 주름이 생기는 반대 방향으로 피부를 당겨 라텍스를 바르고 건조 후 라텍스끼리 달라붙지 않도록 파우더를 바름
  - 당겨진 피부를 놓고 주름 방향으로 밀어 주름을 만듦
  - 뺨, 이마, 콧등, 턱, 입 주위, 목, 눈가, 눈두덩 등으로 나누어 시행

용어 RMG(Rubber Mask Grease)
- 라텍스, 볼드캡 메이크업을 위한 전용 유성 물감, 캐스터 실러나 에틸알코올(99%)을 섞어 사용
- 피부에 무해하며 파운데이션과 같은 용도로 사용되지만, 접착성이 강하고 밀착력이 좋아 클렌징이 용이하지 않아 피부 메이크업용으로는 사용하지 않고 라텍스 어플라이언스에 사용

⑤ 액체 플라스틱 빌드업(뉴볼디)
- 라텍스 빌드업에 비해 사실적이고 시간이 적게 걸림
- 액체 플라스틱에 파우더(아타겔)를 섞어 농도를 조절한 후 주름의 두께에 따라 발라 피부의 주름을 표현하는 방법
- 영화처럼 스크린이 큰 화면에서 미세한 주름이 자연스럽게 표현됨

⑥ 액체 플라스틱을 이용한 노인 메이크업 순서)
- 배우의 얼굴을 깨끗이 닦아서 정돈
- 액체 플라스틱에 아타겔을 적당량 섞어 준비
- 모델의 피부에 주름의 반대 방향으로 당긴 후 그 부위에 섞어 놓은 액체 플라스틱과 아타겔 혼합물을 고르게 바름(㉠)
- 적용한 부위를 손으로 잡아당기면서 액체 플라스틱과 아타겔을 말림(㉡)
- 적용한 부위에 파우더 처리 후 얼굴을 움직여 주름을 만듦(㉢)
- 부위별로 단계적으로 ㉠~㉢을 반복하여 시행
- 두꺼운 주름의 경우에는 3-4회 반복
- 파우더를 털어 내고 채색
- 피부 톤의 보정이 필요한 경우 에어브러시를 이용하여 실리콘 베이스 화장품으로 표현하는 것이 효과적
- FX 팔레트를 이용하여 잔주름 위에 검버섯, 주근깨 등을 브러시로 표현
- 헤어 화이트너를 칫솔이나 브러시에 묻혀 자연스럽게 흰머리를 연출

용어 액체 플라스틱을 이용한 노인메이크업 재료
메이크업 재료 세트, 액체 플라스틱, 아타겔(attagel), 믹싱 용기, 베이비파우더, 브러시, 헤어 화이트너, 칫솔, FX 팔레트, 실리콘 베이스 화장품, 에어브러시, 컴프레서 등

⑦ 어플라이언스 메이크업
- 핫폼이나 실리콘으로 제작된 슬랩 등을 이용하여 피부에 부착하는 방법으로, 극사실적인 분장이 필요할 때 사용
- 독특한 캐릭터의 노인 분장일 경우 주름과 근육의 변형만으로는 표현이 어려워 어플라이언스를 붙여 분장
- 배우의 얼굴에 조소 작업과 몰드 작업을 거쳐 제작하므로 배우 본인에게만 적용 가능
- 어플라이언스 제작에 최소 2주 이상의 기간이 소요되며 발생되는 비용이 비쌈

4 미디어 수염 분장

(1) 수염 분장의 종류

① 그리는 수염

특징	• 붓이나 펜슬로 그려 표현 • 영상 매체에서는 잘 사용하지 않지만, 군중신의 엑스트라나 뒷배경으로 등장하는 단역에는 사용하기도 함
시술 방법	검정, 회색, 다크브라운, 라이트브라운 등의 색상을 교차하여 사용

② 찍기(점각 수염)

특징	• 수염이 파릇하게 자라나온 정도 또는 면도 후의 모습을 표현할 때 사용 • 수염의 정도에 따라 블랙 스펀지의 기포의 크기를 선택 • 블랙 스펀지의 모서리 부분에 각이 생기지 않도록 둥글게 다듬어 사용
시술 방법	• 블랙, 블루, 그레이 라이닝 컬러를 섞어 표현할 색을 팔레트에 믹싱한 후 블랙 스펀지에 묻혀 턱의 중앙 부분부터 바깥쪽으로 찍음 • 콧수염도 같은 방법으로 중앙부터 바깥으로 찍음 • 파우더를 사용하여 라이닝 컬러를 고정한 후 여분의 파우더 제거

③ 가루수염

특징	• 면도 후 1시간~하루 정도 지난 정도의 매우 짧은 수염을 표현할 때 사용 • 사실감을 위해 짧게 자른 털이 피부에 눕지 않도록 부착 • 야크, 인모, 인조모 등을 짧게 잘라 사용 • 가루수염의 길이는 1~2mm 이상이 되어서는 안 됨
시술 방법	• 수염을 붙일 부분의 피부를 닦고 수염 디자인에 맞추어 접착제를 도포 • 잘라둔 가루수염을 칫솔이나 브러시 등을 이용하여 수염의 방향을 고려하며 붙임 • 콧수염도 같은 방법으로 시행 후 핀셋을 이용하여 뭉친 곳을 그러데이션

④ 직접 붙이기

특징	• 피부에 접착제를 바르고 그 위에 수염을 부착하는 방법 • 비용이 저렴하며 적합한 털의 종류와 색을 선택하여 다양한 디자인 연출이 가능 • 미리 제작된 수염보다 분장시간이 김 • 항상 같은 모양으로 반복하여 붙이기 어려워 연결성이 떨어짐
시술 방법	• 수염을 붙일 부분의 피부를 닦고 수염 디자인에 맞추어 접착제를 도포 • 거즈수건으로 얼굴에 발라 둔 수염 접착제를 가볍게 두드려 접착력을 높임 • 턱수염을 부착할 때에는 중앙에서 바깥쪽으로, 아래에서 위로 양쪽의 대칭을 확인하며 시행 • 위로 올라갈수록 수염의 양을 적게 조절하여 자연스럽게 그러데이션이 되도록 연출 • 콧수염은 바깥쪽에서 안쪽으로, 아래에서 위로 붙여주며 양쪽 대칭을 확인하며 시행 • 핀셋을 이용하여 뭉친 수염을 정리하고 가위로 길이와 수염의 형태를 스타일링한 후 헤어 스프레이 또는 스프리트 검을 이용하여 모양을 잡고 고정

기타 수염 색상 선택의 기준
• 수염의 색상은 연기자의 모발색을 기준으로 선택
• 노화의 정도에 따라 흑모와 백모를 혼합하여 사용
• 산신령의 경우 흰색 생사(원사)를 사용
• 상투 및 가발과 색을 맞추어 사용

용어 블랙 스펀지(곰보 스펀지, 스티플 스펀지)
분장용 스펀지로, 수염 자국, 굵힌 상처를 표현하거나 왁스에 질감을 줄 때 사용하는 스펀지

참고 직접 붙이는 수염의 준비물
수염(생사, 인조사, 양모 등), 가위, 핀셋, 빗, 드라이어, 라텍스, 스프리트 검, 어깨가운, 헤어 스프레이, 젖은 거즈수건

기타 붙이는 수염과 망 수염의 경우는 수염 분장을 먼저 시행한 후 메이크업을 진행해야 함

용어 스프리트 검
• 송진을 용해한 재료로, 보형물이나 수염 등을 붙일 때 사용되는 분장용 접착제
• 전용 제거제가 있으나 아세톤으로도 제거 가능

⑤ 제작된 수염 붙이기
- 제작된 수염 종류

망수염 (벤틸레이티드 수염)	• 육각형 모양의 망에 수염을 한 가닥씩 떠서 제작 • 제작 기간이 오래 걸리므로 상대적으로 높은 비용 발생 • 분장 시간이 짧고 반복 사용이 가능하여 신의 연결성이 좋음 • 실제 수염과 비슷한 효과를 주며 사용이 간편함 • 수염의 길이와 형태, 색깔, 양 등의 변화를 통해 극중 성격에 맞는 다양한 콧수염과 턱수염 표현이 가능 • 망이 두껍거나 뻣뻣하면 부착이 잘 되지 않고 쉽게 떨어짐
플라스틱백 수염	• 얼굴 모형 마네킹에 여러 겹의 액체 플라스틱을 발라 형태를 잡은 후 그 위에 수염을 붙여 제작 • 마네킹에 붙어 있는 수염은 알코올을 사용하여 떼어 내고 피부 접착 부분에 액체 플라스틱으로 모양 고정 후 사용 • 다양한 맞춤형 수염 제작 가능 • 영상 매체에서 사실적 표현을 위해 사용 • 제작 기간이 길고 1~2회밖에 사용할 수 없어 극의 연결성이 떨어짐

- 제작된 망수염 시술 방법
  - 망은 수염이 떠진 구멍에서 1개 이상의 여분을 남기고 자름
  - 제작된 망수염을 부착할 부분의 중앙부터 부착하고 대칭을 확인하며 바깥쪽에 부착
  - 젖은 거즈수건 등으로 누른 후 수염 모양을 잡으며, 필요한 경우에는 수염 가위를 이용하여 정리 후 헤어 스프레이로 모양을 고정
  - 수염 접착제 부분에 광이 나는 경우 매트 피니시를 브러시나 스펀지에 묻혀 번들거림을 제거
  - 망수염 부착 후 형태의 보정이 필요할 때에는 추가로 직접 붙여 보완함
  - 사용 후 망을 세척할 때에는 알코올을 적셔 망에 묻은 접착제를 녹이고 깨끗하게 말려 모양을 잡아 보관

(2) 수염에 사용되는 털의 종류

생사	• 누에고치에서 생산된 실크를 염색하여 만든 것 • 염색이 가능하고 부드러우며 자연스러움 • 물에 약하고 모양 유지력이 약함 • 털의 두께가 얇아 배우의 모발보다 지나치게 얇아 보일 수 있고 붙이기 어려워 인조모와 섞어 사용하는 것이 보편적
인조사	• 플라스틱 베이스의 화학 섬유로, 가발과 수염 제작 시 사용 • 윤기가 있고 사실적이며 모가 강함 • 수염 분장에 사용할 경우에는 가공하여 분장에 용이하도록 손질하는 과정이 필요하며 다양한 길이로 작업이 가능하고 웨이브를 만들어 사용 가능 • 뜬 수염, 외국인 수염으로 사용 가능
인모	• 사람의 머리카락으로 다른 털에 비해 무겁고 두꺼워 망수염 제작에 적합 • 모발이 얇은 북유럽이나 인도인들의 모발을 많이 사용 • 열에 강하여 드라이, 아이론 사용과 염색이 가능하여 특수 분장 형태의 수염 디자인이 가능함 • 알코올과 아세톤 등에 녹지 않으므로 수염 제거 시 망수염이 망가지지 않음
야크헤어	• 야생 들소 야크의 털 • 털이 두껍고 뻣뻣하여 가루수염, 짧은 수염, 망수염 제작에 유용 • 염색이 가능함

참고 제작된 수염 접착 시 유의점
- 수염을 붙이기 전 면도를 깨끗이 함
- 움직임이 많은 입 주변은 쉽게 떨어질 수 있으므로 배우에게 설명하고 주의를 줌
- 배우가 알코올에 알레르기가 있는 경우 스프리트 검의 사용을 제한하고 대체 접착제를 사용
- 여분의 수염을 준비하여 붙인 수염의 가장자리에 덧붙여 자연스럽게 연출
- 땀이 많이 나는 경우 거즈수건으로 조심스럽게 땀을 흡수시킴
- 근육의 움직임이 많은 경우 망수염에 가위집을 넣어 움직임을 편안하게 함

참고 수염 시술 시 유의사항
- 수염은 아래쪽에서 위쪽으로, 바깥쪽에서 안쪽으로 붙여야 함
- 망수염 부착 후 수염의 형태를 고정하기 위해 헤어 스프레이 대신 라텍스 사용이 가능함
- 접착제의 광택이 카메라에 민감하게 보일 수 있으므로 광택 제거제(매트 피니시)를 바르거나 접착제가 굳기 전에 두드려 최대한 광택을 제거
- 콧수염은 방향을 고려하여 팔자 방향으로 부착함

참고 혼합사 비율
- 생사:인조사 = 3:7
- 생사와 인조사의 비율에 따라 수염의 경연감이 달라짐

크레이프 울	• 양털을 가공한 것 • 털이 얇고 가벼워 부착이 잘 되며 염색이 가능함 • 스팀다리미를 이용하여 웨이브 조절이 가능하여 서양인의 수염 표현이나 특정 캐릭터 분장에 효과적 • 모발이 너무 얇아 망수염 제작에는 부적합함

5 상처 메이크업

(1) 상처 분장 시 고려사항
상처의 원인, 둔기의 종류, 강도, 상처가 생긴 시점 등의 상황을 고려해야 함

(2) 상처 메이크업의 종류

① 타박상(멍)

특징	• 사고나 구타, 넘어짐 등의 외부의 충격으로 피부 조직 내 출혈이 생기고 부종이 보이는 상태 • 충격을 받은 직후 붉은색을 띠며, 3일에서 2주 정도 시간이 지나면서 적갈색과 보라 색상이 드러나며 진해지다가 회복 과정에서 외곽 부분을 중심으로 초록과 노랑이 드러나며 차차 붉은색이 빠지고 옅어짐
분장 방법	• 알코올로 분장 부위를 청결히 한 후 분장 위치와 크기를 설정 • 붉은색을 스펀지나 브러시로 찍어가며 충격이 가해진 부분은 더 붉게 표현 • 시간 경과에 따른 멍의 색(레드 → 머룬 → 퍼플 → 그린 → 옐로)을 고려하여 표현 • 거의 나아가는 멍을 표현할 경우에는 반대 순서로 시행

② 찰과상(긁힌 상처)

특징	• 마찰에 의해 피부 표면에 생긴 긁힌 상처 • 마찰 대상의 표면 재질에 따라 긁힘에 차이가 있음
분장 방법	• 알코올로 분장 부위를 청결히 한 후 블랙 스펀지에 붉은색, 적갈색, 보라색 등의 라이닝 컬러를 묻힌 다음 연출하고자 하는 방향으로 긁어 표현 • 강하게 긁힌 상처 위에 면봉으로 묽은 피를 살짝 발라주어 사실적으로 연출 • 깊게 패인 상처 표현을 위해서는 부드러운 왁스를 먼저 적용 후 상처 위에 묽은 피와 커피 가루를 살짝 발라 피딱지를 연출

③ 절상

특징	• 칼, 가위 날, 유리 파편 등의 날카로운 물건에 잘렸을 때 생기는 상처 • 혈관이 손상되어 다량의 출혈이 수반됨
분장 방법	• 알코올로 분장 부위를 청결히 한 후 스파츌라를 사용하여 왁스를 펴 바르고 가장자리를 자연스럽게 블렌딩 • 스파츌라를 사용하여 왁스 위에 상처 모양을 디자인하고 레드 스펀지를 이용하여 피부 질감을 표현 • 크림 라이너나 FX팔레트의 붉은색을 사용하여 상처 주변을 채색하고 검은색과 붉은색을 이용하여 상처의 깊이를 표현한 후 인공 피로 사실감을 더함

> **참고** 상처 메이크업 재료
> • 콜로디온: 오래된 흉터 분장에 사용
> • 더마왁스: 상처 분장이나 마녀 턱 등의 분장에 사용
> • 오브라이트: 화상 분장에 사용

> **참고** 시간 경과에 따른 멍의 색
>
>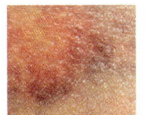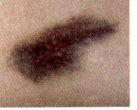
> ▲ 레드   ▲ 머룬
>
>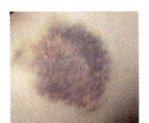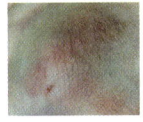
> ▲ 퍼플   ▲ 그린
>
>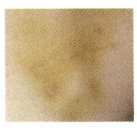
> ▲ 옐로

> **용어** 레드 스펀지
> 타박상 분장에 가장 많이 사용하는 것으로, 가장자리를 가로로 둥글게 다듬어 사용해야 경계가 생기지 않고 자연스럽게 표현이 가능

CHAPTER 08 미디어 캐릭터 메이크업 | 출제 예상문제 B

1 미디어 캐릭터 기획

01
미디어 캐릭터 기획 시 고려사항이 아닌 것은?
① 연기자의 이미지
② 제작 환경
③ 연기자의 심리 상태
④ 연기자의 성격

> 미디어 캐릭터 기획 시 고려사항
> • 미디어의 장르
> • 제작 환경
> • 연기자의 이미지
> • 연기자의 신체적·심리적 특징(얼굴 부분별 사이즈, 신장 및 신체 사이즈, 알레르기 유무, 심리 상태)

02 신규 문제 공략
미디어 메이크업에 속하지 않는 것은?
① 카탈로그 메이크업
② CF 메이크업
③ 아나운서 메이크업
④ 영화 메이크업

> 미디어 메이크업에는 동영상 광고(영화, 방송, CF)와 지면 광고(신문, 잡지 화보, 포스터, 카탈로그 등) 등이 있음

03
캐릭터 메이크업의 역할이 아닌 것은?
① 캐릭터에 대한 정보를 시각적으로 전달한다.
② 연기자에게 외형적 변화를 준다.
③ 연기자의 가치관을 전달한다.
④ 연출자가 전달하고자 하는 주제를 간접적으로 보여준다.

> 캐릭터 메이크업으로 연기자의 가치관을 전달할 수는 없음

04 신규 문제 공략
가을 시즌을 위한 패션 카달로그 제작과정을 바르게 나열한 것은?

㉠ 사전 제작회의	㉡ 의상의 개념화
㉢ 장소 선택	㉣ 모델 캐스팅
㉤ 제작 촬영	㉥ 의상 피팅
㉦ 시안 검토	

① ㉡ - ㉣ - ㉥ - ㉠ - ㉢ - ㉦ - ㉤
② ㉠ - ㉡ - ㉦ - ㉢ - ㉣ - ㉥ - ㉤
③ ㉡ - ㉠ - ㉢ - ㉦ - ㉣ - ㉥ - ㉤
④ ㉦ - ㉠ - ㉡ - ㉣ - ㉥ - ㉢ - ㉤

> 카달로그 제작과정: 의상의 개념화 → 사전 제작회의 → 장소 선택 → 시안 검토 → 모델 캐스팅 → 의상 피팅 → 제작 촬영

05
미디어 캐릭터 메이크업을 기획하고자 할 때 주의사항으로 옳지 않은 것은?
① 연기자의 경력을 파악하고 개성이 잘 표현되도록 메이크업을 기획한다.
② 작가와 연출가가 의도한 작품의 장르, 성별, 연령, 시대, 상황 등을 고려하여 기획한다.
③ 시대적 캐릭터인 경우 자서전, 사진, 미술품 등의 고찰을 통해 자료를 수집한 후 캐릭터를 기획한다.
④ 작품 분석을 바탕으로 등장인물들의 캐릭터를 파악하고 메이크업을 기획한다.

> 캐릭터 메이크업을 기획하고자 할 때 연기자의 경력은 고려 대상이 아님

정답 01 ④ 02 ③ 03 ③ 04 ③ 05 ①

06 신규 문제 공략
TV 뉴스앵커의 메이크업 방법으로 옳지 않은 것은?
① 신뢰감 있는 이미지 연출을 위해 깨끗하고 지적인 느낌의 메이크업으로 연출한다.
② 입매를 강조하기 위해 진하고 글로시한 립스틱을 활용하여 메이크업한다.
③ 윤곽이 뚜렷한 얼굴형으로 수정하기 위해 하이라이트와 섀딩을 충분히 표현한다.
④ 베이스나 하이라이트 부분에는 투명 파우더를 섀딩 부분에는 오클계의 파우더를 충분히 눌러 바른다.

> 입술은 스트레이트형으로 그려주고 차분한 색상을 활용하여 매트하게 연출함

2 볼드캡 캐릭터 표현

07
볼드캡 분장에 대한 설명으로 옳지 않은 것은?
① 가발을 씌우기 위한 밑작업으로 활용된다.
② 특수 분장의 사전 작업을 위한 볼드캡은 이음새 부분 처리가 대머리 분장만큼 정교하지 않아도 무방하다.
③ 라텍스 볼드캡은 단단하고 두꺼워 3~4회 재사용이 가능하다.
④ 대머리 캐릭터를 위한 볼드캡 분장 시에는 유전, 직업, 환경 등의 요소를 고려하여 캐릭터를 연출한다.

> 라텍스 볼드캡은 1회용으로 사용 후 폐기함

08
라텍스 볼드캡에 대한 설명으로 옳은 것은?
① 볼드캡 제작 시 아세톤으로 농도를 조절한다.
② 영상매체에 사용하기에 적합하다.
③ 단단하고 두꺼울수록 투명도가 떨어진다.
④ 볼드캡 제작이 까다롭고 제작비가 비싸다.

> **라텍스 캡**
> - 천연고무에 황과 암모니아를 섞어서 만든 라텍스로 제작하므로 아세톤을 혼합하지 않음
> - 가장자리에 이음새 표시가 나므로 특수효과를 위한 볼드캡으로 많이 사용
> - 쉽게 마르고 가격이 저렴함

09
볼드캡 제작에 대한 설명으로 옳지 않은 것은?
① 볼드캡과 레드헤드를 쉽게 분리하기 위해 바셀린을 레드헤드에 전체적으로 바른다.
② 액체 플라스틱을 브러시에 적당량을 묻혀 레드헤드 중앙에서 가장자리로 바른다.
③ 볼드캡의 충분한 두께감이 나오도록 3~4회 반복하여 라텍스를 도포한다.
④ 레드헤드 사용 전에는 제작 시 만들어진 이음새의 표면을 사포로 문질러 표면을 고르게 정리한다.

> 볼드캡의 충분한 두께감이 나오도록 5~8회 반복하여 라텍스를 도포함

10
삭발한 지 얼마 안 된 대머리를 표현하려고 할 때 사용되는 재료로 적합하지 않은 것은?
① 라이닝 컬러 ② 아쿠아 컬러
③ RMG ④ 블랙 스펀지

> 삭발한 지 얼마 되지 않은 캐릭터를 표현할 때에는 블랙 스펀지를 이용하여 라이닝 컬러 또는 RMG의 블랙과 블루 컬러를 섞어 두드려 잘린 헤어를 표현함

11
폼 라텍스, 실리콘 등을 사용하여 특수 분장을 위해 만들어진 부착물을 무엇이라고 하는가?
① 어플라이언스 ② RMG
③ 뉴볼디 ④ 벤틸레이티드

> - RMG: 라텍스, 볼드캡 메이크업을 위한 전용 유성 물감
> - 뉴볼디: 주름 분장이나 볼드캡 제작 시 사용되는 제품
> - 벤틸레이티드: 망수염 제작 시 사용되는 망

3 연령별 캐릭터 표현

12
연령별 특징에 대한 설명으로 옳지 않은 것은?
① 중년기 - 얼굴의 골격이 드러나기 시작하는 시기
② 청년기 - 아이 백이 생기기 시작하는 시기
③ 장년기 - 피부가 점점 건조해지며 팔자주름이 발생하는 시기
④ 노년기 - 코 또는 귀 등의 연골이 점차 내려앉는 시기

> 청년기에는 노화 진행이 거의 보이지 않다가 장년기에 접어들면서 팔자주름과 아이 백이 생기기 시작함

13
노화에 따른 안면 변화에 대한 설명으로 옳지 않은 것은?
① 연골의 변화로 콧방울과 귀가 아래로 처지고 기울어진다.
② 노화에 따라 근육들이 수축하여 눈과 입의 크기가 작아진다.
③ 피부가 점차 얇아지고 늘어져 모공이 크고 깊어진다.
④ 흰머리는 노란빛이 돌거나 윤기가 없이 푸석하게 변화한다.

> 노화에 따라 근육들이 수축되는 것이 아니라 큰 근육들이 처져 눈 밑과 광대뼈, 눈꺼풀, 이마, 턱선 등이 처지며 곡선을 나타냄

14 〔신규 문제 공략〕
다음의 분장 연출법이 가장 적합한 노인 분장의 연령대는?

| • 치아의 상실 | • 혈기 없는 얼굴색 |
| • 창백한 볼 색과 입술 색 | • 머리가 부분 탈모 |

① 50대 ② 60대
③ 70대 ④ 80대

> 80세 이후 캐릭터 특징 연출법
> • 치아의 상실, 잇몸의 변화가 생김
> • 얼굴의 볼 색과 입술 색 창백하게 변함
> • 코끝이 커지고 붉어짐
> • 머리가 부분 탈모 또는 완전 탈모로 진행됨

15
라텍스 빌드업과 동일한 방식으로 시술하나 라텍스 빌드업에 비해 시술 시간이 짧다는 장점을 지닌 노인 메이크업 방법은?
① 플라스틱 빌드업 ② 어플라이언스 메이크업
③ 파운데이션 빌드업 ④ 명암법

> 플라스틱 빌드업: 라텍스 빌드업과 동일한 방식으로 시술이 가능하며 액체 플라스틱에 파우더를 섞어 농도를 조절하여 보다 빠른 분장이 가능함

16
초창기 할리우드 영화에서 많이 사용하던 노인 분장 테크닉으로 HD카메라에서는 효과적이지 못하여 요즘은 사용하지 않는 분장법은?
① 명암법 ② 파운데이션 빌드업
③ 라텍스 빌드업 ④ 플라스틱 빌드업

> 파운데이션 빌드업
> • 초창기 할리우드 영화에서 많이 사용하던 테크닉
> • 스틱 파운데이션과 파우더를 주름이 많이 생기는 부위에 반복적으로 덧발라 자연스러운 갈라짐으로 발생된 주름을 사용함
> • 베이스톤보다 반 톤 정도 밝은 색을 사용함
> • HD카메라에서는 효과적이지 못하여 요즘은 사용하지 않음

17
노인 메이크업에 대한 설명으로 옳지 않은 것은?
① 노인 메이크업 시 주름 표현을 위해 섀도가 발린 부위에는 하이라이트가 아래 방향으로 올라가야 효과적이다.
② 캐릭터의 연령, 직업, 환경, 건강 상태를 고려하여 분장해야 한다.
③ 전체 얼굴 면적에서 하이라이트와 섀도의 표현이 50% 이상 사용되면 얼굴 톤의 변화가 생기므로 주의해야 한다.
④ 흰머리 표현 시에는 아이보리 또는 회색 라이닝 컬러를 사용한다.

> 노인 메이크업 시 주름 표현을 위해 섀도가 발린 부위에는 하이라이트가 위 방향으로 올라가야 효과적임

18 〔신규 문제 공략〕
액체 플라스틱을 이용한 노인 메이크업 시 에어브러시를 이용한 피부 톤 보정에 적합한 제품은?
① 워터 베이스 화장품
② 오일 베이스 화장품
③ 실리콘 베이스 화장품
④ 천연 베이스 화장품

> 피부 톤의 보정이 필요한 경우 에어브러시를 이용하여 실리콘 베이스 화장품으로 표현하는 것이 효과적

4 미디어 수염 분장

19
수염 분장에 대한 설명으로 옳지 않은 것은?
① 제작수염 방식의 수염 분장은 제작 기간이 오래 걸리므로 상대적으로 높은 비용이 발생한다.
② 직접 붙이기 방식의 수염 분장은 분장 시간이 짧고 연결성이 좋다.
③ 수염 분장 시 혼합사를 사용할 때 생사와 인조사의 비율은 3:7 정도가 적합하다.
④ 생사는 털의 두께가 얇아 배우의 모발보다 지나치게 얇아 보일 수 있어 보편적으로 인조모와 섞어 사용한다.

> 직접 붙이기 방식의 수염 분장은 미리 제작된 수염보다 분장 시간이 길고 항상 같은 모양으로 반복하여 붙이기 어려워 연결성이 떨어짐

| 정답 | 13 ② 14 ④ 15 ① 16 ② 17 ① 18 ③ 19 ②

20
수염 분장에 사용되는 재료에 대한 설명으로 옳은 것은?

① 크레이프 울은 털이 두껍고 뻣뻣하여 가루수염, 짧은 수염, 망수염 제작에 유용하다.
② 생사는 물에는 약하나 모양 유지력은 좋다.
③ 야크헤어는 털이 얇고 가벼워 부착이 잘 되며 염색이 가능하여 서양인의 수염 표현이나 특정 캐릭터 분장에 효과적이다.
④ 인조사는 다양한 길이로 작업이 가능하고 웨이브를 만들어 사용할 수 있다.

- 크레이프 울: 모발이 너무 얇아 망수염 제작에는 부적합함
- 생사: 물에 약하고 모양 유지력이 약함
- 야크헤어: 털이 두껍고 뻣뻣하며 염색이 가능함

21 `신규 문제 공략`
질감을 연출하거나 긁힌 상처 수염자국 등을 표현하고자 할 때 사용하는 재료는?

① 콜로디온　　　　② RMG
③ 오브라이트　　　④ 스티플 스펀지

스티플 스펀지(블랙스펀지): 분장용 스펀지로, 수염 자국, 긁힌 상처를 표현하거나 왁스에 질감을 줄 때 사용하는 스펀지

22
수염 분장에 대한 옳지 <u>않은</u> 설명을 모두 고른 것은?

> ㉠ 생사는 누에고치에서 추출한 명주실로 염색이 가능하고 부드럽다.
> ㉡ 제작수염은 분장 시간이 짧고 연결성이 좋다.
> ㉢ 인조사는 윤기가 있고 사실적이나 모가 약하여 조심히 다루어야 한다.
> ㉣ 직접 붙이는 방식의 수염 분장은 수염 디자인 연출이 한정적이다.
> ㉤ 인모는 다른 털에 비해 무겁고 두꺼워 모발이 얇은 북유럽이나 인도인들의 모발을 많이 사용한다.

① ㉠, ㉣　　　　② ㉡, ㉢
③ ㉡, ㉤　　　　④ ㉢, ㉣

- 인조사는 윤기가 있고 사실적이며 모가 강함
- 직접 붙이는 방식의 수염 분장은 적합한 털의 종류와 색을 선택하여 다양한 디자인 연출이 가능함

5 상처 메이크업

23
시간 경과에 따른 멍의 색 변화를 바르게 나열한 것은?

① 레드 → 머룬 → 퍼플 → 옐로 → 그린
② 레드 → 머룬 → 퍼플 → 그린 → 옐로
③ 머룬 → 레드 → 퍼플 → 그린 → 옐로
④ 레드 → 퍼플 → 머룬 → 옐로 → 그린

시간 경과에 따라 레드 → 머룬 → 퍼플 → 그린 → 옐로로 변함

24 `신규 문제 공략`
오래된 상처를 분장하고자 할 때 많이 사용되는 제품은?

① 더마왁스　　　② 뉴볼디
③ 오브라이트　　④ 콜로디온

콜로디온: 오래된 흉터 분장에 사용

25
상처 분장에 대한 설명으로 옳지 <u>않은</u> 것은?

① 타박상의 경우 새로운 상처일수록 붉은색에 가깝고 이후 보라색으로 보인 다음 오랜 시간이 경과한 후에는 노란색에 가까워진다.
② 긁힌 상처의 피딱지 표현은 커피 가루를 사용하여 표현한다.
③ 상처의 깊이감을 표현하고자 할 때에는 검은색과 붉은색을 이용한다.
④ 상처 분장을 위해 왁스를 사용할 경우에는 RMG로 색상을 먼저 표현한 후 왁스 작업을 한다.

왁스를 이용하여 상처를 표현할 경우에는 알코올로 분장 부위를 청결히 한 후 스파츌라를 사용하여 왁스를 펴 바르고 가장자리를 자연스럽게 블렌딩한 후 채색해야 부착력과 지속력이 좋음

CHAPTER 09 무대공연 캐릭터 메이크업

> **합격 TIP** 얼굴 특성에 따른 캐릭터의 성격 특징과 무대의 형태별, 크기별 특징을 학습해 두도록 합니다. 무대에서 사용되는 가발, 수염, 속눈썹 등의 장착 시 주의점과 무대 조명색에 따른 색조 메이크업의 변화도 체크해 두도록 합니다.

1 작품 캐릭터 개발

(1) 작품 분석
① 대본(시나리오): 연극이나 영화 등의 연기 작품을 만들기 위해 쓴 각본으로, 지문, 대화, 액션, 배경 등이 담겨 있음
② 대본의 구성 요소

지문	• 대사를 제외한 괄호 안의 지시문 • 캐릭터의 속마음, 동작, 표정, 말투 등을 지시함
대화	배우가 하는 말을 대사라고 하며, 이를 통해 대화가 이루어짐
액션	배우가 하는 행동, 몸짓으로 캐릭터의 감정을 비언어적으로 표현
배경	작품의 배경이 되는 시대적 상황이나 환경

(2) 대본상의 캐릭터 분석
① 캐릭터의 직업 분석: 작품 캐릭터의 직업에 따라 나타나는 특징이 다르므로 직업의 특징을 파악하고 분석하여 메이크업을 설정함
② 캐릭터의 연령 분석: 노화 진행에 따라 연령별 특징을 파악하고 메이크업을 설정함
③ 얼굴 특성에 따른 캐릭터의 성격 특징 분석
- 눈썹
  - 무대 위에 있는 배우의 얼굴 중 가장 먼저 인식이 되는 부분
  - 배우의 캐릭터를 변화시키는 데 매우 효과적임
  - 눈썹의 형태와 숱, 두께, 길이의 변화를 통해 캐릭터 설정이 가능함

두꺼운 눈썹	강한 의지, 적극적, 정력적, 뚜렷한 개성	아치형 눈썹	온화함, 부드러움, 고전적
일자 눈썹	엄격함, 무뚝뚝함, 현명함	각진 눈썹	절도, 박력, 활동적, 엄격
가는 눈썹	연약, 우유부단, 섬세, 세련	처진 눈썹	우울함, 인색, 어리석음
긴 눈썹	고상함, 점잖음, 안정감, 인품	짧은 눈썹	불안정, 횡포, 명랑, 경쾌, 날렵
미간이 넓은 눈썹	여유, 온화, 바보스러움	미간이 좁은 눈썹	소심함, 속좁고 급해 보임

- 눈: 모양에 따라 여러 가지 이미지 표현이 가능하며, 눈 모양의 변화는 캐릭터 창조에 영향을 미침

큰 눈	겁 많은, 뛰어난 관찰력	작은 눈	둔감한, 보수적, 통찰력 있는, 소극적, 귀여움
둥근 눈	발랄, 경쾌, 불안, 공포	가는 눈	섬세, 예리, 냉정, 인내력, 잔인, 관찰력
돌출된 눈	예술가, 심미안에게 많음	들어간 눈	관찰력, 분석력이 좋음
처진 눈	온순, 순진, 부드러움, 소극적, 내성적, 비굴함		

- 코: 인종과 민족에 따라 다른 형태를 보임

높은 코	자존심이 강한, 자신감, 공격적	낮은 코	의존적, 감수성이 둔하고 수동적, 소심함
긴 코	책임감, 경계적, 조심스러움, 인내심	짧은 코	명랑함, 낙천적

- 입❷: 무대에서는 입 모양이 잘 보이는 것도 중요하므로 배우의 입술보다 약간 크게 그리는 것이 좋음

큰 입술	생활력, 지도력, 활동력	작은 입술	보수적, 소심, 자주성 결여, 이기심
얇은 입술	겸손, 정확, 냉정	처진 입술	비관적, 진지, 고집, 약한 기질
두꺼운 입술	온화, 풍부한 정서	올라간 입술	명랑, 쾌활, 공격적, 사교적

> [참고] 립스틱의 지속력을 위해 도포한 립스틱 위에 파우더를 바르고 다시 립스틱을 도포함

④ 선한 이미지와 악한 이미지

구분	선한(어수룩한) 이미지(하향형)	악한 이미지(상승형)
눈썹	미간이 넓고 처진 눈썹	상승형이나 상승형으로 각진 눈썹
눈	미간이 넓고 처진 눈	미간이 좁고 눈꼬리가 올라간 눈
코	짧은 코	좁고 콧등이 튀어나온 코
입	처진 입	얇거나 작은 입

(3) 작품의 줄거리 분석

① 대본을 기본으로 연출자의 의도, 무대의 분위기, 소품 등을 미리 파악하여 메이크업을 디자인

② 작품의 줄거리 분석을 위해서는 3번 정도 특별한 목적을 가지고 대본을 정독하는 것이 좋음

순서	목적
첫 번째	전반적인 줄거리, 캐릭터의 성격, 인물 관계도 등을 파악함
두 번째	시각적인 단어, 캐릭터의 미세한 감정을 파악함
세 번째	무대의 전체적인 분위기, 의상, 소품 등을 파악함

2 무대공연 캐릭터 메이크업

(1) 무대에 따른 특징
무대 메이크업은 배우와 관객과의 거리가 형성되므로 관객의 위치에 따라 메이크업의 강약을 조절해야 함

① 무대 형태별 분류

액자 무대	• 연극, 오페라, 뮤지컬 등에서 주로 사용하는 무대 • 배우의 등·퇴장이 가능하여 메이크업 수정이 쉬움
돌출 무대	• 무대가 객석으로 튀어나와 무대의 3면을 관객이 둘러싸는 무대 • 패션쇼 무대에 주로 사용함 • 배우의 얼굴이 자세히 보이므로 세밀하고 꼼꼼한 메이크업이 필요함
원형 무대	• 관객이 무대를 완전히 둘러싸고 있어 배우와 관객과의 친밀도가 높은 무대 • 가려지는 공간을 찾기 힘들기 때문에 메이크업 수정이 힘든 무대
가변 무대	• 작품의 특성에 따라 무대와 객석을 재배치하므로 무대 전환에 따른 배우의 동선을 미리 확인하여 메이크업 상태를 확인해야 함

② 무대 크기별 분류

분류	규모	특징
소극장	200석 이하	• 배우와의 거리가 가까우므로 지나친 명암법 메이크업은 피함 • 인위적인 명암법보다 세밀하고 자연스러운 메이크업이 요구됨
중극장	200석 이상 1,000석 이하	• 일반적인 분장 명암법을 사용함 • 노인 분장이나 캐릭터 분장을 표현하기에 적합함
대극장	1,000석 이상	• 대극장은 대형 스크린이 설치되어 있어 중극장 이상의 명암법을 쓰지 않음(소극장과 중극장의 중간 정도 명암법 사용) • 스크린을 통해 보이는 메이크업을 모니터한 후 메이크업 계획

(2) 인종에 따른 특징

백인종	• 멜라닌 색소가 부족하여 흰 피부를 가지며 피부가 얇고 노화가 빠름 • 다양한 눈동자 색을 가지며 금발, 갈색 등 곱슬머리가 많음
황인종	• 피부색은 황색 또는 황갈색 • 낮은 코와 넓은 얼굴, 가로로 긴 눈, 흑색 또는 흑갈색 직모
흑인종	• 멜라닌 색소가 많아 검은 피부를 가짐 • 낮고 콧방울이 넓은 코, 두꺼운 입술, 움푹 들어간 눈, 심한 곱슬머리

(3) 가발

특징	• 공연 중 배우가 이미지를 가장 효과적으로 바꿀 수 있는 소품 • 작품의 시대성, 캐릭터의 신분, 성격, 직업, 환경, 인종, 신상의 변화 등을 표현함
가발 씌우기	• 배우의 머리를 땋아 위로 올려 고정한 후 가발망을 씌운 후 핀으로 고정함 • 가발의 정중앙 위치를 확인하여 머리 앞부터 자리를 잡고 손으로 고정한 후 뒷목 방향으로 당겨 가발을 씌움 • 양 옆 귀 부분을 핀으로 고정한 후 좌, 우, 뒷목 등의 가발을 핀으로 고정함

참고 무대 메이크업에서의 피부 표현
- 영상매체보다 커버력이 있어야 하며 조명을 고려하여 베이지 계열이 아닌 붉은 계열의 색상을 선택함
- 혈색은 코선을 기준으로 위쪽으로만 넣는 것이 좋음
- 피부 표현에 따라 캐릭터의 성격, 인종, 나이, 신분과 환경, 사회·경제적 지위, 건강까지 표현이 가능함

용어 명암법
눈썹과 아이라인을 강조하고 얼굴 윤곽을 강조하는 메이크업 방법

가발 착용 시 유의점	• 가발 착용 전 배우의 머리 사이즈를 확인한 후 가발을 선택함 • 배우가 땀이 많은 경우 가발 착용 전에 헤어를 단단히 고정하고 두피에 파우더를 뿌려 땀을 흡수시킴 • 가발 착용 시 머리망 위에 지나치게 많은 핀을 꽂지 않음 • 머리망을 착용한 후 가발을 씌우고 벗겨지지 않도록 적절한 위치에 고정핀을 단단히 꽂고 배우가 불편하지 않은지 확인함
가발 세탁	• 머리핀, 고무줄 등을 제거한 후 쇠 브러시로 머릿결을 따라 빗질함 • 헤어라인에 묻은 파운데이션은 칫솔에 비누를 묻혀 문질러 제거함 • 헤어라인이 망사로 되어 있는 가발은 알코올로 접착제를 먼저 제거한 후 세탁함 • 샴푸를 푼 미온수에 가발을 10분 정도 담근 후 맑은 물을 이용하여 헹굼 • 린스 물에 헹군 가발을 가발 안쪽 망에 말아 넣고 탈수기로 2~3분간 탈수함
가발 손질 및 건조	• 탈수된 가발은 가발 원래 스타일로 빗질한 후 가발 건조 틀에 씌워 건조함 • 스타일링이 필요할 경우 헤어 롤러로 스타일하여 건조함 • 완전히 건조한 후 가발에 실망을 씌워 지퍼백에 넣고 표기한 후 가발상자에 보관함

(4) 수염

무대용 수염 분장으로는 그리는 수염, 찍는 수염, 직접 붙이는 수염, 제작수염(망수염, 플라스틱백 수염, 라텍스백 수염) 등이 있음

(5) 속눈썹

① 장기 공연 시에는 배우나 무용수의 속눈썹을 개별 또는 단체로 이름을 표기한 후 보관함
② 무대 메이크업 시에는 속눈썹을 눈꼬리 부분이 살짝 올라가도록 붙임
③ 속눈썹의 컬이 올라가 보이도록 붙여야 시야가 방해되지 않음
④ 뷰티 메이크업과 달리 무대 메이크업에서는 속눈썹을 눈앞머리에 너무 가까이 붙이지 않음
⑤ 무대공연 캐릭터 메이크업일 경우 튼튼한 밴드 속눈썹을 사용함

(6) 무대공연 메이크업 시 유의점

① 메이크업 완성 후 반드시 파우더를 충분히 발라 메이크업의 지속력을 높임
② 공연 시간이 긴 경우 파우더보다 크림 타입의 섀도와 치크 등을 사용하는 것이 좋음
③ 메이크업이 끝난 배우는 반드시 세팅된 조명 아래에서 메이크업을 체크함
④ 무대의 크기는 다르지만 조명은 거의 비슷하므로 얼굴의 윤곽의 위치는 같고 깊이감은 다르게 메이크업함
⑤ 디테일한 잔주름은 잘 보이지 않으므로 노인 무대 메이크업은 골격과 음영 위주로 표현함

(7) 무대공연 진행 도중 아티스트 확인사항

① 장면 전환표 확인
② 퀵체인지가 있는지 확인하고 퀵체인지의 필요 시간 및 무대 위치 확인
③ 체인지되는 공연에 필요한 메이크업 수정사항, 재료, 가발, 수염, 장신구 등 확인
④ 무대 등·퇴장 출구에서 배우의 메이크업 유지 확인 및 수정

> **참고** 라텍스백 수염(거는 수염)
> • 얼굴 모형 마네킹에 여러 겹의 라텍스를 발라 형태를 잡은 후 그 위에 수염을 붙여 제작
> • 극의 전환 시 시간 절약을 위해 라텍스 위에 스타킹을 길게 붙여 귀에 걸도록 제작
> • 피부에 접착되지 않아 사실감이 떨어지고 소극장의 경우 관객이 쉽게 알아볼 수 있음

> **참고** 공연 중 메이크업이 지워진 경우 파우더 타입의 화장품으로 빠르게 수정·보완함

(8) 무대 조명색에 따른 색조 메이크업

구분	레드 컬러	옐로 컬러	그린 컬러	블루 컬러	퍼플 컬러
레드 조명	흐려짐	레드	어두워짐	어두워짐	옅은 레드
오렌지 조명	밝아짐	조금 흐려짐	어두워짐	어두워짐	밝아짐
옐로 조명	화이트	화이트 또는 흐려짐	어두워짐	바이올렛	핑크
그린 조명	어두워짐	어두운 그레이	옅은 그린	밝아짐	옅은 블루
블루 조명	어두운 그레이	어두운 그레이	어두운 그린	옅은 블루	어두워짐
퍼플 조명	블랙	어두운 그레이	어두운 그레이	바이올렛	매우 옅어짐

참고 무대 조명색에 따른 효과

주황색	건강한 안색 표현에 적합
녹색	병약하고 괴이한 느낌 표현
빨강	불그스름한 혈색 표현
노랑	건강한 피부 표현

1 작품 캐릭터 개발

01
무대공연 캐릭터 메이크업에 대한 설명으로 옳지 <u>않은</u> 것은?
① 눈썹의 형태와 숱, 두께의 변화를 통해 캐릭터 설정이 가능하다.
② 각 캐릭터의 직업에 따라 나타나는 특징이 다르므로 직업의 특징을 파악하고 분석하여 메이크업을 디자인한다.
③ 어수룩한 이미지의 캐릭터를 디자인할 때 눈은 미간이 좁고 처지게 표현한다.
④ 좁고 콧등이 튀어나온 코는 악한 이미지의 캐릭터를 표현할 때 적합하다.

> 어수룩한 이미지의 캐릭터의 눈은 미간이 넓고 처지게 표현함

02
눈썹의 모양과 그 이미지를 연결한 것으로 옳지 <u>않은</u> 것은?
① 두꺼운 눈썹 – 의지가 강하고 적극적인 캐릭터
② 짧은 눈썹 – 명랑하고 경쾌한 캐릭터
③ 긴 눈썹 – 고상하고 점잖은 캐릭터
④ 가는 눈썹 – 우울하고 어리석은 캐릭터

> • 가는 눈썹: 연약, 우유부단, 섬세, 세련
> • 처진 눈썹: 우울함, 인색, 어리석음

03
둔감하고 보수적인 캐릭터를 표현하고자 할 때 적합한 눈의 모양은?
① 가는 눈   ② 들어간 눈
③ 돌출된 눈 ④ 작은 눈

> 작은 눈: 둔감한, 보수적, 통찰력 있는, 소극적, 귀여움

04
무대공연 캐릭터 메이크업 시 입술 표현에 대한 설명으로 옳지 <u>않은</u> 것은?
① 온화하고 풍부한 정서를 가진 캐릭터는 입술을 두껍게 연출한다.
② 무대에서는 입 모양이 잘 보이는 것도 중요하므로 진한 색상을 이용하여 배우의 입술보다 약간 작게 그리는 것이 좋다.
③ 생활력과 에너지가 넘치는 캐릭터는 큰 입술로 연출한다.
④ 처진 입술은 비관적이고 약한 기질의 캐릭터 표현 시 적합하다.

> 무대에서는 입 모양이 잘 보이는 것도 중요하므로 배우의 입술보다 약간 크게 그리는 것이 좋음

2 무대공연 캐릭터 메이크업

05
무대 메이크업에 대한 설명으로 옳지 <u>않은</u> 것은?
① 피부 표현 시 영상매체보다 커버력이 있어야 하며 조명을 고려하여 베이지 계열의 색상을 선택한다.
② 혈색은 코선을 기준으로 위쪽으로만 연출한다.
③ 노화 진행에 따라 연령별 특징을 파악하고 메이크업을 디자인해야 한다.
④ 눈썹의 형태와 숱, 두께의 변화를 통해 캐릭터 설정이 가능하다.

> 피부 표현은 조명을 고려하여 베이지 계열이 아닌 붉은 계열의 색상을 선택함

06
무대공연 캐릭터 메이크업 시 가발에 대한 설명으로 옳지 <u>않은</u> 것은?
① 가발은 정중앙 위치를 확인하여 머리 앞부터 자리를 잡고 손으로 고정한 후 뒷목 방향으로 당겨 씌운다.
② 배우가 땀이 많은 경우 가발 착용 전에 헤어를 단단히 고정하고 두피에 파우더를 뿌려 땀을 흡수시킨다.
③ 헤어라인이 망사로 되어 있는 가발은 뜨거운 물로 접착제를 불려 제거한 후 세탁한다.
④ 가발은 공연 중 배우가 이미지를 가장 효과적으로 바꿀 수 있는 소품이다.

> 헤어라인이 망사로 되어 있는 가발은 알코올로 접착제를 먼저 제거한 후 세탁함

| 정답 | 01 ③ 02 ④ 03 ④ 04 ② 05 ① 06 ③

07
극의 전환 시 시간 절약을 위해 귀에 걸도록 제작되어 사실감이 떨어지고 소극장의 경우 관객이 쉽게 알아볼 수 있는 수염은?

① 벤틸레이티드 수염　② 플라스틱백 수염
③ 라텍스백 수염　　　④ 직접 붙이는 수염

> **라텍스백 수염**
> - 얼굴 모형 마네킹에 여러 겹의 라텍스를 발라 형태를 잡은 후 그 위에 수염을 붙여 제작함
> - 극의 전환 시 시간 절약을 위해 라텍스 위에 스타킹을 길게 붙여 귀에 걸도록 제작함
> - 피부에 접착되지 않아 사실감이 떨어지고 소극장의 경우 관객이 쉽게 알아볼 수 있음

08
무대공연 캐릭터 메이크업에 대한 설명으로 옳지 <u>않은</u> 것을 모두 고른 것은?

> ㉠ 가발은 작품의 시대성이나 캐릭터의 신분 등을 표현할 수 있다.
> ㉡ 무대 메이크업 시에는 속눈썹을 눈꼬리 부분이 살짝 내려가도록 붙여 눈매의 깊이감을 표현한다.
> ㉢ 라텍스백 수염을 스타킹을 길게 붙여 귀에 걸도록 제작하면 극의 전환 시 시간을 절약할 수 있다.
> ㉣ 플라스틱백 수염은 피부에 접착되지 않아 사실감이 떨어지고 소극장의 경우 관객이 쉽게 알아볼 수 있다.
> ㉤ 근육의 움직임이 많은 경우 망수염에 가위집을 넣어 움직임을 편안하게 한다.

① ㉠, ㉡　　② ㉡, ㉣
③ ㉢, ㉤　　④ ㉣, ㉤

> - 무대 메이크업 시에는 속눈썹을 눈꼬리 부분이 살짝 올라가도록 붙임
> - 플라스틱백 수염은 피부에 접착하여 사용하고, 영상 매체에서 사실적 표현을 위해 사용됨

09
무대 메이크업 시 속눈썹의 연출 방법으로 옳지 <u>않은</u> 것은?

① 속눈썹의 컬이 올라가 보이도록 붙여야 시야가 방해되지 않는다.
② 장기 공연 시에는 배우나 무용수의 속눈썹을 개별 또는 단체로 이름을 표기한 후 보관한다.
③ 무대 메이크업 시에는 속눈썹을 눈꼬리 부분이 살짝 올라가도록 붙인다.
④ 자연스러운 속눈썹 연출을 위해 최대한 눈앞머리 가까이 붙인다.

> 뷰티 메이크업과 달리 무대 메이크업에서는 속눈썹을 너무 눈앞머리 가까이 붙이지 않음

10
배우와 관객과의 친밀도는 높으나 무대에서 가려지는 공간을 찾기 힘들기 때문에 메이크업 수정이 힘든 특징을 지닌 무대는?

① 액자 무대　② 돌출 무대
③ 가변 무대　④ 원형 무대

> **원형 무대**
> - 관객이 무대를 완전히 둘러싸고 있어 배우와 관객과의 친밀도가 높은 무대
> - 가려지는 공간을 찾기 힘들기 때문에 메이크업 수정이 힘든 무대

11
대극장용 무대 메이크업에 대한 설명으로 옳은 것은?

① 명암법을 활용하는 메이크업보다 세밀하고 자연스러운 메이크업을 한다.
② 면보다는 선의 이미지를 최대한 살려 메이크업을 한다.
③ 소극장과 중극장의 중간 정도 명암법을 사용하여 메이크업을 한다.
④ 명암법을 최대한 살려 멀리서도 잘 보일 수 있도록 메이크업을 한다.

> 대극장은 대형 스크린이 설치되어 있어 소극장과 중극장의 중간 정도 명암법을 사용함

12
블루 조명에서 어두운 그레이 색상으로 보이는 아이섀도 컬러는?

① 퍼플 컬러　② 블루 컬러
③ 그린 컬러　④ 옐로 컬러

> 레드 컬러와 옐로 컬러는 블루 조명에서 어두운 그레이 색상으로 보임

대부분의 사람들은 마음먹은 만큼 행복하다.

– 에이브러햄 링컨(Abraham Lincoln)

PART 04

MAKE UP ARTIST

공중위생관리

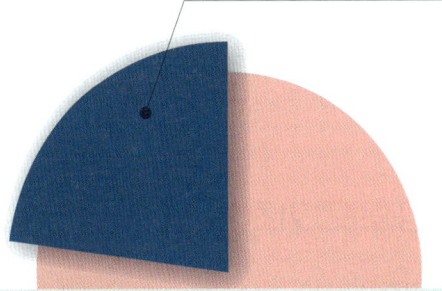

출제비중 **23%**

|출제(예상)문제 수| Ⓐ 5문제 이상 Ⓑ 4문제~2문제 Ⓒ 1문제 이하

- Ⓐ **CHAPTER 01** 공중보건
- Ⓑ **CHAPTER 02** 소독
- Ⓐ **CHAPTER 03** 공중위생관리법규

공중보건 A

합격 TIP 공중보건학의 개념과 인구 피라미드 및 보건 지표를 암기하고 환경 보건에 대해 학습해 두도록 합니다. 병원체, 병원소, 주요 감염병의 특징을 숙지하고 법정 감염병은 확실히 암기해 두도록 합니다.

1 공중보건 기초

(1) 공중보건학의 개념

① 공중보건학의 정의: 윈슬로(Winslow)에 따르면 지역사회의 조직적인 노력으로 지역사회 집단의 질병을 예방하고 생명을 연장시키며, 육체와 정신적 효율을 증진시키는 기술이자 과학임

② 공중보건 빈출

주체	개인이 아닌 국가, 공공단체 및 조직화된 지역사회(최소 단위: 지역사회)
대상	지역사회의 전체 주민 또는 국민
목적	질병 예방, 수명 연장, 신체적·정신적 건강 및 효율 증진
3대 요소	수명 연장, 감염 예방, 건강과 능률의 향상
3대 수행요소	보건교육, 보건행정, 보건관계법규
방법	환경위생, 감염병 관리, 개인위생

참고 질병 치료는 공중보건의 목적이 아님

③ 공중보건학의 범위

환경보건 분야	환경위생, 식품위생, 환경보건, 산업보건, 공해
질병관리 분야	역학, 감염병 및 비감염병 관리, 기생충 질병 관리, 성인병 관리
보건관리 분야	보건행정, 인구 및 가족보건, 보건영양, 모자보건, 학교보건, 정신보건, 보건통계, 노인보건, 의료정보, 응급의료, 사회보장제도

④ 보건수준 평가 지표 빈출

세계보건기구(WHO)가 제시한 건강수준 지표	조사망률, 비례사망지수, 평균수명
보건수준 3대 평가 지표	영아사망률(대표적 지표), 비례사망지수, 평균수명

(2) 건강과 질병

① 건강의 정의: 건강이란 단순히 질병이 없거나 허약하지 않은 육체적 상태만을 의미하는 것이 아니라 육체적·정신적·사회적으로도 안녕하고 완전한 상태를 말함(WHO, 1948)

② 질병 발생의 3대 요인 [빈출]: 숙주, 병인(병원체), 환경
- 숙주: 병원체가 옮겨 다니는 대상으로 사람이나 동물

생물학적 요인	선천적 요인	성별, 인종, 연령, 유전
	후천적 요인	영양상태
사회적 요인	경제적 요인	직업, 주거환경, 작업환경
	생활양식적 요인	흡연, 음주, 운동

- 병인(병원체): 질병을 일으키는 직접적 감염원

생물학적 병인	세균, 곰팡이, 기생충, 바이러스
물리적 병인	열, 햇빛, 온도, 기후
화학적 병인	농약, 화학약품, 유독물질
정신적 병인	스트레스, 노이로제

- 환경: 주변 환경이나 질병 발생에 영향을 주는 외적 요소

생물학적 환경	병원소, 중간 숙주(식품 등 감염성 질병의 매개체)
물리·화학적 환경	지리적·기상학적 환경
사회·경제적 환경	경제적 수준, 교육 수준, 보건의료시설, 문화, 직업, 불경기, 전쟁

(3) 인구보건 및 보건 지표 [빈출]
① 인구 증가

자연 증가	• 출생과 사망의 차이에서 발생하는 인구 증가 • 자연 증가＝출생인구－사망인구
사회 증가	• 전입과 전출의 차이에서 발생하는 인구 증가 • 사회 증가＝전입인구－전출인구
인구 증가	인구 증가＝자연 증가＋사회 증가

② 인구 피라미드 [빈출]

구분	유형	특징
피라미드형	개발도상국형 (인구 증가형)	• 출생률과 사망률이 높은 유형 • 14세 이하 인구가 65세 이상 인구의 2배 초과
종형	이상형 (인구 정지형)	• 출생률과 사망률이 낮은 유형 • 14세 이하 인구가 65세 이상 인구의 2배 정도
방추형	선진국형 (인구 감소형)	• 평균수명이 높고 인구가 감소하는 유형 • 14세 이하 인구가 65세 이상 인구의 2배 이하
별형	도시형 (인구 유입형)	• 생산층 인구가 증가하는 유형 • 15~49세 인구가 전체 인구의 50% 초과
표주박형	농촌형 (인구 유출형)	• 생산층 인구가 감소하는 유형 • 15~49세 인구가 전체 인구의 50% 미만

③ 생명표: 개체군의 사망 수와 출생 수를 연령 구간별로 나타낸 표로, 연령 구간, 사망률, 생존자 수, 사망자 수, 평균여명(기대여명) 등의 항목을 표로 작성한 것

[기타] 토마스 R. 맬서스
『인구론』이란 저서에서 식량은 산술(등차)급수적으로 늘어나는 데 비해 인구는 기하(등비)급수적으로 늘어나므로 자연대로라면 과잉 인구로 인한 식량 부족은 피할 수 없으며, 그로 인해 빈곤과 죄악이 필연적으로 발생하기 때문에 체계적인 인구 조절이 필요하다고 주장함

[참고] 인구의 양적 증가로 인한 문제
- 3P: 인구(Population), 환경오염(Pollution), 빈곤(Poverty)
- 3M: 영양실조(Malnutrition), 질병 발생(Morbidity), 사망률(Mortality)

[참고] 인구 피라미드

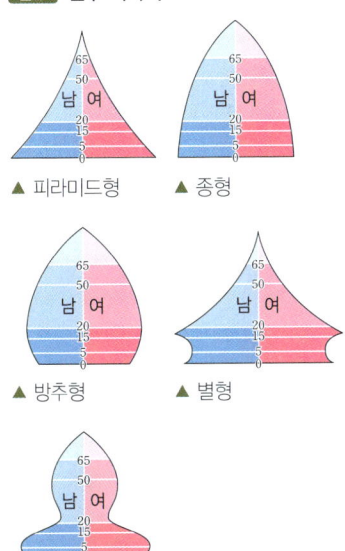

▲ 피라미드형 ▲ 종형

▲ 방추형 ▲ 별형

▲ 표주박형

④ 출생률과 사망률 통계

조출생률	• 한 국가의 출생수준을 표시하는 지표 • 1년 동안의 출생아 수를 당해 연도의 연앙 인구로 나눈 수치를 1,000 분율로 표시
일반출생률	1년 동안 가임여성(15세~49세) 1,000명당 발생한 출생자의 비율
조사망률	1년 동안의 사망자 수를 당해 연도의 연앙 인구로 나눈 수치를 1,000분율로 표시
영아사망률	• 국가의 보건지수를 나타내는 지표 • 생후 1년 동안 영아의 사망률
신생아사망률	생후 28일 미만의 유아 사망률
비례사망지수	• 국가의 건강수준을 표시하는 지표 • 총사망자 수에 대한 50세 이상의 사망자 수를 백분율로 표시
평균수명	• 사람이 평균적으로 몇 년을 살 수 있는가에 대한 기댓값 • 신생아가 앞으로 생존할 것으로 기대되는 평균 생존 연수

[용어] **연앙 인구**
해당 연도의 중앙일인 7월 1일의 인구 수

[용어] **영아사망율**
$$\frac{\text{연간 1세 미만의 사망아 수}}{\text{연간 출생아 수}} \times 1,000$$

[참고] **알파-인덱스(α-index)**
지역사회의 건강 수준을 나타내는 대표적인 지표는 영아사망률이지만 세밀하게 평가하기 위해서는 알파-인덱스를 계산해야 함. 값이 1에 가까울수록 보건 수준이 높음을 나타내며, 선진국의 알파-인덱스 값이 크다면 이는 주로 신생아기 이후의 영아사망이 많다고 볼 수 있음

2 질병 관리

(1) 역학

① 정의
- 인구 집단의 질병 혹은 감염병에 관하여 연구하는 학문
- 인간 집단을 대상으로 질병의 발생과 분포, 요인 규명, 관리와 예방을 목적으로 하는 학문

② 역할
- 질병의 원인과 병인 규명
- 질병의 발생과 유행 감시
- 질병의 자연사 연구 및 예후 파악
- 지역사회의 질병 규모와 분포의 파악
- 보건의료의 기획과 평가를 위한 자료 수집

(2) 감염병 관리

① 감염병의 정의: 감염된 사람이나 동물 등의 병원소로부터 새로운 숙주로 병원체가 전파되어 발생하는 병

② 감염병 유행의 3대 요인

감염원 (병원체)	• 병원체를 전파할 수 있는 근원이 되는 모든 것 • 감염원: 환자, 보균자, 감염동물, 오염 식품이나 오염 식기구 및 생활 용구 등 • 병원체: 바이러스, 진균, 세균, 원충
감염 경로 (환경)	• 감염원으로부터 병원체를 전파시키는 환경요인 • 직접 접촉 전파, 간접 접촉 전파, 공기 전파, 동물 매개 전파, 개달물 전파
감수성 숙주	• 전염병에 대해 감수성이 높고 면역성이 떨어져 감염이 잘 되는 숙주 • 감수성이 높은 집단에서는 면역력이 낮아 감염병이 쉽게 유행함

[용어] **감수성**
- 숙주에 침입한 병원체에 대항하여 감염이나 발병을 저지할 수 없는 상태
- 감수성이 높으면 면역성이 낮으므로 질병이 발병되기 쉬움

③ **감염병의 생성 과정**: 감염병의 생성 과정은 반드시 연쇄적으로 관계가 유지되어야 하며, 이 중 어느 한 단계라도 성립하지 못하면 감염은 발생하지 않음

> 병원체 → 병원소 → 병원소로부터 병원체 탈출 → 병원체의 전파 → 새로운 숙주로의 침입 → 숙주의 감염(감수성, 면역)

④ **병원체** <빈출>: 숙주 내에서 증식·증생하여 병변을 일으키고 발병시키며 죽음에 이르기까지 하는 병의 원인이 되는 본체

세균	적정한 온도와 습도 유지 시 급증	
	호흡기계	폐렴, 결핵, 나병, 백일해, 디프테리아, 수막구균성수막염, 성홍열
	소화기계	장티푸스, 콜레라, 파라티푸스, 세균이질, 파상열
	피부점막계	파상풍, 페스트, 매독, 임질
바이러스	• 살아있는 세포 내에서만 기생 • 크기가 작아 전자현미경으로만 관찰 가능	
	호흡기계	독감(인플루엔자), 홍역, 유행성이하선염
	소화기계	소아마비, 폴리오, 유행성간염(A형간염), 브루셀라증(파상열)
	피부점막계	후천성면역결핍증(AIDS), 일본뇌염, 공수병, 황열
리케차	• 세균과 바이러스의 중간 크기로 세포 안에서만 기생 • 발진티푸스, 발진열, 쯔쯔가무시증, 로키산홍반열	
수인성 병원체	• 수인성 감염병: 병원성 미생물에 오염된 물에 의해 매개되는 감염병 • 콜레라, 장티푸스, 파라티푸스, 세균이질, 소아마비, A형간염	

기생충	• 원충류: 체제가 가장 간단한 단세포 동물
	• 연충류
	  - 장내 기생충의 총칭
	  - 육안으로 식별 가능
	  - 선충류(회충, 요충, 구충, 말레이사상충), 흡충류(간흡충, 폐흡충, 요코가와흡충), 조충류(유구조충, 무구조충, 광절열두조충)	

진균	• 병원체의 크기가 가장 큼 • 칸디다증, 백선, 무좀 • 아포 형성 식물(버섯, 곰팡이, 효모)	
클라미디아	• 진핵생물의 세포 내 증식 • 트라코마, 앵무새병	

⑤ **병원소**: 병원체가 생존과 함께 증식하면서 다른 숙주에 전파될 수 있는 상태로 저장된 장소
- 종류

인간 병원소	환자와 보균자
동물 병원소	동물이 병원체 보유, 동물 병원소는 제거를 원칙으로 함 예 개, 소, 닭, 박쥐, 돼지, 쥐 등
토양 병원소	오염된 토양
기타 병원소	물, 공기, 개달물

참고 감염병 발생·유행 요소

질병 발생 요소	질병 유행 요소
숙주	숙주의 감염 (감수성, 면역)
병인	• 병원체 • 병원소
환경	• 병원소로부터 병원체의 탈출 • 병원체의 전파 • 새로운 숙주에 침입

참고 병원체 탈출 경로
호흡기 탈출, 소화기 탈출, 비뇨·생식기 탈출, 개방된 병소 탈출, 기계적 탈출

참고 환자

현성 감염자	• 감염병의 병원체가 인체에 침입하여 임상증상을 나타내는 환자 • 진단 기준에 따른 의사, 치과의사 또는 한의사의 진단이나 감염병 병원체 확인기관의 실험실 검사를 통해 확인된 사람
불현성 감염자 (병원체 보유자)	병원체에 감염되어 있으나 임상증상이 없는 환자

용어 개달물
물, 우유, 식품, 공기, 토양을 제외한 모든 비활성 매체(의복, 침구, 완구, 책, 수건 등)

- 보균자

건강 보균자	• 불현성 감염 상태로 증상이 없으면서 균을 보유한 사람으로, 병원체를 배출함 • 보건관리가 가장 어려움
잠복기 보균자 (발병 전 보균자)	증상이 나타나기 전에 균을 보유한 보균자로, 병원체를 배출함
회복기 보균자 (발병 후 보균자)	병에 걸린 후 치료되었으나 회복기에 균이 몸에 남아 있어 병원체를 배출하는 사람
만성 보균자	오랫동안 지속적으로 균을 보유한 사람

참고 건강 보균자의 보건관리가 어려운 이유
- 증상이 발현되지 않아 색출이 어려움
- 넓은 활동 영역
- 격리의 어려움

⑥ 면역
- 종류 빈출
  - 선천적 면역(자연면역): 자연적으로 형성되는 면역으로, 인종, 개인 간의 특성에 따라 면역의 차이를 보임
  - 후천적 면역(획득면역): 인위적으로 적응되어 후천적으로 형성된 면역

능동 면역	자연능동면역	• 감염병 감염 후 형성 • 영구면역: 홍역, 장티푸스, 콜레라, 백일해 • 일시면역: 디프테리아, 폐렴, 인플루엔자, 세균이질
	인공능동면역	• 예방접종으로 형성 • 생균백신(경구 투여): 결핵, 홍역, 폴리오 • 사균백신(경피 투여): 장티푸스, 콜레라, 백일해, 폴리오 • 톡소이드(순화독소 주입): 파상풍, 디프테리아
수동 면역	자연수동면역	• 태반, 모유 수유를 통해 부여받은 면역 • 폴리오, 홍역, 디프테리아
	인공수동면역	면역혈청을 투입하여 부여받는 면역

- 필수 예방접종

감염병	예방접종 시기
B형간염	• 모체가 HBsAg 양성인 경우: 면역글로불린(HBIG)과 B형간염 1차 접종을 생후 12시간 이내 각각 다른 부위에 접종 • 모체가 HBsAg 음성인 경우: 생후 0, 1, 6개월 일정으로 3회 접종
결핵	• 생후 4주 이내 • 투베르쿨린(Tuberculin)을 피하에 주사 후 염증 반응으로 결핵의 감염 여부를 진단함
디프테리아, 백일해, 파상풍	• 생후 2, 4, 6개월에 DTaP로 3회 기초접종 • 생후 15~18개월과 만 4~6세 때 각각 1회 추가접종 • 만 11~12세 때 Tdap으로 1회 접종, 이후 매 10년마다 Td 백신 접종
폐렴구균	• 단백결합 백신(10가, 13가): 생후 2, 4, 6개월에 3회 기초접종, 12~15개월에 1회 추가접종 • 다당 백신(23가): 65세 이상 연령에서 1회 접종
폴리오	• 생후 2, 4, 6개월에 3회 기초접종(3차 접종 가능시기: 6~18개월) • 만 4~6세 때 1회 추가접종
홍역, 풍진, 유행성이하선염	• 1차 접종: 생후 12~15개월 • 2차 접종: 만 4~6세

참고 HBsAg
Hepatitis B surface antigen의 약어로, B형간염표면항원을 의미함

참고 DTaP 예방접종
디프테리아(Diphtheriae), 파상풍(Tetanus), 백일해(Pertussis) 예방접종을 묶어 이르는 말

용어 풍진
임신 초기에 산모가 감염되면 태아의 90%가 저체중아, 심장기형, 뇌성마비, 청력 장애, 백내장, 소안증, 녹내장, 뇌수막염, 지능 저하 등의 증상이 나타나는 바이러스

일본뇌염	• 약독화 생백신: 생후 12~23개월에 1회 접종하고, 1차 접종 12개월 뒤 2차 접종 • 불활성화 백신 – 기초접종: 생후 12~23개월에 7~30일 간격으로 2회 접종하고, 2차 접종 12개월 뒤 3차 접종 – 추가접종: 만 6세, 만 12세에 각각 1회 접종
수두	생후 12~15개월에 1회 접종

⑦ 검역
- 대상: 감염 유행 지역에서 입국하는 사람이나 동·식물 또는 식품
- 목적: 외국 질병의 국내 침입을 방지하여 국민의 건강을 보호·유지
- 검역 감염병 및 감시 기간

감염병 종류	감시 기간	감염병 종류	감시 기간
콜레라	5일(120시간)	중증급성호흡기증후군 (SARS)	10일(240시간)
페스트	6일(144시간)	동물인플루엔자 인체감염증	10일(240시간)
황열	6일(144시간)	신종인플루엔자	최대 잠복기
중동호흡기증후군 (MERS)	14일(336시간)	에볼라바이러스	21일(504시간)

⑧ 법정 감염병❼의 종류 빈출

제1급 감염병	특징	생물테러 감염병 또는 치명률이 높거나 집단 발생의 우려가 커서 발생 또는 유행 즉시 신고해야 하고 음압격리와 같은 높은 수준의 격리가 필요한 감염병
	질병	에볼라바이러스병, 마버그열, 라싸열, 크리미안콩고출혈열, 남아메리카출혈열, 리프트밸리열, 두창, 페스트, 탄저, 보툴리눔독소증, 야토병, 중증급성호흡기증후군(SARS), 중동호흡기증후군(MERS), 동물인플루엔자인체감염증, 신종인플루엔자, 디프테리아
제2급 감염병	특징	전파 가능성을 고려하여 발생 또는 유행 시 24시간 이내에 신고, 격리가 필요한 감염병
	질병	코로나바이러스감염증-19, 원숭이두창, 결핵, 수두, 홍역, 콜레라, 장티푸스, 파라티푸스, 세균이질, 장출혈성대장균감염증, A형간염, 백일해, 유행성이하선염, 풍진, 폴리오, 수막구균감염증, B형헤모필루스인플루엔자, 폐렴구균감염증, 한센병, 성홍열, 반코마이신내성황색포도알균(VRSA)감염증, 카바페넴내성장내세균속균종(CRE)감염증, E형간염
제3급 감염병	특징	발생을 계속 감시할 필요가 있어 발생 또는 유행 시 24시간 이내에 신고해야 하는 감염병
	질병	파상풍, B형간염, 일본뇌염, C형간염, 말라리아, 레지오넬라증, 비브리오패혈증, 발진티푸스, 발진열, 쯔쯔가무시증, 렙토스피라증, 브루셀라증, 공수병, 신증후군출혈열(유행성출혈열), 후천성면역결핍증(AIDS), 크로이츠펠트-야콥병(CJD) 및 변종 크로이츠펠트-야콥병(vCJD), 황열, 뎅기열, 큐열, 웨스트나일열, 라임병, 진드기매개뇌염, 유비저, 치쿤구니야열, 중증열성혈소판감소증후군(SFTS), 지카바이러스감염증

> **참고** 법정 감염병
> 제1급~제3급 감염병은 갑작스러운 국내 유입 또는 유행이 예견되어 긴급한 예방·관리가 필요한 경우 질병관리청장이 보건복지부장관과 협의하여 지정하는 감염병을 포함함
>
> **기타** 감염병 관리기관에서 지정한 입원치료를 받아야 하는 감염병
> 제1급 감염병 및 질병관리청장이 고시한 감염병(결핵, 홍역, 콜레라, 장티푸스, 파라티푸스, 세균이질, 장출혈성대장균감염증, A형간염, 폴리오, 수막구균감염증, 성홍열)

	특징	제1급 감염병부터 제3급 감염병에 포함된 감염병 이외에 유행 여부를 조사하기 위해 표본 감시 활동이 필요한 감염병으로, 신고 시기는 발생 또는 유행 시 7일 이내	
제4급 감염병	질병	인플루엔자, 매독, 회충증, 편충증, 요충증, 간흡충증, 폐흡충증, 장흡충증, 수족구병, 임질, 클라미디아감염증, 연성하감, 성기단순포진, 첨규콘딜롬, 반코마이신내성장알균(VRE)감염증, 메티실린내성황색포도알균(MRSA)감염증, 다제내성녹농균(MRPA)감염증, 다제내성아시네토박터바우마니균(MRAB)감염증, 장관감염증, 급성호흡기감염증, 해외유입기생충감염증, 엔테로바이러스감염증, 사람유두종바이러스감염증	
세계보건기구 감시대상 감염병	특징	세계보건기구가 국제공중보건의 비상사태에 대비하기 위해 감시대상으로 정한 질환	질병관리청장고시감염병
	질병	두창, 폴리오, 신종인플루엔자, 중증급성호흡기증후군(SARS), 콜레라, 폐렴형페스트, 황열, 바이러스성출혈열, 웨스트나일열	
인수공통 감염병	특징	동물과 사람 간에 서로 전파되는 병원체에 의해 발생하는 감염병	
	질병	장출혈성대장균감염증, 일본뇌염, 브루셀라증, 탄저, 공수병, 동물인플루엔자인체감염증, 중증급성호흡기증후군(SARS), 변종크로이츠펠트-야콥병(vCJD), 큐열, 결핵, 중증열성혈소판감소증후군(SFTS)	
성매개 감염병	특징	성 접촉을 통해 전파되는 감염병	
	질병	매독, 임질, 클라미디아, 연성하감, 성기단순포진, 첨규콘딜롬, 사람유두종바이러스 감염증	

> **참고** 인수공통 감염병

공수병(광견병)	개
야토병	토끼
페스트	벼룩, 쥐
탄저	소, 양, 말
중증급성호흡기증후군(SARS)	박쥐, 사향고양이
조류인플루엔자 인체감염증	닭, 오리 등의 가금류
브루셀라증	소, 염소, 돼지
광우병	소
큐열	소, 양, 염소
결핵	소, 돼지
장출혈성대장균 감염증	소, 양, 염소, 돼지, 개, 닭
일본뇌염	모기
중증열성혈소판감소증후군(SFTS)	진드기 (작은소피참진드기)

⑨ 주요 감염병 빈출

- 급성 소화기계 감염병: 주로 오염된 물이나 음식을 통해 전파

콜레라	• 설사, 구토 • 수인성 감염병, 경구감염으로 발병 속도가 빠름
장티푸스	• 고열, 오한, 두통, 복통, 설사, 변비, 상대적 서맥, 피부발진, 간·비장 종대 • 수인성 감염병, 경구감염으로 주로 파리에 의해 전파
세균이질	• 고열, 구역질, 구토, 경련성 복통, 설사(혈변, 점액변), 잔변감 • 파리나 환자의 분변에 의해 감염
파라티푸스	• 발열, 오한, 두통, 복통, 설사, 변비, 상대적 서맥 등 장티푸스와 증상이 비슷하나 경미함 • 살모넬라균의 일종인 파라티푸스균에 의한 감염 • 환자의 배설물에 의해 감염
폴리오	• 발열, 권태감, 인후통 등 • 폴리오 바이러스, 급성 이완성 마비질환 • 환자의 분비물과 배설물에 의해 감염

- 급성 호흡기계 감염병: 주로 비말 또는 공기감염을 통해 전파

디프테리아	• 초기: 발열, 피로, 인후통 • 후기: 호흡기 폐색 • 환자나 보균자의 분비물 및 피부 상처에 의해 감염
홍역	• 초기: 발열, 기침, 콧물, 결막염, 코플릭 반점 • 중기: 홍반성 구진 형태의 발진이 나타난 후 고열 • 회복기: 발진이 사라지고 색소침착 • 환자와의 접촉이나 호흡기계를 통한 비말에 의한 감염

> **용어** 서맥
>
> 정상보다 낮은 맥박수로 1분간의 맥박수가 60 이하인 경우로, 심장이 정상 수준보다 느리게 뛰는 것

> **용어** 코플릭 반점
>
> 홍역 환자의 볼 안쪽이나 잇몸에 생기는 붉은 테를 두른 흰 반점

백일해		콧물, 눈물, 발작성 기침, 구토
동물인플루엔자 인체감염증		• 전파: 감염된 동물 또는 그 배설물과 분비물에 오염된 사물과의 접촉을 통해 발생 • 증상: 결막염, 발열, 기침, 근육통, 안구감염, 폐렴, 급성호흡부전
결핵		• 기침, 객혈, 무력감, 식욕 부진, 체중 감소, 발열, 호흡 곤란 • 신체 대부분의 조직이나 장기에서 발병 가능 • 예방: 출생 후 4주 이내 BCG접종 실시
신종인플루엔자		고열, 근육통, 두통, 오한, 마른기침, 인후통, 구토, 설사
풍진		발열, 피로, 결막염, 림프절 통증, 발진
성홍열		발열, 두통, 식욕 부진, 구토, 인두염, 복통, 발진, 홍조

- 동물 매개 감염병

공수병 (광견병)	전파	병에 걸린 가축이나 야생동물의 타액에 의해 감염
	증상	• 초기: 발열, 두통, 전신쇠약감 • 후기: 불면증, 불안, 혼돈, 부분적 마비, 환청, 흥분, 타액 과다 분비, 물을 두려워하는 증세, 수일 내 사망
탄저	전파	• 감염된 동물(소, 양, 말 등)의 모(털), 가죽 등 동물 제품 작업 중 오염된 공기나 상처를 통해 전파 • 감염된 동물의 육류를 익히지 않거나 덜 익힌 상태에서 섭취한 후 발생
	증상	• 전신: 발열, 오한, 두통, 홍조, 극도의 피로감, 현기증, 몸살 • 피부: 발진, 상처 주위의 부종과 종기 형성 • 위장관: 구토, 복통, 복부 팽창, 설사, 혈변 • 호흡기: 호흡 곤란, 기침
렙토스피라증	전파	오염된 배설물에 직접 접촉하거나 오염된 물 또는 환경에 간접적으로 노출되어 감염
	증상	발열, 오한, 결막 부종, 두통, 근육통, 오심, 구토

- 절지동물(절족동물) 매개 감염병

페스트	전파	감염된 벼룩에 물리거나 감염된 동물 또는 사체, 감염 환자의 체액과 접촉하여 발생
	증상	림프절 부종, 발열, 오한, 근육통, 두통, 빈맥, 극심한 피로
말라리아	전파	말라리아 원충에 감염된 매개모기를 통해 전파
	증상	권태감, 오한, 발열, 발한, 두통, 설사
발진티푸스	전파	이, 벼룩에 의해 감염
	증상	두통, 발열, 오한, 발한, 기침, 근육통, 발진
쯔쯔가무시증	전파	감염된 털진드기 유충이 사람을 물어 감염(주로 풀숲 및 관목숲에 분포)
	증상	두통, 발열, 오한, 구토, 복통, 반점 모양의 구진
일본뇌염	전파	주로 야간에 동물과 사람을 흡혈하는 작은빨간집모기에 의해 전파
	증상	증상이 없는 경우가 대부분이나 증상이 있는 경우 고열, 두통, 현기증, 구토, 복통, 지각 이상 등의 증상이 나타남
신증후군출혈열 (유행성출혈열)	전파	진드기, 옴벌레
	증상	발열, 저혈압, 핍뇨

참고 선천성 풍진

임신부가 풍진에 감염된 경우 태아에게 선천성 풍진이 나타나며 선천성 난청, 선천성 백내장, 선천성 심장기형, 정신지체, 소두증 등을 보임

참고 절지동물 전파양식에 따른 전염병

증식형 전파	쥐벼룩(페스트), 모기(뎅기열, 황열), 이(재귀열, 발진티푸스), 벼룩(발진열)
발육형 전파	모기(사상충증), 흡혈성 등에(Loa loa)
발육증식형 전파	모기(말라리아), 체체파리(수면병)
배설형 전파	이(발진티푸스), 벼룩(발진열, 페스트)
경란형 전파	진드기(로키산홍반열, 재귀열)

참고 페스트의 종류

- 림프절 페스트: 자연발생에서 가장 흔한 경우
- 패혈증 페스트: 림프절 페스트가 적절히 치료되지 않으면 혈액 내 박테리아 증식에 의해 발병, 급성호흡부전, 의식 저하, 쇼크사 등의 증상
- 폐 페스트: 림프절 페스트가 적절히 치료되지 않으면 발병, 비말을 통해 전파 가능, 폐렴, 발열, 두통, 구토 등의 증상

용어 빈맥

맥박의 횟수가 정상보다 많은 상태

용어 권태감

몸이 피곤해서 움직이기 싫다고 느끼는 증상

용어 핍뇨

소변의 양이 생리적 증감 범위를 넘어 현저하게 감소된 상태

• 매개체별 감염병

동물	소	탄저, 결핵, 살모넬라증, 브루셀라증(파상열)
	돼지	일본뇌염, 살모넬라증, 탄저, 렙토스피라증
	양	탄저, 큐열
	말	살모넬라증, 탄저
	개	공수병
	쥐	페스트, 살모넬라증, 발진열, 렙토스피라증, 재귀열, 신증후군출혈열(유행성출혈열), 쯔쯔가무시증
	토끼	야토병
	고양이	살모넬라증, 톡소플라스마증
곤충	모기	말라리아, 일본뇌염, 사상충증, 황열, 뎅기열
	파리	콜레라, 장티푸스, 세균이질, 파라티푸스
	진드기	신증후군출혈열(유행성출혈열), 쯔쯔가무시증
	바퀴벌레	콜레라, 장티푸스, 세균이질
	벼룩	페스트, 재귀열, 발진열, 발진티푸스
	이	발진티푸스, 재귀열, 참호열

⑩ 감염병의 신고 및 보고 빈출

감염병의 신고	의사, 치과의사 또는 한의사는 다음 중 어느 하나에 해당하는 사실(제4급 감염병으로 인한 경우는 제외)이 있으면 소속 의료기관의 장에게 보고해야 하고, 해당 환자와 그 동거인에게 질병관리청장이 정하는 감염 방지 방법 등을 지도해야 함. 다만, 의료기관에 소속되지 아니한 의사, 치과의사 또는 한의사는 그 사실을 관할 보건소장에게 신고해야 함 • 감염병환자 등을 진단하거나 그 사체를 검안한 경우 • 예방접종 후 이상반응자를 진단하거나 그 사체를 검안한 경우 • 감염병환자가 제1급~제3급 감염병으로 사망한 경우 • 감염병환자로 의심되는 사람이 감염병 병원체 검사를 거부하는 경우
감염병의 신고시기	제1급 감염병 — 즉시 신고 제2급·제3급 감염병 — 24시간 이내 신고 제4급 감염병 — 7일 내 신고
법정 감염병의 보고	보건소장 → 관할 특별자치도지사 또는 시장·군수·구청장 → 질병관리청장 및 시·도지사

참고 제1급·제2급 감염병은 전염의 우려가 있으므로 환자의 격리가 필요함

(3) 기생충 질환 관리 빈출

① 원충류: 운동성을 가진 단세포 동물

근족충류	이질아메바, 대장아메바, 왜소아메바
편모충류	람블편모충, 장세모편모충
포자충류	말라리아 원충, 톡소포자충
섬모충류	대장섬모충

② 선충류

회충	특징	• 전 세계적으로 분포 • 우리나라에서 가장 높은 감염률 • 감염 후 산란까지 기간 소요(약 60~75일) • 소장에 기생
	전파	오염된 음식(씻지 않은 야채 생식 등)으로 경구 침입 → 위에서 부화 → 소장에 정착
	증상	발열, 구토, 복통, 권태감, 미열
	예방	야채를 흐르는 물에 세척, 철저한 분변 관리, 파리의 구제, 정기 검사 및 구충
구충 (십이지장충)	특징	공장(소장의 상부)에 기생
	전파	경구감염❓, 경피감염❓
	증상	경구감염 시 채독증❓, 폐 침입 시 기침·가래
	예방	인분의 위생적 관리, 채소밭 작업 시 보호 장비 착용
요충	특징	• 집단감염이 잘 되는 기생충으로, 건조한 환경에 대한 저항성이 큼 • 어린이들이 단체로 생활하는 공간에서 쉽게 감염됨 • 산란과 동시에 감염 능력 있음 • 직장에 기생
	전파	사람의 항문 주위에 산란, 자충포란 형태로 경구감염
	증상	항문 주위 소양감, 구토, 설사, 복통, 야뇨증
	예방	화장실 사용 후 손 씻기, 가족이 같은 시기에 구충 실시
편충	특징	대장 상부 기생
	전파	경구감염
	증상	혈액을 동반한 설사, 빈혈, 동통, 고열
	예방	야채를 흐르는 물에 세척, 인분 비료 사용 중지
사상충	전파	모기 전파
	증상	사지에 상피증, 림프관염, 음낭수종, 동통, 고열
	예방	모기 구제

③ 흡충류

간흡충 (간디스토마)	특징	간이나 쓸개에 기생
	전파	• 제1중간 숙주: 쇠우렁이 • 제2중간 숙주: 참붕어, 잉어, 황어, 뱅어
	증상	간비대(간종대), 식욕 부진, 황달, 빈혈, 소화장애, 설사
	예방	민물고기 생식 자제
폐흡충 (폐디스토마)	특징	포유류의 폐에 충낭을 만들어 기생
	전파	• 제1중간 숙주: 다슬기 • 제2중간 숙주: 참게, 참가재
	증상	기침, 객혈, 흉통, 국소 마비, 시력장애(폐결핵과 비슷한 증상)
	예방	게·가재 생식 금지, 끓인 물 음용

용어 **경구감염**
입을 통해 병원체가 전달되어 감염

용어 **경피감염**
피부를 통해 병원체가 전달되어 감염

용어 **채독증**
신선한 무잎이나 배추와 같은 풋채소를 생식하는 사람에게 볼 수 있는 질환

장흡충	특징	• 비교적 따뜻한 동남아에서 발생 • 주로 인간의 소장에 기생
	전파	• 제1중간 숙주: 다슬기 • 제2중간 숙주: 은어, 황어
	증상	설사, 복통, 고열, 복부 불쾌감, 소화불량, 식욕 부진, 피로감
	예방	담수 어패류의 생식 금지, 수생식물을 익혀 섭취
요코가와흡충	특징	• 소장의 융모 사이에 기생 • 대변 검사에서 충란을 검출하여 확진
	전파	• 제1중간 숙주: 다슬기 • 제2중간 숙주: 은어, 숭어
	증상	복통, 설사 등 소화기 계통의 증상
	예방	어패류와 민물고기 생식 금지

④ 조충류

무구조충 (민촌충)	특징	소장에 기생
	전파	• 중간 숙주: 소 • 무구조충의 유충이 포함된 소고기를 생식하면서 감염
	증상	복통, 설사, 구토, 장폐쇄
	예방	소고기 생식 자제
유구조충❓ (갈고리촌충)	특징	인간의 소장에 기생
	전파	중간 숙주: 돼지
	증상	설사, 구토, 식욕 감퇴, 호산구❓ 증가증
	예방	돼지고기 생식 자제
광절열두조충 (긴촌충)	특징	소장(회장 혹은 공장)에 붙어 기생
	전파	• 제1중간 숙주: 물벼룩 • 제2중간 숙주: 송어, 연어, 대구
	증상	설사, 구토, 복통, 열두조충성 빈혈
	예방	담수어 및 바다생선 생식 자제

[참고] **유구낭미충**
유구조충의 유충으로, 사람 몸 안에서 부화하여 혈류를 타고 여러 장기로 가게 되면 피부나 근육은 물론이고 눈이나 뇌에 침범하여 문제를 일으킴

[용어] **호산구**
• 백혈구의 일종
• 세균, 바이러스, 곰팡이, 기생충 등에 의해 감염 시 증가

3 정신 보건

(1) 이념

① 모든 정신질환자는 인간으로서의 존엄·가치 및 최적의 치료와 보호를 받을 권리를 보장받아야 함
② 모든 정신질환자는 부당한 차별대우를 받지 않아야 함
③ 미성년자인 정신질환자에 대해서는 특별히 치료·보호 및 필요한 교육을 받을 권리가 보장되어야 함
④ 입원치료가 필요한 정신질환자에 대하여는 항상 자발적인 입원이 권장되어야 함
⑤ 입원 중인 정신질환자에 가능한 한 자유로운 환경과 타인과의 자유로운 의견 교환이 보장되어야 함

(2) 목적
① 개인의 정신적 질환 예방
② 개인과 사회의 건전한 정신 기능을 유지 및 증진
③ 정신질환의 조기 발견 · 상담 · 치료 후 정상적인 사회 복귀
④ 정신적 장애를 적절히 치료

4 가족 및 노인 보건

(1) 모자 보건
① 목적
- 모성 및 영유아의 생명과 건강을 보호하고 건강한 자녀의 출산과 양육 도모를 위해 전문적인 보건의료 서비스 및 정보 제공
- 모성의 생식 건강관리와 임신 · 출산 · 양육 지원을 통해 신체적 · 정신적 · 사회적으로 건강 유지

② 모성사망률

$$모성사망률(가임기 여성 10만 명당) = \frac{모성 사망자 수}{15 \sim 49세 가임기 여성 수} \times 100,000$$

③ 모자 보건 지표: 영아사망률, 산전진찰율, 영유아예방접종률, 주산기사망률, 사산율, 일반출산율, 모성사망률, 시설분만율, 신생아사망률 등

[참고] 모자 보건 사업의 목표
- 산전 관리
- 산욕 관리
- 분만 관리

[용어] 모성
임산부와 가임기 여성

(2) 가족계획

정의	• 가족의 건강과 가정 경제의 향상을 위해 수태 조절에 관한 전문적인 의료 서비스와 계몽 또는 교육을 하는 사업 • 우수하고 건강한 자녀 출산을 위한 출산계획
목적	• 초산 연령 조절 • 가정 경제에 맞는 자녀 수 출산 • 출산 시기 및 간격 조절 • 불임증 진단 및 치료 • 모자와 가정의 행복 도모 • 출산 자녀의 양육 • 가정 복지 향상

[참고] 임신중절 수술은 가족계획의 내용에 포함되지 않음

(3) 노인 보건

목적	• 노인의 질환을 사전예방 또는 조기발견하고 질환 상태에 따른 적절한 치료와 요양으로 심신의 건강을 유지 • 노후의 생활안정을 위해 필요한 조치를 강구함으로써 노인의 보건복지 증진에 기여 • 가능한 한 노화 진행을 억제, 건강 유지 • 질병 감소, 수명 연장, 의미 있는 삶을 영위
노령화에 따른 문제	• 경제적 빈곤 문제 • 노인성 질환에 따른 건강 문제(의료비 부담 증가) • 역할 상실에 대한 여가 문제 • 고독 및 소외 문제
노인 보건교육 방법	개별접촉을 통한 교육이 가장 효과적임

[참고] 개별접촉을 통한 교육은 보건교육 방법 중 가장 효과적이지만, 많은 시간과 경비가 소요되므로 비경제적인 방법으로 평가됨

5 환경 보건 빈출

(1) 정의
환경오염과 유해화학물질 등이 사람의 건강과 생태계에 미치는 영향을 조사·평가하고 이를 예방·관리하는 것(환경보건법 제2조)

(2) 환경위생
① 인간의 신체 발달, 건강, 생존에 악영향을 미치거나 미칠 우려가 있는 모든 육체적 환경요인을 조정하여 쾌적한 생활의 확충을 꾀하는 것
② 활동 분야는 상하수도, 오물 처리, 해충 구제, 식품위생, 노동위생, 방사능 방제 등 광범위한 영역

(3) 대기 환경
① 기후
- 기후의 3대 요소: 기온, 기습, 기류
- 기후의 4대 온열인자: 기온, 기습, 기류, 복사열
- 불쾌지수
  - 날씨에 따라 사람이 불쾌감을 느끼는 정도를 기온과 습도를 이용하여 나타내는 수치
  - 불쾌지수가 70~75인 경우에는 약 10%의 사람이, 75~80인 경우에는 약 50%의 사람이, 80 이상인 경우에는 대부분의 사람이 불쾌감을 느낌

$$불쾌지수(DI) = [기온(℃) + 습구온도(℃)] \times 0.72 + 40.6$$

② 공기와 건강

산소(O_2)	• 대기 중 21% 차지
	• 결핍
	  - 저산소증: 14% 이하
	  - 호흡 곤란: 10% 이하
	  - 질식사: 7% 이하
	• 과잉(산소 중독): 고농도 산소를 흡입하거나 산소분압이 높은 상태에서 장기간 호흡할 때 폐부종, 호흡 억제, 폐출혈, 흉통 발생

이산화탄소 (CO_2)	• 무색·무취, 비독성, 약산성, 공기보다 무거움 • 실내 공기오염의 지표로 사용 • 지구온난화의 주된 원인 • 대기 중 0.03% 차지 • 7%일 때 호흡 곤란, 10%일 때 사망
일산화탄소 (CO)	• 무색·무취 • 불완전연소 시 발생, 산소 부족 현상 발생 • 혈색소와의 친화력이 산소보다 강하여 세포 내에서 산소와 헤모글로빈의 결합 방해 • 중독 시 중추신경계에 치명적인 영향을 미치며 의식불명과 정신장애, 신경장애 발생 • 연탄가스 중독의 원인
질소(N)	고압의 물속에서 체내 축적된 질소가 완전히 배출되지 않고 혈관이나 몸속에 기포를 만들어 생기는 병인 감압병(잠수병, 잠함병) 발병
군집독	실내에 다수의 사람들이 밀집되어 있을 때 오염된 실내공기로 인해 불쾌감, 두통, 권태감, 현기증, 구토 등의 생리적 증상을 발생시키는 현상

참고 공기의 작용
- 희석 작용: 공기의 대류 작용에 의한 희석 작용
- 세정 작용: 강우에 의한 용해성가스, 분진의 세정 작용
- 산화 작용: 산소, 오존 등에 의한 산화 작용
- 살균 작용: 태양광선(자외선)에 의한 살균 정화 작용
- 교환 작용: 식물의 이산화탄소 흡수, 산소 배출에 의한 정화 작용

참고 폐포의 이산화탄소 농도에 따른 증상

3% 이상	불쾌감
6% 이상	호흡 수 증가
7% 이상	호흡 곤란
10% 이상	의식불명과 사망

③ 대기오염 빈출
- 원인: 인구 증가와 집중화, 도시화, 산업·공업화, 교통량 증가, 연료 소모, 폐기물 증가 등이 대기오염의 원인이 됨
- 공기 중 유해성분

1차 오염물질	황산화물	• 석탄이나 석유가 연소할 때 산화되어 발생 • 만성 기관지염과 산성비 유발
	질소산화물	• 광화학 반응에 의해 2차 오염물질 발생 • 만성 신장염, 호흡기 약화, 폐색성 폐질환 유발 • 일산화질소(NO), 이산화질소(NO_2)
	일산화탄소	불완전연소 시 발생, 헤모글로빈과 산소의 결합 및 운반 저해, 생리 기능 저해
	기타	이산화탄소, 탄화수소, 불화수소, 알데히드
2차 오염물질	스모그	• 연기, 그을음, 아황산가스, 질소산화물 등의 대기오염물질이 수증기와 섞여 안개와 같이 뿌옇게 보이는 현상 • 런던형 스모그와 로스앤젤레스형 스모그로 구분
	오존(O_3)	• 무색, 강한 산화제로 눈과 목을 자극 • 자극성 가스로 살균, 탈취·탈색 작용 • 에어컨, 스프레이, 냉장고 등에 사용되는 프레온가스가 오존층 파괴의 주범
	질산과산화 아세틸	강한 산화력과 눈에 대한 자극성이 있음

- 유해성분이 인체에 미치는 영향
  - 탄화수소: 폐 기능 저하
  - 납: 신경계통 손상
  - 수은: 중추신경장애, 단백뇨, 구내염, 피부염

④ 대기오염 현상

기온역전	• 일교차가 큰 봄 또는 가을이나 겨울철 밤에 지표면이 급속도로 냉각되어 지표면의 기온이 상층보다 낮아지는 현상 • 냉해, 복사 안개 발생 • 대기의 안정으로 대류 작용이 약화되어 복사 안개와 오염된 대기가 결합하여 스모그 현상이 발생함
열섬 현상	• 도시 중심부의 기온이 주변 지역보다 현저하게 높게 나타나는 현상 • 인구의 증가, 인공 시설물의 증가, 콘크리트 피복의 증가, 교통량 증가, 인공열의 방출, 온실 효과 등의 영향으로 발생 • 열섬의 강도는 여름보다 겨울에, 낮보다 밤에 현저하게 나타남
산성비	• 수소이온 농도(pH)가 5.6 미만인 비, 일반적인 비의 pH는 5.6~6.4로, 약산성임 • 원인 물질: 아황산가스, 질소산화물, 염화수소 • 대기 중의 이산화탄소가 수증기와 결합하여 약산인 탄산을 형성함
온실 효과	• 온실 효과를 일으키는 가스(이산화탄소) 입자에 의해 복사열이 빠져나가지 못해 지구 표면과 대류권이 더워지는 효과 • 해수면 상승
스모그 현상	연기, 그을음, 아황산가스, 질소산화물 등의 대기오염물질이 수증기와 섞여 안개와 같이 뿌옇게 보이는 현상

참고 대기오염 방지 목표
- 경제적인 손실 방지
- 자연환경의 악화 방지
- 생태계 파괴 방지

용어 이산화질소(NO_2)
- 오존을 생성시키는 물질
- 물과 작용하면 질산과 산화질소가 작용하여 산성비의 원인이 됨
- 호흡 시 체내의 폐세포에 침투하여 점막 분비물에 흡착되어 강한 질산을 형성함으로써 호흡기질환(폐수종, 기관지염, 폐렴, 폐기종)을 유발

참고 대기환경기준

항목	기준(평균치)
아황산가스 (SO_2)	• 연간 0.02ppm 이하 • 24시간 0.05ppm 이하 • 1시간 0.15ppm 이하
일산화탄소 (CO)	• 8시간 9ppm 이하 • 1시간 25ppm 이하
이산화질소 (NO_2)	• 연간 0.03ppm 이하 • 24시간 0.06ppm 이하 • 1시간 0.10ppm 이하
미세먼지 (PM_{10})	• 연간 50$\mu g/m^3$ 이하 • 24시간 100$\mu g/m^3$ 이하
초미세먼지 ($PM_{2.5}$)	• 연간 15$\mu g/m^3$ 이하 • 24시간 35$\mu g/m^3$ 이하
오존(O_3)	• 8시간 0.06ppm 이하 • 1시간 0.1ppm 이하
납(Pb)	연간 0.5$\mu g/m^3$ 이하
벤젠	연간 5$\mu g/m^3$ 이하

용어 복사열
발열체(태양광, 난로)가 주위에 있을 때 발열체의 영향으로 실제 기온보다 높거나 낮게 느껴지는 열감

엘니뇨 현상	적도 해역의 해수 온도가 주변보다 2~10℃ 이상 높아지는 이상고온 현상
기타	오존층 파괴, 기상이변 등

(4) 수질 환경

① **수질오염**: 호수, 강, 해양, 지하수 등을 관측하였을 때 생물학적·물리적·화학적으로 수질이 악화된 현상

- 수질오염 지표

용존 산소
(DO, Dissolved Oxygen)
	• 물속에 녹아 있는 산소의 양
	• 물속에서 호기성 생물의 호흡 대사를 결정하는 요인
	• 용존 산소가 낮으면 오염도가 높음
	• 증가 요인
	  – 물의 오염도가 낮고, 물속 식물의 광합성량이 증가할수록 증가함
	  – 수심이 얕고 유속이 빠르며, 교란 흐름이 있을 때 증가함

생화학적 산소 요구량 (BOD, Biochemical Oxygen Demand)	• 물속의 유기물질을 호기성 미생물이 분해할 때 소비하는 산소의 양 • 도시 하수나 하천의 수질오염 지표 • 유기물질 오염도가 높을수록 BOD 수치가 높음
화학적 산소 요구량 (COD, Chemical Oxygen Demand)	• 물속의 유기물질을 화학적 산화제를 사용하여 화학적으로 분해·산화하는 데 필요한 산소의 양 • 산업 폐수, 공장 폐수 오염도 측정 지표 • 유기물질 오염도가 높을수록 COD 수치가 높음
대장균	• 사람 및 동물의 대장에 서식하는 세균 • 상수(음용수)오염의 생물학적 지표 • 물 100mL 내에 대장균이 검출되지 않아야 음용수로 적합함

용어 호기성 생물
산소 호흡을 하며 살아가는 생물을 통틀어 이름

참고 대장균을 수질오염 지표로 삼는 이유
- 검출 방법이 용이함
- 분포 자체가 오염원이며, 사람과 동물의 분변과 공존함
- 다른 병원성 미생물이나 분변오염에 대해 추측이 가능함
- 저항성이 다른 병원균과 비슷하거나 높음

- 수질오염에 따른 질병

병명	중독물질	증상
미나마타병	수은	뇌손상으로 인한 신경마비, 언어장애, 청력장애, 시야 협착
이타이이타이병	카드뮴	칼슘 재흡수 방해로 골연화증, 신장기능장애, 보행장애, 호흡기능 저하

② **상수 처리과정**

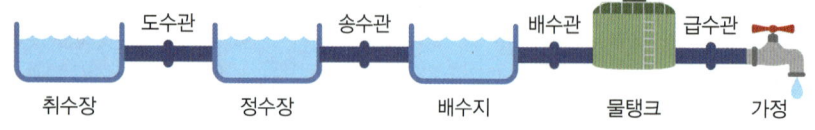

취수장 — 도수관 — 정수장 — 송수관 — 배수지 — 배수관 — 물탱크 — 급수관 — 가정

참고 상수와 하수
- 상수: 음용수
- 하수: 빗물, 공장의 폐수, 생활오수

- 정수과정

침사	물에 포함된 흙과 모래를 침전으로 제거
침전	응집제로 처리하는 급속 침전과 보통 침전이 있음
여과	완속 여과	상수도에 사용하는 정화 방법
	급속 여과	물과 압축공기를 이용하여 역류세척하여 모래를 깨끗이 씻어내는 방법

소독	염소 소독	경제적, 긴 잔류 기간, 강력한 살균력, 상수도 소독 시 이용
	오존 소독	• 많은 비용, 짧은 잔류 기간, 상수도의 소독 시 이용 • 반응성이 좋고 산화 작용이 강력함
	가열 소독	100℃에서 30분 동안 가열

참고 염소 소독의 장단점
- 장점: 경제적, 강력한 살균력, 우수한 잔류 효과, 간편한 조작
- 단점: 독성과 냄새, 부식성
- 적정 염소 잔류량: 평상시 0.2ppm 이상, 비상시 0.4ppm 이상

③ 하수 처리과정

예비 처리 → 스크리닝 처리, 침사법, 침전법으로 제거

본 처리 → 하수에 남아 있는 물질을 미생물에 의해 처리

- 호기성 처리법: • 산소를 좋아하는 호기성균의 작용을 이용하여 폐수 처리 • 활성 오니법, 산화지법, 관개법
- 혐기성 처리법: • 무산소 상태에서 혐기성균의 작용을 이용하여 폐수 처리 • 부패조법, 임호프조법

오니 처리
- 제거되지 않은 질소, 인 등을 제거
- 방류지의 부영양화 방지를 위한 오니 처리법
- 소화법, 소각법, 퇴비법, 건조법

④ 물의 경도: 물에 포함되어 있는 칼슘과 마그네슘의 양을 탄산칼슘의 ppm으로 환산하여 나타낸 수치

경수	일시경수	• 물을 끓일 때 경도가 저하되어 연화되는 물 • 탄산염, 중탄산염을 함유하고 있는 물
	영구경수	• 물을 끓일 때 경도의 변화가 없는 물 • 황산염, 질산염, 염화염을 함유하고 있는 물
연수		칼슘 이온이나 마그네슘 이온을 적게 포함하고 있는 물

(5) 주거 및 의복 환경

① 주택의 기본 조건: 건강성, 안정성, 기능성, 쾌적성

② 채광 및 조명

- 자연 조명

일조량	1일 4시간 이상의 일조량이 요구됨
창의 방향	남향이 가장 밝고 채광 시간이 긺
창의 면적	바닥 면적의 1/7~1/5(14~20%), 벽 면적의 70%

- 인공 조명

종류	직접 조명	• 광원이 직접 비치어 조명 효과가 좋음 • 경제적이나 강한 음영으로 눈에 자극적임
	간접 조명	• 눈 보호에 가장 적합한 조명 • 실내조명 중 조명 효율이 천장 색깔에 가장 크게 좌우됨 • 비경제적이지만, 그림자가 잘 생기지 않아 감성적으로는 가장 편한 조명 방식
	반간접 조명	간접 조명과 직접 조명을 혼합한 형태

참고 주택의 천장 높이
주택의 천장 높이는 일반적으로 바닥에서부터 210cm 정도가 적당함

참고 창의 방향
- 주택과 거실: 남향
- 작업실: 동향, 북향

기타 새집증후군
- 새로 지은 건물 안에서 거주자들이 느끼는 건강상 문제 및 불쾌감을 일으키는 증상
- 증상: 눈·코·목·기관지 자극, 두통, 구토, 아토피
- 원인 물질: 톨루엔, 벤젠, 자이렌, 포름알데히드

조도(lux)	미용실 조명	75lux 이상
	보통 작업 시	150lux 이상
	정밀 작업 시	300lux 이상
	초정밀 작업 시	750lux 이상

③ 실내 온습도

적정 침실 온도	15±2℃
냉방	• 26℃ 이상 시 필요 • 실내외 온도차는 5~7℃가 적당하고 10℃ 이상 차이날 경우 유의
난방	10℃ 이하 시 필요

> **기타** 감각온도
> • 온도, 기류 및 방사열 같은 인자에 의해 인간이 생리적, 심리적으로 감각하는 온도
> • 기온, 습도, 기류 속도의 영향을 받음

6 식품위생과 영양

(1) 식품위생의 개념
① 식품, 식품첨가물, 기구 또는 용기, 포장을 대상으로 하는 음식에 관한 위생을 말함(식품위생법 제2조 제11호)
② 식품의 재배, 생산, 제조로부터 최종적으로 사람에 섭취되기까지의 모든 단계에 걸친 식품의 안전성, 건전성 및 완전무결성을 확보하기 위한 모든 필요한 수단을 말함(WHO)

(2) 식중독
① 의미: 식품 섭취로 인해 인체에 유해한 미생물 또는 유독물질에 의해 발생했거나 발생한 것으로 판단되는 감염성 또는 독소형 질환(식품위생법 제2조 제14호)
② 식중독의 증가 원인
  • 단체급식의 증가
  • 노령인구 증가로 인한 면역력 저하
  • 지구의 기온 변화(온난화)
③ 식중독 분류표

대분류	중분류	소분류	원인균 및 물질
미생물	세균성	감염형	살모넬라균, 장염비브리오균, 병원성대장균
		독소형	포도상구균, 보툴리누스균, 웰치균
	바이러스	공기, 접촉, 물 등의 경로로 전염	노로바이러스, 로타바이러스, 아스트로바이러스
화학 물질	자연독	식물성 자연독	감자독, 버섯독, 매실독, 미나리독
		동물성 자연독	복어독, 섭조개독
		곰팡이 독소	황변미독, 맥각독, 아플라톡신
		인공화합물	식품첨가물, 잔류농약, 지질의 산화생성물, 메탄올, 구리, 납, 비소

> **기타** 식품의 변질 과정
> 부패 단백질 식품에 미생물이 증식하는 현상
> ↓
> 발효 — 탄수화물에 미생물이 증식하여 일어나는 분해 작용
> ↓
> 변패 — 탄수화물이나 지방 식품이 미생물에 의해 변질되는 현상

> **기타** 식중독과 온도
> • 식중독균은 대부분 35~36℃ 내외에서 번식이 빠름
> • 식중독 증식 방지를 위해 찬 음식은 4℃ 이하로 보관

④ 세균성 식중독
- 특징
  - 잠복기가 짧고 수인성 전파가 적음
  - 다량의 균이 발생
  - 2차 감염률이 낮고 면역성이 없음

감염형	살모넬라균 식중독	• 원인: 오염된 육류 섭취 • 증상: 고열, 구토, 설사, 복통
	장염 비브리오균 식중독	• 원인: 여름철 부패된 어류 섭취, 오염 어패류에 접촉한 식기·도마·행주에 의한 2차 감염 • 특징: 호염성균 • 증상: 급성 위장염, 구토, 설사, 복통
	병원성대장균 식중독	• 원인: 감염된 유제품, 김밥, 햄버거, 햄, 빵 등의 섭취 • 증상: 설사, 복통 • 합병증: 용혈성 요독증후군
독소형	포도상구균 식중독	• 원인: 화농성 질환자가 취급한 음식물 섭취 • 증상: 급성 위장염, 구토, 설사, 복통 • 예방: 손의 청결 유지, 음식물 저온보관
	보툴리누스균 식중독	• 원인: 오염된 육류, 과일, 신경독소 • 특징: 혐기성균 • 증상: 구토, 복통, 설사 등의 소화기 증상과 시력장애, 두통, 근력 감퇴, 신경장애, 호흡장애 증상을 보임 • 예방: 위생적인 식품관리, 손 씻기, 음식물 저온보관, 저장식품 10분 이상 끓이기
	웰치균 식중독	• 원인: 육류, 어패류, 수육, 채소 • 증상: 복통, 설사, 출혈성 장염 • 예방: 음식물 10℃ 이하 냉장보관 또는 55℃ 이상 온장보관

참고 감염형 식중독
- 발생: 식품에 오염된 유해세균 섭취
- 예방: 식품을 충분히 가열, 조리기구와 손의 청결 유지

참고 독소형 식중독
식중독 원인균이 생성한 독소를 섭취하거나 음식과 함께 섭취한 균이 체내에서 독소를 생성하면서 발생하며, 원인균의 내열성이 강해 열을 가해도 쉽게 파괴되지 않음

⑤ 자연독 식중독

식물성	• 감자독: 솔라닌, 셉신 • 버섯독: 무스카린, 아마니타톡신, 팔린 • 매실독: 아미그달린 • 미나리독: 시큐톡신
동물성	• 복어독: 테트로도톡신 • 섭조개독: 삭시톡신
곰팡이독	• 옥수수·땅콩: 아플라톡신 • 황변미: 황변미독(시트리닌) • 맥각: 에르고톡신

⑥ 화학물질 식중독: 불량 첨가물, 유독물질, 유해금속물질

(3) 영양상태 평가 방법

직접 측정	임상증상에 의한 판정(주관적 판정)과 객관적 판정이 있음
간접 측정	연령별 사망자 수, 이환율 및 특정 질환의 사망률, 식이섭취 평가

용어 이환율
일정 기간 내의 평균 인구에 대한 질병 발생 건수의 비율

(4) 영양장애

기아상태	영양실조증의 상태가 장기간 지속되었을 때 나타나는 상태로, 영양결핍의 정도가 가장 심한 상태
영양실조증	영양이 양적·질적으로 장기간에 걸쳐 부족할 때의 신체 상태
저영양	전체 음식물 섭취량 부족으로 영양소의 섭취가 부족하거나 결핍된 상태
결핍증	생체 내에서 특정 영양소 혹은 몇 개의 영양소가 결핍되어 정상적인 대사기능이 이루어지지 못했을 때 발생되는 병적 상태
비만증	필요한 에너지보다 과다 섭취하거나 섭취된 에너지보다 적게 소비함에 따라 발생하는 인체 내의 에너지 불균형의 상태

참고 영양결핍 단계
기아상태 → 영양실조증 → 저영양 → 결핍증

(5) 에너지 대사

기초대사량	• 생물체가 생명을 유지하는 데 필요한 최소한의 에너지량 • 체온 유지나 호흡, 심장 박동 등 기초적인 생명 활동을 위한 신진대사에 쓰이는 에너지량
활동대사량	• 직접적으로 몸을 움직이는 활동에 쓰이는 에너지량 • 대사량에서 기초대사량을 제외한 것 • 개인이 얼마나 활동적으로 움직이느냐에 따라 매일 달라짐

참고 1일 기초대사량
• 남성: 하루 1,550kcal 내외
• 여성: 하루 1,200kcal 내외

7 보건행정

(1) 정의
국민이 심신의 건강을 유지함과 동시에 국민의 수명 연장, 질병 예방, 건강 증진을 도모하도록 돕는 보건정책으로 이를 위해 국가 또는 지방자치단체가 주도적으로 수행하는 공적 활동을 말함

(2) 범위(WHO)
① 보건관계 기록의 보존
② 모자 보건
③ 대중에 대한 보건교육
④ 의료 제공
⑤ 환경위생
⑥ 보건간호
⑦ 감염병 관리

(3) 특성
① 보건학은 사회과학과 자연과학의 혼합
② 공공성, 사회성, 봉사성, 교육성, 과학성, 기술성, 보장성을 지님

(4) 보건소
① 기능: 질병의 예방, 진료, 공중보건을 향상시키기 위한 시·군·구 지방 보건 행정기관으로 보건사업의 말단 행정기관
② 업무
  • 건강 친화적인 지역사회 여건의 조성
  • 지역보건의료정책의 기획·조사·연구 및 평가
  • 보건의료인 및 보건의료기관 등에 대한 지도·관리·육성과 국민보건 향상을 위한 지도·관리

- 보건의료 관련기관·단체, 학교, 직장 등과의 협력체계 구축
- 국민 건강 증진·구강 건강·영양관리사업 및 보건교육
- 감염병의 예방 및 관리
- 모성과 영유아의 건강 유지·증진
- 여성·노인·장애인 등 보건의료 취약계층의 건강 유지·증진
- 정신 건강 증진 및 생명존중에 관한 사항
- 지역주민에 대한 진료, 건강검진 및 만성질환 등의 질병 관리에 관한 사항
- 가정 및 사회복지시설 등을 방문하여 행하는 보건의료 및 건강관리사업
- 난임의 예방 및 관리

(5) 사회보장

① 정의: 출산, 양육, 실업, 노령, 장애, 질병, 빈곤 및 사망 등의 사회적 위험으로부터 모든 국민을 보호하고 국민 삶의 질을 향상시키는 데 필요한 소득·서비스를 보장하는 사회보험, 공공부조, 사회서비스를 말함(사회보장기본법 제3조 제1호)

② 사회보장의 유형(사회보장기본법 제3조)

사회보험	국민에게 발생하는 사회적 위험을 보험의 방식으로 대처함으로써 국민의 건강과 소득을 보장하는 제도
공공부조	국가와 지방자치단체의 책임하에 생활 유지 능력이 없거나 생활이 어려운 국민의 최저생활을 보장하고 자립을 지원하는 제도
사회서비스	국가·지방자치단체 및 민간 부문의 도움이 필요한 모든 국민에게 복지, 보건의료, 교육, 고용, 주거, 문화, 환경 등의 분야에서 인간다운 생활을 보장하고 상담, 재활, 돌봄, 정보의 제공, 관련 시설의 이용, 역량 개발, 사회참여 지원 등을 통하여 국민의 삶의 질이 향상되도록 지원하는 제도
평생사회안전망	생애주기에 걸쳐 보편적으로 충족되어야 하는 기본욕구와 특정한 사회위험에 의해 발생하는 특수욕구를 동시에 고려하여 소득·서비스를 보장하는 맞춤형 사회보장제도

참고 1935년 미국이 사회보장에 관한 단독법을 최초로 제정

(6) 국제보건기구

세계보건기구 (WHO, World Health Organization)	• 국제보건사업의 지도와 조정 및 회원국 간의 기술 원조를 장려하는 국제보건기구 • 본부는 스위스 제네바에 있으며 6개의 지역사무소를 운영 • 우리나라는 서태평양 지역에, 북한은 동남아시아 지역에 소속 • 보건행정의 범위: 보건 통계 기록의 수집·분석·보존, 지역주민에 대한 보건교육, 환경위생, 감염병관리, 모자 보건, 의료서비스 제공, 보건간호 등
유니세프 (UNICEF, United Nations Children's Fund)	국적이나 이념, 종교 등의 차별 없이 어린이를 구호하는 국제연합 아동 기금
유엔식량농업기구 (FAO, Food and Agriculture Organization of the United Nations)	인류의 식량 문제 해결, 영양상태 개선, 농촌지역 빈곤 해소 등을 위한 세계 식량 안보 및 농촌 개발 기관
국제노동기구 (ILO, International Labour Organization)	노동 문제를 다루는 국제연합의 전문기구

참고 세계보건기구의 지역사무소
- 동지중해 지역 본부: 이집트 카이로
- 동남아시아 지역 본부: 인도 뉴델리
- 서태평양 지역 본부: 필리핀 마닐라
- 유럽 지역 본부: 덴마크 코펜하겐
- 아프리카 지역 본부: 콩고 브라자빌
- 아메리카 지역 본부: 미국 워싱턴 D.C.

출제 예상문제 A

1 공중보건 기초

01 공중보건학의 개념상 공중보건사업의 최소 단위는?
① 개인 단위 ② 가족 단위
③ 지역사회 단위 ④ 성인병 환자 단위

> 공중보건사업의 최소 단위는 개인이 아닌 지역사회 단위임

02 공중보건의 목적에 해당하지 않는 것은?
① 질병 예방 ② 수명 연장
③ 건강 증진 ④ 질병 치료

> 공중보건의 목적: 질병 예방, 수명 연장, 신체적·정신적 건강 및 효율 증진

03 WHO가 제시한 건강수준 지표를 바르게 묶은 것은?
① 조사망률, 비례사망지수, 평균수명
② 영아사망률, 비례사망지수, 평균수명
③ 조사망률, 영아사망률, 평균수명
④ 평균수명, 영아사망률, 신생아사망률

> WHO가 제시한 건강수준 지표: 조사망률, 비례사망지수, 평균수명

04 〔신규 문제 공략〕
생명표 작성 시 기준이 되는 것을 모두 고른 것은?

| ㉠ 생존률 | ㉡ 사망자 수 | ㉢ 생존자 수 | ㉣ 평균여명 |

① ㉠, ㉡
② ㉠, ㉡, ㉢, ㉣
③ ㉡, ㉢, ㉣
④ ㉡, ㉣

> 생명표: 개체군의 사망 수와 출생 수를 연령 구간별로 나타낸 표로, 연령 구간, 사망률, 생존자 수, 사망자 수, 평균여명(기대여명) 등의 항목을 표로 작성함

05 보건수준 3대 평가 지표가 아닌 것은?
① 조사망률 ② 영아사망률
③ 비례사망지수 ④ 평균수명

> 보건수준 3대 평가 지표: 영아사망률, 비례사망지수, 평균수명

06 질병 발생의 3가지 요인에 해당하지 않는 것은?
① 숙주 ② 병인(병원체)
③ 환경 ④ 항원

> 질병 발생의 3가지 요인: 숙주, 병인(병원체), 환경

07 질병 발생의 3가지 요인 중 숙주적 요인에 해당하지 않는 것은?
① 연령 ② 유전병
③ 수질오염 ④ 작업환경

> 수질오염은 환경적 요인 중 물리·화학적 인자에 해당함

08 질병 발생의 3대 요인에 대한 설명으로 옳지 않은 것은?
① 병인적 요인의 생물학적 인자에는 세균, 곰팡이, 기생충, 바이러스 등이 있다.
② 숙주적 요인의 생활양식적 요인에는 음주, 흡연 등이 있다.
③ 병인적 요인의 화학적 인자에는 농약, 화학약품, 유독물질 등이 있다.
④ 환경적 요인의 사회적 환경 인자에는 지리적·기상학적 환경 등이 있다.

> • 환경적 요인의 사회·경제적 환경: 경제적 수준, 교육 수준, 문화, 직업 등
> • 환경적 요인의 물리·화학적 환경: 지리적·기상학적 환경

09 인구 통계에 대한 설명으로 옳지 않은 것은?
① 조출생률은 1년 동안의 출생아 수를 당해 연도의 연앙 인구로 나눈 수치를 1,000분율로 표시한다.
② 영아사망률은 생후 1년 동안 영아의 사망률을 말한다.
③ 비례사망지수는 총사망자 수에 대한 60세 이상의 사망자 수를 백분율로 표시한 것을 말한다.
④ 평균수명은 사람이 평균적으로 몇 년을 살 수 있는가에 대한 기댓값을 말한다.

> 비례사망지수: 총사망자 수에 대한 50세 이상의 사망자 수를 백분율로 표시

| 정답 | 01 ③ 02 ④ 03 ① 04 ② 05 ① 06 ④ 07 ③ 08 ④ 09 ③

10
인구 증가에 대한 내용으로 옳은 것은?

① 인구 증가 = 출생인구 + 사회 증가
② 사회 증가 = 전입인구 - 전출인구
③ 자연 증가 = 출생인구 + 사망인구
④ 사회 증가 = 자연 증가 - 사망인구

- 인구 증가 = 자연 증가 + 사회 증가
- 자연 증가 = 출생인구 - 사망인구

11
출생률과 사망률이 모두 낮아 이상적인 인구 분포를 보이는 인구 구성 유형은?

① 종형   ② 방추형
③ 표주박형   ④ 피라미드형

- 방추형: 평균수명이 높고 인구가 감소하는 유형, 14세 이하 인구가 65세 이상 인구의 2배 이하
- 표주박형: 생산층 인구가 감소하는 유형, 15~49세 인구가 전체 인구의 50% 미만
- 피라미드형: 출생률과 사망률이 높은 유형, 14세 이하 인구가 65세 이상 인구의 2배 초과

12 신규 문제 공략
인구지표를 나타내기 위한 연령표기를 하고자 할 때 5~9세를 바르게 표기한 것은?

① 만 5세 이상~만 10세 미만
② 만 4세 초과~만 8세 이하
③ 만 5세 이상~만 9세 미만
④ 만 4세 이상~만 9세 이하

- 이상과 이하: 기준이 되는 숫자를 포함하여 그보다 크거나 작은 것
- 초과와 미만: 기준이 되는 숫자를 포함하지 않고 그보다 크거나 작은 것

13
14세 이하 인구가 65세 이상 인구의 2배 이하인 인구 분포를 보이는 인구 구성 유형은?

① 방추형   ② 표주박형
③ 종형   ④ 별형

방추형: 평균수명이 높고 인구가 감소하는 유형으로, 14세 이하 인구가 65세 이상 인구의 2배 이하로 구성됨

14
인구 구성 유형 중 표주박형에 대한 설명으로 옳지 않은 것은?

① 15~49세 인구가 전체 인구의 50% 미만을 차지한다.
② 생산층 인구가 증가하는 유형이다.
③ 주로 농촌에서 많이 보이는 인구 구성 유형이다.
④ 인구 유출 유형이다.

표주박형은 생산층 인구가 감소하는 유형임

15
총사망자 수에 대한 50세 이상의 사망자 수를 백분율로 표시한 것은?

① 비례사망지수   ② 조사망률
③ 평균사망지수   ④ 장년층 사망지수

비례사망지수
- 국가의 건강수준을 표시하는 지표
- 총사망자 수에 대한 50세 이상의 사망자 수를 백분율로 표시

16
인구의 양적 증가로 인해 발생하는 문제가 아닌 것은?

① 인구   ② 보건
③ 환경오염   ④ 빈곤

인구의 양적 증가로 인한 문제
- 3P: 인구(Population), 환경오염(Pollution), 빈곤(Poverty)
- 3M: 영양실조(Malnutrition), 질병 발생(Morbidity), 사망률(Mortality)

17
영아사망률 계산식에서 빈칸에 들어갈 내용은?

$$영아사망률 = \frac{(\quad\quad\quad)}{연간\ 출생아\ 수} \times 1,000$$

① 연간 1세 미만 영아의 사망아 수
② 연간 생후 28일 미만 영아의 사망아 수
③ 연간 생후 1개월 미만 영아의 사망아 수
④ 연간 생후 280일 미만 영아의 사망아 수

$$영아사망률 = \frac{연간\ 1세\ 미만의\ 사망아\ 수}{연간\ 출생아\ 수} \times 1,000$$

| 정답 | 10 ② | 11 ① | 12 ③ | 13 ① | 14 ② | 15 ① | 16 ② | 17 ① |

2 질병 관리

18
역학의 역할이 아닌 것은?
① 질병의 원인과 병인을 규명한다.
② 보건의료의 기획과 평가를 위한 자료를 수집한다.
③ 지역사회의 질병 규모를 파악한다.
④ 질병의 발생 원인과 질병의 치료 방법을 모색한다.

> 질병의 치료 방법 모색은 역학의 역할에 해당하지 않음

19
감염병 유행의 3대 요인이 아닌 것은?
① 감염원 ② 감염 경로
③ 항체   ④ 감수성 숙주

> 감염병 유행의 3대 요인
> • 감염원(병원체): 병원체를 전파할 수 있는 근원이 되는 모든 것
> • 감염 경로(환경): 감염원으로부터 병원체를 전파시키는 환경요인
> • 감수성 숙주: 전염병에 대해 감수성이 높고 면역성이 떨어져 감염이 잘 되는 숙주

20
호흡기계를 통한 세균 병원체가 아닌 것은?
① 독감   ② 디프테리아
③ 결핵   ④ 수막구균성수막염

> • 호흡기계를 통한 세균 병원체: 폐렴, 결핵, 나병, 백일해, 디프테리아, 수막구균성수막염, 성홍열
> • 호흡기계를 통한 바이러스 병원체: 독감(인플루엔자), 홍역, 유행성이하선염

21 [신규 문제공략]
전염병의 배양여액인 투베르쿨린(tuberculin)을 피하에 주사 후 염증 반응으로 감염의 여부를 진단하는 전염병균은?
① 결핵균 ② 탄저균
③ 한센균 ④ 콜레라균

> 투베르쿨린 반응검사: 결핵진단을 위한 피부검사에 쓰이는 항원을 결핵균에서 추출한 글리세린으로 결핵에 걸리지 않은 경우에는 전혀 반응이 없으나, 결핵균에 감염되어 있는 경우에는 주사 부위에 염증을 일으킴

22
수인성 감염병이 아닌 것은?
① 콜레라 ② 칸디다증
③ 파라티푸스 ④ 세균이질

> • 수인성 감염병: 콜레라, 장티푸스, 파라티푸스, 세균이질, 소아마비, A형간염
> • 진균성 감염병: 칸디다증, 백선, 무좀

23
병원체에 감염되어 있으나 임상증상이 없는 환자를 이르는 단어는?
① 불현성 감염자 ② 현성 감염자
③ 회복기 보균자 ④ 만성 감염자

> 불현성 감염자: 병원체에 감염되어 있으나 임상증상이 없는 환자

24
세균과 바이러스의 중간 크기로 세포 안에서만 기생 가능한 병원체의 감염병에 해당하지 않는 것은?
① 발진티푸스 ② 쯔쯔가무시증
③ 파라티푸스 ④ 로키산홍반열

> • 리케차: 세균과 바이러스의 중간 크기로 세포 안에서만 기생하며 발진티푸스, 발진열, 쯔쯔가무시증, 로키산홍반열 등이 있음
> • 파라티푸스: 수인성 감염병

25 [신규 문제공략]
홍역의 발생 원인은?
① 세균   ② 바이러스
③ 리케차 ④ 진균

> 홍역: 바이러스에 의한 질병으로 인플루엔자, 유행성이하선염과 더불어 호흡기계 질병

26
장티푸스, 콜레라, 백일해, 폴리오 등의 예방접종으로 획득되는 면역의 종류는?
① 자연능동면역 ② 인공능동면역
③ 자연수동면역 ④ 인공수동면역

> 예방접종으로 획득되는 면역은 후천적 면역 중 인공능동면역에 해당함

27
생균백신을 사용하는 예방접종은?
① 홍역   ② 장티푸스
③ 디프테리아 ④ 백일해

> • 결핵, 홍역: 생균백신 사용함
> • 폴리오: 생균백신과 사균백신 모두 사용

| 정답 | 18 ④ | 19 ③ | 20 ① | 21 ① | 22 ② | 23 ① | 24 ③ | 25 ② | 26 ② | 27 ① |

28
예방접종 중 순화독소를 사용하는 것은?

① 파상풍 ② 성홍열
③ 신종인플루엔자 ④ 파라티푸스

순화독소 주입: 파상풍, 디프테리아

29
감염병이 발생하거나 유행하는 즉시 신고·격리되어야 하는 질병에 속하지 않는 것은?

① 에볼라바이러스병
② 야토병
③ 중증급성호흡기증후군(SARS)
④ 결핵

- 즉시 신고·격리가 필요한 감염병은 제1급 감염병으로, 에볼라바이러스병, 야토병, 중증급성호흡기증후군(SARS) 등이 포함됨
- 결핵은 제2급 감염병으로 24시간 이내에 신고, 격리가 필요함

30
유행 여부를 조사하기 위해 표본 감시 활동이 필요한 감염병으로 질병이 발생하거나 유행 시 7일 이내에 신고해야 하는 감염병은?

① 파상풍 ② C형간염
③ 회충증 ④ 쯔쯔가무시증

- 7일 이내에 신고해야 하는 감염병: 제4급 감염병으로 회충증, 인플루엔자, 매독, 편충증, 임질 등
- 파상풍, C형간염, 쯔쯔가무시증 등: 제3급 감염병으로 발생 또는 유행 시 24시간 이내에 신고해야 함

31
생후 6개월 이내에 기초 예방접종이 필요한 감염병은?

① 수두 ② 유행성이하선염
③ 풍진 ④ 디프테리아

- 수두: 생후 12~15개월
- 유행성이하선염·풍진: 1차 접종은 생후 12~15개월, 2차 접종은 만 4~6세
- 디프테리아: 1차 접종은 생후 2개월, 2차 접종은 생후 4개월, 3차 접종은 생후 6개월

32 신규 문제 공략
신생아가 태어나 가장 먼저 접종해야 하는 필수 예방접종은?

① 폴리오 ② 홍역
③ 파상풍 ④ B형간염

- 폴리오: 생후 2, 4, 6개월에 3회 기초접종
- 홍역: 생후 12~15개월에 1차 접종
- 파상풍: 생후 2, 4, 6개월에 DTaP로 3회 기초접종

33
검역 감염병의 감시 기간으로 옳지 않은 것은?

① 콜레라 - 120시간
② 중증급성호흡기증후군 - 240시간
③ 동물인플루엔자인체감염증 - 240시간
④ 페스트 - 120시간

페스트의 감시 기간: 144시간

34
감염병에 대한 설명으로 옳지 않은 것은?

① 제1급·제2급 감염병은 전염의 우려가 있으므로 환자의 격리가 필요하다.
② 법정 감염병의 보고체계는 보건소장 → 관할 특별자치도지사 또는 시장·군수·구청장 → 보건복지부장관 및 시·도지사의 체계로 보고한다.
③ 제4급 감염병은 유행 여부를 조사하기 위해 표본 감시 활동이 필요한 감염병이므로 7일 이내에 신고한다.
④ 법정 감염병은 질병관리청장이 보건복지부장관과 협의하여 지정하는 감염병을 포함한다.

감염병의 보고체계: 보건소장 → 관할 특별자치도지사 또는 시장·군수·구청장 → 질병관리청장 및 시·도지사

35 신규 문제 공략
전염병의 전파방법과 매개곤충, 전염병의 연결이 옳지 않은 것은?

	전파방법	매개곤충	전염병
①	증식형	모기	뎅기열
②	발육증식형	체체파리	수면병
③	발육형	벼룩	페스트
④	경란형	진드기	로키산홍반열

발육형 - 모기 - 사상충증

36 신규 문제공략
질병 중 잠복기가 가장 긴 것은?
① 콜레라　　② 황열
③ 페스트　　④ 중동호흡기증후군

- 콜레라: 5일(120시간)
- 황열, 페스트: 6일(144시간)
- 중동호흡기증후군(MERS): 14일(336시간)

37
모기 매개 감염병이 아닌 것은?
① 발진티푸스　　② 말라리아
③ 뎅기열　　④ 사상충증

발진티푸스는 이, 벼룩에 의해 감염됨

38
제1급 감염병에 대한 설명으로 옳지 않은 것은?
① 발생하거나 유행하는 즉시 신고·격리가 필요하다.
② 생물테러 감염병 또는 치명률이 높거나 집단 발생의 우려가 큰 감염병이다.
③ 보건복지부장관이 지정하는 감염병을 포함한다.
④ 크리미안콩고출혈열, 남아메리카출혈열, 리프트밸리열, 두창, 페스트 등이 있다.

제1급~제3급 감염병은 질병관리청장이 보건복지부장관과 협의하여 지정하는 감염병을 포함함

39
급성 소화기계 감염병이 아닌 것은?
① 콜레라　　② 디프테리아
③ 장티푸스　　④ 폴리오

- 급성 소화기계 감염병: 콜레라, 장티푸스, 세균이질, 파라티푸스, 폴리오
- 급성 호흡기계 감염병: 디프테리아

40
매개체와 감염병을 연결한 것으로 옳지 않은 것은?
① 진드기 – 파라티푸스
② 소 – 브루셀라증
③ 고양이 – 톡소플라스마증
④ 이 – 발진티푸스

- 파라티푸스는 파리가 매개하는 감염병임
- 진드기: 신증후군출혈열(유행성출혈열), 쯔쯔가무시증

41
바퀴벌레가 전파할 수 있는 병원균이 아닌 것은?
① 콜레라　　② 발진열
③ 장티푸스　　④ 세균이질

발진열: 벼룩이나 쥐에 의해 전파됨

42
급성 호흡기계 감염병만을 묶은 것으로 옳지 않은 것은?
① 디프테리아, 동물인플루엔자인체감염증, 홍역
② 풍진, 성홍열, 결핵
③ 신종인플루엔자, 동물인플루엔자인체감염증, 성홍열
④ 백일해, 파라티푸스, 결핵

- 급성 호흡기계 감염병: 디프테리아, 홍역, 백일해, 동물인플루엔자인체감염증, 결핵, 신종인플루엔자, 풍진, 성홍열
- 파라티푸스: 급성 소화기계 감염병에 해당함

43
모기를 매개곤충으로 하는 감염병이 아닌 것은?
① 뎅기열　　② 세균이질
③ 사상충증　　④ 말라리아

세균이질: 파리나 바퀴벌레를 매개곤충으로 하는 감염병

44
매개곤충과 전파 감염병이 바르게 연결된 것은?
① 이 – 발진열　　② 바퀴벌레 – 장티푸스
③ 진드기 – 재귀열　　④ 벼룩 – 쯔쯔가무시증

- 이: 발진티푸스, 재귀열, 참호열
- 진드기: 신증후군출혈열(유행성출혈열), 쯔쯔가무시증
- 벼룩: 페스트, 재귀열, 발진열, 발진티푸스

45
회충에 대한 설명으로 옳지 않은 것은?
① 어린이들이 집단으로 생활하는 공간에서 쉽게 감염된다.
② 우리나라에서 가장 높은 감염률을 보이는 기생충이다.
③ 감염 후 산란까지는 약 60~75일 정도 소요된다.
④ 오염된 음식으로 경구 침입 후 위에서 부화해 소장에 정착한다.

요충
- 집단감염이 잘 되는 기생충으로, 어린이들이 단체로 생활하는 공간에서 쉽게 감염됨
- 사람의 항문 주위에 산란하고 자충포란 형태로 경구감염됨

| 정답 | 36 ④ | 37 ① | 38 ③ | 39 ② | 40 ① | 41 ② | 42 ④ | 43 ② | 44 ② | 45 ① |

46
제1중간 숙주가 물벼룩으로 설사, 구토, 복통, 열두조충성 빈혈 증상이 발생하는 기생충 질환은?

① 장흡충 ② 폐디스토마
③ 긴촌충 ④ 갈고리촌충

- 장흡충
  - 특징: 비교적 따뜻한 동남아에서 발생
  - 증상: 설사, 복통, 고열, 복부 불쾌감, 소화불량, 식욕 부진, 피로감
- 폐흡충(폐디스토마)
  - 제1중간 숙주: 다슬기
  - 제2중간 숙주: 참게, 참가재
  - 증상: 기침, 객혈, 흉통, 국소 마비, 시력장애
- 유구조충(갈고리촌충)
  - 중간 숙주: 돼지
  - 증상: 설사, 구토, 식욕 감퇴, 호산구 증가증

47
기생충과 그 종류를 연결한 것으로 옳지 <u>않은</u> 것은?

① 원충류 – 이질아메바, 대장섬모충
② 흡충류 – 폐디스토마, 요코가와흡충
③ 선충류 – 십이지장충, 사상충
④ 조충류 – 갈고리촌충, 간디스토마

조충류: 무구조충(민촌충), 유구조충(갈고리촌충), 광절열두조충(긴촌충)이 있음

48
참게나 참가재를 날것으로 섭취하였을 경우 감염되기 쉬운 기생충 질환은?

① 요코가와흡충 ② 폐디스토마
③ 민촌충 ④ 간디스토마

- 요코가와흡충: 어패류와 민물고기 생식 시 감염
  - 제1중간 숙주: 다슬기
  - 제2중간 숙주: 은어, 숭어
- 무구조충(민촌충): 소고기 생식 시 감염
- 간흡충(간디스토마): 민물고기 생식 시 감염
  - 제1중간 숙주: 쇠우렁이
  - 제2중간 숙주: 참붕어, 잉어, 황어, 뱅어

49
자충포란 형태로 경구감염되고 산란과 동시에 감염 능력이 있어 집단감염이 잘 되는 기생충은?

① 회충 ② 요충
③ 장흡충 ④ 구충

요충
- 산란과 동시에 감염 능력이 생기며 건조한 환경에 대한 저항성이 거서 어린이들이 단체로 생활하는 공간에서 쉽게 집단감염이 됨
- 자충포란 형태로 경구감염이 되고 사람의 항문 주위에 산란하여 항문 주위에 심한 소양감 발생

50
기생충과 기생 부위를 연결한 것으로 옳지 <u>않은</u> 것은?

① 회충 – 대장 상부에 기생
② 갈고리촌충 – 소장에 기생
③ 십이지장충 – 소장에 기생
④ 요충 – 직장에 기생

- 회충: 소장에 기생
- 편충: 대장 상부에 기생

51
다음 설명에 해당하는 기생충은?

> 덜 익은 돼지고기를 섭취하거나 돼지고기를 생식하였을 때 많이 발생하고 인간의 소장에 기생하며 이것의 유충인 유구낭미충이 뇌로 침범하면 간질발작을 일으키기도 한다.

① 민촌충 ② 갈고리촌충
③ 긴촌충 ④ 사상충

돼지는 갈고리촌충(유구조충)의 중간 숙주이자 인체 감염원으로서 성충은 배가 조금 아프거나 설사가 있는 정도이지만, 유충인 유구낭미충은 사람 몸 안에서 부화해 혈류를 타고 여러 장기로 가게 되면 피부나 근육은 물론이고 눈이나 뇌에 침범하여 문제를 일으킴

52
기생충과 민물고기를 연결한 것으로 옳지 <u>않은</u> 것은?

① 간흡충 – 참붕어, 잉어
② 요코가와흡충 – 은어, 숭어
③ 광절열두조충 – 송어, 연어
④ 폐흡충 – 대구, 뱅어

폐흡충(폐디스토마)의 제1중간 숙주는 다슬기, 제2중간 숙주는 참게, 참가재임

53
기생충과 중간 숙주를 연결한 것으로 옳지 <u>않은</u> 것은?

① 장흡충 – 다슬기, 은어
② 무구조충 – 소
③ 갈고리촌충 – 송어, 연어
④ 사상충 – 모기

갈고리촌충: 돼지

정답 | 46 ③ 47 ④ 48 ② 49 ② 50 ① 51 ② 52 ④ 53 ③

3 정신 보건

54
정신 보건의 목적으로 옳지 않은 것은?
① 개인의 정신적 질환 예방
② 개인과 사회의 건전한 정신 기능 유지 및 증진
③ 비정신질환자와의 공존을 위한 격리
④ 정신적 장애를 적절히 치료

> 정신 보건의 목적
> • 개인의 정신적 질환 예방
> • 개인과 사회의 건전한 정신 기능을 유지 및 증진
> • 정신질환의 조기 발견·상담·치료 후 정상적인 사회 복귀
> • 정신적 장애를 적절히 치료

55
정신 보건에 대한 설명으로 옳지 않은 것은?
① 입원치료가 필요한 정신질환자에 대하여는 항상 자발적인 입원이 권장되어야 한다.
② 미성년자인 정신질환자는 특별히 치료·보호가 필요한 상태이므로 모든 치료가 끝난 후 교육을 연속한다.
③ 모든 정신질환자는 인간으로서의 존엄·가치 및 최적의 치료와 보호를 받을 권리를 보장받는다.
④ 입원 중인 정신질환자에 가능한 한 자유로운 환경과 타인과의 자유로운 의견 교환이 보장되어야 한다.

> 미성년자인 정신질환자에 대해서는 특별히 치료·보호 및 필요한 교육을 받을 권리가 보장되어야 함

4 가족 및 노인 보건

56
모자 보건의 지표가 아닌 것은?
① 신생아사망률   ② 영아사망률
③ 모성사망률   ④ 조사망률

> 모자 보건 지표: 영아사망률, 산전진찰율, 영유아예방접종률, 주산기사망률, 사산율, 일반출산율, 모성사망률, 시설분만율, 신생아사망률 등

57
가족계획의 목적에 대한 설명으로 옳지 않은 것은?
① 출산 시기 및 간격 조절
② 가정 경제에 맞는 자녀 수 출산을 위한 중절 수술
③ 출산 자녀의 양육과 가정 복지 향상
④ 불임증 진단 및 치료

> 임신중절 수술은 가족계획의 내용에 포함되지 않음

58
노인 보건의 목적으로 옳지 않은 것은?
① 가능한 한 노화 진행을 억제하고 건강을 유지한다.
② 노후의 생활안정을 위해 필요한 조치를 강구함으로써 노인의 보건복지 증진에 기여한다.
③ 질병을 감소시키고 수명을 연장하여 의미 있는 삶을 영위하기 위해 자녀의 부양을 법제화한다.
④ 노인의 질환을 사전예방 또는 조기발견하고 질환 상태에 따른 적절한 치료와 요양으로 심신의 건강을 유지한다.

> 자녀의 부양의 법제화는 노인 보건의 목적에 해당하지 않음

59
모자 보건 사업의 3대 목표가 아닌 것은?
① 피임 관리   ② 산전 관리
③ 분만 관리   ④ 산욕 관리

> 모자 보건 사업의 목표: 산전 관리, 산욕 관리, 분만 관리

60
효과적인 노인 보건교육 방법으로 가장 적합한 것은?
① 개별접촉을 통한 교육
② 노인정이나 경로당에서의 집단교육
③ 노인센터를 활용한 세미나
④ 온라인 교육

> 노년층의 보건교육은 개별접촉 방법을 통한 교육이 가장 효과적임

5 환경 보건

61
대부분의 사람들이 불쾌감을 느끼는 불쾌지수는?
① 65~70   ② 70~75
③ 75~80   ④ 80 이상

> 불쾌지수
> • 70~75인 경우에는 약 10%의 사람이 불쾌감을 느낌
> • 75~80인 경우에는 약 50%의 사람이 불쾌감을 느낌
> • 80 이상인 경우에는 대부분의 사람이 불쾌감을 느낌

| 정답 | 54 ③ 55 ② 56 ④ 57 ② 58 ③ 59 ① 60 ① 61 ④

62
불쾌지수를 산출하는 데 필요한 요소들은?

① 기온, 습구온도
② 기온, 기류
③ 습구온도, 기압
④ 기압, 복사열

> 불쾌지수=(기온+습구온도)×0.72+40.6

63
식물의 이산화탄소 흡수와 산소 배출에 의한 공기의 정화 작용에 해당하는 작용은?

① 희석 작용
② 살균 작용
③ 교환 작용
④ 호흡 작용

> 식물의 이산화탄소 흡수와 산소 배출에 의한 정화 작용: 공기의 자정 작용 중 교환 작용에 해당함

64
일산화탄소가 인체에 미치는 영향에 대한 설명으로 옳지 않은 것은?

① 연탄가스 중독의 원인이 된다.
② 중독 시 의식불명과 정신장애를 발생시킨다.
③ 만성 기관지염을 발생시킨다.
④ 세포 내에서 산소와 헤모글로빈의 결합을 방해한다.

> 황산화물: 만성 기관지염과 산성비 유발

65
불쾌감, 두통, 권태감, 현기증, 구토 등의 증상이 발생하는 군집독의 가장 큰 원인은?

① 고기압 현상
② 복사열에 의한 온도의 상승
③ 황산화물의 증가
④ 오염된 실내공기

> 군집독: 실내에 다수의 사람들이 밀집되어 있을 때 오염된 실내공기로 인해 불쾌감, 두통, 권태감, 현기증, 구토 등의 생리적 증상을 발생시키는 현상

66
실내 공기오염의 지표로 사용되는 것으로, 폐포 내 이것의 농도가 3% 이상이 되면 불쾌감을 느끼며 지구온난화의 주된 원인이 되는 것은?

① 이산화탄소
② 일산화탄소
③ 질소
④ 오존

> 이산화탄소
> - 대기 중의 0.03%를 차지하고 있으며, 무색·무취, 비독성, 약산성으로 공기보다 무겁고 지구온난화의 주된 원인이 됨
> - 3% 이상: 불쾌감, 6% 이상: 호흡 수 증가, 7% 이상: 호흡 곤란, 10% 이상: 의식불명과 사망

67
다음 설명에 해당하는 대기오염 현상은?

- 일교차가 큰 봄 또는 가을이나 겨울철 밤에 지표면이 급속도로 냉각되어 지표면의 기온이 상층보다 낮아지는 현상
- 대기의 안정으로 대류 작용이 약화되어 복사 안개와 오염된 대기가 결합하여 스모그 현상이 발생함

① 열섬 현상
② 기온역전
③ 온실 효과
④ 엘니뇨 현상

> 기온역전
> - 일교차가 큰 봄 또는 가을이나 겨울철 밤에 지표면이 급속도로 냉각되어 지표면의 기온이 상층보다 낮아지는 현상
> - 대기의 안정으로 대류 작용이 약화되어 복사 안개와 오염된 대기가 결합하여 스모그 현상 발생

68
공기 중 유해성분으로 2차 오염물질에 해당하지 않는 것은?

① 오존
② 질산과산화아세틸
③ 스모그
④ 황산화물

> - 2차 오염물질: 스모그, 오존, 질산과산화아세틸
> - 1차 오염물질: 황산화물, 질소산화물, 일산화탄소, 이산화탄소, 탄화수소, 불화수소, 알데히드

69
이산화탄소의 입자에 의해 복사열이 빠져나가지 못해 지구 표면과 대류권이 더워지게 되어 해수면 상승을 일으키는 현상은?

① 산성비
② 열섬 현상
③ 온실 효과
④ 엘니뇨 현상

> 온실 효과: 이산화탄소 입자에 의해서 복사열이 빠져나가지 못해 지구 표면과 대류권이 더워지는 효과

| 정답 | 62 ① 63 ③ 64 ③ 65 ④ 66 ① 67 ② 68 ④ 69 ③

70
대기오염 현상과 그 특성으로 옳지 <u>않은</u> 것은?

① 스모그 현상 – 연기, 그을음, 아황산가스, 질소산화물 등의 대기오염물질이 수증기와 섞여 안개와 같이 뿌옇게 보이는 현상
② 산성비 – 수소이온 농도가 5.6 이상인 비
③ 열섬 현상 – 도시 중심부의 기온이 주변 지역보다 현저하게 높게 나타나는 현상
④ 엘니뇨 현상 – 적도 해역의 해수 온도가 주변보다 2~10℃ 이상 높아지는 이상고온 현상

> 산성비: 수소이온 농도가 5.6 미만인 비

71 신규 문제 공략
아황산가스(SO)와 같은 대기오염물질로 오존과 산성비를 생성시키며, 공장이나 배기가스와 같은 화석연료를 기반으로 한 반응의 결과물로 생성되어 노출될 시 목구멍이나 가슴이 아프고 호흡 곤란 및 폐수종, 기관지염, 폐렴, 폐기종 등을 유발시키는 것은?

① 이산화탄소(CO_2)   ② 이산화질소(NO_2)
③ 일산화탄소(CO)   ④ 알데히드

> 이산화질소
> - 오존을 생성시키는 물질
> - 물과 작용하면 질산과 산화질소가 작용하여 산성비의 원인이 됨
> - 호흡 시 체내의 폐세포에 침투하여 점막 분비물에 흡착되어 강한 질산을 형성함으로써 호흡기질환(폐수종, 기관지염, 폐렴, 폐기종)을 유발

72
수질오염 지표로 사용하는 생화학적 산소 요구량을 나타내는 용어는?

① COD   ② BOD
③ SS   ④ DO

> 생화학적 산소 요구량(BOD): 물속의 유기물질을 호기성 미생물이 분해할 때 소비하는 산소의 양으로, 도시 하수나 하천의 수질오염 지표로 사용되고 유기물질오염도가 높을수록 BOD 수치가 높음

73
측정 시 COD가 사용되는 수질오염 측정 지표는?

① 산업 폐수, 공장 폐수 오염도 측정 지표
② 물속에 녹아 있는 산소의 양의 측정 지표
③ 상수(음용수)오염의 생물학적 지표
④ 용액의 산성 및 알칼리성의 세기를 나타내는 지표

> 화학적 산소 요구량(COD): 물속의 유기물질을 화학적 산화제를 사용하여 화학적으로 분해·산화하는 데 필요한 산소의 양으로 산업 폐수, 공장 폐수 오염도 측정 지표로 사용. 유기물질오염도가 높을수록 COD 수치가 높음

74
대장균을 수질오염 지표로 삼는 이유로 적절하지 <u>않은</u> 것은?

① 검출 방법이 용이하기 때문이다.
② 물속에서 호기성 생물의 호흡 대사를 결정하는 요인이기 때문이다.
③ 분포 자체가 오염원이며, 사람과 동물의 분변과 공존하기 때문이다.
④ 다른 병원성 미생물이나 분변오염에 대해 추측이 가능하기 때문이다.

> 용존 산소(DO): 물속에서 호기성 생물의 호흡 대사를 결정하는 요인으로 물의 오염도가 낮고, 물속 식물의 광합성량이 증가할수록 용존 산소가 증가함

75
수질오염에 따른 질병인 이타이이타이병의 중독물질은?

① 수은   ② 이산화탄소
③ 질소산화물   ④ 카드뮴

> 이타이이타이병: 카드뮴의 중독으로 발생하며, 칼슘 재흡수 방해로 골연화증, 신장기능장애, 보행장애, 호흡기능 저하 등의 현상이 발생함

76
음용수의 일반적인 오염 지표로 사용되는 것은?

① 일반세균수   ② 부유 고형물
③ 대장균   ④ 수소이온 농도 지수

> 대장균: 사람 및 동물의 대장에 서식하는 세균으로, 상수(음용수)오염의 생물학적 지표가 되며, 물 100mL 내에서 검출되지 않아야 음용수로 적합함

| 정답 | 70 ② | 71 ② | 72 ② | 73 ① | 74 ② | 75 ④ | 76 ③ |

77
용존 산소의 증가 요인으로 옳은 것은?

① 유기물질오염도가 높다.
② 수생생물이 살아가기 적합하지 않다.
③ 물의 오염도가 낮고, 물속 식물의 광합성량이 증가한다.
④ 수생생물이 살아가는 물의 알칼리지수가 높다.

> 용존 산소: 물의 오염도가 낮고, 물속 식물의 광합성량이 증가할수록 증가하고, 수심이 얕고 유속이 빠르며, 교란 흐름이 있을 때 증가함

78
하수 처리과정 중 호기성처리법에 해당하지 않는 것은?

① 활성 오니법
② 산화지법
③ 관개법
④ 임호프조법

> 호기성처리법: 산소를 좋아하는 호기성균의 작용을 이용하여 폐수를 처리하는 방법으로, 활성 오니법, 산화지법, 관개법 등이 해당함

79 〔신규 문제 공략〕
다음 중 대기오염의 원인이 아닌 것은?

① 폐기물 증가
② 교통량 증가
③ 도시 산업인구의 감소
④ 중공업의 발달

> 인구 증가와 집중화, 도시화, 산업·공업화, 교통량 증가, 연료 소모, 폐기물 증가 등이 대기오염의 원인이 됨

80
예비 처리 → 본 처리 → 오니 처리의 과정으로 진행되는 것은?

① 하수 처리과정
② 지하수 처리과정
③ 상수 처리과정
④ 오물 처리과정

> 하수 처리과정: 공장이나 가정에서 나오는 오염물 및 하수에 남아 있는 물질을 미생물에 의해 처리하는 과정으로, 예비 처리 → 본 처리 → 오니 처리의 과정을 거쳐 방류함

81
정수 소독의 종류와 그 특징을 바르게 연결한 것은?

① 급속 소독 - 경제적이고 잔류 기간이 길며 강력한 살균력을 가지고 있어 상수도 소독 시 이용한다.
② 염소 소독 - 물과 압축공기를 이용하여 역류세척하여 모래를 깨끗이 소독하는 방법이다.
③ 오존 소독 - 많은 비용이 들고 잔류 기간이 짧으며 상수도의 소독 시 이용된다.
④ 가열 소독 - 100℃에서 15분 동안 가열하는 소독법으로 가장 효과적이다.

> • 염소 소독: 경제적이고 잔류 기간이 길며 강력한 살균력을 가지고 있어 상수도 소독 시 이용하는 방법
> • 가열 소독: 100℃에서 30분 동안 가열

82
하수 처리방법 중 혐기성처리법에 해당하는 것은?

① 활성 오니법
② 부패조법
③ 산화지법
④ 관개법

> • 혐기성처리법: 부패조법, 임호프조법
> • 호기성처리법: 활성 오니법, 산화지법, 관개법

83
상수 처리의 정수과정의 순서로 옳은 것은?

① 예비 처리 → 본 처리 → 오니 처리
② 침사 → 여과 → 침전 → 소독
③ 예비 처리 → 오니 처리 → 본 처리
④ 침사 → 침전 → 여과 → 소독

> • 상수 처리의 정수과정: 침사 → 침전 → 여과 → 소독
> • 하수 처리과정: 예비 처리 → 본 처리 → 오니 처리

84
기후의 3대 요소가 아닌 것은?

① 기온
② 복사열
③ 기습
④ 기류

> 기후의 3대 요소: 기온, 기습, 기류

| 정답 | 77 ③ 78 ④ 79 ③ 80 ① 81 ③ 82 ② 83 ④ 84 ②

6 식품위생과 영양

85
세균성 식중독의 특징으로 옳은 것은?

① 대체적으로 수인성 전파가 많이 일어난다.
② 대체적으로 잠복기가 짧다.
③ 원인 식품 섭취와 무관하게 발병한다.
④ 전염에 의한 2차 발병률이 높다.

> **세균성 식중독**
> - 잠복기가 짧고 수인성 전파가 적음
> - 다량의 균이 발생함
> - 2차 감염률이 낮고 면역성이 없음

86
주로 여름철에 부패된 어류 섭취로 인해 발병하며 급성 위장염, 구토, 설사, 복통의 증상을 나타내는 식중독은?

① 장염비브리오균 식중독
② 살모넬라균 식중독
③ 병원성대장균 식중독
④ 보툴리누스균 식중독

> **장염비브리오균 식중독**
> - 여름철에 부패된 어류 섭취 또는 오염 어패류에 접촉한 식기·도마·행주에 의한 2차 감염이 원인임
> - 급성 위장염, 구토, 설사, 복통 등의 증상이 발현됨

87 신규 문제 공략
다음 빈칸에 들어갈 내용을 순서대로 나열한 것은?

> 「식품위생법」에 따른 식품의 위생적인 취급에 관한 대상은 식품, 식품첨가물, ____ 또는 ____과(와) ____이다.

① 기구, 용기, 포장
② 포장, 저장, 운송
③ 제조, 가공, 저장
④ 기구, 기계, 용기

> 식품 등의 위생적인 취급에 관한 대상은 「식품위생법」에 따른 식품, 식품첨가물, 기구 또는 용기·포장의 위생적인 취급을 말함

88
감염형 식중독에 해당하는 것은?

① 포도상구균 식중독
② 살모넬라균 식중독
③ 보툴리누스균 식중독
④ 웰치균 식중독

> - 감염형 식중독: 살모넬라균 식중독, 장염비브리오균 식중독, 병원성대장균 식중독
> - 독소형 식중독: 포도상구균 식중독, 보툴리누스균 식중독, 웰치균 식중독

89
자연독에 속하는 버섯독, 감자독, 매실독 등과 성격이 같은 것은?

① 복어독
② 섭조개독
③ 미나리독
④ 노로바이러스

> - 식물성: 감자독, 버섯독, 매실독, 미나리독
> - 동물성: 복어독, 섭조개독

90
신경독소가 원인이 되는 세균성 식중독은?

① 곰팡이독 식중독
② 웰치균 식중독
③ 식물성 식중독
④ 보툴리누스균 식중독

> - 곰팡이독 식중독: 아플라톡신, 황변미독, 에르고톡신
> - 웰치균 식중독: 육류, 어패류, 수육, 채소가 원인
> - 식물성 식중독: 감자독, 버섯독, 매실독, 미나리독

91
식품의 변질 과정으로 옳은 것은?

① 변패 – 발효 – 부패
② 부패 – 발효 – 변패
③ 발효 – 변패 – 부패
④ 부패 – 변패 – 발효

> - 부패: 단백질 식품에 미생물이 증식하는 현상
> - 발효: 탄수화물에 미생물이 증식하여 일어나는 분해 작용
> - 변패: 탄수화물이나 지방 식품이 미생물에 의해 변질되는 현상

| 정답 | 85 ② | 86 ① | 87 ① | 88 ② | 89 ③ | 90 ④ | 91 ② |

92
식품과 그 독성을 연결한 것으로 옳지 <u>않은</u> 것은?
① 감자 – 솔라닌
② 버섯 – 무스카린
③ 황변미 – 시트리닌
④ 복어 – 삭시톡신

- 복어: 테트로도톡신
- 섭조개: 삭시톡신

93
생체 내에서 영양소가 결핍되어 나타나는 장애 중 영양결핍의 정도가 가장 심각한 단계의 장애는?
① 영양실조증   ② 결핍증
③ 기아상태   ④ 저영양

- 영양결핍 단계: 기아상태 → 영양실조증 → 저영양 → 결핍증
- 영양실조증: 영양이 양적·질적으로 장기간에 걸쳐 부족할 때의 신체 상태
- 결핍증: 생체 내에서 특정 영양소 혹은 몇 개의 영양소가 결핍되어 정상적인 대사기능이 이루어지지 못했을 때 발생되는 병적 상태
- 저영양: 전체 음식물 섭취량 부족으로 영양소의 섭취가 부족하거나 결핍된 상태

94
생물체가 생명을 유지하는 데 필요한 최소한의 에너지량을 말하는 것은?
① 활동대사량   ② 호흡대사량
③ 생존대사량   ④ 기초대사량

- 기초대사량: 체온 유지나 호흡, 심장 박동 등 기초적인 생명 활동을 위한 신진대사에 쓰이는 에너지량으로, 생물체가 생명을 유지하는 데 필요한 최소한의 에너지량을 말함
- 활동대사량: 직접적으로 몸을 움직이는 활동에 쓰이는 에너지량으로, 대사량에서 기초대사량을 제외한 것

7 보건행정

95
보건행정의 정의로 가장 거리가 <u>먼</u> 것은?
① 국민의 건강 증진
② 국민의 수명 연장
③ 국민의 질병 예방
④ 국민의 스트레스 예방

보건행정: 국민의 수명 연장, 질병 예방, 건강 증진 도모를 위한 공적 활동

96
보건행정의 범위에 속하지 <u>않는</u> 것은?
① 개인위생 수행   ② 대중에 대한 보건교육
③ 감염병 관리   ④ 보건관계 기록의 보존

보건행정의 범위: 보건관계 기록의 보존, 모자 보건, 대중에 대한 보건교육, 의료 제공, 환경위생, 보건간호, 감염병 관리 등

97
질병의 예방, 진료, 공중보건을 향상시키기 위한 시·군·구 지방 보건 행정기관으로 보건사업의 말단 행정기관은?
① 질병관리청   ② 의료기관
③ 보건소   ④ 검역소

질병의 예방, 진료, 공중보건을 향상시키기 위한 시·군·구 지방 보건행정기관으로 보건사업의 말단 행정기관은 보건소임

98
사회적 위험으로부터 모든 국민을 보호하고 국민 삶의 질을 향상시키는 데 필요한 소득·서비스를 보장하는 사회보장 제도에 해당하지 <u>않는</u> 것은?
① 사회보험   ② 사회서비스
③ 공공부조   ④ 사회관계망

사회보장: 출산, 양육, 실업, 노령, 장애, 질병, 빈곤 및 사망 등의 사회적 위험으로부터 모든 국민을 보호하고 국민 삶의 질을 향상시키는 데 필요한 소득·서비스를 보장하는 사회보험, 공공부조, 사회서비스를 말함

| 정답 | 92 ④ 93 ③ 94 ④ 95 ④ 96 ① 97 ③ 98 ④

CHAPTER 02 소독

합격 TIP 비교적 출제 비중이 높은 영역입니다. 소독과 관련된 각 용어의 정의를 확실히 파악하고 물리적 소독법과 화학적 소독법을 구분하여 주요 특징을 암기해 두도록 합니다. 또한 미생물의 종류와 구조를 숙지하고 각 특징 및 증식 요인을 학습해 두도록 합니다.

1 소독의 정의 및 분류

(1) 용어 정의 빈출

멸균	병원성·비병원성 미생물 및 포자를 모두 사멸 또는 제거하여 무균 상태로 만드는 것
살균	• 생활력을 가지고 있는 미생물을 여러 가지 화학적·물리적 방법으로 급속하게 죽이는 것 • 내열성 포자(아포균)를 제외한 대부분의 병원성 미생물을 제거하는 것
소독	• 미생물의 생존과 번식을 좌우하는 환경요소(영양소, 온도, 습도, pH, 산소)를 변화시켜 감염력을 없애는 것 • 비병원성 미생물이나 아포는 살아남을 수 있음
방부	병원성 미생물의 발육과 성장을 억제·정지시켜 음식물의 부패나 발효를 방지하는 것
무균	미생물이 완전히 없는 상태

소독력은 '멸균>살균>소독>방부>청결>위생' 순으로 강함

(2) 소독용 화학약품의 구비 조건 빈출
① 강한 살균력을 위해 높은 석탄산계수를 가져야 함
② 원액 또는 희석 상태에서 안정성이 있어야 함
③ 높은 용해성을 가져야 함
④ 조직에 대한 낮은 독성과 저자극성을 가져야 함
⑤ 표백성과 부식성이 없어야 함
⑥ 강한 침투력과 방취력을 가져야 함
⑦ 경제적이며 사용이 용이해야 함

(3) 소독 방법에서 고려할 사항
① 소독 대상물의 성질
② 병원체의 저항력
③ 병원체의 아포 형성 유무

용어 아포(포자)
• 특정한 세균의 체내에 형성되는 원형 또는 타원형의 구조
• 세균이 영양 부족, 건조, 열 등의 증식 환경이 부적당한 경우 저항력을 키우기 위해 형성
• 고온, 건조, 동결, 방사선, 약품 등 물리적·화학적 조건에 대해 저항력이 강하고, 악조건하에서 오래 생존
• 아포를 형성하는 균: 탄저균, 파상풍균, 보툴리누스균, 기종저균 등

기타 그람염색
• 세균염색법의 하나로, 염색법이 간편하며, 원인균의 추측과 항생제의 선택에 중요한 지표가 됨
• 모든 세균에 대해 행해지고 있는 중요한 염색법으로, 소독방법과 무관함

(4) 소독기전

① 소독 작용에 필요한 조건

물리적 소독	온도, 시간, 수분
화학적 소독	온도, 시간, 수분, 농도

② 소독 작용에 영향을 미치는 요인
- 고온일수록 효과 상승
- 고농도일수록 효과 상승
- 접촉시간이 길수록 효과 상승
- 소독 대상물의 유기물질이 적을수록 효과 상승

③ 살균 작용기전

산화 작용 (Oxydation)	염소 및 그 유도체, 과산화수소, 과망가니즈산칼륨(과망간산칼륨), 오존
균체의 단백질 응고 작용	석탄산, 알코올, 크레졸, 포르말린, 승홍, 생석회
균체의 효소 불활성화 작용	석탄산, 알코올, 역성비누, 중금속염
균체의 가수분해 작용	강산, 강알칼리, 중금속염
탈수 작용	알코올, 포르말린, 식염, 설탕
중금속의 형성	승홍, 머큐로크롬, 질산은
핵산의 작용	자외선, 방사선, 포르말린, 에틸렌옥사이드
균체의 삼투성 변화 작용	석탄산, 역성비누, 중금속염

(5) 소독법의 분류

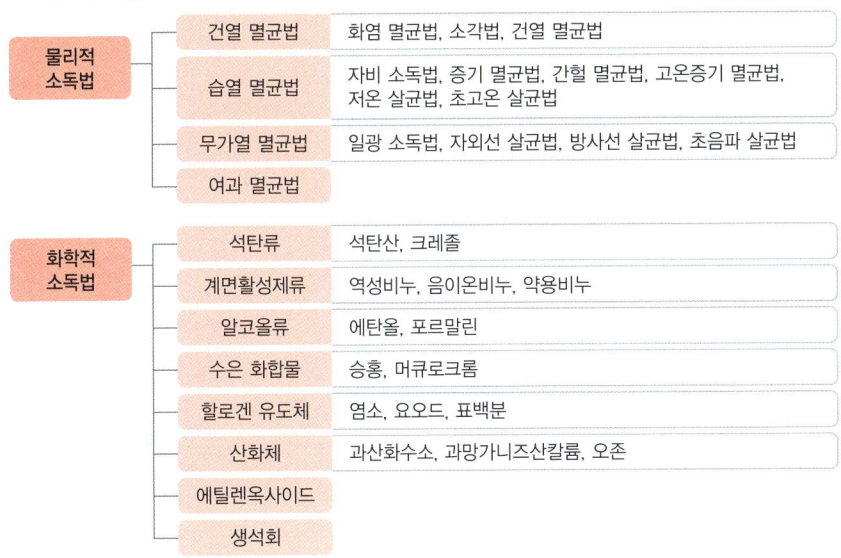

(6) 물리적 소독법 빈출

약품의 도움을 필요로 하지 않고 열, 수분, 자외선 등을 이용하여 소독하는 방법

① 건열 멸균법

화염 멸균법	대상	주사침, 백금선, 유리, 금속, 도자기제품
	소독 방법	물체 표면의 미생물을 160~180℃ 화염으로 직접 태워 멸균
	특징	알코올램프, 천연 가스의 화염 사용
소각법	대상	이·미용업소에서 고객으로부터 나온 객담이 묻은 휴지 등
	소독 방법	미생물에 오염된 대상을 불에 태워 멸균
	특징	감염병환자❓가 사용했던 물품이나 배설물 등을 처리하는 가장 안전한 방법
건열 멸균법	대상	• 주사기, 유리, 금속, 도자기, 분말, 거즈 • 습기 침투가 어려운 바셀린, 글리세린 등의 멸균에도 효과적임
	소독 방법	건열 멸균기에 소독 물품을 넣어 160~170℃에서 1~2시간 가열
	특징	높은 온도에 의해 브러시 모가 상할 수 있으므로 메이크업 브러시 소독에는 부적합함

> 참고 **종결소독(종말소독)**
> 보통의 환자의 격리가 해제되거나 병원에서 퇴원할 경우 격리 공간과 욕실 대청소, 침상 커튼 교체, 콜벨과 연결된 라인의 소독을 하는 것을 말함

② 습열 멸균법

자비 소독법 (열탕 소독법)	대상	금속, 유리, 목죽제품, 도자기, 소형기구, 스테인리스, 의류, 침구류, 모직물, 음용수
	소독 방법	• 100℃의 물에 20~30분간 소독 • 끝이 날카로운 금속은 거즈나 소독포에 싸서 소독 • 금속은 물이 끓기 시작한 후에 넣고, 유리는 처음부터 물에 넣어 끓임 • 보조제: 탄산나트륨, 크레졸, 붕산, 석탄산을 물에 첨가하면 살균력이 높아지고 금속의 부식을 방지할 수 있음
	특징	• 고무는 녹을 위험이 있어 부적합함 • 아포형성균, B형간염 바이러스에는 부적합함
간헐 멸균법	대상	도자기, 금속
	소독 방법	100℃의 유통증기 속에서 30~60분간 멸균 후 20℃ 이상의 실온에서 24시간 방치하기를 3회 반복
	특징	• 코흐·아놀드 멸균기 사용 • 아포를 형성하는 미생물 멸균 시 사용
고압증기 멸균법	대상	의료기구, 미용기구, 무균실기구, 유리, 목죽제품, 도자기, 금속, 의류, 고무

	소독 방법	• 고압증기 멸균기를 이용하여 단백질 원형을 응고시킴으로써 미생물을 사멸
		• 소독시간
		  - 10lbs(파운드): 115℃에서 30분간
		  - 15lbs(파운드): 121℃에서 20분간
		  - 20lbs(파운드): 126℃에서 15분간

	특징	• 완전 멸균, 가장 **빠르고** 효과적인 방법으로 짧은 시간에 포자를 형성하는 세균까지 멸균함 • 수증기❓가 통과하므로 물에 용해되는 물질은 사용 불가 • 피멸균물에 잔류독성이 없음 • 대량 멸균 가능

> 참고 **수증기를 열원으로 사용하는 이유**
> • 일정한 온도에서 쉽게 열을 방출함
> • 미세 공간 침투성이 좋음
> • 열 발생 비용이 경제적임

<table>
<tr><td rowspan="3">저온
살균법
(파스퇴르법)</td><td>대상</td><td>유제품, 주스, 술</td></tr>
<tr><td>소독 방법</td><td>62~63℃의 낮은 온도에서 30분간 살균</td></tr>
<tr><td>특징</td><td>• 루이 파스퇴르에 의해 개발된 방법
• 존재하는 미생물을 전부 사멸할 수 없고, 아포는 살아남음
• 우유의 결핵균 오염 방지</td></tr>
<tr><td rowspan="3">초고온
살균법</td><td>대상</td><td>유제품</td></tr>
<tr><td>소독 방법</td><td>130~150℃에서 0.75~2초간 가열 후 급랭하여 살균</td></tr>
<tr><td>특징</td><td>유제품의 내열성 세균포자를 완전 사멸</td></tr>
</table>

> **참고** 저온 살균법
> • 우유: 63℃에서 30분
> • 아이스크림: 80℃에서 30분
> • 포도주: 55℃에서 10분

③ 무가열 멸균법

<table>
<tr><td rowspan="3">일광
소독법</td><td>대상</td><td>의류, 침구류, 모직물</td></tr>
<tr><td>소독 방법</td><td>자외선(200~400nm)을 20분 이상 조사</td></tr>
<tr><td>특징</td><td>결핵균, 페스트균, 장티푸스균 등을 사멸</td></tr>
<tr><td rowspan="3">자외선
살균법</td><td>대상</td><td>무균실, 실험실, 조리대, 음용수</td></tr>
<tr><td>소독 방법</td><td>260~280nm의 자외선에서 가장 높은 살균 효과</td></tr>
<tr><td>특징</td><td>• 결핵균, 디프테리아균은 2~3시간이면 살균
• 전자파 중 소독에 가장 일반적으로 사용됨</td></tr>
<tr><td rowspan="3">방사선
살균법</td><td>대상</td><td>포장식품, 약품</td></tr>
<tr><td>소독 방법</td><td>코발트나 세슘의 감마선 이용</td></tr>
<tr><td>특징</td><td>시설비가 많이 듦</td></tr>
<tr><td rowspan="3">초음파
살균법</td><td>대상</td><td>무균실, 실험대, 조리대 등 표면적 살균</td></tr>
<tr><td>소독 방법</td><td>8,800 사이클의 음파를 10분 정도 이용하여 세균을 파괴함</td></tr>
<tr><td>특징</td><td>나선균이 초음파에 가장 민감함</td></tr>
</table>

④ 여과 멸균법

대상	특수약품, 혈청, 백신 등 열에 불안정한 액체에 사용함
소독 방법	열이나 화학약품을 사용하지 않고 여과기를 이용하여 세균을 제거함
특징	니트로셀룰로오스막 필터(0.45μm 또는 0.2μm)를 가장 많이 사용함

(7) 화학적 소독법 빈출

소독약 사용을 통해 균 자체에 화학적 반응을 일으켜 세균의 생활력을 빼앗아 살균하는 방법으로, 사용 범위는 넓지만 아포를 사멸하기 어려움

① 소독약 용어

수용액	소독약을 녹이는 용매가 물일 때의 용액
용액	용질(액체에 녹는 물질) + 용매(용질을 녹이는 물질)
희석배수	본 용액의 몇 배로 희석되었는지 표시

> **참고** 소독제의 농도
> 화학적 소독법에 가장 많은 영향을 미치는 요인으로, 일반적으로 소독제의 농도가 높을수록 효과가 높아짐

② 농도 표기법

$$퍼센트(\%) = \frac{용질(소독약)}{용액(물+소독약)} \times 100$$

$$퍼밀리(‰) = \frac{용질(소독약)}{용액(물+소독약)} \times 1,000$$

$$피피엠(ppm) = \frac{용질(소독약)}{용액(물+소독약)} \times 1,000,000$$

③ 석탄류

석탄산 (페놀)	대상	• 고무, 모피, 피혁, 의류, 침구류, 모직물, 가구, 유리, 목죽제품, 도자기, 배설물, 의료기구, 미용기구 • 넓은 지역의 방역, 화장실, 미용실, 병실
	소독 방법	3%의 농도에서 살균력이 가장 강함
	특징	• 강력한 살균력을 가짐(승홍수의 1,000배) • 고온일수록 소독력이 우수함 • 소독력을 강화하려면 식염 또는 염산 첨가 • 냄새가 강하고 독성이 있어 인체에는 잘 사용하지 않음 • 유기물에 약화되지 않음 • 금속 부식성이 있음 • 단백질 응고 작용 및 세포 용해 작용, 효소의 불활성화 작용과 삼투압 변화 작용 • 세균포자나 바이러스에는 작용력이 없음 • 석탄산계수는 소독제의 살균력 평가 기준으로 사용됨 • 비용은 저렴하지만, 잔류 효과가 큼
크레졸	대상	• 손, 오물, 객담 등의 소독 • 의류, 침구류, 모직물, 금속, 도자기, 고무, 모피, 피혁, 유리, 목죽제품, 도자기, 플라스틱, 의료기구, 미용기구 • 화장실, 미용실, 병실
	소독 방법	• 3% 수용액을 주로 사용함 • 손 소독 시 1~2% 수용액을 사용함
	특징	페놀화합물로, 석탄산의 2배 소독력이 있으며 물에 잘 녹지 않음

참고 석탄산계수(페놀지수)
• 석탄산의 소독력을 기준으로 표시되는 약의 계수로, 값이 클수록 살균력이 강함
• 어떤 소독약의 석탄산계수가 2.0이면 살균력이 석탄산의 2배임을 의미함
• 석탄산계수 = $\frac{소독액의 희석배수}{석탄산의 희석배수}$

④ 계면활성제류

역성비누 (양이온비누)	대상	식기, 과일·야채, 손 소독
	소독 방법	• 0.01~0.1% 농도로 사용함 • 손 소독 시 10%의 용액을 100~200배 희석하여 사용함
	특징	• 양이온 계면활성제의 일종 • 세정력은 거의 없고 살균력과 침투력이 높음 • 냄새가 거의 없고 자극성이 약함 • 일반비누와 혼용 사용 시 살균력이 없어짐 • 물에 잘 녹고 흔들면 거품이 발생됨
음이온비누		• 일반적으로 많이 쓰는 일반비누(지방산나트륨) • 살균력은 낮고 세정 작용은 높아 주로 청정제로 사용됨 • 매독균에 대한 살균력이 높음
약용비누		• 각종 살균제와 항생제를 혼합하여 만든 것 • 세척 효과+살균 효과

⑤ 알코올류

에탄올 (에틸알코올)	대상	손·피부 소독, 미용기구, 의료기구, 유리 소독
	소독 방법	70%의 농도에서 살균력이 가장 강함
	특징	• 탈수·응고 작용 및 균체의 효소 불활성화 작용에 의한 살균 작용 • 아포를 사멸하지 못함 • 비교적 가격이 저렴하고 쉽게 휘발되어 잔여량이 거의 없음 • 인체에 무해하지만, 상처, 눈, 점막에의 사용은 부적합함
포르말린	대상	• 화장실, 미용실, 병실 • 금속, 고무, 모피, 피혁, 유리, 목죽제품, 도자기, 플라스틱
	소독 방법	• 36% 수용액을 주로 사용함 • 일반 소독 시 1~1.5%의 수용액을 사용함
	특징	• 메틸알코올을 산화하여 만든 약물 소독제 중 유일한 가스 소독제 • 수증기와 혼합하여 사용하는 훈증 소독법에 이용됨 • 고온일수록 소독력이 강해짐 • 살균제, 소독제, 방부제 등으로 사용됨 • 포자 사멸

⑥ 수은 화합물

승홍 (염화 제2수은)	대상	유리, 목죽제품, 도자기, 플라스틱
	소독 방법	승홍(0.1%)+식염(0.1%)+물(99.8%)의 수용액 사용
	특징	• 강한 금속 부식성 • 고온일수록 살균력이 강해짐 • 상처가 있는 피부에는 적합하지 않음 • 피부점막에 강한 자극성이 있음 • 염화칼륨 또는 식염 첨가 시 자극성이 완화됨 • 무색·무취이며 맹독성이 강하므로 보관에 주의함 • 무색의 결정 또는 흰색의 결정성 분말이므로 적색이나 청색으로 착색하여 보관함 • 포도상구균, 대장균 사멸
머큐로크롬	대상	창상 및 점막의 살균, 소독에 사용된 적 있으나, 현재는 사용되지 않음
	특징	• 수은에 에오딘 색소를 결합시킨 것 • 국소 자극 작용이 약하고 독성도 약하며 살균 작용도 강하지 않음

⑦ 할로겐 유도체

염소	대상 및 소독 방법	• 음용수 소독: 잔류염소 0.1~0.2ppm • 과일·야채 소독: 잔류염소 50~100ppm, 2분 이상 지속
	특징	• 강력한 살균력, 세균과 바이러스에도 작용 • 자극성과 부식성이 강하고, 상하수도의 소독에 사용함 • 저렴하나 자극적인 냄새가 남

참고 염소 소독
• 수돗물: 액화염소(클로린)
• 야채, 과일: 차아염소산나트륨

요오드	대상	상처 소독
	특징	• 염소제와 같은 강력한 살균력 • 포자나 바이러스 사멸 시 사용함 • 피부점막에 대한 부작용이 없음 • 페놀에 비해 살균력은 강하고 독성은 적음 • 착색의 우려가 있음
표백분 (클로르칼크)	대상	음용수, 수영장, 과일 · 야채
	특징	물에 분해될 때 염소가스가 발생되어 살균 작용을 가짐

⑧ 산화제

과산화수소 (옥시풀)	대상	피부 상처, 구내염, 인두염, 구강 세척에 사용함
	소독 방법	3%의 농도로 주로 사용됨
	특징	• 살균, 탈취, 표백에 효과적임 • 혐기성 세균에 효과적임 • 일반 세균, 바이러스, 결핵균, 진균, 아포에 모두 효과적임 • 분해 시 발생하는 발생기 산소의 산화력을 이용함
과망가니즈산 칼륨 (과망간산칼륨)	대상	요도 소독, 기타 창상 소독
	소독 방법	0.1~0.5%의 수용액을 사용함
	특징	발생기 산소의 산화력으로 살균 작용을 하며 착색력이 강함
오존	대상	음용수, 냉장고의 저장장치, 수영장 소독, 공장 폐수 악취 제거
	특징	• 반응이 풍부하고 강한 산화 작용으로 식수를 살균하는 산화제 • 독성 잔류가 거의 없고 악취 제거에 효과적임 • 저농도로 단시간 내에 살균 효과가 있음

⑨ 에틸렌옥사이드

대상	플라스틱, 고무
특징	• 50~60℃의 저온에서 멸균하는 방법 • 멸균 시간이 비교적 길고 비용이 많이 듦 • 인화성 가스이며 물에 쉽게 용해됨 • 고압증기 멸균법에 비해 장기간 보존이 가능함 • 이산화탄소 또는 프레온을 혼합하여 사용하면 폭발의 위험을 감소시킴

⑩ 생석회(산화칼슘)

대상	재래식 화장실, 하수구, 쓰레기통
특징	• 산화칼슘을 98% 이상 함유한 백색 분말 • 무취, 경제적 • 가수분해 작용

(8) 소독 대상물에 따른 소독법 빈출

대상물	물리적 소독	화학적 소독
대변, 배설물, 토사물	소각법(완전 소독 방법)	석탄산, 크레졸, 생석회 분말
의류, 침구류, 모직물	일광소독, 고압증기 멸균법, 자비 소독	석탄산, 크레졸
고무제품, 모피, 피혁		석탄산, 크레졸, 포르말린
화장실, 하수구, 쓰레기통		• 화장실: 석탄산, 크레졸, 포르말린 • 하수구·쓰레기통: 생석회
초자기구, 목죽제품, 도자기	고압증기 멸균법, 자비 소독	석탄산, 크레졸, 포르말린, 승홍
환자 및 환자 접촉자		석탄산, 크레졸, 역성비누, 승홍
미용실, 병실		석탄산, 크레졸, 포르말린
피부 관리실 내 기구		알코올
음용수	자외선, 자비 소독	염소, 표백분
과일, 야채		표백분, 염소, 역성비누

용어 초자기구
유리로 만든 여러 가지 실험 도구

(9) 화학적 소독제 사용 시 유의점

① 사용 시 유의사항
- 소독 대상에 대한 적절한 소독약과 방법을 선택할 것
- 소독제는 제품별 용량, 용법, 주의사항, 유통기한 등을 지켜 사용할 것
- 소독약은 사용 시마다 조금씩 만들어 사용할 것
- 사용한 기구나 도구는 세척 후 소독할 것
- 소독액의 농도를 측정한 후 사용할 것
- 다른 소독제와 구분하여 용기에 라벨을 표시하고 라벨이 오염되지 않게 주의할 것
- 병원성 미생물의 종류, 저항성, 소독의 목적에 따라 적절한 시간을 선정할 것

② 살균 소독제 취급 시 주의사항
- 독성이 있기 때문에 반드시 마스크나 개인 안전장비를 착용할 것
- 용기는 소독액과 물을 혼합할 때 화학 반응에 안전한 제품을 사용할 것
- 다른 살균 소독제 또는 세제와 혼합하여 사용하지 말 것
- 어린이의 손에 닿지 않는 냉암소에 보관할 것
- 피부질환이 있는 고객이 사용한 미용도구 및 수건은 별도로 분리·소독할 것
- 적절한 실내환기로 쾌적한 실내를 유지할 것

(10) 소독인자

물리적 인자	열	• 건열과 습열 이용 • 대상물을 일정한 온도까지 높여 열을 내부로 침투시켜 소독력을 높이는 인자
	자외선	• 자외선 파장은 살균력 높은 소독인자 • 자외선이 조사된 곳에만 강력하게 작용
화학적 인자	물	균들은 물이 있는 상태에서 존재하는 경우가 많아 소독약을 물에 젖어있는 균체와 접촉한 후 단백질을 변성시킴
	온도	온도 상승과 비례하여 균체 내에 확산·침투하는 속도가 빨라지며 살균력도 증가함
	농도	• 화학적 소독법에서 가장 중요한 인자 • 소독약이 고농도일 때 소독력이 높아지지만, 부작용도 심해지기 때문에 적정 농도 조절이 필요함
	시간	• 모든 소독은 일정 이상의 작용시간이 필요함 • 지나친 작용시간은 대상물의 손상이 발생하고 비경제적이므로 적절한 조절이 필요함

2 미생물 총론

(1) 미생물의 정의 및 특징
① 인간 시각의 한계영역을 넘어서는 0.1mm 이하의 미세한 생물체로, 현미경으로만 관찰이 가능함
② 단일세포 또는 균사로 몸을 이루며, 생물로서 최소의 생활단위를 영위함
③ 지구상 어디나 습기만 있으면 생존 가능하며, 숙주에 기생함
④ 병원성과 비병원성으로 구분됨

(2) 미생물의 역사

히포크라테스	질병의 원인은 나쁜 공기가 운반해온 것이라고 주장함
프라카스토르	환자의 접촉을 통해 병원체가 전파된다는 접촉감염설을 주장함
레벤후크	현미경을 발명하여 미생물을 처음 발견(원생동물, 간균, 구균, 나선균 등)
파스퇴르	저온 멸균법, 간헐 멸균법, 건열 멸균법, 고압증기 멸균법 등을 고안함
코흐	• 병원균과 세균의 순수배양법을 발견함 • 탄저균, 결핵균, 콜레라균을 발견하여 세균 연구법의 기초를 확립함
이바노프스키	바이러스를 발견함(담배모자이크바이러스)

(3) 미생물의 구성 및 분류
① 미생물의 구성과 크기

구성	세포질막(세포막), 세포벽, 협막, 점질층, 편모, 섬모, 아포, 핵물질로 구성
크기	바이러스 < 리케차 < 세균 < 스피로헤타 < 효모 < 곰팡이

용어 협막(Capsule)
- 세포껍질 바깥에 존재하는 막
- 세균을 대식세포나 백혈구 같은 진핵세포의 탐식으로부터 방어하여 세균이 숙주를 감염시키는 것을 도움
- 협막의 다당성분이 물 분자를 붙잡아 건조한 환경에서도 세포가 살아남을 수 있도록 도움

용어 섬모
편모와 함께 운동을 담당하는 기관으로, 미생물이 유영 운동을 통해 운동을 할 수 있게 함

② 미생물의 분류

병원성 미생물	• 인체 내에서 병적 반응을 일으키며 증식하는 미생물 • 병원균들이 다양한 매개체를 통해 전파됨 • 동·식물에서 미생물 상호 간에 신호를 통해 숙주를 감염시킴 예 세균(구균, 간균, 나선균), 바이러스, 리케차, 진균 등
비병원성 미생물	인체 내에서 병적 반응을 일으키지 않는 미생물 예 발효균, 효모균, 유산균, 곰팡이균

참고 미생물의 분류
대부분 비병원성 미생물로 병원성 미생물의 수는 적음

(4) 병원성 미생물의 종류 빈출

바이러스 (Virus)	• 크기가 가장 작은 미생물로 세균여과기를 통과함 • 살아있는 세포 속에서만 생존이 가능함 • 생존에 필요한 기본 물질인 핵산(DNA 또는 RNA)과 그것을 둘러싼 단백질 껍질로 구성되어 있음 • 주요 질환: 홍역, 천연두, 인플루엔자, 광견병, 일본뇌염, 간염, 후천성면역결핍증(AIDS) 등		
리케차 (Rickettsia)	• 단단한 세포벽으로 둘러싸인 막대 모양의 간균으로, 세균보다 작음 • 스스로 영양분을 만들지 못해 진핵생물체에 기생함 • 진드기나 벼룩과 같은 절지동물(절족동물)을 매개로 하여 사람에게 감염을 일으킴 • 주요 질환: 쯔쯔가무시증, 발진티푸스, 발진열, 큐열, 참호열		
세균 (Bacteria)	• 대부분의 경우 원형의 단일한 염색체로 구성된 0.2~2.0μm의 미세한 단세포 동물 • 편모운동이나 활주운동 등을 통해 운동성을 가지는 경우가 많음 • 인간의 질병을 일으키는 가장 큰 원인임 • 세균여과기를 통과하지 못함 • 증식 환경이 적당하지 못한 경우 외부 작용의 저항성 향상을 위해 아포(포자)를 형성함		
	구균 (Coccus)	• 둥근 모양의 세균 • 포도상구균: 손가락 등의 화농성 질환의 병원균 • 연쇄상구균: 편도선염 및 인후염의 원인균 • 임균: 임질의 병원균 • 수막염균: 유행성수막염의 원인균	
	간균 (Bacillus)	• 가늘고 긴 막대 모양의 세균 • 종류: 녹농균, 장티푸스균, 파상풍균, 탄저균, 디프테리아균, 결핵균	
	나선균 (Spirillum)	• 길이 1~50μm로서 긴 나선형 또는 S자 모양의 세균 • 종류: 콜레라균, 매독균, 헬리코박터파일로리, 렙토스피라균	
진균 (Fungus)	• 곰팡이균으로 미생물 중 크기가 가장 큼 • 종류: 버섯, 효모, 곰팡이 • 주요 질환: 무좀, 백선		

참고 연쇄상구균
대부분 조건부 혐기성균이고, 일부 종은 이산화탄소의 농도가 높은 조건에서 생장

참고 결핵균
지방 성분이 많은 세포벽에 둘러싸여 있어 건조한 상태에서도 오랫동안 살 수 있고 강한 산이나 알칼리에도 잘 견디는 특성이 있으나 열과 햇볕에 약해 직사광선을 쪼이면 수분 내에 죽게 됨

3 미생물의 증식

(1) 온도

구분	최적 온도	특징
저온균	15~20℃	• 해양성 미생물로 어패류에서 발견 • 냉장고에서도 증식 가능
중온균	25~40℃	• 인간의 체온에 최적화 • 이질균, 장티푸스균, 곰팡이, 효모
고온균	50~80℃	• 배수구, 온천 등에서 발견 • 고온균은 병원균이 없음

> **참고** 미생물의 증식 조건
> • 온도, 습도, 영양소의 역할이 가장 중요함
> • 그 외 산소, pH, 삼투압이 필요함

> **참고** 음식물을 냉장고에 보관하는 이유
> • 음식물의 신선도 유지
> • 음식물에 들어 있는 세균의 증식 억제
> • 단백질의 변성 억제

> **참고** 100℃에서도 살균되지 않는 균
> 아포균, 기종저균, 파상풍균, 탄저균

(2) 습도
① 미생물의 발육과 증식에 필요한 영양소들이 물에 녹기 때문에 수분이 절대적으로 필요함
② 미생물의 생육에 필요한 습도는 보통 40% 이상이며, 40% 이하 시 증식 억제, 13% 이하 시 곰팡이 생육이 억제됨

(3) 영양원
미생물의 생장을 위해서는 무기물, 탄소원, 질소원, 비타민B군 등의 영양이 필요함

(4) 산소

구분	특징	종류
호기성균	생장 시 산소를 필요로 하는 균	결핵균, 디프테리아균
혐기성균	생장 시 산소를 필요로 하지 않는 균	파상풍균, 보툴리누스균
편성혐기성균	생장 시 산소를 절대적으로 기피하는 균	메탄균, 가스괴저균, 클로스트리듐균
통성혐기성균	산소의 유무와 상관없이 발육하는 균	포도상구균, 대장균, 살모넬라균

(5) 수소이온 농도(pH)
병원성 세균이 자라는 최적의 수소이온 농도는 pH 6.5~7.5이지만 일부 미생물은 산성 또는 알칼리성을 선호함

(6) 삼투압
미생물의 세포막 내부로의 침투 농도와 이온 농도 조절

출제 예상문제 Ⓑ

1 소독의 정의 및 분류

01
소독 관련 용어에 대한 설명으로 옳지 <u>않은</u> 것은?
① 멸균 – 병원성·비병원성 미생물 및 포자를 모두 사멸 또는 제거하여 무균 상태로 만드는 것을 말한다.
② 살균 – 생활력을 가진 미생물을 여러 가지 화학적·물리적 방법으로 급속하게 죽이는 것을 말한다.
③ 무균 – 미생물이 완전히 없는 상태이다.
④ 소독 – 미생물의 생존과 번식을 좌우하는 환경요소를 변화하여 무균 상태로 만드는 것이다.

> 소독: 미생물의 생존과 번식을 좌우하는 환경요소(영양소, 온도, 습도, pH, 산소)를 변화시켜 감염력을 없애는 것으로 비병원성 미생물이나 아포는 살아남을 수 있어 미생물이 완전히 없는 무균 상태까지 만들지는 못함

02
방부에 대한 설명으로 옳은 것은?
① 영양소, 온도, 습도, pH, 산소 등을 변화시켜 감염력을 없애는 것이다.
② 병원성 미생물의 발육과 성장을 억제·정지시켜 음식물의 부패나 발효를 방지한다.
③ 병원성·비병원성 미생물 및 포자를 모두 사멸 또는 제거하여 무균 상태로 만드는 것이다.
④ 내열성 포자(아포균)를 제외한 대부분의 병원성 미생물을 제거하는 것이다.

> • 소독: 미생물의 생존과 번식을 좌우하는 환경요소(영양소, 온도, 습도, pH, 산소)를 변화하여 감염력을 없애는 것
> • 멸균: 병원성·비병원성 미생물 및 포자를 모두 사멸 또는 제거하여 무균 상태로 만드는 것
> • 살균: 내열성 포자(아포균)를 제외한 대부분의 병원성 미생물을 제거하는 것

03
미생물을 대상으로 한 작용을 강한 것부터 바르게 배열한 것은?
① 멸균＞살균＞소독＞방부＞청결＞위생
② 살균＞멸균＞소독＞방부＞청결＞위생
③ 멸균＞살균＞방부＞소독＞청결＞위생
④ 살균＞멸균＞방부＞소독＞청결＞위생

> 멸균＞살균＞소독＞방부＞청결＞위생

04
소독용 화학약품의 구비 조건으로 옳지 <u>않은</u> 것은?
① 조직에 대한 낮은 독성과 낮은 자극성을 가져야 한다.
② 원액 또는 희석 상태에서 안정성을 가져야 한다.
③ 강한 침투력과 낮은 용해성을 가져야 한다.
④ 강한 살균력을 위해 높은 석탄산계수를 가져야 한다.

> 소독용 화학약품은 높은 용해성을 가져야 함

05
소독 작용에 영향을 미치는 요인으로 옳지 <u>않은</u> 것은?
① 농도가 높을수록 효과가 상승한다.
② 접촉시간이 길수록 효과가 상승한다.
③ 유기물질이 많을수록 효과가 상승한다.
④ 온도가 높을수록 효과가 상승한다.

> 소독 작용은 유기물질이 적을수록 효과가 상승함

06
살균제와 이에 대한 기전이 바르게 연결된 것은?
① 균체의 효소 불활성화 작용 – 강산, 강알칼리, 중금속염
② 균체의 가수분해 작용 – 석탄산, 알코올, 역성비누, 중금속염
③ 핵산의 작용 – 석탄산, 역성비누, 중금속염
④ 중금속의 형성 – 승홍, 머큐로크롬, 질산은

> • 균체의 효소 불활성화 작용: 석탄산, 알코올, 역성비누, 중금속염
> • 균체의 가수분해 작용: 강산, 강알칼리, 중금속염
> • 핵산의 작용: 자외선, 방사선, 포르말린, 에틸렌옥사이드

07 신규 문제공략
다음 중 미용실에서 일반적으로 사용하지 <u>않는</u> 소독법은?
① 방사선 소독법
② 일광 소독법
③ 자비 소독법
④ 크레졸 소독법

> 방사선 소독법은 시설비가 많이 들어 미용실에서는 사용이 어려움

| 정답 | 01 ④ | 02 ② | 03 ① | 04 ④ | 05 ③ | 06 ④ | 07 ① |

08
소독법과 조건이 바르게 연결된 것은?

① 저온 살균법 – 42~43℃의 낮은 온도에서 30분간 살균한다.
② 간헐 멸균법 – 100℃의 유통증기 속에서 10~20분간 멸균 후 20℃ 이상의 실온에서 24시간 방치하기를 3회 반복한다.
③ 건열 멸균법 – 160~170℃에서 1~2시간 가열한다.
④ 화염 멸균법 – 물체 표면의 미생물을 100~120℃ 화염으로 직접 태워 멸균한다.

- 저온 살균법: 62~63℃의 낮은 온도에서 30분간 살균
- 간헐 멸균법: 100℃의 유통증기 속에서 30~60분간 멸균 후 20℃ 이상의 실온에서 24시간 방치하기를 3회 반복
- 화염 멸균법: 물체 표면의 미생물을 160~180℃ 화염으로 직접 태워 멸균

09
자비 소독법에 대한 설명으로 옳지 않은 것은?

① 끝이 날카로운 금속은 거즈나 소독포에 싸서 소독한다.
② 아포형성균과 B형간염 바이러스에 적합한 소독법이다.
③ 금속은 물이 끓기 시작한 후에, 유리는 처음부터 물에 넣어 끓인다.
④ 물에 탄산나트륨을 첨가하면 살균력이 강해진다.

자비 소독법: 아포형성균과 B형간염 바이러스에 부적합한 소독법

10
습열 멸균 시 수증기를 열원으로 사용하는 이유가 아닌 것은?

① 일정한 온도에서 쉽게 열을 방출하기 때문이다.
② 미세 공간 침투성이 좋기 때문이다.
③ 열 발생 비용이 경제적이기 때문이다.
④ 어떤 대상물이든 소독 가능하기 때문이다.

물에 용해되는 대상물은 수증기를 열원으로 사용하기 부적합함

11
루이 파스퇴르에 의해 개발된 방법으로 유제품 등의 살균을 위해 사용되는 소독법은?

① 간헐 멸균법   ② 초고온 살균법
③ 자외선 멸균법   ④ 저온 살균법

저온 살균법(파스퇴르법)
- 루이 파스퇴르(Louis Pasteur)가 고안한 것으로 62~63℃의 낮은 온도에서 30분간 살균하여 우유의 결핵균 오염을 방지하는 멸균법
- 존재하는 미생물이 전부 사멸되지는 않으며 아포는 살아남음

12
자외선 살균법에 가장 효과적인 자외선 범위는?

① 160~190nm   ② 260~280nm
③ 220~250nm   ④ 290~340nm

자외선 살균법
- 260~280nm의 자외선에서 가장 높은 살균 효과를 보이며 무균실, 실험실, 조리대, 음용수 등에 활용됨
- 결핵균, 디프테리아균은 2~3시간이면 살균 효과가 있음

13
반응이 풍부하고 강한 산화 작용으로 식수를 살균할 때 사용하는 산화제는?

① 오존   ② 과산화수소
③ 과망간산칼륨   ④ 머큐로크롬

오존
- 음용수, 냉장고의 저장장치, 수영장 소독, 공장 폐수 악취 제거 등에 사용함
- 반응이 풍부하고 강한 산화 작용으로 식수를 살균하는 산화제
- 독성 잔류가 거의 없고 악취 제거에 효과적임
- 저농도로 단시간 내에 살균 효과가 있음

14
무가열 멸균법의 종류와 그 특징으로 옳지 않은 것은?

① 초음파 살균법 – 8,800 사이클의 음파를 10분 정도 이용해 세균을 파괴하며 구균이 가장 민감하게 반응한다.
② 방사선 살균법 – 감마선을 이용하는 방법으로 포장식품이나 약품을 멸균 시 사용한다.
③ 자외선 살균법 – 260~280nm의 자외선을 이용하며 전자파 중 소독에 가장 일반적으로 사용된다.
④ 일광 소독법 – 결핵균, 페스트균, 장티푸스균 등을 사멸하는 데 효과적이고, 의류, 침구류 소독 시 사용한다.

초음파 살균법: 8,800 사이클의 음파를 10분 정도 이용하여 세균을 파괴하는 것으로, 나선균이 가장 민감하게 반응함

15
니트로셀룰로오스막 필터를 사용하는 멸균법으로 특수약품이나 혈청, 백신 등 열에 불안정한 액체에 사용되는 방법은?

① 초음파 멸균법   ② 방사선 멸균법
③ 여과 멸균법   ④ 간헐 멸균법

여과 멸균법: 열이나 화학약품을 사용하지 않고 여과기를 이용하여 세균을 제거하는 멸균법으로, 특수약품이나 혈청, 백신 등 열에 불안정한 액체에 사용하며, 니트로셀룰로오스막 필터(0.45μm 또는 0.2μm)를 가장 많이 사용함

| 정답 | 08 ③ | 09 ② | 10 ④ | 11 ④ | 12 ② | 13 ① | 14 ① | 15 ③ |

16
일반적으로 자비 소독법으로 사멸되지 않는 병원균은?

① 결핵균 ② B형간염 바이러스
③ 장티푸스균 ④ 포도상구균

자비 소독법은 아포형성균, B형간염 바이러스에 부적합함

17
화학적 소독법에 해당하는 것은?

① 방사선 살균법 ② 자외선 살균법
③ 여과 멸균법 ④ 역성비누 소독법

역성비누 소독법: 계면활성제에 의한 소독법으로, 화학적 소독법에 해당함

18
이·미용업소의 고객에게서 나온 객담이 묻은 휴지를 소독하는 가장 완전한 방법은?

① 소각법 ② 석탄산 소독법
③ 자외선 살균법 ④ 과산화수소 소독법

소각법: 미생물에 오염된 대상을 불에 태워 멸균하는 방법으로, 감염병환자가 사용했던 물품이나 배설물 등을 처리하는 가장 안전한 방법임

19
유리, 금속, 분말, 거즈, 바셀린, 글리세린 등의 소독법으로 적합한 것은?

① 건열 멸균법 ② 고압증기 멸균법
③ 간헐 멸균법 ④ 과산화수소 소독법

건열 멸균법
- 건열 멸균기에 소독 물품을 넣어 160~170℃의 고온에서 1~2시간 가열하는 방법
- 주사기, 유리, 금속, 도자기, 분말, 거즈 등의 멸균 및 습기 침투가 어려운 바셀린, 글리세린 등의 멸균에도 효과적임

20
화학적 소독법에 해당하지 않는 것은?

① 에틸알코올 ② 요오드
③ 음이온비누 ④ 초음파

초음파 소독법: 무가열 멸균법에 해당하며, 무균실, 실험대, 조리대 등의 표면적 멸균에 효과적임

21
장티푸스 환자가 사용한 침대 시트나 의류를 소독하는 가장 편한 소독 방법은?

① 자비 소독법 ② 일광 소독법
③ 석탄산 소독법 ④ 에탄올 소독법

일광 소독법: 일광에 포함된 자외선(200~400nm)을 이용하는 방법으로, 의류, 침구류에 적용하기 가장 간편한 방법이며 결핵균, 페스트균, 장티푸스균 등의 사멸에 효과적임

22 신규 문제 공략
자비 소독 시 금속 물질을 물에 넣어야 할 가장 적합한 때는?

① 물이 미지근할 때 ② 물 가열 직전에
③ 물 가열 직후 ④ 물이 끓기 시작할 때

금속은 물이 끓기 시작한 후에 넣고, 유리는 처음부터 물에 넣어 끓임

23 신규 문제 공략
20lbs(파운드)의 고압증기로 멸균을 하고자 할 때 적합한 시간과 온도는?

① 126℃에서 15분간 ② 121℃에서 20분간
③ 115℃에서 30분간 ④ 110℃에서 40분간

- 10lbs(파운드): 115℃에서 30분간
- 15lbs(파운드): 121℃에서 20분간
- 20lbs(파운드): 126℃에서 15분간

24 신규 문제 공략
저온 살균법으로 우유를 소독하고자 할 때 적합한 소독온도와 시간을 바르게 묶은 것은?

① 52~53℃, 30분간 살균 ② 52~53℃, 15분 살균
③ 62~63℃, 30분간 살균 ④ 62~63℃, 15분 살균

저온 살균법: 우유의 결핵균 오염 방지를 위해 62~63℃의 낮은 온도에서 30분간 살균함

25
코흐 멸균기를 사용하는 소독법은?

① 여과 멸균법 ② 간헐 멸균법
③ 방사선 멸균법 ④ 자외선 멸균법

간헐 멸균법: 100℃의 유통증기 속에서 30~60분간 멸균 후 20℃ 이상의 실온에서 24시간 방치하기를 3회 반복하며, 코흐·아놀드 멸균기가 사용됨

[정답] 16 ② 17 ④ 18 ① 19 ① 20 ④ 21 ② 22 ④ 23 ① 24 ③ 25 ②

26
화학적 소독법에 가장 많은 영향을 미치는 요인은?
① 소독제의 유효기간 ② 소독제의 열점
③ 소독제의 빙점 ④ 소독제의 농도

> 일반적으로 소독제의 농도가 높을수록 효과가 높아짐

27
소독제의 살균력 평가 기준으로 사용되는 화학적 소독제는?
① 석탄산 ② 크레졸
③ 알코올 ④ 승홍수

> 석탄산: 승홍수의 1,000배 살균력을 가지며, 석탄산계수는 소독제의 평가 기준으로 사용됨

28 신규 문제 공략
소독의 효능을 표시하는 석탄산계수의 계산법으로 옳은 것은?
① 석탄산계수=소독액의 희석배수/석탄산의 희석배수
② 석탄산계수=석탄산의 희석배수/소독액의 희석배수
③ 석탄산계수=(석탄산의 희석배수/소독액의 희석배수)×2
④ 석탄산계수=(소독액의 희석배수/석탄산의 희석배수)÷0.5

> 석탄산계수=소독액의 희석배수/석탄산의 희석배수

29
석탄산계수가 3인 소독약 A와 석탄산계수가 1.5인 소독약 B가 같은 효과를 내려고 할 때 농도 조절 방법으로 옳은 것은?
① B를 A보다 2배 묽게 한다.
② A와 B의 농도를 같게 한다.
③ A를 B보다 2배 묽게 한다.
④ 농도를 조절하지 않는다.

> 소독약 A는 석탄산보다 살균력이 3배 높고, 소독약 B는 석탄산보다 살균력이 1.5배 높기 때문에 소독약 A를 B보다 2배 묽게 조정해야 함

30
석탄산을 방역용으로 사용할 때 가장 적당한 농도는?
① 2% ② 1%
③ 6% ④ 3%

> 석탄산 3%, 물 97%일 때 가장 강력한 살균력을 가짐

31
석탄산에 대한 설명으로 옳지 않은 것은?
① 소독력을 강화하려면 식염이나 염산을 첨가한다.
② 고온일수록 소독력이 우수하다.
③ 냄새가 강하고 독성이 있어 인체에는 잘 사용하지 않는다.
④ 석탄산은 세균포자나 바이러스에 효과적이다.

> 석탄산은 세균포자나 바이러스에 작용력이 없음

32
할로겐 유도체의 소독약이 아닌 것은?
① 표백분 ② 요오드
③ 포르말린 ④ 염소

> - 포르말린: 알코올류 소독제
> - 할로겐 유도체: 염소, 요오드, 표백분(클로르칼크)

33
석탄산계수가 4일 때 살균력의 정도는?
① 석탄산보다 4배 낮다.
② 석탄산보다 4배 높다.
③ 석탄산보다 0.4배 낮다.
④ 석탄산보다 0.4배 높다.

> 석탄산계수가 4이면 살균력이 석탄산의 4배임을 의미함

34
크레졸에 대한 설명으로 옳지 않은 것은?
① 석탄산의 3배 소독력을 가지고 있다.
② 페놀화합물로 3%의 수용액을 주로 사용한다.
③ 손, 오물, 객담 등의 소독과 화장실, 미용실, 병실 소독에 적합하다.
④ 손 소독 시에는 1~2%의 크레졸 수용액을 사용한다.

> 크레졸: 석탄산의 2배 소독력을 가짐

35 신규 문제 공략
역성비누라고도 불리며, 헤어 린스나 트리트먼트, 섬유유연제 등에도 사용되는 것은?
① 양이온 계면활성제 ② 음이온 계면활성제
③ 양쪽성 계면활성제 ④ 비이온 계면활성제

> 역성비누(양이온비누)
> - 양이온 계면활성제의 일종임
> - 세정력은 거의 없고 살균력과 침투력이 높음
> - 냄새가 거의 없고 자극성이 약함
> - 일반비누와 혼용 사용 시 살균력이 없어짐
> - 헤어 린스, 헤어 트리트먼트, 섬유유연제 등에 사용됨

| 정답 | 26 ④ 27 ① 28 ① 29 ③ 30 ④ 31 ④ 32 ③ 33 ② 34 ① 35 ①

36
일반적인 소독제로 사용되는 에탄올의 적정 농도는?

① 50% ② 70%
③ 90% ④ 100%

> 에탄올: 70%의 농도에서 살균력이 가장 강함

37
150ml의 물에 50ml의 소독약을 혼합하면 몇 %의 수용액이 되는가?

① 2.5% ② 25%
③ 3.0% ④ 30%

> 농도(%) = $\frac{용질(소독약)}{용액(물+소독약)} \times 100 = \frac{50}{150+50} \times 100 = 25$

38
열탕소독 시 살균력을 높이고 금속이 녹스는 것을 방지하기 위해 첨가하는 것으로 적합하지 않은 것은?

① 석탄산 ② 승홍
③ 크레졸 ④ 탄산나트륨

> 승홍: 맹독성으로 금속을 부식시킴

39
다음 설명에 해당하는 것은?

- 이·미용사와 조리사의 손 소독이나 식기 소독 시 사용한다.
- 물에 잘 녹고 흔들면 거품이 발생된다.
- 냄새가 거의 없고 자극성이 약하다.
- 세정력은 거의 없고 살균력과 침투력이 높다.

① 과망간산칼륨 ② 역성비누
③ 음이온비누   ④ 클로르칼크

> 역성비누
> - 양이온 계면활성제의 일종으로, 세정력은 거의 없고 살균력과 침투력이 높음
> - 냄새가 거의 없고 자극성이 약하며 물에 잘 녹고 흔들면 거품이 발생되나, 일반비누와 혼용 사용 시 살균력이 없어짐

40
다음 설명에 해당하는 소독법은?

- 짧은 시간에 포자를 형성하는 세균까지 멸균한다.
- 피멸균물에 잔류독성이 없다.
- 대량 멸균이 가능하다.

① 고압증기 멸균법 ② 할로겐 유도체 소독법
③ 습열 멸균법   ④ 석탄류 소독법

> 고압증기 멸균법: 고압증기 멸균기를 이용하여 단백질 원형을 응고시킴으로써 미생물을 사멸하는 방법

41
살균력은 낮고 세정 작용은 높아 주로 청정제로 사용하지만, 매독균에 대한 살균력이 높은 비누는?

① 음이온비누 ② 역성비누
③ 약용비누   ④ 양이온비누

> 음이온비누: 일반적으로 많이 쓰는 일반비누로, 살균력이 낮고 세정 작용이 높아 주로 세정용으로 사용되며, 매독균에 대한 살균력이 있음

42
탈수·응고 작용 및 균체의 효소 불활성화 작용에 의한 살균 작용을 하며 인체에 무해하여 손·피부 소독에 가장 적합한 것은?

① 포름알데히드   ② 에탄올
③ 과망가니즈산칼륨 ④ 옥시폴

> 에탄올
> - 탈수·응고 작용 및 균체의 효소 불활성화 작용에 의한 살균 작용을 하며 손·피부 소독, 미용기구, 의료기구, 유리 소독에 적합함
> - 인체에 무해하지만, 상처, 눈, 점막에의 사용은 부적합하며, 아포 사멸은 하지 못함

43
메틸알코올을 산화하여 만든 약물 소독제 중에 유일한 가스 소독제로 수증기와 혼합하여 사용하는 소독제는?

① 포르말린 ② 에틸알코올
③ 크레졸   ④ 머큐로크롬

> 포르말린: 메틸알코올을 산화하여 만든 약물 소독제 중 유일한 가스 소독제이며, 수증기와 혼합하여 사용하는 훈증 소독법에 이용됨

| 정답 | 36 ② | 37 ② | 38 ② | 39 ② | 40 ① | 41 ① | 42 ② | 43 ① |

44
각종 소독제와 피소독물을 연결한 것으로 옳지 않은 것은?
① 포르말린 – 화장실, 미용실, 병실
② 승홍 – 유리, 목죽제품, 도자기, 플라스틱
③ 생석회 – 음용수, 냉장고의 저장장치, 수영장 소독, 공장 폐수 악취 제거
④ 과산화수소 – 피부 상처, 구내염, 인두염

- 생석회: 재래식 화장실, 하수구, 쓰레기통
- 오존: 음용수, 냉장고의 저장장치, 수영장 소독, 공장 폐수 악취 제거

45
산화제 중 반응이 풍부하고 강한 살균력을 가지며 독성 잔류가 거의 없어 수영장 소독 시 사용되는 것은?
① 과산화수소   ② 과망간산칼륨
③ 염소   ④ 오존

오존: 반응이 풍부하고 강한 산화 작용으로 식수를 살균하는 산화제로, 독성 잔류가 거의 없고 악취 제거에도 효과적이며 저농도로 단시간 내에 살균 효과가 있음

46
할로겐 유도체로 페놀에 비해 살균력은 강하고 독성은 적으며 포자나 바이러스 사멸 시 사용되는 것은?
① 머큐로크롬   ② 염소
③ 요오드   ④ 표백분

요오드: 염소제와 같은 강력한 살균력을 가지고 있어 포자나 바이러스 사멸 시 사용되고 피부점막에 대한 부작용은 없으나 착색의 우려가 있는 소독제로, 페놀에 비해 살균력이 강하고 독성이 적음

47
승홍에 대한 설명으로 옳은 것은?
① 승홍(2%)+식염(1%)+물(97%)의 수용액을 사용하는 것이 적당하다.
② 온도가 낮을수록 강력한 살균력을 발휘하기 때문에 저온 보관한다.
③ 염화칼륨 또는 식염 첨가 시 자극성이 완화된다.
④ 무색, 무취, 독성이 약하므로 상처가 난 피부 소독 시 적합하다.

승홍
- 승홍(0.1%)+식염(0.1%)+물(99.8%)의 수용액을 사용함
- 고온일수록 살균력이 강해짐
- 무색 무취이며 맹독성이 강하므로 보관에 주의해야 함
- 피부점막에 강한 자극성이 있음

48
산화칼슘을 98% 이상 함유한 백색 분말로 재래식 화장실, 하수구, 쓰레기통 소독에 적합한 소독제는?
① 과망가니즈산칼륨   ② 에틸렌옥사이드
③ 표백분   ④ 생석회

생석회: 산화칼슘을 98% 이상 함유한 백색 분말로, 재래식 화장실과 하수구, 쓰레기통 소독에 적합하며, 냄새가 없고 경제적인 소독제임

49
소독 대상물에 따른 소독법이 바르게 연결된 것은?
① 의류, 침구류 – 생석회
② 대변, 토사물 – 역성비누
③ 환자 및 환자 접촉자 – 석탄산
④ 피부 관리실 내 기구 – 소각법

- 의류, 침구류: 석탄산, 크레졸, 일광소독, 고압증기 멸균법, 자비 소독
- 대변, 배설물, 토사물: 소각법, 석탄산, 크레졸, 생석회 분말
- 피부 관리실 내 기구: 알코올

50
고무, 모피, 피혁의 소독에 적합하지 않은 소독제는?
① 석탄산   ② 포르말린
③ 크레졸   ④ 생석회

생석회: 재래식 화장실, 하수구, 쓰레기통 소독에 적합함

51
비교적 가격이 저렴하고 쉽게 휘발되어 잔여량이 거의 없어 인체에 무해한 소독제는?
① 석탄산   ② 에탄올
③ 크레졸   ④ 포르말린수

에탄올
- 70%의 농도에서 살균력이 가장 강한 소독제로, 손·피부 소독, 미용기구, 의료기구, 유리 소독에 적합함
- 인체에 무해하지만, 상처, 눈, 점막에의 사용은 부적합함
- 비교적 가격이 저렴하고 쉽게 휘발되어 잔여량이 거의 없음

52 신규 문제 공략
미용실에서 날이 있는 도구를 소독 시 적합한 소독제는?
① 승홍수   ② 표백분
③ 크레졸   ④ 요오드

- 승홍수: 금속 부식, 유리, 목죽제품, 도자기, 플라스틱 소독
- 표백분: 음용수, 수영장, 과일·야채 소독
- 요오드: 상처 소독

정답 | 44 ③ 45 ④ 46 ③ 47 ③ 48 ④ 49 ③ 50 ④ 51 ② 52 ③

53
수은 화합물만을 바르게 묶은 것은?

① 요오드 – 승홍
② 머큐로크롬 – 표백분
③ 승홍 – 머큐로크롬
④ 표백분 – 과망간산칼륨

- 수은 화합물: 승홍, 머큐로크롬
- 산화제: 과산화수소, 과망가니즈산칼륨(과망간산칼륨), 오존
- 할로겐 유도체: 염소, 요오드, 표백분

54
에틸렌옥사이드에 대한 설명으로 옳지 않은 것은?

① 인화성 가스이며 물에 쉽게 용해된다.
② 고압증기 멸균법에 비해 장기간 보존이 가능하다.
③ 멸균 시간이 비교적 짧고 비용이 저렴하다.
④ 50∼60℃의 저온에서 멸균하는 방법이다.

에틸렌옥사이드: 멸균 시간이 비교적 길고 비용이 많이 드는 단점이 있음

55
소독인자 중 화학적 인자가 아닌 것은?

① 온도   ② 자외선
③ 농도   ④ 물

- 화학적 인자: 물, 온도, 농도, 시간
- 물리적 인자: 열, 자외선

2 미생물 총론

56
미생물 중 크기가 가장 작은 것은?

① 곰팡이   ② 리케차
③ 바이러스   ④ 효모

바이러스: 여과기를 통과하며 살아있는 세포 속에서만 생존이 가능함

57
미생물을 구성하고 있는 것으로 다당성분이 물 분자를 붙잡아 건조한 환경에서도 세포가 살아남을 수 있도록 도와주며 세포껍질 바깥에 존재하는 것은?

① 세포질막   ② 협막
③ 점질층   ④ 편모

협막: 세포껍질 바깥에 존재하는 막으로 세균을 대식세포나 백혈구 같은 진핵세포의 탐식으로부터 방어하여 세균이 숙주를 감염시키는 것을 도움

58
미생물의 크기가 큰 것부터 바르게 나열한 것은?

① 효모＞곰팡이＞스피로헤타＞세균＞리케차＞바이러스
② 곰팡이＞효모＞세균＞스피로헤타＞바이러스＞리케차
③ 효모＞스피로헤타＞곰팡이＞세균＞리케차＞바이러스
④ 곰팡이＞효모＞스피로헤타＞세균＞리케차＞바이러스

미생물의 크기: 곰팡이＞효모＞스피로헤타＞세균＞리케차＞바이러스

59
바이러스에 의해 발생되는 질병이 아닌 것은?

① 천연두   ② 쯔쯔가무시증
③ 인플루엔자   ④ 광견병

- 바이러스: 홍역, 천연두, 인플루엔자, 광견병, 일본뇌염, 후천성면역결핍증(AIDS) 등
- 리케차: 쯔쯔가무시증, 발진티푸스, 발진열, 큐열, 참호열

60
병원성 미생물에 대한 설명으로 옳지 않은 것은?

① 인체 내에서 병적 반응을 일으키며 증식하는 미생물이다.
② 병원균들이 다양한 매개체를 통해 전파된다.
③ 바이러스, 리케차, 진균, 발효균, 효모균 등이 이에 속한다.
④ 동·식물에서 미생물 상호 간에 신호를 통해 숙주를 감염시킬 수 있다.

- 병원성 미생물: 세균(구균, 간균, 나선균), 바이러스, 리케차, 진균 등
- 비병원성 미생물: 발효균, 효모균, 유산균, 곰팡이균

61 신규 문제 공략
간세포 및 간 조직의 염증을 일으키는 간염은 어떤 병원체에 의해 이환되는가?

① 세균   ② 바이러스
③ 리케차   ④ 진균

간염: 간염의 주요 원인으로는 바이러스, 알코올, 여러 가지 약물들 및 자가 면역 등이 있음

62
미생물과 그 특징을 연결한 것으로 옳지 않은 것은?

① 바이러스 – 크기가 가장 작은 미생물로 살아있는 세포 속에서만 생존이 가능하다.
② 나선균 – 길이 1∼50㎛의 긴 나선형 모양의 세균으로 콜레라균, 매독균, 헬리코박터파일로리 등이 이에 속한다.
③ 세균 – 인간의 질병을 일으키는 가장 큰 원인이며 여과기를 통과한다.
④ 진균 – 미생물 중 크기가 가장 크며 무좀, 백선과 같은 피부병을 유발한다.

세균은 여과기를 통과하지 못함

| 정답 | 53 ③ 54 ③ 55 ② 56 ③ 57 ② 58 ④ 59 ② 60 ③ 61 ② 62 ③

63
세균의 형태가 가늘고 긴 막대 모양으로 파상풍균, 탄저균, 디프테리아균, 결핵균이 속해 있는 것은?
① 나선균 ② 스피로헤타
③ 구균   ④ 간균

> 간균: 가늘고 긴 막대 모양의 세균으로, 녹농균, 장티푸스균, 파상풍균, 탄저균, 디프테리아균, 결핵균 등이 있음

64
세균이 영양 부족, 건조, 열 등의 증식 환경이 부적당한 경우 저항력을 키우기 위해 형성하는 것은?
① 핵   ② 아포
③ 세포막 ④ 섬모

> 세균들은 외부환경에 저항하기 위해 아포를 형성함

3 미생물의 증식

65
일반적으로 미생물 증식에 가장 중요한 요소만을 바르게 묶은 것은?
① 영양소, pH, 시간   ② 온도, 습도, 영양소
③ pH, 삼투압, 자외선 ④ 습도, 산소, 적외선

> 미생물의 증식에는 온도, 습도, 영양소의 역할이 가장 중요하며, 그 외 산소, pH, 삼투압이 필요함

66 신규 문제 공략
병원성 세균이 가장 잘 증식하는 환경은?
① 약산성 ② 중성
③ 산성   ④ 알칼리성

> 병원성 세균이 자라는 최적의 수소이온 농도는 pH 6.5~7.5의 중성

67
생장 시 산소를 절대적으로 기피하는 균은?
① 호기성균   ② 혐기성균
③ 편성혐기성균   ④ 통성혐기성균

> 생장 시 산소를 절대적으로 기피하는 균은 편성혐기성균임

68
100℃의 온도에서도 살균되지 않는 균은?
① 결핵균 ② 대장균
③ 아포균 ④ 비브리오균

> 아포균, 기종저균, 파상풍균, 탄저균 등은 100℃에서도 살균되지 않음

69
공기와 세균의 관계를 바르게 연결한 것은?
① 호기성균 – 파상풍균, 보툴리누스균
② 편성혐기성균 – 메탄균, 가스괴저균, 클로스트리듐균
③ 통성혐기성균 – 결핵균, 디프테리아균
④ 혐기성균 – 포도상구균, 대장균, 살모넬라균

> • 호기성균: 결핵균, 디프테리아균
> • 통성혐기성균: 포도상구균, 대장균, 살모넬라균
> • 혐기성균: 파상풍균, 보툴리누스균

70
음식물을 냉장고에 보관하는 이유로 적합하지 않은 것은?
① 음식물의 신선도 유지
② 음식물에 들어 있는 세균의 증식 억제
③ 음식물에 들어 있는 세균 사멸
④ 단백질의 변성 억제

> 음식물을 냉장하는 것으로는 세균을 죽일 수 없음

71
15~20℃에서 생장이 활발한 세균은?
① 저온균 ② 중온균
③ 고온균 ④ 초고온균

> • 중온균의 최적 온도: 25~40℃
> • 고온균의 최적 온도: 50~80℃

정답 | 63 ④ 64 ② 65 ② 66 ② 67 ③ 68 ③ 69 ② 70 ③ 71 ①

CHAPTER 03 공중위생관리법규

> **합격 TIP** 법령에 나오는 용어의 정의는 정확히 숙지해 두도록 합니다. 신고와 폐업, 승계에 따른 절차와 제출서류, 면허의 발급과 취소 등은 꼼꼼히 암기하도록 하고 영업자의 준수사항도 빠짐없이 학습해 두도록 합니다.

1 공중위생관리법의 목적과 정의

(1) 목적(공중위생관리법 제1조)
공중이 이용하는 영업의 위생관리 등에 관한 사항을 규정함으로써 위생수준을 향상시켜 국민의 건강 증진에 기여함을 목적으로 함

(2) 정의(공중위생관리법 제2조)
① 공중위생영업: 다수인을 대상으로 위생관리서비스를 제공하는 영업으로서 숙박업 · 목욕장업 · 이용업 · 미용업 · 세탁업 · 건물위생관리업을 말함
② 이용업: 손님의 머리카락 또는 수염을 깎거나 다듬는 등의 방법으로 손님의 용모를 단정하게 하는 영업을 말함
③ 미용업: 손님의 얼굴, 머리, 피부 및 손톱 · 발톱 등을 손질하여 손님의 외모를 아름답게 꾸미는 다음의 영업을 말함

일반 미용업	파마 · 머리카락자르기 · 머리카락모양내기 · 머리피부손질 · 머리카락염색 · 머리감기, 의료기기나 의약품을 사용하지 아니하는 눈썹손질을 하는 영업
피부 미용업	의료기기나 의약품을 사용하지 아니하는 피부상태분석 · 피부관리 · 제모 · 눈썹손질을 하는 영업
네일 미용업	손톱과 발톱을 손질 · 화장하는 영업
화장 · 분장 미용업	얼굴 등 신체의 화장, 분장 및 의료기기나 의약품을 사용하지 아니하는 눈썹손질을 하는 영업
종합 미용업	일반, 피부, 네일, 화장 · 분장과 그 밖에 대통령령으로 정하는 세부 영업의 업무를 모두 하는 영업

2 영업의 신고 및 폐업 [빈출]

(1) 영업신고(공중위생관리법 제3조)
① 공중위생영업을 하고자 하는 자는 보건복지부령이 정하는 아래의 시설 및 설비를 갖춘 후 시장 · 군수 · 구청장에게 신고하여야 함
- 미용기구는 소독을 한 기구와 소독을 하지 아니한 기구를 구분하여 보관할 수 있는 용기를 비치
- 소독기 · 자외선살균기 등 미용기구를 소독하는 장비를 갖춤

② **신고인 제출서류**: 영업신고서(전자문서로 된 신고서 포함), 영업시설 및 설비개요서, 교육수료증(미리 교육받은 사람만 해당)
③ **확인 서류(주체: 시장·군수·구청장)**: 건축물대장, 토지이용계획확인서, 면허증
④ **영업신고증 교부 및 관리**
- 신고를 받은 시장·군수·구청장은 즉시 영업신고증을 교부하고, 신고관리대장을 작성·관리해야 함
- 신고를 받은 시장·군수·구청장은 해당 영업소의 시설 및 설비에 대한 확인이 필요한 경우에는 영업신고증을 교부한 후 30일 이내에 확인해야 함

(2) 변경신고(공중위생관리법 시행규칙 제3조의2)
① 신고사항 및 신고인 제출서류

신고사항 (보건복지부령)	• 영업소의 명칭 또는 상호 변경 시 • 영업소의 주소 변경 시 • 신고한 영업장 면적의 3분의 1 이상의 증감 시 • 대표자의 성명 또는 생년월일 변경 시 • 미용업 업종 간 변경 시
신고인 제출서류	다음 서류를 시장·군수·구청장에게 제출해야 함 • 영업신고사항 변경신고서(전자문서로 된 신고서 포함) • 영업신고증(신고증을 분실하여 영업신고사항 변경신고서에 분실 사유를 기재하는 경우에는 첨부하지 않음) • 변경사항을 증명하는 서류

② **확인 서류(주체: 시장·군수·구청장)**: 건축물대장, 토지이용계획확인서, 면허증
③ **변경신고를 받은 날부터 30일 이내에 확인해야 하는 경우(주체: 시장·군수·구청장)**: 변경신고사항이 영업소의 주소, 미용업 업종 간 변경인 경우

(3) 영업신고증의 재교부
① 영업신고증을 잃어버렸거나 헐어 못 쓰게 되어 재교부받으려는 경우: 재교부신청서를 시장·군수·구청장에게 제출해야 함. 이 경우 영업신고증이 헐어 못 쓰게 된 경우에는 못 쓰게 된 영업신고증을 첨부해야 함
② 변경신고를 한 경우: 신고를 받은 시장·군수·구청장은 영업신고증을 고쳐 쓰거나 재교부해야 함

(4) 폐업신고(공중위생관리법 제3조)
① 공중위생영업을 폐업한 날부터 20일 이내에 시장·군수·구청장에게 신고하여야 함
② 영업정지 등의 기간 중에는 폐업신고를 할 수 없음
③ 시장·군수·구청장은 공중위생영업자가 관할 세무서장에게 폐업신고를 하거나 관할 세무서장이 사업자등록을 말소한 경우에는 보건복지부령으로 정하는 바에 따라 신고사항을 직권으로 말소할 수 있음
④ 신고의 방법 및 절차 등에 관하여 필요한 사항은 보건복지부령으로 정함

3 영업의 승계 [빈출]

(1) 공중위생영업의 승계(공중위생관리법 제3조의2)

승계 가능자	이용업 또는 미용업 면허를 소지한 자 중 아래에 해당하는 자 • 양수인: 미용업을 양도한 경우 • 상속인: 미용업 영업자가 사망한 경우 • 법인: 합병 후 존속하는 법인이나 합병에 의하여 설립되는 법인 • 경매, 환가, 압류재산의 매각, 그 밖에 이에 준하는 절차에 따라 미용업 영업의 관련 시설 및 설비를 인수한 자	
신고	1개월 이내에 보건복지부령에 따라 시장·군수 또는 구청장에게 신고해야 함	
제출서류	영업자 지위승계신고서와 그에 따른 서류	
	영업양도의 경우	양도·양수를 증명할 수 있는 서류 사본
	상속의 경우	상속인임을 증명할 수 있는 서류(가족관계등록전산정보만으로 상속인임을 확인할 수 있는 경우는 제외)
	그 외의 경우	해당 사유별로 영업자의 지위를 승계하였음을 증명할 수 있는 서류

> **참고** 지위승계신고를 하려는 자가 폐업신고를 같이 하려는 때에는 지위승계신고서에 폐업신고서를 함께 시장·군수·구청장에게 제출함

4 위생관리 [빈출]

(1) 위생관리의 의무(공중위생관리법 제4조)
공중위생영업자는 영업관련 시설 및 설비를 위생적이고 안전하게 관리하여야 함

(2) 미용 영업자의 준수사항(공중위생관리법 시행규칙 별표 4)
① 점빼기·귓볼뚫기·쌍꺼풀수술·문신·박피술 그 밖에 이와 유사한 의료행위를 하여서는 안 됨
② 피부미용을 위해 의약품 또는 의료기기를 사용해서는 안 됨
③ 미용기구 중 소독을 한 기구와 소독을 하지 아니한 기구는 각각 다른 용기에 넣어 보관할 것
④ 면도기의 1회용 면도날은 손님 1인에 한하여 사용할 것
⑤ 영업장 안의 조명도는 75럭스(lux) 이상이 되도록 유지하여야 함
⑥ 영업소 내부에 미용업 신고증 및 개설자의 면허증 원본을 게시하여야 함
⑦ 영업소 내부에 최종지급요금표를 게시 또는 부착하여야 함
⑧ 영업장 면적이 66제곱미터(m^2) 이상인 영업소의 경우에는 영업소 외부에도 최종지급요금표를 게시 또는 부착하여야 함. 이 경우 최종지급요금표에는 일부 항목(5개 이상)만을 표시할 수 있음
⑨ 3가지 이상의 미용서비스를 제공하는 경우에는 개별 미용서비스의 최종지급가격 및 전체 미용서비스의 총액에 관한 내역서를 이용자에게 미리 제공하여야 함. 이 경우 미용업자는 해당 내역서 사본을 1개월 간 보관하여야 함

(3) 이·미용기구의 소독 기준(공중위생관리법 시행규칙 별표 3)

일반 기준	자외선소독	1cm²당 85μW 이상의 자외선을 20분 이상 쪼임
	건열멸균소독	섭씨 100℃ 이상의 건조한 열에 20분 이상 쏘임
	증기소독	섭씨 100℃ 이상의 습한 열에 20분 이상 쏘임
	열탕소독	섭씨 100℃ 이상의 물속에 10분 이상 끓임
	석탄산수소독	석탄산수(석탄산 3%, 물 97%의 수용액)에 10분 이상 담금
	크레졸소독	크레졸수(크레졸 3%, 물 97%의 수용액)에 10분 이상 담금
	에탄올소독	에탄올수용액(에탄올이 70%인 수용액)에 10분 이상 담가두거나 에탄올수용액을 머금은 면 또는 거즈로 기구의 표면을 닦음
개별 기준		이용기구 및 미용기구의 종류·재질 및 용도에 따른 구체적인 소독 기준 및 방법은 보건복지부장관이 정하여 고시함

(4) 시설 및 설비 기준(공중위생관리법 시행규칙 별표 1)

미용업 기준	• 미용기구는 소독을 한 기구와 소독을 하지 아니한 기구를 구분하여 보관할 수 있는 용기를 비치하여야 함 • 소독기·자외선살균기 등 미용기구를 소독하는 장비를 갖추어야 함
이용업 기준	• 이용기구는 소독을 한 기구와 소독을 하지 아니한 기구를 구분하여 보관할 수 있는 용기를 비치하여야 함 • 소독기·자외선살균기 등 이용기구를 소독하는 장비를 갖추어야 함 • 영업소 안에는 별실 그 밖에 이와 유사한 시설을 설치하여서는 아니 됨

5 면허발급 및 취소

(1) 면허발급 대상자(공중위생관리법 제6조)
이·미용사가 되고자 하는 자는 다음 중 어느 하나에 해당하는 자로서 보건복지부령이 정하는 바에 의하여 시장·군수·구청장의 면허를 받아야 함
① 전문대학 또는 이와 같은 수준 이상의 학력이 있다고 교육부장관이 인정하는 학교에서 이용 또는 미용에 관한 학과를 졸업한 자
② 학점인정 등에 관한 법률에 따라 대학 또는 전문대학을 졸업한 자와 같은 수준 이상의 학력이 있는 것으로 인정되어 이용 또는 미용에 관한 학위를 취득한 자
③ 고등학교 또는 이와 같은 수준의 학력이 있다고 교육부장관이 인정하는 학교에서 이용 또는 미용에 관한 학과를 졸업한 자
④ 초·중등교육법령에 따른 특성화고등학교, 고등기술학교나 고등학교 또는 고등기술학교에 준하는 각종 학교에서 1년 이상 이용 또는 미용에 관한 소정의 과정을 이수한 자
⑤ 「국가기술자격법」에 의한 이용사 또는 미용사의 자격을 취득한 자

> **참고** 면허발급 결격 사유자
> • 피성년후견인
> • 정신질환자(전문의가 이·미용사로서 적합하다고 인정하는 사람은 제외)
> • 공중의 위생에 영향을 미칠 수 있는 감염병환자로서 보건복지부령으로 정하는 자
> • 마약, 기타 대통령령으로 정하는 약물 중독자
> • 면허가 취소된 후 1년이 경과되지 아니한 자

(2) 면허발급 신청(공중위생관리법 시행규칙 제9조)

신고인 제출서류	• 면허신청서(전자문서로 된 신청서 포함) • (1) 면허발급 대상자 중 ①~③에 해당하는 자는 졸업증명서 또는 학위증명서 1부 • (1) 면허발급 대상자 중 ④에 해당하는 자는 이수를 증명할 수 있는 서류 1부 • 정신질환자가 아님을 증명할 수 있는 최근 6개월 이내의 의사 또는 전문의의 진단서 • 감염병환자 또는 약물 중독자가 아님을 증명할 수 있는 최근 6개월 이내의 의사의 진단서 • 사진(신청 전 6개월 이내에 모자 등을 쓰지 않고 촬영한 천연색 상반신 정면사진으로 가로 3.5cm, 세로 4.5cm의 사진) 1장 또는 전자적 파일 형태의 사진
서류 확인	시장·군수·구청장은 행정정보의 공동이용을 통하여 다음의 서류를 확인하여야 함(신청인이 확인에 동의하지 아니하는 경우 해당 서류를 첨부) • 학점은행제학위증명(해당하는 사람인 경우에만 제출) • 국가기술자격취득사항확인서(해당하는 사람인 경우에만 제출)
면허증 교부	시장·군수·구청장은 요건에 적합하다고 인정되는 경우에는 면허증을 교부하고, 면허등록관리대장(전자문서를 포함)을 작성·관리하여야 함

(3) 면허증의 재발급(공중위생관리법 시행규칙 제10조)

재발급 요건	• 면허증의 기재사항에 변경이 있는 때 • 면허증을 잃어버린 때 • 면허증이 헐어 못 쓰게 된 때
제출서류	다음 서류를 시장·군수·구청장에게 제출해야 함 • 재발급신청서(전자문서로 된 신청서 포함) • 면허증 원본(기재사항이 변경되거나 헐어 못 쓰게 된 경우에 한정) • 사진 1장 또는 전자적 파일 형태의 사진

> **참고** 면허증의 기재사항
> 성명, 생년월일, 직종, 사진(3.5cm × 4.5cm)

(4) 면허취소 및 정지(공중위생관리법 제7조)

시장·군수·구청장은 이용사 또는 미용사의 면허를 취소하거나 6개월 이내의 기간을 정하여 그 면허의 정지 또는 취소를 명할 수 있음

면허정지 또는 취소 사유	• 면허증을 다른 사람에게 대여한 때 • 「국가기술자격법」에 따라 자격정지처분을 받은 때(자격정지처분 기간에 한정) • 「성매매알선 등 행위의 처벌에 관한 법률」이나 「풍속영업의 규제에 관한 법률」을 위반하여 관계 행정기관의 장으로부터 그 사실을 통보받은 때
필수적 면허취소 사유	• 피성년후견인에 해당될 때 • 정신질환자 및 보건복지부령이 정하는 감염병환자 또는 대통령령으로 정하는 약물 중독자에 해당될 때 • 「국가기술자격법」에 따라 자격이 취소된 때 • 이중으로 면허를 취득한 때(나중에 발급받은 면허를 말함) • 면허정지처분을 받고도 그 정지 기간 중에 업무를 한 때

(5) 면허증의 반납(공중위생관리법 시행규칙 제12조)

① 면허가 취소되거나 면허의 정지명령을 받은 자는 지체 없이 관할 시장·군수·구청장에게 면허증을 반납하여야 함
② 면허의 정지명령을 받은 자가 반납한 면허증은 그 면허정지 기간 동안 관할 시장·군수·구청장이 이를 보관하여야 함

6 이·미용사의 업무

(1) 이·미용사의 업무범위(공중위생관리법 시행규칙 제14조)
① 이·미용사의 면허를 받은 자가 아니면 이·미용업을 개설하거나 그 업무에 종사할 수 없음. 다만, 이·미용사의 감독을 받아 이·미용 업무의 보조를 행하는 경우에는 그러하지 아니함
② 이·미용사의 업무범위와 이·미용의 업무보조범위에 관하여 필요한 사항은 보건복지부령으로 정함
③ 업무범위 **빈출**

이용사	이발·아이론·면도·머리피부손질·머리카락염색 및 머리감기
미용사(일반)	파마·머리카락자르기·머리카락모양내기·머리피부손질·머리카락염색·머리감기, 의료기기나 의약품을 사용하지 아니하는 눈썹손질
미용사(피부)	의료기기나 의약품을 사용하지 아니하는 피부상태분석·피부관리·제모·눈썹손질
미용사(네일)	손톱과 발톱의 손질 및 화장
미용사(메이크업)	얼굴 등 신체의 화장·분장 및 의료기기나 의약품을 사용하지 아니하는 눈썹손질
미용사(종합)	미용 영업에 해당하는 모든 업무

④ 이용·미용의 업무보조범위
- 이용·미용 업무를 위한 사전 준비에 관한 사항
- 이용·미용 업무를 위한 기구·제품 등의 관리에 관한 사항
- 영업소의 청결 유지 등 위생관리에 관한 사항
- 그 밖에 머리감기 등 이용·미용 업무의 보조에 관한 사항

(2) 영업소 외에서의 이용 및 미용 업무(공중위생관리법 시행규칙 제13조) **빈출**
이용 및 미용의 업무는 영업소 외의 장소에서 행할 수 없음. 다만, 보건복지부령이 정하는 다음 중 어느 하나의 특별한 사유가 있는 경우에는 영업소 외의 장소에서 이용 및 미용의 업무를 할 수 있음
① 질병·고령·장애나 그 밖의 사유로 영업소에 나올 수 없는 자에 대하여 이용 또는 미용을 하는 경우
② 혼례나 그 밖의 의식에 참여하는 자에 대하여 그 의식 직전에 이용 또는 미용을 하는 경우
③ 「사회복지사업법」에 따른 사회복지시설에서 봉사활동으로 이용 또는 미용을 하는 경우
   예 경로당, 장애인복지관 등
④ 방송 등의 촬영에 참여하는 사람에 대하여 그 촬영 직전에 이용 또는 미용을 하는 경우
⑤ 이 외에 특별한 사정이 있다고 시장·군수·구청장이 인정하는 경우

7 행정지도감독

(1) 영업소 출입검사(공중위생관리법 제9조)
① 영업소 보고 및 출입검사
- 시·도지사 또는 시장·군수·구청장은 공중위생관리상 필요하다고 인정하는 때에는

공중위생영업자에 대하여 필요한 보고를 하게 하거나 소속 공무원으로 하여금 영업소·사무소 등에 출입하여 공중위생영업자의 위생관리 의무이행 등에 대하여 검사하게 하거나 필요에 따라 공중위생영업장부나 서류를 열람하게 할 수 있음
- 시·도지사 또는 시장·군수·구청장은 공중위생영업자의 영업소에 설치가 금지되는 카메라나 기계장치가 설치되었는지를 검사할 수 있음. 이 경우 공중위생영업자는 특별한 사정이 없으면 검사에 따라야 함

② 검사의뢰기관
- 특별시·광역시·도의 보건환경연구원
- 「국가표준기본법」에 의하여 인정을 받은 시험·검사기관
- 시·도지사 또는 시장·군수·구청장이 검사능력이 있다고 인정하는 검사기관

(2) 영업의 제한(공중위생관리법 제9조의2)
시·도지사 또는 시장·군수·구청장은 공익상 또는 선량한 풍속을 유지하기 위하여 필요하다고 인정하는 때에는 공중위생영업자 및 종사원에 대하여 영업시간 및 영업행위에 관한 필요한 제한을 할 수 있음

(3) 위생지도 및 개선명령(공중위생관리법 제10조)
① 개선명령: 시·도지사 또는 시장·군수·구청장은 다음의 어느 하나에 해당하는 자에 대하여 보건복지부령으로 정하는 바에 따라 기간을 정하여 그 개선을 명할 수 있음
- 공중위생영업의 종류별 시설 및 설비 기준을 위반한 공중위생영업자
- 위생관리 의무 등을 위반한 공중위생영업자

② 개선기간
- 시·도지사 또는 시장·군수·구청장은 공중위생영업자에게 위반사항에 대한 개선을 명하고자 하는 때에는 위반사항의 개선에 소요되는 기간 등을 고려하여 즉시 그 개선을 명하거나 6개월의 범위에서 기간을 정하여 개선을 명하여야 함
- 시·도지사 또는 시장·군수·구청장으로부터 개선명령을 받은 공중위생영업자는 천재지변 기타 부득이한 사유로 인하여 개선기간 이내에 개선을 완료할 수 없는 경우에는 그 기간이 종료되기 전에 개선기간의 연장을 신청할 수 있음. 이 경우 시·도지사 또는 시장·군수·구청장은 6개월의 범위에서 개선기간을 연장할 수 있음

(4) 영업소 폐쇄(공중위생관리법 제11조) 빈출
① 영업정지 또는 영업소 폐쇄를 명하는 경우: 시장·군수·구청장은 공중위생영업자가 다음의 어느 하나에 해당하면 6개월 이내의 기간을 정하여 영업의 정지 또는 일부 시설의 사용중지를 명하거나 영업소 폐쇄 등을 명할 수 있음
- 공중위생업 영업신고를 하지 아니하거나 시설과 설비 기준을 위반한 경우
- 보건복지부령이 정하는 주요사항의 변경신고를 하지 아니한 경우
- 공중위생영업자의 지위승계신고를 하지 아니한 경우
- 공중위생영업자의 위생관리의무 등을 지키지 아니한 경우
- 불법카메라나 기계장치를 설치한 경우
- 법을 위반하여 영업소 외의 장소에서 이용 또는 미용 업무를 한 경우
- 공중위생관리상 필요한 보고를 하지 아니하거나 거짓으로 보고한 경우 또는 관계 공무원의 출입, 검사 또는 공중위생영업 장부 또는 서류의 열람을 거부·방해하거나 기피한 경우

- 개선명령을 이행하지 아니한 경우
- 「성매매알선 등 행위의 처벌에 관한 법률」, 「풍속영업의 규제에 관한 법률」, 「청소년 보호법」, 「아동·청소년의 성보호에 관한 법률」 또는 「의료법」을 위반하여 관계 행정기관의 장으로부터 그 사실을 통보받은 경우

② 영업소 폐쇄를 명하는 경우(주체: 시장·군수·구청장)
- 영업정지처분을 받고도 그 영업정지 기간에 영업을 한 경우
- 공중위생영업자가 정당한 사유 없이 6개월 이상 계속 휴업하는 경우
- 공중위생영업자가 관할 세무서장에게 폐업신고를 한 경우
- 관할 세무서장이 사업자 등록을 말소한 경우

③ 영업소 폐쇄 조치: 시장·군수·구청장은 공중위생영업자가 영업소 폐쇄명령을 받고도 계속하여 영업을 하거나 영업신고를 하지 아니하고 공중위생영업을 하는 경우에 영업소를 폐쇄하기 위해 다음 조치를 하게 할 수 있음
- 해당 영업소의 간판 기타 영업표지물의 제거
- 해당 영업소가 위법한 영업소임을 알리는 게시물 등의 부착
- 영업을 위하여 필수불가결한 기구 또는 시설물을 사용할 수 없게 하는 봉인

(5) 같은 종류의 영업 금지(공중위생관리법 제11조의4)
① 2년: 불법카메라 설치 금지, 「성매매알선 등 행위의 처벌에 관한 법률」, 「아동·청소년의 성보호에 관한 법률」, 「풍속영업의 규제에 관한 법률」, 「청소년 보호법」 또는 「마약류 관리에 관한 법률」 위반하여 영업소 폐쇄명령을 받은 자
② 1년: ① 외의 법률을 위반하여 영업소 폐쇄명령을 받은 자

(6) 위반사실의 공표(공중위생관리법 제11조의6) 빈출
시장·군수·구청장은 면허취소, 영업소 폐쇄, 과징금 처분 법령에 따라 행정처분이 확정된 공중위생영업자에 대한 위반사실을 공표하여야 함
① 「공중위생관리법」 위반사실의 공표라는 내용의 표제
② 공중위생영업의 종류
③ 영업소의 명칭 및 소재지와 대표자 성명
④ 위반 내용(위반행위의 구체적 내용과 근거 법령을 포함)
⑤ 행정처분의 내용, 처분일 및 처분 기간
⑥ 그 밖에 보건복지부장관이 특히 공표할 필요가 있다고 인정하는 사항

(7) 공중위생감시원(공중위생관리법 제15조·제15조의2)
① 배치: 특별시·광역시·도 및 시·군·구
② 임명: 시·도지사 또는 시장·군수·구청장
③ 공중위생감시원의 자격
- 위생사 또는 환경기사 2급 이상의 자격증이 있는 사람
- 「고등교육법」에 따른 대학에서 화학·화공학·환경공학 또는 위생학 분야를 전공하고 졸업한 사람 또는 법령에 따라 이와 같은 수준 이상의 학력이 있다고 인정되는 사람
- 외국에서 위생사 또는 환경기사의 면허를 받은 사람
- 1년 이상 공중위생 행정에 종사한 경력이 있는 사람
- 공중위생감시원의 인력 확보가 곤란하다고 인정되는 때에는 공중위생 행정에 종사하

참고 영업소 폐쇄봉인 해제 조건
- 봉인을 계속할 필요가 없다고 인정되는 때
- 영업자 등이나 그 대리인이 해당 영업소를 폐쇄할 것을 약속하는 때
- 정당한 사유를 들어 봉인의 해제를 요청하는 때
- 위법 영업소임을 알리는 게시물 등의 제거를 요청하는 경우

는 사람 중 공중위생감시에 관한 교육훈련을 2주 이상 받은 사람을 공중위생 행정에 종사하는 기간 동안 공중위생감시원으로 임명할 수 있음

④ **공중위생감시원의 업무범위**
- 영업신고 및 폐업신고 규정에 의한 시설 및 설비의 확인
- 공중위생영업 관련 시설 및 설비의 위생상태 확인·검사, 공중위생영업자의 위생관리 의무 및 영업자준수사항 이행 여부의 확인
- 위생지도 및 개선명령 이행 여부의 확인
- 공중위생영업소의 영업의 정지, 일부 시설의 사용중지 또는 영업소 폐쇄명령 이행 여부의 확인
- 위생교육 이행 여부의 확인

⑤ **명예공중위생감시원**: 시·도지사는 공중위생의 관리를 위한 지도·계몽 등을 행하게 하기 위하여 명예공중위생감시원(명예감시원)을 둘 수 있음. 명예감시원의 자격 및 위촉 방법, 업무범위 등에 관하여 필요한 사항은 대통령령으로 정함

자격	• 공중위생에 대한 지식과 관심이 있는 자 • 소비자단체, 공중위생관련 협회 또는 단체의 소속 직원 중에서 당해 단체 등의 장이 추천하는 자
업무범위	• 공중위생감시원이 행하는 검사대상물의 수거 지원 • 법령 위반행위에 대한 신고 및 자료 제공 • 그 밖에 공중위생에 관한 홍보·계몽 등 공중위생관리 업무와 관련하여 시·도지사가 따로 정하여 부여하는 업무
수당 등 지급	시·도지사는 명예감시원의 활동지원을 위하여 예산의 범위 안에서 시·도지사가 정하는 바에 따라 수당 등을 지급할 수 있음
운영에 관한 필요한 사항	명예감시원의 운영에 관하여 필요한 사항은 시·도지사가 정함

(8) 청문(공중위생관리법 제12조)

보건복지부장관 또는 시장·군수·구청장은 다음 처분을 하려면 청문을 하여야 한다.
① 이용사와 미용사의 면허취소 또는 면허정지
② 위생사의 면허취소
③ 영업정지명령, 일부 시설의 사용중지명령 또는 영업소 폐쇄명령

8 위생평가

(1) 위생서비스수준의 평가(공중위생관리법 제13조)

① 시·도지사: 공중위생영업소의 위생관리수준을 향상시키기 위하여 위생서비스평가계획을 수립하여 시장·군수·구청장에게 통보하여야 함
② 시장·군수·구청장
- 평가계획에 따라 관할지역별 세부평가계획을 수립한 후 공중위생영업소의 위생서비스수준을 2년마다 평가하여야 함
- 위생서비스평가의 전문성을 높이기 위하여 필요하다고 인정하는 경우에는 관련 전문기관 및 단체로 하여금 위생서비스평가를 실시하게 할 수 있음
③ 보건복지부령: 위생서비스평가의 주기·방법, 위생관리등급의 기준 기타 평가에 관하여 필요한 사항을 정함

④ 공중위생영업자가 휴업신고를 한 경우: 해당 공중위생영업소에 대해서는 위생서비스평가를 실시하지 않을 수 있음

(2) 위생관리등급의 구분(공중위생관리법 시행규칙 제21조)
① 최우수업소: 녹색등급
② 우수업소: 황색등급
③ 일반관리대상 업소: 백색등급
④ 위생관리등급의 판정을 위한 세부항목, 등급결정 절차와 기타 위생서비스평가에 필요한 구체적인 사항은 보건복지부장관이 정하여 고시함

(3) 위생관리등급의 공표(공중위생관리법 제14조)
① 시장·군수·구청장: 위생서비스평가의 결과에 따른 위생관리등급을 해당 공중위생영업자에게 통보하고 이를 공표하여야함
② 공중위생영업자: 시장·군수·구청장으로부터 통보받은 위생관리등급의 표지를 영업소의 명칭과 함께 영업소의 출입구에 부착 가능
③ 시·도지사 또는 시장·군수·구청장: 위생서비스평가의 결과 위생서비스의 수준이 우수하다고 인정되는 영업소에 대하여 포상 가능

(4) 위생관리 감시(공중위생관리법 제14조)
① 시·도지사 또는 시장·군수·구청장: 위생서비스평가의 결과에 따른 위생관리등급별로 영업소에 대한 위생감시를 실시하여야 함
② 보건복지부령: 영업소에 대한 출입·검사와 위생감시의 실시주기 및 횟수 등 위생관리등급별 위생감시 기준을 정함

9 영업자 위생교육

위생교육의 방법·절차 등에 관하여 필요한 사항은 보건복지부령으로 정함(공중위생관리법 제17조)

교육주기 및 시간	매년 3시간(집합 교육과 온라인 교육 병행하여 실시)
교육대상자와 시기	• 영업신고를 하고자 하는 자는 미리 위생교육을 받아야 함 • 영업개시 후 6개월 이내에 위생교육을 받을 수 있는 경우 - 천재지변, 본인의 질병·사고, 업무상 국외출장 등의 사유로 교육을 받을 수 없는 경우 - 교육을 실시하는 단체의 사정 등으로 미리 교육을 받기 불가능한 경우 • 휴업신고를 한 자에 대해서는 휴업신고를 한 다음 해부터 영업을 재개하기 전까지 위생교육을 유예할 수 있음
위생교육기관	• 보건복지부장관이 허가한 단체 또는 공중위생업 영업자 단체 • 위생교육 실시단체 및 장의 업무 - 교육교재를 편찬하여 교육대상자에게 제공 - 위생교육을 수료한 자에게 수료증 교부 - 교육실시 결과를 교육 후 1개월 이내에 시장·군수·구청장에게 통보해야 함 - 수료증 교부대장 등 교육에 관한 기록을 2년 이상 보관·관리하여야 함

교육대체	• 위생교육을 받아야 하는 자 중 영업에 직접 종사하지 아니하거나 두 개 이상의 장소에서 영업을 하는 자는 종업원 중 영업장별로 공중위생에 관한 책임자를 지정하고 그 책임자로 하여금 위생교육을 받게 해야 함 • 보건복지부장관이 고시하는 섬·벽지 지역에서 영업을 하고 있거나 하려는 자에 대하여는 교육교재를 배부하여 이를 익히고 활용하도록 함으로써 교육에 갈음할 수 있음 • 동일한 공중위생영업자가 둘 이상의 미용업을 같은 장소에서 하는 경우에는 그중 하나의 미용업에 대한 위생교육을 받으면 나머지 미용업에 대한 위생교육도 받은 것으로 봄 • 위생교육을 받은 자가 위생교육을 받은 날부터 2년 이내에 위생교육을 받은 업종과 같은 업종의 영업을 하려는 경우에는 해당 영업에 대한 위생교육을 받은 것으로 봄
교육의 내용	• 「공중위생관리법」 및 관련 법규 • 소양교육(친절 및 청결에 관한 사항 포함) • 기술교육 • 공중위생에 관하여 필요한 내용
교육 미이수 시	200만 원 이하의 과태료

10 행정지원

(1) 행정지원(공중위생관리법 시행규칙 제23조의2)
① 시장·군수·구청장은 위생교육 실시단체의 장의 요청이 있으면 공중위생영업의 신고 및 폐업신고 또는 영업자의 지위승계신고 수리에 따른 위생교육대상자의 명단(업종, 업소명, 대표자 성명, 업소 소재지 및 전화번호 포함)을 통보하여야 함
② 시·도지사 또는 시장·군수·구청장은 위생교육 실시단체의 장의 지원요청이 있으면 교육대상자의 소집, 교육장소의 확보 등과 관련하여 협조하여야 함

(2) 권한 위임(공중위생관리법 제18조)
보건복지부장관은 「공중위생관리법」에 의한 권한의 일부를 대통령령이 정하는 바에 의하여 시·도지사 또는 시장·군수·구청장에게 위임할 수 있음

(3) 업무 위탁(공중위생관리법 제18조)
보건복지부장관은 대통령령이 정하는 바에 의하여 관계 전문기관에 그 업무의 일부를 위탁할 수 있음

11 벌칙·법령·법규사항

(1) 벌금 (공중위생관리법 제20조)

1년 이하의 징역 또는 1천만 원 이하의 벌금	• 영업신고를 하지 아니하고 영업을 한 자 • 영업정지명령 또는 일부 시설의 사용중지명령을 받고도 그 기간 중에 영업을 하거나 그 시설을 사용한 자 • 영업소 폐쇄명령을 받고도 계속하여 영업을 한 자
6개월 이하의 징역 또는 500만 원 이하의 벌금	• 변경신고를 하지 아니한 자 • 공중위생영업자의 지위를 승계한 자로서 신고를 하지 아니한 자 • 건전한 영업질서를 위하여 공중위생영업자가 준수하여야 할 사항을 준수하지 아니한 자
300만 원 이하의 벌금	• 다른 사람에게 이용사 또는 미용사의 면허증을 빌려주거나 빌린 사람 • 이용사 또는 미용사의 면허증을 빌려주거나 빌리는 것을 알선한 사람 • 면허의 취소 또는 정지 중에 이용업 또는 미용업을 한 사람 • 면허를 받지 아니하고 이용업 또는 미용업을 개설하거나 그 업무에 종사한 사람

> **용어 벌금**
> 일정 금액을 국가에 납부하게 하는 형벌로, 미납 시 노역유치가 가능함

(2) 과징금 (공중위생관리법 제11조의2)

① 처분
- 시장·군수·구청장은 영업정지가 이용자에게 심한 불편을 주거나 그 밖에 공익을 해할 우려가 있는 경우에는 영업정지처분에 갈음하여 1억 원 이하의 과징금을 부과할 수 있음. 다만, 불법카메라 설치 및 「성매매알선 등 행위의 처벌에 관한 법률」, 「아동·청소년의 성보호에 관한 법률」, 「풍속영업의 규제에 관한 법률」, 「마약류 관리에 관한 법률」 또는 이에 상응하는 위반행위로 인하여 처분을 받게 되는 경우를 제외함
- 과징금을 부과하는 위반행위의 종별·정도 등에 따른 과징금의 금액 등에 관하여 필요한 사항은 대통령령으로 정함
- 시장·군수·구청장은 과징금을 납부하여야 할 자가 납부기한까지 이를 납부하지 아니한 경우에는 대통령령으로 정하는 바에 따라 과징금 부과처분을 취소하고, 영업정지처분을 하거나 「지방행정제재·부과금의 징수 등에 관한 법률」에 따라 이를 징수함
- 시장·군수·구청장이 부과·징수한 과징금은 해당 시·군·구에 귀속됨

② 과징금을 부과할 위반행위의 종별과 과징금의 금액
- 부과하는 과징금의 금액은 위반행위의 종별·정도 등을 감안하여 보건복지부령이 정하는 영업정지 기간에 과징금 산정기준을 적용하여 산정함
- 시장·군수·구청장은 공중위생영업자의 사업규모·위반행위의 정도 및 횟수 등을 고려하여 과징금의 2분의 1 범위에서 과징금을 늘리거나 줄일 수 있음. 이 경우 과징금을 늘리는 때에도 그 총액은 1억 원을 초과할 수 없음

③ 과징금의 부과 및 납부
- 시장·군수·구청장은 과징금을 부과하고자 할 때에는 그 위반행위의 종별과 해당 과징금의 금액 등을 명시하여 이를 납부할 것을 서면으로 통지하여야 함
- 통지를 받은 자는 통지를 받은 날부터 20일 이내에 과징금을 시장·군수·구청장이 정하는 수납기간에 납부하여야 함. 다만, 천재지변이나 그 밖에 부득이한 사유로 인

> **용어 과징금**
> 행정법상 의무위반에 대한 제재로서 과하는 금전적 부담으로 불법적인 경제적 이익액에 따라 과하여지는 행정제재금

> **참고** 보건복지부령이 정하는 영업정지 기간은 (5) 행정처분 참고

> **참고 과징금 산정기준**
> • 영업정지 1개월은 30일을 기준으로 함
> • 연간 총매출액은 처분일이 속한 연도의 전년도의 1년간 총매출액을 기준으로 산출함

하여 그 기간 내에 과징금을 납부할 수 없는 때에는 그 사유가 없어진 날부터 7일 이내에 납부하여야 함

(3) 과태료(공중위생관리법 제22조)

① 대통령령으로 정하는 바에 따라 보건복지부장관 또는 시장·군수·구청장이 부과·징수
② 보건복지부장관 또는 시장·군수·구청장은 위반행위의 정도, 위반 횟수, 위반행위 동기와 그 결과 등을 고려하여 해당 금액의 2분의 1 범위에서 과태료를 늘리거나 줄일 수 있음

300만 원 이하의 과태료	• 보고를 하지 아니하거나 관계공무원의 출입·검사 기타 조치를 거부·방해 또는 기피한 자 • 시설 및 설비기준, 위생관리 의무에 대한 개선명령에 위반한 자

200만 원 이하의 과태료	• 다음 미용업소의 위생관리 의무를 지키지 아니한 자
	  - 의료기구와 의약품을 사용하지 아니하는 순수한 화장 또는 피부미용을 할 것
	  - 미용기구는 소독을 한 기구와 소독을 하지 아니한 기구로 분리하여 보관하고, 면도기의 1회용 면도날은 손님 1인에 한하여 사용할 것
	  - 미용사 면허증을 영업소 안에 게시할 것
	• 영업소 외의 장소에서 이용 또는 미용업무를 행한 자
	• 위생교육을 받지 아니한 자

용어 과태료
벌금이나 과료와 달리 형벌의 성질을 가지지 않는 법령위반에 대하여 과하여지는 금전벌

(4) 양벌규정(공중위생관리법 제21조)

법인의 대표자나 법인 또는 개인의 대리인, 사용인, 그 밖의 종업원이 그 법인 또는 개인의 업무에 관하여 벌금 부과에 해당되는 위반행위를 하면 그 행위자를 벌하는 외에 그 법인 또는 개인에게도 해당 조문의 벌금형을 과함. 다만, 법인 또는 개인이 그 위반행위를 방지하기 위하여 해당 업무에 관하여 상당한 주의와 감독을 게을리하지 아니한 경우에는 그러하지 아니함

(5) 행정처분(공중위생관리법 시행규칙 별표 7) 빈출

위반행위	행정처분 기준			
	1차 위반	2차 위반	3차 위반	4차 이상 위반
법 또는 법에 의한 명령 위반				
• 영업신고를 하지 않거나 시설과 설비 기준을 위반한 경우				
- 영업신고를 하지 않은 경우	영업장 폐쇄명령			
- 시설 및 설비 기준을 위반한 경우	개선명령	영업정지 15일	영업정지 1개월	영업장 폐쇄명령
• 변경신고를 하지 않은 경우				
- 신고를 하지 않고 영업소의 명칭 및 상호, 미용업 업종 간 변경을 하였거나 영업장 면적의 3분의 1 이상을 변경한 경우	경고 또는 개선명령	영업정지 15일	영업정지 1개월	영업장 폐쇄명령
- 신고를 하지 않고 영업소의 소재지를 변경한 경우	영업정지 1개월	영업정지 2개월	영업장 폐쇄명령	

위반행위	행정처분 기준			
	1차 위반	2차 위반	3차 위반	4차 이상 위반
• 지위승계신고를 하지 않은 경우	경고	영업정지 10일	영업정지 1개월	영업장 폐쇄명령
• 공중위생영업자의 위생관리 의무 등을 지키지 않은 경우				
− 소독을 한 기구와 소독을 하지 않은 기구를 각각 다른 용기에 넣어 보관하지 않거나 1회용 면도날을 2인 이상의 손님에게 사용한 경우	경고	영업정지 5일	영업정지 10일	영업장 폐쇄명령
− 피부미용을 위하여 「약사법」에 따른 의약품 또는 「의료기기법」에 따른 의료기기를 사용한 경우	영업정지 2개월	영업정지 3개월	영업장 폐쇄명령	
− 점빼기·귓볼뚫기·쌍꺼풀수술·문신·박피술 그 밖에 이와 유사한 의료행위를 한 경우	영업정지 2개월	영업정지 3개월	영업장 폐쇄명령	
− 미용업 신고증 및 면허증 원본을 게시하지 않거나 업소 내 조명도를 준수하지 않은 경우	경고 또는 개선명령	영업정지 5일	영업정지 10일	영업장 폐쇄명령
− 개별 미용서비스의 최종지급가격 및 전체 미용서비스의 총액에 관한 내역서를 이용자에게 미리 제공하지 않은 경우	경고	영업정지 5일	영업정지 10일	영업정지 1개월
• 불법카메라나 기계장치를 설치한 경우	영업정지 1개월	영업정지 2개월	영업장 폐쇄명령	
• 영업소 외의 장소에서 미용 업무를 한 경우	영업정지 1개월	영업정지 2개월	영업장 폐쇄명령	
• 보고를 하지 않거나 거짓으로 보고한 경우 또는 관계 공무원의 출입, 검사 또는 공중위생영업장부 또는 서류의 열람을 거부·방해하거나 기피한 경우	영업정지 10일	영업정지 20일	영업정지 1개월	영업장 폐쇄명령
• 개선명령을 이행하지 않은 경우	경고	영업정지 10일	영업정지 1개월	영업장 폐쇄명령
• 영업정지처분을 받고도 그 영업정지 기간에 영업을 한 경우	영업장 폐쇄명령			
• 공중위생영업자가 정당한 사유 없이 6개월 이상 계속 휴업하는 경우	영업장 폐쇄명령			
• 공중위생영업자가 부가가치세법에 따라 관할 세무서장에게 폐업신고를 하거나 관할 세무서장이 사업자 등록을 말소한 경우	영업장 폐쇄명령			
• 공중위생영업자가 영업을 하지 않기 위하여 영업시설의 전부를 철거한 경우	영업장 폐쇄명령			

기타 주체별 주요업무

주체	업무
시·도 지사	• 영업시간 및 영업행위 제한 • 위생서비스 평가계획 수립
시장·군수·구청장	• 영업시간 및 영업행위 제한 • 영업신고, 변경신고, 폐업신고 및 영업신고증 교부 • 면허신청·취소 및 면허증 교부, 반납, 폐쇄명령 • 위생서비스평가 • 과태료 및 과징금 부과·징수 • 청문
보건 복지 부장관	업무 위탁
보건 복지 부령	• 위생 기준 및 소독 기준 • 미용사의 업무 • 위생서비스 평가주기와 방법, 위생관리등급

위반행위	행정처분 기준			
	1차 위반	2차 위반	3차 위반	4차 이상 위반
면허정지 및 면허취소 사유에 해당하는 경우				
• 피성년후견인, 정신질환자, 감염병환자, 약물 중독자	면허취소			
• 면허증을 다른 사람에게 대여한 경우	면허정지 3개월	면허정지 6개월	면허취소	
• 「국가기술자격법」에 따라 자격이 취소된 경우	면허취소			
• 「국가기술자격법」에 따라 자격정지 처분을 받은 경우(자격정지처분 기간에 한정)	면허정지			
• 이중으로 면허를 취득한 경우(나중에 발급받은 면허)	면허취소			
• 면허정지처분을 받고도 그 정지 기간 중 업무를 한 경우	면허취소			
「성매매알선 등 행위의 처벌에 관한 법률」, 「풍속영업의 규제에 관한 법률」, 「청소년 보호법」, 「아동·청소년의 성보호에 관한 법률」 또는 「의료법」을 위반하여 관계 행정기관의 장으로부터 그 사실을 통보받은 경우				
• 손님에게 성매매알선 등 행위 또는 음란행위를 하게 하거나 이를 알선 또는 제공한 경우				
– 영업소	영업정지 3개월	영업장 폐쇄명령		
– 미용사	면허정지 3개월	면허취소		
• 손님에게 도박 그 밖에 사행행위를 하게 한 경우	영업정지 1개월	영업정지 2개월	영업장 폐쇄명령	
• 음란한 물건을 관람·열람하게 하거나 진열 또는 보관한 경우	경고	영업정지 15일	영업정지 1개월	영업장 폐쇄명령
• 무자격안마사로 하여금 안마사의 업무에 관한 행위를 하게 한 경우	영업정지 1개월	영업정지 2개월	영업장 폐쇄명령	

출제 예상문제 A

1 공중위생관리법의 목적과 정의

01
공중위생관리법의 목적으로 옳은 것은?
① 공중이 이용하는 영업의 위생관리법을 제정한다.
② 위생수준을 향상시켜 국민의 건강 증진에 기여한다.
③ 현재보다 나은 관리서비스를 제공한다.
④ 공중위생 종사자의 위생 및 건강관리에 기여한다.

> 「공중위생관리법」: 공중이 이용하는 영업의 위생관리 등에 관한 사항을 규정함으로써 위생수준을 향상시켜 국민의 건강 증진에 기여함을 목적으로 함

02
공중위생관리법에서 규정하는 공중위생영업이 아닌 것은?
① 세탁업
② 건물위생관리업
③ 학원업
④ 미용업

> 공중위생영업: 숙박업·목욕장업·이용업·미용업·세탁업·건물위생관리업을 말함

03
공중위생관리법상 미용업에 대한 정의로 옳은 것은?
① 손님의 머리카락 또는 수염을 깎거나 다듬는 등의 방법으로 손님의 용모를 단정하게 하는 영업
② 손님의 얼굴, 머리, 피부 및 손톱·발톱 등을 손질하여 손님의 외모를 아름답게 꾸미는 영업
③ 손님의 두발을 다듬고 가꾸어 손님의 용모를 단정하게 하는 영업
④ 손님의 얼굴이나 신체·외모를 아름답게 꾸미어 용모를 단정하게 하는 영업

> 미용업: 손님의 얼굴, 머리, 피부 및 손톱·발톱 등을 손질하여 손님의 외모를 아름답게 꾸미는 영업

04
공중위생관리법에서 이·미용업이 속하는 영업은?
① 공중위생영업
② 위생관리영업
③ 위생처리관리업
④ 공중위생서비스업

> 공중위생영업: 다수인을 대상으로 위생관리서비스를 제공하는 영업으로서 숙박업·목욕장업·이용업·미용업·세탁업·건물위생관리업을 말함

05 신규 문제 공략
공중위생법상 이·미용업의 범위가 다른데, 미용업에서 다루는 범위를 모두 표기한 것은?
① 머리, 피부, 손, 얼굴
② 머리카락, 얼굴
③ 얼굴, 머리, 피부, 손톱·발톱
④ 머리, 피부, 손톱·발톱

> • 이용업: 손님의 머리카락 또는 수염을 깎거나 다듬는 등의 방법으로 손님의 용모를 단정하게 하는 영업을 말함
> • 미용업: 손님의 얼굴, 머리, 피부 및 손톱·발톱 등을 손질하여 손님의 외모를 아름답게 꾸미는 영업을 말함

2 영업의 신고 및 폐업

06
이·미용업을 신고할 수 있는 자의 조건으로 옳은 것은?
① 이·미용 면허증을 취득한 경우
② 영업장을 운영할 수 있는 경제적 여건이 갖추어진 경우
③ 이·미용 자격증을 취득한 경우
④ 영업장 내에 시설 및 설비를 갖춘 경우

> 공중위생영업을 하고자 하는 자는 공중위생영업의 종류별로 보건복지부령이 정하는 시설 및 설비를 갖추고 신고해야 함

07
공중위생영업의 신고와 관련하여 빈칸에 들어갈 말로 옳은 것은?

> 공중위생영업을 하고자 하는 자는 공중위생영업의 종류별로 보건복지부령이 정하는 시설 및 설비를 갖추고 (　　　)에게 신고해야 한다.

① 시장·군수·구청장
② 보건복지부장관
③ 시·도지사
④ 대통령

> 공중위생영업을 하고자 하는 자는 시설 및 설비를 갖추고 시장·군수·구청장에게 신고해야 함

| 정답 | 01 ② | 02 ③ | 03 ② | 04 ① | 05 ③ | 06 ④ | 07 ① |

08
빈칸에 들어갈 말로 옳은 것은?

> 영업신고를 받은 시장·군수·구청장은 즉시 영업신고증을 교부하고, ( )을(를) 작성·관리해야 한다. 또한 해당 영업소의 시설 및 설비에 대한 확인이 필요한 경우 영업신고증을 교부한 후 30일 이내 확인한다.

① 교부확인서
② 영업확인증
③ 영업신고보고서
④ 신고관리대장

영업신고를 받은 시장·군수·구청장은 즉시 영업신고증을 교부하고, 신고관리대장을 작성·관리해야 함

09
공중위생관리법상 공중위생영업의 신고를 할 때 반드시 필요한 서류가 아닌 것은?

① 영업시설 및 설비개요서
② 영업신고서
③ 이·미용사 자격증
④ 교육수료증

영업신고 시 제출서류: 영업신고서, 영업시설 및 설비개요서, 교육수료증(미리 교육받은 사람만 해당)

10
영업신고증의 재교부 신청이 가능한 경우는?

① 신고인의 면허증 훼손 시
② 영업소의 전화번호 변경 시
③ 영업신고증의 훼손 시
④ 신고인의 자택주소 변경 시

재교부 신청 요건: 영업신고증의 분실 또는 훼손 시

11
공중위생관리법상 변경신고사항에 해당하지 않는 것은?

① 미용업 업종 간 변경 시
② 대표자의 성명 또는 생년월일 변경 시
③ 영업소의 명칭 또는 상호 변경 시
④ 영업소 내의 시설 변경 시

변경신고사항
- 영업소의 명칭 또는 상호 변경 시
- 영업소의 주소 변경 시
- 신고한 영업장 면적의 3분의 1 이상의 증감 시
- 대표자의 성명 또는 생년월일 변경 시
- 미용업 업종 간 변경 시

12
공중위생관리법상 신고한 영업장의 면적이 어느 정도 증감했을 때 변경신고가 필요한가?

① 3분의 1 이상
② 4분의 1 이상
③ 5분의 1 이상
④ 6분의 1 이상

신고한 영업장 면적의 3분의 1 이상의 증감 시 변경신고가 필요함

13
공중위생관리법상 공중위생영업을 폐업한 날부터 며칠 이내에 시장·군수·구청장에게 신고해야 하는가?

① 20일 이내
② 25일 이내
③ 30일 이내
④ 15일 이내

공중위생영업을 폐업한 날부터 20일 이내에 시장·군수·구청장에게 신고해야 함

14
폐업신고에 대한 설명으로 옳지 않은 것은?

① 영업정지 등의 기간 중에도 폐업신고를 할 수 있다.
② 시장·군수·구청장은 공중위생영업자가 관할 세무서장에게 폐업신고를 한 경우 보건복지부령에 따라 신고사항을 직권으로 말소할 수 있다.
③ 신고의 방법 및 절차 등에 관하여 필요한 사항은 보건복지부령으로 정한다.
④ 공중위생영업을 폐업한 날부터 20일 이내에 시장·군수·구청장에게 신고해야 한다.

영업정지 등의 기간 중에는 폐업신고를 할 수 없음

15
변경신고에 대한 설명으로 옳지 않은 것은?

① 신고증을 분실하여 분실 사유를 기재하는 경우에는 영업신고증을 첨부하지 않아도 된다.
② 변경신고 시에는 보건복지부장관이 영업신고증을 수정 또는 재교부한다.
③ 변경신고사항이 영업소의 주소, 미용업 업종 간 변경인 경우 시장·군수·구청장은 변경신고를 받은 날부터 30일 이내에 확인해야 한다.
④ 영업소의 주소가 변경될 경우 변경신고가 필요하다.

변경신고 시에는 시장·군수·구청장이 영업신고증을 수정 또는 재교부해야 함

정답 | 08 ④ 09 ③ 10 ③ 11 ④ 12 ① 13 ① 14 ① 15 ②

3 영업의 승계

16
이용업 또는 미용업의 면허를 소지한 자임에도 이·미용업의 승계가 불가능한 경우는?

① 이·미용업을 양수받았을 경우
② 공중위생관리법 위반으로 영업장 폐쇄명령을 받았을 경우
③ 이·미용업을 상속받았을 경우
④ 이·미용업자의 파산으로 미용업 영업의 관련 시설 및 설비를 인수했을 경우

> **영업승계 가능자**
> 이용업 또는 미용업 면허를 소지한 자 중 아래에 해당하는 자
> • 양수인: 미용업을 양도한 경우
> • 상속인: 미용업 영업자가 사망한 경우
> • 법인: 합병 후 존속하는 법인이나 합병에 의하여 설립되는 법인
> • 경매, 환가, 압류재산의 매각, 그 밖에 이에 준하는 절차에 따라 미용업 영업의 관련 시설 및 설비를 인수한 자

17
공중위생영업 승계자가 시장·군수·구청장에게 승계를 신고해야 하는 기한은?

① 1개월 이내   ② 2개월 이내
③ 20일 이내   ④ 15일 이내

> 공중위생영업 승계자는 1개월 이내에 보건복지부령에 따라 시장·군수 또는 구청장에게 신고해야 함

18
이·미용 영업자의 지위 승계 시 반드시 갖추어야 할 승계 자격 조건은?

① 이·미용 자격증을 소지해야 한다.
② 공중위생업자의 상속인이어야 한다.
③ 이·미용 면허를 소지해야 한다.
④ 공중위생업 경험자여야 한다.

> 승계 시 필수 자격 조건: 면허 소지자

4 위생관리

19
이·미용 영업자의 준수사항으로 옳지 않은 것은?

① 피부미용을 위해 의약품 또는 의료기기를 사용해서는 안 된다.
② 이·미용사 면허증을 영업소 안에 게시해야 한다.
③ 이·미용기구는 소독을 한 기구와 소독을 하지 아니한 기구로 분리하여 보관해야 한다.
④ 이·미용사 자격증을 영업소 안에 게시해야 한다.

> 영업소 내부에 미용사 자격증을 게시할 필요는 없음

20
이·미용 영업소 내에 반드시 게시해야 할 사항이 아닌 것은?

① 이·미용업 신고증   ② 이·미용사 면허증 원본
③ 영업장의 상호   ④ 최종지급요금표

> 영업소 내 필수 게시사항: 이·미용업 신고증, 이·미용사 면허증 원본, 최종지급요금표

21 신규 문제 공략
위생서비스의 수준이 우수하다고 인정되는 영업소에 대해 포상이 가능하지 않은 사람은?

① 시장   ② 보건복지부장관
③ 도지사   ④ 구청장

> 시·도지사 또는 시장·군수·구청장: 위생서비스평가의 결과 위생서비스의 수준이 우수하다고 인정되는 영업소에 대해 포상이 가능함

22
미용 영업자가 준수해야 하는 위생관리 기준으로 옳지 않은 것은?

① 미용기구 중 소독을 한 기구와 소독을 하지 아니한 기구는 각각 다른 용기에 넣어 보관해야 한다.
② 영업소 내부에 최종지급요금표를 게시 또는 부착해야 한다.
③ 점빼기·귓볼뚫기·쌍꺼풀수술·문신·박피술 그 밖에 이와 유사한 의료행위를 해서는 아니된다.
④ 영업장 안의 조명도는 65lux 이상이 되도록 유지해야 한다.

> 영업장 안의 조명도는 75lux 이상이 되도록 유지하여야 함

| 정답 | 16 ② | 17 ① | 18 ③ | 19 ④ | 20 ③ | 21 ② | 22 ④ |

5 면허발급 및 취소

23
이용사와 미용사 면허증을 받을 수 있는 자가 아닌 것은?
① 교육부장관이 인정하는 학교에서 이용 또는 미용에 관한 학과를 졸업한 자
② 국가기술자격법에 의한 이용사 또는 미용사의 자격을 취득한 자
③ 고등기술학교에 준하는 각종 학교에서 6개월 이상 이용 또는 미용에 관한 소정의 과정을 이수한 자
④ 고등학교 또는 동등한 학력이 있다고 교육부장관이 인정하는 학교에서 이용 또는 미용에 관한 학과를 졸업한 자

> 초·중등교육법령에 따른 특성화고등학교, 고등기술학교나 고등학교 또는 고등기술학교에 준하는 각종 학교에서 1년 이상 이용 또는 미용에 관한 소정의 과정을 이수한 자여야 함

24
면허발급 결격 사유자에 해당하지 않는 것은?
① 공중의 위생에 영향을 미칠 수 있는 감염병환자로서 보건복지부령으로 정하는 자
② 면허가 취소된 후 1년이 경과한 자
③ 마약·기타 대통령령으로 정하는 약물 중독자
④ 피성년후견인

> 면허가 취소된 후 1년이 경과되지 아니한 자가 결격 사유자임

25
면허발급 시 제출서류에 해당하지 않는 것은?
① 교육부장관이 인정하는 학교에서 이용 또는 미용에 관한 학과를 졸업한 자의 졸업증명서
② 고등기술학교에 준하는 각종 학교에서 1년 이상 이용 또는 미용에 관한 소정의 과정을 이수한 자의 이수증명서
③ 신청 전 12개월 이내에 모자 등을 쓰지 않고 촬영한 천연색 상반신 정면사진 1장 또는 전자적 파일 형태의 사진
④ 감염병환자 또는 약물 중독자가 아님을 증명할 수 있는 최근 6개월 이내의 의사의 진단서

> 사진(신청 전 6개월 이내에 모자 등을 쓰지 않고 촬영한 천연색 상반신 정면사진으로 가로 3.5cm, 세로 4.5cm의 사진) 1장 또는 전자적 파일 형태의 사진

26
반드시 면허를 취소해야 하는 사유에 해당하지 않는 것은?
① 국가기술자격법에 따라 자격이 취소된 때
② 성매매알선 등 행위의 처벌에 관한 법률이나 풍속영업의 규제에 관한 법률을 위반하여 관계 행정기관의 장으로부터 그 사실을 통보받은 때
③ 면허정지처분을 받고도 그 정지 기간 중에 업무를 한 때
④ 정신질환자 및 보건복지부령이 정하는 감염환자 또는 대통령령으로 정하는 약물 중독자에 해당될 때

> 「성매매알선 등 행위의 처벌에 관한 법률」이나 「풍속영업의 규제에 관한 법률」을 위반하여 관계 행정기관의 장으로부터 그 사실을 통보받은 때는 면허를 정지하거나 취소해야 하는 사유에 해당함

27
이·미용사의 면허증을 분실한 경우 재발급을 신청하는 대상은?
① 시장·군수·구청장
② 보건복지부장관
③ 시·도지사
④ 지방자치단체의 장

> 면허증의 재발급 신청을 하려는 자는 필요한 서류를 첨부하여 시장·군수·구청장에게 제출해야 함

28
이·미용사가 면허증 재발급을 신청할 수 없는 경우는?
① 신고인의 직종이 변경되었을 경우
② 면허증을 분실한 경우
③ 영업장의 상호가 변경된 경우
④ 면허증이 헐어 못 쓰게 된 경우

> - 면허증은 면허증의 기재사항에 변경이 있는 때, 면허증을 잃어버린 때 또는 면허증이 헐어 못 쓰게 된 때 재발급을 신청할 수 있음
> - 면허증의 기재사항은 성명, 생년월일, 직종, 사진(3.5cm x 4.5cm)임

29
면허증의 재발급 시 필요한 제출서류에 해당하지 않는 것은?
① 면허증 원본
② 사진 1장
③ 재발급신청서
④ 영업신고증

> 영업신고증은 면허 재발급과 관련이 없음

| 정답 | 23 ③ 24 ② 25 ④ 26 ② 27 ① 28 ③ 29 ④ |

30
면허의 정지명령을 받은 자가 면허증을 반납해야 하는 대상은?
① 시·도지사
② 시장·군수·구청장
③ 보건복지부장관
④ 관내 통장

> 면허가 취소되거나 면허의 정지명령을 받은 자는 지체 없이 관할 시장·군수·구청장에게 면허증을 반납해야 함

31
이·미용사 면허증을 취득할 수 없는 자는?
① 정신질환자
② 면허가 취소된 후 12개월이 경과된 자
③ 전과기록자
④ 인플루엔자 감염자

> **면허발급 결격 사유자**
> - 피성년후견인
> - 정신질환자(전문의가 이·미용사로서 적합하다고 인정하는 사람은 예외)
> - 공중의 위생에 영향을 미칠 수 있는 감염병환자로서 보건복지부령이 정하는 자
> - 마약, 기타 대통령령으로 정하는 약물 중독자
> - 면허가 취소된 후 1년이 경과되지 아니한 자

32
이·미용사의 면허정지를 명할 수 있는 자는?
① 시·도지사
② 시장·군수·구청장
③ 경찰서장
④ 공중위생관리원

> 시장·군수·구청장은 이용사 또는 미용사의 면허를 취소하거나 6개월 이내의 기간을 정하여 그 면허의 정지를 명할 수 있음

6 이·미용사의 업무

33
영업소 외의 장소에서 미용 업무를 할 수 있는 경우가 아닌 것은?
① 특별한 사정이 있다고 사회복지사가 인정하는 경우
② 고령의 사유로 영업소에 나올 수 없는 경우
③ 방송 촬영 직전의 경우
④ 결혼이나 그 밖의 의식 직전의 경우

> 특별한 사정이 있다고 시장·군수·구청장이 인정하는 경우 영업소 외의 장소에서 미용 업무를 할 수 있음

34
이·미용 업무의 보조를 할 수 있는 사람은?
① 미용고등학교 재학생
② 보건복지부장관이 인정한 자
③ 이·미용 면허증 준비자
④ 이·미용사의 감독을 받는 자

> 이·미용사의 감독을 받아 이·미용 업무를 보조하는 경우 면허가 없어도 가능함

35
이·미용의 업무보조범위에 해당하지 않는 것은?
① 이·미용 영업소의 청결 유지
② 이·미용 업무를 위한 기구·제품 등의 관리
③ 이·미용 업무를 위한 사전 준비
④ 이·미용 상품에 대한 관심 유도

> 이·미용 상품에 대한 관심 유도는 업무보조범위에 해당하지 않음

36
이·미용의 업무보조범위에 관하여 필요한 사항을 정하는 법령은?
① 대통령령
② 보건복지부령
③ 국무총리령
④ 환경보건부령

> 이용사 및 미용사의 업무범위와 이용·미용의 업무보조범위에 관하여 필요한 사항은 보건복지부령으로 정함

7 행정지도감독

37
영업소 검사의뢰기관에 해당하지 않는 것은?
① 시·도지사가 검사능력이 있다고 인정하는 검사기관
② 국가표준기본법에 의하여 인정을 받은 시험·검사기관
③ 특별시·광역시·도의 보건환경연구원
④ 관할 동에서 운영하는 선별시험·검사기관

> **검사의뢰기관**
> - 특별시·광역시·도의 보건환경연구원
> - 「국가표준기본법」에 의하여 인정을 받은 시험·검사기관
> - 시·도지사 또는 시장·군수·구청장이 검사능력이 있다고 인정하는 검사기관

38
영업소 보고 및 출입검사에 대한 설명으로 옳지 않은 것은?
① 보건복지부장관은 공중위생관리상 필요하다고 인정하는 때에는 공중위생영업자에 대하여 필요한 보고를 하게 할 수 있다.
② 구청장은 소속 공무원으로 하여금 필요에 따라 공중위생영업장부나 서류를 열람하게 할 수 있다.
③ 시·도지사는 공중위생영업자의 영업소에 설치가 금지되는 카메라가 설치되었는지를 검사할 수 있다.
④ 시장은 공중위생영업자의 위생관리 의무이행 등에 대하여 검사하게 할 수 있다.

> 시·도지사 또는 시장·군수·구청장은 공중위생관리상 필요하다고 인정하는 때에는 공중위생영업자에 대하여 필요한 보고를 하게 할 수 있음

39
공중위생영업자에게 위반사항에 대한 개선을 명할 수 없는 자는?
① 도지사
② 군수
③ 보건복지부장관
④ 구청장

> 시·도지사 또는 시장·군수·구청장은 공중위생영업자에게 위반사항에 대한 개선을 명할 수 있음

40
공중위생영업자에게 위반사항에 대한 개선을 명하고자 하는 때, 위반사항의 개선기간의 범위는? (단, 연장기간은 제외)
① 3개월
② 6개월
③ 12개월
④ 18개월

> 위반사항의 개선에 소요되는 기간 등을 고려하여 즉시 그 개선을 명하거나 6개월의 범위에서 기간을 정하여 개선을 명하여야 함

41
개선명령을 받은 공중위생영업자가 천재지변, 기타 부득이한 사유로 인하여 개선기간 이내에 개선을 완료할 수 없는 경우 신청 가능한 개선 연장기간은?
① 1개월
② 3개월
③ 6개월
④ 12개월

> 시·도지사 또는 시장·군수·구청장으로부터 개선명령을 받은 공중위생영업자는 천재지변, 기타 부득이한 사유로 인하여 개선기간 이내에 개선을 완료할 수 없는 경우에는 그 기간이 종료되기 전에 개선기간의 연장을 신청할 수 있으며, 이 경우 시·도지사 또는 시장·군수·구청장은 6개월의 범위에서 개선기간을 연장할 수 있음

42
공익상 또는 선량한 풍속을 유지하기 위하여 필요하다고 인정하는 때 공중위생영업자에 대하여 영업시간 및 영업행위에 관한 필요한 제한을 할 수 있는 자는?
① 시·도지사
② 동장
③ 보건복지부장관
④ 대통령

> 시·도지사 또는 시장·군수·구청장은 공익상 또는 선량한 풍속을 유지하기 위하여 필요하다고 인정하는 때에는 공중위생영업자 및 종사원에 대하여 영업시간 및 영업행위에 관한 필요한 제한을 할 수 있음

43
공중위생관리법에 의거하여 위반사실을 공표할 때 필수 공표사항에 해당하지 않는 것은?
① 위반행위의 구체적 내용과 근거 법령
② 행정처분의 처분일 및 처분 기간
③ 공중위생영업자의 자택주소
④ 공중위생관리법 위반사실의 공표라는 내용의 표제

> 공중위생영업자의 자택주소는 필수 공표사항이 아님

44
공중위생영업자가 지위승계신고를 하지 아니한 경우 시장·군수·구청장이 할 수 있는 조치로 적합한 것은?
① 면허정지
② 개선명령
③ 자격정지
④ 영업정지

> 공중위생영업자가 지위승계신고를 하지 아니한 경우 6개월 이내의 기간을 정하여 영업의 정지 또는 일부 시설의 사용중지를 명하거나 영업소 폐쇄 등을 명할 수 있음

45
영업정지처분을 받고도 그 영업정지 기간에 영업을 한 경우 영업소 폐쇄를 명할 수 있는 자는?
① 구청장
② 보건소장
③ 보건복지부 장관
④ 도지사

> 시장·군수·구청장은 영업정지처분을 받고도 그 영업정지 기간에 영업을 한 경우에는 영업소 폐쇄를 명할 수 있음

| 정답 | 38 ① 39 ③ 40 ② 41 ③ 42 ① 43 ③ 44 ④ 45 ① |

46
공중위생영업자가 정당한 사유 없이 6개월 이상 계속 휴업하는 경우 시장·군수·구청장이 취할 수 있는 조치는?

① 일부 시설의 사용중지   ② 영업정지
③ 자격 박탈   ④ 영업소 폐쇄

> 시장·군수·구청장은 공중위생영업자가 정당한 사유없이 6개월 이상 계속 휴업하는 경우 영업소 폐쇄를 명할 수 있음

47
신고를 하지 아니하고 공중위생영업을 하는 경우에 취할 수 있는 조치로 적합하지 않은 것은?

① 영업을 위하여 필수불가결한 시설물을 봉인한다.
② 해당 영업소가 위법한 영업소임을 알리는 게시물 등을 부착한다.
③ 해당 영업소에 위반사항 개선을 요구한다.
④ 해당 영업소의 간판 기타 영업표지물을 제거한다.

> **영업소 폐쇄 조치**
> 시장·군수·구청장은 공중위생영업자가 영업소 폐쇄명령을 받고도 계속하여 영업을 하거나 영업신고를 하지 아니하고 공중위생영업을 하는 경우에 영업소를 폐쇄하기 위해 다음 조치를 하게 할 수 있음
> • 해당 영업소의 간판 기타 영업표지물의 제거
> • 해당 영업소가 위법한 영업소임을 알리는 게시물 등의 부착
> • 영업을 위하여 필수불가결한 기구 또는 시설물을 사용할 수 없게 하는 봉인

48
영업소 폐쇄를 명할 수 있는 경우에 해당하지 않는 것은?

① 공중위생영업자가 부가가치세법에 따라 관할 세무서장에게 폐업신고를 한 경우
② 면허정지처분을 받고도 그 정지 기간 중 업무를 한 경우
③ 영업정지처분을 받고도 그 영업정지 기간에 영업을 한 경우
④ 관할 세무서장이 사업자등록을 말소한 경우

> 면허정지처분을 받고도 그 정지 기간 중 업무를 한 경우는 면허취소 사유에 해당함

49
영업소 폐쇄명령을 받고도 계속하여 영업을 하는 경우 공중위생영업소에 관계 공무원이 취할 수 있는 행정조치로 적합한 것은?

① 영업소 폐쇄명령 10일 후 현장실사한다.
② 폐쇄명령처분을 구두로 통보한다.
③ 해당 영업소가 위법한 영업소임을 알리는 게시물을 부착한다.
④ 행정처분 내용을 경찰청장에게 보고한다.

> **영업소 폐쇄 조치**
> 시장·군수·구청장은 공중위생영업자가 영업소 폐쇄명령을 받고도 계속하여 영업을 하거나 영업신고를 하지 아니하고 공중위생영업을 하는 경우에 영업소를 폐쇄하기 위해 다음 조치를 하게 할 수 있음
> • 해당 영업소의 간판 기타 영업표지물의 제거
> • 해당 영업소가 위법한 영업소임을 알리는 게시물 등의 부착
> • 영업을 위하여 필수불가결한 기구 또는 시설물을 사용할 수 없게 하는 봉인

50
공중위생감시원을 두어야 하는 곳이 아닌 것은?

① 광역시·도   ② 읍·면·동
③ 시·군·구   ④ 특별시

> 관계 공무원의 업무를 행하게 하기 위하여 특별시·광역시·도 및 시·군·구에 공중위생감시원을 두어야 함

51
명예공중위생감시원의 업무 및 운영에 필요한 사항을 정하는 주체는?

① 대통령   ② 시·도지사
③ 보건복지부   ④ 국무총리

> 명예공중위생감시원의 운영에 관하여 필요한 사항은 시·도지사가 정함

52
공중위생감시원의 자격에 해당하지 않는 사람은?

① 대학에서 화학·화공학·환경공학 또는 위생학 분야를 전공하고 졸업한 사람
② 외국에서 2년 이상 공중위생영업에 종사한 사람
③ 1년 이상 공중위생 행정에 종사한 경력이 있는 사람
④ 환경기사 2급 이상의 자격증이 있는 사람

> **공중위생감시원의 자격**
> • 위생사 또는 환경기사 2급 이상의 자격증이 있는 사람
> • 「고등교육법」에 따른 대학에서 화학·화공학·환경공학 또는 위생학 분야를 전공하고 졸업한 사람 또는 법령에 따라 이와 같은 수준 이상의 학력이 있다고 인정되는 사람
> • 외국에서 위생사 또는 환경기사의 면허를 받은 사람
> • 1년 이상 공중위생 행정에 종사한 경력이 있는 사람

| 정답 | 46 ④ 47 ③ 48 ② 49 ③ 50 ② 51 ② 52 ②

53
공중위생감시원을 임명할 권한이 없는 사람은?
① 시장 ② 도지사
③ 군수 ④ 대통령

시·도지사 또는 시장·군수·구청장이 공중위생감시원을 임명함

54
공중위생감시원의 인력 확보가 곤란하다고 인정되는 때 시·도지사가 임명할 수 있는 사람으로 적합한 사람은?
① 6개월 이상 공중위생 행정에 종사한 경력이 있는 사람
② 공중위생 행정에 종사하는 사람 중 공중위생감시에 관한 교육훈련을 2주 이상 받은 사람
③ 외국에서 6개월 이상 이·미용업에 종사한 사람
④ 치위생사 면허가 있는 사람

공중위생감시원의 인력 확보가 곤란하다고 인정되는 때에는 공중위생 행정에 종사하는 사람 중 공중위생감시에 관한 교육훈련을 2주 이상 받은 사람을 공중위생 행정에 종사하는 기간 동안 공중위생감시원으로 임명할 수 있음

55
명예공중위생감시원에 대한 설명으로 옳지 않은 것은?
① 공중위생감시원이 행하는 검사대상물의 수거를 지원한다.
② 명예공중위생감시원은 법령 위반행위에 대한 신고 및 자료를 제공한다.
③ 공중위생에 대한 지식과 관심이 있는 자는 명예공중위생감시원이 될 수 있다.
④ 명예공중위생감시원의 업무범위는 보건복지부령으로 정한다.

명예공중위생감시원의 자격 및 위촉 방법, 업무범위 등에 관하여 필요한 사항은 대통령령으로 정함

56
공중위생의 관리를 위한 지도·계몽 등을 행하게 하기 위하여 둘 수 있는 것은?
① 공중위생관리원 ② 명예공중위생감시원
③ 공중위생보조원 ④ 전문공중위생위원회

시·도지사는 공중위생의 관리를 위한 지도·계몽 등을 행하게 하기 위하여 명예공중위생감시원을 둘 수 있음

57
보건복지부장관 또는 시장·군수·구청장이 이용사와 미용사의 면허취소 또는 면허정지를 하기 위해 반드시 거쳐야 하는 단계는?
① 청문 ② 보고
③ 관리 ④ 감독

청문이 필요한 처분
• 이용사와 미용사의 면허취소 또는 면허정지
• 위생사의 면허취소
• 영업정지명령, 일부 시설의 사용중지명령 또는 영업소 폐쇄명령

8 위생평가

58
공중위생영업소의 위생관리수준을 향상시키기 위해 위생서비스평가계획을 수립하는 자는?
① 시장·군수·구청장 ② 시·도지사
③ 공중위생협회장 ④ 대통령

시·도지사는 공중위생영업소의 위생관리수준을 향상시키기 위해 위생서비스평가계획을 수립하여 시장·군수·구청장에게 통보해야 함

59
위생서비스평가의 주기·방법, 위생관리등급의 기준 기타 평가에 관한 사항을 정하는 법령은?
① 대통령령 ② 보건조례
③ 위생행정법 ④ 보건복지부령

위생서비스평가의 주기·방법, 위생관리등급의 기준 기타 평가에 관하여 필요한 사항은 보건복지부령으로 정함

60
빈칸에 들어갈 내용을 순서대로 나열한 것은?

> (   )는(은) 공중위생영업소의 위생관리수준을 향상시키기 위하여 위생서비스평가계획을 수립하여 (   )에게 통보해야 한다.

① 시장·군수·구청장 - 시·도지사
② 시장·군수·구청장 - 대통령
③ 시·도지사 - 시장·군수·구청장
④ 시·도지사 - 보건복지부장관

시·도지사는 공중위생영업소의 위생관리수준을 향상시키기 위하여 위생서비스평가계획을 수립하여 시장·군수·구청장에게 통보해야 함

61
공중위생서비스평가를 위탁받을 수 있는 기관은?
① 주민센터
② 소비자단체
③ 관련 전문기관 및 단체
④ 보건지소

> 시장·군수·구청장은 위생서비스평가의 전문성을 높이기 위하여 필요하다고 인정하는 경우에는 관련 전문기관 및 단체로 하여금 위생서비스평가를 실시하게 할 수 있음

62
위생관리등급의 구분을 바르게 연결한 것은?
① 최우수업소 – 녹색등급
② 우수업소 – 백색등급
③ 일반관리대상 업소 – 황색등급
④ 관심관리대상 업소 – 청색등급

> • 우수업소: 황색등급
> • 일반관리대상 업소: 백색등급

63
공중위생영업소 위생관리등급의 구분에 있어 우수업소를 표시하는 등급은?
① 황색등급
② 청색등급
③ 녹색등급
④ 백색등급

> 우수업소: 황색등급

64
영업소에 대한 출입·검사와 위생감시의 등급별 위생감시 기준을 정하는 법령은?
① 보건복지부령
② 국무총리령
③ 대통령령
④ 국회의원령

> 공중위생영업소에 대한 출입·검사와 위생감시의 실시주기 및 횟수 등 위생관리 등급별 위생감시 기준은 보건복지부령으로 정함

65
위생서비스평가에 대한 조치와 관련된 설명으로 옳지 않은 것은?
① 시·도지사는 위생관리등급을 해당 공중위생영업자에게 공표해야 한다.
② 위생서비스평가의 결과에 따른 위생관리등급을 해당 공중위생영업자에게 통보해야 한다.
③ 통보받은 위생관리등급의 표지를 영업소의 명칭과 함께 영업소의 출입구에 부착할 수 있다.
④ 시장·군수·구청장은 위생서비스의 수준이 우수하다고 인정되는 영업소에 대하여 포상을 실시할 수 있다.

> 시장·군수·구청장은 위생서비스평가의 결과에 따른 위생관리등급을 해당 공중위생영업자에게 통보하고 이를 공표해야 함

9 영업자 위생교육

66
영업신고를 하고자 하는 자의 위생교육의 시기로 옳은 것은? (단, 예외상황은 제외)
① 영업개시 다음 날
② 영업개시 후 6개월 이내
③ 영업개시 이전
④ 영업개시 후 3개월 이내

> 영업신고를 하고자 하는 자는 미리 위생교육을 받아야 함

67
영업자의 위생교육의 주기와 시간이 바르게 연결된 것은?
① 2년마다 – 4시간
② 매년 – 2시간
③ 6개월마다 – 1시간
④ 매년 – 3시간

> 교육주기 및 시간: 매년 3시간

68
공중위생영업자의 위생교육의 내용으로 옳지 않은 것은?
① 공중위생에 관하여 필요한 내용
② 소양교육
③ 공중위생관리법 및 관련 법규
④ 고객 유치를 위한 스킬

> 위생교육의 내용
> • 「공중위생관리법」 및 관련 법규
> • 소양교육(친절 및 청결에 관한 사항 포함)
> • 기술교육
> • 공중위생에 관하여 필요한 내용

| 정답 | 61 ③ 62 ① 63 ① 64 ① 65 ① 66 ③ 67 ④ 68 ④

69
영업개시 후 6개월 이내에 위생교육을 받을 수 있는 경우가 아닌 것은?

① 영업소의 휴가 ② 천재지변
③ 본인의 질병 ④ 업무상 국외출장

> 영업소의 휴가는 위생교육 연기사항에 해당하지 않음

70
영업자 위생교육에 대한 설명으로 옳지 않은 것은?

① 교육을 실시하는 단체의 사정 등으로 미리 교육을 받기 불가능한 경우에는 영업개시 후 6개월 이내에 위생교육을 받을 수 있다.
② 섬·벽지 지역에서 영업을 하고 있거나 하려는 자에 대하여는 교육교재를 배부하여 이를 익히고 활용하도록 함으로써 교육에 갈음할 수 있다.
③ 위생교육을 받은 자가 위생교육을 받은 날부터 3년 이내에 위생교육을 받은 업종과 같은 업종의 영업을 하려는 경우에는 해당 영업에 대한 위생교육을 받은 것으로 본다.
④ 휴업신고를 한 자에 대해서는 휴업신고를 한 다음 해부터 영업을 재개하기 전까지 위생교육을 유예할 수 있다.

> 위생교육을 받은 자가 위생교육을 받은 날부터 2년 이내에 위생교육을 받은 업종과 같은 업종의 영업을 하려는 경우에는 해당 영업에 대한 위생교육을 받은 것으로 봄

71
위생교육 실시단체의 업무로 옳지 않은 것은?

① 수료증 교부대장 등 교육에 관한 기록을 2년 이상 보관·관리해야 한다.
② 교육실시 결과를 교육 후 1개월 이내에 시·도지사에게 통보해야 한다.
③ 위생교육을 수료한 자에게 수료증을 교부해야 한다.
④ 교육교재를 편찬하여 교육대상자에게 제공해야 한다.

> 교육실시 결과를 교육 후 1개월 이내에 시장·군수·구청장에게 통보해야 함

72
빈칸에 들어갈 내용을 순서대로 나열한 것은?

> (　　)이(가) 고시한 위생교육 실시단체의 장은 위생교육을 수료한 자에게 수료증을 교부하고 교육실시 결과를 교육 후 (　　) 이내에 시장·군수·구청장에게 통보해야 하며 수료증 교부대장 등 교육에 관한 기록을 (　　) 이상 보관·관리해야 한다.

① 보건복지부장관 - 2개월 - 1년
② 시·도지사 - 2개월 - 2년
③ 보건복지부장관 - 1개월 - 2년
④ 시·도지사 - 1개월 - 1년

> 보건복지부장관이 고시한 위생교육 실시단체의 장은 위생교육을 수료한 자에게 수료증을 교부하고 교육실시 결과를 교육 후 1개월 이내에 시장·군수·구청장에게 통보해야 하며 수료증 교부대장 등 교육에 관한 기록을 2년 이상 보관·관리해야 함

73
보건복지부령에 의한 위생교육을 받지 아니한 자에 대한 처벌은?

① 100만 원 이하의 과태료
② 200만 원 이하의 과태료
③ 300만 원 이하의 과태료
④ 500만 원 이하의 과태료

> 위생교육을 받지 아니한 자에게는 200만 원 이하의 과태료가 부과됨

74
미용실을 개설하려는 자가 천재지변, 본인의 질병·사고, 업무상 국외출장 등의 사유로 교육을 받을 수 없는 경우 위생교육을 받아야 하는 시기는?

① 영업개시 후 3개월 이내
② 영업개시 후 6개월 이내
③ 영업개시 후 12개월 이내
④ 영업개시 후 언제든 가능할 때

> 영업개시 후 6개월 이내에 위생교육을 받을 수 있는 경우
> • 천재지변, 본인의 질병·사고, 업무상 국외출장 등의 사유로 교육을 받을 수 없는 경우
> • 교육을 실시하는 단체의 사정 등으로 미리 교육을 받기 불가능한 경우

| 정답 | 69 ① 70 ③ 71 ② 72 ③ 73 ② 74 ②

75
공중위생관리법상 위생교육에 대한 설명으로 옳은 것은?
① 공중위생영업자의 위생교육은 매년 5시간씩 이루어진다.
② 영업신고를 하고자 하는 자는 영업 시작 후 일주일 안에 위생교육을 받아야 한다.
③ 위생교육을 받지 않을 경우에는 100만 원 이하의 과태료가 부과된다.
④ 위생교육의 대상자는 이·미용 영업신고를 하고자 하는 자이다.

> • 공중위생영업자의 위생교육은 매년 3시간임
> • 영업신고를 하고자 하는 자는 미리 위생교육을 받아야 함
> • 위생교육을 받지 않을 경우에는 200만 원의 이하의 과태료가 부과됨

10 행정지원

76
빈칸에 들어갈 내용으로 옳지 않은 것은?

( )은(는) 위생교육 실시단체의 장의 지원요청이 있으면 교육대상자의 소집, 교육장소의 확보 등과 관련하여 협조해야 한다.

① 시장　　　　　② 보건복지부장관
③ 구청장　　　　④ 군수

> 시·도지사 또는 시장·군수·구청장은 위생교육 실시단체의 장의 지원요청이 있으면 교육대상자의 소집, 교육장소의 확보 등과 관련하여 협조해야 함

11 벌칙·법령·법규사항

77
300만 원 이하의 벌금형에 해당하지 않는 것은?
① 면허의 취소 또는 정지 중에 이·미용업을 한 사람
② 공중위생영업자의 지위를 승계한 자로서 신고를 하지 아니한 사람
③ 면허를 받지 아니하고 이·미용업에 종사한 사람
④ 다른 사람에게 이·미용사의 면허증을 빌려준 사람

> 공중위생영업자의 지위를 승계한 자로서 신고를 하지 아니한 자는 6개월 이하의 징역 또는 500만 원 이하의 벌금형에 해당함

78
영업정지명령 또는 일부 시설의 사용중지명령을 받고도 그 기간 중에 영업을 하거나 그 시설을 사용한 자가 받는 처벌은?
① 1년 이하의 징역 또는 1천만 원 이하의 벌금
② 300만 원 이하의 벌금
③ 6개월 이하의 징역 또는 500만 원 이하의 벌금
④ 3개월 이하의 징역 200만 원 이하의 벌금

> 영업정지명령 또는 일부 시설의 사용중지명령을 받고도 그 기간 중에 영업을 하거나 그 시설을 사용한 자는 1년 이하의 징역 또는 1천만 원 이하의 벌금형이 부과됨

79
1년 이하의 징역 또는 1천만 원 이하의 벌금형에 해당하는 사람은?
① 영업소 폐쇄명령을 받고도 계속하여 영업을 한 자
② 변경신고를 하지 아니한 자
③ 공중위생영업자가 준수하여야 할 사항을 준수하지 아니한 자
④ 공중위생영업자의 지위를 승계한 자로서 신고를 하지 아니한 자

> 1년 이하의 징역 또는 1천만 원 이하의 벌금
> • 영업신고를 하지 아니하고 영업을 한 자
> • 영업정지명령 또는 일부 시설의 사용중지명령을 받고도 그 기간 중에 영업을 하거나 그 시설을 사용한 자
> • 영업소 폐쇄명령을 받고도 계속하여 영업을 한 자

80
영업신고를 하지 아니하고 영업을 한 자와 같은 벌금형에 해당하는 경우는?
① 공중위생영업자의 지위를 승계한 자로서 신고를 하지 아니한 자
② 건전한 영업질서를 위하여 공중위생영업자가 준수하여야 할 사항을 준수하지 아니한 자
③ 영업정지명령 또는 일부 시설의 사용중지명령을 받고도 그 기간 중에 영업을 하거나 그 시설을 사용한 자
④ 면허를 받지 아니하고 이용업 또는 미용업을 개설하거나 그 업무에 종사한 자

> 1년 이하의 징역 또는 1천만 원 이하의 벌금
> • 영업신고를 하지 아니하고 영업을 한 자
> • 영업정지명령 또는 일부 시설의 사용중지명령을 받고도 그 기간 중에 영업을 하거나 그 시설을 사용한 자
> • 영업소 폐쇄명령을 받고도 계속하여 영업을 한 자

81
영업정지가 이용자에게 심한 불편을 주거나 그 밖에 공익을 해할 우려가 있는 경우 영업정지처분에 갈음하여 부과할 수 있는 과징금은?

① 5천만 원 이하
② 1억 원 이하
③ 2억 원 이하
④ 3억 원 이하

> 시장·군수·구청장은 영업정지가 이용자에게 심한 불편을 주거나 그 밖에 공익을 해할 우려가 있는 경우에는 영업정지처분에 갈음하여 1억 원 이하의 과징금을 부과할 수 있음

82
과징금을 납부해야 하는 위반자는 통지를 받은 날부터 며칠 내에 과징금을 시장·군수·구청장이 정하는 수납기관에 납부해야 하는가?

① 일주일 이내
② 10일 이내
③ 20일 이내
④ 30일 이내

> 통지를 받은 자는 통지를 받은 날부터 20일 이내에 과징금을 시장·군수·구청장이 정하는 수납기관에 납부해야 함

83
이·미용사가 1회용 면도날을 손님 1인에 한하여 사용하지 않은 경우의 과태료는?

① 100만 원 이하의 과태료
② 200만 원 이하의 과태료
③ 300만 원 이하의 과태료
④ 500만 원 이하의 과태료

> 미용업소의 위생관리 의무를 지키지 아니한 자(미용기구는 소독을 한 기구와 소독을 하지 아니한 기구로 분리하여 보관하고, 면도기의 1회용 면도날을 손님 1인에 한하여 사용할 것)에게는 200만 원 이하의 과태료가 부과됨

84
공중위생영업자가 위생관리 의무 위반 시 과태료를 부과·징수할 수 없는 자는?

① 보건복지부장관
② 군수
③ 구청장
④ 도지사

> 과태료는 대통령령으로 정하는 바에 따라 보건복지부장관 또는 시장·군수·구청장이 부과·징수함

85
부과되는 과태료가 다른 하나는?

① 미용사 면허증을 영업소 안에 게시하지 않은 자
② 위생관리 의무에 대한 개선명령을 위반한 자
③ 의료기구를 사용하여 미용을 행한 자
④ 1회용 면도기를 재사용한 자

> **300만 원 이하의 과태료**
> • 보고를 하지 아니하거나 관계 공무원의 출입·검사 기타 조치를 거부·방해 또는 기피한 자
> • 시설 및 설비기준, 위생관리 의무에 대한 개선명령에 위반한 자
>
> **200만 원 이하의 과태료**
> • 의료기구와 의약품을 사용하지 아니하는 순수한 화장 또는 피부미용을 할 것을 위반한 자
> • 미용기구는 소독을 한 기구와 소독을 하지 아니한 기구로 분리하여 보관하고, 면도기의 1회용 면도날을 손님 1인에 한하여 사용할 것을 위반한 자
> • 미용사 면허증을 영업소 안에 게시하지 않은 자
> • 법을 위반하여 영업소 외의 장소에서 이용 또는 미용 업무를 행한 자
> • 위생교육을 받지 아니한 자

86
미용사 면허가 일정 기간 정지되거나 취소되는 경우는?

① 점빼기·귓볼뚫기·쌍꺼풀수술·문신·박피술 그 밖에 이와 유사한 의료행위를 한 경우
② 면허증 원본을 게시하지 않은 경우
③ 영업소 내에 불법카메라나 기계장치를 설치한 경우
④ 면허증을 다른 사람에게 대여한 경우

> **면허증을 다른 사람에게 대여한 경우**
> • 1차 위반 시: 면허정지 3개월
> • 2차 위반 시: 면허정지 6개월
> • 3차 위반 시: 면허취소

87
면허취소에 해당하는 위반행위가 아닌 것은?
① 국가기술자격법에 따라 자격이 취소된 경우
② 면허정지처분을 받고도 그 정지 기간 중 업무를 한 경우
③ 개선명령을 이행하지 않은 경우
④ 약물 중독자일 경우

> 개선명령을 이행하지 않은 경우
> • 1차 위반 시: 경고
> • 2차 위반 시: 영업정지 10일
> • 3차 위반 시: 영업정지 1개월
> • 4차 위반 시: 영업장 폐쇄명령

88
1차 위반 시 영업장 폐쇄에 해당하는 위반행위가 아닌 것은?
① 영업정지처분을 받고도 그 영업정지 기간에 영업을 한 경우
② 법을 위반하여 영업소 외의 장소에서 미용 업무를 한 경우
③ 공중위생영업자가 정당한 사유 없이 6개월 이상 계속 휴업하는 경우
④ 공중위생영업자가 부가가치세법에 따라 관할 세무서장에게 폐업신고를 한 경우

> 영업소 외의 장소에서 미용 업무를 한 경우
> • 1차 위반 시: 영업정지 1개월
> • 2차 위반 시: 영업정지 2개월
> • 3차 위반 시: 영업장 폐쇄명령

89
소독을 한 기구와 소독을 하지 않은 기구를 각각 다른 용기에 넣어 보관하지 않은 경우의 1차 위반 시 행정처분은?
① 경고
② 영업정지 15일
③ 영업정지 10일
④ 영업장 폐쇄명령

> • 1차 위반 시: 경고
> • 2차 위반 시: 영업정지 5일
> • 3차 위반 시: 영업정지 10일
> • 4차 위반 시: 영업장 폐쇄명령

90
행정처분 중 1차 위반의 처분이 경고에 해당하는 것은?
① 시설 및 설비 기준을 위반한 경우
② 신고를 하지 않고 영업소의 소재지를 변경한 경우
③ 개별 미용서비스의 최종지급가격을 이용자에게 미리 제공하지 않은 경우
④ 피부미용을 위하여 의약품을 사용한 경우

> • 시설 및 설비 기준을 위반한 경우 1차 처분: 개선명령
> • 신고를 하지 않고 영업소의 소재지를 변경한 경우 1차 처분: 영업정지 1개월
> • 피부미용을 위하여 의약품을 사용한 경우 1차 처분: 영업정지 2개월

91
미용업자가 업소 내 조명도를 준수하지 않은 경우에 대한 1차 위반 시 행정처분은?
① 영업정지 5일
② 경고 또는 개선명령
③ 영업정지 10일
④ 영업정지 1개월

> • 1차 위반 시: 경고 또는 개선명령
> • 2차 위반 시: 영업정지 5일
> • 3차 위반 시: 영업정지 10일
> • 4차 위반 시: 영업장 폐쇄명령

92
미용사가 면허증을 다른 사람에게 대여한 경우 2차 위반 시 행정처분은?
① 면허정지 3개월
② 면허정지 6개월
③ 면허취소
④ 영업정지 1개월

> • 1차 위반 시: 면허정지 3개월
> • 2차 위반 시: 면허정지 6개월
> • 3차 위반 시: 면허취소

93
손님에게 성매매알선 등 행위 또는 음란행위를 하게 한 경우 영업소에 대한 1차 행정처분은?

① 영업정지 2개월 ② 영업정지 3개월
③ 영업정지 6개월 ④ 영업장 폐쇄명령

> 손님에게 성매매 알선 등 행위 또는 음란행위를 하게 하거나 이를 알선 또는 제공한 경우(영업소)
> • 1차 위반 시: 영업정지 3개월
> • 2차 위반 시: 영업장 폐쇄명령

94
점빼기 · 귓볼뚫기 · 쌍꺼풀수술 · 문신 · 박피술 그 밖에 이와 유사한 의료행위를 한 경우 영업소에 대한 1차 행정처분은?

① 영업정지 2개월 ② 영업정지 3개월
③ 영업정지 6개월 ④ 영업장 폐쇄명령

> • 1차 위반 시: 영업정지 2개월
> • 2차 위반 시: 영업정지 3개월
> • 3차 위반 시: 영업장 폐쇄명령

95
고객에게 성매매알선 등 행위 또는 음란행위를 제공한 경우 미용사에 대한 1차 행정처분은?

① 면허정지 3개월 ② 경고
③ 면허정지 6개월 ④ 영업장 폐쇄명령

> • 1차 위반 시: 면허정지 3개월
> • 2차 위반 시: 면허취소

96
손님에게 도박 그 밖에 사행행위를 하게 한 경우의 2차 행정처분은?

① 영업정지 1개월 ② 경고
③ 영업정지 2개월 ④ 영업장 폐쇄명령

> • 1차 위반 시: 영업정지 1개월
> • 2차 위반 시: 영업정지 2개월
> • 3차 위반 시: 영업장 폐쇄명령

97
1차 행정처분이 경고가 아닌 위반행위는?

① 지위승계신고를 하지 않은 경우
② 보고를 하지 않거나 거짓으로 보고한 경우 또는 관계 공무원의 출입, 검사 또는 공중위생영업장부 또는 서류의 열람을 거부 · 방해하거나 기피한 경우
③ 소독을 한 기구와 소독을 하지 않은 기구를 각각 다른 용기에 넣어 보관하지 않은 경우
④ 개별 미용서비스의 최종지급가격 및 전체 미용서비스의 총액에 관한 내역서를 이용자에게 미리 제공하지 않은 경우

> 보고를 하지 않거나 거짓으로 보고한 경우 또는 관계 공무원의 출입, 검사 또는 공중위생영업장부 또는 서류의 열람을 거부 · 방해하거나 기피한 경우
> • 1차 위반 시: 영업정지 10일
> • 2차 위반 시: 영업정지 20일
> • 3차 위반 시: 영업정지 1개월
> • 4차 위반 시: 영업장 폐쇄명령

98 신규 문제 공략
개인 또는 법인의 대리인이 그 법인 또는 개인의 업무에 관하여 벌금 부과에 해당되는 위반행위를 하면 그 행위자를 벌하는 외에 그 법인 또는 개인에게도 해당 행정처분을 과하는 것은?

① 형법처벌 ② 과태료부과
③ 과징금 처벌 ④ 양벌규정

> 양벌규정
> • 법인의 대표자나 법인 또는 개인의 대리인, 사용인, 그 밖의 종업원이 그 법인 또는 개인의 업무에 관하여 벌금 부과에 해당되는 위반행위를 하면 그 행위자를 벌하는 외에 그 법인 또는 개인에게도 해당 조문의 벌금형을 과함
> • 다만, 법인 또는 개인이 그 위반행위를 방지하기 위하여 해당 업무에 관하여 상당한 주의와 감독을 게을리 하지 아니한 경우에는 그러하지 아니함

| 정답 | 93 ② 94 ① 95 ① 96 ③ 97 ② 98 ④

공개 기출문제

2016년 제2회 공개 기출문제
2016년 제3회 공개 기출문제

공개 기출문제 | 2016년 제2회

01 다음 중 절족동물의 매개 감염병이 아닌 것은?
① 페스트 ② 유행성출혈열
③ 말라리아 **④ 탄저**

01 공중위생관리 〉 공중보건
- 절지동물(절족동물): 곤충류와 거미류, 갑각류 따위를 포함
- 페스트: 벼룩, 쥐
- 유행성출혈열(신증후군출혈열): 진드기, 옴벌레
- 말라리아: 모기
- 탄저: 소, 양, 말 등

02 다음 중 이·미용업소의 실내온도로 가장 알맞은 것은?
① 10℃ 이하 ② 12~15℃
③ 18~21℃ ④ 25℃ 이상

02 메이크업 위생관리 〉 위생관리
- 적정 온도: 18±2℃
- 적정 습도: 40~70%

03 공중보건학의 대상으로 가장 적합한 것은?
① 개인 **② 지역주민**
③ 의료인 ④ 환자 집단

03 공중위생관리 〉 공중보건
공중보건은 지역사회의 조직적인 노력으로 지역사회 집단의 질병을 예방하고 생명을 연장시키며, 육체와 정신적 효율을 증진시키는 기술이므로 지역주민을 대상으로 이루어짐

04 다음 질병 중 모기가 매개하지 않는 것은?
① 일본뇌염 ② 황열
③ 발진티푸스 ④ 말라리아

04 공중위생관리 〉 공중보건
- 모기 매개 감염병: 말라리아, 일본뇌염, 사상충증, 황열, 뎅기열
- 이, 벼룩 매개 감염병: 발진티푸스

05 다음 ( ) 안에 알맞은 용어를 순서대로 옳게 나열한 것은?

> 세계보건기구(WHO)의 본부는 스위스 제네바에 있으며 6개의 지역사무소를 운영하고 있다. 이 중 우리나라는 (   ) 지역에, 북한은 (   ) 지역에 소속되어 있다.

① 서태평양, 서태평양 ② 동남아시아, 동남아시아
③ 동남아시아, 서태평양 **④ 서태평양, 동남아시아**

05 공중위생관리 〉 공중보건
세계보건기구의 지역사무소
- 동지중해 지역 본부: 이집트 카이로
- 동남아시아 지역 본부: 인도 뉴델리
- 서태평양 지역 본부: 필리핀 마닐라
- 유럽 지역 본부: 덴마크 코펜하겐
- 아프리카 지역 본부: 콩고 브라자빌
- 아메리카 지역 본부: 미국 워싱턴
- 우리나라는 서태평양 지역 본부에, 북한은 동남아시아 지역 본부에 소속됨

06 요충에 대한 설명으로 옳은 것은?
① 집단감염의 특징이 있다.
② 충란을 산란한 곳에는 소양증이 없다.
③ 흡충류에 속한다.
④ 심한 복통이 특징이다.

06 공중위생관리 〉 공중보건
요충
- 선충류에 속함
- 집단감염이 잘 되는 기생충으로, 건조한 환경에 저항성이 크며 산란과 동시에 감염 능력이 있어 쉽게 감염됨
- 직장에 기생하며 사람의 항문 주위에 산란함
- 자충포란 형태로 경구감염되고, 항문 주위 소양감, 구토, 설사, 복통, 야뇨증 증상이 있음

07 일산화탄소(CO)와 가장 관계가 <u>적은</u> 것은?
① 혈색소와의 친화력이 산소보다 강하다.
② 실내 공기오염의 대표적인 지표로 사용된다.
③ 중독 시 중추신경계에 치명적인 영향을 미친다.
④ 냄새와 자극이 없다.

07 공중위생관리 〉 공중보건
이산화탄소(CO_2): 실내공기오염의 대표적인 지표로 사용됨

08 다음 중 세균 세포벽의 가장 외층을 둘러싸고 있는 물질로 백혈구의 식균 작용에 대항하여 세균의 세포를 보호하는 것은?
① 편모　　　　　　② 섬모
③ 협막　　　　　④ 아포

08 공중위생관리 〉 소독
협막(Capsule)
· 세포껍질 바깥에 존재하는 막
· 세균을 대식세포나 백혈구 같은 진핵세포의 탐식으로부터 방어하여 세균이 숙주를 감염시키는 것을 도움
· 협막의 다당성분이 물 분자를 붙잡아 건조한 환경에서도 세포가 살아남을 수 있도록 도움

09 다음 기구(집기) 중 열탕소독이 적합하지 <u>않은</u> 것은?
① 금속성 식기　　　② 면 종류의 타월
③ 도자기　　　　　**④ 고무제품**

09 공중위생관리 〉 소독
· 열탕소독(자비소독): 금속, 유리, 소형기구, 스테인리스, 도자기, 수건 등의 소독에 적합함
· 고무제품: 고열에 녹을 위험이 있으므로 열탕소독은 부적합함

10 다음 전자파 중 소독에 가장 일반적으로 사용되는 것은?
① 음극선　　　　　② 엑스선
③ 자외선　　　　④ 중성자

10 공중위생관리 〉 소독
소독에는 일반적으로 자외선이 가장 많이 사용되고, 260~280nm의 자외선에서 살균 효과가 가장 높음

11 다음의 계면활성제 중 살균제보다 세정 효과가 더 큰 것은?
① 양쪽성 계면활성제　　② 비이온 계면활성제
③ 양이온 계면활성제　　**④ 음이온 계면활성제**

11 메이크업 위생관리 〉 화장품 분류
음이온 계면활성제
· 물속에서 해리될 때 음이온이 됨
· 일반적으로 많이 쓰는 비누(지방산나트륨)
· 살균력이 낮고 세정 작용이 높아 주로 청정제로 사용됨
· 매독균에 대한 살균력은 높음
· 기포 형성 작용이 우수함

12 분해 시 발생하는 발생기 산소의 산화력을 이용하여 표백, 탈취, 살균 효과를 나타내는 소독제는?
① 승홍수　　　　　**② 과산화수소**
③ 크레졸　　　　　④ 생석회

12 공중위생관리 〉 소독
과산화수소
· 산화 작용 소독제
· 과산화수소(3%) + 물(97%)의 농도로 사용함
· 피부 상처, 구내염, 인두염, 구강 세척에 사용함
· 살균, 탈취, 표백에 효과적임
· 분해 시 발생하는 발생기 산소의 산화력을 이용함

13 역성비누액에 대한 설명으로 옳지 <u>않은</u> 것은?
① 냄새가 거의 없고 자극이 적다.
② 소독력과 함께 세정력이 강하다.
③ 수지, 기구, 식기 소독에 적당하다.
④ 물에 잘 녹고 흔들면 거품이 난다.

13 공중위생관리 〉 소독
역성비누액은 양이온 계면활성제로 소독력은 있으나 세정력은 거의 없음

14 바이러스에 대한 설명으로 옳지 않은 것은?
① 독감 인플루엔자를 일으키는 원인이 여기에 해당한다.
② 크기가 작아 세균여과기를 통과한다.
③ 살아있는 세포 내에서 증식이 가능하다.
④ 유전자는 DNA와 RNA 모두로 구성되어 있다.

14 공중위생관리 〉 소독
바이러스의 유전자는 DNA 또는 RNA로 구성됨

15 폐경기의 여성이 골다공증에 걸리기 쉬운 이유와 관련이 있는 것은?
① 에스트로겐의 결핍
② 안드로겐의 결핍
③ 테스토스테론의 결핍
④ 티록신의 결핍

15 메이크업 위생관리 〉 피부의 이해
에스트로겐은 여성호르몬으로 폐경기 이후 결핍 현상이 일어남

16 피부색에 대한 설명으로 옳은 것은?
① 피부의 색은 건강 상태와 관계없다.
② 적외선은 멜라닌 생성에 큰 영향을 미친다.
③ 남성보다 여성에, 고령층보다 젊은 층에 색소가 많다.
④ 피부색의 황색은 카로틴에서 유래한다.

16 메이크업 위생관리 〉 피부의 이해
• 멜라닌 생성은 자외선과 연관됨 • 내인성 노화로 고령층보다 젊은 층에 색소가 많음 • 남성보다 여성에게 색소가 많은 것은 아님 • 피부색은 멜라닌, 헤모글로빈, 카로틴에 의해 결정됨

17 기미를 악화시키는 주요한 원인으로 옳지 않은 것은?
① 경구피임약의 복용
② 임신
③ 자외선 차단
④ 내분비 이상

17 메이크업 위생관리 〉 피부의 이해
기미는 자외선에 노출되면 점점 더 검게 되며, 자외선을 차단하면 더 검게 변하지 않음

18 광노화로 인한 피부 변화로 옳지 않은 것은?
① 굵고 깊은 주름이 생긴다.
② 피부의 표면이 얇아진다.
③ 불규칙한 색소의 침착이 생긴다.
④ 피부가 거칠고 건조해진다.

18 메이크업 위생관리 〉 피부의 이해
진피 내의 모세혈관이 확장되고 피부 표면이 두꺼워짐

19 B-림프구의 특징으로 옳지 않은 것은?
① 세포 사멸을 유도한다.
② 체액성 면역에 관여한다.
③ 림프구의 20~30%를 차지한다.
④ 골수에서 생성되며 비장과 림프절로 이동한다.

19 메이크업 위생관리 〉 피부의 이해
세포성 면역에 관여하여 세포 사멸을 유도하는 것은 T-림프구임

20 에크린선에 대한 설명으로 옳지 않은 것은?
① 실밥을 둥글게 한 것 같은 모양으로 진피 내에 존재한다.
② 사춘기 이후에 주로 발달한다.
③ 특수한 부위를 제외한 거의 전신에 분포한다.
④ 손바닥, 발바닥, 이마에 가장 많이 분포한다.

20 메이크업 위생관리 〉 피부의 이해
• 에크린선: 땀의 99%가 수분으로, 무색·무취이며, 거의 전신에 분포함 • 아포크린선: 겨드랑이, 유두, 배꼽, 성기 주변에 집중 분포하며, 사춘기 이후에 주로 발달하고, 피부상재 박테리아가 땀을 분해할 때 특유의 냄새가 발생함

21. 모세혈관 파손과 구진 및 농포성 질환이 코를 중심으로 양 볼에 나비 모양을 이루는 피부 병변은?
   ① 접촉성 피부염   ② **주사**
   ③ 건선   ④ 농가진

21 메이크업 위생관리 > 피부의 이해
- 접촉성 피부염: 특정 물질과의 접촉으로 발생하는 피부염
- 건선: 붉은 반점과 비늘처럼 일어나는 피부각질(인설)을 동반한 발진(구진)
- 농가진: 영유아의 피부에 잘 발생하는 얕은 화농성 감염

22. 영업소 외의 장소에서 이·미용 업무를 행할 수 있는 경우에 해당하지 <u>않는</u> 것은?
   ① 질병이나 그 밖의 사유로 영업소에 나올 수 없는 자에 대하여 이·미용을 하는 경우
   ② 혼례나 그 밖의 의식에 참여하는 사람에 대하여 그 의식 직전에 이·미용을 하는 경우
   ③ 방송 등의 촬영에 참여하는 사람에 대하여 그 촬영 직전에 대하여 이·미용을 하는 경우
   ④ **특별한 사정이 있다고 사회복지사가 인정하는 경우**

22 공중위생관리 > 공중위생관리법규
특별한 사정이 있다고 시장·군수·구청장이 인정하는 경우 영업소 외의 장소에서 이·미용 업무를 행할 수 있음

23. 공중위생관리법에 규정된 사항으로 옳은 것은? (단, 예외사항은 제외)
   ① **이·미용사의 업무범위에 관하여 필요한 사항은 보건복지부령으로 정한다.**
   ② 이·미용사의 면허를 가진 자가 아니어도 이·미용업을 개설할 수 있다.
   ③ 미용사(일반)의 업무범위에는 파마, 아이론, 면도, 머리피부손질, 피부미용 등이 포함된다.
   ④ 일정한 수련과정을 거친 자는 면허가 없어도 이용 또는 미용 업무에 종사할 수 있다.

23 공중위생관리 > 공중위생관리법규
- 이·미용사의 면허를 가진 자가 아니면 이·미용업을 개설하거나 종사할 수 없음
- 미용사(일반) 자격을 취득한 자로서 미용사 면허를 받은 자의 업무범위: 파마·머리카락자르기·머리카락모양내기·머리피부손질·머리카락염색·머리감기, 의료기기나 의약품을 사용하지 아니하는 눈썹손질

24. 이·미용업소의 폐쇄명령을 받고도 계속하여 영업을 하는 때 관계 공무원이 취할 수 있는 조치로 옳지 <u>않은</u> 것은?
   ① 당해 영업소의 간판 기타 영업표지물의 제거
   ② 영업을 위하여 필수불가결한 기구 또는 시설물을 사용할 수 없게 하는 봉인
   ③ 당해 영업소가 위법한 영업소임을 알리는 게시물 등의 부착
   ④ **당해 영업소 시설 등의 개선명령**

24 공중위생관리 > 공중위생관리법규
관계 공무원이 취할 수 있는 조치
- 해당 영업소의 간판 기타 영업표지물의 제거
- 해당 영업소가 위법한 영업소임을 알리는 게시물 등의 부착
- 영업을 위하여 필수불가결한 기구 또는 시설물을 사용할 수 없게 하는 봉인

25. 이·미용업 영업자가 지켜야 하는 사항으로 옳은 것은?
   ① 부작용이 없는 의약품을 사용하여 순수한 화장과 피부미용을 하여야 한다.
   ② 이·미용기구는 소독하여야 하며 소독하지 않은 기구와 함께 보관하는 때에는 반드시 소독한 기구라고 표시하여야 한다.
   ③ 1회용 면도날은 사용 후 정해진 소독 기준과 방법에 따라 소독하여 재사용하여야 한다.
   ④ **이·미용 개설자의 면허증 원본을 영업소 안에 게시하여야 한다.**

25 공중위생관리 > 공중위생관리법규
- 미용사는 의료기구와 의약품을 사용하지 아니하는 순수한 화장과 피부미용을 해야 함
- 미용기구 중 소독을 한 기구와 소독을 하지 아니한 기구는 각각 다른 용기에 넣어 보관해야 함
- 1회용 면도날은 손님 1인에 한하여 사용해야 함

26 다음 ( ) 안에 알맞은 것은?

> 공중위생영업자의 지위를 승계한 자는 ( ) 이내 보건복지부령이 정하는 바에 따라 시장, 군수 또는 구청장에게 신고하여야 한다.

① 7일   ② 15일
③ **1월**   ④ 2월

26 공중위생관리 〉 공중위생관리법규
공중위생영업자의 지위를 승계한 자는 1개월 이내에 보건복지부령에 따라 시장·군수 또는 구청장에게 신고해야 함

27 시장·군수·구청장이 영업정지가 이용자에게 심한 불편을 주거나 그 밖에 공익을 해할 우려가 있는 경우에 영업정지처분에 갈음한 과징금을 부과할 수 있는 금액 기준은? (단, 예외의 경우는 제외)

① 3천만 원 이하   ② 5천만 원 이하
③ **1억 원 이하**   ④ 2억 원 이하

27 공중위생관리 〉 공중위생관리법규
영업정지처분에 갈음하여 1억 원 이하의 과징금을 부과할 수 있음

28 영업정지명령을 받고도 그 기간 중에 계속하여 영업을 한 공중위생업자에 대한 벌칙 기준은?

① 6월 이하의 징역 또는 500만 원 이하의 벌금
② **1년 이하의 징역 또는 1천만 원 이하의 벌금**
③ 2년 이하의 징역 또는 2천만 원 이하의 벌금
④ 3년 이하의 징역 또는 3천만 원 이하의 벌금

28 공중위생관리 〉 공중위생관리법규
영업정지명령 또는 일부 시설의 사용중지명령을 받고도 그 기간 중에 영업을 하거나 그 시설을 사용한 자는 1년 이하의 징역 또는 1천만 원 이하의 벌금에 처함

29 여드름 관리에 효과적인 화장품의 성분은?

① **유황(Sulfur)**   ② 하이드로퀴논(Hydroquinone)
③ 코직산(Kojic acid)   ④ 알부틴(Arbutin)

29 메이크업 위생관리 〉 화장품 분류
• 유황: 피지 흡착 탁월, 각질 탈락, 피지 조절, 살균 작용이 우수하여 여드름성피부에 적합함
• 하이드로퀴논, 코직산, 알부틴은 미백 기능 성분임

30 비누에 대한 설명으로 옳지 않은 것은?

① 비누의 세정 작용은 비누 수용액이 오염과 피부 사이에 침투하여 부착을 약화시켜 떨어지기 쉽게 하는 것이다.
② 거품은 풍성하고 잘 헹구어져야 한다.
③ **pH가 중성인 비누는 세정 작용뿐만 아니라 살균·소독 효과가 뛰어나다.**
④ 메디케이티드(Medicated)비누는 소염제를 배합한 제품으로 여드름, 면도 상처 및 피부 거침 방지 효과가 있다.

30 메이크업 위생관리 〉 화장품 분류
• pH가 중성인 비누: 세정 작용과 살균·소독 효과가 아주 뛰어나지는 않음
• 알칼리성 비누: 세정 작용은 강하지만 탈지력이 있어 피부가 건조하거나 거칠어질 수 있음

31 자외선 차단 방법 중 자외선을 흡수하여 소멸시키는 자외선 흡수제가 <u>아닌</u> 것은?

① **이산화티탄**   ② 신나메이트
③ 벤조페논   ④ 살리실레이트

31 메이크업 위생관리 〉 화장품 분류
• 자외선 흡수제의 성분: 파라아미노벤조산 유도체, 벤조이미다졸 유도체, 벤조페논 유도체, 살리실레이트, 에칠헥실메톡시신나메이트
• 자외선 산란제의 성분: 산화아연(징크옥사이드), 카오린, 탈크, 이산화티탄(티타늄디옥사이드)

32 자외선 차단제에 관한 설명으로 옳지 <u>않은</u> 것은?
① 자외선 차단제는 SPF(Sun Protecting Factor)의 지수가 표기되어 있다.
② **SPF(Sun Protection Factor)는 수치가 낮을수록 자외선 차단지수가 높다.**
③ 자외선 차단제의 효과는 피부의 멜라닌 양과 자외선에 대한 민감도에 따라 달라질 수 있다.
④ 자외선 차단지수는 제품을 사용했을 때 홍반을 일으키는 자외선의 양을 제품을 사용하지 않았을 때 홍반을 일으키는 자외선의 양으로 나눈 값이다.

32 메이크업 위생관리 > 화장품 분류
SPF는 수치가 높을수록 자외선 차단지수가 높음

33 기초 화장품에 대한 내용으로 옳지 <u>않은</u> 것은?
① 기초 화장품은 피부의 기능을 정상적으로 발휘하도록 도와주는 역할을 한다.
② 기초 화장품의 가장 중요한 기능은 각질층을 충분히 보습시키는 것이다.
③ **마사지크림은 기초 화장품에 해당하지 않는다.**
④ 화장수의 기본 기능은 각질층에 수분과 보습 성분을 공급하는 것이다.

33 메이크업 위생관리 > 화장품 분류
마사지크림: 기초 화장품 중 크림류에 속하며, 보습 및 외부 자극으로부터 피부를 보호하고 유효성분의 영양 공급으로 피부 문제를 개선함

34 미백 화장품의 기능으로 옳지 <u>않은</u> 것은?
① 각질세포의 탈락을 유도하여 멜라닌 색소 제거
② **티로시나아제를 활성화하여 도파(DOPA) 산화 억제**
③ 자외선 차단 성분이 자외선 흡수 방지
④ 멜라닌의 합성과 확산을 억제

34 메이크업 위생관리 > 화장품 분류
티로시나아제는 멜라닌 색소를 만드는 데 관여하는 효소로, 미백 화장품의 기능은 티로시나아제 활성 억제에 있음

35 캐리어 오일(Carrier Oil)이 <u>아닌</u> 것은?
① **라벤더 에센셜 오일**
② 호호바 오일
③ 아몬드 오일
④ 아보카도 오일

35 메이크업 위생관리 > 화장품 분류
- 에센셜 오일: 식물의 잎, 꽃, 열매, 줄기 등에서 추출한 오일 [예] 라벤더, 티트리, 카모마일, 자스민 등
- 캐리어 오일: 에센셜 오일과 함께 블렌딩하여 효과를 극대화하는 오일로, 식물의 씨앗에서 추출함 [예] 호호바 오일, 아보카도 오일 등

36 눈썹의 종류에 따른 메이크업의 이미지를 연결한 것으로 옳지 <u>않은</u> 것은?
① 짙은 색상 눈썹: 고전적인 레트로 메이크업
② 긴 눈썹: 성숙한 가을 이미지 메이크업
③ **각진 눈썹: 사랑스러운 로맨틱 메이크업**
④ 엷은 색상 눈썹: 여성스러운 엘레강스 메이크업

36 메이크업 시술 > 색조 메이크업
각진 눈썹: 지적이고 현대적이며 단정하고 세련된 이미지 연출

37 먼셀의 색상환표에서 가장 먼 거리를 두고 서로 마주보는 관계의 색채를 의미하는 것은?
① 한색
② 난색
③ **보색**
④ 잔여색

37 메이크업 고객 서비스 > 메이크업 카운슬링
먼셀의 색상환표에서 가장 먼 거리를 두고 서로 마주보는 색은 보색이며, 반대색이라고도 하는데, 보색 관계인 두 색을 가까이 놓으면 서로의 영향으로 본래의 색보다 채도가 높아 보이는 보색 대비 현상이 일어남

38 메이크업 도구에 대한 설명으로 가장 거리가 먼 것은?

① 스펀지 퍼프를 이용해 파운데이션을 바를 때에는 손에 힘을 빼고 사용하는 것이 좋다.
② **팬 브러시(Fan Brush)는 부채꼴 모양으로 생긴 브러시로 아이섀도를 바를 때 넓은 면적을 한 번에 바를 수 있는 장점이 있다.**
③ 아이래시컬러(Eyelash Curler)는 속눈썹에 자연스러운 컬을 주어 속눈썹을 올리는 기구이다.
④ 스크루 브러시(Screw Brush)는 눈썹을 그리기 전에 눈썹을 정리하고 짙게 그려진 눈썹을 부드럽게 수정할 때 사용할 수 있다.

38 메이크업 시술 > 색조 메이크업
팬 브러시는 부채꼴 모양의 브러시로, 파우더나 아이섀도의 여분을 털어낼 때 사용함

39 얼굴의 윤곽 수정과 관련한 설명으로 옳지 않은 것은?

① 색의 명암 차이를 이용해 얼굴에 입체감을 부여하는 메이크업 방법이다.
② 하이라이트 표현은 1~2톤 밝은 파운데이션을 사용한다.
③ 섀딩 표현은 1~2톤 어두운 브라운색 파운데이션을 사용한다.
④ **하이라이트 부분은 돌출되어 보이도록 베이스 컬러와의 경계선을 잘 만들어 준다.**

39 메이크업 시술 > 베이스 메이크업
얼굴의 윤곽을 수정할 때에는 하이라이트와 섀딩 컬러의 경계선을 자연스럽게 그러데이션해야 함

40 메이크업 미용사의 자세로 거리가 먼 것은?

① 고객의 연령, 직업, 얼굴 모양 등을 살펴 표현해 주는 것이 중요하다.
② 시대의 트렌드를 대변하고 전문인으로서의 자세를 취해야 한다.
③ 공중위생을 철저히 지켜야 한다.
④ **고객에게 메이크업 미용사의 개성을 적극 권유한다.**

40 메이크업 고객 서비스 > 고객 응대
메이크업 미용사는 고객의 의견과 취향을 존중해야 하며 고객의 연령, 직업, 얼굴 모양 등을 살펴 표현하도록 함

41 긴 얼굴형의 화장법으로 옳은 것은?

① 턱에 하이라이트를 처리한다.
② T존에 하이라이트를 길게 넣어준다.
③ 이마 양 옆에 섀딩을 넣어 얼굴 폭을 감소시킨다.
④ **블러셔는 눈 밑 방향으로 가로로 길게 처리한다.**

41 메이크업 시술 > 색조 메이크업
긴 얼굴형
• 하이라이트: 이마와 눈 밑 부분에 가로 방향(수평형)으로 연출
• 섀딩: 헤어라인, 코 끝, 턱 끝
• 블러셔: 귀에서 볼 중앙 방향으로 가로의 느낌이 들도록 연출

42 메이크업 도구의 세척 방법이 바르게 연결된 것은?

① **립 브러시(Lip Brush): 브러시 클리너 또는 클렌징크림으로 세척한다.**
② 라텍스 스펀지(Latex Sponge): 뜨거운 물로 세척, 햇빛에 건조한다.
③ 아이섀도 브러시(Eye-shadow Brush): 클렌징크림이나 클렌징오일로 세척한다.
④ 팬 브러시(Fan Brush): 브러시 클리너로 세척 후 세워서 건조한다.

42 메이크업 위생관리 > 위생관리
• 라텍스 스펀지: 세척이 불가능하여 사용한 면을 깨끗이 잘라 사용함
• 브러시류: 전용 클리너로 세척하거나 미온수에 중성세제로 세척 후 린스 물에 헹구고 브러시 끝을 원래 모양대로 가지런히 모아 그늘에 뉘어 말림. 단, 립 제품과 같은 유성 제품을 사용하는 인조모 브러시의 경우 클렌징크림 등을 이용하여 립스틱의 잔여분을 녹여내는 방법으로 세척이 가능함

43 색에 대한 설명으로 옳지 않은 것은?
① 흰색, 회색, 검정 등 색감이 없는 계열의 색상을 통틀어 무채색이리고 한다.
② **색의 순도는 색의 탁하고 선명한 강약의 정도를 나타내는 명도를 의미한다.**
③ 인간이 분류할 수 있는 색의 수는 개인적인 차이는 존재하지만 대략 750만 가지 정도이다.
④ 색의 강약을 채도라고 하며 눈에 들어오는 빛이 단일 파장으로 이루어진 색일수록 채도가 높다.

43 메이크업 고객 서비스 〉 메이크업 카운슬링
채도: 색의 탁하고 선명한 강약의 정도를 나타내는 것

44 파운데이션의 종류와 그 기능에 대한 설명으로 가장 거리가 먼 것은?
① 크림 파운데이션은 보습력과 커버력이 우수하여 짙은 메이크업을 할 때나 건조한 피부에 적합하다.
② 리퀴드 타입은 부드럽고 쉽게 퍼지며 자연스러운 화장을 원할 때 적합하다.
③ 트윈케이크 타입은 커버력이 우수하고 땀과 물에 강하며 지속력을 요하는 메이크업에 적합하다.
④ **고형 스틱 타입의 파운데이션은 커버력은 약하지만 사용이 간편해서 스피드한 메이크업에 적합하다.**

44 메이크업 시술 〉 베이스 메이크업
스틱 타입의 파운데이션은 고체화된 제품으로 커버력, 지속력이 뛰어나 무대 분장에 적합하지만, 퍼짐성이 적어 스피디한 메이크업은 불가능함

45 아이브로 화장 시 우아하고 성숙한 느낌과 세련미를 표현하고자 할 때 가장 잘 어울릴 수 있는 것은?
① 회색 아이브로 펜슬   ② 검정 아이브로 섀도
③ **갈색 아이브로 섀도**   ④ 에보니 펜슬

45 메이크업 시술 〉 색조 메이크업
• 회색 아이브로: 차분하고 자연스러움
• 검정 아이브로: 단정하면서 시크해 보이고 중성적인 이미지
• 에보니 펜슬: 원래는 미술용 연필이지만 메이크업에서 눈썹의 형태를 잡을 때에나 수정할 때 사용함

46 얼굴의 골격 중 얼굴형을 결정짓는 가장 중요한 요소가 되는 것은?
① 위턱뼈(상악골)   ② **아래턱뼈(하악골)**
③ 코뼈(비골)   ④ 관자뼈(측두골)

46 메이크업 고객 서비스 〉 메이크업 카운슬링
아래턱뼈(하악골)는 아래쪽 턱을 형성하는 뼈로 얼굴형을 결정짓는 가장 중요한 요소임

47 여름 메이크업에 대한 설명으로 가장 거리가 먼 것은?
① 시원하고 상쾌한 느낌이 들도록 표현한다.
② **난색 계열을 사용하여 따뜻한 느낌을 표현한다.**
③ 구릿빛 피부 표현을 위해 오렌지색 메이크업 베이스를 사용한다.
④ 방수 효과를 지닌 제품을 사용하는 것이 좋다.

47 메이크업 시술 〉 응용 메이크업
여름 메이크업에 난색을 사용하면 시각적으로 더워 보임

48 미국의 색채 학자 파버 비렌이 탁색계를 '톤(Tone)'이라고 불렀던 것에서 유래한 배색 기법은?
① 카마이외(Camaieu) 배색   ② **토널(Tonal) 배색**
③ 트리콜로레(Tricolore) 배색   ④ 톤온톤(Tone on tone) 배색

48 메이크업 고객 서비스 〉 메이크업 카운슬링
• 카마이외: 동일한 색에 가까운 색을 사용한 미묘한 색차의 배색
• 트리콜로레: 세 가지 컬러를 사용한 배색
• 톤온톤: 동일 색상에서 명도 차를 비교적 크게 둔 배색

49 얼굴형과 그에 따른 이미지의 연결이 가장 적절한 것은?

① 둥근형: 성숙한 이미지
② 긴 형: 귀여운 이미지
③ 사각형: 여성스러운 이미지
④ **역삼각형: 날카로운 이미지**

49 메이크업 고객 서비스 > 메이크업 카운슬링
- 둥근형: 귀여운 이미지
- 긴 형: 성숙한 이미지
- 사각형: 남성적 이미지

50 한복 메이크업 시 유의하여야 할 내용으로 옳은 것은?

① **눈썹을 아치형으로 그려 우아해 보이도록 표현한다.**
② 피부는 한 톤 어둡게 표현하여 자연스러운 피부 톤을 연출하도록 한다.
③ 한복의 화려한 색상과 어울리는 강한 색조를 사용하여 조화롭게 보이도록 한다.
④ 입술의 구각을 정확히 맞추어 그리는 것보다는 아웃커브로 그려 여유롭게 표현하는 것이 좋다.

50 메이크업 시술 > 본식 웨딩 메이크업
한복 메이크업 시 고려사항
- 피부는 한 톤 밝은 파운데이션 컬러를 선택하여 화사하게 연출함
- 한복의 이미지를 최대한 살려 선을 섬세하게 표현함
- 단아하고 우아한 느낌으로 메이크업
- 입술은 동양미가 느껴지도록 윗입술을 살짝 인커브로 연출함

51 아이섀도의 종류와 그 특징을 연결한 것으로 가장 거리가 먼 것은?

① 펜슬 타입: 발색이 우수하고 사용하기 편리하다.
② 파우더 타입: 펄이 섞인 제품이 많으며 하이라이트 표현이 용이하다.
③ 크림 타입: 유분기가 많고 촉촉하며 발색이 선명하다.
④ **케이크 타입: 그러데이션이 어렵고 색상이 뭉칠 우려가 있다.**

51 메이크업 시술 > 색조 메이크업
케이크 타입: 가장 대중적이고 그러데이션이 용이하며 색상 혼합이 쉽고 뭉칠 우려가 가장 적음

52 메이크업의 정의와 가장 거리가 먼 것은?

① 화장품과 도구를 사용한 아름다움의 표현 방법이다.
② '분장'의 의미를 가지고 있다.
③ 색상으로 외형적인 아름다움을 나타낸다.
④ **의료기기나 의약품을 사용한 눈썹손질을 포함한다.**

52 메이크업 위생관리 > 메이크업의 이해
메이크업의 범위: 얼굴 등 신체의 화장·분장 및 의료기기나 의약품을 사용하지 아니하는 눈썹손질

53 다음에서 설명하는 메이크업이 가장 잘 어울리는 계절은?

> 강렬하고 이지적인 이미지가 느껴지도록 심플하고 단아한 스타일이나 콘트라스트가 강한 색상과 밝은 색상을 사용하는 것이 좋다.

① 봄
② 여름
③ 가을
④ **겨울**

53 메이크업 시술 > 응용 메이크업
겨울 메이크업은 깨끗하고 심플한 느낌의 메이크업으로 표현하거나 콘트라스트가 강한 색상과 밝은 색상을 사용하는 것이 좋음

54 봄 메이크업의 컬러 조합으로 가장 적합한 것은?

① 흰색, 파랑, 핑크 계열
② 겨자색, 벽돌색, 갈색 계열
③ **옐로, 오렌지, 그린 계열**
④ 자주색, 핑크, 진보라 계열

54 메이크업 시술 > 응용 메이크업
계절별 메이크업 컬러

봄	핑크, 그린, 옐로, 피치, 오렌지
여름	화이트, 블루, 실버, 라이트블루
가을	베이지, 브라운, 골드, 카키
겨울	버건디, 와인, 화이트펄, 레드, 퍼플

55 아이브로 메이크업의 효과와 가장 거리가 먼 것은?
① 인상을 자유롭게 표현할 수 있다.
② 얼굴의 표정을 변화시킨다.
③ 얼굴형을 보완할 수 있다.
④ **얼굴에 입체감을 부여해 준다.**

55 메이크업 시술 〉 색조 메이크업
아이브로 메이크업의 효과
• 얼굴형과 눈매의 난점 보완
• 얼굴의 인상 결정
• 아이브로의 색, 모양, 길이감을 변화시켜 얼굴 전체의 이미지 변화 및 개성 연출
• 얼굴의 좌우 균형을 이루게 하여 안정감 부여

56 다음 중 컬러 파우더의 색상 선택과 그 활용법이 잘못 연결된 것은?
① 퍼플 – 노란 피부를 중화시켜 화사한 피부 표현에 적합하다.
② **핑크 – 볼에 붉은 기가 있는 경우 더욱 잘 어울린다.**
③ 그린 – 붉은 기를 줄인다.
④ 브라운 – 자연스러운 섀딩 효과가 있다.

56 메이크업 시술 〉 베이스 메이크업
핑크: 혈색이 없는 피부에 사용하여 화사하고 혈색이 도는 피부 톤 연출

57 기미, 주근깨 등의 피부 결점이나 눈 밑 그늘에 발라 커버하는 데 사용하는 제품은?
① 스틱 파운데이션(Stick Foundation)
② 투웨이케이크(Two-way Cake)
③ 스킨커버(Skin Cover)
④ **컨실러(Concealer)**

57 메이크업 시술 〉 베이스 메이크업
컨실러: 다크서클과 흉터 등 피부의 잡티와 결점을 자연스럽게 커버하여 화사하고 깨끗한 피부로 연출함

58 메이크업 미용사의 작업과 관련한 내용으로 가장 거리가 먼 것은?
① 모든 도구와 제품은 청결히 준비하도록 한다.
② **마스카라나 아이라인 작업 시 입으로 불어 신속히 마르게 한다.**
③ 고객의 신체에 힘을 주어 누르지 않도록 주의한다.
④ 고객의 옷에 화장품이 묻지 않도록 가운을 입혀준다.

58 메이크업 고객 서비스 〉 고객 응대
마스카라나 아이라인 건조를 위해 입김을 불면 고객에게 불쾌감을 줄 수 있음

59 메이크업의 색과 조명에 관한 설명으로 옳지 않은 것은?
① 메이크업의 완성도를 높이는 데에는 자연광선이 가장 이상적이다.
② **조명에 의해 색이 달라지는 현상은 저채도보다는 고채도에서 잘 일어난다.**
③ 백열등은 장파장 계열로 사물의 붉은색을 증가시키는 효과가 있다.
④ 형광등은 보라색과 녹색의 파장 부분이 강해 사물이 시원하게 보이는 효과가 있다.

59 메이크업 고객 서비스 〉 메이크업 카운슬링
조명에 의해 색이 달라지는 현상은 저채도에서 잘 일어나고 고채도에서는 일어나지 않음

60 눈썹을 빗거나 마스카라 후 뭉친 속눈썹을 정돈할 때 사용하면 편리한 브러시는?
① 팬 브러시
② **스크루 브러시**
③ 노즈섀도 브러시
④ 아이라이너 브러시

60 메이크업 시술 〉 색조 메이크업
• 팬 브러시: 파우더나 아이섀도의 여분을 털어낼 때 사용함
• 노즈섀도 브러시: 사선형으로 되어 있어 코 벽에 음영을 주기에 적합함
• 아이라이너 브러시: 가늘고 탄성이 좋아야 하며 끝이 갈라지지 않은 것이 적합함

공개 기출문제 | 2016년 제3회

01 18세기 말 "인구는 기하급수적으로 늘고 생산은 산술급수적으로 늘기 때문에 체계적인 인구 조절이 필요하다."라고 주장한 사람은?
① 프랜시스 플레이스
② 에드워드 윈슬로
③ **토마스 R. 맬서스**
④ 포베르토 코흐

02 감염병 예방 및 관리에 관한 법률상 제2급 감염병이 아닌 것은?
① A형간염
② 장출혈성대장균감염증
③ 세균이질
④ **파상풍**

03 장염비브리오균 식중독에 대한 설명으로 거리가 먼 것은?
① **원인균은 보균자의 분변이 주원인이다.**
② 복통, 설사, 구토 등이 생기며 발열이 있고 2~3일이면 회복된다.
③ 예방은 저온 저장, 조리기구, 손 등의 살균을 통해서 할 수 있다.
④ 여름철에 집중적으로 발생한다.

04 이·미용사의 위생복을 흰색으로 하는 주된 이유는?
① **오염된 상태를 가장 쉽게 발견할 수 있다.**
② 가격이 비교적 저렴하다.
③ 미관상 가장 보기가 좋다.
④ 열 교환이 가장 잘 된다.

05 보건행정에 대한 설명으로 가장 적합한 것은?
① **공중보건의 목적을 달성하기 위해 공공의 책임하에 수행하는 행정 활동**
② 개인보건의 목적을 달성하기 위해 공공의 책임하에 수행하는 행정 활동
③ 국가 간의 질병교류를 막기 위해 공공의 책임하에 수행하는 행정 활동
④ 공중보건의 목적을 달성하기 위해 개인의 책임하에 수행하는 행정 활동

06 모기가 매개하는 감염병이 아닌 것은?
① 일본뇌염
② **콜레라**
③ 말라리아
④ 사상충증

| 해설 |

01 공중위생관리 〉 공중보건
토마스 R. 맬서스는 『인구론』이란 저서에서 식량은 산술(등차)급수적으로 늘어나는 데 비해 인구는 기하(등비)급수적으로 늘어나므로 자연대로라면 과잉 인구로 인한 식량 부족은 피할 수 없으며, 그로 인해 빈곤과 죄악이 필연적으로 발생하기 때문에 체계적인 인구 조절이 필요하다고 주장함

02 공중위생관리 〉 공중보건
파상풍은 제3급 감염병임

03 공중위생관리 〉 공중보건
장염비브리오균 식중독은 여름철 부패된 어류 섭취에 의해 발생되고 오염 어패류에 접촉한 식기, 도마, 행주에 의해 2차 감염이 되며 8~20시간 잠복 후 급성 위장염, 구토, 설사, 복통 증상이 있음

04 메이크업 위생관리 〉 위생관리
흰색이 위생복의 청결 상태를 가장 쉽게 확인 가능한 색이기 때문임

05 공중위생관리 〉 공중보건
보건행정: 국민이 심신의 건강을 유지함과 동시에 국민의 수명 연장, 질병 예방, 건강 증진을 도모하도록 돕는 보건정책으로 이를 위해 국가 또는 지방자치단체가 주도적으로 수행하는 공적 활동

06 공중위생관리 〉 공중보건
콜레라는 급성 소화기계 감염병으로 주로 오염된 물이나 음식을 통해 감염되며, 제2급 감염병에 속함

07 다음 중 대기오염 방지 목표와 연관성이 가장 적은 것은?
① 경제적인 손실 방지
② **직업병의 발생 방지**
③ 자연환경의 약화 방지
④ 생태계 파괴 방지

07 공중위생관리 > 공중보건
대기오염을 방지하는 것은 직업병의 발생과 관계가 없음

08 다음 중 식기류 소독에 가장 적당한 것은?
① 30% 알코올
② **역성비누액**
③ 40℃의 온수
④ 염소

08 공중위생관리 > 소독
역성비누액
- 양이온 계면활성제의 일종
- 세정력은 거의 없고 살균력과 침투력이 높음
- 냄새가 거의 없고 자극성이 약함
- 식기, 과일·야채, 손 소독에 적합함

09 살균력과 침투성은 약하지만 자극이 없고 발포 작용에 의해 구강이나 상처 소독에 주로 사용되는 소독제는?
① 페놀
② 염소
③ **과산화수소수**
④ 알코올

09 공중위생관리 > 소독
과산화수소
- 피부 상처, 구내염, 인두염, 구강 세척에 사용함
- 살균, 탈취, 표백에 효과적임
- 혐기성 세균에 효과적임
- 일반 세균, 바이러스, 결핵균, 진균, 아포에 모두 효과적임
- 분해 시 발생하는 발생기 산소의 산화력을 이용함

10 세균 증식 시 높은 염도를 필요로 하는 호염성(Halophilic)균에 속하는 것은?
① 콜레라
② 장티푸스
③ **장염비브리오균**
④ 이질

10 공중위생관리 > 공중보건
염분의 농도가 비교적 높은 곳에서 발육·번식하며 식중독의 원인이 되는 장염비브리오균이 호염성균에 해당함

11 소독 방법에서 고려되어야 할 사항으로 가장 거리가 먼 것은?
① 소독 대상물의 성질
② 병원체의 저항력
③ 병원체의 아포 형성 유무
④ **소독 대상물의 그람염색 유무**

11 공중위생관리 > 소독
그람염색
- 세균염색법의 하나로, 염색법이 간편하며 원인균의 추측과 항생제의 선택에 중요한 지표가 됨
- 모든 세균에 대해 행해지고 있는 중요한 염색법으로 소독방법과 무관함

12 병원체의 병원소 탈출 경로와 가장 거리가 먼 것은?
① 호흡기로부터 탈출
② 소화기 계통으로부터 탈출
③ 비뇨 생식기 계통으로부터 탈출
④ **수질 계통으로부터 탈출**

12 공중위생관리 > 공중보건
병원체 탈출 경로
- 호흡기 탈출
- 소화기 탈출
- 비뇨·생식기 탈출
- 개방된 병소 탈출
- 기계적 탈출

13 따뜻한 물에 중성세제로 잘 씻은 후 물기를 없앤 다음, 70% 알코올에 20분 이상 담그는 소독법으로 가장 적합한 것은?
① **유리제품**
② 고무제품
③ 금속제품
④ 비닐제품

13 공중위생관리 > 소독
유리제품은 따뜻한 물에 중성세제로 잘 씻은 후 물기를 없앤 다음, 70% 알코올에 20분 이상 담그는 소독법이 적합함

14 병원성 미생물의 발육을 정지시키는 소독 방법은?
① 희석 ② 방부
③ 정균 ④ 여과

14 공중위생관리 > 소독
방부: 병원성 미생물의 발육과 성장을 억제·정지시켜 음식물의 부패나 발효를 방지하는 것

15 계란 모양의 핵을 가진 세포들이 일렬로 밀접하게 정렬되어 있는 한 개의 층으로, 새로운 세포 형성이 가능한 층은?
① 각질층 ② 기저층
③ 유극층 ④ 망상층

15 메이크업 위생관리 > 피부의 이해
기저층은 표피의 가장 아래층으로 진피의 유두층에서 영양을 공급받으며 새로운 세포가 생성되는 유핵층임

16 피부의 과색소침착 증상이 아닌 것은?
① 기미 ② 백반증
③ 주근깨 ④ 검버섯

16 메이크업 위생관리 > 피부의 이해
- 과색소성 피부질환: 기미, 주근깨, 검버섯 등의 표피형 색소침착과 기미, 오타반점, 몽고반점 등의 진피형 색소침착으로 나뉨
- 저색소성 피부질환: 백색증, 백반증, 백피증 등

17 정상적인 피부의 pH 범위는?
① pH 3~4 ② pH 6.5~8.5
③ pH 4.5~6.5 ④ pH 7~9

17 메이크업 위생관리 > 피부의 이해
정상적인 피부는 pH 4.5~6.5의 약산성임

18 적외선이 피부에 미치는 영향으로 가장 거리가 먼 것은?
① 온열 효과가 있다.
② 혈액순환 개선에 도움을 준다.
③ 피부 건조화, 주름 형성, 피부 탄력 감소를 유발한다.
④ 피지선과 한선의 기능을 활성화하여 피부 노폐물 배출에 도움을 준다.

18 메이크업 위생관리 > 피부의 이해
적외선이 피부에 미치는 영향
- 혈관을 자극하여 혈액순환 촉진
- 체온을 높여 신진대사 촉진
- 근육이완, 통증 완화와 진정
- 식균 작용
- 피지선과 한선의 기능을 활성화하여 피부 노폐물 배출 도움
- 피부 화상 및 민감성피부 유발

19 식후 12~16시간이 경과되어 정신적, 육체적으로 아무것도 하지 않고 가장 안락한 자세로 조용히 누워있을 때 생명을 유지하는 데 소요되는 최소한의 열량을 의미하는 것은?
① 순환대사량 ② 기초대사량
③ 활동대사량 ④ 상대대사량

19 공중위생관리 > 공중보건
기초대사량
- 생물체가 생명을 유지하는 데 필요한 최소한의 에너지량
- 체온 유지나 호흡, 심장 박동 등 기초적인 생명 활동을 위한 신진대사에 쓰이는 에너지량

20 비듬이 생기는 원인과 관계가 없는 것은?
① 신진대사가 계속적으로 나쁠 때
② 탈지력이 강한 샴푸를 계속 사용할 때
③ 염색 후 두피가 손상되었을 때
④ 샴푸 후 린스를 하였을 때

20 메이크업 위생관리 > 피부의 이해
린스는 모발의 윤기와 보습 유지를 위해 사용하는 제품으로, 비듬 발생과 무관함

21 피부노화의 이론과 가장 거리가 먼 것은?
① **셀룰라이트 형성**
② 프리라디칼 이론
③ 노화 프로그램설
④ 텔로미어학설

21 메이크업 위생관리 > 피부의 이해
셀룰라이트는 팽창한 지방 조직들이 단단하게 뭉쳐서 혈관과 림프관을 압박하여 원활한 대사를 방해하고, 피부층을 울퉁불퉁 밀어 올려 피부면을 고르지 않게 하는 것으로, 비만과 관계됨

22 다음 중 이·미용업을 하고자 하는 자가 해야 하는 절차는?
① **시장·군수·구청장에게 신고한다.**
② 시장·군수·구청장에게 통보한다.
③ 시장·군수·구청장의 허가를 얻는다.
④ 시·도지사의 허가를 얻는다.

22 공중위생관리 > 공중위생관리법규
미용업 영업신고는 보건복지부령이 정하는 시설 및 설비를 갖춘 후 시장·군수·구청장에게 신고해야 함

23 건전한 영업질서를 위해 공중위생업자가 준수해야 할 사항을 준수하지 아니한 자에 대한 벌칙 기준은?
① 1년 이하의 징역 또는 1천만 원 이하의 벌금
② **6월 이하의 징역 또는 500만 원 이하의 벌금**
③ 3월 이하의 징역 또는 300만 원 이하의 벌금
④ 300만 원 과태료

23 공중위생관리 > 공중위생관리법규
6개월 이하의 징역 또는 500만 원 이하의 벌금
• 변경신고를 하지 아니한 자
• 공중위생영업자의 지위를 승계한 자로서 신고를 하지 아니한 자
• 건전한 영업질서를 위하여 공중위생영업자가 준수하여야 할 사항을 준수하지 아니한 자

24 면허가 취소된 자는 누구에게 면허증을 반납해야 하는가?
① 보건복지부장관
② 시·도지사
③ **시장·군수·구청장**
④ 읍·면장

24 공중위생관리 > 공중위생관리법규
면허가 취소되거나 면허의 정지명령을 받은 자는 지체 없이 관할 시장·군수·구청장에게 면허증을 반납해야 함

25 이·미용소에서 영업정지처분을 받고 그 정지 기간 중에 영업을 한 때의 1차 위반 행정처분 내용은?
① 영업정지 1월
② 영업정지 2월
③ 영업정지 3월
④ **영업장 폐쇄명령**

25 공중위생관리 > 공중위생관리법규
시장·군수·구청장은 영업정지처분을 받고도 그 영업정지 기간에 영업을 한 경우에는 영업소 폐쇄를 명할 수 있음

26 영업자의 위생관리 의무가 아닌 것은?
① 영업장에서 사용하는 기구를 소독한 것과 소독하지 아니한 것은 분리·보관한다.
② 영업소에서 사용하는 1회용 면도날은 손님 1인에 한해 사용한다.
③ **자격증을 영업소 안에 게시한다.**
④ 면허증을 영업소 안에 게시한다.

26 공중위생관리 > 공중위생관리법규
공중위생영업자는 영업소 안에 자격증을 게시할 의무는 없음

27 의료법 위반으로 영업장 폐쇄명령을 받은 이·미용업 영업자는 얼마의 기간 동안 같은 종류의 영업을 할 수 없는가?
① 2년
② **1년**
③ 6개월
④ 3개월

27 공중위생관리 > 공중위생관리법규
「의료법」 위반으로 영업장 폐쇄명령을 받은 이·미용업 영업자는 1년 경과 후에 동종의 영업을 할 수 있음

28 공중위생관리법규상 위생관리등급의 구분이 바르게 짝지어진 것은?
① **최우수업소 – 녹색등급**
② 우수업소 – 백색등급
③ 일반관리대상업소 – 황색등급
④ 관리미흡대상업소 – 적색등급

28 공중위생관리 > 공중위생관리법규
위생관리등급의 구분
- 최우수업소: 녹색등급
- 우수업소: 황색등급
- 일반관리대상업소: 백색등급
- 위생관리등급의 판정을 위한 세부항목, 등급결정 절차 및 기타 위생서비스평가에 필요한 구체적인 사항은 보건복지부장관이 정하여 고시함

29 유연화장수의 작용과 가장 거리가 먼 것은?
① 피부에 보습을 주고 윤택하게 한다.
② 피부에 남아 있는 비누의 알칼리 성분을 중화시킨다.
③ 각질층에 수분을 공급한다.
④ **피부의 모공을 넓힌다.**

29 메이크업 위생관리 > 화장품 분류
유연화장수의 작용
- 수분 공급 및 유연 작용
- pH 밸런스 조절(약산성 pH 5.5)
- 피부결 정돈

30 크림 파운데이션에 대한 설명 중 가장 적합한 것은?
① 얼굴의 형태를 바꾼다.
② **피부의 잡티나 결점을 커버하는 목적으로 사용한다.**
③ O/W형은 W/O형에 비해 비교적 사용감이 무겁고 퍼짐성이 낮다.
④ 화장 시 산뜻하고 청량감이 있으나 커버력이 약하다.

30 메이크업 시술 > 베이스 메이크업
크림 파운데이션은 리퀴드 파운데이션에 비해 유분 함량이 높고 커버력이 좋음

31 피지 조절, 항우울과 함께 분만 촉진에 효과적인 아로마 오일은?
① 라벤더
② 로즈마리
③ **자스민**
④ 오렌지

31 메이크업 위생관리 > 화장품 분류
- 라벤더: 피부 재생, 습진·여드름성피부·화상 등에 효과, 임신 초기 사용 금지
- 로즈마리: 피부 청결, 노화피부 개선, 두피 개선, 주름 완화
- 자스민: 피지 조절, 항우울, 피부 보습·재생·이완·진정, 상처 치유, 긴장 완화, 분만 촉진
- 오렌지: 여드름성피부, 노화피부에 효과적임

32 피부 클렌저(Cleanser)로 사용하기 적합하지 않은 것은?
① **강알칼리성 비누**
② 약산성 비누
③ 탈지를 방지하는 클렌징 제품
④ 보습 효과가 있는 클렌징 제품

32 메이크업 위생관리 > 화장품 분류
강알칼리성 비누는 세척력은 좋으나 피부를 건조하고 거칠게 함

33 가용화(Solubilization) 기술을 적용하여 만들어진 것은?
① 마스카라　　　　② **향수**
③ 립스틱　　　　　④ 크림

33 메이크업 위생관리 > 화장품 분류
가용화(Solubilization) 기술
- 다량의 물과 물에 녹지 않는 소량의 오일 성분이 계면활성제에 의해 투명하게 용해되어 있는 상태
- 가시광선에 투과되므로 투명하게 보임
- 가용화의 미셀은 화장수, 에센스, 헤어 토닉, 향수 등을 제조할 때 사용됨

34 미백 화장품에 사용되는 대표적인 미백 성분은?
① 레티노이드(Retinoid)
② **알부틴(Arbutin)**
③ 라놀린(Lanolin)
④ 토코페롤 아세테이트(Tocopherol Acetate)

34 메이크업 위생관리 > 화장품 분류
- 미백 성분: 알부틴, 코직산, 닥나무 추출물, 비타민C 유도체, 알파하이드록시산(AHA), 하이드로퀴논
- 레티노이드: 내인성 노화 예방
- 라놀린: 보습제, 립스틱의 원료

35 진피에 포함된 성분으로 보습 기능이 있어 피부 관리에 사용되는 성분은?
① 알코올(Alcohol)　　　② **콜라겐(Collagen)**
③ 판테놀(Panthenol)　　④ 글리세린(Glycerin)

35 메이크업 위생관리 > 피부의 이해
콜라겐은 진피의 90%를 구성하는 물질로 보습 및 탄력 기능이 있음

36 눈의 형태에 따른 아이섀도 기법으로 옳지 않은 것은?
① 부은 눈: 펄감이 없는 브라운이나 그레이 컬러로 아이홀을 중심으로 넓지 않게 펴 바른다.
② 처진 눈: 포인트 컬러를 눈꼬리 부분에서 사선 방향으로 올리고 언더컬러는 사용하지 않는다.
③ 올라간 눈: 눈앞머리 부분에 짙은 컬러를 바르고 눈 중앙에서 꼬리까지 옅은 컬러를 발라주며, 언더 부분을 넓게 펴 바른다.
④ **작은 눈: 눈두덩 중앙에 밝은 컬러로 하이라이트를 하고, 눈앞머리에 포인트를 주며, 아이라인은 그리지 않는다.**

36 메이크업 시술 > 색조 메이크업
작은 눈의 아이섀도 방법
- 눈 전체를 밝은 색으로 하고 눈앞머리부터 눈꼬리까지 라인을 중심으로 짙은 색상으로 연장함
- 위아래 라인을 전체적으로 그러데이션하듯 펴 바름

37 아이섀도를 바를 때 눈 밑에 떨어진 가루나 과다한 파우더를 털어내는 도구로 가장 적절한 것은?
① 파우더 퍼프　　　② 파우더 브러시
③ **팬 브러시**　　　　④ 블러셔 브러시

37 메이크업 시술 > 색조 메이크업
팬 브러시는 부채꼴 모양의 브러시로 파우더나 아이섀도의 여분을 털어낼 때 사용함

38 눈썹을 그리기 전후에 자연스럽게 눈썹을 빗는 나선 모양의 브러시는?
① 립 브러시
② 팬 브러시
③ **스크루 브러시**
④ 파우더 브러시

38 메이크업 시술 > 색조 메이크업
스크루 브러시는 눈썹을 빗거나 뭉친 마스카라를 제거할 때 사용하며, 모에 힘이 있어야 함

39 각 눈썹의 형태에 따른 이미지와 그에 알맞은 얼굴형이 가장 바르게 연결된 것은?
① **상승형 눈썹: 동적이고 시원한 느낌 – 둥근형**
② 아치형 눈썹: 우아하고 여성적인 느낌 – 삼각형
③ 각진형 눈썹: 지적이며 단정하고 세련된 느낌 – 긴 형, 장방형
④ 수평형 눈썹: 젊고 활동적인 느낌 – 둥근형, 얼굴 길이가 짧은 형

39 메이크업 시술 > 색조 메이크업
- 아치형 눈썹: 이마가 넓은 얼굴형, 각진 얼굴형, 역삼각 얼굴형
- 각진형 눈썹: 둥근 얼굴형, 넓은 삼각 얼굴형
- 수평형 눈썹: 긴 얼굴형, 긴 네모 얼굴형

40 색의 배색과 그에 따른 이미지를 연결한 것으로 옳은 것은?
① 액센트 배색 – 부드럽고 차분한 느낌
② **동일색 배색 – 무난하면서 온화한 느낌**
③ 유사색 배색 – 강하고 생동감 있는 느낌
④ 그러데이션 배색 – 개성 있고 아방가르드한 느낌

40 메이크업 고객 서비스 > 메이크업 카운슬링
- 액센트 배색: 단조로운 배색에 대조되는 색을 소량 배색하여 조화롭게 배색하는 것으로 강렬한 느낌
- 유사색 배색: 색상환에서 가까운 색끼리의 배색으로 온화, 상냥, 정적이면서 무난한 이미지
- 그러데이션 배색: 색상, 명도, 채도, 톤 등이 한 방향으로 점진적으로 변화하는 배색으로 편안하고 자연스러운 느낌

41 뷰티 메이크업과 관련된 내용으로 가장 거리가 먼 것은?
① 눈썹, 아이섀도, 입술 메이크업 시 고객의 부족한 면을 보완하여 균형 있는 얼굴로 표현한다.
② 메이크업은 색상, 명도, 채도 등을 고려하여 고객의 상황에 맞는 컬러를 선택하도록 한다.
③ **사람들은 대부분 얼굴의 좌우가 다르므로 자연스러운 메이크업을 위해 최대한 생김새를 그대로 표현하여 생동감을 준다.**
④ 의상, 헤어, 분위기 등 전체적인 이미지 조화를 고려하여 메이크업한다.

41 메이크업 고객 서비스 > 메이크업 카운슬링
고객 얼굴의 좌우 대칭을 맞추어 수정·보완하여 메이크업을 하도록 함

42 계절별 화장법으로 가장 거리가 먼 것은?
① 봄 메이크업 – 투명한 피부 표현을 위해 리퀴드 파운데이션을 사용하며, 눈썹과 아이섀도를 자연스럽게 표현한다.
② **여름 메이크업 – 콘트라스트가 강한 색상으로 선을 강조하고 베이지 컬러의 파우더로 피부를 매트하게 표현한다.**
③ 가을 메이크업 – 아이 메이크업 시 저채도의 베이지, 브라운 컬러를 사용하고 그윽하며 깊은 눈매를 연출한다.
④ 겨울 메이크업 – 전체적으로 깨끗하고 심플한 이미지를 표현하고, 립은 레드나 와인 계열 등의 색상을 바른다.

42 메이크업 시술 > 응용 메이크업
여름 메이크업: 짙은 메이크업은 피하고 시원하고 청량한 느낌의 메이크업 또는 태닝 메이크업으로 건강한 느낌을 표현함

43 사각형 얼굴의 수정 메이크업으로 옳지 <u>않은</u> 것은?

① 이마의 각진 부위와 튀어나온 턱뼈 부위에 어두운 파운데이션을 발라 갸름하게 보이게 한다.
② 눈썹은 각진 얼굴형과 어울리도록 시원하게 아치형으로 그린다.
③ **일자형 눈썹과 길게 뺀 아이라인으로 포인트 메이크업을 하는 것이 효과적이다.**
④ 입술 모양은 곡선의 형태로 부드럽게 표현한다.

43 메이크업 시술 > 색조 메이크업
사각형 얼굴은 아치형의 눈썹으로 얼굴이 부드러워 보일 수 있게 연출하고 아이섀도는 아이홀 방향으로 둥근 느낌을 내면서 그러데이션함

---

44 다음에서 설명하는 아이섀도 제품의 타입은?

- 장기간 지속 효과가 낮다.
- 기온 변화로 번들거림이 생기는 단점이 있다.
- 유분이 함유되어 부드럽고 매끄럽게 펴 바를 수 있다.
- 제품 도포 후 파우더로 색을 고정시켜 지속력과 색의 선명도를 향상시킬 수 있다.

① **크림 타입**
② 펜슬 타입
③ 케이크 타입
④ 파우더 타입

44 메이크업 시술 > 색조 메이크업
크림 타입 아이섀도
- 유분이 많아 부드럽게 잘 펴 발림
- 장시간 지속 효과가 낮고 뭉치거나 얼룩지기 때문에 파우더로 색을 고정함

---

45 파운데이션을 바르는 방법으로 가장 거리가 <u>먼</u> 것은?

① O존은 피지 분비량이 적어 소량의 파운데이션으로 가볍게 바른다.
② **V존은 잡티가 많으므로 슬라이딩 기법으로 여러 번 겹쳐 발라 결점을 가린다.**
③ S존은 슬라이딩 기법과 가볍게 두드리는 패팅 기법을 병행하여 메이크업의 지속성을 높인다.
④ 헤어라인은 귀앞머리 부분까지 라텍스 스펀지에 남아 있는 파운데이션을 사용하여 슬라이딩 기법으로 바른다.

45 메이크업 시술 > 베이스 메이크업
V존(U존)
- 얼굴 면적 중 가장 넓은 부위
- T존에 비해 상대적으로 피지 분비량이 적어 건조해지기 쉬우므로 파운데이션을 소량 사용해야 함

---

46 긴 얼굴형에 적합한 눈썹 메이크업으로 가장 적합한 것은?

① 가는 곡선형으로 그린다.
② 눈썹산이 높은 아치형으로 그린다.
③ 각진 아치형이나 상승형, 사선 형태로 그린다.
④ **다소 두께감이 느껴지는 직선형으로 그린다.**

46 메이크업 시술 > 색조 메이크업
긴 얼굴형은 약간 도톰한 일자형 눈썹으로 얼굴이 가로 분할되어 보이도록 연출함

47 조선 시대의 화장 문화에 대한 설명으로 옳지 않은 것은?

① 이중적인 성 윤리관이 화장 문화에 영향을 주었다.
② 여염집 여성의 화장과 기생 신분의 여성 화장이 구분되었다.
③ **영육일치사상의 영향으로 남녀 모두 미에 대한 부정적인 인식이 형성되었다.**
④ 미인박명(美人薄命)사상이 문화적 관념으로 자리 잡음으로써 미에 대한 부정적인 인식이 형성되었다.

47 메이크업 위생관리 〉메이크업의 이해
영육일치사상은 신라와 고려 시대의 대표적인 사상임

48 메이크업의 도구 및 재료의 사용 방법에 대한 설명으로 가장 거리가 먼 것은?

① 브러시는 전용 클리너로 세척하는 것이 좋다.
② 아이래시컬러는 속눈썹을 아름답게 올릴 때 사용한다.
③ **라텍스 스펀지는 세균 번식이 쉬우므로 깨끗한 물로 씻어 재사용한다.**
④ 면봉은 부분 메이크업 또는 메이크업의 수정 시 사용한다.

48 메이크업 시술 〉색조 메이크업
라텍스 스펀지는 세균 번식이 쉽고 세척이 불가능하므로 오염된 부분을 잘라 사용해야 함

49 색과 관련된 설명으로 옳지 않은 것은?

① 물체의 색은 빛이 거의 모두 반사되어 보이는 색이 백색, 거의 흡수되어 보이는 색이 흑색이다.
② 불투명한 물체의 색은 표면의 반사율에 의해 결정된다.
③ **유리잔에 담긴 레드와인은 장파장의 빛은 흡수하고, 그 외의 파장은 투과하여 붉게 보이는 것이다.**
④ 장파장은 단파장보다 산란이 잘 되지 않는 특성이 있어 신호등의 빨간색은 흐린 날에 멀리서도 식별이 가능하다.

49 메이크업 고객 서비스 〉메이크업 카운슬링
유리잔에 담긴 레드와인은 장파장의 빛을 투과하고, 그 외 파장은 흡수하여 붉게 보임

50 한복 메이크업 시 주의사항이 아닌 것은?

① 색조 화장은 저고리 깃이나 고름의 색상에 맞추는 것이 좋다.
② 너무 강하거나 화려한 색상은 피하는 것이 좋다.
③ 단아한 이미지를 표현하는 것이 좋다.
④ **한복으로 가려진 몸매를 입체적인 얼굴로 표현한다.**

50 메이크업 시술 〉본식 웨딩 메이크업
한복의 이미지를 최대한 살려 선을 섬세하게 표현하고 색조 메이크업은 저고리 깃이나 고름의 색상에 맞추어 선택하되 단아한 이미지로 연출함

51 같은 물체라도 조명색이 다르면 색이 다르게 보이나 시간이 갈수록 원래 물체의 색으로 인지하게 되는 현상은?

① 색채의 불변성
② **색의 항상성**
③ 색 지각
④ 색 검사

51 메이크업 고객 서비스 〉메이크업 카운슬링
조명의 강도가 바뀌어도 물체의 색을 이전과 동일하게 느끼는 현상을 색의 항상성이라고 함

52 사극의 수염 분장에 필요한 재료가 아닌 것은?
① 스프리트검　　② 쇠 브러시
③ 생사　　**④ 더마왁스**

52 메이크업 시술 > 미디어 캐릭터 메이크업
더마왁스는 상처 분장이나 마녀 턱 등의 분장에 사용하는 특수 분장 재료임

53 '톤을 겹친다'라는 의미로 동일한 색상에서 톤의 명도 차를 비교적 크게 둔 배색 방법은?
① 동일색 배색　　**② 톤온톤 배색**
③ 톤인톤 배색　　④ 세퍼레이션 배색

53 메이크업 고객 서비스 > 메이크업 카운슬링
- 동일 색상 배색: 같은 색에 다른 명도나 다른 채도의 색을 배색하여 무난하면서 온화한 느낌
- 톤인톤 배색: 비슷한 톤의 배색으로 인접 또는 유사색으로 배색
- 세퍼레이션 배색: 두 가지 이상의 색의 배색이 조화롭지 못한 경우 다른 한 색을 분리색으로 삽입하여 배색

54 메이크업 시 미용사의 기본적인 용모 및 자세로 가장 거리가 먼 것은?
① 업무 시작 전후 메이크업 도구와 제품 상태를 점검한다.
② 메이크업 시 위생을 위해 항상 마스크를 착용하고 고객과 직접 대화는 하지 않는다.
③ 고객을 맞이할 때에는 자리에서 일어나 공손하게 인사한다.
④ 영업장으로 걸려온 전화를 받을 때에는 필기도구를 준비하여 메모를 한다.

54 메이크업 위생관리 > 위생관리
감기나 호흡기 질환 시 마스크를 착용하며 고객과의 의견을 주고받기 위해서는 대화가 필요함

55 현대의 메이크업 목적과 가장 거리가 먼 것은?
① 개성 창출　　**② 추위 예방**
③ 자기만족　　④ 결점 보완

55 메이크업 위생관리 > 메이크업의 이해
현대 메이크업의 목적은 개성 창출, 자기만족, 결점 수정 및 보완으로, 추위 예방과 무관함

56 여름철 메이크업으로 가장 거리가 먼 것은?
① 선탠 메이크업을 베이스 메이크업으로 응용하여 건강한 피부를 표현한다.
② 약간 각진 눈썹형으로 표현하여 시원한 느낌을 살린다.
③ 눈매를 푸른색으로 강조하는 원포인트 메이크업을 한다.
④ 크림 파운데이션을 사용하여 피부를 두껍게 커버하고 윤기 있게 마무리한다.

56 메이크업 시술 > 응용 메이크업
여름 메이크업의 베이스는 밝고 투명한 이미지를 표현하기 위해 두꺼운 느낌이 들지 않게 가볍게 커버함

57 메이크업 베이스의 사용 목적으로 옳지 <u>않은</u> 것은?

① 파운데이션의 밀착력을 높인다.
② 얼굴의 피부 톤을 조절한다.
③ **얼굴에 입체감을 부여한다.**
④ 파운데이션의 색소침착을 방지한다.

57 메이크업 시술 〉 베이스 메이크업
메이크업 베이스의 사용 목적
• 파운데이션의 퍼짐성, 밀착력, 지속성을 높임
• 피부 톤과 색조 조절 및 보정
• 색조 메이크업의 착색 방지
• 자외선 및 외부 환경으로부터 피부 보호
• 피지 분비량 조절

58 긴 얼굴형의 윤곽 수정 방법에 대한 설명으로 옳지 <u>않은</u> 것은?

① **콧등 전체에 하이라이트를 주어 입체감 있게 표현한다.**
② 눈 밑은 폭 넓게 수평형 하이라이트를 준다.
③ 노즈섀도를 짧게 표현한다.
④ 이마와 아래턱은 섀딩을 주어 얼굴의 길이감이 짧아 보이게 한다.

58 메이크업 시술 〉 베이스 메이크업
콧등 전체에 하이라이트를 주면 얼굴이 더 길어 보이므로 이마와 눈 밑 부분에 가로 방향(수평형)으로 연출함

59 눈과 눈 사이가 좁은 눈을 수정하기 위해 아이섀도 포인트가 들어가야 할 부분으로 옳은 것은?

① 눈앞머리   ② 눈 중앙
③ 눈 언더라인   ④ **눈꼬리**

59 메이크업 시술 〉 색조 메이크업
눈 사이가 좁은 눈을 수정하기 위해서는 눈앞머리보다 꼬리 부분에 포인트 컬러를 줌

60 컨투어링 메이크업을 위한 얼굴형의 수정 방법으로 옳지 <u>않은</u> 것은?

① 둥근 얼굴형: 양 볼 뒤쪽에 어두운 섀딩을 주고 턱과 콧등에 길게 하이라이트를 준다.
② 긴 얼굴형: 헤어라인과 턱에 섀딩을 주고 볼 쪽에 하이라이트를 준다.
③ **사각 얼굴형: T존의 하이라이트를 강조하고 U존에 명도가 높은 블러셔를 한다.**
④ 역삼각 얼굴형: 헤어라인에서 양쪽 이마 끝에 섀딩을 준다.

60 메이크업 시술 〉 베이스 메이크업
사각 얼굴형: 하이라이트는 T존에 둥근 느낌으로 주고, 섀딩은 이마 양 옆, 턱의 각진 부분에 주도록 함

에듀윌이 너를 지지할게

ENERGY

오늘의 내 기분은
행복으로 정할래.

MAKE UP ARTIST

비공개 기출 복원문제

제1회 비공개 기출 복원문제
제2회 비공개 기출 복원문제
제3회 비공개 기출 복원문제
제4회 비공개 기출 복원문제
제5회 비공개 기출 복원문제
제6회 비공개 기출 복원문제
제7회 비공개 기출 복원문제
제8회 비공개 기출 복원문제

비공개 기출 복원문제 | 제1회

최신 기출문제 풀이는 필수!

◀ 모바일로 풀어보기

01 물리적 소독법에 속하는 자비 소독에 대한 설명으로 옳지 않은 것은?
① 금속, 유리, 소형기구, 스테인리스, 도자기, 수건 등의 소독에 적합하다.
② 100℃의 물에 20~30분간 소독하는 방법으로 아포형성균과 B형간염 바이러스의 사멸에 적합하다.
③ 물에 탄산나트륨을 첨가하면 살균력이 강해진다.
④ 금속은 물이 끓기 시작한 후에 넣고 유리는 처음부터 물에 넣어 끓인다.

02 다음 중 공기의 자정 작용에 대한 설명으로 옳지 않은 것은?
① 식물의 호흡에 의한 산소와 이산화탄소의 교환 작용
② 태양의 자외선에 의한 강력한 살균 작용
③ 강우, 강설에 의한 희석 작용
④ 산소와 오존 등에 의한 산화 작용

03 다음 중 질병의 예방, 진료, 공중보건을 향상시키기 위한 시·군·구 지방 보건 행정기관 중 보건사업의 말단 행정기관인 보건소의 업무로 적합하지 않은 것은?
① 감염병의 예방 및 완치
② 영유아의 건강 유지·증진
③ 난임의 예방 및 관리
④ 건강 친화적인 지역사회 여건의 조성

04 인공능동면역 방법 중 생균백신을 사용하여 예방하는 질병에 해당하지 않는 것은?
① 결핵   ② 폴리오
③ 홍역   ④ 콜레라

[신규 문제 공략]
05 다음 중 감염병환자가 퇴원 시 가장 적합한 소독법은?
① 수시소독   ② 간헐소독
③ 종결소독   ④ 빈번소독

| 해설 |

01 공중위생관리 > 소독
자비 소독은 아포형성균이나 B형간염 바이러스의 사멸에 부적합함

02 공중위생관리 > 공중보건
공기의 자정 작용에는 희석·세정·산화·살균·교환 작용 등이 있는데, 이때 말하는 희석 작용은 공기의 대류 작용에 의한 희석을 의미함

03 공중위생관리 > 공중보건
감염병의 예방 및 관리는 보건소의 업무에 해당하지만, 감염병의 완치는 보건소의 업무에 해당하지 않음

04 공중위생관리 > 공중보건
• 생균백신: 결핵, 홍역, 폴리오
• 사균백신: 장티푸스, 콜레라, 백일해, 폴리오

05 공중위생관리 > 소독
종결소독
환자의 격리가 해제되거나 병원에서 퇴원할 경우 격리 공간과 욕실 대청소, 침상 커튼 교체, 콜벨과 연결된 라인의 소독을 하는 것을 말함

신규 문제 공략

06 고열과 기침, 콧물, 결막염, 구강 점막에 코플릭(Koplik) 반점에 이은 특징적인 홍반성 구진 형태의 발진 증상을 나타내는 홍역은 어디에 속하는가?
① 습진
② 진균
③ 원발진
④ 속발진

06 메이크업 위생관리 > 피부의 이해
반점, 구진 형태의 발진은 원발진에 포함

07 공중위생관리법상 미용실 영업변경신고사항에 해당하지 않는 것은?
① 대표자가 이름을 개명했을 경우
② 미용실을 이전한 경우
③ 헤어 미용실에서 피부 미용실로 바꾸었을 경우
④ 신고한 미용 영업장 면적의 4분의 1 이상의 증감 시

07 공중위생관리 > 공중위생관리법규
영업변경신고사항
• 영업소의 명칭 또는 상호 변경 시
• 영업소의 주소 변경 시
• 신고한 영업장 면적의 3분의 1 이상의 증감 시
• 대표자의 성명 또는 생년월일 변경 시
• 미용업 업종 간 변경 시

08 다음 중 과태료 금액이 다른 하나는?
① 아름다운 눈썹 연출을 위하여 의료용 염료를 사용하여 눈썹을 그린 경우
② 해외 촬영으로 비행기 시간이 급한 배우를 위해 공항에서 출장 메이크업을 한 경우
③ 본인의 스케줄 관계상 시간이 여의치 않아 위생교육을 받지 않은 경우
④ 피부관리실에서 고객 관리 서비스 요금을 고객에게 미리 고지하지 않는 경우

08 공중위생관리 > 공중위생관리법규
200만 원 이하의 과태료
• 미용업소의 위생관리 의무를 지키지 아니한 자
 − 의료기구와 의약품을 사용하지 아니하는 순수한 화장 또는 피부미용을 할 것
 − 미용기구는 소독을 한 기구와 소독을 하지 아니한 기구로 분리하여 보관하고, 면도기의 1회용 면도날은 손님 1인에 한하여 사용할 것
 − 미용사 면허증을 영업소 안에 게시할 것
• 영업소 외의 장소에서 이용 또는 미용업무를 행한 자
• 위생교육을 받지 아니한 자

09 다음 중 면허발급을 받을 수 없는 사람은?
① 교육부장관이 인정하는 미용고등학교 졸업자
② 국가기술자격법에 따라 미용사의 자격을 취득한 사람
③ 면허가 취소된 후 10개월이 경과한 사람
④ 학점인정기관의 메이크업학과에서 학위를 수여한 사람

09 공중위생관리 > 공중위생관리법규
면허가 취소된 후 1년이 경과되지 아니한 자는 면허를 취득할 수 없음

10 병원성 미생물에 대한 설명으로 가장 옳지 않은 것은?
① 결핵균은 지방이 많은 세포벽이 보호막 구실을 하여 건조한 곳이나 강산성, 알칼리에서도 잘 견딘다.
② 진균은 미생물 중 크기가 가장 크며 무좀, 백선과 같은 피부병을 유발한다.
③ 리케차는 스스로 영양분을 만들지 못하며 진드기나 벼룩과 같은 절지동물을 매개로 하여 사람에게 감염을 일으킨다.
④ 바이러스는 생존에 필요한 기본 물질인 DNA와 RNA를 모두 가지며 단백질에 둘러싸여 있다.

10 공중위생관리 > 소독
바이러스는 생존에 필요한 기본 물질인 핵산(DNA 또는 RNA)과 그것을 둘러싼 단백질 껍질로 구성되어 있음

11 메이크업 영업장의 환경관리에 대한 설명으로 옳지 않은 것은?
① 하루에 2~3회 이상 자연환기를 해야 한다.
② 실내외 온도차는 9~10℃ 이상이어야 한다.
③ 영업장 안의 조명도는 75lux 이상이어야 한다.
④ 다수의 사람이 모이는 영업장에는 반드시 환풍기가 설치되어야 한다.

11 메이크업 위생관리 > 위생관리
실내외 적정 온도차는 5~7℃이며, 실내외의 온도차가 5℃ 정도일 때 공기순환이 촉진됨

12 미용실에서 사용되는 수건, 터번, 헤드캡 등의 관리 방법으로 적합하지 <u>않은</u> 것은?

① 1회용 제품 사용
② 세탁 후 사용
③ 알코올 소독 후 사용
④ 일광소독 후 사용

12 메이크업 위생관리 > 위생관리
수건, 터번, 헤드캡: 1회용을 사용하거나 세탁 및 일광·증기소독하여 사용함

---

13 특별시장이 공중위생영업소의 전반적인 위생관리 실태를 검사하기 위해 검사의뢰를 할 때 적합한 기관이 <u>아닌</u> 것은?

① 구청장이 검사능력이 있다고 인정하는 검사기관
② 국가표준기본법에 의하여 인정을 받은 시험기관
③ 보건복지부장관이 검사능력이 있다고 인정하는 검사기관
④ 서울특별시의 보건환경연구원

13 공중위생관리 > 공중위생관리법규
공중위생영업소의 위생관리 실태를 검사하기 위한 검사의뢰기관
- 특별시·광역시·도의 보건환경연구원
- 「국가표준기본법」에 의하여 인정을 받은 시험·검사기관
- 시·도지사 또는 시장·군수·구청장이 검사능력이 있다고 인정하는 검사기관

---

14 열에 의한 2도 화상의 증상을 바르게 설명한 것은?

① 피부 전층이 손상된 상태이다.
② 피부색이 흰색으로 변한다.
③ 수포가 발생하고 통증을 수반한다.
④ 근육의 수축이 발생한다.

14 메이크업 위생관리 > 피부의 이해
2도 화상: 진피층까지 손상된 상태로 물집(수포)이 생기고, 붓고, 심한 통증이 동반

---

15 다음 중 눈의 폭과 동일한 너비가 <u>아닌</u> 것은?

① 입술의 폭
② 왼쪽 눈앞머리~오른쪽 눈앞머리
③ 코의 폭
④ 오른쪽 눈꼬리 ~오른쪽 헤어라인

15 메이크업 고객 서비스 > 메이크업 카운슬링
- 얼굴의 세로 분할 5등분
  - 왼쪽 헤어라인~왼쪽 눈꼬리
  - 왼쪽 눈꼬리~왼쪽 눈앞머리
  - 왼쪽 눈앞머리~오른쪽 눈앞머리
  - 오른쪽 눈앞머리~오른쪽 눈꼬리
  - 오른쪽 눈꼬리~오른쪽 헤어라인
- 코의 폭: 눈의 길이와 동일함
- 입술의 폭: 정면을 바라보고 눈동자의 안쪽의 수직 연장선과 만나는 점에 위치함

---

16 매일 사용하는 세안제가 갖추어야 할 조건으로 옳지 <u>않은</u> 것은?

① 풍부한 거품을 가져야 하며 강력한 세정력을 가져야 한다.
② 습하거나 건조한 곳에서도 형태와 질이 변하지 않아야 한다.
③ 뜨거운 물이나 차가운 물 모두에 잘 풀어져야 한다.
④ 색과 향기의 변화가 없어야 하고 미생물의 오염이 없어야 한다.

16 메이크업 위생관리 > 화장품 분류
- 세안제의 조건: 안정성, 용해성, 기포성, 저자극성
- 강력한 세정력은 피부에 대한 탈지력이 있어 오히려 피부가 거칠어지거나 건조해질 수 있음

17 하드노트라고도 불리며 향수의 전체적인 향을 지배하는 노트는?
① 헤드노트
② 톱노트
③ 미들노트
④ 베이스노트

> **17** 메이크업 위생관리 > 화장품 분류
> **미들노트**
> • '하드노트'라고도 하며, 향수의 향을 지배함
> • 부드럽고 따뜻한 느낌
> • 플로럴, 푸르트, 시프레, 스파이스 계열

18 다음 중 쿨톤에 대한 설명으로 옳지 않은 것은?
① 하양, 검정, 파랑이 섞여 있는 색상이다.
② 마젠타, 와인, 블루그린 등이 포함된다.
③ 시각적 편안함을 느끼게 하는 색상이다.
④ 주황과 황색, 골드는 포함되지 않는다.

> **18** 메이크업 고객 서비스 > 퍼스널 이미지 제안
> **쿨톤**
> • 하양, 검정, 파랑이 섞여 있는 색으로 주황과 황색, 골드는 포함되지 않음
> • 이지적이면서도 부드러움을 지니고 있으며 모던하고 세련된 정적인 이미지
> 예 블루, 마젠타, 와인, 블루그린, 그레이, 실버

19 퍼스널 컬러의 유형 중 겨울 유형에 대한 설명으로 옳지 않은 것은?
① 피부는 유난히 희고 푸른빛의 창백한 피부를 가진다.
② 눈동자는 유난히 검은색이나 밝은 회갈색의 선명한 톤을 가진다.
③ 메이크업은 원포인트 패턴을 활용하여 강한 대비를 연출한다.
④ 신체 색상 사이에 콘트라스트가 적어 부드럽고 여성적인 이미지이다.

> **19** 메이크업 고객 서비스 > 퍼스널 이미지 제안
> 겨울 유형: 사계절 피부 중 유일하게 신체 색상 사이에 콘트라스트가 있어 선명하고 명쾌한 이미지

20 다음 화장품의 원료 중 성격이 다른 하나는?
① 미네랄 오일
② 실리콘 오일
③ 이소프로필 팔미테이트
④ 미리스틴산 팔미테이트

> **20** 메이크업 위생관리 > 화장품 분류
> • 광물성 오일: 미네랄 오일(유동 파라핀), 바셀린, 고형 파라핀
> • 합성 오일: 실리콘 오일, 이소프로필 팔미테이트, 미리스틴산 팔미테이트

21 다음 중 건성피부가 사용하기에 적합하지 않은 제품은?
① 아스트리젠트
② 에멀전
③ 컨센트레이트
④ 에몰리언트크림

> **21** 메이크업 위생관리 > 화장품 분류
> **아스트리젠트**
> • 수렴화장수로, 지성·여드름성피부 및 여름 화장수로 많이 사용
> • 노화·건성·민감성피부에는 가급적 사용 자제

22 화장품과 의약품의 차이점에 대한 설명으로 옳은 것은?
① 화장품은 질병 예방과 치료를 목적으로 사용된다.
② 의약품의 사용 기간은 장기 또는 단기이다.
③ 의약외품은 부작용이 있을 수 있다.
④ 화장품은 임의 사용이 가능하다.

> **22** 메이크업 위생관리 > 화장품 분류
> • 화장품은 청결·미화를 위해 사용됨
> • 의약품의 사용 기간은 단기임
> • 의약외품은 부작용이 없어야 함

23 피부 색조를 조절 및 보정하고 색조 화장이 착색되는 것을 방지하기 위해 사용되는 제품은?

① 파우더
② 프라이머
③ 메이크업 베이스
④ 컨실러

23 메이크업 시술 > 베이스 메이크업
메이크업 베이스
- 파운데이션의 퍼짐성, 밀착력, 지속성을 높임
- 피부 톤과 색조 조절 및 보정
- 색조 메이크업의 착색 방지
- 자외선 및 외부 환경으로부터 피부 보호
- 피지 분비량 조절

24 얼굴 윤곽 수정 시 눈 밑 뺨 부분에 하이라이트를 둥근 느낌으로 넣고 헤어라인이 둥글어 보이게 섀딩을 주었을 때 느껴지는 이미지는?

① 세련된 이미지
② 활동적인 이미지
③ 모던한 이미지
④ 귀여운 이미지

24 메이크업 시술 > 베이스 메이크업
귀여운 이미지: 얼굴이 전체적으로 둥글어 보이게 연출

신규 문제 공략

25 다음 중 이미지와 메이크업 방법이 바르게 연결되지 못한 것은?

① 오리엔탈 – 에스닉 메이크업, 젠 메이크업
② 미니멀 – 원포인트 메이크업, 모던 메이크업
③ 매니쉬 – 엘레강스 메이크업, 펑크 메이크업
④ 사이버 – 퓨처리즘 메이크업, 메탈릭 메이크업

25 메이크업 시술 > 트렌드 메이크업
매니쉬: 원포인트 메이크업, 스모키 메이크업

26 다음 중 아이섀도 연출 시 가루날림이 적어 초보자가 사용하기에 용이하고 강한 포인트 컬러를 밀착감 있게 표현할 때 적합한 브러시는?

① 포인트 아이섀도 브러시
② 팁 브러시
③ 사선 브러시
④ 베이스 아이섀도 브러시

26 메이크업 시술 > 색조 메이크업
- 포인트 아이섀도 브러시: 아이섀도의 포인트 컬러 연출 시 사용
- 사선 브러시: 눈썹을 자연스럽게 그릴 때 사용
- 베이스 아이섀도 브러시: 아이섀도의 베이스 컬러 연출 시 사용

27 눈썹 연출을 위한 아이브로 제품의 조건에 해당되지 않는 것은?

① 제품 발색이 선명해야 한다.
② 사용이 용이해야 한다.
③ 건조의 속도가 빨라야 한다.
④ 쉽게 지워져야 한다.

27 메이크업 시술 > 색조 메이크업
아이브로 제품의 조건
- 제품 발색이 선명하고 섬세한 표현이 가능해야 함
- 사용하기 용이해야 하고 건조가 빠르며 쉽게 지워지지 않아야 함
- 미생물에 오염되지 않아야 함

28 다음 중 립 메이크업에 대한 설명으로 옳지 않은 것은?

① 입술색을 최대한 파운데이션으로 커버한 후 립스틱을 도포한다.
② 파우더를 사용하여 입술의 유분기를 제거한 후 립스틱을 도포한다.
③ 립스틱으로 입술 안쪽을 채운 후 메이크업 티슈로 유분기를 제거하여 지속력을 높인다.
④ 주름이 많은 입술은 주름이 도드라져 보이지 않게 립글로스를 사용한다.

28 메이크업 시술 > 색조 메이크업
주름이 많은 입술: 파우더로 입술의 유분기를 제거하여 주름 사이로 립스틱이 번지는 것을 방지한 후 립라이너로 라인을 선명하게 그리고 연한 색상의 매트한 립스틱을 사용함

29 수염에 사용되는 털의 종류 중 털이 두껍고 뻣뻣하여 가루수염, 짧은 수염, 망수염 제작에 가장 유용한 것은?

① 야크헤어
② 크레이프 울
③ 인조사
④ 생사

29 메이크업 시술 > 미디어 캐릭터 메이크업
야크헤어
- 야생 들소의 일종인 야크의 털
- 털이 두껍고 뻣뻣하여 가루수염, 짧은 수염, 망수염 제작에 유용함
- 염색 가능

30 인조 속눈썹의 기능에 대한 설명으로 옳지 <u>않은</u> 것은?

① 속눈썹이 길어져 눈이 커 보인다.
② 다양한 형태와 길이로 개성 있게 연출한다.
③ 눈에 포인트를 주어 피부 메이크업을 돋보이게 한다.
④ 속눈썹의 숱이 풍성해져 깊이 있는 눈매를 연출한다.

30 메이크업 시술 〉 속눈썹 연출·연장
인조 속눈썹의 기능
- 속눈썹이 길고 풍성해져 깊이 있는 눈매 연출
- 또렷하고 커 보이는 눈매 연출
- 다양한 형태와 길이로 개성 연출

---

31 다음 중 우리나라 화장 용어에 대한 설명으로 옳지 <u>않은</u> 것은?

① 응장(凝粧) – 혼례나 의례 등 행사 때 하는 또렷한 화장
② 염장(艶粧) – 주목을 끌 만큼 화려한 화장
③ 농장(濃粧) – 담장보다 짙고 염장보다 옅은 화장
④ 단장(丹粧) – 피부 손질부터 얼굴, 옷차림, 장신구 등을 수수하게 치장

31 메이크업 위생관리 〉 메이크업의 이해
- 염장(艶粧): 요염한 색채를 표현한 짙은 화장
- 성장(盛粧): 주목을 끌 만큼 화려한 화장

---

32 파운데이션의 테크닉과 그 설명으로 옳지 <u>않은</u> 것은?

① 슬라이딩 – 피부결 방향대로 펴 바르는 기법
② 페더링 – 브러시를 사용하여 선을 긋는 듯 바르는 기법
③ 블렌딩 – 하이라이트·섀딩 파운데이션을 베이스 색과 경계가 생기지 않도록 바르는 기법
④ 패팅 – 잡티가 많은 눈 밑, 볼 등 얼굴의 넓은 면을 스펀지 또는 손가락으로 가볍게 두드리는 기법

32 메이크업 시술 〉 베이스 메이크업
페더링: 선의 경계가 뚜렷하지 않게 부드럽게 연결시키는 기법

---

33 다음 중 로코코 시대 메이크업의 특징에 대한 설명으로 적절하지 <u>않은</u> 것은?

① 숱이 적은 눈썹은 쥐의 피부를 사용한 인조눈썹을 붙여 커버하였다.
② 비누의 사용이 보편화되었고 크림이나 로션도 대중화되어 피부에 대한 관심이 높아졌다.
③ 백발의 유행에 맞추어 얼굴은 매우 희게 강조하였다.
④ 벨라도나의 즙을 이용하여 동공을 확대했으며, 펜슬 타입의 루주가 등장하였다.

33 메이크업 위생관리 〉 메이크업의 이해
비누의 사용이 보편화되고 크림, 로션이 대중화되는 등 피부에 대한 관심이 높아진 때는 19세기 근대임

---

34 다음은 어떤 얼굴형에 대한 설명인가?

> 세련된 느낌과 날카로운 이미지의 얼굴형으로 하이라이트는 콧등과 눈 밑 그리고 양쪽 볼에 주고, 섀딩은 양쪽 이마 부분, 턱 끝에 주어 부드러운 인상이 연출되도록 한다. 아치형의 눈썹과 밝고 엷은 색의 아이섀도 사용으로 날카로운 이미지를 커버한다.

① 긴 얼굴형　　　　② 마름모 얼굴형
③ 역삼각 얼굴형　　④ 둥근 얼굴형

34 메이크업 시술 〉 색조 메이크업
역삼각 얼굴형
- 윤곽 수정: 콧등, 눈 밑, 양쪽 볼에 하이라이트, 양쪽 이마 부분, 턱 끝에 섀딩
- 아이브로: 아치형의 눈썹으로 인상이 부드러워 보이도록 연출
- 아이섀도: 인상이 부드러워 보이도록 밝고 엷은 색 아이섀도 사용
- 치크: 광대뼈 윗부분에 약간 갸름하게 파스텔톤으로 부드럽게 연출

35 고조선인들이 희고 건강한 피부를 만들기 위해 사용하였던 것이 아닌 것은?

① 쑥
② 돈고
③ 마늘
④ 꿀

35 메이크업 위생관리 〉 메이크업의 이해
- 고조선: 희고 건강한 피부를 만들기 위해 쑥·마늘·꿀 등으로 세안하고 얼굴에 바름
- 읍루: 돈고(돼지기름)를 사용하여 피부를 보호하고 동상을 예방
- 말갈: 미백을 위해 오줌 세수

36 속눈썹 연장 시 주의점에 대한 설명으로 옳지 않은 것은?

① 속눈썹 글루는 사용 전에 흔들어서 사용한다.
② 글루 리무버는 개봉 6개월 이내에 사용한다.
③ 핀셋 사용 시 핀셋의 끝이 안구로 향하지 않도록 한다.
④ 가모를 부착하기 전에 속눈썹의 노폐물과 유분기를 제거한다.

36 메이크업 시술 〉 속눈썹 연출·연장
글루 리무버는 개봉 2개월 이내에 사용해야 하고, 직사광선을 피해 실온 보관해야 함

37 다음 중 어떤 색채가 환경에 따라 달리 보이는 현상은?

① 컬러 어피어런스
② 조건등색
③ 착시
④ 푸르킨예 현상

37 메이크업 고객 서비스 〉 메이크업 카운슬링
- 조건등색(메타메리즘): 서로 다른 두 색이 특수한 상태에서 같은 색으로 보이는 현상
- 착시: 색상 대비, 명도 대비 등으로 인해 사물의 형태, 크기, 색깔 등이 객관적인 사실과 다르게 느껴지는 현상
- 푸르킨예 현상: 밝은 곳에서 어두운 곳으로 옮겨갈 때 붉은색은 어둡고 탁하게 보이고, 녹색과 청색은 상대적으로 밝게 보이는 현상

38 눈 길이가 짧고 미간이 좁은 눈의 인조속눈썹 연출 방법으로 가장 적합한 것은?

① 눈꼬리의 길이를 길게 하고 속눈썹 숱에 포인트를 준다.
② 속눈썹의 길이를 일반적인 길이보다 1~2mm 짧게 재단한다.
③ 눈꼬리 부분을 짧게 하고 중앙 부분이 길게 포인트를 준다.
④ 눈앞머리에 숱이 많고 길이가 길게 연출한다.

38 메이크업 시술 〉 속눈썹 연출·연장
- 지방이 두껍고 홑겹인 눈: 속눈썹의 길이를 일반적인 길이보다 1~2mm 길게 재단
- 눈 길이가 길고 눈 크기가 작고 미간이 넓은 눈: 눈꼬리 부분을 짧게 하고 앞부분부터 중앙까지 길이감을 주어 재단

39 살구색·카멜·쑥색 등 옛날부터 관습적으로 사용되어 오던 사물이나 동물, 식물의 이름으로 표현하는 색명법은?

① 관용색명
② 고유색명
③ 기본색명
④ 계통색명

39 메이크업 고객 서비스 〉 메이크업 카운슬링
- 관용색명: 옛날부터 관습적으로 사용되는 색 이름
- 기본색명: 한국산업규격(KS)에서 12개의 기본색명과 무채색 3개를 규정
- 계통색명: 한국산업규격의 색명법에 따라 KS기본색명에 색상·명도·채도에 관한 수식어를 붙여 표현

40 피부 재생이 저하되어 주름과 색소침착이 일어나고 콜라겐과 엘라스틴 조직의 약화로 깊은 주름이 발생하는 유형에게 필요한 유효성분이 아닌 것은?

① 플라센타
② 토코페롤
③ 살리실산
④ 프로폴리스

40 메이크업 시술 〉 메이크업 기초 화장품 사용
노화피부의 유효성분: 토코페롤(비타민E), 플라센타(태반), 레티놀, 프로폴리스, 은행 추출물, 알파하이드록시산(AHA), SOD, 인삼 추출물, 레티닐팔미테이트

41. 메이크업 브러시와 그에 대한 설명으로 옳지 않은 것은?

① 파운데이션 브러시 – 탄성이 좋고 브러시 모의 끝부분이 납작한 것이 좋다.
② 아이브로 브러시 – 눈썹을 자연스럽게 그릴 때 사용하는 것으로 합성모와 천연모 혼합 브러시가 적합하다.
③ 팬 브러시 – 부채꼴 모양의 브러시로 파우더나 아이섀도를 바를 때 사용한다.
④ 팁 브러시 – 강한 포인트 컬러 표현 시 사용되고 가루날림이 적어 초보자가 사용하기에 용이하다.

> **41** 메이크업 시술 〉 색조 메이크업
> 팬 브러시
> • 부채꼴 모양의 브러시
> • 파우더나 아이섀도의 여분을 털어낼 때 사용함

42. 메이크업에서 사용되는 선의 이미지에 대한 설명으로 옳지 않은 것은?

① 수평선 – 온화함, 정적인 느낌
② 하향선 – 유머러스함, 온화함
③ 상향선 – 차가움, 강함
④ 수직선 – 남성적, 지루함

> **42** 메이크업 고객 서비스 〉 메이크업 카운슬링
> 수직선: 공격적, 강인함, 남성스러움

43. 패션쇼 메이크업을 진행하려고 할 때 고려해야 할 것이 아닌 것은?

① 장소의 크기
② 조명의 색
③ 무대의 높이
④ 모델의 취향

> **43** 메이크업 시술 〉 응용 메이크업
> 패션쇼 메이크업 시 유의점
> • 실내·외의 구분과 장소의 크기를 고려함
> • 무대의 색, 조명의 색과 광량을 고려함
> • 디자이너가 표현하고자 하는 패션쇼의 콘셉트에 대한 정확한 이해가 필요함
> • 각 모델의 개성을 존중하면서 패션쇼의 콘셉트와 조화롭게 연출함
> • 무대의 높이를 고려함

44. 부드러운 곡선을 살린 드레스나 허리선을 강조한 실루엣으로 우아한 여성미를 연출하여 메이크업을 진행할 때 적합하지 않은 컬러는?

① 회갈색
② 인디언핑크
③ 퍼플
④ 옐로그린

> **44** 메이크업 시술 〉 응용 메이크업
> 엘레강스 이미지
> • 의상: 부드러운 곡선을 살린 드레스나 허리선을 강조한 실루엣으로 우아한 여성미 연출
> • 메이크업 색상: 인디언핑크, 회갈색, 퍼플, 적갈색, 와인 등 성숙하고 우아한 컬러 활용

45. 클렌징 제품의 종류와 그에 대한 설명으로 옳지 않은 것은?

① 클렌징오일 – 피부 타입에 크게 상관없이 사용 가능하나 세안 후 오일 성분이 남을 수 있어 반드시 비누 세안으로 2차 클렌징을 하도록 한다.
② 클렌징젤 – 유분에 민감한 피부에 적합하다.
③ 클렌징크림 – 유분이 많아 건성피부와 겨울철 사용에 적합하고 진한 메이크업 클렌징에 효과적이다.
④ 클렌징폼 – 계면활성제가 들어 있어 거품을 통해 자극 없이 세정이 가능하다.

> **45** 메이크업 시술 〉 메이크업 기초 화장품 사용
> 클렌징오일: 건성·민감성·노화피부에 적합하고 이중세안 시 세안비누는 탈지력이 있어 피부 건조를 유발할 수 있기 때문에 클렌징폼을 사용해야 함

46 차분하고 지적인 여성미를 풍기는 음영이 강조된 메이크업이 가장 잘 어울리는 계절의 메이크업 방법으로 적합하지 않은 것은?

① 베이지, 오클 계열 색상의 크림 파운데이션을 선택하는 게 좋다.
② 눈썹은 흑갈색으로 지적인 느낌이 연출되도록 살짝 각진 느낌으로 연출하도록 한다.
③ 치크는 연한 핑크로 가볍게 처리하거나 생략해도 무방하다.
④ 짙은 오렌지, 브라운, 레드브라운 등으로 입술을 연출한다.

46 메이크업 시술 > 응용 메이크업
- 치크를 연한 핑크로 가볍게 처리하거나 생략해도 무방한 것은 여름 메이크업임
- 차분하고 지적인 여성미를 표현한 음영이 강조된 메이크업이 가장 잘 어울리는 계절은 가을로, 치크는 브라운이나 핑크브라운, 오렌지브라운 컬러로 안정감 있게 연출함

47 다음 중 T.P.O.에 따른 메이크업에 대한 설명으로 옳지 않은 것은?

① 나이트 메이크업 – 하이라이트와 섀딩을 주어 입체감 있는 얼굴을 연출하고 눈동자 중앙이나 눈썹뼈에 펄이 있는 하이라이트를 주어 입체감과 화려함을 표현한다.
② 오피스 메이크업 – 의상에 따라 색상을 정한 후 무난한 톤의 유사한 색이나 동일 색상 배색을 이용하여 밝게 메이크업한다.
③ 무대공연 메이크업 – 무대와 관객과의 거리를 고려하여 입체감 있게 표현하되 배우의 개성을 잘 살려 표현한다.
④ 파티 메이크업 – 모임 장소의 분위기나 조명을 고려하여 메이크업의 콘셉트를 정하도록 한다.

47 메이크업 시술 > 응용 메이크업
무대공연 메이크업: 무대와 관객과의 거리를 고려하여 입체감 있게 표현하되 배우가 맡은 캐릭터에 적합한 특징을 잘 살려 표현함

48 야외 웨딩 메이크업 시 주의점에 해당하지 않는 것은?

① 본래 색이 그대로 노출되므로 자연스러운 메이크업이 적합하다.
② 음영을 넣어 윤곽을 뚜렷하게 강조한 메이크업을 해야 한다.
③ 맑은 날의 색조 화장이 흐린 날보다 약해 보일 수 있으므로 주의해서 연출해야 한다.
④ 자연광에서의 메이크업은 실제보다 두꺼워 보일 수 있으므로 파운데이션은 얇게 펴 바르고 잡티는 컨실러를 사용하여 커버하도록 한다.

48 메이크업 시술 > 본식 웨딩 메이크업
너무 강한 섀딩이나 하이라이트 등의 윤곽 수정은 야외에서 부자연스럽고 인위적으로 보이므로 주의해야 함

49 노인 메이크업의 결정 요인을 연결한 것으로 옳지 않은 것은?

① 지역적 요인 – 국가, 도시, 어촌, 농촌
② 개인적 요인 – 나이, 습관, 성별
③ 사회적 요인 – 경제력, 직업, 계절
④ 개인적 요인 – 건강 상태, 성격

49 메이크업 시술 > 미디어 캐릭터 메이크업
계절은 사회적 요인이 아니며, 노인 메이크업과 관련이 없음

50 미디어 캐릭터 기획에 대한 설명으로 옳지 않은 것은?

① 작가와 연출자의 의도에 따라 캐릭터의 특성이 결정된다.
② 연기자의 생김새와 신체적 특징은 캐릭터 이미지 표현에 영향을 준다.
③ 시대적 배경이 두드러지는 경우 역사적 고찰을 통해 자료를 수집한다.
④ 캐릭터의 특징을 살리기 위해서는 연기자의 이미지를 배제한 후 메이크업을 디자인한다.

50 메이크업 시술 > 미디어 캐릭터 메이크업
연기자의 이미지를 분석하여 효과적인 캐릭터 메이크업이 나올 수 있도록 디자인해야 함

51 혼주의 한복 메이크업에 대한 설명으로 가장 적합한 것은?

① 한복의 화려한 색감을 고려하여 아이 메이크업은 화려한 색상 또는 펄이 들어 있는 것을 선택한다.
② 깨끗한 피부 표현을 위하여 크림 또는 스틱 파운데이션을 두껍게 바른다.
③ 입술은 치마 색상에 맞추어 아웃커브로 그린다.
④ 색조 메이크업은 저고리 깃이나 고름의 색상에 맞추어 선택한다.

51 메이크업 시술 > 본식 웨딩 메이크업
- 한복의 부드러운 곡선 이미지를 최대한 살려 선을 섬세하게 표현하고 색조 메이크업은 저고리 깃이나 고름의 색상에 맞추어 선택하되 단아한 이미지로 연출해야 함
- 주름이 강조되지 않도록 베이스 제품은 소량만 사용해야 함
- 한복 메이크업 시 입술은 동양미가 느껴지도록 윗입술을 살짝 인커브로 연출함

52 다음 중 미디어 메이크업에 대한 설명으로 옳지 않은 것은?

① 밝고 뜨거운 조명 아래에서 장시간 작업하여야 하므로 지속력과 커버력이 좋은 파운데이션 제품을 선택한다.
② 촬영 시 각 신과 컷별 연속성을 유지하기 위해 연결표를 작성해야 한다.
③ 방송 출연진의 특성을 고려하여 메이크업을 해야 하는지, 캐릭터의 특성에 따라 메이크업을 해야 하는지 구분하여 디자인해야 한다.
④ 광고 메이크업은 광고의 주체와 모델의 개성에 따라 메이크업이 결정된다.

52 메이크업 시술 > 미디어 캐릭터 메이크업
광고 메이크업은 광고의 주체와 제품의 콘셉트에 따라 메이크업이 결정됨

53 흑백 포스터 제작을 위한 메이크업 시 볼륨 있고 진한 입술을 표현하려 할 때 적당한 컬러는?

① 오렌지 ② 네이비
③ 펄핑크 ④ 베이지브라운

53 메이크업 시술 > 응용 메이크업
흑백 사진의 메이크업은 색이 보이지 않으므로 명도가 가장 낮은 색을 선택하며, 짙은 입술을 표현하기 위해 네이비나 블랙 색상 사용이 가능함

54 피부의 과립층에 대한 설명으로 가장 옳지 않은 것은?

① 이물질의 침투를 방지한다.
② 피부의 수분 증발을 방지한다.
③ 과립층은 피부의 진피층에 존재한다.
④ 과립층에는 각화유리질과립이 존재한다.

54 메이크업 위생관리 > 피부의 이해
과립층
- 표피에 존재하며 피부의 수분 증발과 이물질의 침투를 방지하는 수분저지막(레인방어막)이 있음
- 무핵의 죽은 세포층
- 지방세포 생성
- 각화유리질과립(케라토하이알린과립)이 존재함

55 색감보다는 선이나 피부의 질감 표현에 주력하고 화려하거나 기교를 부리지 않은 절제된 최소한의 메이크업 유형은?

① 스모키 메이크업 ② 글래머러스 메이크업
③ 원포인트 메이크업 ④ 미니멀 메이크업

55 메이크업 시술 > 트렌드 메이크업
- 스모키 메이크업: 도발적이고 섹시한 느낌을 살리며 그윽하고 깊은 눈매를 표현하는 메이크업
- 글래머러스 메이크업: '매혹적인', '매력 있는', '화려한', '호화로운' 등의 뜻으로 여성의 성적 매력이 강조된 성숙한 이미지의 메이크업
- 원포인트 메이크업: 입술 색에 포인트를 주어 다른 색조 아이템은 배제하고 가볍고 매트한 피부 표현에 강렬한 색상으로 초점을 맞춘 메이크업

56 코올을 사용하여 관능적 매력의 팜므파탈룩을 연출한 시대는?

① 1910년대 ② 1930년대
③ 1950년대 ④ 1970년대

56 메이크업 시술 > 트렌드 메이크업
1910년대
- 관능적 매력의 팜므파탈룩의 연출을 위해 코올(Kohl) 메이크업을 시행함
- 아이 메이크업 시 블랙과 다크브라운으로 음영을 강하게 넣어 연출한 후 마스카라와 인조 속눈썹으로 그윽하게 연출함

57 볼드캡 제작 및 볼드캡을 활용한 캐릭터 표현 시 유의점에 대한 설명으로 옳지 <u>않은</u> 것은?

① 대머리 캐릭터 분장 시에는 유전적으로 머리카락이 없는지, 종교적 이유의 대머리인지, 개인적 스타일링의 이유인지를 고려하여 표현한다.
② 대머리 캐릭터 분장을 위한 볼드캡 제작 시에는 레드헤드의 이음새를 사포로 문질러 표면을 고르게 정리한다.
③ 볼드캡이 쉽게 떨어지는 것을 방지하기 위해 볼드캡의 이마 헤어라인 가장자리 부분은 횟수를 조절하여 두껍게 제작한다.
④ 대머리 캐릭터 분장 시에는 작업 전에 모델의 피부를 청결히 닦아 유분으로 인한 볼드캡의 떨어짐을 방지한다.

57 메이크업 시술 〉 미디어 캐릭터 메이크업
사실감 있는 대머리 캐릭터 연출을 위해 볼드캡의 이마 헤어라인 가장자리 부분은 횟수를 조절하여 얇게 제작하도록 함

58 3대 영양소에 대한 설명으로 옳지 <u>않은</u> 것은?

① 탄수화물은 장에서 포도당, 과당, 갈락토오스의 형태로 흡수된다.
② 지방의 불포화 지방산은 주로 동물성 지방으로, 체내 축적 시 고지혈증과 심혈관질환을 유발한다.
③ 단백질의 필수 아미노산은 신체에서 합성이 불가능하여 반드시 음식으로 섭취해야 한다.
④ 탄수화물은 피부의 에너지 생성을 돕고 활력과 보습에 영향을 준다.

58 메이크업 위생관리 〉 피부의 이해
지방의 불포화 지방산은 융점이 낮고 상온에서 액상 형태이며 참기름과 대두유 등이 있음

59 무대 캐릭터 메이크업에 대한 설명으로 옳지 <u>않은</u> 것은?

① 혈색은 코선을 기준으로 위쪽으로만 넣어주는 것이 좋다.
② 배우와 관객과의 거리가 형성되므로 관객의 위치에 따라 메이크업의 강약을 조절한다.
③ 대본을 기본으로 연출자의 의도, 무대의 분위기, 소품 등을 미리 파악하여 메이크업을 디자인한다.
④ 공연의 시간이 긴 작품인 경우 파우더 타입의 섀도와 치크로 매트하게 메이크업한다.

59 메이크업 시술 〉 무대공연 캐릭터 메이크업
2회 공연 등 시간이 긴 경우, 파우더보다 크림 타입의 섀도와 치크 등을 사용하는 것이 좋음

60 소독을 위한 석탄산용액 1,000ml를 만드는 방법으로 옳은 것은?

① 석탄산 30ml에 물 970ml가 필요하다.
② 석탄산 300ml에 물 700ml가 필요하다.
③ 석탄산 3ml에 물 997ml가 필요하다.
④ 석탄산 0.3ml에 물 999.7ml가 필요하다.

60 공중위생관리 〉 소독
석탄산(3%)+물(97%)일 때 강력한 살균력을 가지므로 1,000ml의 수용액을 만들기 위해서는 석탄산 30ml에 물 970ml가 필요함

정답표(제1회)

01	②	02	③	03	①	04	④	05	③	06	③	07	④	08	④	09	③	10	④
11	②	12	③	13	③	14	③	15	①	16	①	17	③	18	③	19	④	20	①
21	①	22	④	23	③	24	④	25	③	26	②	27	④	28	④	29	①	30	③
31	②	32	③	33	②	34	③	35	④	36	②	37	①	38	①	39	①	40	③
41	③	42	④	43	④	44	④	45	①	46	③	47	③	48	②	49	③	50	④
51	④	52	③	53	②	54	③	55	④	56	①	57	③	58	②	59	④	60	①

비공개 기출 복원문제 | 제2회

최신 기출문제 풀이는 필수!

 ◀ 모바일로 풀어보기

| 해 설 |

01 피부질환의 초기 병변으로 원발진에 속하지 않는 것은?
① 면포   ② 결절
③ 농포   ④ 반흔

01 메이크업 위생관리 > 피부의 이해
- 원발진: 건강한 피부에 처음으로 나타나는 병적 변화
  예 홍반, 반점, 구진, 농포, 결절, 낭종, 팽진, 면포, 종양, 수포
- 속발진: 원발진이 변화하여 다른 형태로 이어지는 병적 변화
  예 미란, 궤양, 균열, 인설, 가피, 반흔(흉터), 태선화, 농양

02 수용성 비타민 중 나이아신의 기능으로 옳은 것은?
① 에너지 생산에 관여하며 피부염증 치료에 도움을 준다.
② 각기병 예방과 피부 알레르기에 효과적이다.
③ 미백 효과와 색소침착 방지에 도움을 준다.
④ 피부의 보습과 탄력, 구순염 예방에 효과적이다.

02 메이크업 위생관리 > 피부의 이해
- 티아민: 각기병 예방과 피부 알레르기에 효과적임
- 아스코르브산: 미백 효과(멜라닌 색소 억제), 색소침착 방지, 피부 탄력에 효과적임
- 리보플라빈: 피부의 보습과 탄력, 피부염증 예방에 효과적임

03 다음 중 피부의 멜라닌 합성에 영향을 주는 요소가 아닌 것은?
① 적외선의 조사   ② 혈액순환의 정도
③ 유전적 요인   ④ 호르몬의 영향

03 메이크업 위생관리 > 피부의 이해
멜라닌 합성에 영향을 주는 요소
- 유전적 요인
- 자외선
- 혈액순환의 정도
- 식습관
- 호르몬의 영향

04 소독기전과 그에 해당하는 소독제의 연결이 옳지 않은 것은?
① 균체의 효소 불활성화 작용 – 석탄산, 알코올, 역성비누
② 산화 작용 – 염소, 과산화수소, 과망간산칼륨, 오존
③ 균체의 삼투성 변화 작용 – 방사선, 포르말린, 에틸렌옥사이드
④ 탈수 작용 – 알코올, 포르말린, 식염, 설탕

04 공중위생관리 > 소독
균체의 삼투성 변화 작용: 석탄산, 역성비누, 중금속염

05 캐리어 오일에 대한 설명으로 옳지 않은 것은?
① 에센셜 오일을 피부로 운반하는 오일이라는 의미이다.
② 피부 흡수력과 향이 좋아야 한다.
③ 에센셜 오일을 함께 블렌딩하면 효과가 극대화되는 오일이다.
④ 항균 작용이 우수한 식물성 오일을 사용하는 것이 좋다.

05 메이크업 위생관리 > 화장품 분류
캐리어 오일
- 에센셜 오일과 블렌딩하면 효과가 극대화되는 오일
- 에센셜 오일의 향을 방해하지 않아야 하므로 향이 없어야 하고 피부 흡수력이 좋아야 함
- 비타민, 미네랄, 항균 작용이 우수한 식물성 오일을 사용

제2회 **337**

06 다음 중 피부 표면의 산도, 알칼리의 정도를 나타내는 pH에 가장 큰 영향을 주는 것은?

① 땀 분비의 정도
② 호르몬의 정도
③ 유분의 정도
④ 각질의 정도

06 메이크업 위생관리 > 피부의 이해
건강한 성인의 피부 표면 pH는 4.5~6.5이며 습도, 온도, 계절의 영향을 받지만, 땀에 의한 영향이 가장 큼

07 공중위생영업자의 영업변경신고 시 제출서류에 해당되지 않는 것은?

① 영업신고증
② 영업소의 명칭 변경을 증명하는 서류
③ 영업장 면적의 1/4 확장을 증명하는 서류
④ 영업소의 주소 변경을 증명하는 서류

07 공중위생관리 > 공중위생관리법규
- 영업변경신고 시 제출서류: 영업신고사항 변경신고서, 영업신고증, 변경사항을 증명하는 서류
- 영업변경 신고사항
  - 영업소의 명칭 또는 상호 변경 시
  - 영업소의 주소 변경 시
  - 신고한 영업장 면적의 1/3 이상의 증감 시
  - 대표자의 성명 또는 생년월일 변경 시
  - 미용업 업종 간 변경 시

08 화장수에 많이 사용되는 글리세린의 역할은 무엇인가?

① 보습 작용
② 소독 작용
③ 방부 작용
④ 유연 작용

08 메이크업 위생관리 > 화장품 분류
글리세린: 보습제 종류 중 폴리올(다가 알코올)에 속함

09 다음의 컬러 중 계절감이 다른 것은?

① 라이트핑크
② 블루
③ 라벤더
④ 옐로그린

09 메이크업 고객 서비스 > 퍼스널 이미지 제안
- 여름: 부드럽고 차분하며 차가운 느낌의 파스텔 계열이나 크림베이지, 라이트핑크, 인디언핑크, 아쿠아블루, 라벤더, 블루그린, 퍼플, 블루, 그레이
- 봄: 노란색이 가미된 원색, 크림베이지, 아이보리, 핑크베이지, 피치, 오렌지, 코랄, 옐로그린, 아쿠아그린, 브라운

10 립스틱, 크림 등의 고형화를 돕고 광택감을 부여하는 것으로 왁스류 중에서는 가장 경도가 높은 왁스는?

① 라놀린
② 칸델릴라 왁스
③ 경랍
④ 카나우바 왁스

10 메이크업 위생관리 > 화장품 분류
카나우바 왁스
- 카나우바 야자의 잎에서 얻은 밀랍
- 왁스류 중에서는 가장 경도가 높은 왁스(녹는 온도 80~86℃)
- 예: 립스틱, 크림, 고형 마스카라, 탈모제

11 세안비누가 갖추어야 할 조건으로 옳지 않은 것은?

① 거품이 풍성하며 자극 없이 세안되어야 한다.
② 온수나 냉수에 잘 풀려야 한다.
③ 잘 무르지 않고 방부제가 첨가되지 않아야 한다.
④ 헹굼이 쉬워야 한다.

11 메이크업 위생관리 > 화장품 분류
- 세안제의 조건
  - 습하거나 건조한 곳에서도 형태와 질이 변하지 않아야 함
  - 색, 냄새의 변질과 미생물의 오염이 없어야 함
  - 냉수와 온수에 용해가 잘 되어야 함
  - 풍부한 거품과 세정력, 저자극
- 제품의 변성을 막기 위해 소량의 방부제는 첨가되어야 함

12 미용실의 환기를 위한 공기순환이 가장 촉진되는 실내외의 온도차는?

① 3℃   ② 5℃
③ 7℃   ④ 9℃

12 메이크업 위생관리 〉 위생관리
실내외의 온도차가 5℃ 정도일 때 공기순환이 촉진됨

13 다음 중 향수가 갖추어야 할 조건에 해당하지 <u>않는</u> 것은?

① 향의 특징이 있어야 한다.
② 조향이 조화로워야 한다.
③ 향의 확산이 잘 되어야 하고 지속성이 좋아야 한다.
④ 몸에서 나는 불쾌한 냄새를 잘 잡아야 한다.

13 메이크업 위생관리 〉 화장품 분류
향수의 조건
• 향의 특징이 있어야 함
• 확산성과 지속성이 좋아야 함
• 시대성에 부합해야 하고 향이 조화로워야 함

14 메이크업의 기원에 대한 설명으로 옳지 <u>않은</u> 것은?

① 신분표시설 – 개인의 사회적 지위나 계급과 성별, 결혼 여부 등과 같이 집단 내 개인을 구분하는 표시에서 메이크업이 유래되었다는 이론
② 종교설 – 병이나 나쁜 액을 물리치고 복을 염원하는 행위로 몸을 청결히 하고 특정 색이나 문양으로 치장하는 것에서 메이크업이 유래되었다는 이론
③ 보호설 – 외부의 위험으로부터 자신을 보호하고 은폐하기 위한 수단으로 메이크업이 유래되었다는 이론
④ 장식설 – 새의 깃털이나 짐승의 치아, 뿔, 뼈, 식물성 색소들을 이용하여 얼굴이나 신체를 위장하는 것에서 메이크업이 유래되었다는 이론

14 메이크업 위생관리 〉 메이크업의 이해
• 장식설: 인간의 기본 욕구와 미적 본능에서 메이크업이 유래되었다는 가설로, 현재까지 가장 신빙성을 얻고 있음
• 위장설: 새의 깃털이나 짐승의 치아, 뿔, 뼈, 식물성 색소들을 이용하여 얼굴이나 신체를 위장하는 것에서 메이크업이 유래되었다고 보는 이론

15 다음은 무엇에 대한 설명인가?

> 고려 시대 화장법 중 반지르르한 머리, 눈썹과 연지 화장 외에 백분을 많이 펴 바르는 매우 짙은 화장으로 기생 중심의 화장법

① 분대화장   ② 비분대화장
③ 백분화장   ④ 시분무주

15 메이크업 위생관리 〉 메이크업의 이해
분대화장: 기생 중심의 짙은 화장을 말하며, 여염집 여성(일반 여성)들에게 진한 화장에 대한 거부감을 유발하였으나 화장의 보급 및 화장품의 발전에 기여함

<mark>신규 문제 공략</mark>
16 다음 중 메이크업 스펀지의 관리 및 사용 방법으로 가장 적합한 것은?

① 메이크업 후에는 반드시 알코올에 담가 소독하고 재사용한다.
② 중성세제를 사용하여 깨끗이 세척 후 햇빛에 말려 재사용한다.
③ 파운데이션이 스민 부분은 가위로 깨끗이 잘라내고 재사용한다.
④ 세탁비누를 활용하여 미온수로 세척 후 재사용한다.

16 메이크업 위생관리 〉 위생관리
중성세제를 활용하여 세척 후 재사용이 가능하지만, 1회 사용 후 버리거나 잘라 사용하는 것이 좋음

17 처음 매장을 방문한 고객을 관리하는 방법으로 거리가 <u>먼</u> 것은?

① 해피콜 서비스를 실시하여 만족도를 조사한다.
② 고객DB를 확보하고 입력한다.
③ 이탈 방지 프로그램을 시작한다.
④ 매장의 긍정적 이미지를 전달한다.

17 메이크업 고객 서비스 〉 고객 응대
고객의 이탈 방지 프로그램은 재방문 고객·일반 고객 관리에 해당함

18 다음 중 얼굴뼈에서 가장 큰 부분을 차지하는 뼈는?
① 전두골
② 상악골
③ 하악골
④ 측두골

18 메이크업 고객 서비스 > 메이크업 카운슬링
상악골(위턱뼈)
- 위쪽 턱을 형성하는 뼈
- 얼굴뼈에서 가장 큰 부분을 차지함

19 사람의 피부색을 결정하는 색소 중 황색에 영향을 미치는 것은?
① 헤모글로빈
② 페오멜라닌
③ 카로틴
④ 유멜라닌

19 메이크업 고객 서비스 > 퍼스널 이미지 제안
- 헤모글로빈: 붉은색으로, 피부색에 영향을 미침
- 페오멜라닌: 황적색으로, 머리카락 색에 영향을 미침
- 카로틴: 황색으로, 피부색에 영향을 미침
- 유멜라닌: 흑갈색으로, 머리카락 색에 영향을 미침

20 다음 중 야행성 동물의 망막에 주로 존재하며 명암을 식별하는 시세포의 종류는?
① 원추세포
② 추상체
③ 광세포
④ 간상체

20 메이크업 고객 서비스 > 메이크업 카운슬링
간상체
- 단파장에 민감하며 어두운 곳에서 시각을 느낌
- 명암을 식별하며 야행성 동물의 망막에 주로 존재함

21 모공 수축 작용을 하고 피부에 청량감을 주는 수렴화장수를 사용하기 적합한 피부의 유형은?
① 건성피부
② 민감성피부
③ 노화피부
④ 여드름성피부

21 메이크업 위생관리 > 화장품 분류
수렴화장수
- '아스트리젠트', '토닝 로션'이라고도 불림
- 각질층에 수분 공급, 모공 수축, 청량감 제공 및 소독 작용으로 세균으로부터 피부 보호, 과잉 분비되는 피지와 땀 억제
- 지성·여드름성피부 및 여름 화장수로 많이 사용함
- 노화·건성·민감성피부에는 가급적 사용 자제

22 프라이머의 기능에 해당하지 <u>않는</u> 것은?
① 요철 등을 메워 피부 표면을 매끈하게 연출한다.
② 메이크업의 지속력을 높인다.
③ 피부의 색조를 보정한다.
④ 피부의 피지를 조절한다.

22 메이크업 시술 > 베이스 메이크업
피부의 색조를 보정하는 것은 메이크업 베이스의 기능임

23 파우더에 필요한 성질과 그에 대한 설명으로 옳은 것은?
① 피복성 – 피부 분비물을 흡수하는 성질
② 흡수성 – 장시간 부착되어 있는 성질
③ 부착성 – 커버력을 강화하는 성질
④ 신전성 – 피부에 쉽게 발리는 성질

23 메이크업 시술 > 베이스 메이크업
- 피복성: 기미나 주근깨 등을 감추어 피부색을 조정하는 성질
- 신전성: 피부에 쉽게 발리는 성질로, 부드러운 감촉으로 매끄럽게 잘 펴져 피부에 생동감 부여
- 흡수성: 피부 분비물을 흡수하여 지속력을 높이는 성질
- 부착성: 피부에 장시간 부착하는 성질
- 착색성: 적절한 광택을 유지하여 자연스러운 피부색을 조정·유지하는 성질

24 다음 중 목적에 따른 메이크업의 분류에 해당되지 않는 메이크업은?

① 오디너리 메이크업
② 스테이지 메이크업
③ 아트 메이크업
④ 패션 메이크업

24 메이크업 시술 > 응용 메이크업
오디너리 메이크업(Ordinary make up)은 일상적인 메이크업을 말하는 것으로 목적에 따른 메이크업의 분류에 해당되지 않음

25 엘레강스한 이미지의 웨딩 메이크업에 가장 적합한 것은?

① 라이트핑크, 화이트, 그레이, 블루 계열로 눈매를 연출한다.
② 오렌지, 오렌지핑크, 브라운 계열로 눈매를 연출한다.
③ 핑크베이지, 핑크, 그레이, 퍼플, 브라운 계열로 눈매를 연출한다.
④ 핑크베이지, 핑크, 퍼플, 살구, 실버 계열로 눈매를 연출한다.

25 메이크업 시술 > 본식 웨딩 메이크업
엘레강스 이미지
- 아이섀도: 핑크베이지, 핑크, 그레이, 퍼플, 브라운 계열로 그윽한 눈매 연출
- 립: 컨실러를 활용하여 입술을 수정한 후 내추럴 컬러의 립라이너로 입술을 선명하게 그리고 골든피치 톤으로 연출
- 치크: 광대뼈 하단 부분에 미디엄 브론즈로 섀딩을 하고 피치 톤으로 애플존에 색감을 더해 성숙함을 연출

26 눈앞머리 부분에 짙은 색 아이섀도를 바르고 눈 중앙에서 꼬리까지는 옅은 색 아이섀도를 바르며 언더는 꼬리 부분을 넓게 펴 바르는 방법으로 보완해야 하는 눈의 모양은?

① 눈과 눈 사이가 좁은 눈
② 눈두덩이 나온 눈
③ 눈꼬리가 내려간 눈
④ 눈꼬리가 올라간 눈

26 메이크업 시술 > 색조 메이크업
눈꼬리가 올라간 눈: 눈앞머리 부분에 짙은 색 아이섀도를 바르고 눈 중앙에서 꼬리까지는 옅은 색 아이섀도를 발라 올라간 눈꼬리가 강조되지 않도록 하고, 언더는 꼬리 부분을 넓게 펴 발라 눈꼬리가 내려가 보이게 함

27 광고 메이크업 시 주의점에 해당하지 않는 것은?

① 밝은 조명으로 자칫 얼굴이 평면적으로 보일 수 있으므로 뚜렷한 윤곽 수정이 필수적이다.
② 지면 광고는 광고의 주체와 제품의 콘셉트보다는 연기자의 요구사항을 충실히 이행해야 한다.
③ 전달하는 매체의 특성을 정확히 이해하고 각 성격에 맞는 메이크업을 시행한다.
④ 조명, 카메라 각도, 전체 이미지를 미리 고려한 후 작업한다.

27 메이크업 시술 > 미디어 캐릭터 메이크업
연기자의 요구사항보다 광고의 주체와 제품의 콘셉트에 따라 메이크업이 결정되어야 하고, 지면 광고는 정지되어 있는 화면이므로 세심한 주의가 필요함

28 석탄산의 소독기전과 거리가 가장 먼 것은?

① 균체의 탈수 작용
② 균체의 단백질 응고 작용
③ 균체의 삼투성 변화 작용
④ 균체의 효소 불활성화 작용

28 공중위생관리 > 소독
석탄산의 소독기전: 균체의 단백질 응고 작용 및 세포 용해 작용, 균체의 효소 불활성화 작용, 균체의 삼투성 변화 작용

29 다음 중 치크 메이크업에 대한 설명으로 옳지 <u>않은</u> 것은?

① 세련되고 지적인 느낌을 표현할 때는 로즈핑크 컬러의 치크를 사용한다.
② 크림 타입의 치크는 유분기가 있어 파우더 처리 전 발색한다.
③ 희고 밝은 피부 톤을 가진 여성에게는 핑크 계열의 치크 컬러가 적합하다.
④ 치크는 콧방울보다 아래쪽으로 떨어지지 않도록 연출한다.

29 메이크업 시술 〉 색조 메이크업
브라운 계열의 치크: 세련되고 지적인 느낌을 연출

30 다음 중 공중위생관리법 위반 시 행정처분이 <u>다른</u> 하나는?

① 영업변경신고를 하지 아니한 자
② 공중위생영업자의 지위를 승계한 자로서 신고를 하지 아니한 자
③ 면허를 받지 아니하고 이용업 또는 미용업을 개설하거나 그 업무에 종사한 자
④ 건전한 영업질서를 위하여 공중위생영업자가 준수하여야 할 사항을 준수하지 아니한 자

30 공중위생관리 〉 공중위생관리법규
면허를 받지 아니하고 이용업 또는 미용업을 개설하거나 그 업무에 종사한 자의 행정처분은 300만 원 이하의 벌금이고 나머지의 경우는 6개월 이하의 징역 또는 500만 원 이하의 벌금에 해당함

`신규 문제 공략`

31 둥근 얼굴을 갸름해 보이게 하기 위하여 어둡게 표현하는 경우 주로 사용하는 것은?

① 섀딩 컬러
② 하이라이트 컬러
③ 액센트 컬러
④ 베이스 컬러

31 메이크업 시술 〉 베이스 메이크업
섀딩 컬러: 얼굴형 수정을 위하여 피부 톤보다 1~2톤 어둡게 사용하는 컬러

32 다음 중 얼굴의 윤곽 수정을 위한 메이크업 방법으로 옳지 <u>않은</u> 것은?

① 하이라이트는 얼굴에서 돌출되어 보이게 할 곳에 피부 톤보다 1~2톤 밝은 색상을 사용한다.
② 베이스는 피부 톤과 같은 톤의 파운데이션으로 얼굴 색과 비교해서 자연스러운 색을 선택한다.
③ 역삼각형 얼굴은 눈 밑과 양쪽 볼에 하이라이트를 연출해야 한다.
④ 활동적인 이미지를 표현할 때에는 볼 뼈 아래쪽 섀딩을 사선 느낌으로 강하게 연출한다.

32 메이크업 시술 〉 베이스 메이크업
베이스: 피부 톤과 같은 톤의 파운데이션, 목의 색과 비교해서 자연스러운 색 선택

33 보건복지부령이 정하는 바에 따라 이·미용사 면허증 취득이 불가한 사람은?

① 전문대학 헤어디자인학과를 졸업한 자
② 학점인정기관에서 미용학사학위를 취득한 자
③ 해외에서 미용 과정을 수료한 자
④ 미용고등학교 과정을 이수한 자

33 공중위생관리 〉 공중위생관리법규
이·미용사 면허증 취득 가능자
- 교육부장관이 인정하는 학교 또는 학점인정기관에서 미용 관련 학과 졸업 또는 학위를 받은 자
- 초·중등교육법령에 따른 미용 관련 학교 이수자
- 「국가기술자격법」에 의한 이용사 또는 미용사의 자격을 취득한 자

34 다음 중 건강하고 젊은 이미지를 연출하는 눈썹의 모양은?

① 가늘고 긴 눈썹
② 굵고 짙은 눈썹
③ 가늘고 짧은 눈썹
④ 길고 옅은 색상의 눈썹

34 메이크업 시술 〉 색조 메이크업
아이브로 굵기, 길이와 색상에 따른 이미지
- 가는 눈썹: 부드러움, 여성스러움, 섬세함, 동양적, 성숙함
- 굵은 눈썹: 건강미, 강함, 젊음, 활동적, 야성미
- 긴 눈썹: 점잖음, 고상함, 여성스러움, 성숙함, 정적
- 짧은 눈썹: 명랑함, 경쾌함, 어려 보임, 귀여움, 코믹스러움
- 옅은 색상의 눈썹: 여성스러움, 엘레강스, 섬세함
- 짙은 색상의 눈썹: 고전적, 젊음, 활동적

신규 문제 공략

35 마스카라를 4번 정도 덧바른 느낌으로 진한 눈매와 풍성한 속눈썹 표현이 가능한 인조 가모의 굵기는?

① 0.10mm
② 0.15mm
③ 0.20mm
④ 0.25mm 이상

35 메이크업 시술 〉 속눈썹 연출 · 연장
0.20mm의 굵기는 마스카라를 네 번 덧바른 느낌으로, 진한 눈매와 풍성한 속눈썹 연출이 가능함

36 속눈썹 연장 시 리터치에 대한 설명으로 옳지 않은 것은?

① 얇은 속눈썹은 0.07~0.10mm 정도의 얇고 가벼운 싱글 가모로 리터치한다.
② 두껍고 처진 속눈썹은 0.15mm 정도 굵기의 가모를 사용하여 리터치한다.
③ 속눈썹 연장 리터치 시술 후 6시간 정도는 세안하지 않도록 한다.
④ 외부 자극으로 약해진 속눈썹은 0.05mm 이하의 Y래시 같은 가벼운 가모를 선택한다.

36 메이크업 시술 〉 속눈썹 연출 · 연장
외부 자극으로 약해진 속눈썹: 일정한 눈썹모의 형태가 아닌 경우가 많으므로 0.10mm의 Y래시와 싱글 가모 등 가벼운 가모를 선택

37 피부의 성상에 대한 특징과 관리법에 대한 설명으로 옳지 않은 것은?

① 중성피부는 가장 이상적인 피부 유형으로 수분 함량이 12% 이상이다.
② 지성피부는 모공이 크고 여드름과 블랙헤드가 쉽게 발생한다.
③ 민감성피부는 스크럽 제품 및 세안 브러시 사용을 자제하고 자극 없는 세안이 필요하다.
④ 건성피부는 남성호르몬(안드로겐)과 여성호르몬(프로게스테론)의 분비가 활발한 유형이다.

37 메이크업 시술 〉 메이크업 기초 화장품 사용
남성호르몬(안드로겐)과 여성호르몬(프로게스테론)의 분비가 활발한 유형은 지성피부임

38 다음 중 혼주 메이크업에 대한 설명으로 옳지 않은 것은?

① 유 · 수분 밸런스 유지를 위해 기초 제품을 피부에 잘 흡수시켜야 한다.
② 주름이 강조되지 않도록 베이스 제품은 소량만 사용한다.
③ 얼굴이 화사해 보이기 위해 레드 컬러의 립글로스를 선택한다.
④ 아이브로는 회갈색으로 자연스러운 아치형으로 두껍지 않게 연출한다.

38 메이크업 시술 〉 본식 웨딩 메이크업
혼주 메이크업 시 립은 베이지핑크 컬러의 립라이너와 진한 핑크 톤 립스틱을 선택하고 지나친 펄감이나 립글로스는 자제함

39 예식 장소나 드레스 컬러에 따른 신부 메이크업의 설명으로 옳지 않은 것은?

① 야외 웨딩은 인공 조명이 없는 넓은 공간에서 진행되므로 과한 펄감과 과한 색조의 사용은 자제한다.
② 화이트 컬러의 드레스는 순수하고 깨끗한 이미지이며, 핑크와 베이지 톤을 이용하여 내추럴한 메이크업을 연출한다.
③ 성당에서 진행되는 웨딩은 조명이 어둡기 때문에 화사한 색감과 은은한 펄감이 있는 제품을 사용한다.
④ 크림 컬러의 드레스는 골드와 피치 톤 메이크업으로 우아한 이미지를 연출한다.

39 메이크업 시술 〉 본식 웨딩 메이크업
교회 · 성당은 웅장하고 엄숙한 분위기로 베이스는 피부 톤보다 한 톤 밝게 표현하되 음영을 주어 윤곽을 뚜렷하게 표현하고 차분한 컬러로 단아하면서도 우아한 신부 이미지를 연출함

신규 문제 공략

40 고객의 토사물이나 분변 처리 시 가장 적합한 화학적 소독법은?

① 역성비누
② 크레졸
③ 승홍수
④ 요오드

40 공중위생관리 〉 소독
대변, 배설물, 토사물: 석탄산, 크레졸, 생석회 분말

41 다음 중 패션쇼 메이크업에 대한 설명으로 옳지 않은 것은?

① 패션쇼 메이크업의 역할은 의상과 조화를 이루어 패션 메시지를 표현하고 전달하는 것이다.
② 패션쇼 메이크업은 무대의 조명색과 광량을 고려해야 한다.
③ 오트쿠튀르에서 진행되는 메이크업은 의상과 어울리는 아트적 요소를 가미한 메이크업으로 연출이 가능하다.
④ 패션쇼 메이크업은 모델의 개성이 최대한 드러나 보일 수 있도록 이목구비를 뚜렷하게 표현한다.

41 메이크업 시술 〉 응용 메이크업
패션쇼 메이크업은 디자이너가 표현하고자 하는 패션쇼의 콘셉트에 대한 정확한 이해가 필요하며 각 모델의 개성을 존중하면서 패션쇼의 콘셉트와 조화롭게 연출함

42 다음 중 에스닉 이미지 중 열대 지방의 민속풍 이미지가 강한 것은?

① 이그조틱　　　　　② 포클로어
③ 보헤미안　　　　　④ 라틴

42 메이크업 시술 〉 응용 메이크업
• 이그조틱: 열대 지방의 민속풍 이미지
• 포클로어: 유럽의 농민이나 인디언 등의 소박하고 전통적인 민속풍 이미지

신규 문제 공략
43 약독화 생백신 BCG로 예방 가능한 질병은?

① 결핵　　　　　　　② B형간염
③ 백일해　　　　　　④ 이하선염

43 공중위생관리 〉 공중보건
BCG: 결핵을 예방하기 위해 생후 4주 이내 접종함

44 스모키 메이크업에 대한 설명으로 옳지 않은 것은?

① 눈의 깊이감을 표현하기 위해 베이스는 밝고 깔끔하게 표현한다.
② 아이브로는 자신의 눈썹결을 살려 자연스럽게 표현한다.
③ 눈의 강렬함을 받쳐 주기 위해 립은 어둡고 글로시하게 연출한다.
④ 하드 스모키로 연출 시 퇴폐적이고 관능적인 이미지가 표현된다.

44 메이크업 시술 〉 트렌드 메이크업
스모키 메이크업은 눈에 포인트를 준 메이크업이므로 립은 베이지나 누드 톤으로 매트한 입술을 연출하여 입에 시선이 가지 않도록 해야 함

45 여성의 신체 곡선을 무시한 가르손 스타일과 말괄량이 플래퍼 스타일이 성행한 시기에 활동한 뷰티 아이콘은?

① 클라라 보우　　　② 릴리언 러셀
③ 존 크로포드　　　④ 그레타 가르보

45 메이크업 시술 〉 트렌드 메이크업
1920년대
• 보이시·가르손 스타일, 플래퍼 스타일 성행
• 뷰티 아이콘: 클라라 보우, 글로리아 스완슨, 루이스 브룩스

46 다음 중 병원소와 병원체에 대한 설명으로 옳지 않은 것은?

① 병원체가 생존과 함께 증식하면서 다른 숙주에 전파할 수 있는 상태로 저장되는 장소를 병원소라고 한다.
② 병원체에 감염되어 있으나 임상증상이 없는 환자를 불현성 감염자라고 한다.
③ 병원소가 있다는 것만으로도 감염병은 전파되며, 병원체가 병원소에서 탈출하면서 감염병이 활발히 전파된다.
④ 숙주 내에서 증식·증생하여 병변을 일으키고 발병시키며 죽음에 이르기까지 하는 병의 원인이 되는 본체를 병원체라고 한다.

46 공중위생관리 〉 공중보건
병원소가 있다는 것만으로는 감염병이 전파되지 않고 병원체가 병원소에서 탈출하면서 감염병이 전파되며, 전파경로는 기생하는 부위에 따라 다름

47 다음의 메이크업이 유행한 시기는?

> 화려한 메이크업에서 내추럴 메이크업까지 특정한 스타일보다 다양한 스타일이 공존하며 펄과 글리터를 활용한 미래주의적 메이크업의 경향도 보인다.

① 1970년대　② 1980년대
③ 1990년대　④ 2000년대

47 메이크업 시술 〉 트렌드 메이크업

1990년대
- 뷰티 아이콘: 기네스 펠트로, 줄리아 로버츠, 케이트 모스
- 특정한 스타일보다 다양한 스타일이 공존함
- T.P.O.에 따른 메이크업 연출
- 후반에는 세기말 분위기의 영향으로 펄과 글리터를 활용한 미래주의적 메이크업 유행

48 사람의 얼굴형을 결정짓는 데 가장 중요한 요소가 되는 골격은?
① 상악골　② 하악골
③ 관골　④ 측두골

48 메이크업 고객 서비스 〉 메이크업 카운슬링

하악골(아래턱뼈)은 아래쪽 턱을 형성하는 뼈로 얼굴형을 결정짓는 가장 중요한 요소임

49 다음 중 미디어 메이크업에 대한 설명으로 옳지 않은 것은?
① 영화 메이크업 - 각 신과 컷별 연속성을 유지하기 위해 연결표를 작성하여 체크가 필요하다.
② 방송 메이크업 - 매체, 카메라 조명 등 매체 특성을 파악하고 그 특성에 맞추어 메이크업을 시행한다.
③ 광고 메이크업 - 지면 광고는 정지되어 있는 화면이므로 세심한 주의가 필요하다.
④ 캐릭터 메이크업 - 연기자에게 외형적 변화를 주어 극중 캐릭터에 대한 정보를 전달하는 메이크업으로 배우의 개성을 최대한 살린다.

49 메이크업 시술 〉 미디어 캐릭터 메이크업

캐릭터 메이크업: 연기자에게 외형적 변화를 주어 극중 캐릭터에 대한 정보를 시각적으로 전달하는 메이크업으로 배우의 개성보다 캐릭터의 표현에 중점을 둠

50 다음 중 정신 보건의 목적에 해당하지 않는 것은?
① 정신질환의 조기 발견
② 개인과 사회의 건전한 정신 기능 유지
③ 개인의 정신적 질환 예방
④ 정신질환자의 안정을 위한 정상인과의 분리

50 공중위생관리 〉 공중보건

정신 보건의 목적
- 개인의 정신적 질환 예방
- 개인과 사회의 건전한 정신 기능을 유지 및 증진
- 정신질환의 조기 발견·상담·치료 후 정상적인 사회 복귀
- 정신적 장애를 적절히 치료

51 액체 플라스틱을 이용하여 볼드캡을 제작할 때 액체 플라스틱의 농도를 조절하기 위해 사용하는 것은?
① 아세톤　② 글라잔
③ 글리세린　④ 바셀린

51 메이크업 시술 〉 미디어 캐릭터 메이크업

플라스틱 캡 제작 시 액체 플라스틱에 아세톤을 첨가하여 농도를 조절한 후 제작함

52 사람의 눈으로 볼 수 있는 가시광선의 범위는 얼마인가?

① 250~260nm ② 380~780nm
③ 700~1,200nm ④ 1,200~2,500nm

52 메이크업 고객 서비스 > 메이크업 카운슬링
가시광선: 사람의 눈으로 볼 수 있는 빛으로, 자외선과 적외선 사이에 위치하며, 파장 범위는 380~780nm임

53 노인 캐릭터 메이크업을 라텍스 빌드업 기법으로 표현할 때 채색에 사용되는 재료는?

① 아쿠아컬러 ② CMC
③ RMG ④ IPM젤

53 메이크업 시술 > 미디어 캐릭터 메이크업
RMG(Rubber Mask Grease): 라텍스, 볼드캡 메이크업을 위한 전용 유성 물감으로, 캐스터 실라나 에틸알코올(99%)을 섞어 사용함

54 소독약의 살균력 지표로 가장 많이 사용되는 것은?

① 크레졸 ② 포르말린
③ 승홍수 ④ 석탄산

54 공중위생관리 > 소독
석탄산계수
- 석탄산의 소독력을 기준으로 표시되는 약의 계수로, 값이 클수록 살균력이 강함
- 소독제의 살균력 평가 기준으로 사용됨
- 어떤 소독약의 석탄산계수가 2.0이면 살균력이 석탄산의 2배임을 의미함

55 사회적 위험으로부터 모든 국민을 보호하고 국민 삶의 질을 향상시키는 데 필요한 소득·서비스를 보장하는 사회보장에 관한 단독법을 최초로 제정한 나라는?

① 스위스 ② 영국
③ 미국 ④ 프랑스

55 공중위생관리 > 공중보건
1935년 미국이 사회보장에 관한 단독법을 최초로 제정함

56 무대 캐릭터 메이크업에 대한 설명으로 옳지 않은 것은?

① 작품 캐릭터의 직업에 따라 나타나는 특징이 다르므로 직업의 특징을 파악하고 분석하여 메이크업을 설정한다.
② 선한 이미지의 캐릭터를 표현할 때에는 눈썹은 미간을 좁게, 입술은 얇게 그린다.
③ 피부 표현 시 무대의 조명을 고려하여 베이지 계열이 아닌 붉은 계열의 색상을 선택한다.
④ 눈썹은 무대 위에 있는 배우의 얼굴 중 가장 먼저 인식이 되는 부분으로 배우의 캐릭터를 변화시키는 데 매우 효과적이다.

56 메이크업 시술 > 무대공연 캐릭터 메이크업
선한 이미지의 캐릭터
- 미간이 넓고 처진 눈썹과 눈
- 짧은 코, 처진 입

57 다음 중 세균이 영양 부족, 건조, 열 등의 증식 환경이 부적당한 경우 저항력을 키우기 위해 아포를 형성하는 균은?

① 매독균
② 렙토스피라균
③ 콜레라균
④ 보툴리누스균

57 공중위생관리 〉 공중보건
아포를 형성하는 균으로는 탄저균, 파상풍균, 보툴리누스균, 기종저균 등이 있음

58 피부 청결을 위한 세안제와 그에 대한 설명으로 옳은 것은?

① 클렌징워터 – 이중세안이 필요한 무대용 화장을 지울 때 적합하다.
② 클렌징오일 – 물과 친화력이 좋은 수용성 오일로 진한 메이크업 제거에도 효과적이다.
③ 포인트 리무버 – 매일 사용하면 피부에 자극을 줄 수 있으므로 3일에 1회 정도 사용한다.
④ 효소 – 탈지 현상이 있어 피부 건조 현상이 발생할 수 있다.

58 메이크업 시술 〉 메이크업 기초 화장품 사용
- 클렌징워터: 가벼운 메이크업 제거 시 적합
- 포인트 리무버: 피부의 두께가 얇고 진한 메이크업을 하는 입술과 눈 전용 리무버
- 효소: 각질 제거 시 사용

59 플라스틱백 수염에 대한 설명으로 옳지 않은 것은?

① 여러 번 반복 사용이 가능하여 활용도가 높다.
② 사용 후 알코올을 사용하여 떼어 낸다.
③ 영상 매체에서 사실적 표현을 위해 사용한다.
④ 제작 기간이 길지만 다양한 맞춤형 수염 제작이 가능하다.

59 메이크업 시술 〉 미디어 캐릭터 메이크업
플라스틱백 수염: 다양한 맞춤형 수염 제작이 가능하여 영상 매체에서 사실적 표현을 위해 사용하지만, 제작 기간이 길고 1~2회밖에 사용할 수 없어 극의 연결성이 떨어짐

60 다음 중 불만 고객의 응대법으로 옳지 않은 것은?

① 고객의 입장에서 불만사항을 끝까지 경청한다.
② 살롱의 방침이나 정책의 적합 여부를 검토한 후 신속한 해결책을 강구한다.
③ 정중한 태도로 자신의 의견을 말하고 고객의 요구사항을 물어본다.
④ 문제 발생에 대하여 사과하고 고객과 논쟁하지 않는다.

60 메이크업 고객 서비스 〉 고객 응대
불만 고객의 응대 시에는 자신의 의견이나 평가를 개입시키지 않고 객관적으로 사실을 파악해야 함

정답표(제2회)

01	④	02	①	03	①	04	③	05	②	06	①	07	③	08	①	09	④	10	④
11	③	12	②	13	④	14	④	15	①	16	③	17	③	18	②	19	③	20	④
21	④	22	③	23	④	24	①	25	④	26	④	27	②	28	①	29	①	30	③
31	①	32	②	33	③	34	①	35	④	36	④	37	④	38	①	39	④	40	④
41	④	42	①	43	①	44	③	45	①	46	③	47	③	48	②	49	④	50	④
51	①	52	②	53	③	54	④	55	③	56	②	57	④	58	②	59	①	60	③

비공개 기출 복원문제 | 제3회

◀ 모바일로 풀어보기

신규 문제 공략

01 다음 중 라벤더의 효능이 아닌 것은?
① 미백작용　　　　　② 진정작용
③ 피부재생　　　　　④ 항박테리아

02 사람의 이상적인 비율을 고려할 때 윗입술과 아랫입술의 이상적인 비율은?
① 0.8 : 1　　　　　② 1 : 1.5
③ 1 : 1　　　　　　④ 1 : 2

03 인구 피라미드 중 생산층 인구가 감소하여 15~49세 인구가 전체 인구의 50%보다 적은 유형은?
① 별형　　　　　　　② 방추형
③ 표주박형　　　　　④ 피라미드형

04 호염성균 중 식중독균으로 급성 위장염, 구토, 설사, 복통 증상을 보이는 감염형 식중독은?
① 살모넬라균 식중독　　② 장염비브리오균 식중독
③ 포도상구균 식중독　　④ 병원성대장균 식중독

| 해 설 |

01 메이크업 위생관리 〉 화장품 분류
라벤더
- 피부 재생, 습진·여드름성피부·화상 등에 효과적임
- 정서적 안정, 긴장 완화, 이완, 항우울
- 임신 초기에 사용 금지

02 메이크업 고객 서비스 〉 메이크업 카운슬링
윗입술과 아랫입술의 이상적인 비율은 1 : 1.5임

03 공중위생관리 〉 공중보건
- 별형: 생산층 인구가 증가하여 15~49세 인구가 전체 인구의 50% 초과
- 방추형: 평균수명이 높고 인구가 감소하는 유형으로 14세 이하 인구가 65세 이상 인구의 2배 이하
- 피라미드형: 출생률과 사망률이 높은 유형으로 14세 이하 인구가 65세 이상 인구의 2배 초과

04 공중위생관리 〉 공중보건
장염비브리오균 식중독
- 원인: 여름철 부패된 어류 섭취, 오염 어패류에 접촉한 식기·도마·행주에 의한 2차 감염
- 특징: 호염성균
- 증상: 급성 위장염, 구토, 설사, 복통

05 다음의 오일 중 성격이 다른 하나는?
① 유동 파라핀
② 터틀 오일
③ 난황유
④ 마유

05 메이크업 위생관리 〉 화장품 분류
- 광물성 오일: 미네랄 오일(유동 파라핀), 바셀린, 고형 파라핀
- 동물성 오일: 밍크 오일, 난황유, 마유, 터틀 오일

06 에센셜 오일의 추출법 중 천연향을 대량으로 추출할 수 있으나 고온에서 일부 향 성분이 파괴될 수 있는 방법은?
① 수증기 증류법
② 용매 추출법
③ 압착법
④ 이산화탄소 추출법

06 메이크업 위생관리 〉 화장품 분류
수증기 증류법
- 원료(잎, 꽃, 열매, 줄기 등)를 넣고 열을 가하여 증발된 기체를 냉각하여 추출
- 천연향을 대량으로 추출할 수 있으나 고온에서 일부 향 성분이 파괴됨

07 자신의 신분·직업·계급을 표시하고 사회의 관습 및 예의를 표현하는 메이크업의 기능은?
① 미화적 기능
② 심리적 기능
③ 사회적 기능
④ 표현 창출의 기능

07 메이크업 위생관리 〉 메이크업의 이해
- 미화적 기능: 인간의 본능적 기능으로 얼굴의 결점을 가리고 장점을 살려 아름다움 추구
- 심리적 기능: 외모에 대한 자신감을 부여하고 개인의 성격이나 사고방식 등 내면을 표현
- 표현 창출의 기능: 시나리오나 대본에서 요구하는 이미지나 캐릭터를 표현
- 보호적 기능: 외부의 공기, 온도, 습도, 자외선, 먼지 등으로부터 피부를 보호

08 다음 괄호 안에 들어가기에 적합한 것을 순서대로 바르게 짝지은 것은?

> 과징금 통지를 받은 자는 통지를 받은 날부터 (   ) 이내에 과징금을 (   )이(가) 정하는 수납기관에 납부해야 한다.

① 20일, 보건복지부장관
② 30일, 구청장
③ 30일, 대통령
④ 20일, 군수

08 공중위생관리 〉 공중위생관리법규
과징금 통지를 받은 자는 통지를 받은 날부터 20일 이내에 과징금을 시장·군수·구청장이 정하는 수납기관에 납부해야 함

09 곤충과 매개 감염병을 연결한 것으로 옳지 않은 것은?
① 일본뇌염 – 모기
② 발진티푸스 – 이
③ 쯔쯔가무시증 – 이
④ 신증후군출혈열 – 진드기

09 공중위생관리 〉 공중보건
쯔쯔가무시증: 진드기, 쥐, 들쥐의 털진드기에 의해 감염

10 샤이니 메이크업을 할 때 실버펄의 아이섀도와 매치하기 적합한 컬러는?
① 브론즈
② 브라운
③ 청보라
④ 오렌지

10 메이크업 시술 〉 트렌드 메이크업
- 실버펄 사용 시 회청색, 청보라 등의 펄 아이섀도 사용
- 골드펄 사용 시 브론즈, 브라운, 오렌지브라운 등의 펄 아이섀도 사용

11. 무대 공연장에서 메이크업 아티스트의 자세로 옳지 <u>않은</u> 것은?

① 메이크업 완성 후 반드시 파우더를 충분히 발라 메이크업의 지속력을 높여 메이크업 수정 없이 배우들이 연기에 몰입할 수 있게 한다.
② 장면 전환표를 체크하여 메이크업과 소품 등을 미리 준비한다.
③ 장기 공연 시에는 배우나 무용수의 속눈썹을 개별 또는 단체로 이름을 표기한 후 보관한다.
④ 여러 명의 배우를 담당할 경우 메이크업 도구를 반드시 소독제로 닦아 위생에 주의한다.

11 메이크업 시술 〉 무대공연 캐릭터 메이크업
메이크업 완성 후 파우더를 충분히 발라 메이크업의 지속력을 높여야 하지만, 무대 공연 중에는 땀이나 움직임으로 메이크업이 지워질 수 있으므로 무대 등·퇴장 출구에서 배우의 메이크업 유지 확인 및 수정함

12. 공중위생영업자가 영업소 폐쇄명령을 받고도 계속하여 영업을 하는 경우 해당 영업소를 폐쇄하기 위해 관계 공무원이 취할 수 있는 조치가 <u>아닌</u> 것은?

① 해당 영업소의 영업표지물의 제거
② 이·미용 면허취소
③ 위법한 영업소임을 알리는 게시물 부착
④ 영업을 위하여 필수불가결한 시설물을 사용할 수 없게 봉인

12 공중위생관리 〉 공중위생관리법규
영업소를 폐쇄하기 위한 조치
- 해당 영업소의 간판 기타 영업표지물의 제거
- 해당 영업소가 위법한 영업소임을 알리는 게시물 등의 부착
- 영업을 위해 필수불가결한 기구 또는 시설물을 사용할 수 없게 하는 봉인

13. 다음 중 미용실의 반간접 조명으로 가장 적합한 조도는?

① 65lux 이하
② 75lux 이상
③ 150lux 이상
④ 300lux 이상

13 공중위생관리 〉 공중보건
- 미용실 조명: 75lux 이상
- 보통 작업 시: 150lux 이상
- 정밀 작업 시: 300lux 이상
- 초정밀 작업 시: 750lux 이상

14. 병원성, 비병원성 미생물 및 포자를 모두 사멸 또는 제거하여 무균 상태로 만드는 것은?

① 살균
② 멸균
③ 방부
④ 소독

14 공중위생관리 〉 소독
- 살균: 내열성 포자(아포균)를 제외한 대부분의 병원성 미생물을 제거하는 것
- 방부: 병원성 미생물의 발육과 성장을 억제·정지시켜 음식물의 부패나 발효를 방지하는 것
- 소독: 미생물의 생존과 번식을 좌우하는 환경요소를 변화시켜 감염력을 없애는 것

15. 다음 중 색에 대한 설명으로 옳지 <u>않은</u> 것은?

① 색상은 빛의 파장에 따라 달라지는, 색 자체가 갖는 고유의 특성으로 무채색에만 있다.
② 먼셀의 기본 5색은 빨강, 노랑, 녹색, 파랑, 보라이다.
③ 색은 망막의 추상체에서 인지된다.
④ 순색에 가까울수록 채도가 높아진다.

15 메이크업 고객 서비스 〉 메이크업 카운슬링
색상은 빛의 파장에 따라 달라지는, 색 자체가 갖는 고유의 특성으로, 유채색에만 있음

16. 면허의 정지명령을 받은 자가 반납한 면허증을 그 면허정지 기간 동안 보관해야 하는 자는?

① 관할 동사무소 위생과장
② 보건복지부장관
③ 관할 시장
④ 보건행정처 처장

16 공중위생관리 〉 공중위생관리법규
면허의 정지명령을 받은 자가 반납한 면허증은 그 면허정지 기간 동안 관할 시장·군수·구청장이 보관함

17 립스틱 선택 시 주의점에 해당하지 않는 것은?

① 색이 선명하고 향이 강한 것을 선택한다.
② 립스틱 색상이 입술에 착색되지 않는 것을 선택한다.
③ 사용 시 부드럽게 발리고 퍼짐성이 좋은 것을 선택한다.
④ 립스틱 전체가 균일하고 색상이 얼룩지지 않는 것을 선택한다.

17 메이크업 시술 > 색조 메이크업
립스틱은 향이 강하지 않고 은은한 것으로 선택함

18 다음 중 일반적인 세균의 번식에 가장 중요한 요소로만 짝지어진 것은?

① 영양원, pH, 기압
② pH, 적외선, 삼투압
③ 습도, 산소, 자외선
④ 온도, 습도, 산소

18 공중위생관리 > 소독
세균이 자라는 데 필요한 요소에는 온도, 습도, 산소, 영양원, pH, 삼투압 등이 있음

19 망수염 부착 후 수염의 형태를 고정하기 위해 헤어 스프레이 대신 사용할 수 있는 재료는?

① 콜로디온
② 라텍스
③ 더마왁스
④ 오브라이트

19 메이크업 시술 > 미디어 캐릭터 메이크업
- 콜로디온: 오래된 흉터 분장에 사용
- 더마왁스: 상처 분장이나 마녀 턱 등의 분장에 사용
- 오브라이트: 화상 분장에 사용

20 인간이 생리적, 심리적인 감각을 통해서 느끼는 감각온도를 지배하는 요소가 아닌 것은?

① 기온
② 기류 속도
③ 기압
④ 습도

20 공중위생관리 > 공중보건
감각온도
- 온도, 기류 및 방사열 같은 인자에 의해 인간이 생리적, 심리적으로 감각하는 온도
- 기온, 습도, 기류 속도의 영향을 받음

21 다음 중 제1급 감염병으로 짝지어지지 않은 것은?

① 에볼라바이러스병, 마버그열
② 두창, 페스트
③ 야토병, 디프테리아
④ 라싸열, 세균이질

21 공중위생관리 > 공중보건
세균이질은 제2급 감염병에 속함

22 긁힌 상처의 분장에 대한 설명으로 옳지 않은 것은?

① 상처 분장 전에 알코올로 분장 부위를 청결히 닦은 후 분장을 한다.
② 강하게 긁힌 상처 위에 면봉으로 묽은 피를 살짝 발라 사실적으로 연출한다.
③ 라텍스 스펀지에 붉은색, 적갈색, 보라색 등의 라이닝 컬러를 묻힌 다음 연출하고자 하는 방향으로 긁어 표현한다.
④ 깊게 패인 상처 표현을 위해서는 상처 위에 묽은 피와 커피 가루를 살짝 발라 피딱지를 연출한다.

22 메이크업 시술 > 미디어 캐릭터 메이크업
긁힌 상처의 분장에는 블랙 스펀지를 사용함

23 서양인의 수염 표현이나 특정 캐릭터 분장에 효과적이나 모발이 너무 얇아 망수염 제작에는 부적합한 털은?

① 혼합사
② 야크헤어
③ 말총
④ 크레이프 울

23 메이크업 시술 > 미디어 캐릭터 메이크업
크레이프 울
- 양털을 가공한 것
- 털이 얇고 가벼워 부착이 잘 되며 염색이 가능함
- 서양인의 수염 표현이나 특정 캐릭터 분장에 효과적임
- 모발이 너무 얇아 망수염 제작에는 부적합함

24 경매, 매각, 압류 등의 절차에 따라 미용업 영업의 관련 시설 및 설비를 인수한 사람의 영업승계신고 기간은?

① 15일 이내　　② 1개월 이내
③ 2개월 이내　　④ 6개월 이내

24 공중위생관리 > 공중위생관리법규
영업승계신고는 1개월 이내에 보건복지부령에 따라 시장·군수 또는 구청장에게 신고해야 함

25 경제의 급성장으로 여피족이 등장하고 여성운동이 확산되었으며 뷰티 살롱이 대중화되기 시작하여 다양한 스타일을 연출한 시기에 활동한 뷰티 아이콘이 아닌 배우는?

① 브룩 쉴즈　　② 마돈나
③ 파라포셋　　④ 소피 마르소

25 메이크업 시술 > 트렌드 메이크업
- 1970년대: 파라포셋
- 1980년대: 브룩 쉴즈, 마돈나, 소피 마르소

26 다음 중 성격이 다른 메이크업은?

① 스모키 메이크업　　② 글로시 메이크업
③ 샤이니 메이크업　　④ 실키 메이크업

26 메이크업 시술 > 트렌드 메이크업
- 스모키 메이크업: 질감보다 아이 메이크업에 포인트를 줌
- 글로시 메이크업, 샤이니 메이크업, 실키 메이크업: 피부의 질감과 광택을 살린 메이크업

27 메이크업 숍이나 미용실에서 소독과 위생관리가 더욱 철저히 되어야 하는 가장 주된 이유는?

① 미용업소의 위생관리가 어렵기 때문이다.
② 미용기구나 도구에 원인균이 쉽게 부착되기 때문이다.
③ 미용 종사자의 건강 관리를 위해서이다.
④ 불특정 다수인이 출입하기 때문이다.

27 메이크업 위생관리 > 위생관리
불특정 다수인이 출입하면서 병원균을 옮겨오기 때문에 특별한 관리가 요구됨

28 액티브 이미지의 룩을 완성하기 위한 메이크업과 스타일링에 대한 설명으로 옳지 않은 것은?

① 베이스 메이크업은 피부 톤을 글로시하게 표현하여 활동적인 이미지를 연출한다.
② 립은 매트한 립스틱으로 생동감 있게 연출한다.
③ 메이크업 색상은 비비드, 스트롱, 브라이트 톤의 밝고 경쾌한 컬러를 사용하여 연출한다.
④ 헤어는 쇼트커트 스타일 등으로 발랄하게 연출한다.

28 메이크업 시술 > 응용 메이크업
액티브 이미지의 립 메이크업
- 자연스러운 글로스로 생동감 연출
- 아이 메이크업 색상을 다소 소프트하게 표현했다면 비비드한 레드, 핑크 색상의 립스틱으로 포인트를 줌

29 코올을 이용하여 아이 메이크업을 한 이집트의 화장술은 메이크업의 기원설 중 어떤 것과 관계가 가장 깊은가?

① 장식설
② 신분표시설
③ 보호설
④ 위장설

29 메이크업 위생관리 〉 메이크업의 이해
이집트 시대에는 검은색이 빛을 흡수하는 원리를 이용하여 방연광(검은 납)으로 만든 코올을 눈 주위에 발라 뜨거운 태양광선으로부터 눈을 보호함(보호설)

30 얼굴의 부위별 명칭과 그에 대한 설명으로 옳지 않은 것은?

① 헤어라인 – 이마와 머리카락의 경계 부분으로, 헤어라인에 가까워질수록 파운데이션과 파우더를 소량 사용한다.
② V존 – 볼과 턱선으로 이어지는 부위이며, T존에 비해 상대적으로 피지 분비량이 많으므로 파우더를 많이 바른다.
③ O존 – 눈과 입 주변 부위로, 피부가 얇고 움직임이 많아 파운데이션을 얇게 도포해야 한다.
④ S존 – 귀 밑에서 턱까지 이어지는 S자형의 부위로, 얼굴형에 따라 섀딩이나 하이라이트를 주어 윤곽 수정을 할 수 있다.

30 메이크업 시술 〉 베이스 메이크업
V존(U존): T존에 비해 상대적으로 피지 분비량이 적어 건조해지기 쉬우므로 파운데이션과 파우더를 소량 사용함

31 실내에서 진행되는 웨딩 메이크업에 대한 설명으로 옳지 않은 것은?

① 장시간이 소요되는 결혼식을 위해 베이스 메이크업을 꼼꼼하게 시행하여 메이크업의 지속력과 밀착력을 높인다.
② 인공광 아래에서 보이는 메이크업은 실제보다 두꺼워 보일 수 있으므로 피부 표현을 최대한 얇게 연출한다.
③ 신부의 얼굴 톤과 보디 메이크업이 자연스럽게 이어지도록 연결시킨다.
④ 무리한 윤곽 수정과 강한 색상의 눈 화장은 신부의 이미지를 해치므로 삼가한다.

31 메이크업 시술 〉 본식 웨딩 메이크업
메이크업은 자연광에서 실제보다 두꺼워 보일 수 있음

32 웨딩 메이크업 시 주의점으로 옳지 않은 것은?

① 신랑의 아이브로는 잔털을 정리하고 부족한 부분은 펜슬을 이용하여 직선형이나 상승형으로 자연스럽게 그려 연출한다.
② 혼주 메이크업 시에는 C존을 화사하게 연출하여 피부 리프팅 효과를 부여한다.
③ 엘레강스 이미지의 신부는 광대뼈 하단 부분에 미디엄 브론즈로 섀딩을 하고 피치 톤으로 애플존에 색감을 더해 성숙함을 연출한다.
④ 야외에서 진행되는 웨딩 메이크업은 계절과 시간에 따라 태양광의 강도 차이가 생겨 색상이 다르게 표현될 수 있으므로 다소 강하게 연출한다.

32 메이크업 시술 〉 본식 웨딩 메이크업
야외 메이크업 시 주의점
• 본래 색이 그대로 노출되므로 자연스러운 메이크업이 적합함
• 계절과 시간에 따라 태양광의 강도 차이가 생겨 색상이 다르게 표현될 수 있음

33 속눈썹 연장 시 안정적인 속눈썹의 부착을 위해 글루를 가모의 어느 지점까지 묻히는 것이 효과적인가?

① 1/2
② 1/3
③ 2/5
④ 2/3

33 메이크업 시술 〉 속눈썹 연출·연장
가모의 1/3 지점을 잡고 분리한 후 분리한 가모를 45° 각도로 잡고 가모의 1/2 지점까지 글루를 묻힘

34 인조 속눈썹에 대한 설명으로 옳지 <u>않은</u> 것은?

① 인디비주얼 래시는 속눈썹 사이사이에 붙여 속눈썹을 풍성하게 만든다.
② 연장용 래시는 취급 방법에 따라 2~4주 정도 지속이 가능하다.
③ 파티용 인조속눈썹은 12mm 정도의 길이에 인조 보석이나 깃털로 화려함을 더한다.
④ 눈 길이가 길고 크기가 작은 눈은 뒷부분에 포인트를 준 스트립 래시로 눈의 단점을 보완한다.

34 메이크업 시술 〉 속눈썹 연출·연장
눈 길이가 길고 크기가 작은 눈: 눈꼬리 부분을 짧게 하고 앞부분부터 중앙까지 길이감을 주어 재단함

35 커버력과 지속력이 우수하여 뮤지컬이나 발레 공연 시 사용하기에 가장 적합한 파운데이션은?

① 스틱 파운데이션
② 리퀴드 파운데이션
③ 투웨이케이크
④ 크림 파운데이션

35 메이크업 시술 〉 베이스 메이크업
스틱 파운데이션: 고체화된 제품으로, 커버력과 지속력이 뛰어나 무대 분장에 적합함

36 각 부위별 형태에 따른 메이크업의 테크닉에 대한 설명으로 적절하지 <u>않은</u> 것은?

① 부어 보이는 눈은 펄이 함유된 섀도는 피하고 붉은 계열의 브라운 컬러로 음영 처리한다.
② 가늘고 긴 눈은 아이라인을 눈동자가 위치한 눈의 중앙 부분을 도톰하게 그리고 눈앞머리와 꼬리는 자연스럽게 그린다.
③ 얇고 처진 입술은 입술라인보다 1~2mm 바깥쪽으로 그리되 구각을 살짝 올려 그리고 펄이 든 밝은 컬러의 립스틱을 사용한다.
④ 둥근형의 얼굴은 광대뼈에서 입꼬리 방향으로 사선 느낌이 들도록 치크를 연출한다.

36 메이크업 시술 〉 색조 메이크업
부어 보이는 눈: 펄이 함유되거나 붉은 계열의 컬러는 피하고 어두운 딥톤 색상을 선택하며, 포인트 색상은 선을 긋는 것처럼 선명하게 표현함

37 아이브로에 대한 설명으로 옳지 <u>않은</u> 것을 모두 고른 것은?

> ㉠ 콧방울에서 수직으로 올렸을 때 눈썹과 만나는 곳이 눈썹의 앞머리의 이상적인 위치이다.
> ㉡ 꼬리가 처진 눈썹은 온화하고 겸손해 보이나, 어리석어 보일 수 있는 이미지이다.
> ㉢ 짧은 눈썹은 명랑하고 경쾌하며 활동적이고 성숙한 이미지가 있고, 긴 눈썹은 점잖고 고상, 여성적인 이미지가 있다.
> ㉣ 눈썹꼬리의 이상적 위치는 눈썹앞머리와 수평이 되고, 콧방울과 눈꼬리를 사선으로 연결하여 45°가 되는 지점이다.

① ㉠, ㉢
② ㉡, ㉣
③ ㉢
④ ㉣

37 메이크업 시술 〉 색조 메이크업
• 긴 눈썹: 점잖음, 고상함, 여성스러움, 성숙함, 정적
• 짧은 눈썹: 명랑함, 경쾌함, 어려 보임, 귀여움, 코믹스러움

38 다음은 어떤 입술 형태의 립 메이크업 방법인가?

> 팽창되어 보이는 옅은 파스텔이나 볼륨감을 부여하는 펄이 들어간 립스틱을 선택하여 입술라인보다 1~2mm 바깥쪽으로 크게 그린다.

① 얇은 입술
② 돌출형 입술
③ 처진 입술
④ 주름이 많은 입술

38 메이크업 시술 〉 색조 메이크업
얇은 입술은 짙은 색 립스틱을 사용하면 입술이 더 얇아 보이므로 팽창되어 보이는 옅은 파스텔이나 볼륨감을 부여하는 펄이 들어간 립스틱을 선택하여 입술라인보다 1~2mm 바깥쪽으로 그려 입술의 두께감을 살림

39 메이크업의 목적에 따른 분류로 적절하지 않은 것은?

① 소셜 메이크업 – 사교모임 등의 옅은 메이크업
② 미디어 메이크업 – 방송이나 촬영을 위한 메이크업
③ 사진 메이크업 – 사진 촬영을 위한 메이크업
④ 아트 메이크업 – 보디페인팅 등 행사나 이벤트를 위한 메이크업

39 메이크업 시술 〉 응용 메이크업
소셜 메이크업: 성장 메이크업(화려한 메이크업), 사교모임 등에서 하는 짙은 메이크업

40 여름철 태닝 메이크업에 대한 설명으로 옳은 것은?

① 파운데이션은 두꺼운 느낌이 들지 않게 가볍게 커버하고 화이트 파우더로 보송하게 마무리한다.
② 화이트, 블루 계열을 사용하여 시원해 보이도록 연출 후 아이라인을 길게 그린다.
③ 핑크 치크를 활용하여 애플존에 그러데이션한다.
④ 브론즈 파우더로 하이라이트존을 가볍게 터치하여 섹시함과 입체감을 표현한다.

40 메이크업 시술 〉 응용 메이크업
태닝 메이크업은 건강한 피부 연출을 위해 브론즈 또는 오렌지 계열을 메이크업 베이스로 사용하면 효과적이고, 브론즈나 골드 파우더로 하이라이트존을 가볍게 터치하면 섹시함과 입체감의 표현이 가능함

41 영화에서 70대의 노인 캐릭터의 수염을 분장하려 할 때 가장 적합한 방법은?

① 콤비펜슬을 활용하여 그린 수염
② 라이닝 컬러를 이용하여 그린 수염
③ 스타킹을 활용하여 뜬 망수염
④ 생사와 프로세이드를 활용한 붙임수염

41 메이크업 시술 〉 미디어 캐릭터 메이크업
영화는 대형 스크린 화면을 통해 배우의 얼굴이 가감없이 보이므로 수염을 직접 붙이는 것이 자연스러움

42 다음 중 피부의 결점을 보완하기에 적합하지 않은 메이크업 방법은?

① 백반증이 있는 피부는 얼굴에 부분적으로 흰 반점이 있으므로 얼굴의 전체적 톤을 맞추도록 한다.
② 기미나 주근깨와 같은 잡티가 많은 피부는 옐로나 그린 컬러의 메이크업 베이스를 바르고 피부색과 비슷한 베이지 컬러의 스틱 파운데이션으로 커버력 있게 도포한다.
③ 여드름과 흉터가 있는 피부는 그린 컬러로 여드름과 흉터의 붉은색을 중화하고 피부보다 살짝 밝은 컬러의 파운데이션으로 전체를 커버한다.
④ 어두운 황갈색 피부는 옐로 컬러로 어두운 피부를 중화하고 연한 핑크빛의 자연스러운 베이지 또는 오클베이지 컬러의 파운데이션으로 피부를 안정감 있게 표현한다.

42 메이크업 시술 〉 베이스 메이크업
여드름과 흉터가 있는 피부
• 메이크업 베이스: 그린 컬러로, 여드름과 흉터의 붉은색을 중화함
• 파운데이션: 피부보다 살짝 어두운 컬러로, 여드름과 흉터를 부분 커버한 후 피부와 비슷한 컬러의 파운데이션으로 전체를 커버함
• 파우더: 그린 또는 베이지 계열의 파우더

43 피부의 부속 기관 중 한선에 대한 설명으로 옳은 것은?

① 체온 조절을 하며 피부 표면의 수분과 pH를 유지한다.
② 대한선은 입술, 음부, 손톱을 제외한 전신에 분포한다.
③ 소한선은 사춘기 이후 발달하는 한선으로 피부상재 박테리아가 땀을 분해할 때 특유의 냄새를 발생시킨다.
④ 에크린선은 여성이 남성보다 발달한 한선이다.

43 메이크업 위생관리 〉 피부의 이해
• 대한선(아포크린선)
 – 겨드랑이, 유두, 배꼽, 성기 주변에 집중 분포
 – 사춘기 이후 발달, 여성이 남성보다 발달
 – 피부상재 박테리아가 땀을 분해할 때 특유의 냄새 발생
• 소한선(에크린선)
 – 입술, 음부, 손톱을 제외한 전신에 분포함
 – 체온 유지, 노폐물 배출, 땀의 99%가 수분임

44 다음 중 모공을 조이고 피지 분비를 억제하거나 피부에 침투하기 쉬운 세균을 소독하고 피부를 보호하는 화장수는?

① 스킨 소프너 ② 아스트리젠트
③ 스킨 토너 ④ 에멀젼

44 메이크업 위생관리 〉 화장품 분류
아스트리젠트
- 수렴화장수의 일반 명칭
- 모공을 조이고 피지 분비를 억제하거나 피부에 침투하기 쉬운 세균을 소독하고 피부를 보호함
- 지성피부, 여드름성피부에 적합함

45 빛의 흡수와 산란 현상을 통해 발색되는 것으로 산화철, 레이크를 포함하는 안료는?

① 백색안료 ② 착색안료
③ 체질안료 ④ 펄안료

45 메이크업 위생관리 〉 화장품 분류
착색안료
- 빛의 흡수와 산란 현상을 통해 발색됨
- 색을 부여하고 커버력을 조절함
- 예) 산화철, 레이크

46 역삼각형 얼굴의 하이라이트존으로 적합하지 않은 곳은?

① 콧등 ② 눈 밑
③ 양쪽 볼 ④ 턱 끝

46 메이크업 시술 〉 베이스 메이크업
역삼각형 얼굴
- 하이라이트: 콧등, 눈 밑, 양쪽 볼
- 섀딩: 양쪽 이마 부분, 턱 끝

47 염증성, 비염증성 피부 발진 증상이 발생하는 여드름성피부의 유효성분이 아닌 것은?

① 살리실산 ② 글리시리진산
③ 카오린 ④ 아줄렌

47 메이크업 시술 〉 메이크업 기초 화장품 사용
카오린: 자외선 차단제에 들어가는 성분

48 다음 단백질 중 신체에서 합성이 불가능하여 반드시 음식으로 섭취해야 하는 필수 아미노산에 속하지 않은 것은?

① 트레오닌 ② 글루타민
③ 아이소루신 ④ 히스티딘

48 메이크업 위생관리 〉 피부의 이해
- 필수 아미노산
  - 성인(9가지): 히스티딘, 류신, 라이신, 트레오닌, 아이소루신, 메티오닌, 페닐알라닌, 트립토판, 발린
  - 영아(10가지): 성인의 9가지 + 아르기닌
- 비필수 아미노산: 알라닌, 아스파라진(아스파라긴), 아스파트산, 시스틴, 글루탐산, 글루타민, 글리신, 타이로신(티로신), 프롤린, 세린

49 다음 중 베이스 메이크업을 위한 재료와 도구에 대한 설명으로 옳지 않은 것은?

① 합성 스펀지 – 유분을 흡수하는 능력은 떨어지나 탄성이 좋고 가격이 저렴하며, 사용 후 세척이 가능하다.
② 파운데이션 브러시 – 파운데이션을 뭉침 없이 펴 바를 때 사용하고 천연모로 탄성이 좋은 것을 선택한다.
③ 스파츌라 – 제품을 덜어낼 때나, 파운데이션 컬러를 피부 톤에 맞추기 위해 제품을 섞을 때 사용한다.
④ 파우더 퍼프 – 파운데이션 후 유·수분기를 잡기 위해 파우더와 함께 사용하는 도구로 면 100% 제품으로 촉감이 부드러운 것이 적합하다.

49 메이크업 시술 〉 베이스 메이크업
파운데이션 브러시
- 파운데이션을 뭉침 없이 펴 바를 때 사용함
- 관리가 쉬운 인조모의 활용도가 높음

50 다음 중 인위적이고 화려한 이미지 연출에 가장 적합한 속눈썹의 컬의 형태는?

① CC컬
② J컬
③ JC컬
④ C컬

50 메이크업 시술 > 속눈썹 연출·연장
- J컬: 내추럴 이미지에 적합함
- JC컬: 세련된 이미지에 적합함
- C컬: 발랄한 이미지에 적합함
- J컬 → JC컬 → C컬 → CC컬 → L컬의 순서로 가모의 각도가 커짐

51 광물성 오일이 40~50% 함유되어 사용 후 클렌징폼이나 약산성 비누를 사용하여 이중세안이 필요한 클렌징 제품은?

① 클렌징로션
② 클렌징젤
③ 클렌징크림
④ 클렌징오일

51 메이크업 시술 > 메이크업 기초 화장품 사용
클렌징크림
- W/O 형태로, 유분감이 많아 건성피부나 진한 메이크업 제거 시 적합함
- 광물성 오일이 40~50% 함유되어 사용 후 클렌징폼이나 약산성 비누를 사용하여 이중세안이 필요함

신규 문제 공략
52 다음 중 화장수에 가장 널리 사용되는 원료는?

① 물
② 메탄올
③ 에탄올
④ 에센셜 오일

52 메이크업 위생관리 > 화장품 분류
에탄올
- 정제수와 함께 화장품에 사용되는 대표적인 수성 원료
- 휘발성으로 청량감과 수렴·소독 효과가 있어 아스트리젠트와 같은 수렴화장수에 사용됨
- 친수·친유 성질이 모두 있어 물 또는 유기용매와 잘 섞이는 용매제임

53 자외선 중 UV-A에 대한 설명으로 옳지 않은 것은?

① 생활자외선으로 피부 탄력을 감소시킨다.
② 조사 즉시 색소(멜라닌)침착을 유발한다.
③ 진피의 망상층까지 도달하는 자외선이다.
④ 일광 화상의 원인이다.

53 메이크업 위생관리 > 피부의 이해
- UV-A
  - 장파장 320~400nm
  - 진피의 망상층까지 도달하는 자외선
  - 생활자외선으로 피부 탄력 감소, 잔주름 유발
  - 광노화 현상: 조사 즉시 색소(멜라닌)침착 유발, 피부 건조의 원인
  - 콜라겐과 엘라스틴 파괴·변형
- 일광 화상이 원인이 되는 것은 UV-B임

54 피부의 자가면역에 대한 설명으로 옳지 않은 것은?

① 콧물, 가래, 위액산도, 소화효소 등은 화학적 방어벽에 해당한다.
② 자연살해세포는 간이나 골수에서 성숙된다.
③ 병원체에 한 번 노출된 후 그 병원체에 대하여 기억하고 선별적으로 방어 기능을 획득한다.
④ 방어 단백질로는 보체, 인터페론이 있다.

54 메이크업 위생관리 > 피부의 이해
병원체에 한 번 노출된 후 그 병원체에 대해 기억하고 선별적으로 방어 기능을 획득하는 것은 후천적 면역에 해당함

55 다음 중 인간의 이미지를 4가지로 분류하고, 색상 팔레트를 통한 패션·메이크업을 제안한 이는 누구인가?

① 캐롤 잭슨
② 로버트 도어
③ 요하네스 이텐
④ 코호트

55 메이크업 고객 서비스 > 퍼스널 이미지 제안
캐롤 잭슨
- 퍼스널 컬러를 패션과 뷰티 분야에 접목하여 의상, 화장, 옷장 계획 등을 위한 가이드로 사계절 색상 팔레트를 제공함
- 인간의 이미지를 신체 색의 톤에 따라 따뜻한 유형의 봄과 가을, 차가운 유형의 여름과 겨울의 4가지로 세분화함

56 사계절 컬러 시스템을 반영하였을 때 성격이 다른 하나는?
① 파랑
② 검정
③ 노랑
④ 하양

56 메이크업 고객 서비스 > 퍼스널 이미지 제안
- 봄·가을: 노랑과 황색의 따뜻한 바탕색을 가짐
- 여름·겨울: 파랑, 검정, 하양의 차가운 바탕색을 가짐

57 무대나 발레 공연 등에 자주 활용되고 눈매가 깊고 커보이게 연출하기 위해 아이홀 부분을 강조하는 아이섀도 기법은?
① 프레임 기법
② 사선 기법
③ 실루엣 기법
④ 홀 기법

57 메이크업 시술 > 색조 메이크업
- 프레임 기법: 메인 컬러를 아이홀까지 고르게 펴고 포인트 컬러를 쌍꺼풀 라인까지 채우며 그러데이션함
- 사선 기법: 메인 컬러를 아이홀까지 고르게 펴고 포인트 컬러를 눈꼬리 쪽에서 사선 모양으로 그러데이션함
- 실루엣 기법: 눈의 앞머리와 꼬리 부분에 포인트를 주는 기법으로 꼬리 부분을 조금 더 넓고 강하게 연출하고 눈동자 부분에 하이라이트를 줌

58 다음 중 건열 멸균법에 대한 설명으로 옳지 않은 것은?
① 150~170℃에서 2~3시간 가열한다.
② 건열 멸균기에 소독 물품을 넣어 고온으로 멸균하는 소독법이다.
③ 주사기, 유리, 금속, 도자기제품, 분말, 거즈 등의 멸균에 적합하다.
④ 습기 침투가 어려운 바셀린, 글리세린 등에 효과적인 소독법이다.

58 공중위생관리 > 소독
건열 멸균법은 160~170℃에서 1~2시간 가열하는 방법임

59 먼셀의 색 표기법으로 표현한 5Y3/6 색에 대한 설명으로 바른 것은?
① 채도 5Y, 명도 3, 색상 6
② 색상 5Y, 채도 3, 명도 6
③ 명도 5Y, 색상 3, 채도 6
④ 색상 5Y, 명도 3, 채도 6

59 메이크업 고객 서비스 > 메이크업 카운슬링
5Y3/6: 색상은 5Y의 노랑, 명도는 3, 채도는 6인 색

60 메이크업 고객의 상담에 대한 설명으로 옳지 않은 것은?
① 메이크업 시술 후에는 사후관리 방법 및 예약 등의 고객 관리 상담이 진행되어야 한다.
② 고객 상담은 소비자들의 심리를 분석하고 니즈를 파악하여 고객의 만족도를 높이는 기능을 한다.
③ 메이크업 시술 중에는 중간 점검을 통한 만족도 확인과 수정 사항 및 비용에 대한 상담이 진행되어야 한다.
④ 고객 상담은 고객에게 제대로 된 정보를 제공함으로써 브랜드 신뢰도를 확보하는 역할을 한다.

60 메이크업 고객 서비스 > 고객 응대
- 사전 상담: 정보 제공(소요시간, 비용, 시술 방법 등), 고객의 의문점 해소로 신뢰감 상승
- 시술 중 상담: 중간 점검을 통한 만족도 확인, 추가 설명 및 수정 사항 상담
- 시술 후 상담: 사후관리 방법 및 시술 상태에 대한 점검, 예약 등의 고객 관리 상담

정답표(제3회)

01	02	03	04	05	06	07	08	09	10
①	②	③	②	①	①	③	④	③	③
11	12	13	14	15	16	17	18	19	20
①	②	②	②	①	③	①	④	②	③
21	22	23	24	25	26	27	28	29	30
④	③	④	②	②	①	④	④	③	②
31	32	33	34	35	36	37	38	39	40
②	④	①	④	①	③	③	②	①	④
41	42	43	44	45	46	47	48	49	50
④	②	①	②	②	④	③	②	②	①
51	52	53	54	55	56	57	58	59	60
③	②	④	①	①	④	④	①	④	③

비공개 기출 복원문제 | 제4회

최신 기출문제 풀이는 필수!

◀ 모바일로 풀어보기

01 삼국 시대 중 신라의 메이크업 특징에 대한 설명으로 옳지 않은 것은?

① 영육일치사상으로 깨끗한 몸과 단정한 옷차림을 선호하였다.
② 불교의 영향으로 목욕이 대중화되어 목욕용품 및 향유가 발달하였다.
③ 미묵을 사용하여 눈썹을 그리고 아주까리나 동백기름을 사용하여 머리 손질을 하였다.
④ 분은 바르되 연지를 바르지 않는 시분무주의 화장법이 성행하였다.

| 해설 |

01 메이크업 위생관리 〉 메이크업의 이해
시분무주(施粉無朱): 백제인의 화장법으로, '분은 바르되 연지를 바르지 않음'을 의미함

02 각 시대별 메이크업에 대한 설명으로 옳은 것은?

① 1920년대 – 블랙 펜슬로 진하고 긴 일자형의 눈썹으로 연출하였다.
② 1930년대 – 아이홀에 음영을 넣고 아이라인 주위를 블랙으로 연출한 후 마스카라와 인조속눈썹으로 졸린 듯한 눈매를 표현하였다.
③ 1950년대 – 관능적 매력의 팜므파탈룩을 연출하기 위해 코올(Kohl) 메이크업을 하였다.
④ 1960년대 – 쌍꺼풀 라인과 인조 속눈썹으로 위아래 속눈썹 모두 강조하여 인형 같은 눈매를 연출하고 흐린 누드핑크로 창백한 입술을 표현하였다.

02 메이크업 시술 〉 트렌드 메이크업
- 1920년대: 눈썹을 뽑고 가늘게 다듬어 블랙 펜슬로 아치형으로 그리되 눈썹꼬리가 눈썹앞머리보다 처지게 연출함
- 1930년대: 펄이 없는 브라운 계열을 이용하여 깊은 음영 아이홀을 연출한 후 아이라인과 인조속눈썹으로 깊고 그윽하게 연출함
- 1950년대: 오드리 헵번은 귀엽고 청순한 이미지의 메이크업을, 마릴린 먼로는 레드 립스틱을 활용한 아웃커브의 입술과 매력점으로 섹시한 이미지를 연출함

03 다음 중 메이크업의 질감(Texture) 표현에 대한 설명으로 옳지 않은 것은?

① 소프트 매트(Soft Matt)는 광택 없는 질감으로 부드럽고 관능미가 느껴지는 이미지이다.
② 글리터링(Glitering)은 펄보다 입자가 큰 가루를 사용하여 좀 더 화려하고 반짝이는 광택의 효과가 있다.
③ 루미네이슨스(Luminescence)는 은은한 윤광이 느껴지는 질감으로, 빛이 반사되어 잔주름이 완화되어 보인다.
④ 쉬머(Shimmer)는 광택이 나는 피부 표현으로 건강하고 섹시한 피부를 표현할 때 주로 사용한다.

03 메이크업 고객 서비스 〉 메이크업 카운슬링
소프트 매트: 광택 없는 보송함이 느껴지는 질감으로 평면적인 부드러운 이미지

04 섀딩에 대한 설명으로 옳지 않은 것은?

① 섀딩 컬러가 헤어라인 안쪽까지 이어지게 그러데이션한다.
② 섀딩 컬러는 피부 톤과 1~2톤 정도의 차이가 있는 것이 적당하다.
③ 모델의 얼굴형을 고려하여 섀딩의 위치를 잡아야 한다.
④ 턱의 아랫부분은 최대한 강하게 섀딩을 해야 얼굴이 갸름해 보인다.

04 메이크업 시술 〉 베이스 메이크업
턱의 경계 부분이나 헤어라인 같은 페이스라인에 경계가 생기지 않도록 섀딩 컬러를 자연스럽게 그러데이션해야 함

05 매트한 피부 표현을 위한 가장 적합한 방법은?

① 퍼프에 파우더를 덜어낸 후 고르게 묻혀 누르듯 바른다.
② 모질이 부드러운 브러시로 피부결을 따라 가볍게 누른다.
③ 펄 파우더를 퍼프에 덜어낸 후 얼굴의 돌출 부분에 누른다.
④ 브러시의 모가 넓은 것을 선택하여 쓸어주듯 바른다.

05 메이크업 시술 〉 베이스 메이크업
매트한 피부 표현 방법: 퍼프에 파우더를 덜어낸 후 다른 퍼프와 서로 비벼서 고르게 묻혀 누르듯 발라 유분기를 제거한 후 남은 여분의 파우더는 팬 브러시를 사용하여 제거함

06 한복의 고전적인 느낌을 극대화하면서도 단아하고 절제된 메이크업으로 은은하게 연출하는 웨딩 메이크업 이미지는?

① 내추럴 이미지
② 클래식 이미지
③ 트레디셔널 이미지
④ 엘레강스 이미지

06 메이크업 시술 〉 본식 웨딩 메이크업
- 내추럴 이미지: 자연스러우면서도 신부의 순결함이 묻어나는 청초한 느낌으로 연출
- 클래식 이미지: 단아하면서도 고급스럽고, 전형적이면서도 기품 있는 느낌으로 연출
- 엘레강스 이미지: 차분하고 세련된 이미지로, 보다 여성스럽고 기품 있는 분위기로 연출

07 베이스 메이크업 제품을 도포하기 위한 테크닉으로 제품을 고르게 펴고 스펀지나 손가락을 이용하여 두드리며 바르는 방법은?

① 블렌딩 기법
② 슬라이딩 기법
③ 페더링 기법
④ 패팅 기법

07 메이크업 시술 〉 베이스 메이크업
- 블렌딩 기법: 다른 컬러의 제품을 경계가 생기지 않도록 바르는 기법
- 슬라이딩 기법: 피부결 방향대로 펴 바르는 기법
- 페더링 기법: 선의 경계가 뚜렷하지 않게 부드럽게 연결시키는 기법

08 눈의 구조와 카메라의 구조 중 역할이 유사한 것을 바르게 연결한 것은?

① 수정체 – 조리개
② 각막 – 렌즈 본체
③ 홍채 – 필름
④ 망막 – 조리개

08 메이크업 고객 서비스 〉 메이크업 카운슬링
- 수정체: 렌즈
- 홍채: 조리개
- 망막: 필름

09 다음 중 식중독에 대한 설명으로 옳지 <u>않은</u> 것은?

① 세균성 식중독은 2차 감염률이 낮고 면역성이 없다.
② 식중독을 일으키는 곰팡이독으로는 황변미독, 아플라톡신, 에르고톡신 등이 있다.
③ 대부분 35~36℃ 내외에서 빠르게 번식한다.
④ 세균성 식중독은 잠복기가 길고 수인성 전파가 적다.

09 공중위생관리 〉 공중보건
세균성 식중독은 잠복기가 짧고 수인성 전파가 적음

10 시·도지사 또는 시장·군수·구청장이 보건복지부령으로 정하는 바에 따라 기간을 정하여 그 개선을 명할 수 있는 경우가 <u>아닌</u> 것은?

① 공중위생영업의 종류별 시설 기준을 위반한 공중위생영업자
② 영업신고의 의무를 위반한 공중위생영업자
③ 공중위생영업의 종류별 설비 기준을 위반한 공중위생영업자
④ 위생관리 의무를 위반한 공중위생영업자

10 공중위생관리 〉 공중위생관리법규
시·도지사 또는 시장·군수·구청장은 공중위생영업의 종류별 시설 및 설비 기준을 위반한 공중위생영업자 및 위생관리 의무 등을 위반한 공중위생영업자에게 보건복지부령으로 정하는 바에 따라 기간을 정하여 그 개선을 명할 수 있음

신규 문제 공략

11 다음 _____ 차례대로 들어갈 적합한 말은?

> 메이크업 제품을 덜어낼 때 사용하는 도구는 _____이고, 처진 속눈썹에 컬을 주기 위하여 사용하는 도구는 _____이다.

① 파우더 브러시, 아이래시컬러
② 스파츌라, 아이래시컬러
③ 샤프너, 스크루 브러시
④ 아이래시컬러, 스파츌라

11 메이크업 시술 〉 베이스 메이크업
- 스파츌라: 용기에 든 화장품을 위생적으로 덜어낼 때, 제품을 덜어낼 때, 파운데이션 컬러를 피부 톤에 맞추기 위해 제품을 섞을 때 사용함
- 아이래시컬러: 마스카라 전에 처진 속눈썹에 컬을 주거나 속눈썹과 인조 속눈썹의 사이가 뜨지 않도록 밀착시킬 때 사용함

12 수염 분장 시 사용하는 인조사에 대한 설명으로 옳지 <u>않은</u> 것은?

① 화학 섬유로 가발과 수염 제작 시 사용한다.
② 염색이 가능하고 부드러우나 물에 약하다.
③ 웨이브를 만들어 사용 가능하다.
④ 윤기가 있고 사실적이며 모가 강하다.

13 기초 화장의 목적에 대한 설명으로 옳지 <u>않은</u> 것은?

① 피부에 유·수분을 공급한다.
② 공기 중의 세균 침입을 막는다.
③ 적외선으로부터 피부를 보호한다.
④ pH를 정상적인 상태로 돌아오게 한다.

14 다음에서 설명하는 메이크업의 이미지는?

> 성숙한 여성의 고급스럽고 품위 있는 아름다움을 지향하는 페미닌 스타일

① 클래식 이미지
② 로맨틱 이미지
③ 엘레강스 이미지
④ 에스닉 이미지

신규 문제 공략

15 조문을 가고자 할 때 T.P.O. 메이크업 방법으로 바르지 <u>못한</u> 것은?

① 검정색 광택이 없는 의상을 착용해야 한다.
② 메이크업을 하지 않거나 연하게 하도록 한다.
③ 살이 비치거나 신체의 노출이 없는 어두운 색상의 의상을 택하도록 한다.
④ 급하게 연락을 받은 경우에는 빨간 립스틱을 발라도 문제가 되지 않는다.

16 다음 중 진피의 90%를 차지하고 나이가 들면 신장성이 떨어져 주름의 원인이 되는 것은?

① 점성기질
② 탄력섬유
③ 다당류질
④ 교원섬유

17 치크를 표현하는 방법에 대한 설명으로 옳지 <u>않은</u> 것은?

① 성숙한 이미지를 연출하고자 할 때는 관자놀이에서 구각 쪽으로 사선 느낌으로 치크를 연출하도록 한다.
② 기본 치크의 위치는 눈동자 중앙선보다 바깥쪽으로, 콧방울보다 아래쪽으로 떨어지지 않게 연출해야 한다.
③ 역삼각 얼굴형의 치크는 광대뼈에서 입꼬리 방향으로 사선 느낌이 들도록 연출하는 것이 좋다.
④ 볼 중앙으로 가까이 갈수록, 치크의 모양이 둥근 느낌일수록 귀여운 느낌이 연출된다.

---

12 메이크업 시술 > 미디어 캐릭터 메이크업

- 인조사
  - 화학섬유로 가발과 수염 제작 시 사용함
  - 윤기가 있고 사실적이며 모가 강함
  - 다양한 길이로 작업이 가능하고 웨이브를 만들어 사용이 가능함
  - 뜬 수염, 외국인 수염으로 사용이 가능함
- 염색이 가능하고 부드러우나 물에 약한 것은 생사임

13 메이크업 시술 > 메이크업 기초 화장품 사용

기초 화장의 목적
- 피부에 유·수분을 공급하여 pH를 정상적인 상태로 돌아오게 하고 피부결을 정돈함
- 피부를 매끄럽게 유지하여 건조 방지, 추위로부터 피부 보호, 공기 중의 세균 침입 방지, 자외선으로부터 피부 보호의 역할을 함

14 메이크업 시술 > 응용 메이크업

엘레강스 이미지
- '품위 있는', '여성스러운 우아함', '기품 있는', '고상함'이라는 의미로 성숙한 여성의 고급스러우면서 품위 있는 아름다움을 지향하며 페미닌 스타일의 클래식하고 컨서버티브한 패션 이미지
- 단정하면서 흘러내리는 듯한 우아한 드레이핑 형태가 특징임

15 메이크업 시술 > 응용 메이크업

조문을 가는 경우에는 내추럴 메이크업으로 경건함을 표현해야 하며, 빨간 립스틱을 삼가해야 함

16 메이크업 위생관리 > 피부의 이해

교원섬유(콜라겐)
- 진피의 90% 차지함
- 섬유아세포에서 생성됨
- 나이가 들면 신장성이 떨어져 주름의 원인이 됨

17 메이크업 시술 > 색조 메이크업

역삼각 얼굴형의 치크 연출: 광대뼈 윗부분에 약간 갸름하게 파스텔톤으로 부드럽게 연출

18 고객의 기대에 부응하는 메이크업 아티스트의 자세로 적절하지 않은 것은?

① 메이크업 작업을 시작하기 전에 모든 제품과 도구를 잘 정리하고 정비해야 한다.
② 제품의 오염 방지를 위해 스파츌라를 사용하여 내용물을 덜어내고, 한 번 덜어낸 내용물을 용기 안에 다시 넣지 않아야 한다.
③ 세련된 말씨와 아티스트의 센스를 보여줄 수 있는 화려한 복장을 갖추어야 한다.
④ 바이러스성 질환이 유행할 때에는 고객과 본인의 감염 예방을 위해 반드시 마스크를 착용해야 한다.

18 메이크업 위생관리 〉 위생관리
메이크업 아티스트의 복장
- 신체를 청결히 하고 매일 깨끗한 유니폼 착용
- 메이크업과 헤어를 단정하게 유지
- 손과 손톱을 청결히 유지

19 다음 중 건성피부에 가장 적합한 유효성분으로 짝지어진 것은?

① 아줄렌, 글리시리진산
② 레티닐팔미테이트, AHA
③ 티트리 오일, 캄퍼 오일
④ 세라마이드, 히알루론산

19 메이크업 시술 〉 메이크업 기초 화장품 사용
건성피부 유효성분: 세라마이드, 콜라겐, 호호바 오일, 아보카도 오일, 알로에베라, 히알루론산, 엘라스틴, 솔비톨, 아미노산

20 다음 중 메이크업 기기와 도구 관리에 대한 설명으로 옳지 않은 것은?

① 미용의자는 3% 석탄산용액이 묻은 천으로 표면을 소독한다.
② 사용한 에어브러시 건은 화장품이 남아 있지 않도록 분리하여 세척한 후 물기를 제거한다.
③ 사용한 스파츌라는 소독액을 머금은 거즈로 표면을 닦는다.
④ 사용한 퍼프는 중성세제로 세척·햇볕에서 건조 후 일광소독한다.

20 메이크업 위생관리 〉 위생관리
퍼프는 중성세제로 세척·그늘 건조한 후 일광소독하거나 자외선소독하여 별도로 보관함

21 다음 중 물이 우리 신체에 미치는 영향이 아닌 것은?

① 독성물질을 체외로 배출한다.
② 디스크나 관절의 충격을 흡수한다.
③ 식사 후 당분의 흡수 속도를 조절한다.
④ 섭취한 영양소를 각 세포에 공급한다.

21 메이크업 위생관리 〉 피부의 이해
식사 후 당분의 흡수 속도를 조절하는 것은 식이섬유임

22 메이크업 디자인 요소 중 색상의 역할에 해당하지 않는 것은?

① 얼굴의 윤곽을 수정하고 보완한다.
② 외형적인 아름다움과 개성을 표현한다.
③ 다양한 이미지 연출이 가능하다.
④ 빛이 반사되어 잔주름이 완화되어 보이게 한다.

22 메이크업 고객 서비스 〉 메이크업 카운슬링
빛이 반사되어 잔주름이 완화되어 보이게 하는 것은 질감에 의한 현상임

23 태양광선 중 대부분 오존층에 흡수되나 오존층 파괴로 인해 피부에 도달하면 피부암을 발생시킬 수 있는 것은?

① UV-A
② UV-B
③ UV-C
④ 적외선

23 메이크업 위생관리 〉 피부의 이해
UV-C
- 단파장 200~280nm
- 표피 각질층에 도달
- 대부분 오존층에 흡수되나 오존층 파괴로 인해 피부에 영향을 미치면 피부암 발생 가능
- 강력한 소독 및 살균 작용(UV-A의 1,000~10,000배)

24 다음 중 색을 웜톤 베이스와 쿨톤 베이스로 나눌 때 성격이 다른 하나는?

① 올리브그린
② 피치브라운
③ 골드
④ 마젠타

24 메이크업 고객 서비스 〉 퍼스널 이미지 제안
- 웜톤: 노랑과 황색이 섞여 있는 색으로 무채색과 실버는 포함되지 않음
  예 옐로, 오렌지, 옐로그린, 올리브그린, 카키, 피치브라운, 브라운, 골드
- 쿨톤: 하양, 검정, 파랑이 섞여 있는 색으로 주황과 황색, 골드는 포함되지 않음
  예 블루, 마젠타, 와인, 블루그린, 그레이, 실버

25 다음은 무엇에 대한 설명인가?

- 체액성 면역에 관여
- 림프구의 20~30% 차지
- 세포 외 공간의 미생물을 파괴하여 세포 내 감염을 통한 전파 방지

① 방어기전
② T-림프구
③ B-림프구
④ 랑게르한스세포

25 메이크업 위생관리 〉 피부의 이해
B-림프구
- 체액성 면역에 관여
- 림프구의 20~30% 차지
- 세포 외 공간의 미생물을 파괴하여 세포 내 감염을 통한 전파 방지
- T-림프구의 도움을 받아 특정 병원체에 대항하는 항체 면역글로불린을 분비하는 형질세포로 분화
- 골수에서 생성되며 비장과 림프절로 이동

26 다음 중 호기성 세균이 아닌 것은?

① 결핵
② 메탄균
③ 디프테리아
④ 곰팡이

26 공중위생관리 〉 소독
호기성균: 생장 시 산소를 필요로 하는 균으로, 곰팡이, 결핵, 디프테리아 등이 해당함

27 다음 중 화장품법에 고시된 기능성 화장품에 해당하지 않는 것은?

① 주름 개선 화장품
② 보디 슬리밍 제품
③ 헤어 트리트먼트
④ 태닝 화장품

27 메이크업 위생관리 〉 화장품 분류
기능성 화장품
- 피부의 미백에 도움을 주는 제품
- 피부의 주름 개선에 도움을 주는 제품
- 피부를 곱게 태워주거나 자외선으로부터 피부를 보호하는 데 도움을 주는 제품
- 모발의 색상 변화·제거 또는 영양 공급에 도움을 주는 제품
- 피부나 모발의 기능 약화로 인한 건조함, 갈라짐, 빠짐, 각질화 등을 방지하거나 개선하는 데 도움을 주는 제품
- 그 외에 총리령으로 정하는 화장품

28 퍼스널 컬러 진단에 대한 설명으로 옳지 않은 것은?

① 퍼스널 컬러 진단은 컬러 드레이핑을 활용하여 신체 고유색과의 조화도를 분석하여 사계절 유형을 판단하는 것이다.
② 컬러 드레이핑을 활용하여 퍼스널 컬러 진단을 할 때에는 화장과 액세서리는 하지 않고 진단해야 한다.
③ 컬러 드레이핑을 이용한 퍼스널 컬러 진단은 중성광에서 본인의 의상을 입고 진행한다.
④ 컬러 드레이핑을 이용하여 퍼스널 컬러 진단을 진행할 때에는 선탠이나 약물을 중단한 후 시행한다.

28 메이크업 고객 서비스 〉 퍼스널 이미지 제안
퍼스널 컬러 진단 시 유의점
- 빛은 자연광(11~15시)이나 95~100W의 중성광에서 진단
- 상체를 가릴 흰 가운 착용
- 화장과 액세서리는 하지 않고 진단
- 염색을 한 헤어일 경우 흰 수건으로 가리고 진단
- 선탠이나 약물 중단 후 진단
- 진단 전 15일 동안은 피부 색소에 영향을 줄 수 있는 비타민A·카로틴이 함유된 식품 섭취에 주의

29 다음의 얼굴형 중 성숙하고 고상한 이미지를 주는 얼굴형은?

① 사각 얼굴형　　② 마름모 얼굴형
③ 역삼각 얼굴형　④ 긴 얼굴형

29 메이크업 고객 서비스 > 메이크업 카운슬링
- 사각 얼굴형: 고집스럽고 남성적인 이미지
- 마름모 얼굴형: 샤프한 이미지
- 역삼각 얼굴형: 세련되고 이지적인 현대적 이미지

30 다음 중 흡수율이 가장 좋은 오일은?

① 터틀 오일　　② 호호바 오일
③ 올리브 오일　④ 미네랄 오일

30 메이크업 위생관리 > 화장품 분류
화장품의 흡수율: 분자량이 적을수록 좋으며, 광물성 > 동물성 > 식물성 순으로 높음

31 다음 중 클렌징에 대한 설명으로 옳지 않은 것은?

① 클렌징은 피부의 죽은 각질을 제거하여 피부 표면을 부드럽게 하는 역할을 한다.
② 클렌징은 혈액순환을 촉진하는 기능이 있어 3분 이상 시행하는 것이 효과적이다.
③ 사용한 스파츌라는 에탄올수용액을 머금은 거즈로 표면을 닦는다.
④ 화장수를 적신 화장솜을 피부결 방향으로 닦아 피부결을 정돈한다.

31 메이크업 시술 > 메이크업 기초 화장품 사용
클렌징은 노폐물이 피부에 침투하지 못하도록 2~3분 이내에 신속히 닦음

32 베이스 메이크업 제품들의 사용법에 대한 설명으로 옳지 않은 것은?

① 파운데이션의 도포 시 피부결을 따라 바르되 패팅과 슬라이딩 기법으로 밀착력을 높인다.
② 요철이 많은 피부에는 실리콘 타입의 프라이머를 사용하여 피부를 매끈하게 연출한다.
③ 투웨이케이크 파운데이션은 번들거림이 없고 가볍고 간편하게 사용이 가능하여 중년 여성에게 적합하다.
④ 메이크업 시 메이크업 베이스를 발라 색조 화장의 색소 침착을 방지한다.

32 메이크업 시술 > 베이스 메이크업
투웨이케이크 파운데이션: 매트하게 표현되며 잦은 사용 시 피부가 건조해지므로 중년 여성에게는 부적합함

33 노폐물 및 각질 제거를 목적으로 사용하는 팩 제품 중 노폐물과 죽은 각질을 물리적으로 제거하여 민감성피부와 건성피부는 사용을 자제해야 하는 제품 타입은?

① 패치 타입　　② 워시오프 타입
③ 시트 타입　　④ 필오프 타입

33 메이크업 위생관리 > 화장품 분류
필오프 타입
- 팩 건조 후 피막 제거
- 노폐물과 죽은 각질을 물리적으로 제거
- 피부에 자극을 줄 수 있으므로 매일 사용하는 것은 자제할 것
- 민감성·건성피부는 사용을 자제할 것

34 피부과 치료 후 피부 재생이나 보호 목적으로 주로 사용하였다가 최근에는 의료보다 미용의 목적으로 잡티 커버 및 피부 톤 정리를 위해 사용되는 제품은?

① BB크림　　② CC크림
③ DD크림　　④ NC크림

34 메이크업 시술 > 베이스 메이크업
BB크림
- '블레미시 밤(Blemish Balm)'이라고도 함
- 피부과 치료 후 피부 재생 및 보호의 목적으로 사용됨
- 잡티 커버 및 피부 톤 정리에 적합함

35 다음 중 잡티가 많은 피부에 적합하지 않은 립 컬러는?

① 다크브라운　② 마젠타
③ 와인　　　　④ 베이지핑크

35 메이크업 시술 > 색조 메이크업
얼굴에 잡티가 많은 피부는 선명하고 짙은 컬러를 발라 시선을 입술에 집중시킴
예 다크레드, 다크브라운, 마젠타, 와인

36 내수성과 방수성이 강하여 번짐 없이 장시간 지속되나 조명에 의해 광택감이 생겨 인위적인 눈매가 연출될 수 있는 아이라이너는?

① 케이크 타입
② 붓펜 타입
③ 리퀴드 타입
④ 젤 타입

36 메이크업 시술 〉 색조 메이크업
리퀴드 타입 아이라이너
- 액상으로 선명하게 그려지며 내수성과 방수성이 강하여 번짐 없이 장시간 지속됨
- 수정이 어려워 많은 연습이 필요함
- 조명에 의해 광택감이 생기며 강한 인상을 연출함

37 속눈썹 연장용 가모 제거 시 사용되는 글루 리무버 중 넓게 도포하기가 용이하여 가모 전체를 제거할 때 사용하기 적합한 타입의 리무버는?

① 리퀴드 타입
② 크림 타입
③ 젤 타입
④ 파우더 타입

37 메이크업 시술 〉 속눈썹 연출 · 연장
크림 타입: 높은 점도를 가지고 있어 넓게 도포하기가 용이하여 가모 전체 제거에 적합함

38 다음 중 속눈썹 연장에 대한 설명으로 적절하지 않은 것은?

① J컬은 20° 정도의 각도를 이루는 가장 자연스러운 컬로 내추럴 이미지에 적합한 가모이다.
② 특별한 날 다른 굵기와 섞어 포인트로 연출하기 위해서는 0.15mm 굵기의 가모를 선택한다.
③ 올라간 눈의 속눈썹을 연장할 때에는 J컬 가모로 눈앞머리 부분이 포인트가 되도록 밀도를 주어 연장한다.
④ 가모에 글루를 묻힐 때 글루판에서 양을 조절하여 방울이 생기지 않도록 주의해야 한다.

38 메이크업 시술 〉 속눈썹 연출 · 연장
특별한 날 다른 굵기와 섞어 포인트로 연출하기 위해서는 0.25mm 굵기의 가모를 선택함

39 인구의 출생률 통계 중 조출생률에 대한 설명으로 옳은 것은?

① 1년 동안의 출생아 수를 당해 연도의 연앙 인구로 나눈 수치를 1,000분율로 표시한 수치이다.
② 한 국가의 보건지수를 나타내는 지표이다.
③ 1년 동안 가임여성 1,000명당 발생한 출생자의 수를 의미한다.
④ 한 국가의 건강수준을 다른 나라와 비교하는 3대 지표에 해당한다.

39 공중위생관리 〉 공중보건
조출생률
- 한 국가의 출생수준을 표시하는 지표임
- 1년 동안의 출생아 수를 당해 연도의 연앙 인구로 나눈 수치를 1,000분율로 표시함

40 웨딩 메이크업 시 주의점으로 적절하지 않은 것은?

① 예식이 끝날 때까지 메이크업이 유지될 수 있도록 기초 화장을 꼼꼼히 진행한다.
② 화사한 컬러를 사용하되 인위적이지 않아야 하므로 라인은 드러나지 않게 부드럽게 연출한다.
③ 균일한 피부 톤의 연출을 위해 얼굴과 목, 어깨 부분에 경계가 생기지 않도록 주의한다.
④ 야외에서 결혼식이 진행될 경우 자연광으로 인해 본래 색이 그대로 노출되므로 자연스러운 메이크업이 적합하다.

40 메이크업 시술 〉 본식 웨딩 메이크업
화사한 컬러를 사용하여 자연스러운 메이크업으로 표현하되 라인을 강조하여 또렷한 인상을 연출함

41 장소에 따른 메이크업 중 오피스 메이크업에 대한 특징으로 적절하지 않은 것은?

① 의상의 컬러나 계절에 따라 아이섀도의 컬러를 정한다.
② 전체적인 메이크업의 분위기를 부드럽고 샤프하게 연출한다.
③ 아이섀도는 유사 색상이나 동일 색상 배색을 이용하여 연출한다.
④ 풍성한 인조 속눈썹으로 또렷하고 선명한 눈매를 연출한다.

41 메이크업 시술 〉 응용 메이크업
풍성한 인조 속눈썹으로 또렷하고 선명한 눈매를 연출하는 것은 인공 조명이 많은 장소의 나이트 메이크업에 적합함

42 인수공통 감염병의 질병과 매개체가 바르게 연결된 것은?

① 브루셀라증 – 소
② 큐열 – 박쥐
③ 결핵 – 모기
④ 야토병 – 염소

42 공중위생관리 〉 공중보건
- 큐열: 소, 양, 염소
- 결핵: 소, 돼지
- 야토병: 토끼

43 다음 중 패션이미지에 따른 메이크업 테크닉으로 옳지 않은 것은?

① 액티브 이미지의 립 컬러는 눈 메이크업 색상을 다소 소프트하게 표현했다면 비비드한 레드, 핑크 색상의 립스틱으로 포인트를 준다.
② 매니시 이미지의 아이브로는 다크그레이 색상을 이용하여 각진 눈썹을 연출한다.
③ 내추럴 이미지의 치크는 코럴브라운 계열로 광대뼈에서 입꼬리를 향해 사선으로 연출한다.
④ 엘레강스 이미지의 립은 소프트한 핑크베이지 색상 또는 레드 계열로 입술산이 각지지 않게 완만한 아웃커브로 연출한다.

43 메이크업 시술 〉 응용 메이크업
내추럴 이미지의 치크는 연한 핑크나 피치 컬러로 볼을 감싸는 듯 터치하여 건강하고 자연스러워 보이게 연출함

44 주로 소장에 기생하며 우리나라에서 가장 높은 감염률을 보이는 기생충은?

① 회충
② 구충
③ 편충
④ 요충

44 공중위생관리 〉 공중보건
회충
- 전 세계적으로 분포
- 우리나라에서 가장 높은 감염률
- 감염 후 산란까지 기간 소요(약 60~75일)
- 소장에 기생

45 모발은 pH에 따라 팽윤성이 변화한다. 다음 중 팽윤성이 가장 적게 나타나는 pH는?

① pH2
② pH4
③ pH8
④ pH10

45 메이크업 위생관리 〉 피부의 이해
모발의 팽윤성
- 모발이 수분을 흡수하면 길이는 1~2% 길어지고, 두께는 12~15% 정도 두꺼워지는 현상
- pH4~5에서 가장 낮은 팽윤성을 나타내며 pH8~9에서 급격히 증대

46 테다 바라, 폴라 네그리가 활동한 시대의 메이크업과 시대적 특징에 대한 설명으로 적절하지 않은 것은?

① 관능적 매력의 팜프파탈룩으로 코올 메이크업이 성행하였다.
② 무성 영화의 등장으로 패션에 대한 관심이 생겨나기 시작하였다.
③ 활 모양의 가늘고 긴 아치형 아이브로를 브라운 컬러로 연출하였다.
④ 어두운 붉은색 립스틱으로 얇고 또렷한 입술을 작게 표현하였다.

46 메이크업 시술 〉 트렌드 메이크업
1910년대의 아이브로: 일자형 아이브로, 블랙 펜슬로 진하고 길게 연출

47 수염이 파릇하게 자라나온 정도 또는 면도 후의 모습을 표현할 때 사용하며 시술 후 파우더 처리로 마무리를 해야 하는 수염은?

① 점각 수염
② 망수염
③ 직접 붙이는 수염
④ 가루수염

47 메이크업 시술 〉 미디어 캐릭터 메이크업
점각 수염
- 수염이 파릇하게 자라나온 정도 또는 면도 후의 모습을 표현할 때 사용
- 찍어 둔 수염이 번지지 않게 파우더로 마무리한 후 여분의 파우더 제거

48 절상 분장 시 피부의 질감을 표현하기 위한 스펀지로 가장 적합한 것은?

① 해면 스펀지
② 레드 스펀지
③ 라텍스 스펀지
④ 합성 스펀지

48 메이크업 시술 〉 미디어 캐릭터 메이크업
절상의 분장 방법
- 알코올로 분장 부위를 청결히 한 후 스파츌라를 사용하여 왁스를 펴 바르고 가장자리를 자연스럽게 블렌딩
- 스파츌라를 사용하여 왁스 위에 상처 모양을 디자인하고 레드 스펀지를 이용하여 피부 질감을 표현
- 크림 라이너나 FX팔레트의 붉은색을 사용하여 상처 주변을 채색하고 검은색과 붉은색을 이용하여 상처의 깊이를 표현한 후 인공 피로 사실감을 더함

49 다음 중 무대공연 캐릭터 메이크업에서 메이크업의 강도에 가장 영향을 크게 주는 것은?

① 관객과의 거리
② 캐릭터 성격의 정도
③ 무대의 조명
④ 배우의 개성

49 메이크업 시술 〉 무대공연 캐릭터 메이크업
무대 메이크업은 배우와 관객과의 거리가 형성되므로 관객의 위치에 따라 메이크업의 강약을 조절해야 함

50 다음 중 지구온난화의 주된 원인이 되며 실내 공기오염의 지표로 사용되는 것은?

① 일산화탄소
② 이산화탄소
③ 질소
④ 오존

50 공중위생관리 〉 공중보건
이산화탄소(CO_2)
- 실내 공기오염의 지표로 사용
- 지구온난화의 주된 원인
- 대기 중 0.03% 차지

51 배우의 얼굴이 자세히 보이므로 세밀하고 꼼꼼한 메이크업이 필요하고 패션쇼 무대에 주로 많이 사용되는 무대의 형태는?

① 액자 무대
② 가변 무대
③ 돌출 무대
④ 원형 무대

51 메이크업 시술 〉 무대공연 캐릭터 메이크업
돌출 무대
- 무대가 객석으로 튀어나와 무대의 3면을 관객이 둘러싸는 무대
- 패션쇼 무대에 주로 사용함
- 배우의 얼굴이 자세히 보이므로 세밀하고 꼼꼼한 메이크업이 필요함

52 다음 중 에센셜 오일 사용 시 흡수되는 경로가 아닌 것은?

① 피부를 통한 흡수
② 호흡을 통한 흡수
③ 섭취를 통한 흡수
④ 후각을 통한 흡수

52 메이크업 위생관리 〉 화장품 분류
에센셜 오일은 마사지, 흡입, 확산 등의 방법으로 피부, 호흡, 후각을 통해 흡수됨

53 외부의 병원성 물질 또는 독소에 대해 저항하는 자가면역에 대한 설명으로 옳지 않은 것은?

① 병원체에 대해 몸이 스스로 기억하여 방어하는 방법이다.
② 모든 병원체에 대해 무작위로 대항하는 면역 능력이다.
③ 신체가 빠른 방어 행위를 하기 위해 히스타민을 분비한다.
④ 바이러스에 감염된 세포나 암세포를 직접 파괴하는 자연살해세포가 활동한다.

53 메이크업 위생관리 > 피부의 이해
병원체에 대해 몸이 스스로 기억하여 방어하는 방법은 획득면역으로 능동면역에 해당함

54 다음 중 소독용 화학약품의 구비 조건에 해당하지 않는 것은?

① 강한 침투력과 방취력이 있어야 한다.
② 표백성과 부식성이 있어야 한다.
③ 원액을 희석한 상태에서 안정성이 있어야 한다.
④ 살균력을 위해 높은 석탄산계수를 가져야 한다.

54 공중위생관리 > 소독
소독용 화학약품의 구비 조건
• 강한 살균력을 위해 높은 석탄산계수를 가져야 함
• 원액 또는 희석 상태에서 안정성이 있어야 함
• 높은 용해성을 가져야 함
• 조직에 대한 낮은 독성과 저자극성을 가져야 함
• 표백성과 부식성이 없어야 함
• 강한 침투력 및 방취력을 가져야 함
• 경제적이며 사용이 용이해야 함

55 중세 시대 화장 문화의 발달에 큰 영향을 주었던 역사적 사건은?

① 백년 전쟁   ② 헤이스팅스 전투
③ 트로이 전쟁   ④ 십자군 전쟁

55 메이크업 위생관리 > 메이크업의 이해
십자군 전쟁 이후 회교도의 화장 풍습인 안티몬, 향유 등이 유입됨

56 다음 중 대부분 조건부 혐기성균이고, 일부 종은 이산화탄소의 농도가 높은 조건에서 생장하는 세균은?

① 녹농균   ② 포도상구균
③ 연쇄상구균   ④ 수막염균

56 공중위생관리 > 소독
연쇄상구균
• 대부분 조건부 혐기성균이고, 일부 종은 이산화탄소의 농도가 높은 조건에서 생장함
• 편도선염 및 인후염의 원인균

57 공중위생영업 중 이·미용업에 대한 설명으로 옳지 않은 것을 모두 고른 것은?

㉠ 미용업은 손님의 얼굴, 머리, 피부 및 손톱·발톱 등을 손질하여 손님의 외모를 아름답게 꾸미는 영업을 말한다.
㉡ 지위승계신고를 하려는 자가 폐업신고를 같이 하려는 때에는 지위승계신고서에 폐업신고서를 함께 보건복지부장관에게 제출해야 한다.
㉢ 이·미용업 영업신고 시에는 면허증, 영업시설 및 설비개요서, 신분증을 제출해야 한다.
㉣ 이·미용업을 하려는 자는 보건복지부령이 정하는 시설 및 설비를 갖추고 시장·군수·구청장에게 신고해야 한다.
㉤ 이·미용업 폐업 시 폐업한 날부터 30일 이내에 시장·군수·구청장에게 신고해야 한다.

① ㉠, ㉡, ㉣   ② ㉠, ㉢
③ ㉡, ㉢, ㉤   ④ ㉢, ㉤

57 공중위생관리 > 공중위생관리법규
• 지위승계신고를 하려는 자가 폐업신고를 같이 하려는 때에는 지위승계신고서에 폐업신고서를 함께 시장·군수·구청장에게 제출해야 함
• 이·미용업 영업신고 시 신고인 제출서류: 영업신고서, 영업시설 및 설비개요서, 교육수료증(미리 교육받은 사람만 해당)
• 이·미용업 폐업 시 폐업한 날부터 20일 이내에 시장·군수·구청장에게 신고해야 함

58 미용사의 면허를 받으려는 자가 면허신청서와 함께 제출해야 하는 서류에 해당하지 <u>않는</u> 것은?

① 전문대학 미용학과 졸업증명서
② 정신질환자가 아님을 증명할 수 있는 최근 6개월 이내의 의사 또는 전문의의 진단서
③ 초·중등교육법령에 따른 고등기술학교에 준하는 각종 학교에서 6개월 이상 미용에 관한 소정의 과정을 이수한 수료증
④ 신청 전 6개월 이내에 모자 등을 쓰지 않고 촬영한 천연색 상반신 정면 사진 1장

58 공중위생관리 〉 공중위생관리법규
초·중등교육법령에 따른 특성화고등학교, 고등기술학교나 고등학교 또는 고등기술학교에 준하는 각종 학교에서 1년 이상 이용 또는 미용에 관한 소정의 과정을 이수한 증명서를 제출해야 함

59 다음 중 공중위생영업자가 영업장 폐쇄명령을 받는 경우가 <u>아닌</u> 것은?

① 손님에게 성매매알선 등 알선 또는 제공을 2번 위반·적발, 처분된 경우의 영업소
② 영업장 시설 및 설비 기준을 3번 위반·적발, 처분된 경우
③ 영업정지처분을 받고도 그 영업정지 기간에 영업을 한 경우
④ 문신·박피술 등 유사한 의료행위를 3번 위반·적발, 처분된 경우

59 공중위생관리 〉 공중위생관리법규
시설 및 설비 기준을 위반한 경우
- 1차: 개선명령
- 2차: 영업정지 15일
- 3차: 영업정지 1개월
- 4차: 영업장 폐쇄명령

60 온도감 순서를 따뜻한 것에서 차가운 것으로 가장 바르게 나열한 것은?

① 하양 → 빨강 → 주황 → 노랑 → 연두 → 녹색 → 파랑
② 빨강 → 주황 → 노랑 → 하양 → 연두 → 녹색 → 파랑
③ 빨강 → 주황 → 노랑 → 연두 → 녹색 → 파랑 → 하양
④ 하양 → 연두 → 녹색 → 파랑 → 빨강 → 주황 → 노랑

60 메이크업 고객 서비스 〉 메이크업 카운슬링
- 파란색 계열(한색)은 차게, 붉은색 계열(난색)은 따뜻하게 느껴짐
- 온도감 순서: 빨강 → 주황 → 노랑 → 연두 → 녹색 → 파랑 → 하양

정답표(제4회)

01	④	02	④	03	①	04	④	05	①	06	③	07	④	08	②	09	④	10	②
11	②	12	②	13	③	14	③	15	④	16	④	17	③	18	②	19	④	20	④
21	③	22	④	23	③	24	④	25	②	26	②	27	②	28	②	29	④	30	④
31	②	32	③	33	④	34	①	35	①	36	③	37	②	38	②	39	①	40	②
41	④	42	①	43	③	44	①	45	②	46	④	47	①	48	②	49	①	50	②
51	③	52	③	53	①	54	②	55	④	56	③	57	③	58	③	59	②	60	③

비공개 기출 복원문제 | 제5회

▶ 모바일로 풀어보기

01 미용실 영업신고서를 제출받은 시장·군수·구청장이 확인해야 할 것이 아닌 것은?
① 미용사 면허증
② 시설 및 설비 내역서
③ 건축물대장
④ 토지이용계획확인서

| 해설 |

01 공중위생관리 > 공중위생관리법규
신고서를 제출받은 시장·군수·구청장은 건축물대장, 토지이용계획확인서, 면허증을 확인해야 함

02 다음 중 혼주 메이크업에 대한 특징으로 적절하지 않은 것은?
① 파운데이션은 주름이 강조되지 않도록 눈가와 입가는 최대한 얇게 패팅하여 도포한다.
② 아이브로는 상승형의 각진 눈썹으로 깔끔하게 그린다.
③ 아이섀도는 핑크, 피치 등 한복의 색상을 고려한 두 가지 정도의 차분한 색상으로 단아하게 연출한다.
④ 구각 부분은 베이지핑크 컬러의 립라이너를 이용해 입꼬리가 올라가 보이도록 보완한다.

02 메이크업 시술 > 본식 웨딩 메이크업
아이브로는 다크브라운이나 회갈색으로 두껍지 않게 자연스러운 아치형을 연출함

03 다음 중 산업 폐수나 공장 폐수 오염도의 측정 지표가 되는 것은?
① BOD
② COD
③ DO
④ SS

03 공중위생관리 > 공중보건
COD(화학적 산소 요구량)
- 물속의 유기물질을 화학적 산화제를 사용하여 화학적으로 분해·산화하는 데 필요한 산소의 양
- 산업 폐수, 공장 폐수 오염도 측정 지표
- 유기물질오염도가 높을수록 COD 수치가 높음

신규 문제 공략
04 다음 중 헤어브러시 소독법으로 옳지 않은 것은?
① 사용한 브러시는 알코올 스프레이를 뿌려 소독한다.
② 오염물을 제거한 브러시는 자외선소독기에 보관한다.
③ 사용 후 브러시 사이에 끼인 머리카락을 꼬리빗 등으로 제거하고 클리너로 닦아준다.
④ 브러시를 떨어뜨렸을 경우 흔들어 털어준 뒤 사용한다.

04 메이크업 위생관리 > 위생관리
브러시를 떨어뜨렸을 경우 오염물을 제거한 후 브러시 클리너 및 알코올 스프레이로 소독하여 사용하거나 사용하지 않은 브러시를 사용하여 시술함

05 화학적 소독제 사용 시 취급방법으로 옳지 않은 것은?
① 소독약은 사용 시마다 조금씩 만들어 사용한다.
② 피부질환이 있는 고객이 사용한 미용도구 및 수건은 별도로 분리·소독한다.
③ 소독액의 농도를 최대한 높여 소독력을 향상시킨다.
④ 다른 소독제와 구분하여 용기에 라벨을 표시하여 보관한다.

05 공중위생관리 > 소독
소독제는 제품별 정확한 용량과 용법을 지켜 농도를 측정한 후 사용함

06 고객의 요구에 대한 서비스 방법으로 적합하지 않은 것은?

① 언제나 환영받고 싶은 고객의 기대를 위해 밝은 얼굴, 올바른 자세로 인사를 한다.
② 아티스트의 전문가적 감각을 기대하는 고객을 위해 되도록 화려하고 트렌디한 복장과 헤어스타일로 고객을 맞이한다.
③ 노련하고 정확한 기술을 기대하는 고객을 위해 전문가로서의 실력을 갖추도록 한다.
④ 고객 상담 시에는 적절한 아이콘택트와 리액션, 경청하는 자세로 고객을 응대한다.

06 메이크업 고객 서비스 〉 고객 응대
아티스트의 복장
- 깔끔한 헤어스타일과 자연스러운 화장
- 위생적인 손 관리 및 청결한 구강 유지
- 단정하고 청결한 복장 유지

07 인공능동면역 중 사균백신을 경피 투여하여 예방하는 질병에 해당하지 않는 것은?

① 홍역
② 장티푸스
③ 백일해
④ 콜레라

07 공중위생관리 〉 공중보건
- 사균백신을 경피 투여하는 질병: 장티푸스, 콜레라, 백일해, 폴리오
- 홍역은 생균백신을 경구 투여하여 예방하는 질병임

08 다음 중 고객의 전화를 응대하는 방법으로 적절하지 않은 것은?

① 전화를 받을 때에는 사업장의 이름과 본인의 이름을 말한다.
② 통화 내용 중 중요한 부분은 메모하고 통화 내용을 재확인한다.
③ 통화가 끝나면 재빨리 수화기를 내려놓고 다음 업무를 이어가도록 한다.
④ 고객이 찾는 사람이 부재중일 경우 용건을 메모하여 내용을 전달한다.

08 메이크업 고객 서비스 〉 고객 응대
고객과의 전화 상담 시에는 고객이 먼저 전화를 끊은 후 자신의 수화기를 내려놓아야 함

09 다음 아이섀도 기법 중 부드럽고 차분한 느낌을 주어 돌출된 눈이나 부은 눈에 적합한 기법은?

① 프레임 기법
② 사선 기법
③ 음영 아이홀 기법
④ 실루엣 기법

09 메이크업 시술 〉 색조 메이크업
프레임 기법
- 아이섀도 기법의 기본형
- 메인 컬러를 아이홀까지 고르게 펴고 포인트 컬러를 쌍꺼풀 라인까지 채우며 그러데이션함
- 자연스러움, 부드럽고 차분한 분위기 연출에 적합함
- 돌출된 눈, 부은 눈에 적합함

10 다음 중 열에 강하여 100℃에서도 살균되지 않는 균은?

① 페스트
② B형간염 바이러스
③ 결핵균
④ 트라코마

10 공중위생관리 〉 소독
B형간염 바이러스와 아포형성균은 100℃에서도 살균되지 않음

11 자외선 및 자외선 차단제에 대한 설명으로 옳지 않은 것은?

① PA지수는 UV-A에 대한 차단지수로 '+' 표시가 많을수록 UV-A에 대한 차단력이 높다.
② 자외선으로부터 피부를 보호하기 위해서는 자외선 차단제를 도포하고 베타카로틴을 경구 투여하는 것이 도움이 된다.
③ UV-C는 UV-A의 1,000~10,000배에 달하는 강력한 소독 및 살균력을 가지고 있다.
④ SPF는 자외선 차단제를 사용했을 때 UV-C로부터 보호할 수 있는 정도를 수치화한 것이다.

11 메이크업 위생관리 〉 화장품 분류
SPF(Sun Protection Factor): 자외선 차단제를 사용했을 때 UV-B로부터 보호할 수 있는 정도를 수치화한 것

12 화장품의 종류와 사용 목적 및 제품이 적합하게 짝지어진 것은?

① 메이크업 화장품 – 베이스 메이크업 – 프라이머
② 모발용 화장품 – 정발 – 린스
③ 보디용 화장품 – 세정 – 보디 오일
④ 기초 화장품 – 피부 정돈 – 에센스

12 메이크업 위생관리 〉 화장품 분류
- 모발용 화장품 – 정발 – 헤어 오일, 헤어 로션, 헤어 스프레이, 헤어 무스, 헤어 젤, 헤어 왁스
- 보디용 화장품 – 세정 – 보디 클렌저, 보디 스크럽, 비누, 입욕제
- 기초 화장품 – 피부 정돈 – 화장수(유연·수렴), 팩, 마사지크림

13 빛의 성질 중 빛이 장애물에 의해 굴절되어 빛의 파동이 휘어지는 현상을 일컫는 말은?

① 반사 ② 굴절
③ 산란 ④ 회절

13 메이크업 고객 서비스 〉 메이크업 카운슬링
- 반사: 빛이 물체에 부딪칠 때 진행 방향이 바뀌어 나아가는 현상
- 굴절: 빛이 물이나 유리처럼 다른 물질과 만나는 경계면에서 속도가 바뀌면서 파동의 진행을 바꾸는 현상
- 산란: 빛의 파동이 대기 중에서 분자나 원자, 미립자 등과 충돌하여 빛의 진행 방향이 여러 방향으로 불규칙하게 분산되어 퍼지는 현상

14 표피에 존재하는 레인방어막의 역할에 해당하지 않는 것은?

① 피부의 수분 증발을 막는다.
② 피부염 발생을 방지한다.
③ 단백질을 함유하여 피부를 윤기 있게 한다.
④ 외부로부터 이물질의 침투를 방지한다.

14 메이크업 위생관리 〉 피부의 이해
수분저지막(레인방어막)의 역할
- 피부의 수분 증발 방지
- 이물질의 침투 방지
- 피부염 발생 방지

15 이집트 메이크업의 특징으로 옳지 않은 것은?

① 코올과 안티몬을 이용하여 벌레와 뜨거운 태양으로부터 눈을 보호하였다.
② 물고기 모양의 눈 화장으로 다산과 풍요를 기원하였다.
③ 장수 기원의 목적으로 오커를 볼과 입술에 바르고 헤나를 이용하였다.
④ 종교적이고 의학적인 목적에서 메이크업이 시작되었다.

15 메이크업 위생관리 〉 메이크업의 이해
장식의 목적으로 오커를 볼과 입술에 발랐으며 헤나를 이용하여 매니큐어, 염색, 손발바닥을 장식함

16 공중위생영업자의 위생교육에 대한 설명으로 옳지 않은 것은?

① 영업신고를 하고자 하는 자는 미리 위생교육을 받아야 한다.
② 천재지변, 본인의 질병·사고, 업무상 국외출장 등의 사유로 교육을 받을 수 없는 경우 영업개시 후 3개월 이내에 위생교육을 받아야 한다.
③ 보건복지부장관이 허가한 단체 또는 공중위생영업자 단체에서 교육받아야 한다.
④ 교육 미이수 시에는 200만 원 이하의 과태료가 부과된다.

16 공중위생관리 〉 공중위생관리법규
영업개시 후 6개월 이내에 위생교육을 받을 수 있는 경우
- 천재지변, 본인의 질병·사고, 업무상 국외출장 등의 사유로 교육을 받을 수 없는 경우
- 교육을 실시하는 단체의 사정 등으로 미리 교육을 받기 불가능한 경우

신규 문제 공략

17 한선과 피지선의 공통적 기능으로 피지와 땀이 유화되면서 피지막을 형성하여 피부를 보호할 수 있게 돕는 기능은?

① 합성 기능
② 물리적 보호 기능
③ 흡수 기능
④ 분비 기능

17 메이크업 위생관리 〉 피부의 이해

분비 기능: 한선과 피지선에서 피지와 땀을 분비하여 피부표면의 수분과 pH를 유지함

신규 문제 공략

18 과산화수소에 대한 설명으로 바르지 못한 것은?

① 상처의 표면소독을 위하여 사용된다.
② 분해 시 발생하는 발생기 산소의 산화력을 이용한 소독법이다.
③ 지속력과 침투력이 우수하여 여러 번 반복하여 사용하면 효과적이다.
④ 살균, 탈취, 표백에 효과적이다.

18 공중위생관리 〉 소독

과산화수소
- 과산화수소(3%) + 물(97%)의 농도로 사용함
- 자극성과 부식성이 있어 1회 정도 소독하는 것이 좋음
- 피부 상처, 구내염, 인두염, 구강 세척에 사용함
- 살균, 탈취, 표백에 효과적임

19 다음 중 미생물의 발육과 증식에 절대적으로 필요한 것은?

① 수분
② 산소
③ 삼투압
④ 온도

19 공중위생관리 〉 소독

미생물의 발육과 증식에 필요한 영양소들은 물에 녹기 때문에 수분이 절대적으로 필요함

20 퍼스널 컬러 진단에 사용되는 분류 요인에 대한 설명으로 적절하지 않은 것은?

① 밝은 색은 봄 유형과 여름 유형에 속하며 봄 유형은 노랑, 여름 유형은 검정과 파랑이 혼합된다.
② 쿨톤은 이지적이면서도 부드러움을 지니고 있으며 모던하고 세련된 이미지이다.
③ 봄 유형과 겨울 유형의 색상은 선명한 색에 속하며 화려하고 자극적이며 에너지가 느껴진다.
④ 웜톤은 노랑과 황색이 섞여 있는 색으로 무채색과 실버는 포함되지 않는다.

20 메이크업 고객 서비스 〉 퍼스널 이미지 제안

봄은 노랑, 여름은 하양과 파랑이 혼합됨

21 다음 중 가을에 해당하지 않은 색조는?

① 그레이시
② 페일
③ 덜
④ 딥

21 메이크업 고객 서비스 〉 퍼스널 이미지 제안

사계절 톤 분류
- 봄 유형: 비비드, 라이트, 브라이트, 페일
- 여름 유형: 라이트 그레이시, 라이트, 덜
- 가을 유형: 그레이시, 스트롱, 딥, 덜
- 겨울 유형: 비비드, 베리페일, 다크

22 고객의 메이크업을 클렌징하는 방법으로 적합하지 않은 것은?

① 클렌징 작업 전에는 도구 및 기구와 손을 깨끗이 소독한다.
② 아이라인과 마스카라는 면봉을 활용하여 속눈썹 결 반대 방향으로 꼼꼼히 제거한다.
③ 노폐물이 피부에 침투하지 못하도록 2~3분 이내에 신속히 닦는다.
④ 피부 타입에 맞는 제형의 제품으로 마사지 후 젖은 해면 또는 메이크업 티슈로 닦아낸다.

22 메이크업 시술 〉 메이크업 기초 화장품 사용

아이라인과 마스카라는 면봉을 활용하여 속눈썹 결 방향으로 제거함

23 식중독에 대한 설명으로 옳지 <u>않은</u> 것을 모두 고른 것은?

> ㉠ 식중독균은 대부분 35~36℃ 내외에서 번식이 빠르다.
> ㉡ 식중독균 증식 방지를 위해 찬 음식은 14℃ 이하로 보관한다.
> ㉢ 식중독 증가의 중대 원인 중 하나는 단체급식의 증가이다.
> ㉣ 세균성 감염형 식중독균으로는 살모넬라균, 보툴리누스균, 웰치균이 있다.

① ㉠, ㉡ ② ㉡, ㉢
③ ㉡, ㉣ ④ ㉢, ㉣

23 공중위생관리 > 공중보건
- 식중독균 증식 방지 온도: 뜨거운 음식은 60℃ 이상, 찬 음식은 4℃ 이하로 보관
- 세균성 감염형 식중독균: 살모넬라균, 장염비브리오균, 병원성대장균

24 미용기구의 일반소독 기준에 대한 설명으로 옳지 <u>않은</u> 것은?

① 크레졸소독 – 3% 크레졸수에 10분 이상 담근다.
② 열탕소독 – 섭씨 100℃ 이상의 물속에 5분 이상 끓인다.
③ 건열멸균소독 – 섭씨 100℃ 이상의 건조한 열에 20분 이상 쏘인다.
④ 에탄올소독 – 70% 에탄올수용액에 10분 이상 담그거나 에탄올수용액을 머금은 면 또는 거즈로 기구의 표면을 닦는다.

24 공중위생관리 > 공중위생관리법규
열탕(자비)소독: 섭씨 100℃ 이상의 물속에 10분 이상 끓여 소독함

25 노인 메이크업을 할 때 음영을 가장 강하게 하여 얼굴의 굴곡이 들어가 보이도록 강조해야 하는 부분은?

① 눈의 아이홀 부분 ② 볼이 패인 굴곡 부분
③ 관자놀이 ④ 입이 처지는 부분

25 메이크업 시술 > 미디어 캐릭터 메이크업
볼이 패인 굴곡 부분의 음영을 가장 강하게 주어야 함

26 다음의 성분 중 멜라닌 이동 억제에 의해 미백 작용이 일어나도록 돕는 성분은?

① 알부틴 ② 닥나무 추출물
③ 나이아신아마이드 ④ 비타민C 유도체

26 메이크업 위생관리 > 화장품 분류
미백 작용 기전
- 멜라닌 이동 억제: 나이아신아마이드
- 타이로신(티로신) 산화 방지: 비타민C 유도체 등 항산화 성분
- 티로시나아제 활성 억제: 유용성감초 추출물, 알부틴, 알파비사보롤, 닥나무 추출물 등

신규 문제 공략

27 다음 중 항산화 작용과 생식에 관여하는 비타민은?

① Vt A ② Vt B_2
③ Vt K ④ Vt E

27 메이크업 위생관리 > 피부의 이해
Vt E: 항산화 기능, 노화 지연, 임신·생식에 관여함

28 다음 중 유연화장수에 대한 설명으로 옳지 <u>않은</u> 것은?

① 직접 손에 묻혀서 바르기보다 화장솜에 묻혀 사용하는 것이 효과적이다.
② 유액이나 크림류의 융합을 좋게 하는 효과가 있다.
③ 유연제와 보습제를 함유하고 있다.
④ 세안 후 화장 잔여물과 모공의 노폐물을 제거한다.

28 메이크업 위생관리 > 화장품 분류
모공의 노폐물을 제거하는 것은 세안제의 기능임

29 컨실러의 종류와 그 특징으로 옳지 <u>않은</u> 것은?

① 리퀴드 타입의 컨실러 – 수분 함량이 많고 얇게 표현되나 커버력이 다소 약하다.
② 크림 타입의 컨실러 – 유분 함량이 많고 발림성과 지속력이 좋다.
③ 스틱 타입의 컨실러 – 커버력이 우수하여 붉은 반점이나 뾰루지, 잡티 등 피부 결점을 커버하는 데 효과적이다.
④ 펜슬 타입의 컨실러 – 피부 톤과 같은 톤 색상으로 다크서클을 커버하는 데 효과적이다.

29 메이크업 시술 > 베이스 메이크업
다크서클 커버용
- 피부 톤보다 한 톤 밝은 색상
- 핑크 톤 및 피치 톤 사용
- 얇게 바르고 두드려 밀착
- 리퀴드나 크림 타입이 적합

30 다음 중 1차 위반 시 행정처분이 영업정지 1개월에 해당하는 것을 모두 고른 것은?

㉠ 신고를 하지 않고 영업소의 소재지를 변경한 경우
㉡ 미용업 신고증 및 면허증 원본을 게시하지 않았을 경우
㉢ 불법카메라나 기계장치를 설치한 경우
㉣ 피부미용을 위해 의료기기를 사용한 경우
㉤ 영업소 외의 장소에서 미용 업무를 한 경우
㉥ 음란한 물건을 진열 또는 보관한 경우

① ㉠, ㉢, ㉣
② ㉠, ㉢, ㉤
③ ㉠, ㉣, ㉥
④ ㉡, ㉤, ㉥

30 공중위생관리 > 공중위생관리법규
- 미용업 신고증 및 면허증 원본을 게시하지 않았을 경우 1차 위반 시: 경고 또는 개선명령
- 피부미용을 위해 의료기기를 사용한 경우 1차 위반 시: 영업정지 2개월
- 음란한 물건을 진열 또는 보관한 경우 1차 위반 시: 경고

31 다음 중 파운데이션에 대한 설명으로 적절하지 <u>않은</u> 것은?

① 흰 피부에는 라이트베이지 색상과 핑크베이지 색상의 파운데이션이 적합하다.
② 건성피부에는 리퀴드 타입과 크림 타입의 파운데이션이 적합하다.
③ 팬케이크 타입의 파운데이션은 번들거림이 없고 가볍고 간편하게 피부 표현이 가능하다.
④ 핑크 컬러의 파운데이션은 흰 피부와 노란 피부의 화사한 피부 표현에 효과적이다.

31 메이크업 시술 > 베이스 메이크업
팬케이크 타입의 파운데이션
- 물에 녹여 쓰는 방법으로 사용 시 수분은 증발하여 안료만 남게 됨
- 방수성과 내수성, 지속력이 매우 뛰어나 활동량이 많은 무용 메이크업에 적합함

32 다음 중 파운데이션의 선택 방법으로 옳은 것은?

① 건성피부 – 잔주름을 커버하기 위해 스틱 파운데이션을 사용한다.
② 지성피부 – 산뜻한 피부 표현을 위해 유분기가 적은 리퀴드 파운데이션을 사용한다.
③ 복합성피부 – 보송한 피부 연출을 위해 파우더 타입의 파운데이션을 사용한다.
④ 노화피부 – 잡티의 커버를 위해 사용이 용이한 투웨이케이크 타입의 파운데이션을 사용한다.

32 메이크업 시술 > 베이스 메이크업
- 건성피부: 리퀴드 또는 크림 타입의 파운데이션 사용
- 복합성피부: T존은 리퀴드 타입, U존은 리퀴드 또는 크림 타입의 파운데이션 사용
- 노화피부: 크림 타입의 파운데이션 사용

33 주름이 많은 입술의 메이크업 수정 방법으로 옳은 것은?

① 입술의 유분기를 제거한 후 연한 색상의 매트한 립스틱을 사용한다.
② 파운데이션으로 입술색을 커버한 후 짙은 색 립스틱을 사용한다.
③ 입술라인보다 1~2mm 바깥쪽으로 얇은 파스텔 계열의 립라인을 그린 후 립스틱을 사용한다.
④ 짙은 색 립라이너로 라인을 먼저 그린 후 짙은 색의 매트한 립스틱을 사용한다.

33 메이크업 시술 > 색조 메이크업
주름이 많은 입술: 파우더로 입술의 유분기를 제거하여 주름 사이로 립스틱이 번지는 것을 방지한 후 립라이너로 라인을 선명하게 그리고, 연한 색상의 매트한 립스틱을 사용함

34 지성피부의 피지선의 활성을 높이는 호르몬으로 여성호르몬의 전구체 역할을 하는 것은?

① 프로게스테론
② 안드로겐
③ 에스트로겐
④ 스테로이드

34 메이크업 시술 > 메이크업 기초 화장품 사용
안드로겐
- 피지 분비 활성화
- 남성 생식계의 성장과 발달, 기능에 영향을 미치는 남성호르몬
- 에스트로겐의 전구체로 여성의 생리 작용에도 중요함

35 메이크업의 역사 중 사회적 신분 표시와 장식적 목적의 메이크업을 처음 시작한 시대는?

① 바로크 시대
② 그리스 시대
③ 로마 시대
④ 이집트 시대

35 메이크업 위생관리 > 메이크업의 이해
이집트
- 사회적 신분 표시와 장식적 목적의 메이크업을 처음 시작함
- 위생과 신분 표시의 목적: 남녀 모두 검은색·청색·금색 등의 가발을 착용함
- 장식의 목적: 오커를 볼과 입술에 발랐으며 헤나를 이용하여 매니큐어, 염색, 손발바닥을 장식함

36 위쪽 아이라인을 가늘게 그리고 아래쪽 눈꼬리 부분을 수평 또는 살짝 아래로 그려야 하는 눈의 모양은?

① 지방이 많은 두툼한 눈
② 눈꼬리가 올라간 눈
③ 가늘고 긴 눈
④ 작은 눈

36 메이크업 시술 > 색조 메이크업
- 지방이 많은 두툼한 눈: 눈앞머리부터 꼬리까지 전체적으로 라인을 그리되 꼬리를 굵게 그림
- 가늘고 긴 눈: 눈동자가 위치한 눈의 중앙 부분을 도톰하게 그리고 눈앞머리와 꼬리는 자연스럽게 그림
- 작은 눈: 위쪽 아이라인과 언더라인 모두를 약간 굵게 그리되 꼬리 부분에서 만나지 않게 그림

37 공중위생관리에 대한 설명으로 옳지 <u>않은</u> 것은?

① 시·도지사는 공중위생영업자의 영업소에 설치가 금지되는 카메라나 기계장치가 설치되었는지를 검사할 수 있다.
② 공중위생영업소의 위생관리 실태를 검사하기 위해 특별시·광역시·도의 보건환경연구원에게 검사를 의뢰할 수 있다.
③ 시장·군수·구청장은 공중위생영업자에게 위반사항에 대한 개선을 명하고자 하는 때에는 즉시 그 개선을 명하거나 12개월의 범위에서 기간을 정하여 개선을 명해야 한다.
④ 시장·군수·구청장은 공중위생영업의 종류별 시설 및 설비 기준을 위반한 공중위생영업자에게는 보건복지부령으로 정하는 바에 따라 기간을 정하여 그 개선을 명할 수 있다.

37 공중위생관리 > 공중위생관리법규
시·도지사 또는 시장·군수·구청장은 공중위생영업자에게 위반사항에 대한 개선을 명하고자 하는 때에는 위반사항의 개선에 소요되는 기간 등을 고려하여 즉시 그 개선을 명하거나 6개월의 범위에서 기간을 정하여 개선을 명해야 함

38 다음 중 이·미용사의 면허정지 또는 면허취소 사유에 해당하는 것은?

① 영업소 외의 장소에서 미용 업무를 한 경우
② 무자격안마사로 하여금 안마사의 업무에 관한 행위를 하게 한 경우
③ 손님에게 도박 그 밖에 사행행위를 하게 한 경우
④ 면허증을 다른 사람에게 대여한 경우

38 공중위생관리 > 공중위생관리법규
면허정지 또는 면허취소
- 면허증을 다른 사람에게 대여한 때
- 「국가기술자격법」에 따라 자격정지처분을 받은 때
- 「성매매알선 등 행위의 처벌에 관한 법률」이나 「풍속영업의 규제에 관한 법률」을 위반하여 관계 행정기관의 장으로부터 그 사실을 통보받은 때

39 차분하고 세련된 이미지를 연출할 때 적합한 립 컬러는?

① 레드
② 브라운
③ 오렌지
④ 퍼플

39 메이크업 시술 > 색조 메이크업
- 레드: 강렬하고 화려한 이미지
- 오렌지: 밝고 건강한 느낌
- 퍼플: 우아하고 성숙하며 여성미 있는 이미지

40 계면활성제의 성질 및 작용에 대한 설명으로 옳은 것은?

① 비이온 계면활성제는 물에 용해될 때 이온으로 해리되지 않는 수산기로 화장수의 유화제로 사용된다.
② 계면활성제에 의한 유화는 로션, 크림, 에센스, 마사지크림, 클렌징크림, 메이크업 베이스 등에 광범위하게 적용된다.
③ 가용화는 다량의 물과 물에 녹지 않는 소량의 오일 성분이 계면활성제에 의해 우윳빛으로 용해되어 있는 상태이다.
④ 계면활성제에 의한 분산은 메이크업 화장품보다 기초 화장품에 주로 많이 사용된다.

40 메이크업 위생관리 > 화장품 분류
- 비이온 계면활성제: 물에 용해될 때 이온으로 해리되지 않는 수산기로 화장수의 가용화제, 크림 유화제로 사용
- 가용화: 다량의 물과 물에 녹지 않는 소량의 오일 성분이 계면활성제에 의해 투명하게 용해되어 있는 상태
- 분산: 기초 화장품보다 메이크업 화장품에 주로 많이 사용

41 가모를 제거하거나 글루를 닦아낼 때 사용하는 글루 리무버의 개봉 후 사용 가능한 기간은?

① 2개월 이내 ② 4개월 이내
③ 6개월 이내 ④ 12개월 이내

41 메이크업 시술 > 속눈썹 연출·연장
글루 리무버
- 가모를 제거하거나 글루를 닦아낼 때 사용
- 개봉 2개월 이내에 사용하며 직사광선을 피해 실온 보관

42 속눈썹 연장에 사용되는 재료와 도구의 역할이 바르게 연결된 것은?

① 일자핀셋 – 자연모를 분리하여 접착제가 묻는 것을 방지한다.
② 전처리제 – 아래·위 속눈썹이 서로 붙지 않도록 아래 속눈썹을 고정하는 역할을 한다.
③ 마이크로 브러시 – 완성된 속눈썹을 정리 및 빗질할 때 사용한다.
④ 팬 브러시 – 글루 리무버를 묻혀 가모를 제거할 때 사용한다.

42 메이크업 시술 > 속눈썹 연출·연장
- 전처리제: 가모를 부착하기 전 속눈썹의 노폐물과 먼지, 유분기 제거
- 마이크로 브러시: 글루 리무버를 묻혀 가모를 제거할 때 사용
- 팬 브러시: 시술 전후 이물질이나 잔여물 제거

43 넓고 고급스러운 인테리어와 화려한 조명이 갖추어진 예식 장소에서 진행되는 웨딩 메이크업 테크닉으로 적절하지 <u>않은</u> 것은?

① 베이스 메이크업 시 음영을 넣어 윤곽을 뚜렷하게 강조한다.
② 베이지 계열의 메이크업 베이스와 파운데이션으로 피부를 연출한다.
③ 우아하고 여성스럽게 화사하고 밝은 색조의 메이크업으로 연출한다.
④ 아이 메이크업 연출 시 화사한 색감과 은은한 펄감이 있는 제품을 사용한다.

43 메이크업 시술 > 본식 웨딩 메이크업
넓고 고급스러운 인테리어와 화려한 조명이 갖추어진 예식 장소(호텔)에서의 메이크업
- 음영을 넣어 윤곽을 뚜렷하게 강조
- 핑크 계열의 메이크업 베이스와 파운데이션으로 연출
- 화사한 색감과 은은한 펄감이 있는 제품 사용
- 예식장이나 성당보다 화사하고 밝은 색조의 메이크업으로 연출

44 화농으로 인한 발진으로 주변 조직이 파손되지 않게 되도록 빨리 제거해야 하는 것은?

① 결절 ② 구진
③ 농포 ④ 낭종

44 메이크업 위생관리 > 피부의 이해
농포
- 화농으로 인해 피부면에서 융기하여 주변 부위의 발적을 수반하는 현상
- 주변 조직이 파손되지 않게 되도록 빨리 제거해야 함
- 처음부터 농포로서 발증하는 1차성 농포와 수포가 감염을 합병하여 생기는 2차성 농포가 있음

45 다음에서 설명하는 패션이미지 메이크업은?

- 직선보다 둥근 곡선형이나 완만한 사선을 사용하여 메이크업
- 은은한 펄감이나 자연스럽고 생기가 느껴지는 글로시한 느낌 강조
- 핑크 계열 또는 페일 톤, 라이트 톤의 채도 사용
- 핑크나 오렌지 계열로 촉촉한 입술 연출

① 클래식 이미지 ② 로맨틱 이미지
③ 엘레강스 이미지 ④ 모던 이미지

45 메이크업 시술 > 응용 메이크업
로맨틱 이미지
- 베이스: 한 톤 밝은 색상의 파운데이션을 이용하여 화사하고 사랑스럽고 생기 있게 연출
- 아이브로: 브라운 색상을 이용하여 살짝 둥글려 귀여운 이미지를 연출
- 아이: 펄감이 있는 화이트 컬러와 파스텔 컬러로 아이섀도를 한 후 부드럽고 둥근 느낌의 아이라인 연출, 풍성한 마스카라와 긴 인조 속눈썹으로 눈을 강조할 수 있음
- 립: 핑크나 오렌지 계열로 촉촉한 입술 연출
- 치크: 핑크 또는 피치 색상을 이용하여 부드럽게 둥글리며 연출

46 일산화탄소, 질소산화물 등 건강상 문제가 되는 유해물질로 오염된 실내의 공기를 개선하기 위해 가장 적합한 방법은?

① 청소 ② 환기
③ 제균 ④ 소독

46 메이크업 위생관리 > 위생관리
환기: 건물 내부의 공기를 외부의 신선한 공기와 교환하는 것

47 다음 중 육각형 모양의 망에 수염을 한 가닥씩 떠서 제작한 수염은?

① 플라스틱백 수염 ② 벤틸레이티드 수염
③ 가루수염 ④ 라텍스백 수염

47 메이크업 시술 > 미디어 캐릭터 메이크업
벤틸레이티드 수염
- 육각형 모양의 망에 수염을 한 가닥씩 떠서 제작함
- 망이 두껍거나 뻣뻣하면 잘 부착되지 않고 쉽게 떨어짐

48 다음 중 나이트 메이크업(Night Make-up)에 사용되는 테크닉으로 옳은 것은?

① 펜슬 타입의 아이라인으로 자연스러운 눈매를 연출한다.
② 와인이나 레드 계열을 선택하여 아웃라인으로 립을 연출한다.
③ 치크는 의상이나 립 컬러에 어울리는 컬러로 자연스럽게 음영을 연출한다.
④ 피부 톤에 적합한 리퀴드 파운데이션을 도포한 후 베이지 계열의 파우더로 유분을 제거한다.

48 메이크업 시술 > 응용 메이크업
- 아이라인: 리퀴드 타입의 아이라이너와 인조 속눈썹으로 깊이 있는 눈매 연출
- 치크: 화사한 피니시 파우더로 하이라이트 부분 리터치
- 베이스: 스틱 파운데이션이나 스킨 커버 제품으로 잡티를 커버하고 투명 파우더나 연한 핑크 계열의 파우더로 유분 제거

49 고전적인 아름다움을 현대적인 감각으로 재해석하여 표현하는 레트로 스타일의 메이크업을 재현하고자 할 때 시대를 대표할 수 있는 대표적인 룩을 잘못 연결한 것은?

① 1960년대 - 히피룩 ② 1970년대 - 글램룩
③ 1980년대 - 그런지룩 ④ 1990년대 - 여피룩

49 메이크업 시술 > 트렌드 메이크업
1970년대 - 펑크룩

50 유분이 함유되어 부드럽게 발리며 제품을 도포한 후 파우더로 색을 고정시켜 지속성을 높일 수 있는 아이섀도의 타입은?

① 크림 타입 ② 케이크 타입
③ 펜슬 타입 ④ 파우더 타입

50 메이크업 시술 > 색조 메이크업
크림 타입 아이섀도
- 유분이 많아 부드럽게 잘 펴 발리고 도포가 용이하지만, 기온 변화 시 번들거림이 생기는 단점이 있음
- 장시간 지속 효과가 낮지만, 제품을 도포한 후 파우더로 색을 고정시켜 색의 선명도를 향상시킬 수 있고, 뭉침과 얼룩 방지가 가능함

51 매혹적인, 화려한, 호화로운 등의 뜻으로 여성의 성적 매력이 강조된 성숙한 이미지의 메이크업은?

① 글래머러스 메이크업
② 샤이니 메이크업
③ 실키 메이크업
④ 글로시 메이크업

51 메이크업 시술 〉 트렌드 메이크업
글래머러스 메이크업
- '매혹적인', '매력 있는', '화려한', '호화로운' 등의 뜻으로 여성의 성적 매력이 강조된 성숙한 이미지의 메이크업
- 색감이나 질감을 강조하고 직선의 형태보다 완만한 곡선형으로 표현

52 망수염을 붙이기 위한 테크닉으로 적절하지 않은 것은?

① 망은 수염이 떠진 구멍에 맞추어 잘라낸다.
② 수염이 떠진 망은 중앙부터 대칭을 맞추어 부착한다.
③ 망수염을 부착 후에는 젖은 수건으로 망을 눌러 떨어지지 않도록 고정한다.
④ 접착제가 번들거리는 부위는 광택 제거제를 사용하여 광택을 없앤다.

52 메이크업 시술 〉 미디어 캐릭터 메이크업
망은 수염이 떠진 구멍에서 1개 이상의 여분을 남기고 자름

53 다음 중 영화 촬영을 위한 노인 메이크업에 대한 설명으로 적절하지 않은 것은?

① 캐릭터의 연령, 직업, 환경, 건강 상태를 고려하여 기본 베이스를 바른다.
② 검버섯과 피부 잡티 등을 표현한 후에 파우더로 마무리한다.
③ 이마, 눈썹뼈, 콧등, 광대뼈 위, 관자놀이가 돌출되어 보이도록 하이라이트를 준다.
④ 흰머리는 헤어 화이트너를 칫솔이나 브러시에 묻혀 자연스럽게 연출한다.

53 메이크업 시술 〉 미디어 캐릭터 메이크업
- 음영 부분: 광대뼈 아래, 턱선, 관자놀이, 아이홀
- 하이라이트 부분: 이마, 눈썹뼈, 콧등, 광대뼈 위, 앞턱 부분

54 행정법상 의무위반에 대한 제재로서 과하는 과징금에 대한 설명으로 옳지 않은 것은?

① 시장·군수·구청장이 부과·징수한 과징금은 해당 시·군·구에 귀속된다.
② 영업정지가 이용자에게 심한 불편을 줄 수 있을 경우에는 영업정지처분에 갈음하여 1억 원 이하의 과징금을 부과할 수 있다.
③ 과징금을 납부해야 할 자가 납부기한까지 이를 납부하지 아니한 경우에는 영업정지처분을 할 수 있다.
④ 과징금을 부과하는 위반행위의 종별·정도 등에 따른 과징금의 금액 등에 관하여 필요한 사항은 보건복지부령으로 정한다.

54 공중위생관리 〉 공중위생관리법규
과징금을 부과하는 위반행위의 종별·정도 등에 따른 과징금의 금액 등에 관하여 필요한 사항은 대통령령으로 정함

55 식품의 탄수화물에 미생물이 증식하여 일어나는 분해 작용을 무엇이라고 하는가?

① 부패
② 발효
③ 산화
④ 변패

55 공중위생관리 〉 공중보건
- 부패: 단백질 식품에 미생물이 증식하는 현상
- 변패: 탄수화물이나 지방 식품이 미생물에 의해 변질되는 현상

56 인종에 따른 메이크업을 연출할 때 흑인종이 가진 특징이 아닌 것은?

① 낮고 콧방울이 넓은 코
② 두꺼운 입술
③ 긴 눈
④ 심한 곱슬머리

56 메이크업 시술 〉 무대공연 캐릭터 메이크업
흑인종 메이크업
- 멜라닌 색소가 많아 검은 피부를 가짐
- 낮고 콧방울이 넓은 코, 두꺼운 입술, 움푹 들어간 눈, 심한 곱슬머리

57 중극장에서 이루어지는 연극을 위한 메이크업에 대한 설명으로 적절하지 <u>않은</u> 것은?

① 속눈썹의 컬이 올라가 보이도록 붙여야 시야가 방해되지 않는다.
② 수염을 붙이기 전에 면도를 하고 파운데이션을 도포한 후 수염을 붙인다.
③ 가발 착용 시에는 머리망 위에 지나치게 많은 핀을 꽂지 않는다.
④ 립 메이크업 연출 시 배우의 입술보다 약간 크게 그리는 것이 좋다.

57 메이크업 시술 〉 무대공연 캐릭터 메이크업
수염을 붙이기 전에 면도를 하고 얼굴을 깨끗하게 닦아 유분을 제거한 후 시술해야 수염의 부착이 효과적으로 이루어지고 쉽게 떨어지지 않음

58 기관지염이나 여드름 소독, 습진, 무좀 등에 효과적이나 자극성이 있어 민감성피부에 사용 시 주의해야 하는 에센셜 오일은?

① 피마자 오일 ② 로즈마리 오일
③ 윗점 오일 ④ 티트리 오일

58 메이크업 위생관리 〉 화장품 분류
티트리 오일
• 살균, 소독(여드름), 기관지염·습진·무좀 등에 효과적임
• 면역 강화, 독소 배출, 피부 정화
• 민감성피부에 사용 주의

59 다음 중 보습 기능이 있는 화장품의 성분으로 피부의 진피층에도 존재하는 성분은?

① 글리세린 ② 엘라스틴
③ 콜라겐 ④ 판테놀

59 메이크업 위생관리 〉 피부의 이해
콜라겐: 진피의 90% 차지, 섬유아세포에서 생성, 나이가 들면 신장성이 떨어져 주름의 원인이 됨

60 도시 하수나 하천의 수질을 유기물질의 함유 정도로 나타내기 위해 사용되는 수질오염 지표는?

① 화학적 산소 요구량 ② 생화학적 산소 요구량
③ 용존 산소량 ④ 부유 고형물량

60 공중위생관리 〉 공중보건
생화학적 산소 요구량(BOD)
• 물속의 유기물질을 호기성 미생물이 분해할 때 소비하는 산소의 양
• 도시 하수나 하천의 수질오염 지표
• 유기물질오염도가 높을수록 BOD 수치가 높음

정답표(제5회)

01	②	02	②	03	②	04	④	05	③	06	②	07	①	08	③	09	①	10	②
11	④	12	①	13	④	14	③	15	③	16	②	17	④	18	③	19	①	20	①
21	②	22	②	23	③	24	②	25	②	26	③	27	④	28	④	29	④	30	②
31	②	32	②	33	①	34	②	35	④	36	②	37	③	38	④	39	②	40	②
41	①	42	①	43	②	44	④	45	②	46	②	47	②	48	②	49	②	50	①
51	①	52	②	53	③	54	②	55	①	56	③	57	②	58	④	59	③	60	②

비공개 기출 복원문제 | 제6회

최신 기출문제 풀이는 필수!

◀ 모바일로 풀어보기

| 해설 |

01 고대 메이크업의 재료 중 피부 보호와 동상 예방을 위해 사용했던 것은?
① 오줌
② 꿀
③ 돈고
④ 홍화

01 메이크업 위생관리 〉 메이크업의 이해
읍루: 돈고(돼지기름)를 사용하여 피부를 보호하고 동상을 예방함

02 다음 중 세포의 재생이 더 이상 일어나지 않으며 땀샘이나 모낭 등 피부 부속 기관이 없을 수 있는 것은?
① 가피
② 낭종
③ 반흔
④ 태선화

02 메이크업 위생관리 〉 피부의 이해
반흔
• 진피로부터 피하조직까지의 결손 후 그 조직 결손부를 메운 흔적
• 땀샘이나 모낭 등 피부 부속 기관이 없을 수 있음

03 다음 중 각화 주기에 관여하여 여드름을 감소시키고 상피 보호, 피부 재생, 주름과 각질 예방, 노화 방지 작용을 하는 것은?
① 레티놀
② 칼시페롤
③ 토코페롤
④ 메나퀴논

03 메이크업 위생관리 〉 피부의 이해
비타민A(레티놀)
• 상피 보호, 피부 재생, 주름과 각질 예방, 노화 방지
• 각화 주기에 관여하여 여드름을 감소시킴
• 피지 분비를 억제하여 각질 연화제로 사용함
• 결핍: 야맹증, 결막건조증, 피부건조증, 손톱 홈 파임

04 기능성 화장품에 대한 설명으로 옳지 않은 것은?
① 안전성 및 유효성에 관하여 식품의약품안전평가원장의 심사를 받아야 한다.
② 주성분의 표시를 반드시 해야 한다.
③ 기능성 화장품의 범위는 대통령령으로 정한다.
④ 기능성 화장품 표시가 가능하다.

04 메이크업 위생관리 〉 화장품 분류
기능성 화장품의 범위는 총리령으로 정함

05 사람 몸 안에서 부화해 혈류를 타고 여러 장기로 가게 되면 피부나 근육은 물론이고 눈이나 뇌에 침범하여 문제를 일으키는 유구낭미충의 모체로, 돼지를 중간숙주로 하는 기생충은?
① 민촌충
② 갈고리촌충
③ 긴촌충
④ 간디스토마

05 공중위생관리 〉 공중보건
유구낭미충은 유구조충(갈고리촌충)의 유충으로, 사람 몸 안에서 부화해 혈류를 타고 여러 장기로 가게 되면 피부나 근육은 물론이고 눈이나 뇌에 침범하여 문제를 일으킴

06 다음 중 저온균이 생장하기 가장 좋은 온도는?
① −5~7℃ ② 5~10℃
③ 15~20℃ ④ 20~25℃

06 공중위생관리 > 소독
저온균
- 15~20℃에서 생장이 활발함
- 해양성 미생물로 어패류에서 발견됨
- 냉장고에서도 증식이 가능함

07 다음 중 에탄올의 살균기전 작용에 해당하지 않는 것은?
① 균체의 가수분해 작용
② 균체의 응고 작용
③ 탈수 작용
④ 균체의 효소 불활성화 작용

07 공중위생관리 > 소독
에탄올
- 70%의 농도에서 살균력이 가장 강함
- 탈수·응고 작용 및 균체의 효소 불활성화 작용에 의한 살균 작용
- 인체에 무해하여 손·피부 소독, 미용기구, 의료기구, 유리제품 소독에 적합하지만, 상처, 눈, 점막에의 사용은 부적합함

08 고객에게 성매매를 알선 또는 제공한 경우 2차 적발 시 영업소와 미용사 각각에 대한 행정처분으로 바르게 짝지어진 것은?

	영업소	미용사
①	영업정지 3개월	면허정지 3개월
②	영업정지 6개월	면허정지 6개월
③	영업정지 1년	면허취소
④	영업장 폐쇄명령	면허취소

08 공중위생관리 > 공중위생관리법규
- 1차 적발
  - 영업소: 영업정지 3개월
  - 미용사: 면허정지 3개월
- 2차 적발
  - 영업소: 영업장 폐쇄명령
  - 미용사: 면허취소

09 피부가 느낄 수 있는 가장 예민한 감각이 존재하는 곳은?
① 진피의 망상층 ② 진피의 유두층
③ 표피의 기저층 ④ 표피의 유극층

09 메이크업 위생관리 > 피부의 이해
통각은 피부가 느낄 수 있는 가장 예민한 감각으로, 촉각점과 함께 진피의 유두층에 존재함

10 다음 중 세안제에 대한 설명으로 옳지 않은 것은?
① 클렌징크림은 W/O형태로 광물성 오일이 40~50% 함유되어 이중세안이 필요하다.
② 메디케이티드비누는 소염제를 배합한 제품으로 여드름, 면도 상처 및 피부가 거칠어지는 현상의 방지 효과가 있다.
③ 세안제는 습하거나 건조한 곳에서도 형태와 질이 변하지 않아야 한다.
④ 물리적 각질 제거제로는 고마쥐와 AHA 등이 있다.

10 메이크업 위생관리 > 화장품 분류
각질 제거제
- 물리적 각질 제거제: 스크럽, 고마쥐
- 화학적 각질 제거제: 효소, 알파하이드록시산(AHA)

11 다음 중 노인 메이크업의 피부 표현을 하고자 할 때 옳지 않은 것은?
① 광대뼈, 턱선 등 큰 골격에 음영 처리하고 가장자리로 갈수록 연하게 그러데이션한다.
② 양쪽 관자놀이와 볼 옆 부분은 살을 채우고 광대를 강조한다.
③ 입술은 혈색과 광택이 적은 것을 사용한다.
④ 갈색 펜슬이나 브러시를 이용하여 팔자주름과 눈가 주름, 미간주름, 입술 주름, 턱 주름 등을 배우의 근육 흐름에 따라 그리고 그 경계면에 하이라이트를 주어 입체감 있게 연출한다.

11 메이크업 시술 > 미디어 캐릭터 메이크업
관자놀이와 볼 옆 부분은 어두운 파운데이션으로 살이 빠져 파인 듯 표현하고 광대를 강조하여 노화되고 노쇠한 이미지를 부각함

12 다음에서 설명하는 메이크업과 가장 적합한 이미지의 웨딩 이미지는?

> - 차분하고 세련된 이미지로, 보다 여성스럽고 기품 있는 분위기로 연출
> - 피부 톤보다 한 톤 밝은 파운데이션과 핑크 파우더를 이용하여 화사하게 연출하되 컨투어링 메이크업으로 입체감 표현
> - 광대뼈 하단 부분에 미디엄 브론즈로 섀딩을 하고 피치 톤으로 애플존에 색감을 더해 성숙함을 연출

① 로맨틱 이미지 ② 엘레강스 이미지
③ 내추럴 이미지 ④ 클래식 이미지

12 메이크업 시술 〉 본식 웨딩 메이크업
- 로맨틱 이미지: 전체적으로 청순하고 사랑스러운 느낌으로 연출
- 내추럴 이미지: 자연스러우면서도 신부의 순결함이 묻어나는 청초한 느낌으로 연출
- 클래식 이미지: 단아하면서도 고급스럽고, 전형적이면서도 기품 있는 느낌으로 연출

13 다음 중 WHO에서 각 나라의 보건수준 평가방법으로 제시한 건강 지표에 해당하지 않는 것은?

① 조사망률 ② 비례사망지수
③ 영아사망률 ④ 평균수명

13 공중위생관리 〉 공중보건
WHO가 제시한 건강수준 지표
- 조사망률
- 비례사망지수
- 평균수명

14 과징금에 대한 설명으로 옳지 않은 것은?

① 과징금을 통지를 받은 자는 통지를 받은 날부터 20일 이내에 납부해야 한다.
② 시장이 과징금을 부과하고자 할 때에는 서면으로 통지한다.
③ 과징금 산정 기준에서 연간 총매출액은 처분일이 속한 연도의 전년도의 1분기 총매출액을 기준으로 한다.
④ 부과하는 과징금의 금액은 보건복지부령이 정하는 과징금 산정기준을 적용하여 산정한다.

14 공중위생관리 〉 공중위생관리법규
과징금 산정기준
- 영업정지 1개월은 30일을 기준으로 함
- 연간 총매출액은 처분일이 속한 연도의 전년도의 1년간 총매출액을 기준으로 산출함

15 에센셜 오일에 대한 설명으로 옳은 것은?

① 원액을 사용하면 효과가 좋다.
② 향이 없어야 하고 피부 흡수력이 좋아야 한다.
③ 약용식물에서 추출한 휘발성 오일을 이용한다.
④ 누구나 사용이 가능하다.

15 메이크업 위생관리 〉 화장품 분류
에센셜 오일
- 원액이 피부에 그대로 닿지 않도록 함
- 반드시 원액을 희석하여 사용함
- 각각의 에센셜 오일에는 독특한 향이 존재함
- 임산부 및 고혈압, 간질환자 등 질환이 있는 사람은 특정 오일 사용 금지

16 다음 중 사람의 피부색을 결정하는 요소가 아닌 것은?

① 안토시아닌 ② 카로틴
③ 멜라닌 ④ 헤모글로빈

16 메이크업 위생관리 〉 피부의 이해
사람의 피부색을 결정하는 요소: 멜라닌, 헤모글로빈, 카로틴

17 이·미용업소의 위생서비스수준평가는 몇 년을 주기로 실시하는가?

① 2년 ② 3년
③ 4년 ④ 5년

17 공중위생관리 〉 공중위생관리법규
평가주기: 2년마다 실시

18 메탈릭 메이크업에 대한 설명으로 옳지 <u>않은</u> 것은?

① 화려하면서도 역동적이고 미래지향적인 이미지의 메이크업이다.
② 포스트모더니즘의 다양성이 공존하는 메이크업이다.
③ 아이브로는 윤곽을 강조하여 약간 길게 연출한다.
④ 립은 핑크베이지 또는 웜톤의 립스틱을 바르고 골드나 화이트펄로 개성을 연출한다.

18 메이크업 시술 〉 트렌드 메이크업
립: 핑크베이지 또는 차가운 톤의 립스틱을 바르고 골드나 화이트펄로 개성 있는 이미지를 연출함

신규 문제 공략
19 다음 중 주사에 대한 설명으로 옳지 <u>않은</u> 것은?

① 남녀 모두 10대 이후 모든 연령에서 볼 수 있는 질환이다.
② 코와 뺨 등 얼굴의 중간 부위에 나비모양으로 발생하는데 혈관 확장으로 인해 얼굴이 붉어진다.
③ 원발진인 구진을 동반한다.
④ 여자에게 더 자주 발생하고 인설과 가피 증상이 발현되기도 한다.

19 메이크업 위생관리 〉 피부의 이해
주사
• 열이나 다양한 자극에 대한 혈관 조절 기능 이상
• 주로 코와 뺨 등 얼굴의 중간 부위에 나비 모양으로 발생하는데 붉어진 얼굴과 혈관 확장이 주 증상
• 남녀 모두 10대 이후 모든 연령에서 볼 수 있으나 30~50대에서 가장 흔하고 여자에게 더 자주 발생
• 간혹 구진, 농포, 부종 등이 관찰되는 만성 질환

---

20 공기의 유해성분 중 산성비에 영향을 끼치는 것은?

① 스모그　　　　　② 질산과산화아세틸
③ 일산화탄소　　　④ 황산화물

20 공중위생관리 〉 공중보건
황산화물: 석탄이나 석유가 연소할 때 산화되어 발생하며, 만성 기관지염과 산성비를 유발함

---

21 다음 중 B형간염이나 후천성면역결핍증 등의 질환 전파 예방을 위한 소독법으로 가장 적합한 것은?

① 방사선 살균법　　② 고압증기 멸균법
③ 자외선 살균법　　④ 파스퇴르법

21 공중위생관리 〉 소독
고압증기 멸균법: 가장 빠르고 효과적인 방법으로, 포자를 형성하는 세균까지 완전 멸균함

---

22 드라마 촬영 시 1회성이거나 하루에 촬영분을 모두 찍을 수 있을 경우 다른 분장법보다 경제적이며 효과적인 노인 분장법은?

① 플라스틱 빌드업　② 파운데이션 빌드업
③ 라텍스 빌드업　　④ 어플라이언스 메이크업

22 메이크업 시술 〉 미디어 캐릭터 메이크업
라텍스 빌드업
• 라텍스를 발라 인위적으로 입체감이 느껴지는 주름을 만드는 메이크업
• 60세 이상의 노인 분장 시 효과적임
• 알레르기가 있는 배우에게는 사용이 어려우며 라텍스 건조 시간상 시술 시간이 긺
• 1회성이거나 하루에 촬영분을 모두 찍을 수 있을 경우 다른 분장법보다 경제적이며 효과적임

---

23 우리나라 화장 용어 중 요염한 색채를 표현한 짙은 화장은?

① 염장　　② 농장
③ 야용　　④ 응장

23 메이크업 위생관리 〉 메이크업의 이해
• 농장: 담장보다 짙고 염장보다 옅은 화장
• 야용: 분장
• 응장: 혼례나 의례 등 행사 때 하는 또렷한 화장

24 메이크업 재료와 도구 및 기기를 관리하고 소독하는 방법으로 옳지 <u>않은</u> 것은?

① 가위는 고압증기 살균 시 이물질 제거 후 가위 날을 거즈나 수건으로 싸서 소독한다.
② 메이크업 제품을 사용한 후에는 반드시 뚜껑을 닫아 보관한다.
③ 자외선소독기는 역성비누를 이용하여 닦는다.
④ 브러시는 중성세제로 뜨거운 물에 세척한 후 자외선소독기에서 소독한다.

24 메이크업 위생관리 > 위생관리
브러시: 전용 클리너로 세척하거나 미온수에 중성세제로 세척한 후 린스 물에 헹구고 브러시 끝을 원래 모양대로 가지런히 모아 그늘에 뉘어 말림

25 고객 응대를 위한 아티스트의 자세로 적절하지 <u>않은</u> 것은?

① 아티스트의 전문성을 보여주기 위해 어려운 용어를 섞어가며 응대한다.
② 새로운 트렌드 정보에 대한 빠른 습득력과 응용력을 지닌다.
③ 소비자의 니즈를 파악하고 적합하게 서비스할 수 있는 자질을 갖춘다.
④ 최고의 아름다움을 표현할 수 있도록 창조적 마인드를 가진다.

25 메이크업 고객 서비스 > 고객 응대
고객 응대 시 쉬운 단어와 간결한 문장을 사용함

26 다음 중 이·미용사의 업무범위가 바르게 연결되지 <u>않은</u> 것은?

① 이용사 – 이발·아이론·면도·머리피부손질·머리카락염색 및 머리감기
② 메이크업 미용사 – 얼굴 등 신체의 화장·분장 및 의료기기나 의약품을 사용하는 눈썹손질
③ 피부 미용사 – 의료기기나 의약품을 사용하지 아니하는 피부상태분석·피부관리·제모·눈썹손질
④ 네일 미용사 – 손톱과 발톱의 손질 및 화장

26 공중위생관리 > 공중위생관리법규
메이크업 미용사: 얼굴 등 신체의 화장·분장 및 의료기기나 의약품을 사용하지 아니하는 눈썹손질

27 메이크업의 디자인 요소 중 선에 대한 설명으로 옳지 <u>않은</u> 것은?

① 상향의 사선은 사나운 느낌이 든다.
② 하향의 사선은 우울하고 노화되어 보인다.
③ 수평선은 평범하고 유머러스해 보인다.
④ 수직선은 공격적이고 강인해 보인다.

27 메이크업 고객 서비스 > 메이크업 카운슬링
수평선: 정적, 온화함, 여성스러움, 차분함, 평범함, 지루함

28 공중위생감시원의 업무범위에 해당하지 <u>않는</u> 것은?

① 개선명령 이행 여부의 확인
② 공중위생영업자의 위생교육
③ 영업소 폐쇄명령 이행 여부의 확인
④ 공중위생영업 관련 시설 및 설비의 위생상태 검사

28 공중위생관리 > 공중위생관리법규
공중위생감시원의 업무범위
- 영업신고 및 폐업신고 규정에 의한 시설 및 설비의 확인
- 공중위생영업 관련 시설 및 설비의 위생상태 확인·검사, 공중위생영업자의 위생관리 의무 및 영업자 준수사항 이행 여부의 확인
- 위생지도 및 개선명령 이행 여부의 확인
- 공중위생영업소의 영업의 정지, 일부 시설의 사용 중지 또는 영업소 폐쇄명령 이행 여부의 확인
- 위생교육 이행 여부의 확인

29 다음 중 색의 혼합에 대한 설명으로 옳지 <u>않은</u> 것은?

① 감산 혼합은 물감 혼합으로, 색을 혼합할수록 명도가 낮아진다.
② 색광의 3원색을 혼합하면 모든 색광을 만들 수 있다.
③ 가산 혼합은 색광을 혼합할수록 채도가 높아진다.
④ 물감의 삼원색을 혼합하면 검은색이 만들어진다.

29 메이크업 고객 서비스 > 메이크업 카운슬링
가산 혼합은 색광을 혼합할수록 명도가 높아짐

30 다음 중 퍼스널 컬러와 진단에 대한 설명으로 옳지 <u>않은</u> 것은?

① 퍼스널 컬러는 개인이 태어날 때부터 가지고 있는 고유의 신체 색을 의미한다.
② 퍼스널 컬러를 진단하기 위해 컬러 진단 천을 이용하는 것을 컬러 드레이핑 측정이라고 한다.
③ 퍼스널 컬러의 결정 요인은 개인의 피부색과 머리카락 색, 그리고 눈동자 색이다.
④ 피부색 중 붉은색과 노란색이 증가되어 안색이 좋아 보이는 것은 퍼스널 컬러의 긍정적 효과 중 하나이다.

30 메이크업 고객 서비스 〉 퍼스널 이미지 제안
퍼스널 컬러의 긍정적 효과: 피부색 중 붉은색과 노란색이 감소되어 보여 안색이 좋아 보임

신규 문제 공략

31 영아사망률과 함께 지역사회의 건강 수준을 나타내는 대표적인 지표가 되는 알파-인덱스(α-index)는 그 값이 얼마일 때 보건 수준이 높다고 평가되는가?

① 0.5% ② 1%
③ 1.5% ④ 2%

31 공중위생관리 〉 공중보건
알파-인덱스의 값이 1에 가까울수록 보건 수준이 높고 선진국임

32 민감성피부의 클렌징 방법으로 적합하지 <u>않은</u> 것은?

① 약산성 오일 타입의 클렌저로 노폐물을 세정한다.
② 전동 클렌저를 활용하여 세심하게 이중세안한다.
③ 물과 친화력이 좋은 수용성 오일로 부드럽게 클렌징한다.
④ 유분감이 적고 물에 잘 용해되는 클렌징로션으로 메이크업을 지운다.

32 메이크업 시술 〉 메이크업 기초 화장품 사용
민감한 피부는 외부 자극에 민감하게 반응하므로 전동 클렌저를 사용하는 것은 적합하지 않음

33 다음 중 기초 화장품을 피부에 바르는 방법으로 옳지 <u>않은</u> 것은?

① 유연화장수는 손에 듬뿍 덜어 피부결 방향으로 충분히 두드려 흡수시킨다.
② 에멀전은 손가락을 이용하여 피부결 방향으로 안쪽에서 바깥쪽으로 슬라이딩하여 바른 후 흡수시킨다.
③ 아이케어 제품은 힘이 약한 넷째 손가락을 이용하여 눈앞머리에서 눈꼬리 쪽으로 펴 바른다.
④ 수분크림은 얼굴의 중앙에서 외곽으로 펼쳐주듯 바른 후 눈썹뼈를 가볍게 누르며 손가락 끝으로 지압한다.

33 메이크업 시술 〉 메이크업 기초 화장품 사용
화장수 사용법: 화장수를 듬뿍 묻힌 솜을 가운데 손가락에 끼고 피부결 방향으로 넓은 곳에서 좁은 곳으로, 안쪽에서 바깥쪽으로 닦아내듯 바른 후 남은 양은 두드려 흡수시킴

34 다음 중 이·미용영업자의 지위승계 시 제출해야 할 서류에 해당하지 <u>않는</u> 것은?

① 이·미용사 면허증
② 승계신고서
③ 양도·양수를 증명할 수 있는 서류 사본
④ 상속증명서

34 공중위생관리 〉 공중위생관리법규
영업자 지위승계신고서와 그에 따른 서류
- 영업양도의 경우: 양도·양수를 증명할 수 있는 서류 사본
- 상속의 경우: 상속인임을 증명할 수 있는 서류
- 그 외의 경우: 해당 사유별로 영업자의 지위를 승계하였음을 증명할 수 있는 서류

35 다음 중 인공능동면역 시 톡소이드를 항원으로 접종하는 질병은?

① 장티푸스 ② 파상풍
③ BCG   ④ 폴리오

35 공중위생관리 〉 공중보건
톡소이드(순화독소 주입): 파상풍, 디프테리아

36 가을 메이크업 시 우아하고 엘레강스한 이미지를 연출하려고 할 때 적합한 컬러의 조합은?

① 핑크, 퍼플
② 골드, 브라운
③ 오렌지, 그린
④ 실버, 블랙

36 메이크업 시술 〉 응용 메이크업

계절별 메이크업 컬러

봄	핑크, 그린, 옐로, 피치, 오렌지
여름	화이트, 블루, 실버, 라이트블루
가을	베이지, 브라운, 골드, 카키
겨울	버건디, 와인, 화이트펄, 레드, 퍼플

37 촉촉하면서 커버력도 있어 잡티가 많은 피부에 효과적인 메이크업 베이스는?

① 에센스 타입
② 컨트롤 타입
③ 크림 타입
④ 젤 타입

37 메이크업 시술 〉 베이스 메이크업

- 에센스 타입: 보습 성분을 함유하여 건성피부에 사용하거나 겨울에 사용하기에 적합함
- 크림 타입: 두꺼운 화장 전에 사용하며 건성피부에 적합함
- 젤 타입: 청량감을 주어 여름에 사용하기에 적합함

38 다음 중 개성과 생동감이 있는 캐릭터를 표현하고자 할 때 가장 적합한 눈썹의 모양은?

① 폭이 넓은 눈썹
② 상승형 눈썹
③ 미간이 넓은 눈썹
④ 미간이 좁은 눈썹

38 메이크업 시술 〉 색조 메이크업

상승형 눈썹
- 개성적이고 생동감 있어 보이나 날카로워 보일 수 있는 이미지
- 둥근 얼굴형, 각진 얼굴형에 어울림

39 유분을 흡수하는 능력은 떨어지나 탄성이 좋고 가격이 저렴하며 사용 후 세척이 가능한 스펀지는?

① 해면 스펀지
② 라텍스 스펀지
③ 블랙 스펀지
④ 합성 스펀지

39 메이크업 시술 〉 베이스 메이크업

합성 스펀지
- 석유화학물질로 만든 스펀지
- 유분을 흡수하는 능력은 떨어지나 탄성이 좋고 가격이 저렴함
- 사용 후 세척 가능

40 다음은 어떤 얼굴형에 대한 설명인가?

- 이미지: 성숙하고 우아하나 나이 들어 보이는 이미지
- 섀딩: 헤어라인, 코 끝, 턱 끝 부분
- 아이브로: 약간 도톰한 일자형 눈썹으로 얼굴이 가로 분할되어 보이도록 연출
- 아이섀도: 가로 프레임 기법을 활용하고 아이라인도 조금 길게 연출

① 역삼각 얼굴형
② 긴 얼굴형
③ 마름모 얼굴형
④ 사각 얼굴형

40 메이크업 시술 〉 색조 메이크업

긴 얼굴형: 얼굴의 가로 폭이 좁고 세로의 길이가 긴 얼굴형으로, 성숙하고 우아하지만 나이 들어 보이는 이미지

41 기본형 아이브로를 그리는 방법에 대한 설명으로 옳지 <u>않은</u> 것은?

① 눈썹의 앞머리는 두껍게, 꼬리로 갈수록 가늘게 그린다.
② 눈썹꼬리의 위치는 눈썹앞머리와 수평이 되고, 콧방울과 눈꼬리를 사선으로 연결하여 45°가 되는 지점이다.
③ 눈썹의 앞머리는 흐리게, 꼬리로 갈수록 진하게 그린다.
④ 눈썹산의 위치는 눈썹 길이의 2/5 지점이 적합하다.

41 메이크업 시술 〉 색조 메이크업
눈썹산의 위치: 눈썹 길이의 2/3 지점

42 색채 지각의 3요소 중 시각에 대한 설명으로 옳지 <u>않은</u> 것은?

① 눈의 수정체는 빛의 굴절 및 초점을 조절한다.
② 망막의 간상체는 밝은 곳에서 시각을 느끼는 세포이다.
③ 각막은 빛을 굴절시켜 상이 맺히도록 한다.
④ 홍채는 빛의 양을 조절하는 곳으로 카메라의 조리개와 같은 역할을 한다.

42 메이크업 고객 서비스 〉 메이크업 카운슬링
• 추상체
　- 밝은 곳에서 시각을 느낌
　- 주행성 동물의 망막에 주로 존재함
• 간상체
　- 어두운 곳에서 시각을 느낌
　- 야행성 동물의 망막에 주로 존재함

43 클렌징용이나 팬케이크 파운데이션 도포 시 사용하고 사용 후 세척이 가능한 스펀지는?

① 합성 스펀지　② 블랙 스펀지
③ 해면 스펀지　④ 진동 스펀지

43 메이크업 시술 〉 베이스 메이크업
해면 스펀지
• 천연 스펀지로, 건조된 상태에서는 딱딱하지만, 물에 닿으면 부드러워짐
• 클렌징용이나 팬케이크 파운데이션 도포 시 사용함
• 사용 후 세척 가능

44 피부의 표면에 물리적인 차단막을 만들어 자외선을 반사시켜 자외선의 피부 침투를 막아 보호하는 성분이 <u>아닌</u> 것은?

① 파라아미노벤조산　② 이산화티탄
③ 산화아연　④ 탈크

44 메이크업 위생관리 〉 화장품 분류
자외선 산란제(물리적 차단제)의 성분: 산화아연(징크옥사이드), 이산화티탄(티타늄디옥사이드), 카오린, 탈크 등

45 화장품을 만들 때 매우 작게 만든 고체 입자를 액체 속에 균일하게 안정적으로 혼합하는 기술은?

① 경화　② 유화
③ 분산　④ 가용화

45 메이크업 위생관리 〉 화장품 분류
분산(Dispersion)
• 안료 등의 매우 작게 만든 고체 입자가 액체 속에 균일하게 안정적으로 혼합되어 있는 상태
• 파운데이션, 마스카라, 아이라이너, 립스틱, 아이섀도, 네일에나멜 등 메이크업 화장품 제조 시 주로 활용

46 다음 중 티로시나아제의 활성 억제를 통해 미백 작용을 하는 성분이 <u>아닌</u> 것은?

① 나이아신아마이드　② 알부틴
③ 알파비사보롤　④ 유용성감초 추출물

46 메이크업 위생관리 〉 화장품 분류
티로시나아제 활성 억제: 유용성감초 추출물, 알부틴, 알파비사보롤, 닥나무 추출물 등

47 다음 중 립 제품에 대한 설명으로 옳지 <u>않은</u> 것은?
① 립코트는 립스틱 위에 발라 립스틱의 지속력을 높이는 역할을 한다.
② 립밤은 오일 성분이 적어 립스틱이 번지는 것을 방지한다.
③ 립라이너는 립스틱과 유사한 컬러 또는 1~2단계 어두운 컬러를 선택한다.
④ 립틴트는 착색제의 일종으로 발색이 자연스럽고 지속력이 강하다.

47 메이크업 시술 > 색조 메이크업
립밤: 피지선이 없는 입술에 유·수분을 보충하고 건조함을 방지하여 주름을 완화

48 치크 브러시 중 끝이 수평으로 잘린 둥근 형태의 브러시의 용도는?
① 강하고 균일하며 정확한 색상 표현 시 사용한다.
② 부드러운 안면 윤곽 수정 시 사용한다.
③ 볼의 넓은 부위를 자연스럽게 연출 시 사용한다.
④ 부드러운 혈색 연출 시 사용한다.

48 메이크업 시술 > 색조 메이크업
치크 브러시
- 크고 둥근 브러시: 볼의 넓은 부위를 자연스럽게 연출 시 사용
- 사선 형태의 브러시: 안면 윤곽 수정 시 사용

신규 문제공략

49 다음 중 항산화 기능으로 노화를 지연시키고, 혈액 응고 및 임신과 생식에 영향을 주는 무기질은?
① K ② Fe
③ Ca ④ P

49 메이크업 위생관리 > 피부의 이해
칼슘(Ca)
- 골격과 치아의 주성분
- 혈액 응고에 관여
- 근육의 이완과 수축 작용
- 항산화 기능, 노화 지연, 임신·생식에 관여
- 혈압 및 혈액의 pH 조절

50 모발의 성장이 멈추는 단계로 가벼운 물리적 자극에도 쉽게 탈모되는 시기는?
① 발생기 ② 퇴화기
③ 휴지기 ④ 발생기

50 메이크업 위생관리 > 피부의 이해
휴지기: 모발의 성장이 멈추는 단계로 가벼운 물리적 자극에도 쉽게 탈모되는 시기이며, 모발의 14~15%가 해당

51 속눈썹을 연장하였을 때 최소 몇 시간 후 세안을 하는 것이 가장 좋은가?
① 3시간 ② 6시간
③ 9시간 ④ 12시간

51 메이크업 시술 > 속눈썹 연출·연장
속눈썹 연장 후 6시간 정도 세안 금지

52 한복을 착장한 혼주의 메이크업 시술 방법으로 옳지 <u>않은</u> 것은?

① 유·수분 밸런스 유지를 위해 기초 제품을 피부에 잘 흡수시킨다.
② 주름이 강조되지 않도록 베이스 제품을 듬뿍 사용한다.
③ 펄이 많이 들어간 제품이나 립글로스의 과도한 사용은 절제한다.
④ 브라운 젤 아이라이너로 눈매를 자연스럽게 올려 그린다.

52 메이크업 시술 > 본식 웨딩 메이크업
주름이 강조되지 않도록 베이스 제품은 소량 사용함

53 오트쿠튀르 패션쇼의 메이크업을 진행하려고 할 때의 메이크업 방법으로 적합하지 <u>않은</u> 것은?

① 평면적인 메이크업 연출도 가능하다.
② 패션쇼가 진행되는 곳이 넓을 경우 이목구비를 뚜렷하게 표현한다.
③ 아트적 요소를 가미하여 창의적이고 실험적인 메이크업 연출을 한다.
④ 모델의 개성을 최대한 살려 아티스트의 영감으로 메이크업한다.

53 메이크업 시술 > 응용 메이크업
패션쇼 메이크업은 디자이너가 표현하고자 하는 패션쇼의 콘셉트에 대한 정확한 이해가 필요하고, 각 모델의 개성을 존중하면서 패션쇼의 콘셉트와 조화롭게 연출함

54 다음 중 1차 위반 시 행정처분이 영업정지 1개월인 것을 모두 고른 것은?

㉠ 신고를 하지 않고 영업소의 소재지를 변경한 경우
㉡ 소독을 한 기구와 소독을 하지 않은 기구를 각각 다른 용기에 넣어 보관하지 않은 경우
㉢ 영업소 외의 장소에서 미용 업무를 한 경우
㉣ 개선명령을 이행하지 않은 경우

① ㉠, ㉡
② ㉠, ㉢
③ ㉡, ㉣
④ ㉢, ㉣

54 공중위생관리 > 공중위생관리법규
- 소독을 한 기구와 소독을 하지 않은 기구를 각각 다른 용기에 넣어 보관하지 않은 경우: 경고
- 개선명령을 이행하지 않은 경우: 경고

55 글래머러스 메이크업을 연출하고자 할 때 적합하지 <u>않은</u> 메이크업 테크닉은?

① 하이라이트와 섀딩 처리로 윤곽과 입체감을 강조하여 연출한다.
② 아이 메이크업은 눈의 음영과 깊이감을 강조하여 연출한다.
③ 골드 펄 파우더를 파우더와 믹스하여 피부의 질감을 연출한다.
④ 아이브로는 그레이 컬러를 사용하여 부드러운 형태로 연출한다.

55 메이크업 시술 > 트렌드 메이크업
아이브로는 브라운이나 회갈색으로 부드러운 형태를 연출하고, 회색은 가급적 사용하지 말 것

56 샤이니 메이크업 시 골드펄로 아이 메이크업을 연출할 때 함께 사용하기 부적합한 펄 아이섀도의 컬러는?

① 브론즈
② 회청색
③ 오렌지브라운
④ 브라운

56 메이크업 시술 > 트렌드 메이크업
- 실버펄 사용 시 회청색, 청보라 등의 펄 아이섀도 사용
- 골드펄 사용 시 브론즈, 브라운, 오렌지브라운 등의 펄 아이섀도 사용

57 노화에 따른 안면의 변화에 대한 설명으로 옳지 <u>않은</u> 것은?

① 안면 근육 중 눈 밑과 광대뼈, 눈꺼풀, 이마, 턱선 등이 처지며 곡선을 나타낸다.
② 기미, 검버섯, 사마귀 등이 생기며 피부 톤이 탁해지고 모공이 크고 깊어진다.
③ 큰 근육이 움직이는 부위는 잔주름이 발생하고 햇빛이나 오염에 의해 피부가 거칠어진다.
④ 점차 머리숱이 적어지고 모발이 얇아지며 흰머리가 나타난다.

57 메이크업 시술 > 미디어 캐릭터 메이크업
큰 근육이 움직이는 부위는 깊고 선명한 주름이 발생하고 햇빛이나 오염에 의해 피부가 거칠어지고 잔주름이 발생함

58 다음 중 민감성피부가 피해야 할 화장품 성분은?

① 알란토인　　② 살리실산
③ 아줄렌　　　④ 캐모마일

58 메이크업 시술 > 메이크업 기초 화장품 사용
피부 유형별 유효성분
- 민감성피부: 알란토인, 알로에베라, 아줄렌, 캐모마일, 카렌듈라, 수레국화
- 지성피부: 살리실산, 캄퍼 오일, 티트리 오일, 프로폴리스, 멘톨, 설파(유황), 비타민B

신규 문제 공략

59 미디어 캐릭터를 메이크업하고자 할 때 주의점으로 바르지 <u>않은</u> 것은?

① 현장에서 실제로 보이는 색보다 조금 더 진하게 메이크업한다.
② 건강한 이미지 표현을 위해서 립글로즈를 항상 바른다.
③ 자연광일 경우 파운데이션과 파우더는 소량으로 가볍게 바른다.
④ 피부 톤은 이마보다는 볼부분의 톤에 맞추는 것이 자연스럽다.

59 메이크업 시술 > 미디어 캐릭터 메이크업
빛 반사가 강하기 때문에 립글로스의 과다 사용은 지양해야 함

60 공연장의 무대 조명이 노란 조명일 경우 그린 컬러의 아이섀도는 어떻게 보이는가?

① 본래 색보다 어둡게 보인다.
② 옅은 그린으로 보인다.
③ 어두운 그레이로 보인다.
④ 옅은 블루로 보인다.

60 메이크업 시술 > 무대공연 캐릭터 메이크업
노란 조명에서의 색상

레드 컬러	화이트
옐로 컬러	화이트 또는 흐려짐
그린 컬러	어두워짐
블루 컬러	바이올렛
퍼플 컬러	핑크

정답표(제6회)

01	③	02	③	03	①	04	③	05	②	06	③	07	①	08	④	09	②	10	④
11	②	12	②	13	③	14	③	15	③	16	①	17	①	18	④	19	④	20	④
21	②	22	③	23	①	24	④	25	①	26	②	27	③	28	②	29	③	30	④
31	②	32	②	33	①	34	①	35	②	36	②	37	②	38	②	39	④	40	②
41	④	42	②	43	④	44	①	45	②	46	①	47	②	48	①	49	③	50	③
51	②	52	②	53	④	54	②	55	④	56	②	57	③	58	②	59	②	60	①

최신 기출문제 풀이는 필수!
비공개 기출 복원문제 | 제7회

 ◀ 모바일로 풀어보기

01 다음 중 행정처분 절차에 앞서 청문을 해야 하는 경우에 해당하지 않는 것은?
① 이용사의 면허를 취소하고자 하는 경우
② 영업정지를 명령하고자 하는 경우
③ 개선명령 위반을 처분하고자 하는 경우
④ 영업소의 폐쇄를 명령하고자 하는 경우

02 다음 중 공중위생관리법에 따른 영업의 신고에 대한 설명으로 옳지 않은 것은?
① 영업신고를 받은 시장·군수·구청장은 즉시 영업신고증을 교부해야 한다.
② 영업신고서, 영업시설 및 설비개요서, 교육수료증(미리 교육받은 사람만 해당)을 제출해야 한다.
③ 공중위생영업을 하고자 하는 자는 보건복지부령이 정하는 시설 및 설비를 갖추어야 한다.
④ 해당 영업소의 시설 및 설비에 대한 확인 필요 시 영업신고증을 교부한 후 15일 이내에 확인해야 한다.

03 이·미용기구의 일반소독 기준으로 옳지 않은 것은?
① 에탄올소독 – 에탄올수용액을 머금은 면 또는 거즈로 기구의 표면을 닦는다.
② 열탕소독 – 섭씨 100℃ 이상의 물속에 10분 이상 끓인다.
③ 자외선소독 – 1cm²당 85μW 이상의 자외선에 10분 이상 쬔다.
④ 증기소독 – 섭씨 100℃ 이상의 습한 열에 20분 이상 쬔다.

04 세계보건기구(WHO)에서 말하는 보건행정의 범위에 해당하지 않는 것은?
① 환경위생 ② 보건교육
③ 보건간호 ④ 감염병 치료

05 다음 중 열탕소독법에 대한 설명으로 가장 옳지 않은 것은?
① 금속은 물이 끓기 시작한 후에 넣고 유리는 처음부터 물에 넣어 끓여야 한다.
② 열탕소독법의 보조제로는 탄산나트륨, 크레졸, 붕산, 석탄산 등이 사용된다.
③ 아포형성균과 B형간염 바이러스 살균에 적합한 소독방법이다.
④ 끝이 날카로운 금속은 거즈나 소독포에 싸서 소독하는 것이 바람직하다.

| 해 설 |

01 공중위생관리 > 공중위생관리법규
청문이 필요한 경우
• 이용사와 미용사의 면허취소 또는 면허정지
• 위생사의 면허취소
• 영업정지명령, 일부 시설의 사용중지명령 또는 영업소 폐쇄명령

02 공중위생관리 > 공중위생관리법규
신고를 받은 시장·군수·구청장은 해당 영업소의 시설 및 설비에 대한 확인이 필요한 경우에는 영업신고증을 교부한 후 30일 이내에 확인해야 함

03 공중위생관리 > 공중위생관리법규
자외선소독: 1cm²당 85μW 이상의 자외선을 20분 이상 쪼임

04 공중위생관리 > 공중보건
보건행정의 범위: 보건관계 기록의 보존, 대중에 대한 보건교육, 환경위생, 감염병 관리, 모자 보건, 의료 제공, 보건간호 등

05 공중위생관리 > 소독
열탕소독법은 아포형성균, B형간염 바이러스에 부적합함

06 연지로 입술과 볼을 붉게 화장하고 곤지 풍습이 시작된 시기는?
① 고려
② 백제
③ 신라
④ 고구려

06 메이크업 위생관리 〉 메이크업의 이해
고구려: 무녀와 악공으로부터 곤지 풍습이 시작되었다고 기록(삼국사기)

07 전화로 고객을 응대해야 할 경우 바람직하지 않은 서비스 자세는?
① 고객이 먼저 끊은 것을 확인한 후 수화기를 내려놓는다.
② 정확한 발음으로 쿠션어를 사용하여 대화를 이어간다.
③ 고객이 무리한 요구를 할 때에는 명확하게 거절한다.
④ 명령이나 지시가 아닌 부탁과 권유의 어조를 사용한다.

07 메이크업 고객 서비스 〉 고객 응대
고객의 요구는 쿠션어를 사용하여 단답식의 부정형이 아닌 긍정형으로 응대해야 함

08 메이크업 디자인 요소 중 얼굴의 윤곽을 수정·보완하며, 다양한 이미지 연출이 가능하게 하는 요소는?
① 질감
② 색상
③ 착시
④ 형태

08 메이크업 고객 서비스 〉 메이크업 카운슬링
색상
- 가장 자극적이어서 어떠한 것을 볼 때 시각적으로 가장 먼저 인식하게 되는 요소
- 피부를 돋보이게 하고 얼굴의 윤곽을 수정·보완하며 입체감 부여
- 의상과 헤어스타일의 조화를 통해 아름다움과 개성을 표현, 메시지 전달
- 색에 의한 톤의 변화, 색채의 감성, 배색에 의한 조화에 의해 다양한 이미지 연출 가능

09 퍼스널 컬러의 유형 중 색의 명도와 채도가 모두 낮은 유형은?
① 봄
② 여름
③ 가을
④ 겨울

09 메이크업 고객 서비스 〉 퍼스널 이미지 제안
- 봄: 고명도, 고채도
- 여름: 고명도, 저채도
- 가을: 저명도, 저채도
- 겨울: 저명도, 고채도

10 병원체가 탈출한 후 새로운 숙주에게 운반되는 과정 중 물에 의해 전파되는 감염병에 해당되지 않는 것은?
① 장티푸스
② 파라티푸스
③ 황열
④ 콜레라

10 공중위생관리 〉 공중보건
- 오염된 물에 의해 감염: 장티푸스, 파라티푸스, 콜레라, 세균이질, 소아마비, A형간염
- 바이러스에 의한 감염: 황열

11 노폐물 및 각질을 제거하여 유효성분의 침투를 용이하게 하며 수분 증발을 막고 혈액순환을 촉진하는 기초 화장품은?
① 에센스
② 에몰리언트크림
③ 컨센트레이트
④ 팩

11 메이크업 위생관리 〉 화장품 분류
팩
- 수분 증발 억제, 혈액순환 촉진
- 노폐물 및 각질 제거
- 유효성분의 침투를 용이하게 함

12 인구의 출생률과 사망률에 대한 설명 중 옳지 않은 것은?
① 조사망률이란 생후 28일 미만의 유아 사망률을 나타내는 수치를 말한다.
② 조출생률이란 1년간 태어난 출생아 수를 당해 연도의 연앙 인구로 나눈 수치를 1,000분율로 표시한 수치를 말한다.
③ 비례사망지수는 총사망자 수에 대한 50세 이상의 사망자 수를 백분율로 표시한 것을 말한다.
④ 일반출생률이란 1년 동안 가임여성 1,000명당 발생한 출생자의 비율을 말한다.

12 공중위생관리 〉 공중보건
- 조사망률: 1년 동안의 사망자 수를 당해 연도의 연앙 인구로 나눈 수치를 1,000분율로 표시함
- 신생아사망률: 생후 28일 미만의 유아 사망률

13 다음 중 기후의 4대 온열인자에 속하지 않는 것은?
① 기류
② 강우
③ 기습
④ 복사열

13 공중위생관리 〉 공중보건
기후의 4대 온열인자: 기온, 기습, 기류, 복사열

14 피부미용을 위해 약사법에 따른 의약품 또는 의료기기법에 따른 의료기기를 사용하다 적발된 경우 1차 행정처분은?
① 경고
② 영업정지 1개월
③ 영업정지 2개월
④ 영업정지 3개월

14 공중위생관리 〉 공중위생관리법규
- 1차: 영업정지 2개월
- 2차: 영업정지 3개월
- 3차: 영업장 폐쇄명령

15 파운데이션 색상에 대한 설명으로 옳지 않은 것은?
① 노란 피부에는 미디움베이지 컬러의 파운데이션이 적합하다.
② 흰 피부에는 라이트베이지 컬러의 파운데이션이 적합하다.
③ 베이지 컬러는 일반적으로 무난하게 사용되는 파운데이션 컬러이다.
④ 붉은 피부에는 톤 다운된 베이지 컬러의 파운데이션이 적합하다.

15 메이크업 시술 〉 베이스 메이크업
노란 피부에는 핑크 컬러 파운데이션이 적합함

16 피부색과 베이스 메이크업 제품의 설명이 적합한 것은?
① 여드름·흉터 피부 – 피부보다 살짝 밝은 컬러로 여드름과 흉터를 부분 커버한다.
② 다크서클이 있는 피부 – 다크서클 커버를 위해 살굿빛 컨실러로 두껍게 도포한다.
③ 붉은 피부 – 붉은색을 중화하고 싶을 때에는 퍼플 컬러의 메이크업 베이스를 사용한다.
④ 흰 피부 – 흰 피부를 강조하고 싶을 때에는 투명 컬러의 파우더를 사용한다.

16 메이크업 시술 > 베이스 메이크업
- 여드름·흉터 피부: 피부보다 살짝 어두운 컬러의 파운데이션으로 여드름과 흉터를 부분 커버
- 다크서클이 있는 피부: 컨실러 타입의 파운데이션에 살굿빛을 첨가하여 얇게 커버
- 붉은 피부: 붉은색을 중화하고 싶을 때에는 그린이나 블루 메이크업 베이스 사용

17 메이크업 숍에서 사용하는 금속기구나 유리볼을 1cm²당 85μW 이상의 자외선으로 소독하려 할 때 적합한 시간은?
① 5분 ② 10분
③ 15분 ④ 20분

17 공중위생관리 > 공중위생관리법규
자외선소독: 1cm²당 85μW 이상의 자외선을 20분 이상 쬐어줌

18 시장·군수·구청장이 6개월 이내의 기간을 정하여 영업의 정지 또는 일부 시설의 사용중지를 명하거나 영업소 폐쇄 등을 명할 수 있는 경우에 해당하지 않는 것은?
① 공중위생업 영업신고를 하지 아니하거나 시설과 설비 기준을 위반한 경우
② 면허정지처분을 받고도 그 정지 기간 중 업무를 한 경우
③ 공중위생영업자의 지위승계신고를 하지 아니한 경우
④ 법을 위반하여 영업소 외의 장소에서 이용 또는 미용 업무를 한 경우

18 공중위생관리 > 공중위생관리법규
면허정지처분을 받고도 그 정지 기간 중 업무를 한 경우의 행정처분은 면허취소임

19 미용실에서 위생을 위해 화학적 소독제를 사용하려 할 때 주의사항으로 옳지 않은 것은?
① 소독액과 물을 혼합할 때에는 금속용기를 사용한다.
② 다른 살균 소독제 또는 세제와 혼합하여 사용하지 않는다.
③ 반드시 마스크나 개인 안전장비를 착용한다.
④ 어린이의 손에 닿지 않는 냉암소에 보관한다.

19 공중위생관리 > 소독
용기는 소독액과 물을 혼합할 때 화학 반응에 안전한 제품을 사용해야 하며, 석탄산이나 승홍은 금속 부식성이 있으므로 금속용기를 사용하기가 부적합함

20 다음 중 이용사 또는 미용사가 면허증의 재발급을 신청할 수 없는 경우는?
① 영업소 주소가 변경된 경우
② 이·미용사가 이름을 개명하였을 경우
③ 면허증을 분실하였을 경우
④ 면허증이 헐어 못 쓰게 된 경우

20 공중위생관리 > 공중위생관리법규
이용사 또는 미용사는 면허증의 기재사항(성명, 생년월일, 직종, 발급자의 사진)에 변경이 있는 때, 면허증을 잃어버린 때 또는 면허증이 헐어 못 쓰게 된 때에는 면허증의 재발급을 신청할 수 있음

21 실내온도와 습도에 대한 설명으로 옳지 않은 것은?

① 실내 적정 온도는 18±2℃이다.
② 실내 적정 습도는 40~70%이다.
③ 실내 냉방 시 실내외 온도차는 8~10℃가 적당하다.
④ 실내 난방은 10℃ 이하 시 필요하다.

21 공중위생관리 〉 공중보건
냉방 시 실내외 온도차는 5~7℃가 적당함

22 빛을 받은 실크처럼 부드럽고 완벽한 질감을 주는 메이크업으로, 자연스럽고 보송하며 커버력과 볼륨감을 강조한 메이크업은?

① 글로시 메이크업
② 실키 메이크업
③ 쉬머 메이크업
④ 크리미 메이크업

22 메이크업 시술 〉 트렌드 메이크업
실키 메이크업
- 빛을 받은 실크처럼 부드럽고 완벽한 질감을 주는 메이크업
- 자연스러우며 보송한 메이크업으로, 커버력과 볼륨감을 강조함
- 정교한 피부 표현과 펄이 적절히 가미되어 윤곽을 또렷이 부각시킴

23 퍼스널 컬러의 유형 중 메이크업의 콘셉트를 세련됨, 도시적, 활동적 이미지로 연출하기 좋은 유형은?

① 봄 유형
② 여름 유형
③ 가을 유형
④ 겨울 유형

23 메이크업 고객 서비스 〉 퍼스널 이미지 제안
겨울 유형 메이크업의 특징
- 깔끔하고 강한 대비가 있는 선명하고 절제된 느낌으로 연출
- 세련됨, 도시적, 활동적 이미지
- 흰색과 붉은색을 띠는 쿨베이지를 기본으로 내추럴베이지, 화이트베이지, 피치베이지 계열의 파운데이션 사용
- 원포인트 패턴을 활용하여 강한 대비를 연출

24 다음 중 혐기성균류에 해당하지 않는 것은?

① 디프테리아균
② 파상풍균
③ 보툴리누스균
④ 메탄균

24 공중위생관리 〉 소독
- 호기성균: 결핵균, 디프테리아균
- 혐기성균: 파상풍균, 보툴리누스균
- 편성혐기성균: 메탄균, 가스괴저균, 클로스트리듐균
- 통성혐기성균: 포도상구균, 대장균, 살모넬라균

25 지적이고 현대적이며, 세련된 이미지의 눈썹 모양과 컬러를 바르게 짝지은 것은?

① 아치형 눈썹 – 흑갈색
② 꼬리가 올라간 눈썹 – 흑갈색
③ 각진 눈썹 – 갈색
④ 직선 눈 – 갈색

25 메이크업 시술 〉 색조 메이크업
- 각진 눈썹: 지적이고 현대적이며, 세련된 이미지
- 갈색: 세련되고 지적인 느낌

26 다음의 특징을 가지는 질환은?

- 피부 표면 가까이에 위치한 1mm 내외의 크기가 작은 흰색 혹은 노란색의 주머니로 안에는 각질이 차 있다.
- 원인에 따라 원발성과 속발성으로 나뉜다.
- 원발성은 뺨과 눈꺼풀에 잘 발생하고 어느 연령에서나 발생할 수 있다.
- 속발성은 원발성과 모양은 동일하지만 손상을 받은 피부에 주로 발생한다.

① 비립종 ② 한관종
③ 인설 ④ 구진

26 메이크업 위생관리 〉 피부의 이해
- 원발성 비립종: 자연적으로 발생하는 비립종으로, 모든 연령에서 발생 가능하며, 솜털의 한 부분에서 기원
- 속발성 비립종: 물집병이나 박피술, 화상 등 피부 외상 후에 발생하는 잔류 낭종으로, 모낭, 땀샘 등에서 기원

27 아이섀도 테크닉 중 진한 포인트 컬러를 눈앞머리에 표현하고 꼬리 부분을 밝게 처리해야 하는 눈은?

① 눈과 눈 사이가 좁은 눈 ② 눈과 눈 사이가 먼 눈
③ 돌출된 눈 ④ 눈꼬리가 처진 눈

27 메이크업 시술 〉 색조 메이크업
눈 사이가 먼 눈의 섀도 테크닉
- 진한 포인트 컬러를 눈앞머리에 표현하고 꼬리 부분을 밝게 처리함
- 노즈섀딩을 강조하여 면을 분할하여 연출함

28 적외선이 피부에 미치는 영향에 해당되지 않는 것은?

① 체온을 높여 신진대사를 촉진한다.
② 피부 화상 및 민감성피부를 유발한다.
③ 비타민D 합성에 도움을 준다.
④ 통증을 완화 및 진정시킨다.

28 메이크업 위생관리 〉 피부의 이해
- 적외선이 피부에 미치는 영향
  - 혈관을 자극하여 혈액순환 촉진
  - 체온을 높여 신진대사 촉진
  - 근육이완, 통증 완화와 진정
  - 살균 작용
  - 피지선과 한선의 기능을 활성화하여 피부 노폐물 배출을 도움
  - 피부 화상 및 민감성피부 유발
- 비타민D 합성은 자외선이 피부에 미치는 영향임

29 체온 유지나 호흡, 심장 박동 등 기초적인 생명 활동을 위한 신진대사에 쓰이는 에너지량으로 보통 휴식 상태 또는 움직이지 않고 가만히 있을 때 사용되는 열량은?

① 활동대사량 ② 기초대사량
③ 호흡대사량 ④ 순환대사량

29 공중위생관리 〉 공중보건
기초대사량: 생물체가 생명을 유지하는 데 필요한 최소한의 에너지량으로, 체온 유지나 호흡, 심장 박동 등 기초적인 생명 활동을 위한 신진대사에 쓰이는 에너지량

30 J컬 가모로 눈앞머리 부분이 포인트가 되도록 밀도를 높여 연장해야 하는 눈의 형태는?

① 움푹 들어간 눈 ② 가는 눈
③ 미간이 좁은 눈 ④ 올라간 눈

30 메이크업 시술 〉 속눈썹 연출·연장
- 움푹 들어간 눈: J컬, C컬 가모로 눈 중앙 부위에 밀도와 길이감을 주어 연장
- 가는 눈: J컬, C컬 가모를 이용하여 눈 중앙 부위에 포인트를 주고 부채 모양으로 연장
- 미간이 좁은 눈: J컬, C컬 가모로 눈 중앙에서 꼬리 부분으로 길이감을 주어 연출

31 적혈구의 헤모글로빈을 구성하여 사람의 혈액 색과 관계가 있고 산소 운반 및 면역 기능을 하는 무기질은?

① 칼륨(K)　　　　　② 철(Fe)
③ 요오드(I)　　　　　④ 마그네슘(Ma)

31 메이크업 위생관리 > 피부의 이해
철(Fe)
- 적혈구의 헤모글로빈을 구성함(혈액 색과 관련)
- 체내에 가장 많은 무기질
- 산소 운반, 면역 기능, 혈행 개선

32 라식, 라섹과 같은 안과수술 후 속눈썹 연장이 가능한 시점은?

① 1주일　　　　　② 15일
③ 1개월　　　　　④ 3개월

32 메이크업 시술 > 속눈썹 연출·연장
라식, 라섹과 같은 안과수술 시 3개월 후 시술 가능

33 일반 성인의 하루 피지 분비량과 건강한 손톱의 수분 함유량을 바르게 짝지은 것은?

	피지 분비량	수분 함유량
①	2.5~3.5g 정도	10~12%
②	1~2g 정도	15~20%
③	2~3g 정도	12~15%
④	1~2g 정도	12~18%

33 메이크업 위생관리 > 피부의 이해
- 성인의 하루 피지 분비량: 1~2g 정도
- 건강한 손톱의 수분 함유량: 12~18%

34 본식 웨딩 메이크업 시 베이지나 브라운 톤으로 은은하게 연출 후 과하지 않은 아이라인과 속눈썹으로 깨끗한 아이 메이크업을 표현하기에 적합한 이미지는?

① 로맨틱 이미지　　　　② 클래식 이미지
③ 모던 이미지　　　　　④ 엘레강스 이미지

34 메이크업 시술 > 본식 웨딩 메이크업
- 로맨틱 이미지: 핑크베이지, 핑크, 퍼플, 살구 계열의 아이섀도로 연출
- 모던 이미지: 누드베이지, 베이지, 브라운 계열의 아이섀도로 연출
- 엘레강스 이미지: 핑크베이지, 핑크, 그레이, 퍼플, 브라운 계열의 아이섀도로 그윽한 분위기의 눈매를 연출

35 각 상황에 따른 메이크업에 대한 설명으로 옳지 않은 것은?

① 나이트 메이크업 – 인공광 아래에서 보이는 메이크업이므로 메이크업 톤이 흐려 보이지 않게 연출한다.
② 오피스 메이크업 – 신뢰감과 차분함을 연출하는 것이 좋다.
③ 미디어 메이크업 – 전달하는 매체의 특성을 정확히 이해하고 대상과 요구하는 기법을 정확하게 파악한 후에 작업해야 한다.
④ 흑백 사진 메이크업 – 색이 보이지 않으므로 무채색 계열이나 음영을 나타낼 수 있는 어두운 컬러의 파운데이션으로 베이스를 표현한다.

35 메이크업 시술 > 응용 메이크업
흑백 사진 메이크업
- 색이 보이지 않으므로 무채색 계열이나 음영을 나타낼 수 있는 컬러를 주로 사용함
- 베이스는 모델의 피부 톤보다 한 톤 밝은 것을 선택하여 얼굴형에 맞게 윤곽 수정

36 야외에서 진행하는 웨딩 메이크업에 대한 설명으로 옳지 않은 것은?

① 맑은 날의 색조 화장이 흐린 날의 색조 화장보다 강해 보일 수 있다.
② 자연광에서 본래 색이 그대로 노출되므로 자연스러운 메이크업이 적합하다.
③ 계절과 시간에 따라 태양광의 강도 차이가 생겨 색상이 다르게 표현될 수 있다.
④ 자연광에서 메이크업은 실제보다 두꺼워 보일 수 있다.

36 메이크업 시술 > 본식 웨딩 메이크업
맑은 날의 색조 화장이 흐린 날보다 약해 보일 수 있음

37 립스틱의 컬러와 그 이미지가 바르게 연결된 것은?

① 핑크 – 밝고 건강한 느낌
② 브라운 – 차분하고 세련된 이미지
③ 레드 – 로맨틱, 소녀적 이미지
④ 오렌지 – 우아하고 성숙한 이미지

37 메이크업 시술 > 색조 메이크업
- 핑크: 청순, 로맨틱, 소녀적 이미지
- 레드: 열정적이고 관능적 섹시미
- 오렌지: 밝고 건강한 느낌

38 얼굴에 음영을 주어 입체감 있는 얼굴을 연출하고 혈색을 부여하여 여성스러운 인상을 연출하는 것은?

① 섀딩   ② 치크
③ 립스틱   ④ 하이라이트

38 메이크업 시술 > 색조 메이크업
치크
- 혈색을 부여하여 건강해 보이게 함
- 여성스러운 인상 부여
- 얼굴에 음영을 주어 입체감 있는 얼굴 연출

39 메이크업의 제품과 그 특징에 대한 설명으로 옳지 않은 것은?

① 스틱형 컨실러는 커버력이 우수하여 붉은 반점이나 뾰루지, 잡티 등 피부 결점을 커버하는 데 효과적이다.
② 투웨이케이크는 파운데이션과 파우더를 함께 압축하여 만든 것으로 커버력이 뛰어나 중년 이후의 여성이 사용하기에 적합하다.
③ 펜슬 타입의 아이섀도는 발색력이 우수하며 휴대가 간편하나 유분이 많아 사용 후 케이크 타입으로 번짐을 막아야 한다.
④ 케이크 타입 아이라이너는 라이너 브러시에 스킨이나 물로 농도를 조절하여 사용하며, 지속력은 펜슬 타입과 리퀴드 타입의 중간 정도이다.

39 메이크업 시술 > 색조 메이크업
투웨이케이크 타입 파운데이션
- 파운데이션과 파우더를 함께 압축한 타입
- 커버력, 밀착력이 우수함
- 땀이나 물에 강하여 여름에 사용하기에 적합함
- 매트하게 표현되며 잦은 사용 시 피부가 건조해지므로 피부의 유·수분이 감소되는 중년 여성에게는 부적합함

40 부드러운 감촉으로 매끄럽게 피부에 잘 펴져 피부에 생동감을 부여하는 파우더의 성질은?

① 흡수성   ② 신전성
③ 피복성   ④ 부착성

40 메이크업 시술 > 베이스 메이크업
- 흡수성: 피부 분비물을 흡수하여 메이크업의 지속력을 높이는 성질
- 피복성: 기미나 주근깨 등을 감추어 피부색을 조정하는 성질
- 부착성: 피부에 장시간 부착하는 성질
- 착색성: 적절한 광택을 유지하며 자연스러운 피부색을 조정·유지하는 성질

41 메이크업 관련 용어에 대한 설명으로 옳지 않은 것은?

① 드레싱(Dressing) – '장식하다', '꾸미다'라는 의미이다.
② 페인팅(Painting) – 16세기 셰익스피어 희곡에 처음 등장한 용어이다.
③ 마끼아쥬(Maquillage) – 프랑스에서 유래된 단어로 일반 여성들의 메이크업을 의미한다.
④ 토일렛(Toilet) – 화장을 포함한 몸치장 전반을 말한다.

41 메이크업 위생관리 > 메이크업의 이해
마끼아쥬(Maquillage): 분장을 의미하는 프랑스 연극 용어

42 우리나라의 시대별 메이크업에 대한 설명으로 옳지 않은 것은?

① 고구려 – 무녀와 악공으로부터 곤지 풍습이 시작되었으며 계급과 신분에 따라 다르게 장식하였다.
② 신라 – 얼굴을 희게 만드는 백분, 잇꽃으로 만든 연지, 산단으로 만든 색분을 사용하여 화장을 했다.
③ 고려 – 분은 바르되 연지를 바르지 않는 시분무주의 화장법을 선호했다.
④ 조선 – 여염집 여성들은 평소에는 청결 위주로 얼굴을 손질하고 혼인, 연회 외출 시 화장과 구분했다.

42 메이크업 위생관리 〉 메이크업의 이해
시분무주(施粉無朱): 백제인의 화장법으로, '분은 바르되 연지를 바르지 않음'을 의미함

43 우리나라에서 일제 화장품이 자취를 감추고 국산 화장품인 바니싱 크림, 에레나 크림, 모나미 크림, 포마드 등이 생산되기 시작할 때 활동한 서양의 뷰티 아이콘은?

① 리타 헤이워드(Rita Hayworth)
② 글로리아 스완슨(Gloria Swanson)
③ 오드리 헵번(Audrey Hepburn)
④ 브리지트 바르도(Brigitte Bardot)

43 메이크업 위생관리 〉 메이크업의 이해
- 1940년대: 우리나라에서 일제 화장품이 자취를 감추고 국산 화장품인 바니싱 크림, 에레나 크림, 모나미 크림, 포마드 등이 생산되기 시작함
- 1940년대 뷰티 아이콘: 리타 헤이워드(Rita Hayworth), 잉그리드 버그만(Ingrid Bergman)

44 피지 분비가 많아 화장이 뭉치거나 들뜨기 쉬워 파운데이션을 소량 사용해 하해 하는 곳은?

① O존   ② S존
③ Y존   ④ T존

44 메이크업 시술 〉 베이스 메이크업
T존
- 이마와 콧대를 연결하는 부분
- 하이라이트를 주어야 하는 부분
- 피지 분비가 많아 화장이 뭉치거나 들뜨기 쉬워 파운데이션을 소량 사용해야 함

45 직선이나 사선보다 약간 아웃커브 정도의 립라인을 연출해야 하는 메이크업 이미지는?

① 엘레강스 이미지   ② 로맨틱 이미지
③ 액티브 이미지   ④ 에스닉 이미지

45 메이크업 시술 〉 응용 메이크업
엘레강스 이미지: 입술산이 각지지 않게 완만한 아웃커브로 연출하여 성숙한 여성의 고급스러우면서 품위있는 아름다움을 표현

46 색채의 지각 원리와 그 설명으로 옳지 않은 것은?

① 어두운 곳에서 밝은 곳으로 나오면 처음에는 눈이 부시지만 곧 잘 보이게 되는 현상을 명순응이라고 한다.
② 조명의 강도가 바뀌어도 물체의 색은 이전과 동일하게 느끼는 현상을 항상성이라고 한다.
③ 조명에 따라 물체의 색이 바뀌어 보여도 곧 자신이 알고 있는 고유의 색으로 보이게 되는 현상을 색순응이라고 한다.
④ 명소시와 암소시의 중간 밝기에서 색 구분의 정확성이 떨어지는 현상을 연색성이라고 한다.

46 메이크업 고객 서비스 〉 메이크업 카운슬링
- 박명시: 명소시와 암소시의 중간 밝기에서 색 구분의 정확성이 떨어지는 현상
- 연색성: 조명에 따라 동일한 물체의 색이 달리 보이는 현상

47 냉정해 보이는 캐릭터의 이미지를 구현하고자 할 때 적합한 입술의 형태는?

① 처진 입술
② 얇은 입술
③ 두꺼운 입술
④ 입 끝이 올라간 입술

47 메이크업 시술 > 무대공연 캐릭터 메이크업
- 처진 입술: 비관적, 진지함, 고집, 약한 기질
- 두꺼운 입술: 온화, 풍부한 정서
- 입 끝이 올라간 입술: 명랑, 쾌활, 공격적, 사교적

48 콘트라스트가 강한 색상과 밝은 색상을 사용하여 메이크업을 연출하기 적합한 계절은?

① 봄
② 여름
③ 가을
④ 겨울

48 메이크업 시술 > 응용 메이크업
겨울: 깨끗하고 심플한 느낌의 메이크업으로 표현하거나 콘트라스트가 강한 색상과 밝은 색상을 사용하는 것이 좋음

49 옵 아트, 팝 아트, 미니멀리즘 같은 현대 예술사조가 성행하고 초미니 스커트가 유행하던 시기에 활동하던 관능적인 이미지의 뷰티 아이콘은?

① 트위기
② 마릴린 먼로
③ 파라포셋
④ 브리지트 바르도

49 메이크업 시술 > 트렌드 메이크업
1960년대
- 반전운동으로 히피 등장
- 옵 아트, 팝 아트, 미니멀리즘 같은 현대 예술사조 성행
- 초미니 스커트 유행
- 트위기(미소년 이미지), 브리지트 바르도(관능미)

50 수염에 사용되는 털 중 염색이 가능하고 부드러우며 자연스러우나 물에 약하고 모양 유지력이 약한 것은?

① 생사
② 인조사
③ 크레이프 울
④ 야크헤어

50 메이크업 시술 > 미디어 캐릭터 메이크업
생사
- 누에고치에서 생산된 실크를 염색하여 만든 것
- 염색이 가능하고 부드러우며 자연스러움
- 물에 약하고 모양 유지력이 약함
- 털의 두께가 얇아 배우의 모발보다 지나치게 얇아 보일 수 있고 붙이기 어려워 인조모와 섞어 사용하는 것이 보편적임

51 다음은 어떤 유형에게 적용하기 적합한가?

- 화장수: 알코올, 색소, 방부제, 향이 없는 저자극성 제품 사용
- 유효성분: 알란토인, 알로에베라, 아줄렌, 캐모마일, 카렌듈라, 수레국화

① 복합성피부
② 지성피부
③ 건성피부
④ 민감성피부

51 메이크업 시술 > 메이크업 기초 화장품 사용
피부 타입별 화장수
- 복합성피부: T존에는 수렴화장수, U존에는 유연화장수 사용
- 지성피부: 피지 과잉 분비를 억제하고 소염·진정·모공 수축 작용 및 청량감을 주는 수렴화장수 사용
- 건성피부: 보습 위주의 유연화장수로 6~10% 이하의 알코올이 함유된 건성용 화장수나 무알코올성 화장수 사용

52 다음 중 모발의 성장단계를 바르게 나타낸 것은?
① 성장기 → 퇴화기 → 휴지기
② 휴지기 → 퇴화기 → 성장기
③ 퇴화기 → 성장기 → 발생기
④ 성장기 → 휴지기 → 퇴화기

52 메이크업 위생관리 〉 피부의 이해
모발의 성장단계: 성장기 → 퇴화기 → 휴지기 → 발생기

53 다음의 4가지 조명 중 옐로 메이크업 색상이 다르게 보이는 것은?
① 오렌지 조명
② 그린 조명
③ 퍼플 조명
④ 블루 조명

53 메이크업 시술 〉 무대공연 캐릭터 메이크업
조명에 따른 옐로 메이크업의 색상

오렌지 조명	조금 흐려짐
그린 조명	어두운 그레이
퍼플 조명	어두운 그레이
블루 조명	어두운 그레이

54 자외선 차단지수(Sun Protection Factor)는 무엇을 방어하기 위한 지수인가?
① UV-A
② UV-B
③ UV-C
④ 적외선

54 메이크업 위생관리 〉 화장품 분류
자외선 차단지수(Sun Protection Factor)
- 자외선 UV-B를 방어할 수 있는 지수
- 피부의 멜라닌 양과 피부 민감도에 따라 효과가 달라질 수 있음
- 평상시에는 SPF15 정도가 적당하고, 야외활동 시에는 SPF30~50 정도 사용 권장

55 비관적, 진지, 고집 있는 캐릭터를 표현하고자 할 때 가장 적합한 입술의 모양은?
① 처진 입술
② 얇은 입술
③ 작은 입술
④ 올라간 입술

55 메이크업 시술 〉 무대공연 캐릭터 메이크업
- 얇은 입술: 겸손, 정확, 냉정
- 작은 입술: 보수적, 소심, 자주성 결여, 이기심
- 올라간 입술: 명랑, 쾌활, 공격적, 사교적

신규 문제 공략

56 향수 사용에 대한 설명으로 바르지 않은 것은?
① 향수를 뿌린 후 햇빛에 노출되면 자외선으로 인하여 색소침착이 완화될 수 있다.
② 시간의 경과에 따라 향기가 달라지는 것은 조향된 재료의 부향률이 다르기 때문이다.
③ 자외선의 정도에 따라 광알러지 반응이 일어날 수 있다.
④ 발향을 높이기 위해서는 목덜미, 손목 등 맥박이 뛰는 곳에 향수를 뿌리도록 한다.

56 메이크업 위생관리 〉 화장품 분류
향수를 뿌린 후 햇빛에 노출되면 자외선으로 인하여 색소침착이 짙어질 수 있음

57 다음 중 화장수의 기능으로 옳지 <u>않은</u> 것은?

① 피부결을 정돈하고 진정시킨다.
② 피부에 수분을 공급하고 청량감을 부여한다.
③ 유효성분의 침투를 막는다.
④ 세안 후에 남아 있는 메이크업의 잔여물을 제거한다.

57 메이크업 위생관리 > 화장품 분류

화장수
• 세안 후 남은 메이크업 잔여물 제거
• 피부에 수분 공급 및 청량감 부여
• pH 균형 조절(약산성 pH5.5)
• 피부결 정돈 및 진정 작용

58 다음 중 유칼립투스나 캐모마일 같은 식물에서 추출되는 성분으로 항염 및 진정 작용을 하는 화장품 성분은?

① 아스코르브산 ② 레시틴
③ 아미노산 ④ 아줄렌

58 메이크업 위생관리 > 화장품 분류

아줄렌: 유칼립투스나 캐모마일에서 나오는 천연추출물로, 피부장벽을 강화하면서 동시에 진정 효과가 있어 외부 자극으로부터 피부를 보호함

59 메이크업과 인공 조명에 대한 설명으로 옳은 것은?

① 형광등에서 그린과 블루 조명을 부분적으로 사용하면 톤이 상승되어 보인다.
② 백열등에서는 차가운 톤이 증가되고 따뜻한 계열의 색조가 더욱 약하게 보인다.
③ 형광등에서는 포인트 메이크업의 발색이 효과적으로 보인다.
④ 백열등에서는 붉은색 계열, 갈색 및 베이지, 핑크 계열이 실제보다 진하게 보인다.

59 메이크업 고객 서비스 > 메이크업 카운슬링

• 백열등: 차가운 톤이 경감되며 따뜻한 계열의 색조가 더욱 강하게 보임
• 형광등: 포인트 메이크업이 진하거나 칙칙해 보이고, 그린과 블루 조명을 부분적으로 사용하면 톤의 경감 효과가 있음

60 화장품의 피부 흡수에 대한 설명으로 옳은 것은?

① 동물성 오일의 피부 흡수율이 가장 낮다.
② 수분량이 많으면 피부 흡수율도 높다.
③ 식물성 오일의 피부 흡수율이 가장 높다.
④ 화장품의 분자량이 적은 것부터 발라야 흡수율이 높아진다.

60 메이크업 위생관리 > 화장품 분류

화장품의 흡수율은 분자량이 적을수록 좋으며 광물성 > 동물성 > 식물성 순으로 높음

정답표(제7회)

01	③	02	④	03	③	04	④	05	③	06	④	07	③	08	②	09	③	10	③
11	④	12	①	13	②	14	③	15	①	16	④	17	④	18	②	19	①	20	①
21	③	22	②	23	④	24	①	25	③	26	②	27	②	28	③	29	②	30	④
31	②	32	④	33	①	34	②	35	④	36	①	37	③	38	②	39	②	40	②
41	③	42	③	43	①	44	④	45	①	46	④	47	②	48	④	49	④	50	①
51	④	52	①	53	①	54	②	55	①	56	①	57	③	58	④	59	④	60	④

비공개 기출 복원문제 | 제8회

최신 기출문제 풀이는 필수!

 ◀ 모바일로 풀어보기

01 다음 중 메이크업에 대한 설명으로 옳지 않은 것은?
① 개인의 정체성, 가치관 등의 미의식을 표현한다.
② 그리스어 '코스메티코스(Cosmeticos)'에서 유래한 것으로 메이크업은 '코스메틱(Cosmetic)'의 의미를 포함한다.
③ '제작하다', '보완하다'라는 뜻으로 단점을 보완하고 장점을 부각시킨다는 의미이다.
④ 16세기 초 셰익스피어에 의해 처음 'Make-up'이라는 단어가 사용되었다.

02 노인 메이크업 시 수염 분장에 대한 설명으로 옳지 않은 것은?
① 수염의 색상은 연기자의 모발색을 기준으로 선택한다.
② 노화의 정도에 따라 흑모와 백모를 혼합하여 사용한다.
③ 수염은 위에서부터 밑으로 내려가며 붙여야 한다.
④ 콧수염은 방향을 고려하여 팔자 방향으로 부착해야 한다.

03 화한삼재도회(和漢三才圖會)에는 화장품 제조 기술 및 화장법을 일본에 전달한 나라가 기술되어 있다. 다음 중 해당 국가는?
① 신라   ② 백제
③ 고려   ④ 고구려

04 다음 병원체 중 무좀 등의 피부 관련 질환의 감염원은?
① 세균   ② 진균
③ 리케차   ④ 원충류

05 미용사인 영업자가 준수해야 할 사항에 대한 설명으로 옳지 않은 것은?
① 사용한 가위는 잘 닦은 후 수건으로 감싸 섭씨 100℃ 이상의 물속에 10분 이상 끓인다.
② 미용기구 중 소독을 한 기구와 소독을 하지 아니한 기구는 각각 표시하여 동일한 보관함에 보관해야 한다.
③ 영업소 내부에 미용업 신고증 및 개설자의 면허증 원본을 게시해야 한다.
④ 소독기·자외선살균기 등 미용기구를 소독하는 장비를 갖추어야 한다.

| 해설 |

01 메이크업 위생관리 〉 메이크업의 이해
17세기 초 영국 시인인 리처드 크라슈(Richard Crashou)가 처음으로 'Make-up'이라는 단어를 사용함

02 메이크업 시술 〉 미디어 캐릭터 메이크업
수염은 아래쪽에서 위쪽으로, 바깥쪽에서 안쪽으로 붙여야 함

03 메이크업 위생관리 〉 메이크업의 이해
『화한삼재도회』에 백제가 일본에 화장품 제조 기술 및 화장법을 전달했다는 내용이 기록되어 있음

04 공중위생관리 〉 공중보건
진균
• 병원체의 크기가 가장 큼
• 칸디다증, 백선, 무좀
• 아포 형성 식물(버섯, 곰팡이, 효모)

05 공중위생관리 〉 공중위생관리법규
미용기구 중 소독을 한 기구와 소독을 하지 아니한 기구는 각각 다른 용기에 넣어 보관해야 함

06 다음 중 TV 드라마 메이크업 시 고려할 사항이 아닌 것은?
① 촬영 장소
② 조명의 종류
③ 배우의 캐릭터
④ 상대 배우와의 거리

06 메이크업 시술 〉 미디어 캐릭터 메이크업
TV 드라마 메이크업 시에는 대본, 배우의 캐릭터, 의상, 조명, 촬영 장소 등 많은 요소를 고려해야 함

07 브러시 세척 및 보관법에 대한 설명으로 옳지 않은 것은?
① 사용 후 전용 클리너를 이용하여 세척한다.
② 세척한 브러시는 그늘에서 거꾸로 세워 말린다.
③ 미온수에 중성세제로 세척한 후 린스 물에 헹군다.
④ 브러시 끝을 원래 모양대로 가지런히 모아 말린다.

07 메이크업 위생관리 〉 위생관리
브러시 세척법: 전용 클리너로 세척하거나 미온수에 중성세제로 세척한 후 린스 물에 헹구고 브러시 끝을 원래 모양대로 가지런히 모아 그늘에 뉘어 말림

08 매장을 방문한 불만 고객 응대법으로 적절하지 않은 것은?
① 신뢰도를 높이기 위해 전문적인 어휘를 사용한다.
② 고객과는 논쟁하지 않는다.
③ 정중한 태도로 고객을 납득시킨다.
④ 고객의 잘못을 말하지 않는다.

08 메이크업 고객 서비스 〉 고객 응대
고객 관점의 어휘를 사용하고 알기 쉬운 말로 해결책을 제시해야 함

09 메이크업 아티스트가 갖추어야 할 내적·외적 자질에 대한 설명으로 옳지 않은 것은?
① 불완전한 상황에서도 최선을 다하는 투철한 직업정신이 필요하다.
② 시술 전에 모든 메이크업 제품 및 도구의 위생 및 안전 점검을 확인한다.
③ 위생을 위하여 반드시 마스크를 착용하고 되도록 고객과의 대화를 삼가한다.
④ 아티스트로서 머리, 피부, 손톱을 청결하게 유지한다.

09 메이크업 위생관리 〉 위생관리
고객과의 의사소통을 위한 대화는 필요함

10 백열등의 빛에는 노란색이 많이 포함되어 있어 그 빛으로 난색계의 물체를 조명하면 선명하게 돋보이는 데 반해 형광등의 빛은 청색이 많아 흰색·한색계의 물체가 선명해 보인다. 이와 같이 같은 색도의 물체라도 어떤 광원으로 조명해서 보느냐에 따라 그 색감이 달리 보이는 현상은?
① 연색성
② 조건등색
③ 박명시
④ 푸르킨예 현상

10 메이크업 고객 서비스 〉 메이크업 카운슬링
• 조건등색(메타메리즘): 서로 다른 두 색이 특수한 상태에서 같은 색으로 보이는 현상
• 박명시: 명소시와 암소시의 중간 밝기에서 색 구분의 정확성이 떨어지는 현상
• 푸르킨예 현상: 밝은 곳에서 어두운 곳으로 옮겨갈 때 붉은색은 어둡고 탁하게 보이고, 녹색과 청색은 상대적으로 밝게 보이는 현상

11 계절 메이크업 중 여름 메이크업에 대한 설명으로 가장 적합하지 않은 것은?
① 워터프루프 마스카라를 이용하여 아이 메이크업을 연출한다.
② 강한 자외선을 차단하기 위해 스틱 파운데이션으로 두께감 있게 베이스를 깔아준다.
③ 건강미가 돋보이도록 태닝 메이크업을 연출한다.
④ 입술은 펄이 들어 있는 색상으로 시원한 시각적 효과를 연출한다.

11 메이크업 시술 〉 응용 메이크업
여름 메이크업
• 짙은 메이크업은 피하고 시원하고 청량한 느낌의 메이크업 또는 태닝 메이크업으로 건강해 보이는 메이크업 표현
• 베이스는 밝고 투명한 이미지를 표현하기 위해 두꺼운 느낌이 들지 않게 가볍게 커버

12 산소와 영양 공급이 활발하고 자율신경이 분포하여 모발의 영양과 성장을 관장하는 곳은?

① 모근　　　　　　　② 모간
③ 모유두　　　　　　④ 모낭

12 메이크업 위생관리 〉 피부의 이해
모유두
- 모낭 끝의 작은 돌기 조직으로 모발의 영양 공급과 성장을 관장함
- 산소와 영양 공급이 활발하고 자율신경이 분포함

13 메이크업 디자인 요소 중 착시 현상에 대한 설명으로 옳지 않은 것은?

① 선을 막고 여는 것에 따라 길이가 달라 보이는 것은 가로선에 의한 착시 현상이다.
② 상향, 하향, 수평 등에 따라 세로선의 길이가 달라 보이는 것은 세로선에 의한 착시 현상이다.
③ 고명도의 색은 팽창·진출되어 보이고 저명도의 색은 수축·후퇴되어 보이는 것은 색에 의한 착시 현상이다.
④ 배경에 따라 크기가 달라 보이는 것은 시각에 의한 착시 현상이다.

13 메이크업 고객 서비스 〉 메이크업 카운슬링
대비에 의한 착시: 배경에 따른 착시 현상으로 배경이 크면 사물이 작아 보이고 배경이 작으면 사물이 커 보임
예 눈썹이 길면 얼굴 폭이 좁아 보이고 눈썹이 짧으면 얼굴 폭이 넓어 보임

14 다음 중 화장품 및 의약품의 종류와 그에 따른 사용 대상, 목적 및 처방전의 유무 등을 짝지은 것으로 옳지 않은 것은?

	종류	사용 대상	사용 목적	처방전 유무
①	화장품	정상인	청결	불필요
②	기능성 화장품	정상인	미화	불필요
③	의약품	환자	치료	필요
④	의약외품	정상인	예방	필요

14 메이크업 위생관리 〉 화장품 분류
의약외품: 사용 대상은 정상인, 사용 목적은 위생·예방이며, 처방전 없이 임의 사용 가능

15 다음 중 모세혈관 내 혈전이 발생하는 잠수병의 원인은?

① 혈액 속에서 산소 기포 증가
② 혈액 속에서 이산화탄소 기포 증가
③ 혈액 속에서 일산화탄소 기포 증가
④ 혈액 속에서 질소 기포 증가

15 공중위생관리 〉 공중보건
감압병(잠수병, 잠함병): 고압의 물속에서 체내 축적된 질소가 완전히 배출되지 않고 혈관이나 몸속에 기포를 만들어 생기는 병

16 이상적인 얼굴의 비율과 분할에 대한 설명으로 옳지 <u>않은</u> 것은?

① 얼굴 가로 길이와 세로 길이의 이상적인 비율은 1 : 1.618이다.
② 얼굴을 가로로 분할하면 헤어라인에서 눈썹앞머리, 눈썹앞머리에서 입술, 입술에서 턱 끝으로 구분된다.
③ 가로 비율의 이상적 분할은 3등 분할이다.
④ 눈과 눈 사이에는 눈 하나의 넓이가 있어야 이상적이다.

16 메이크업 고객 서비스 〉 메이크업 카운슬링
얼굴의 가로 분할: 헤어라인~눈썹앞머리, 눈썹앞머리~코 끝, 코 끝~턱 끝

17 코가 길어 보이도록 이마에서 코 끝을 향해 하이라이트를 연출하고 양쪽 볼 측면에 섀딩을 주어 윤곽 수정을 해야 하는 얼굴형은?

① 마름모 얼굴형
② 둥근 얼굴형
③ 긴 얼굴형
④ 사각 얼굴형

17 메이크업 시술 > 베이스 메이크업
- 마름모 얼굴형
  - 하이라이트: 양쪽 이마, 양쪽 볼
  - 섀딩: 광대뼈, 턱 끝
- 긴 얼굴형
  - 하이라이트: 이마와 눈 밑에 가로 방향으로 연출
  - 섀딩: 헤어라인, 코 끝, 턱 끝
- 사각 얼굴형
  - 하이라이트: T존에 둥근 느낌으로 연출
  - 섀딩: 이마 양 옆, 턱의 각진 부분

18 립라이너에 대한 설명으로 옳은 것은?

① 펜슬형 제품은 오래 사용하기 위해 샤프너의 사용을 되도록 자제한다.
② 립라이너가 부드럽게 그려지도록 유분기가 많은 제품을 선택해야 한다.
③ 립스틱의 지속력을 높이는 제품이다.
④ 바르고자 하는 립스틱과 유사한 컬러 또는 1~2단계 어두운 컬러를 선택해야 한다.

18 메이크업 시술 > 색조 메이크업
- 펜슬형 립라이너는 위생을 위해 고객이 바뀔 때마다 깎아 사용해야 함
- 유분이 너무 많으면 번지거나 쉽게 지워질 수 있음
- 립라이너는 립스틱의 번짐을 막고 또렷한 립라인을 연출하기 위한 제품임
- 립스틱의 지속력을 높이는 제품은 립코트임

19 각 메이크업의 특징이 바르게 연결되지 않은 것은?

① 레트로 메이크업: 최신 유행하는 메이크업이 아닌 고전적인 아름다움을 과하지 않으면서 세련되게, 현대적인 감각으로 재해석한 메이크업
② 글래머러스 메이크업: 여성의 성적 매력이 강조된 성숙한 이미지의 메이크업
③ 메탈릭 메이크업: 골드, 실버, 쿠퍼 등의 컬러를 사용하여 화려하면서도 정적인 이미지를 연출하는 질감 메이크업
④ 스모키 메이크업: 도발적이고 섹시한 느낌을 살리며 그윽하고 깊은 눈매를 표현하는 메이크업

19 메이크업 시술 > 트렌드 메이크업
메탈릭 메이크업
- 금속 느낌이 강한 메이크업으로 포스트모더니즘의 다양성이 공존함
- 골드, 실버, 쿠퍼 등의 컬러를 사용하여 화려하면서도 역동적이고 미래지향적인 이미지

20 웨딩 메이크업 중 신랑 메이크업에 대한 설명으로 옳지 않은 것은?

① 눈썹의 잔털이 많은 경우 잔털을 정리하고 부족한 부분은 펜슬을 이용하여 최대한 자연스럽게 그린다.
② 파우더나 유분이 너무 많으면 건강한 이미지를 해칠 수 있으므로 파우더는 소량만 바른다.
③ 건조한 입술은 립글로스로 촉촉하게 해주고 핑크 립스틱으로 혈색을 부여한다.
④ 아이 메이크업은 브라운 계열로 쌍꺼풀 위치에 자연스럽게 음영을 준다.

20 메이크업 시술 > 본식 웨딩 메이크업
입술선이 흐린 경우는 입술색과 같은 펜슬을 이용하여 라인을 그리고 거의 같은 색으로 혈색만 살짝 더함

신규 문제 공략

21 다음 중 멜라닌 색소에 대한 설명으로 바르지 않은 것은?

① 태양으로부터 피부를 보호한다.
② 사람의 피부색과 모발색을 결정한다.
③ 멜라닌 색소 침착은 UV-A에 의해 일어난다.
④ 멜라닌 색소를 만드는 색소 형성 세포는 피부의 과립층에 존재한다.

21 메이크업 위생관리 > 피부의 이해
색소 형성 세포는 피부의 기저층에 존재함

22 특수 분장을 위한 재료 중 하나로 볼드캡이나 상처 등을 만들 때 사용하며, 흡입 시 인체에 해가 되므로 반드시 환기가 잘 되는 곳에서 작업해야 하는 것은?

① 스프리트 검 ② 알지네이트
③ 우레탄 ④ 글라잔

22 메이크업 시술 > 미디어 캐릭터 메이크업
- 스프리트 검: 송진을 용해한 재료로 보형물이나 수염 등을 붙일 때 사용되는 분장용 접착제. 전용 제거제가 있으나 아세톤으로도 제거 가능
- 알지네이트: 얼굴이나 치아 등 신체의 각 부분을 본뜰 때 사용할 수 있는 재료
- 우레탄: 라텍스 등으로 특정한 형태를 만든 후 빈 공간을 채울 때 사용되는 재료

23 복합성피부인 여성의 화장법에 대한 설명으로 옳지 않은 것은?

① 눈 밑과 턱은 유연화장수와 크림을 활용하여 유·수분을 조절한다.
② T존은 수렴화장수를 이용하여 피지를 조절하도록 한다.
③ 눈가와 입가 등 움직임이 많은 부분은 파우더를 충분히 발라 메이크업의 지속력을 높인다.
④ V존(U존)은 화장이 들뜨기 쉬우므로 파운데이션을 소량씩 레이어링하며 꼼꼼히 도포한다.

23 메이크업 시술 > 베이스 메이크업
눈가와 입가는 피부가 얇고 건조해지기 쉬운 부분이므로 파우더는 소량만 사용함

24 사람의 피부 유형을 결정짓는 요소에 해당하지 않는 것은?

① 모공의 크기 ② 수분 함유량
③ 연령 ④ 피지 분비량

24 메이크업 시술 > 메이크업 기초 화장품 사용
피부의 유형을 결정짓는 요소: 수분 함유량, 피지 분비량, 모공의 크기, 피부의 두께 등

[신규 문제 공략]
25 나이아신 또는 니코틴산이라고도 하며 체내 에너지 생성에 매우 필수적인 수용성 비타민으로 결핍 시 펠라그라(Pellagra)가 발생하고, 구토, 소화관 점막 염증, 피로 등을 일으키는 비타민은?

① 비타민 B_1 ② 비타민 B_2
③ 비타민 B_3 ④ 비타민 B_{12}

25 메이크업 위생관리 > 피부의 이해
비타민B_3(나이아신)
- 특징: 에너지 생산에 관여, 탄력 유지, 지질대사 개선, 피부염증 치료, 혈액순환 촉진, 신경물질 전달, 피부 수분 유지
- 결핍: 피부염증, 소화관 점막의 염증, 구토, 변비 또는 설사, 소화관 장애, 우울증, 무감각, 펠라그라(Pellagra)

26 비타민D 합성에 관여하며 일광 화상과 홍반의 원인이 되는 것은?

① UV-A ② UV-B
③ UV-C ④ 원적외선

26 메이크업 위생관리 > 피부의 이해
UV-B
- 피부 홍반(UV-A의 1,000배) 반응
- 일광 화상의 원인
- 기미, 비타민D 합성에 관여

27 퍼스널 유형에 따른 컬러 코디네이션을 제안할 때 비비드, 베리페일, 다크의 톤이 가장 어울리는 유형은?

① 봄 유형 ② 여름 유형
③ 가을 유형 ④ 겨울 유형

27 메이크업 고객 서비스 > 퍼스널 이미지 제안
겨울
- 이미지: 세련됨, 도시적, 활동적
- 톤: 비비드, 베리페일, 다크

28 다음 중 피부의 노화에 따라 일어나는 현상이 아닌 것은?

① 소양증 ② 피부 탄력 감소
③ 수분 함유량 감소 ④ 피지 분비 증가

28 메이크업 위생관리 > 피부의 이해
피부의 노화에 따라 주름 발생, 피부 탄력 감소, 노인성 반점 발생, 피지 분비 감소, 수분 함유량 감소, 피부 건조에 의한 소양증 등이 발생함

29 일반적으로 가장 많이 사용되는 향수로 부향률이 6~8%인 제품은?

① 퍼퓸
② 오드 퍼퓸
③ 오드 뚜왈렛
④ 오드 코롱

29 메이크업 위생관리 〉 화장품 분류
- 퍼퓸: 15~30%
- 오드 퍼퓸: 9~12%
- 오드 코롱: 3~5%

30 다음 중 글리세린의 대용으로 사용할 수 있는 화장품 성분은?

① 솔비톨
② 레시틴
③ 부틸히드록시톨루엔
④ 아스코르브산

30 메이크업 위생관리 〉 화장품 분류
- 보습제: 글리세린, 프로필렌글리콜, 부틸렌글리콜, 솔비톨, 폴리에틸렌글리콜
- 산화방지제: 레시틴, 부틸히드록시톨루엔, 아스코르브산

31 보습, 자외선 차단, 미백, 안티에이징 등은 화장품이 갖추어야 할 요건 중 어떤 것에 해당하는가?

① 안전성
② 유효성
③ 안정성
④ 사용성

31 메이크업 위생관리 〉 화장품 분류
- 안전성: 피부 자극, 알레르기, 독성이 없어야 함
- 유효성: 사용 목적에 적합한 기능성을 가져야 함
- 안정성: 사용 중 변질, 변색, 분리되지 않아야 함
- 사용성: 사용감과 기호성, 편리성이 좋아야 함

32 에센셜 오일의 활용 방법 중 부비강염, 감기, 기침 등 이비인후과적인 증상과 두통 등에 가장 효과적인 방법은?

① 확산법
② 흡입법
③ 마사지법
④ 입욕법

32 메이크업 위생관리 〉 화장품 분류
- 확산법: 불면증, 우울증, 긴장감 이완, 기분 전환, 식욕 조절, 방충 등에 효과적임
- 마사지법: 이완 효과와 피로 회복 및 정서적 안정감을 부여함
- 입욕법: 부인과 질환, 폐경기 질환, 생리증후군, 알레르기 질환에 효과적임

33 여름 유형의 퍼스널 컬러를 지닌 사람이 사용하기 가장 적합한 파운데이션의 컬러는?

① 노란색을 띠는 웜베이지를 기본으로 한 피치베이지 파운데이션
② 흰색과 붉은색을 띠는 쿨베이지를 기본으로 한 핑크베이지 파운데이션
③ 흰색과 붉은색을 띠는 쿨베이지를 기본으로 한 화이트베이지 파운데이션
④ 노란색과 황색을 띠는 웜베이지를 기본으로 한 코럴베이지 파운데이션

33 메이크업 고객 서비스 〉 퍼스널 이미지 제안
- 봄 유형: 노란색을 띠는 웜베이지를 기본으로 라이트베이지, 내추럴베이지, 피치베이지 계열의 파운데이션
- 여름 유형: 흰색과 붉은색을 띠는 쿨베이지를 기본으로 내추럴베이지, 로즈베이지, 핑크베이지 계열의 파운데이션
- 가을 유형: 노란색과 황색을 띠는 웜베이지를 기본으로 내추럴베이지, 코럴베이지, 골든베이지 계열의 파운데이션
- 겨울 유형: 흰색과 붉은색을 띠는 쿨베이지를 기본으로 내추럴베이지, 화이트베이지, 피치베이지 계열의 파운데이션

34 유상에 수상이 분산되어 있는 형태로 무겁고 오일리한 느낌을 주어 워터프루프 제품, 선스크린 제품 등에 사용되는 유형은?

① W/O형
② O/W형
③ W/O/W형
④ O/W/O형

34 메이크업 위생관리 〉 화장품 분류
W/O형(Water in Oil type)
- 수분 증발 방지
- O/W형보다 유분이 많아 끈적임이 있으며 땀이나 물에 잘 지워지지 않음
- 워터프루프 제품, 영양크림, 선스크린(Sunscreen) 제품에 주로 이용

35 여성의 성숙하고 우아한 아름다움을 표현하기에 적합한 아이섀도 컬러는?
① 핑크 계열
② 그레이 계열
③ 브라운 계열
④ 퍼플 계열

35 메이크업 시술 > 색조 메이크업
- 핑크 계열: 어려 보이고 로맨틱한 느낌
- 그레이 계열: 세련된 느낌
- 브라운 계열: 자연스럽고 차분한 느낌

36 속눈썹을 연장할 때 6~12mm의 CC컬 가모를 이용하여 연출하기 좋은 이미지는?
① 큐티 이미지
② 시크 이미지
③ 내추럴 이미지
④ 엘레강스 이미지

36 메이크업 시술 > 속눈썹 연출·연장
큐티 이미지
- CC컬, 6~12mm
- 눈 가운데 포인트를 두며 눈앞머리와 꼬리 부분은 사이드 포인트로 연출함

37 속눈썹 연장 후 0.07~0.10mm 정도의 얇고 가벼운 싱글 가모를 선택하여 속눈썹 리터치를 해야 하는 속눈썹은?
① 얇은 속눈썹
② 외부 자극으로 끊어진 속눈썹
③ 두껍고 처진 속눈썹
④ 정상적인 일반 속눈썹

37 메이크업 시술 > 속눈썹 연출·연장
얇은 속눈썹
- 리터치 주기가 짧은 것은 좋지 않음
- 글루의 탈부착이 잦을수록 속눈썹의 상태가 불안정함
- 0.07~0.10mm 정도의 얇고 가벼운 싱글 가모 사용

38 공중위생관리 업무와 그 주체가 바르게 연결되지 않은 것은?
① 위생서비스평가계획 수립 – 시·도지사
② 공중위생감시원의 임명 – 보건복지부장관
③ 청문 – 보건복지부장관 또는 시장·군수·구청장
④ 위생관리등급 공표 – 시장·군수·구청장

38 공중위생관리 > 공중위생관리법규
공중위생감시원 임명: 시·도지사 또는 시장·군수·구청장

39 화장품에 대한 설명으로 옳지 않은 것은?
① 인체를 청결·미화하여 매력을 더하고 용모를 밝게 변화시키기 위한 물품이다.
② 피부·모발의 건강을 유지 또는 증진하기 위한 물품이다.
③ 인체에 바르고 문지르거나 뿌리는 등 이와 유사한 방법으로 사용되는 물품이다.
④ 인체에 대한 작용이 경미한 것으로 의약품에 해당하는 물품도 해당한다.

39 메이크업 위생관리 > 화장품 분류
의약품에 해당하는 물품은 제외됨

40 다음 중 70% 농도에서 살균력이 가장 강하고 질병 및 오염의 원인이 되는 대부분의 박테리아와 곰팡이 및 바이러스에 효과적이어서 피부 소독제로 많이 사용되는 것은?

① 승홍
② 페놀
③ 에탄올
④ 크레졸

40 공중위생관리 〉 소독
에탄올(에틸알코올)
- 70%의 농도에서 살균력이 가장 강함
- 탈수·응고 작용 및 균체의 효소 불활성화 작용에 의한 살균 작용
- 아포는 사멸하지 못하나 인체에 무해하여 손·피부 소독, 미용기구, 의료기구, 유리 소독에 적합하며 상처, 눈, 점막에의 사용은 부적합함

41 살균제, 소독제, 방부제 등으로 사용되며, 메틸알코올을 산화하여 만든 약물 소독제 중에 유일한 가스 소독제는?

① 포르말린
② 염화 제2수은
③ 클로르칼크
④ 에틸렌옥사이드

41 공중위생관리 〉 소독
포르말린
- 메틸알코올을 산화하여 만든 약물 소독제 중에 유일한 가스 소독제
- 수증기와 혼합하여 사용, 고온일수록 소독력이 강해짐
- 살균제, 소독제, 방부제 등으로 사용
- 일반 소독 시 1~1.5%의 수용액 사용

42 양 갈래로 땋은 머리나 두건을 활용한 헤어스타일과 민족적이고 이국적 느낌의 의상을 스타일링했을 때 적용하기 적합한 메이크업 이미지는?

① 아방가르드 이미지
② 에스닉 이미지
③ 모던 이미지
④ 내추럴 이미지

42 메이크업 시술 〉 응용 메이크업
에스닉 이미지
- 특정 지역의 자연 환경, 생활 풍습 등에서 연유한 자연스럽고 민속적인 이미지
- 각 국가 특색에 맞게 민족적이고 이국적 느낌으로 연출

43 다음 중 그런지룩, 글램룩 등의 메이크업이 성행한 시대는?

① 1960년대
② 1970년대
③ 1980년대
④ 1990년대

43 메이크업 시술 〉 트렌드 메이크업
- 1960년대: 히피룩
- 1970년대: 펑크룩
- 1990년대: 여피룩, 네오히피룩

44 보툴리누스균에 의한 식중독의 특징에 해당하지 <u>않는</u> 것은?

① 2차 감염률이 높고 면역성이 있다.
② 오염된 육류와 과일을 섭취했을 때 발생하며, 혐기성균이다.
③ 독소형 식중독균이다.
④ 시력장애, 신경장애 등의 증상을 보인다.

44 공중위생관리 〉 공중보건
- 보툴리누스균: 세균성 식중독균 중 독소형 식중독균으로 혐기성균이며 감염 시 구토, 복통, 설사 등의 소화기 증상과 시력장애, 두통, 근력 감퇴, 신경장애, 호흡장애 증상을 보임
- 세균성 식중독균은 2차 감염률이 낮고 면역성이 없음

45 다음 인구 구성 피라미드 중 선진국형에 해당하는 것은?

① 종형
② 방추형
③ 표주박형
④ 별형

45 공중위생관리 〉 공중보건
방추형
- 선진국형(인구 감소형)
- 평균수명이 높고 인구가 감소하는 유형
- 14세 이하 인구가 65세 이상 인구의 2배 이하

46 캐릭터 이미지 표현 시 영향을 주는 요소가 <u>아닌</u> 것은?

① 연기자의 인상학적 요소
② 캐릭터의 시대적 요소
③ 캐릭터의 환경적 요소
④ 연기자의 성격적 요소

46 메이크업 시술 > 미디어 캐릭터 메이크업
캐릭터 이미지 표현 시 영향을 주는 요소
- 인상학적 요소: 연기자의 생김새, 육체적인 특징
- 환경적 요소: 기후나 지역에 따른 피부색 또는 피부 상태
- 건강적 요소: 질병이나 건강 상태에 따른 피부의 상태와 색, 눈 주위의 음영, 입술의 상태 등
- 상처적 요소: 유전적 원인, 수술, 싸움, 자상, 총상 등 외형으로 드러나는 상처
- 시대적 요소: 캐릭터의 시대적 시점에서 대중적으로 유행하는 요소 고려

47 노인 메이크업 시 캐스팅된 배우의 얼굴에 조소 작업과 몰드 작업을 거쳐 제작하므로 배우 본인에게만 적용 가능한 메이크업은?

① 라텍스 빌드업 메이크업
② 플라스틱 빌드업 메이크업
③ 어플라이언스 메이크업
④ 파운데이션 빌드업 메이크업

47 메이크업 시술 > 미디어 캐릭터 메이크업
어플라이언스 메이크업
- 핫폼이나 실리콘으로 제작된 슬랩 등을 이용하여 피부에 부착하는 방법으로 극사실적인 분장이 필요할 때 사용
- 독특한 캐릭터의 노인 분장일 경우 주름과 근육의 변형만으로 표현이 어려워 어플라이언스를 붙여 분장
- 배우의 얼굴에 조소 작업과 몰드 작업을 거쳐 제작하므로 배우 본인에게만 적용 가능
- 어플라이언스 제작에 최소 2주 이상 기간이 소요되며 발생되는 비용이 비쌈

48 다음 중 미용사 면허를 받을 수 있는 사람은?

① 피성년후견인
② 암투병 환자
③ 약물 중독자
④ 정신질환자

48 공중위생관리 > 공중위생관리법규
면허발급 결격 사유자
- 피성년후견인
- 정신질환자(전문의가 미용사로서 적합하다고 인정하는 사람은 제외)
- 공중의 위생에 영향을 미칠 수 있는 감염병환자로서 보건복지부령으로 정하는 자
- 마약, 기타 대통령령으로 정하는 약물 중독자
- 면허가 취소된 후 1년이 경과되지 아니한 자

49 면도 후 1시간~하루 정도 지난 매우 짧은 수염을 표현하기에 적합한 수염 분장법은?

① 찍는 수염
② 직접 붙이는 수염
③ 그리는 수염
④ 가루수염

49 메이크업 시술 > 미디어 캐릭터 메이크업
가루수염
- 면도 후 1시간~하루 정도 지난 매우 짧은 수염을 표현할 때 사용
- 사실감을 위해 짧게 자른 털이 피부에 눕지 않도록 부착
- 야크, 인모, 인조모 등을 짧게 잘라 사용
- 가루수염의 길이는 1~2mm 이상이 되어서는 안 됨

50 소독을 한 기구와 소독을 하지 않은 기구를 각각 다른 용기에 넣어 보관하지 않은 경우의 과태료는?

① 100만 원 이하의 과태료
② 200만 원 이하의 과태료
③ 300만 원 이하의 과태료
④ 400만 원 이하의 과태료

50 공중위생관리 > 공중위생관리법규
미용기구는 소독을 한 기구와 소독을 하지 아니한 기구로 분리하여 보관하고, 면도기의 1회용 면도날은 손님 1인에 한하여 사용할 의무를 지키지 않은 경우: 200만 원 이하의 과태료

51 마네킹에 붙어 있는 플라스틱백 수염을 떼어 낼 때 사용되는 재료는?

① 알코올
② 스프리트 리무버
③ 아세톤
④ 정제수

51 메이크업 시술 〉 미디어 캐릭터 메이크업
마네킹에 붙어 있는 수염은 알코올을 사용하여 떼어 내고 피부 접착 부분에 액체 플라스틱으로 모양을 고정한 후 사용함

52 배우가 땀이 많은 경우 가발 착용 시 과한 땀 분비 조절을 위한 예비책으로 가장 적합한 것은?

① 가발망에 되도록 핀을 많이 꽂아 가발이 땀에 의해 흘러내리지 않도록 한다.
② 가발과 자연헤어 사이에 휴지를 듬뿍 넣어 땀을 흡수시킨다.
③ 가발 착용 전에 헤어를 단단히 고정하고 두피에 파우더를 뿌린다.
④ 공연 전에는 배우가 되도록 물을 섭취하지 못하게 한다.

52 메이크업 시술 〉 무대공연 캐릭터 메이크업
배우가 땀이 많은 경우 가발 착용 전에 헤어를 단단히 고정하고 두피에 파우더를 뿌려 땀을 흡수시킴

53 대장균을 수질오염 지표로 삼는 이유에 해당하지 않는 것은?

① 검출 방법이 간편하고 정확하기 때문이다.
② 저항성이 다른 병원균과 비슷하거나 낮기 때문이다.
③ 분포 자체가 오염원이기 때문이다.
④ 다른 병원성 미생물이나 분변오염에 대한 추측이 가능하기 때문이다.

53 공중위생관리 〉 공중보건
대장균을 수질오염 지표로 삼는 이유
- 검출 방법 용이
- 분포 자체가 오염원이며, 사람과 동물의 분변과 공존
- 다른 병원성 미생물이나 분변오염에 대해 추측 가능
- 저항성이 다른 병원균과 비슷하거나 높음

54 기초 메이크업을 하기 전 준비단계로 옳지 않은 행동은?

① 제품의 유효기간을 확인한다.
② 마른 화장솜으로 얼굴의 수분을 조절한다.
③ 작업 전 도구와 기구를 깨끗이 소독한다.
④ 고객용 의자 및 목받이의 높이를 조절한다.

54 메이크업 시술 〉 메이크업 기초 화장품 사용
기초 화장품 사용 전 준비사항
- 제품의 유효기간을 확인하고 청결하게 제품 보관
- 작업 전 도구와 기구, 손을 깨끗이 소독
- 고객용 의자 및 목받이의 높이 조절
- 피부 타입에 맞는 기초 화장품 준비

55 적절한 광택을 유지하여 자연스러운 피부색을 조정·유지하는 파우더의 성질은?

① 피복성
② 착색성
③ 신전성
④ 부착성

55 메이크업 시술 〉 베이스 메이크업
- 피복성: 기미나 주근깨 등을 감추어 피부색을 조정하는 성질
- 신전성: 피부에 쉽게 발리는 성질로, 부드러운 감촉으로 매끄럽게 잘 퍼져 피부에 생동감 부여
- 부착성: 피부에 장시간 부착하는 성질

56 고체화된 제품으로 커버력과 지속력이 뛰어나 무대 분장에 적합한 파운데이션은?

① 파우더 타입 파운데이션
② 크림 타입 파운데이션
③ 투웨이케이크 파운데이션
④ 스틱 타입 파운데이션

56 메이크업 시술 > 베이스 메이크업
- 파우더 타입: 습도가 높은 계절에 사용하기에 적합함
- 크림 타입: 유분 함량이 리퀴드 타입에 비해 많고 짙은 메이크업을 할 때나 건조한 피부에 적합함
- 투웨이케이크 타입: 땀이나 물에 강하여 여름에 사용하기에 적합함

57 3차 위반 시 영업장 폐쇄명령의 행정처분을 받지 않는 위법 행위는?

① 미용업 신고증 및 면허증 원본을 게시하지 않은 경우
② 무자격안마사로 하여금 안마사의 업무에 관한 행위를 하게 한 경우
③ 불법카메라나 기계장치를 설치한 경우
④ 피부미용을 위하여 의료기기를 사용한 경우

57 공중위생관리 > 공중위생관리법규
미용업 신고증 및 면허증 원본을 게시하지 않은 경우는 4차 위반 시 영업장 폐쇄명령을 받음

58 자연독 식중독을 유발하는 식품과 그 독소의 종류를 바르게 연결한 것은?

① 복어독 – 삭시톡신
② 버섯독 – 무스카린
③ 황변미독 – 에르고톡신
④ 미나리독 – 셉신

58 공중위생관리 > 공중보건
- 복어독: 테트로도톡신
- 버섯독: 무스카린, 아마니타톡신, 팔린
- 황변미독: 시트리닌
- 미나리독: 시큐톡신

59 시장·군수·구청장이 이용사 또는 미용사의 면허를 반드시 취소해야 하는 경우는?

① 면허증을 다른 사람에게 대여한 때
② 풍속영업의 규제에 관한 법률을 위반한 때
③ 국가기술자격법에 따라 자격정지처분을 받은 때
④ 면허정지처분을 받고도 그 정지 기간 중에 업무를 한 때

59 공중위생관리 > 공중위생관리법규
면허를 반드시 취소해야 하는 경우
- 피성년후견인에 해당될 때
- 정신질환자, 감염병환자, 약물 중독자에 해당될 때
- 「국가기술자격법」에 따라 자격이 취소된 때
- 이중으로 면허를 취득한 때(나중에 발급받은 면허를 말함)
- 면허정지처분을 받고도 그 정지 기간 중에 업무를 한 때

60 석탄산의 60배 희석액과 어떤 소독약의 120배 희석액이 같은 조건에서 소독력의 효과가 같았다면 이 소독약의 석탄산계수는 얼마인가?

① 20
② 2
③ 0.5
④ 5

60 공중위생관리 > 소독

석탄산계수 = 소독액의 희석배수 / 석탄산의 희석배수 = $\frac{120}{60}$ = 2

정답표(제8회)

01	④	02	③	03	②	04	②	05	②	06	④	07	②	08	①	09	③	10	①
11	②	12	③	13	④	14	④	15	④	16	②	17	②	18	④	19	④	20	③
21	④	22	④	23	④	24	③	25	③	26	④	27	④	28	④	29	③	30	①
31	②	32	②	33	②	34	①	35	④	36	①	37	①	38	②	39	④	40	③
41	①	42	②	43	④	44	①	45	②	46	④	47	③	48	④	49	④	50	②
51	①	52	③	53	②	54	②	55	②	56	④	57	①	58	②	59	④	60	②

삶의 순간순간이
아름다운 마무리이며
새로운 시작이어야 한다.

– 법정 스님

memo

memo

여러분의 작은 소리
에듀윌은 크게 듣겠습니다.

본 교재에 대한 여러분의 목소리를 들려주세요.
공부하시면서 어려웠던 점, 궁금한 점,
칭찬하고 싶은 점, 개선할 점, 어떤 것이라도 좋습니다.

에듀윌은 여러분께서 나누어 주신 의견을
통해 끊임없이 발전하고 있습니다.

에듀윌 도서몰 book.eduwill.net
- 부가학습자료 및 정오표: 에듀윌 도서몰 → 도서자료실
- 교재 문의: 에듀윌 도서몰 → 문의하기 → 교재(내용, 출간) / 주문 및 배송

2026 에듀윌 메이크업미용사 필기
1주끝장+무료특강

발 행 일	2025년 10월 14일 초판
저 자	진희정
펴 낸 이	양형남
개 발	정상욱, 김규리, 허유진
펴 낸 곳	(주)에듀윌
등록번호	제25100-2002-000052호
주 소	08378 서울특별시 구로구 디지털로34길 55 코오롱싸이언스밸리 2차 3층
ISBN	979-11-360-3938-5(13590)

* 이 책의 무단 인용 · 전재 · 복제를 금합니다.

www.eduwill.net
대표전화 1600-6700

업계 최초 대통령상 3관왕, 정부기관상 19관왕 달성!

2010 대통령상　　2019 대통령상　　2019 대통령상

대한민국 브랜드대상 국무총리상　국무총리상　문화체육관광부 장관상　농림축산식품부 장관상　과학기술정보통신부 장관상　여성가족부장관상

서울특별시장상　과학기술부장관상　정보통신부장관상　산업자원부장관상　고용노동부장관상　미래창조과학부장관상　법무부장관상

- **2004**
  서울특별시장상 우수벤처기업 대상
- **2006**
  부총리 겸 과학기술부장관 표창 국가 과학 기술 발전 유공
- **2007**
  정보통신부장관상 디지털콘텐츠 대상
  산업자원부장관 표창 대한민국 e비즈니스대상
- **2010**
  대통령 표창 대한민국 IT 이노베이션 대상
- **2013**
  고용노동부장관 표창 일자리 창출 공로
- **2014**
  미래창조과학부장관 표창 ICT Innovation 대상
- **2015**
  법무부장관 표창 사회공헌 유공
- **2017**
  여성가족부장관상 사회공헌 유공
  2016 합격자 수 최고 기록 KRI 한국기록원 공식 인증
- **2018**
  2017 합격자 수 최고 기록 KRI 한국기록원 공식 인증
- **2019**
  대통령 표창 범죄예방대상
  대통령 표창 일자리 창출 유공
  과학기술정보통신부장관상 대한민국 ICT 대상
- **2020**
  국무총리상 대한민국 브랜드대상
  2019 합격자 수 최고 기록 KRI 한국기록원 공식 인증
- **2021**
  고용노동부장관상 일·생활 균형 우수 기업 공모전 대상
  문화체육관광부장관 표창 근로자휴가지원사업 우수 참여 기업
  농림축산식품부장관상 대한민국 사회공헌 대상
  문화체육관광부장관 표창 여가친화기업 인증 우수 기업
- **2022**
  국무총리 표창 일자리 창출 유공
  농림축산식품부장관상 대한민국 ESG 대상

2023 대한민국 브랜드만족도 미용사(메이크업) 교육 1위(한경비즈니스)

2026 에듀윌 메이크업미용사 필기 1주끝장

기출(복원) 모의고사 18회분+무료특강

자동암기특강(8강)
- 수강경로: 에듀윌 도서몰(book.eduwill.net) ▶ 동영상강의실 ▶ '메이크업' 검색

기출(복원) 모의고사 18회분
- 이용경로: 10회분(교재 내) + CBT 8회분(교재 내 QR코드)

최신 기출복원문항 첨삭해설 & 재료·도구 브로마이드
- 이용경로: • 첨삭해설: 에듀윌 도서몰 ▶ 도서자료실 ▶ 부가학습자료 ▶ '메이크업' 검색
  • 브로마이드: 교재 내

고객의 꿈, 직원의 꿈, 지역사회의 꿈을 실현한다

펴낸곳 (주)에듀윌　**펴낸이** 양형남　**출판총괄** 김기철　**에듀윌 대표번호** 1600-6700
주소 서울시 구로구 디지털로 34길 55 코오롱싸이언스밸리 2차 3층
© 2025 eduwill. Created with AI assistance.
협의 없는 무단 복제는 법으로 금지되어 있습니다.

에듀윌 도서몰
book.eduwill.net
- 부가학습자료 및 정오표: 에듀윌 도서몰 > 도서자료실
- 교재 문의: 에듀윌 도서몰 > 문의하기 > 교재(내용, 출간) / 주문 및 배송

정가 25,000원

ISBN 979-11-360-3938-5